南水北调中线工程渠首——陶岔渠首枢纽工程

南水北调中线工程源头——丹江口水库大坝

衡水市南水北调受水区——桃城区城市环境

河北省境内南水北调中线输水总干渠

2015年6月11—12日，国务院南水北调办公室副主任张野（右二）一行调研衡水市南水北调工作

2015年7月，河北省南水北调办公室主任张铁龙（左四）一行调研衡水市桃城区南水北调征迁工作

2016年4月，河北省南水北调办在衡水市组织召开全省南水北调志书观摩交流会议

2016 年 4 月，河北省南水北调办领导在全省南水北调志书观摩交流会中讲话

2019 年 3 月 22 日世界水日，衡水市水利局长王建明（右二）带领干部职工到市区体育休闲广场进行节水宣传

2015 年 1 月，衡水市南水北调办公室主任张彦军与干部职工上街宣传南水北调工程

2015 年 6 月 19 日，《中国南水北调报》、河北电视台、《河北日报》、河北广播电台、《河北经济报》等新闻媒体记者到衡水市冀州市采访南水北调工程建设情况

2014 年 5 月，衡水市南水北调办公室副主任杨志军（左三）在南水北调工程现场组织输水管道相关工作

2014 年 8 月，衡水市召开南水北调工程质量管理工作会议

2016 年 9 月 13 日，衡水市南水北调办公室组织技术骨干到南水北调中线干线的惠南庄输水泵站管理处参观学习

2014 年 10 月，衡水市南水北调办公室组织举办南水北调配套工程档案管理培训

2013 年 3 月，衡水市南水北调工程征迁实物核查工作启动，工作人员分组包片奔赴田间地头

2013 年 11 月，枣强县南水北调工程有关文件在沿线乡村政务公开栏上墙公示

2014 年 4 月 16 日，衡水市南水北调办公室征迁工作人员到田间地头现场办公

2014 年 7 月 15 日，衡水市南水北调征迁工作人员在武邑县入户动员百姓支持南水北调建设

2014 年 3 月 5 日，衡水市南水北调办公室驻地工程监理人员在现场进行质量检测

2013 年 12 月，衡水市南水北调配套工程建设管理第一项目部在武邑设立

2014 年 6 月，衡水市南水北调配套工程建设管理第二项目部在枣强县设立

2015 年 8 月，衡水市冀州南水北调水厂以上输水管道工程开挖现场

2015 年 8 月，衡水市南水北调工程水厂以上输水管道铺设施工现场

2015 年 5 月 28 日，衡水市南水北调输水线路穿越 106 国道顶进施工现场

2015 年 10 月 17 日，石津干渠压力
箱涵衡水段主体工程浇筑完成

2016 年 3 月，衡水市区南水北调输
水管线穿越京九、石德铁路施工现场

南水北调中线工程源头——丹江口
水库于 2014 年 12 月开始向京津冀输
送长江水

2015 年 5 月 18 日，河北省南水北调总干渠上的滹沱河倒虹吸工程

2016 年 4 月，衡水市南水北调枢纽工程——傅家庄泵站建成

河北省南水北调总干渠上向石津干渠送水的田庄分水口从 2016 年开始向衡水、沧州输送长江水

2016 年 10 月，石津干渠明渠段向衡水及沧州输送长江水

2016 年，承担衡水市区供水任务的
滏阳水厂改造完成并试通水

2016 年，衡水市区滏阳水厂供水泵房

2016 年，衡水市区滏阳水厂进行平流
沉淀

2016 年，衡水市区滏阳水厂水处理
设备

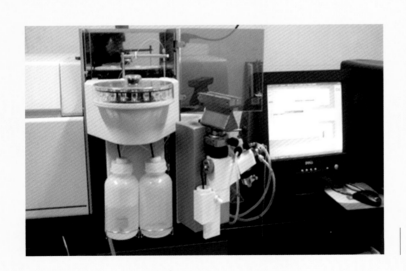

2016 年，衡水市区滏阳水厂水质监测
设备

2016 年，衡水市桃城区滏阳水厂

2017 年，冀州南水北调地表水厂

2018 年，深州南水北调地表水厂

2014 年，衡水市南水北调工程征迁安置某标段总监理工程师深入一线核查征迁占地情况

2014 年 3 月，衡水市利用 LED 移动宣传车上街宣传南水北调工程

2014 年 7 月，衡水市南水北调工程一线第一项目部组织入党宣誓仪式

2014 年 7 月，衡水市南水北调办公室邀请市区部分乒乓球爱好者进行乒乓球联谊赛

2014 年，衡水市桃城区利用市内公交车循环播放南水北调标语

2014 年 3 月 22 日世界水日，衡水市南水北调工作人员走上街头宣传南水北调

2016 年 4 月 21 日，通过南水北调工程向衡水市桃城区的滏阳河风景区进行生态补水

2019 年 6 月，志书编辑部人员在评审会中聆听专家发言

2019 年 6 月，志书主要负责同志及主要编辑成员合影

2019 年 6 月，志书评审会召开，评审专家及志书编辑部人员合影

2019 年 10 月，志书主要负责同志、编辑同中国水利水电出版社负责同志合影

# 衡水市南水北调工程志

《衡水市南水北调工程志》编纂委员会　编著

中国水利水电出版社
www.waterpub.com.cn
·北京·

图书在版编目（CIP）数据

衡水市南水北调工程志 / 《衡水市南水北调工程志
》编纂委员会编著. -- 北京 : 中国水利水电出版社,
2020.12
ISBN 978-7-5170-9004-5

Ⅰ. ①衡… Ⅱ. ①衡… Ⅲ. ①南水北调－水利工程－
概况－衡水 Ⅳ. ①TV68

中国版本图书馆CIP数据核字(2020)第206354号

| 书　　　名 | 衡水市南水北调工程志<br>HENGSHUI SHI NANSHUI BEIDIAO GONGCHENG ZHI |
|---|---|
| 作　　　者 | 《衡水市南水北调工程志》编纂委员会　编著 |
| 出 版 发 行 | 中国水利水电出版社<br>（北京市海淀区玉渊潭南路 1 号 D 座　100038）<br>网址：www. waterpub. com. cn<br>E - mail：sales@waterpub. com. cn<br>电话：(010) 68367658（营销中心） |
| 经　　　售 | 北京科水图书销售中心（零售）<br>电话：(010) 88383994、63202643、68545874<br>全国各地新华书店和相关出版物销售网点 |
| 排　　　版 | 中国水利水电出版社微机排版中心 |
| 印　　　刷 | 北京市密东印刷有限公司 |
| 规　　　格 | 210mm×285mm　16 开本　34.75 印张　751 千字　10 插页 |
| 版　　　次 | 2020 年 12 月第 1 版　2020 年 12 月第 1 次印刷 |
| 印　　　数 | 0001—2000 册 |
| 定　　　价 | **188. 00 元** |

凡购买我社图书，如有缺页、倒页、脱页的，本社营销中心负责调换

# 《衡水市南水北调工程志》编纂委员会

主　　任：王建明　张彦军

副 主 任：杨志军

执行主任：杨志军

委　　员：王玉荣　高成海　张　健　刘毓香　张占民

　　　　　袁　勇

# 《衡水市南水北调工程志》编辑部

主　　编：常海成

副 主 编：彭世亮　王小兰　尚旭璟

顾　　问：王元培

编　　辑：王玉荣　高成海　彭世亮　王小兰　刘毓香

　　　　　袁　勇　刘俊巧　尚旭璟　郝瑞华　杜凤竹

　　　　　张占民　吴　颖　曾前程　吴红阳　王媛媛

　　　　　南　颖　严春江

编撰人员：

　　　　　大事记：彭世亮　王玉荣

　　　　　第一章　水利环境：彭世亮　尚旭璟　曾前程

第二章　机构管理：彭世亮

第三章　规划设计：王小兰

第四章　征迁安置：王小兰　刘毓香　刘俊巧

第五章　工程建设：郝瑞华　南　颖

第六章　资金管理：杜凤竹

第七章　域内水厂：吴　颖　彭世亮

第八章　宣传、文化：彭世亮

第九章　沿途概貌：尚旭璟

第十章　艺文：尚旭璟

## 《衡水市南水北调工程志》评审委员会

杨洪进　郭晨英　梁　勇　孙继胜　杨富中　孟朋文
吴恒青

### 提供资料人员名单（排名不分先后）

史砚卿　孙文栋　韩月宽　王希刚　张英志　邱立建

武胜来　高　林　周书会　王中贵　王树春　王志广

陈中秋　刘克成　郑建恒　刘俊华　李　宁　高　峰

邢晓光　常保军

# 序

　　水是人类的命脉，水承载着人类的文明与进步。

　　衡水因水而名、因水而兴，却饱受缺水的困扰，全市人均水资源量仅 148m³，不足全国平均水平的 6.7％。衡水地区深层地下水超采严重，给生态环境带来巨大隐患。因而，水已成为衡水市赖以生存和发展的宝贵资源。南水北调工程的实施，将有效缓解衡水市资源型缺水矛盾，改善居民生产生活条件，为实现经济社会持续健康发展提供坚实的水源保障。

　　自衡水市南水北调工程启动以来，原衡水市调水办按照国家和河北省统一部署，在衡水市委、市政府坚强领导下，发动各方力量，强力推进实施，在规划设计、征地拆迁、施工建设、质量监管、调度运行、水源切换、综合管理等方面，做了大量卓有成效的工作，取得许多宝贵经验和可喜成果，构建城市骨干水网框架，形成覆盖境内每个县（市、区）的水源供给保障体系，让长江水润泽衡水。衡水市南水北调工程凝聚着衡水人民和成千上万建设者的智慧和汗水，是衡水水利事业发展的里程碑，值得载入史册。

　　出版《衡水市南水北调工程志》一书，将衡水市南水北调工程决策、规划、论证、建设、管理的重要历程及相关人文信息记录下来，传承下去，意义深远。参加志书编纂的同志们付出了艰辛努力，在此我向他们表示衷心的感谢并对此书出版表示热烈的祝贺！

　　历史长河奔涌不息，展望未来任重道远，让我们为新时代水利事业大发展而继续努力！

2020 年 8 月

# 凡 例

一、**指导思想**　志书以马克思列宁主义、毛泽东思想、邓小平理论、"三个代表"重要思想、科学发展观、习近平新时代中国特色社会主义思想为指导，实事求是地全面记述衡水市南水北调工程建设状况。

二、**起止时间**　始起南水北调工程的发端，下限止于2018年年底。对于未完成工程及重大事件适当下延，直至出版。

三、**记述范围**　衡水市域内有关南水北调的各项工程，包括域内省管工程。根据需要，有些记述略超范围。

四、**体裁形式**　采用述、记、志、传、图、表、录七种体裁，以志为主，图、表、录于相关内容之中。

五、**编纂结构**　志书设定章、节、目、子目四级层次结构，个别子目下设分目。横排纵写，事以类从。因南水北调具有独特的行业特点，个别事项归类交叉。

六、**记述人事**　坚持"生不立传"的修志原则，在南水北调工程中做出突出业绩的人，均用以事系人的方式记述。入志人物以参加工程各方面人员为主，不分本籍、客籍。

七、**文字数据**　遵守《中华人民共和国国家通用语言文字法》，采用语体文，力求朴实、简约、流畅；如需注释，采用括注或页下注。数字和计量单位，以《出版物上数字用法》（GB/T 15835—2011）和《量和单位》（GB 3100～3102—1993）为准。

八、**冠名称谓**　记录地名均用域内标准地名。记录党派团体、机构、职务、会议文件，首次出现记述全称，其后简称。

九、**资料来源**　以各县（市、区）、各科室、参建单位上报资料与所存档案及各级报刊资料为主。搜集到的参与者工程日志、口碑等一手资料酌情使用。

# 全 称 与 简 称 对 照 表

| 序号 | 全　　称 | 简　称 | 备　注 |
|---|---|---|---|
| 1 | 国务院南水北调工程建设委员会 | 国务院南水北调建委会 | 国务院下设机构 |
| 2 | 国务院南水北调工程建设委员会办公室 | 国调办 | 国务院南水北调建委会下设机构 |
| 3 | 河北省人民政府 | 省政府 | |
| 4 | 河北省水利厅 | 省水利厅 | |
| 5 | 河北省南水北调中线工程建设开发筹备处 | 省筹备处 | |
| 6 | 河北省南水北调工程建设委员会 | 省建委会 | 省政府下设机构 |
| 7 | 河北省南水北调工程建设委员会办公室 | 省调水办 | 省建委会下设机构 |
| 8 | 河北水务集团 | 省水务集团 | 省水利厅所属副厅级事业单位 |
| 9 | 衡水市人民政府 | 市政府 | |
| 10 | 衡水市水务局 | 市水务局 | |
| 11 | 衡水市南水北调工程建设委员会 | 市南水北调建委会 | 市政府下设机构 |
| 12 | 衡水市南水北调工程建设委员会办公室 | 市调水办 | 市南水北调建委会下设机构 |
| 13 | 衡水市南水北调工程建设委员会筹备处 | 市筹备处 | |
| 14 | 衡水市南水北调配套工程建设管理中心 | 市南水北调建管中心 | 省水务集团驻衡的南水北调建管机构 |
| 15 | 河北省水利水电勘测设计研究院 | 省设计院 | |
| 16 | 河北省水利水电第二勘测设计研究院 | 省设计二院 | |
| 17 | 建筑安装 | 建安 | |
| 18 | 基本建设 | 基建 | |
| 19 | 衡水市南水北调配套工程水厂以上输水管道工程 | 水厂以上输水管道工程 | 衡水市南水北调工程是河北省南水北调干线工程的配套工程 |
| 20 | 石津干渠压力箱涵衡水段工程 | 压力箱涵工程 | |
| 21 | 衡水市南水北调工程配套地表水厂及配水管网工程 | 水厂及管网工程 | 各县（市、区）地表水厂是衡水市南水北调工程的配套工程 |
| 22 | 衡水市区、工业新区、武邑线路 | 市新武线路 | |
| 23 | 冀州、滨湖新区、枣强、故城水厂以上输水管道线路 | 冀滨枣故线路 | |
| 24 | 饶阳至安平输水管线 | 饶安线路 | |
| 25 | 阜城至景县输水管线 | 阜景线路 | |
| 26 | 河北供水有限责任公司衡水管理处 | 衡水管理处 | 衡水市南水北调水厂以上工程运行管理单位 |

| 序号 | 全　称 | 简　称 | 备　注 |
|------|--------|--------|--------|
| 27 | 衡水高新技术产业开发区 | 高新区 | 2016 年 8 月前为工业新区，之后更名为高新区 |
| 28 | 河北省南水北调工程质量监督站驻衡水巡视组 | 省质量监督组 | |
| 29 | 预应力钢筒混凝土管 | PCCP 管道 | |
| 30 | 球墨铸铁管 | DIP 管道 | |
| 31 | 高密度聚乙烯管 | HDPE 管道 | |
| 32 | 聚氯乙烯管 | PVC 管道 | |
| 33 | 钢塑复合压力管 | SP 钢管 | |

注　此表中的名称统计时间截至 2018 年 12 月 31 日。

# 目　录

# 概　述

水是人类文明之源。

水利是人民赖以生存的命脉。兴建南水北调工程是党中央、国务院为经济建设、社会发展、造福人民做出的战略性决策，是国家应对北方地区水资源短缺做出的重大决定，更是衡水人民的殷切期盼。衡水市是河北省乃至全国水资源极度匮乏的地区之一。河道常年干涸，地下水严重超采，水位持续下降，机井报废率年年攀升，并出现地面沉降、裂缝等一系列地质灾害。南水北调工程的实施，有效改善了衡水市水生态环境，缓解了缺水矛盾，对经济社会可持续发展具有非同寻常的战略意义。域内干部群众在南水北调工程建设中，心系祖国，积极奉献，奋发努力，攻坚克难，在短短 5 年的时间内，建设完成 33km 的河北省南水北调配套石津干渠压力箱涵衡水段工程、226km 的水厂以上输水管道工程和 6 座加压泵站工程以及 13 座地表水厂和配水管网工程，并顺利通过试通水验收。如今滚滚长江水川流不息到衡水，滋润着这片古老的土地，在衡水市水利建设史上创造了辉煌奇迹，谱写了光辉篇章。

## 一

衡水，因水而得名，早在上古时代夏禹划九州时，这里便是古冀州的重要地域。如今河北省简称"冀"也来源于此。衡水，系黄河故道，随着河流的变迁、历史的推移，为"漳水横流"之处，且因此得名。北魏文成帝拓跋濬《文成帝南巡碑》中记载，文成帝曾在信都（今冀州区）"衡水之滨"举行规模盛大的禊礼，始用"衡水"之词。隋朝开皇十六年（公元 596 年），新置衡水县，并沿袭下来。在国碎家破的日本侵略时期，英勇的衡水人民不怕牺牲、艰苦奋斗，取得抗战胜利。经过伟大的解放战争，1948 年 8 月，中国共产党领导的华北行政区政府始设衡水专区，下辖 13 个县（包括山东省武城、夏津、平原 3 县），迎来中华人民共和国成立。1962 年 6 月，国务院批准建衡水专员公署，辖 11 个县。1970 年，衡水专署改称衡水地区。1996 年 5 月 31 日，国务院批准撤销衡水地区，改设地级衡水市。现辖深州市、桃城区、冀州区、枣强县、武邑县、安平县、饶阳县、武强县、故城县、景县、阜城县 11 个县（市、区）。进入 21 世纪，域内自设滨湖新区、高新区。衡水市总面积为 8815km$^2$，人口为 455 万人。

# 二

河流丰盈干涸直接关乎人类的生息。故自大禹治水以来，历朝历代都将治理河道、兴修水利作为"治"国之本。但千百年来，南方水多，北方水少，易成北旱南涝之势。长江常年径流量约为 9600 亿 m³，而北方河流却备受断流之痛，也常有水灾。北方受难之际，南方却又爱莫能助，可谓：撼山易，撼水难。

衡水缺水情况是中国北方特别是华北地区缺水的一个缩影。华北地区严重缺水的现象引起了党中央、国务院的高度重视。

此后，几代水利技术人员多次深入实地考察，为我国大江大河治理，积累了丰富气象水文资料。时任水利部黄河委员会主任王化云，就曾选派一支由 30 名水利工作者组成的黄河河源踏勘队，对我国的大江大河的水源状况做调查，踏勘队不仅仅对黄河源头进行了考察，而且翻过巴颜喀拉山，深入到长江最上游通天河一带进行考察，这也是中国历史上第一次有专业水利工程技术人员深入到此地进行考察。

1958 年被称为"南水北调元年"。中共中央政治局在北戴河召开的扩大会议上，通过《中共中央关于水利工作的指示》，明确提出以南水（主要指长江水系）北调为主要目标的水利系统规划，"南水北调"第一次写于中央正式文献中。1958—1960 年，中央先后召开 4 次全国性南水北调会议。同时决定动工兴建为北方调水的水源地——丹江口水库。至此，南水北调中线调水工程的雏形开始形成。丹江口水库也是南水北调工程调水的最上游源头。

1958 年 9 月 1 日，丹江口水库枢纽工程正式开工，经过一年多艰苦奋战，水库截流工程于 1959 年 12 月 26 日顺利完成。1962 年暂停其他配套建设，直至 1964 年 12 月复工，1974 年基本建成。

1978 年，在五届全国人大一次会议上通过的《政府工作报告》中提出，兴建将长江水引到黄河以北的南水北调工程。同年 10 月，水电部发出《关于加强南水北调规划工作的通知》。1979 年 12 月，水电部正式成立南水北调规划办公室，统筹领导全国南水北调工作。

1987 年、1991 年，全国人大会议将南水北调工程列入"七五"和"八五"两个五年计划。1992 年，中国共产党第十四次全国代表大会将其列入中国跨世纪骨干工程之一。自此，南水北调工程的建设也进入了快车道。

随着中国经济迅速腾飞，水资源紧张状况日益凸显。尤其以京津地区及东部地区最为严重。其中北京由于大量开采地下水，导致水位急剧下降，形成地下漏斗区；山东等地不断出现黄河断流；河北面临干旱缺水。

2000 年 6 月，经过研究论证，我国南水北调工程总体格局定为西、中、东 3 条线路，分别从长江流域上、中、下游调水。2002 年 12 月 23 日，国务院通过了《南水北调工程总体规划》，自此酝酿了 50 年之久的南水北调工程正式启动；12 月 27 日，南水北调工程开工典礼在北京和山东、江苏三地同时举行。

2003 年 12 月 28 日，国务院南水北调工程建设委员会办公室正式挂牌，开始履行其政府职能。2005 年 9 月 26 日，南水北调源头丹江口水库大坝加高工程开工，2010 年 4 月，大坝加高至 176m 高程，规模仅次于三峡大坝。

2009 年 2 月 26 日，南水北调中线的兴隆水利枢纽开工建设，这标志着南水北调东线、中线涉及的七个省（直辖市）南水北调工程建设全面开工。

2013 年，南水北调干线工程是丰收之年。这一年，东线一期工程通水，中线一期工程完工验收。东线一期工程，从扬州出发，沿京杭大运河北上，通过 13 级泵站提水北送，经山东东平湖后分别输水至德州和胶东半岛，全长 1467km，总投资 533 亿元；中线一期工程，从丹江口水库出发，沿唐白河流域和黄淮海平原西部开挖渠道，在郑州附近通过隧道穿越黄河，沿京广线西侧北上，最后到达河北、北京、天津，全长 1432km，耗资 2013 亿元。南水北调中线一期工程的河北境内配套工程于 2013 年全面开建，涉及邯郸、石家庄、邢台、廊坊、保定、衡水、沧州七个设区市。

# 三

衡水南水北调工程，是衡水水利战线史无前例的宏伟工程。2013 年 12 月，衡水市南水北调工程的阜景干线、饶安干线首先开工，标志着衡水市南水北调工程进入实质性建设阶段。

南水北调工程总投资 46.4 亿元，包括石津干渠压力箱涵衡水段工程、水厂以上输水管道工程、地表水厂及配水管网工程三部分。石津干渠压力箱涵衡水段工程，长 33km，投资 8.2 亿元，主要采用双孔钢筋混凝土箱涵结构设计；水厂以上输水管道工程，长 226km，投资 20.2 亿元，有饶安线路、深州线路、武强线路、阜景线路、衡水市区线路、冀滨枣故线路、工业新区武邑线路，采用泵站加压的管道输水方式，最终输水到每个县（市、区）地表水厂。同时，新建地表水厂 12 座，更新改造地表水厂 1 座，投资 18 亿元，与水厂以上工程统筹安排、同步建设。

南水北调工程，自实施以来，衡水市委、市政府高度重视，专门成立了以市政府主要领导为主任的南水北调工程建设委员会，规划、发改、财政、交通、电力、国土、住建等 27 个部门为成员单位，下设衡水市南水北调工程建设委员会办公室，具体负责南水北调工程建设日常管理。工程沿线各县（市、区）政府、有关单位，全市人民群众给予大力支持和广泛配合，使工程建设各个阶段得以顺利展开。

南水北调工程，系利在当代、功在千秋的民生工程，建设者本着对人民、对历史高度负责的姿态，全力以赴打造一流工程。在工程建设前期，市调水办进入田野踏勘，精心比选制订线路施工方案，展开复杂细致的征迁工作，同时制定完善一系列规章制度，强化工程质量安全管理，严格落实招投标制度，确保南水北调工程质量、进度、安全。自 2013 年 12 月开始，衡水境内 25 个施工标段的水厂以上输水管道工程、7 个施工标段的石津干渠压力箱涵工程、13 座地表水厂及配水管网建设项目先后陆续开工。在工程建设期，工程划分北、南两个管理片区，分别设置了驻地建设管理第一、第二项目部，选聘专业人员，明确岗位职责，分工包段，深入工程建设工地，实行一站式监督，及时协调施工中的实际问题。抢进度、保质量、保通水，倒排工期，不断优化实施方案，联合政府督查室、日督日报组织约谈。工程监理、设计单位等相关部门尽职尽责，通力配合，确保工程高标准完成。在施工过程中，战胜从未遇到过的重重困难，取得一个又一个胜利。

石津干渠压力箱涵衡水段工程，是衡水境内唯一的跨市干渠，也是衡水境内工艺复杂、施工难度较大的项目。2014年8月开工，七个标段的参建单位，克服酷暑寒冬、地下水位高、交通不便等不利因素，采取篷布覆盖、棉被包裹保温，加密布设排水井，顶进穿越等施工方式，加大人力与机械投入，如期完成各阶段建设任务。2015年7月，随着最后一仓混凝土浇筑，压力箱涵工程全部顺利完工，为衡水市、沧州市两个地区如期通水奠定了基础。

穿越工程是全市南水北调输水工程的"咽喉"，涉及国家和省市部门多、审批程序复杂、协调难度大。穿越106国道压力箱涵工程，采用箱涵顶入技术，克服车流量大、要求标准高、施工工期紧等困难，昼夜加班，仅用12天就完成了穿越，比原定时间缩短一半，保障了国家交通干道行车畅通，使整体工程如期完成。经过京九铁路、石德铁路，滏阳河、滏阳新河等较大的穿越工程均顺利完成。

加压泵站是关键控制性工程，是衡水市南水北调输水工程的"心脏"。位于冀州区官道李镇的傅家庄泵站，是河北省内最大的南水北调加压泵站，直接关系到衡水市区、衡水高新区、滨湖新区、武邑、冀州、枣强、故城7个县（市、区）的供水，年可输水2.1亿 $m^3$，占全市年分配水量的2/3。该泵站于2014年11月开工，为保证早日通水，上百名技术人员与工人，吃住在工地，攻坚克难，昼夜奋战，工程于2015年7月底提前完工、达到通水条件，为衡水市区如期通水争取了宝贵时间。

从全省来看，衡水市南水北调工程，批复晚、起步晚，但建设速度快、质量要求高。上述一个个工程建设缩影，不仅展示了所有参建人员"献身、负责、求实"的水利行业精神，更谱写出许许多多可歌可泣的感人篇章，也正是这些不屈不挠、披荆斩棘、勇往直前的南水北调人，创造了工程建设令人瞩目的衡水速度。

# 四

汩汩江水流淌在衡水大地，滋润着千家万户，让衡水人的生活丰富多彩。

南水北调通水，每年可为衡水引来3.1亿 $m^3$ 的长江水，在满足城市居民生活和工业用水前提下，通过实施农村生活水源置换项目，按照"统筹规划、城乡一体"原则，将全市295.5万农村人口全部纳入生活水源置换范畴，进而实现水源置换全覆盖，有效解决衡水市农村不安全饮水问题，摆脱域内百姓千百年来饮用高氟水、苦咸水的历史困境，使民众生活幸福指数不断上升。

南水北调通水，有力促进了衡水市水利基础设施投入，进一步提升了全市水资源承载能力，促进衡水地区建立更加科学合理的水价制度，发挥价格杠杆作用，带动发展高效节水行业，改善产业结构布局，有利于节约型社会建设，促进社会可持续发展。

南水北调通水，满足了城市发展用水，缓解了城市农村抢水矛盾；保证了境内恒兴发电有限责任公司、阳煤集团深州化工有限公司等骨干工业企业用水，对促进全市生产力布局的合理调整和新产业项目的形成，为地方经济增长创造了机会和空间。

南水北调通水，为衡水湖发展提供了可靠的备用水源，促进衡水市城乡水生态环境的改善，为更好地融入京津冀一体化经济圈提供了有力支撑。

一江清水，带来了衡水人绿色环保、生态文明的发展。衡水市政府提出，切实保障饮用水水源安全，依托"一湖、九河、百渠、千塘"的生态水网规划，全力构建水生态保护体系，全面提升水生态环境质量，促进水生态环境进入良性循环，实现全市水生态环境的"水清河畅、岸绿景美、生态宜居"良好局面。

南水北调还处于通水初期，工作任务相当繁重。能否落实中央提出的"先节水后调水、先治污后通水、先环保后用水"的"三先三后"原则，直接关系今后南水北调的成败。尤其通水保障工作直接关系饮用水安全，涉及老百姓的切身利益，需要扎扎实实做好工作。

首先，高度重视水资源节约利用。充分认识到国家耗资数千亿元，几十万移民无私奉献，千里调水来之不易。就衡水而言，经济基础薄弱，有些水利设施老化失修严重，水资源"跑冒滴漏"现象仍然存在，人为浪费水的现象时有发生，水的重复利用率较低。为此仍需采取一切有力措施推进节约用水。

其次，加强工程运行管护。2018年，南水北调工程建设完成并已实现全面通水。南水北调工作重点从建设转入运行，管理维护工程设施，保护通水通畅，是摆在南水北调工作者面前的首要任务。健全运管队伍，完善管护制度，落实管护责任，推进建管交接，各项工作规范有序，确保输水工程安全，发挥应有效益。

最后，落实自备井关停工作。自2016年10月试通水以来，截至2018年10月底，累计引水31413万 m³，江水消纳能力不足，仍有大量优质江水闲置。用长江水作为替换水源，成为衡水经济发展的必然选择。对公共供水能够满足用水需求的区域，着力推进自备井关停工作，加快水源切换，保护生态环境，造福子孙后代。

滚滚江水，穿山越岭到衡水。伟大的南水北调工程，无论是地上气势壮观的调水枢纽，还是地下密密麻麻的供水管网，都是南水北调人唱响的奉献之歌。展望未来，随着经济社会飞速发展，生产生活水平不断提高，南水北调工程的经济效益和社会效益一定会充分彰显，让衡水市这座因水而生、古老而年轻的城市，再一次因水而兴，迸发勃勃生机，创造更为美好的明天。

# 大 事 记

衡水市南水北调工程大事记主要记述了域内南水北调工程建设与管理的重要情况，同时也有部分与南水北调工程有关的重要事件。

## 1994 年

**11 月 22 日** 经衡水地区行政公署研究决定，衡水地区南水北调中线引江工程配套规划领导小组正式成立，负责衡水地域南水北调工程的规划前期工作。下设办公室在衡水地区水利局。

## 1995 年

**6 月 1 日** 《衡水地区引江规划》在河北省南水北调工程建设筹备处指导下，由河北省水利水电勘测设计研究院和石津灌区管理局组成协调组开始编制。同年 11 月，编制完成，并上报河北省。

## 1996 年

**5 月 31 日** 国务院批准撤销衡水地区，改设地级衡水市，同时撤销原县级衡水市、改设桃城区。衡水地区水利局改为衡水市水利局。衡水市水利局负责市域内南水北调规划工作。

## 2000 年

**11 月 18 日** 省政府召开"全省南水北调暨农田水利基本建设会议"，副省长郭庚茂强调要切实把城市水资源规划做好，以科学态度实事求是地提出南水北调的需水量。

## 2001 年

**1 月 1 日** 市水利局成立南水北调配套工程规划领导小组，组织各有关部门进行衡水域内南水北调工程规划事宜。

**7 月 14 日** 省城市水资源规划领导小组组织省计委、省水利厅、省建设厅、省环保局、省物价局等部门专家，在石家庄市对《河北省衡水市南水北调城市水资源规划》进行审定。

**11月1日** 国家南水北调"三线"规划方案全部通过专家论证。其中涉及衡水市中线、东线规划方案进入初步设计阶段。

**11月4日** 对衡水湖进行保护,为将衡水湖作为南水北调调蓄地创造条件。

**11月28日** 市水利局召开各县(市、区)水利部门负责同志参加的南水北调会议。开始规划具体引水线路和调蓄地,并确定衡水市供水网络为"两线引水以石津渠为主,多点调蓄以千顷洼为主"。千顷洼即衡水湖。

**12月24日** 市水利局专门成立南水北调工程建设筹备处(局内科室)。借调部分人员,具体负责衡水市南水北调工程前期筹备事宜。

## 2002 年

**6月26日** 根据《衡水市机构改革方案的通知》,衡水市水利局改名为衡水市水务局,明确组建衡水市南水北调工程建设开发筹备处并挂牌。增加差额事业编制8名,从市直水务系统内部调剂解决。

**10月10日** 中共中央政治局常委会审议并通过了《南水北调工程总体规划》。12月23日,国务院批复《南水北调工程总体规划》。市水务局有关科室组织学习。

## 2003 年

**3月1日** 市水务局编制完成《南水北调中线工程衡水市配套工程规划》呈报稿。

**8月8日** 省水利厅组织石家庄、廊坊、保定、沧州、衡水、邢台、邯郸七个设区市对南水北调配套工程进行规划汇总,至9月2日结束。

**10月1日** 市水务局进一步完善《南水北调中线工程衡水市配套工程规划》(初稿),确定11个供水目标,结合衡沧跨市干渠方案布置拟定三套不同输水线路。

## 2005 年

**5月16日** 省政府印发《河北省南水北调干渠工程基金筹集和使用管理实施办法》,规定从2005年到2010年,在南水北调工程受水区的石家庄、廊坊、保定、沧州、衡水、邢台、邯郸,通过提高水资源费标准增加的收入筹集,也可将现行水资源费部分收入划入基金。

**9月15日** 省召开南水北调配套工程可研阶段测量工作会议,并下达包括衡水在内的七个设区市可研阶段第一步测量工作任务。

## 2006 年

**1月1日** 市政府印发《关于衡水市南水北调干渠工程基金筹集和使用管理实施意见的通知》。从即日起,开始征收南水北调干渠基金。实行专款专用,纳入中

央财政预算管理。基金具体征收标准为：自备井取水为 0.75 元/t；城市供水企业取用地下水为 0.40 元/t，城市供水企业取用地表水为 0.2 元/t；从江河、湖泊、水库取水为 0.2 元/t。

**2 月 1 日**　市水务局编制完成《衡水市南水北调受水区地下水压采方案》。

## 2007 年

**10 月 30 日**　《河北省南水北调配套工程规划》编制完成，衡水为河北省七个受水地级市之一。

**11 月 13 日**　市南水北调工程可行性研究阶段第一步测量工作完成。涉及桃城区、深州市、安平县、武强县的供水管线测量任务。共完成纵断测量 89.1km、横断测量 89.45km。

## 2008 年

**1 月 23 日**　省政府工作报告中指出"河北省要构建'两纵、六横、十库'水资源保障体系"。其中，"两纵"即南水北调中线总干渠、东线总干渠；"六横"为廊涿干渠、沙河干渠、石津干渠、赞善干渠、邯沧干渠和天津干渠；"十库"为白洋淀、大浪淀、衡水湖、广阳水库四座平原调蓄水库，东武仕、朱庄、岗南、黄壁庄、王快、西大洋六座山区补偿调节水库。

**3 月 17 日**　衡水市市长在十一届全国人大一次会议上提出建议，将衡水湖作为华北地区南水北调的调蓄工程，特别是作为白洋淀引调黄河水的调蓄地，列入国家水利重点工程规划。

**4 月 27 日**　市编办批准设立南水北调工程建设委员会办公室。定事业编制 20 名，科级职数按一正一副配备。

**7 月 1 日**　经省政府同意，河北水务集团挂牌成立，系衡水市水厂以上南水北调工程建设单位。

**9 月 4 日**　市水务局制定《衡水市城市总体规划（2008—2020）》，确定衡水中心城区主水源为南水北调长江水，衡水湖地表水为预备水源，桃城区深层地下水为应急水源地。

**11 月 1 日**　省政府批复《河北省南水北调配套工程规划》，衡水市为河北省南水北调中线工程七个受水市之一。

**12 月 1 日**　河北水利水电勘测设计研究院对衡水湖西湖水源地进行规划设计。深入调研、多方论证，确定了西湖水源地工程初步建设方案。衡水湖西湖区规划为南水北调调蓄工程。

## 2009 年

**8 月 28 日**　全国人大代表专题调研组刘明忠一行到衡水市就南水北调工作进行

专题调研。初步确定衡水市南水北调为"两线引水，一湖调蓄"的总体方案，全市 11 个县（市、区）均在供水范围之内。

**12 月 19 日** 省委副书记、代省长陈全国主持召开省南水北调工程建设委员会第三次全体会议。衡水市市长出席会议。强调站在贯彻落实党中央、国务院决策部署的高度，高标准、高质量完成南水北调工程建设任务，建设精品工程、阳光工程、民心工程。

## 2010 年

**6 月 12 日** 全国政协人口资源环境委员会、国家林业局与河北省政府在北京联合主办"衡水湖湿地保护论坛新闻发布会"，衡水市市长公布衡水湖按照南水北调总体规划，已列入国家南水北调东线工程的调蓄工程。

**7 月 5 日** 省发展改革委、省水利厅、省南水北调办公室印发《关于同意将衡水湖调蓄工程纳入河北省南水北调配套工程第一步建设任务的函》。衡水湖作为重要调蓄地工程，列入河北省南水北调配套工程规划。

**11 月 23 日** 省国土资源局、省南水北调办公室印发《关于开展石津干渠土地预审工作的通知》，按省国土资源厅要求，委托衡水市南水北调办公室向当地市国土资源部门办理本行政区域内的石津干渠土地预审手续，12 月 30 日完成。

**12 月 13 日** 省南水北调办公室下拨衡水市南水北调办公室关于南水北调配套工程石津干渠前期工作的首次补助经费共 20 万元。

## 2011 年

**3 月 18 日** 省政府召开常务会议，提出向国家申请统一解决南水北调配套工程的用地指标。其中包括衡水市南水北调水厂以上输蓄水工程和各县（市、区）的地表水厂工程用地。

**4 月 26 日** 省南水北调办公室、省水利厅批复《关于河北省南水北调受水区供水配置优化成果》，确定衡水市 11 个县（市、区）年分配水量为 31012 万 m³。

**7 月 4 日** 市水务局编制《衡水市南水北调配套工程水厂以上输水管道工程可行性研究报告》。

**7 月 11 日** 市水务局印发《关于迅速开展南水北调配套工程前期工作的通知》，明确指出，按省确定的六大水库与长江水联合调配新思路，原规划的六县（市、区）建设的调蓄水库，不再建设，特殊情况可启动原有地下水厂，作为热备水源。

**8 月 5 日** 市南水北调办公室委托衡水金实岩土工程有限公司、衡水华泽工程勘测设计咨询有限公司，承担输水管道工程的工程勘察、测量及可研编制工作。编制水厂以上工程可研阶段测量工作大纲、可研报告工作大纲、可研报告技术大纲、可研阶段地质勘察工作大纲，要求 9 月 30 日前完成。

**8 月 10 日** 省南水北调办公室印发《河北省南水北调配套工程水厂以上输水管

道工程可行性研究工作 2011 年第一批经费计划》的通知，衡水市可研阶段前期工作经费省补 400 万元，地方配套 267 万元。

**9 月 30 日** 《衡水市南水北调配套工程可研报告》（初稿）编制完成。方案初稿按双排管编制，深州、武强、饶阳、安平、工业新区、武邑、阜城、景县 8 个供水目标，自石津干渠口门引水。衡水市区、冀州、枣强、故城 4 个目标口门设在衡水湖，该方案涉及跨市干渠衡水支线和沧州支线。

**12 月 1 日** 市调水办编制完成《衡水市南水北调配套工程水厂以上输水管道工程可行性研究报告》（送审稿）。

**12 月 7 日** 省南水北调办公室主任一行来衡水，听取衡水市水厂以上输水方案汇报。基本确定了衡水市的输水方案。此后衡水市水利设计院按照该方案深入做可研阶段技术工作。

# 2012 年

**1 月 10 日** 省南水北调工程办公室组织有关专家在衡水市召开项目审查会，部门负责人对《衡水市南水北调配套工程的可研报告》（送审稿）进行全面审查并出具审查意见。

**4 月 23 日** 省南水北调工程建设委员会办公室又一次组织有关专家在衡水市就《衡水市南水北调配套工程可研报告》（复审稿）进行审查审定。

**5 月 29 日** 省长张庆伟主持召开河北省南水北调工程建设委员会第四次全体会议，就加快工程建设进行安排部署，要求工作重点从南水北调中线干线工程转移到南水北调配套工程上来，明确省与沿线各受水市政府签订责任书，把各市负责的工程建设任务纳入政府考核目标。衡水市政府主要负责同志参加会议。

**5 月 30 日** 市政府副市长邹立基主持召开南水北调办公会。要求定期印发南水北调工作进度简报；明确水厂以上工程由市南水北调办负责实施，市区及工业新区水厂及以下管网建设由市水务集团负责实施，各县（市、区）水厂及以下管网由各县（市、区）政府负责实施。

**5 月 31 日** 衡水市政府召开市长办公会，明确市南水北调办公室与市环保局联合编制《衡水市南水北调水厂以上工程的环境影响报告书》。

**6 月 8 日** 市南水北调办公室与石家庄华诺安评环境工程技术有限公司签订了技术服务合同。

**6 月 11 日** 市南水北调工程建设委员会成立，市长杨慧任主任，副市长邹立基任副主任，11 个市直相关单位、11 个县（市、区）及工业新区、滨湖新区主要领导为成员。

**8 月 24 日** 衡水湖管委会发函同意衡水市南水北调配套工程穿越滏阳新河、滏东排河工程的施工设计方案。

**9 月 11 日** 市编办批准设置衡水市南水北调工程建设委员会办公室内设机构，

分别为综合科、投资计划科、设计与环境保护科和工程建设科，核定每个科室科级职数一正一副。

**10月8日** 河北水务集团与衡水市南水北调办公室签订水厂以上输水管道工程的初步设计委托协议。

**10月10日** 市南水北调办公室印发"水厂以上工程建设资本金分摊情况通知"，本着70%由省级筹措，30%由县（市、区）筹措原则，衡水市共分摊工程资本金2.5亿元，其中市级及桃城区、滨湖新区、工业新区1.5亿元、各县（市、区）1亿元，按时上缴省南水北调办公室专用账户。

**10月10日** 市政府根据用水指标、输水距离、工程难易，经研究，确定衡水市区及各县（市、区）的资本金分摊方案。

**10月22日** 市南水北调办公室印发《关于加快做好南水北调配套工程前期各项工作的通知》，要求各县（市、区）组建南水北调工程建设领导小组和县级南水北调办公室。

**11月1日** 市南水北调工程建设委员会第一次全体会议。贯彻国务院南水北调工程建设委员会第六次全体会议和省南水北调工程建设委员会第四次全体会议精神，安排部署衡水市南水北调工程建设各项工作。

**12月18日** 市南水北调办公室工作人员到位，开始正式办公。按编制20人，办公地点设在市水务局。系衡水市南水北调配套工程建设方代表、出资方代表和受水方代表单位。

## 2013 年

**1月4日** 省南水北调办公室印发《河北省南水北调配套工程水厂以上输水管道工程初步设计技术规定》（试行）。

**2月1日** 衡水市调水办对编制的市南水北调配套工程衡水湖线路进行调整。调整线路近40km，又重新进行业外勘察、测量。

**3月1日** 市南水北调办公室在银行单独设立基本户，正式开始建账。

**3月5日** 省南水北调办公室、河北水务集团批复同意《衡水市南水北调配套工程初步设计的单元划分和招标方案》，并要求委托具有甲级招标代理资质单位组织开展初步设计招标工作。

**3月7日** 市南水北调配套工程水厂以上输水管道工程的勘察、设计及征迁监理招标代理机构比选公告，在中国招标网公布。

**3月12日** 省南水北调办公室批复同意《衡水市南水北调配套工程初步设计单元划分和招标方案的请示》。水厂以上输水管道工程分为三个设计单元：第一设计单元为饶阳、安平、深州、武强线路，第二设计单元为阜城、景县线路，第三设计单元为衡水市区、工业新区、武邑县、冀州区枣强、故城线路。

**3月17日** 衡水市调水办召开南水北调配套工程征迁实物调查培训会议。

3月18日　河北水务集团批复成立衡水市南水北调配套工程建设管理中心，下设综合处、征迁环保处、财务处、设计与建设管理处，代表河北水务集团履行项目建设管理职责。

4月1日　省南水北调办公室确定，"安平—饶阳线路"和"景县—阜城线路"作为先期开工建设的控制性工程。

4月9日　河北水务集团拨付衡水市南水北调办公室第一笔石津干渠压力箱涵工程征迁补助经费70万元。

4月18日　河北水务集团主持召开南水北调配套工程水厂以上输水工程自动化系统设计接口设计研讨会。衡水等七个地市配套工程设计单位参加。会议确定了自动化系统的设计接口标准。

4月24日　市财政局拨付市南水北调办公室第一笔开办费10万元。

4月27日　市南水北调配套工程水厂以上输水管道工程勘察设计、征迁监理开标。招标代理机构为天津普泽工程咨询有限责任公司。本次招标分为3个勘察设计标段和2个征迁监理标段。

5月23日　省政府特邀咨询一行到衡水市南水北调输水线路进行考察。计划暂缓衡水湖南水北调水源调蓄地建设，讨论绕过衡水湖向周边县（市、区）供水的线路。

5月30日　省南水北调办公室委托省水利水电勘测设计研究院对衡水市中南部六县（市、区）的输水线路做出比选专题报告。设计院写出10套线路方案并汇报。

6月25日　省南水北调办公室和河北省水利水电勘测设计研究院，就衡水市南水北调输水线路比选情况，尤其是中南部六县（市、区）的输水线路，向省政府进行了专题汇报。

6月25日　省南水北调办公室拨付衡水市南水北调办公室石津干渠前期工作补助经费30万元。同日，拨付配套工程前期工作经费200万元。

7月1日　省设计院编制完成《衡水市南水北调中南部六县区输水线路比选专题报告》，报告指出中南部六县（市、区）规划输水线路全部绕开衡水湖湿地保护区；保持中南部各县（市、区）供水总量不变，另增加滨湖新区1处供水目标。

7月9日　市政府召开南水北调专题会议，议定衡水市南水北调工程输水线路方案。市长杨慧、常务副市长丁绣峰、副市长任民、市政府咨询邹立基出席会议。市南水北调办公室、市国土资源局、市规划局等单位的主要负责同志参加。自此，确定衡水市境内的南水北调工程输水线路。

7月11日　石津干渠压力箱涵衡水段工程，完成七个施工标段的划分工作。

7月31日　衡水市财政局拨付市南水北调办公室前期工作经费100万元。

8月14日　市政府办公室调整衡水市南水北调工程建设委员会成员。市长杨慧任主任；市委常委、市政府常务副市长董晓宇，市委常委、市政府副市长任民，市政府党组副书记、市政府咨询邹立基任副主任；市直相关单位主要领导及各县（市、区）长为成员。

**9月1日** 市南水北调办组织各县（市、区）南水北调建设单位开展"大干一百天"劳动竞赛活动。

**9月4日** 阜城县人民政府研究确定阜城南水北调地表水厂的位置。定于阜城镇郭塔头村东，武千公路南侧，占地 60.084 亩❶。

**9月30日** 河北水务集团批准衡水市南水北调配套工程水厂以上输水管道工程先期开工项目的招标分标方案。先期开工项目包括阜景干线、饶安干线。

**10月1日** 省水利水电勘测设计研究院编制完成《衡水市南水北调配套工程水厂以上输水管道工程可行性研究报告》（初稿）。

**10月17日** 省南水北调办公室组织有关部门对《衡水市南水北调配套工程水厂以上输水管道工程可行性研究报告》（送审稿）进行了评审。批复同意衡水市南水北调配套工程水厂以上输水管道工程开工项目（第一设计单元）饶阳—安平干线输水管道工程的初步设计。

**10月23日** 市南水北调配套工程先期开工项目上网刊登施工、监理招标公告。

**10月27日** 市南水北调办公室开办征迁安置工作培训班，邀请省南水北调办投资计划处负责同志，就如何做好征迁工作进行讲解。各县（市、区）南水北调办主任、副主任，市南水北调办全体人员，征迁监理及骨干业务人员等共80人参加培训。

**11月4日** 市调水办制定并印发《衡水市南水北调配套工程资金管理办法》。

**11月6日** 市政府组织召开南水北调配套工程征迁安置工作会议。市长杨慧，市政府党组成员、工业新区管委会主任刘玉华，市直有关部门及相关单位参加。会上，市政府与工业新区、滨湖新区和11个县（市、区）签订征迁目标责任书，与深州市、阜城县、武邑县签订《先期开工项目征迁安置任务与投资包干协议书》。会议要求明年3月底水厂以上工程全面开工。

**11月9日** 市南水北调办公室组织有关单位和专家对衡水市水厂以上输水管道工程第二设计单元（管道部分）施工设计详图进行审查并通过。

**11月17日** 市南水北调办制定并印发《衡水市南水北调配套工程价款结算支付办法》。

**11月18日** 衡水市南水北调办公室批复《阜城县征迁安置资金兑付方案》并开始征迁。

**11月21日** 河北水务集团拨付衡水市南水北调办公室水厂以上南水北调配套工程征迁资金 680 万元。

**11月26日** 省长张庆伟主持召开河北省南水北调工程建设委员会第五次全体会议。会上省政府与衡水市政府签订责任书，将南水北调工程建设列入对各县（市、区）及有关部门考核的重要内容。

---

❶ 1 亩 ≈ 666.67m²。

**11 月 27 日**　市南水北调配套工程水厂以上输水管道工程第一设计单元饶安干线先期开工项目施工、监理招投标工作开标。

**11 月 29 日**　市政府督查室对各县（市、区）的地表水厂及配水管网建设情况进行专题督查。

**12 月 3 日**　市南水北调配套工程建设管理第一项目部在武邑县马回台村设立，驻地督导工程建设。

**12 月 7 日**　市南水北调办公室批复《深州市征迁安置资金兑付方案》。

**12 月 16 日**　经省南水北调办公室批准，衡水市南水北调配套工程的先期开工项目饶安线、阜景线于 12 月 16 日正式开工。

**12 月 17 日**　省南水北调办公室批准，南水北调配套工程石津干渠沧州支线压力箱涵衡水段工程的初步设计。衡水段工程任务包括向衡水市的武强、阜城、景县以及沧州市的交河、吴桥、东光、泊头、青县等 8 个目标供水，最终输水到大浪淀水库。在满足城市、工业供水的情况下，兼顾武强县 9.19 万亩农田灌溉任务。工程线路长 89.944km。

**12 月 18 日**　市调水办制定的《衡水市南水北调配套工程水厂以上输水管道工程防洪评价报告》通过专家评审，并报省调水办。

**12 月 20 日**　市调水办《衡水市南水北调配套工程水厂以上输水管道工程水土保持方案报告书》通过专家评审。

**12 月 24 日**　武强县完成武强县永兴（徐庄）南水北调净水厂环保部门审查。

**12 月 26 日**　衡水市国土资源局批准《衡水市南水北调配套工程建设项目用地初审意见》。

## 2014 年

**1 月 2 日**　省水利厅批复《衡水市南水北调配套工程水厂以上输水管道工程防洪评价报告》。

**1 月 3 日**　省水利厅批复《关于衡水市南水北调配套工程水厂以上输水管道工程水土保持方案》。

**1 月 3 日**　省国土资源厅批复《关于衡水市南水北调工程水厂以上输水管道工程项目用地的预审意见》。

**1 月 7 日**　衡水市环境保护局批复《关于衡水市南水北调配套工程水厂以上输水管道工程环境影响报告》。

**2 月 1 日**　安平县发展改革局批复安平县路庄净水厂可研报告。工程总用地 63.22 亩，分两期建设。

**2 月 12 日**　市政府批复关于衡水市南水北调配套工程水厂以上输水管道工程三个设计单元的《征迁安置实施方案》。

**2 月 14 日**　市长杨慧主持召开衡水市南水北调工程建设委员会第二次全体会

议，贯彻落实省南水北调建委会第五次全体会议精神，对市南水北调配套工程建设安排部署。市政府与各县（市、区）分别签订南水北调水厂以上配套工程第一、第二、第三设计单元的征迁包干协议。

**2月28日** 省南水北调配套工程石津干渠沧州支线压力箱涵衡水市段建设监理开标。建设监理中标单位分别为河北天和监理有限公司、上海宏波工程咨询管理有限公司、重庆江河工程建设监理有限公司。

**3月4日** 市政府与深州市、武强县、阜城县签订石津干渠压力箱涵衡水段工程的征迁包干协议。

**3月12日** 省发改委审批通过《衡水市南水北调配套工程水厂以上输水管道工程可行性研究报告》，项目总投资24.48亿元。

**3月13日** 省南水北调配套工程石津干渠工程沧州支线压力箱涵衡水市段土建施工开标。确定3个施工监理单位、5个材料供应厂家和7个施工单位。

**3月15日** 省国土资源厅批复《衡水市南水北调配套工程水厂以上输水管道工程地质灾害危险性评估报告》。

**3月26日** 河北水务集团纪委书记魏敬东等一行，就加快工程建设、加强人员管理、保证安全生产，到衡水市南水北调工程阜景干线现场检查指导工作。

**3月28日** 河北水务集团主任、副主任，与石津灌区管理局、天津水利设计院等负责同志先后到衡水市石津干渠沧州支线衡水段压力箱涵工程武强段、水厂以上输水管道武邑段工程现场调研。

**3月28日** 北京市政协城建环保委主任、北京市南水北调办公室主任一行，在省南水北调办公室主任陪同下，到衡水市考察水利工程建设管理工作。市政府党组副书记、市政府咨询，市政协副主席陪同考察。

**4月8日** 河北省委书记、省长就南水北调受水区的地下水超采治理情况到衡水调研。

**4月14日** 市南水北调办公室批复《衡水市南水北调配套工程桃城区征迁安置资金兑付方案》《衡水市南水北调配套工程安平征迁安置资金兑付方案》《河北省南水北调石津干渠沧州支线压力箱涵工程衡水段深州征迁安置兑付方案》。

**4月22日** 市南水北调办公室批复《衡水市南水北调配套工程深州市征迁安置资金兑付方案》。

**4月22日** 深州市政府与阳煤集团深州化工有限公司签订《深州市深化净水有限公司建设框架协议书》。

**4月24日** 市南水北调办公室批复《河北省南水北调石津干渠沧州支线压力箱涵工程衡水段武邑县征迁安置兑付方案》。

**5月4日** 市南水北调办公室批复《衡水市南水北调饶阳县征迁安置资金兑付方案》。

**5月5日** 市南水北调办公室批复《衡水市南水北调故城县征迁安置资金兑付

方案》。

**5月6日** 市南水北调办公室批复《衡水市南水北调配套工程武强征迁安置资金兑付方案》。

**5月7日** 市南水北调办公室组织监督、监理、施工、设计及管材厂家等单位负责同志和技术人员，就南水北调配套工程水厂以上输水管道第二设计单元第一标段，首次实施了1000m管道试压试验。

**5月7日** 市南水北调办公室批复《衡水市南水北调配套工程武邑征迁安置资金兑付方案》。

**5月9日** 市人民检察院副检察长刘金星等一行3人，就进一步推进预防职务犯罪工作，到市南水北调办公室专题调研指导，并在一线建管项目部设立了首个预防职务犯罪办公室。

**5月12日** 河北水务集团拨付衡水市南水北调办公室石津干渠压力箱涵工程征迁资金2500万元。

**5月16日** 阜城县人民政府对南水北调地表水厂建设项目进行立项批复。

**5月18—19日** 北京市政府党组成员夏占义带领北京市南水北调办等部门负责人到衡水调研南水北调建设情况。

**5月21日** 市召开重点项目现场观摩拉练会，市委书记、市长讲话。市四套班子领导出席会议。会议实地观摩各县（市、区）南水北调配套工程项目，并进行进度排名。

**6月10日** 市南水北调办公室批复《衡水市南水北调配套工程衡水滨湖新区征迁安置资金兑付方案》。

**6月19日** 省南水北调办公室主任，省水务集团党委书记、主任一行，到衡水市南水北调配套工程第二设计单元阜景线施工现场、武邑县云齐净水厂调研。

**6月19日** 市南水北调配套工程水厂以上输水管道工程第一、第二设计单元、第三设计单元（除土建第1、第9标段外）发布招标公告，招标代理机构为河北华业招标有限公司。

**7月15日** 市南水北调办公室为缓解南水北调工作的紧张压力，增进各有关部门之间的团结和友谊，举办衡水市南水北调乒乓球邀请赛。

**7月18日** 市南水北调办公室组织由20名青年志愿者参加的自行车宣传队，环绕市区骑行，向沿途市民宣传南水北调的重要意义。

**7月28日** 市南水北调办公室组织监管、监督、监理、施工单位及材料供应厂家等部门负责人和技术人员29人，到南水北调中线天津干线保定段现场参观学习。

**7月31日** 市南水北调配套工程建设调度会议在市迎宾馆召开。市政府党组副书记、市政府咨询邹立基出席会议并讲话。各县（市、区）水务部门、市直有关单位负责同志共63人参加会议。会议要求全市水厂以上南水北调配套工程8月10日前完成征迁工作；各县（市、区）水厂占地土地组卷于8月10日前全部上报市国土局审核。

**8月9日** 市南水北调工程质量管理培训班在温泉宾馆举办。邀请省水务集团建管处副处长马建超授课,参加人员有各县市区南水北调办公室及相关部门负责人、市南水北调办公室全体人员、参与工程建设的各设计院项目负责人、主设计师、各工程监理和征迁监理单位的总监、材料供应单位的质量负责人、各施工单位的项目经理、总工程师等共约150人。

**8月19日** 安平县路庄净水厂工程(BOT项目)进行招标。5家公司参加竞标,保定建业集团有限公司中标。安平县南水北调地表水厂开工建设。

**9月12日** 市南水北调办公室批复《衡水市南水北调配套工程桃城区征迁安置资金兑付方案》。

**9月16日** 省南水北调办公室批复《衡水市南水北调傅家庄泵站初步设计》,至此,衡水市水厂以上配套工程可研初设全部获批。

**9月19日** 省南水北调办公室主任、副主任、河北水务集团主任一行6人来衡水调研指导南水北调工程建设。市政府党组副书记、市政府咨询陪同调研。

**9月28日** 武强县人民政府经过考察、洽谈、研究决定,武强县永兴(徐庄)南水北调净水厂为北控水务(中国)投资有限公司签订BOT特许经营协议。武强县南水北调地表水厂开工建设。

**10月16日** 武强县永兴(徐庄)南水北调净水厂举行开工奠基仪式。

**10月17日** 市政府召开专题警示约谈会议,并对南水北调工程建设进行调度。市长杨慧出席会议并作重要讲话,市委常委、副市长任民,市政府党组副书记、市政府咨询邹立基出席会议,各县(市、区)政府和工业新区、滨湖新区管委会主要负责同志参加会议。

**10月20日** 冀州市完成南水北调地表净水厂工程一期(BOT项目)的招标工作。地表水厂开工建设。

**10月21日** 市政府党组副书记、市政府咨询邹立基带领市南水北调办公室、市水务集团等单位有关负责同志,先后到桃城区、工业新区、武邑县、武强县、阜城县、深州市和冀州市,就南水北调配套工程建设情况进行调研。调研至28日,并召开座谈会。

**10月23日** 市南水北调水厂以上输水管道工程第三设计单元第10标段首批120根PCCP管材送达施工现场,并顺利通过各方验收。

**11月1日** 深州市南水北调净水厂举行开工奠基仪式。地表水厂开工建设。

**11月4日** 市南水北调水厂以上输水管道工程第三设计单元第13标段的1km试验段沟槽开挖工作顺利通过验收。

**11月5日** 省物价局、省水利厅组成联合督导组来衡水督导南水北调中线工程供水用水价格测算工作,并召开用水价格测算工作片区督导会。

**11月13日** 景县青草河水厂工程(BOT项目)公开开标,北京桑德环境有限

公司中标。景县南水北调地表水厂开始建设。

**11月25日**　阜城县水务局与河北如成建筑有限公司签订阜城县地表水厂建设合同。施工单位、监理单位开始进场，阜城县南水北调地表水厂开工建设。

**11月27日**　故城县南水北调地表水厂杏基净水厂通过公开招投标，采取BOT模式，确定由北京桑德环境工程有限公司为投资、建设、运营主体，运行期限为30年，12月9日，故城县南水北调地表水厂正式开工建设。

**12月12日**　南水北调中线正式通水，北京市民开始饮用长江水，为衡水市利用南水北调中线引水提供条件。

**12月15日**　衡水市武邑县南水北调云齐净水厂开工建设。

**12月17日**　枣强县南水北调地表水厂完成了BOT招标工作。确定由恒润集团投资建设。

**12月24日**　省审计厅来衡水对南水北调工程建设进行审计，并在衡水市召开南水北调配套工程审计进点见面会。

## 2015年

**1月5日**　衡水市南水北调配套工程水厂以上输水管道第三设计单元第2标段在全市率先完成管道安装铺设任务。

**1月6日**　省住房和城乡建设厅印发《南水北调河北受水区城市供水安全保障技术指南》，为衡水市南水北调地表水厂建设、调试提供了技术参考依据，并明确了出厂水和管网水水质要满足《生活饮用水卫生标准》（GB 5749—2006）要求。

**1月14日**　冀州市南水北调地表净水厂开工建设。

**1月21日**　市南水北调办公室以"衡水市2015年'三下乡'集中示范活动"为契机，与桃城区水务局、衡水市节水办等4个涉水部门，在桃城区河沿镇集贸市场，开展涉水宣传活动。

**1月23日**　河北水务集团主任等一行3人，先后到衡水市石津干渠压力箱涵（衡水段）工程第2～第4标段施工现场实地抽查南水北调工程建设情况。市南水北调办公室及各相应标段的负责同志现场汇报了南水北调工作进度。

**2月11日**　饶阳县人民政府与北京北控水务集团签订饶阳县南水北调地表水厂BOT建设协议，建设单位为北控水务集团。饶阳南水北调地表水厂进入建设阶段。

**3月1日**　枣强县南水北调地表水厂开工建设。

**3月4日**　省水利厅副厅长、省南水北调办公室主任张铁龙一行8人，来衡水市就南水北调配套工程建设工作进行实地调研。市委副书记周金中出席座谈会，市政府党组副书记、市政府咨询邹立基陪同调研。市南水北调办公室、市城乡规划局、市国土资源局等市直有关部门负责人及省水利水电勘测设计研究院主要设计负责人参加调研。

**3月22日**　第23届"世界水日"，即第28届"中国水周"第一天，市南水北调办公室联合 13 个有关单位 50 余人，以"节约水资源，保护水安全"为主题，在市区人民公园北门，开展"世界水日"系列水务宣传活动。

**3 月 22 日** 市工业新区南水北调地表水厂开工建设。建设单位为衡水工业新区投资建设集团。

**4 月 16 日** 市长杨慧主持召开市政府第二十七次常务会议，对南水北调配套工程建设和地下水超采综合治理工作进行部署。

**4 月 25 日** 市南水北调办公室组织石津干渠压力箱涵衡水段工程项目现场观摩拉练。市南水北调办公室、省质量监督站衡水巡视组负责同志，标段监理单位总监、施工单位项目经理和技术负责人参加活动。

**4 月 26 日** 北京桑德环境有限公司承担景县南水北调青草河水厂项目，并开始进场施工。

**5 月 1 日** 故城县南水北调杏基净水厂奠基、开工建设。

**5 月 5 日** 市南水北调办公室批复《衡水市南水北调配套工程枣强县征迁安置资金兑付方案》。

**5 月 26 日** 饶阳县南水北调地表水厂奠基、开工建设。

**6 月 10 日** 省人大常委会委员、城建环资委副主任委员冯世斌率调研组来衡水市调研南水北调工程建设情况。

**6 月 11 日** 国务院南水北调办公室副主任张野、建管司司长李鹏程、投计司司长于合群及中线干线工程建管局局长张忠义等一行 6 人，在省南水北调办公室副主任宋伟陪同下，就南水北调配套工程建设工作来衡水市调研。衡水市主要领导分别陪同调研。

**6 月 17 日** 省委、省政府工作人员对衡水市南水北调项目抽查考核。冀州市南水北调地表水厂代表衡水接受考核，获得好评。

**6 月 19 日** 中国南水北调报、河北电台、河北电视台、河北日报、河北经济报、燕赵都市报等多家省级新闻媒体记者一行 10 余人到衡水市集中采访南水北调配套工程建设。省、市南水北调办公室主要负责同志陪同并接受采访。

**6 月 30 日** 市长杨慧主持召开市长办公会议，强调要紧紧围绕南水北调地表水厂建设等重点项目，对市委市政府确定的重要工作，集中开展督查，层层传导压力，确保工作落实，圆满完成今年任务。

**7 月 23 日** 省南水北调办公室主任张铁龙，河北水务集团主任等一行 6 人到衡水市就南水北调配套工程建设工作进行调研。衡水市政府党组副书记、市政府咨询邹立基陪同。

**7 月 23 日** 故城县杏基净水厂工程建设完工。

**8 月 1 日** 武邑县南水北调配套工程大刘庄加压泵站开工。

**8 月 5 日** 市南水北调配套工程建设调度会议召开，市委常委、副市长任民出席会议并讲话。市南水北调办公室，各县（市、区）主要负责同志等 20 多人参加

会议。

**8月5日** 市长杨慧主持召开全市南水北调重点项目工作调度会，听取南水北调地表水厂和配套管网工程等重项工作汇报，强调各县（市、区）一天一报告、部门三天一汇总，确保重项工作扎实有序推进。

**8月12日** 市长杨慧、市政府党组成员李哲民、市南水北调办公室负责人一行到故城县杏基净水厂进行调研，督导工程建设。

**8月12日** 河北省住房和城乡建设厅等一行到衡水调研南水北调地表水厂建设情况，实地查看饶阳县南水北调地表水厂工程。

**8月13日** 市委常委、副市长任民召集市南水北调办公室、国土资源局、水务集团和桃城区、工业新区有关负责同志，就市区南水北调配套工程建设征迁安置工作进行现场调度。市政府党组成员、工业新区党工委书记、管委会主任姚幸福陪同。

**8月15日** 饶阳县南水北调配水管网开工建设。

**8月21日** 衡水市滏阳水厂为接纳江水，升级改造工程开工建设。

**8月30日** "水润燕赵 美丽河北"系列采风活动暨河北省水利系统第二期摄影骨干培训班在衡水市冀州区举办。与会人员实地参观市南水北调工程部分线路、傅家庄泵站，以及冀州市南水北调地表水厂等水利工程的建设情况，组织摄影人员进行了现场创作。

**9月12日** 市长杨慧主持召开全市经济形势分析暨重项工作调度会，指出域内南水北调地表水厂和配套管网工程要在保证质量和安全的前提下，全面加快工程建设，确保如期通水。

**10月15日** 经市政府批准，衡水市开始上报2015—2016年的引江水计划，计划用水量共计6890.81万 m³，占省分水指标的22.22%。

**10月19日** 石津干渠沧州支线压力箱涵衡水段主体工程建设完成。

**11月1日** 石津干渠沧州支线压力箱涵衡水段工程，担负着衡水市阜城、景县、武强，以及沧州市部分县（市）的供水任务。

**11月2日** 市委常委、副市长韩立群到桃城区、工业新区调研南水北调工程建设进度情况。

**11月7日** 市南水北调办组织举办南水北调工程文化建设研讨会。会议邀请王习三、王学明、田茂怀、张运涛、常海成、丁志勇、张彦州等专家学者，共同研讨南水北调文化建设。

**11月12日** 省南水北调办公室主任张铁龙一行来衡水调研南水北调配套工程建设，要求年底前完工通水。市长杨慧、副市长韩立群陪同。

**12月4日** 省南水北调办公室督察组来衡，就衡水市南水北调地表水厂及配水管网工程建设情况进行督导检查。市委常委、副市长韩立群出席汇报座谈会。

**12月6日** 衡水市南水北调市区线路穿越滏阳河工程，经过9天连续昼夜奋战，顺利完成了定向穿越施工，提前 11 天完成重点建设项目。

**12 月 20 日**　景县输水线路上的穿越邯黄铁路工程完工。

**12 月 25 日**　市南水北调办公室组织书法界、文学界、摄影界的知名艺术家和部分文艺骨干 30 余人，到河北省南水北调工程总干渠、衡水市南水北调重点工程进行了实地考察，创作出了一批反映工程建设的艰苦历程、奋斗精神及社会各界积极参与的不同形式文艺作品。

**12 月 31 日**　市南水北调压力箱涵工程完工通水，水厂以上管道工程完成 90%以上，仅剩市区线路调整段 39km 仍在建设。各县（市、区）地表水厂及配水管网工程完成、达到通水条件。同时，安平线路及安平地表水厂开始试通水。

## 2016 年

**1 月 20 日**　市南水北调水厂以上输水管道工程安平线路首先实现了通水试运行。

**2 月 1 日**　《河北省南水北调配套工程供用水管理规定》正式施行。市南水北调办公室组织宣传学习活动。

**2 月 16 日**　衡水市五届人大四次会议将"2016 年着力推进南水北调，新建 12 座地表水厂全部投入运行，年引用长江水 6200 万 m³ 以上"的情况写入政府工作报告。

**3 月 1 日**　市南水北调工程和乐寺泵站开始向安平县和饶阳县水厂供水。

**3 月 22 日**　市召开主城区（桃城区、工业新区、滨湖新区）南水北调终端水价调整听证会。出席听证会的有消费者、经营者、专家学者、政府部门及群团组织有关代表 25 人。同日，市南水北调办公室组织了第 24 届"世界水日"和第 29 届"中国水周"宣传活动。

**4 月 5 日**　枣强县地表水厂建设完成。

**4 月 11 日**　衡水市发展改革委公布衡水市 2016 年重点市政工程的"3 个 10"计划，其中南水北调衡水市区供水工程要求年内建成投用。

**4 月 25 日**　河北省南水北调办在衡水市召开全省南水北调志书观摩交流会议。河北省南水北调办副主任李洪卫发言指出，号召学习衡水修志经验。

**5 月 13 日**　市主城区滏阳水厂工程开始试通水调试。

**5 月 20 日**　饶阳县地表水厂开始通水运行调试。

**5 月 30 日**　安平县地表水厂开始正式通水试运行。

**6 月 2 日**　省调水办主任张铁龙来衡调研。市委常委、副市长韩立群陪同调研。张铁龙先后到石津干渠压力箱涵、工业新区战备路、穿越京九和石德铁路、滏阳水厂、傅家庄泵站等南水北调配套工程施工现场实地察看，现场研究、帮助协调解决工程建设中遇到的突出问题。

**6 月 8 日**　承担衡水市主城区、工业新区、武邑，以及冀州、滨湖新区、枣强、

故城供水任务的傅家庄泵站开始通电试运行。

**6月30日** 枣强县地表水厂开始运行调试。

**9月25日** 市南水北调工程实现全线贯通，成为全省第一个实现全线贯通的地级市。

**10月13日** 南水北调之水顺石津干渠进入衡水市境内，衡水市南水北调工程开始试通水。

**11月1日** 根据《衡水市南水北调水源切换实施方案》，南水北调水进入衡水市主城区供水管网，经过反复调试、达标后，按照长江水与地下水调配5：1比例，开始向市主城区正式供水。

**12月12日** 市调水办召集各界人士，召开南水北调中线工程全面通水座谈会，与会人员畅谈告别饮用苦咸水、高氟水历史的喜悦心情，并对10余年来的建设成就点赞。

**12月20日** 滨湖新区净水厂及配套管网工程项目，完成招投标工作。滨湖新区南水北调地表水厂开工建设。

## 2017 年

**1月6日** 南水北调工程运行衡水管理处首批聘用人员17人，在河北水利电力学院进行上岗技术培训，学员实地观摩学习市南水北调工程傅家庄泵站运行管理工作。

**1月13日** 省政府第102次常务会议召开，研究制定了《河北省推进南水北调配套工程建设和江水利用实施方案》，确定省南水北调办公室与受水区各市政府签订2017—2019年度供水协议。

**3月1日** 衡水市政府与河北省南水北调工程办公室签订《2017—2019年度南水北调配套工程供水协议》。明确江水消纳任务，落实江水消纳责任。会同省住房城乡建设厅开展南水北调水源切换攻坚行动。

**3月6日** 为使南水北调受水区水价调整工作规范有序和公正透明，衡水市物价局对衡水市水务集团市区供水定价成本进行公示。

**3月22日** 衡水市政府召开"衡水市主城区南水北调终端水价调整听证会"。当日，衡水市南水北调办公室组织干部职工上街开展世界水日宣传活动。

**3月23日** 国务院南水北调工程建设委员会办公室主任鄂竟平，就南水北调东线一期向北延伸应急供水工作来衡水市调研。省南水北调办公室主任张铁龙、市委副书记、代市长王景武陪同。

**3月24日** 市水利工作暨党风廉政建设工作会议召开。会议要求严格落实党风廉政建设主体责任，以责任追究倒逼任务责任落实。强调加快南水北调工程建设和水源切换，2017年围绕30％规划分水量、力争40％规划分水量的用水目标，确保年内完成9300万 m³ 的消纳任务，争取引江水达到1.24亿 m³。

**4 月 11 日** 枣强水厂正式启动水源切换。该水厂承担枣强县主城区饮用水的供水任务。

**4 月 18 日** 冀州区南水北调地表水厂举行了南水北调水源切换启动仪式，冀州城区市民开始饮用江水。

**4 月 26 日** 衡水各县（市、区）南水北调水厂全面建成、实现试通水。全市已累计引调长江水 9000 多万 $m^3$。

**5 月 1 日** 市物价局组织拟定的市主城区（桃城区、工业新区、滨湖新区）南水北调终端供水价格调整方案已经市政府常务会议批准，自 5 月 1 日，按照分步调整的原则实施。

**5 月 21 日** 市南水北调工程第一批上岗的水厂以上输水工程运行管理人员到河北水利电力学院进行上岗培训学习。

**6 月 28 日** 衡水市南水北调水厂以上工程运行管理处的首批运行管理人员签订上岗协议。

**7 月 1 日** 南水北调运行管理处按照《河北水务集团关于做好供水公司首批招聘人员管理工作的通知》，"首批拟聘人员的工资于 2017 年 7 月开始由公司统一发放；2017 年 6 月（含）之前的各类薪酬仍由原用人单位按各市管理处规定办理。"

**7 月 12 日** 市政府召开第六次常务会议。市长王景武主持会议，要求全力保障饮用水水源安全，加强南水北调水源切换安全和应急管理，加快城镇应急备用水源工程建设，强化饮用水水质监测，实现从水源到水龙头全过程监管。

**11 月 15 日** 市召开 2017 年水利民生实事进展情况新闻发布会，市水务局通报全市南水北调工程建设运行情况。南水北调通水以来，省住建厅对南水北调配套工程滏阳水厂的水质进行了 106 项检测分析，所有指标全部达标。

**12 月 11 日** 市南水北调办公室为贯彻落实财政部《行政事业单位内部控制规范》，组织召开了内部控制规范贯彻实施动员及培训会议，并修订编制《衡水市南水北调工作内部控制管理制度》。

**12 月 12 日** 南水北调中线干线工程通水三周年，衡水市南水北调工程也全面建成进入试运行期。衡水市南水北调办公室开展上街宣传，利用公园 LED 屏、电视台、报纸等多种形式宣传南水北调工程成就。

**12 月 30 日** 衡水市南水北调主体工程建成，除滨湖新区水厂缓建外，其他县（市、区）水厂实现通水试运行。石津干渠压力箱涵衡水段工程线路长约 33km；水厂以上输水管道工程涉及全市每个县（市、区），线路长约 226km；原定规划建设的 12 座地表水厂已如期全部建成，后增加建设的滨湖新区水厂正紧张建设。全市铺设完成了水厂以下配水管网工程约 268km。

## 2018 年

**1 月 29 日** 省南水北调办公室组织开展南水北调工程完工财务决算编制工作。

衡水市工程造价审核任务由河北华信工程造价咨询公司负责承担，完工财务决算编制任务由北京瑞华会计事务所承担。

**2月26日** 河北供水有限责任公司成立安全生产委员会。衡水市南水北调工程运行设立专门安全生产管理岗位。

**4月14日** 南水北调中线工程开始向河北省滏阳河、派河、北易河等河流实施生态补水。这是南水北调中线工程运行以来首次正式向北方地区进行大范围生态补水。

**11月14日** 为提高防范和应对生产安全事故的能力，河北水务集团、河北供水有限责任公司于11月14—17日在廊涿干渠固安段开展PCCP输水管道应急抢修演练。衡水管理处组织人员到现场进行了观摩学习。

**12月29日** 衡水市水务局举行换牌仪式，衡水市水务局更名为衡水市水利局。衡水市南水北调工程建设委员会办公室摘牌，其相应南水北调建管职能并入衡水市水利局。

## 2019 年

**1月** 省水利厅召开南水北调配套工程运行管理工作提升大会，明确各设区市南水北调水厂以上工程开始建管分离，除保定市外，其他地市南水北调部门继续做好后续工程建设管理、不再兼顾运行管理。自此，全省水厂以上工程运行管理工作由河北供水有限责任公司负责，衡水市南水北调工程运行管理工作，移交给河北供水有限责任公司衡水管理处。

**6月12日** 衡水市水利局在衡水迎宾馆组织召开《衡水市南水北调工程志》评审会，市长吴晓华、市水利局局长王建明以不同形式听取专家意见并肯定修志成果。参加评审会的专家有杨洪进、梁勇、孙继胜、杨富中、孟朋文、吴恒青，省水利厅领导郭晨英。该志主编常海成及各位参编人员参加了会议。会议由衡水市水利局副局长杨志军主持。

# 第一章
# 水利环境

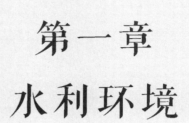

衡水，系历史上河流滚动频繁旱涝灾害频发的地区。千百年来，生活在这里的先民们与以水患为主要特征的自然灾害进行了长期斗争。新中国成立伊始，在中国共产党的坚强领导下，人们组织起来疏通河道、引水灌溉、打井抗旱，水利状况发生改变。尤其是改革开放以来，以先进生产技术利用水利资源，使工农业生产、人民生活发生了翻天覆地的变化。也出现了因水资源匮乏超采地下水的现象。国家实施南水北调为衡水送来长江水，缓解了衡水经济社会快速发展与缺水的矛盾，改善了水利环境。

# 第一节　自　然　地　理

衡水地处华北平原，微斜平地分布最广，农用耕地所占面积最大，园林草地面积少。气候四季分明，冷暖干湿差异显著。年内降水不均，旱涝无常。地表水资源匮乏，深层地下水是多年来支撑衡水市经济和居民生活的主要水源。

## 一、地理位置

衡水市位于河北省东南部，东经 115°10′～116°34′、北纬 37°03′～38°23′。平面图略似菱形，南北最长 125.25km，东西最宽 98.13km，面积 8815km²。东与东南面隔卫运河—南运河同山东德州市相望；东北部同沧州市接壤；西南与邢台市毗连；西部和北部分别同石家庄市、保定市为邻。京九铁路、石德铁路在此交叉，高速公路贯通全域各县（市、区）。

## 二、地形地貌

衡水市地处华北冲积平原，地势自西南向东北缓慢倾斜，海拔高度 30～12m。地面坡降，滏阳河以东为 1/8000～1/10000，以西为 1/4000。境内因经多次河流泛滥和改道，沉积物交错分布，形成许多缓岗、微斜平地和低洼地。缓岗为古河道遗留下来的自然堤，一般沿古河道呈带状分布，比附近地面相对高出 1～3.5m。饶阳、安平境内缓岗地貌十分普遍。微斜平地分布最广，是缓岗向洼地过渡的地貌单元。洼地分布很多，仅万亩以上大型洼地就有 46 个，其中冀州区、桃城区界内的千顷洼（现称衡水湖）为全市最大洼淀，总面积达 75km²。

## 三、土壤气候

市域土地大部分土质为砂土、砂壤土、壤土，适于粮棉、蔬果等作物生长。2017 年粮食种植面积 57.5 万 hm²，棉花种植面积 6.5 万 hm²，油料作物种植面积 3 万 hm²，蔬菜种植面积 8 万 hm²，瓜果种植面积 1.6 万 hm²。

衡水属大陆季风气候区，为温暖半干旱型。气候特点是四季分明，冷暖干湿差异较大。夏季受太平洋副高边缘的偏南气流影响，潮湿闷热，降水集中，冬季受西北季风影响，气候干冷，雨雪稀少，春季干旱少雨多风增温快，秋季多秋高气爽天气，有时有连阴雨天气发生。年内降水分配不均，约 70% 集中在 6—9 月。2017 年，全市平均降水量 481.9mm，折合降水总量 42.48 亿 m³，比上年偏少 8.8%，比多年平均偏少 5.5%。

## 四、地表水文

### 1. 河流、渠道

流经境内的较大河流有 9 条，分属于海河流域 4 个水系，潴龙河属大清河水系，滹沱河、滏阳河、滏阳新河属子牙河水系，滏东排河、索泸河—老盐河、清凉江、江江河属南大排河水系，卫运河—南运河属漳卫南运河水系。衡水市水系如图 1-1 所示。

全市现有渠道 1792 条（含石津灌区 1216 条），其中干渠以上 245 条，干渠以下 1547 条，这些沟渠与骨干河道串联交汇，构成纵横交错、四通八达的水系水网。

### 2. 湖塘

衡水历史遗留的湖塘较多，市域内共有坑塘 7129 个，其中 5 亩以上 4735 个，3～5 亩 1283 个，3 亩以下 1111 个。面积达 12 万亩。每到雨季积水很多，有些坑塘常年有水，为人民生活提供方便，有的汛期过后干涸起来，衡水历史上有"北海子""冀衡大洼"之称的千顷洼，现为衡水湖，自 1958 年开始建设平原水库，不断完善至今，已是衡水市最大的蓄水工程，总蓄水能力 1.88 亿 $m^3$，主要水源是卫运河、滏阳新河和滏东排河及汛期本流域的沥水和引黄水。2017 年，衡水湖入湖水量为 0.5349 亿 $m^3$；8 月 3 日衡水湖水位最高，为 20.86m，相应蓄水量 1.164 亿 $m^3$；5 月 22 日湖内水位最低，为 20.09m，相应蓄水量 0.8378 亿 $m^3$；年末蓄水量 0.9302 亿 $m^3$。

### 3. 自产水量

2017 年为平水年份，汛期没有大的降水过程发生，自产水量较少，平均径流深仅为 6.4mm（折合径流量 0.5673 亿 $m^3$），比多年平均径流深（8.2mm）偏少 22.0%。从行政分区看，工业新区径流深最大，全区平均径流深为 26.6mm；其次是桃城区，平均径流深为 17.6mm；武强县平均径流深最小，为 0.9mm。

### 4. 入出境水量

2017 年总入境水量 8.37 亿 $m^3$。在贯穿全市的河流中，卫运河（卫运河水量按 50% 计算）入境水量最大，为 3.34 亿 $m^3$，占全市总入境量的 39.9%；其次是滏阳河入境水量为 2.03 亿 $m^3$。按行政分区计算，故城县入境水量最大，为 4.25 亿 $m^3$。按流域分区计算，黑龙港流域入境水量最大为 5.02 亿 $m^3$；其次为滹滏区间，入境水量 2.97 亿 $m^3$，清南区入境水量 0.62 亿 $m^3$。

2017 年，总出境水量为 3.75 亿 $m^3$（卫运河水量按 50% 计算，出境水量包括四女寺枢纽入减河水量），其中滏阳新河出境水量最大为 1.91 亿 $m^3$，占总出境水量的 50.9%。全市各河总入出境水量差为 4.61 亿 $m^3$，主要用于农田灌溉和消耗于蒸发、渗漏。

## 五、地下水文

衡水市地表水资源匮乏，石津灌渠来水仅用于少数县（市、区）的生产或灌溉用水，每年从外流域调入水资源尤为宝贵。

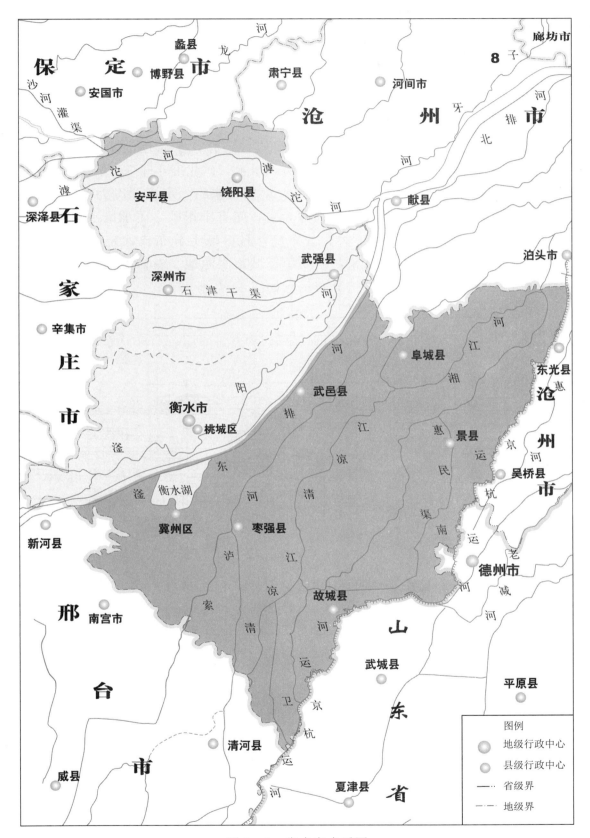

图 1-1 衡水市水系图

1. 地下含水组

在衡水市地下水垂向方向，主要划分为四个含水组。第一含水组，总厚度为50～70m，含水层岩性以细粉砂为主。除西北部的安平、饶阳为淡水外，其余区域均有咸水体，而在咸水体上部分布有条带状的浅层淡水，厚度一般10～30m，个别区域50～70m。第二含水组，厚度170～250m，含水层岩性以粉细砂为主，地下水具有承压性质。由于深层地下水严重超采造成咸水下移，水质逐渐恶化。第三含水组，含水层以中细砂为主，间有中粗砂。属承压水，矿化度小于1g/L。厚度180～200m。该组为目前深层淡水的主要开采层。第四含水组，底板深度为450～600m，含水层厚度100～140m。含水层以中细砂为主，间有中粗砂，属承压水，矿化度小于1g/L。该含水组黏性土层厚度大、分布广，且区域上分布较稳定，与上部含水层隔离好。该层目前仅有少量开采，主要用于城市水源地、农村连片供水及重点工业项目用水。衡水市地下水含水组分布示意如图1-2所示。

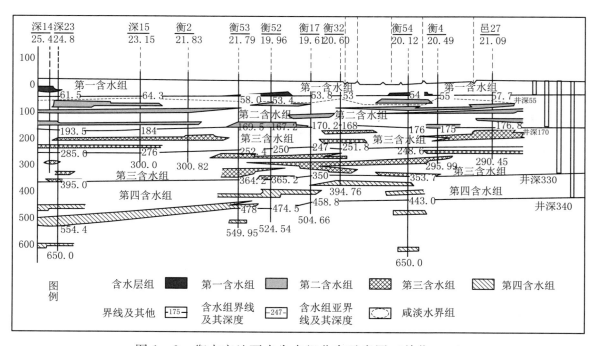

图1-2 衡水市地下水含水组分布示意图（单位：m）

2. 地热水

衡水市区、北部及东南部地区地热水储量相对丰富、水量大、温度高，而西北部地区地热资源则比较贫乏。在20世纪60年代农田供水勘查过程中，开始发现地下热水，揭示了地热资源的存在，1990年11月打成衡水市第一眼地热井。

全市总地热水资源量测算为$22557.48 \times 10^{16}$J，相当于标准煤$7696.93 \times 10^{6}$t，折合热能71523.90MW。衡水市平均地温梯度值3.16℃/100m，略高于大地梯度背景值（3℃/100m），垂向上可分为三个地热储层。一为上第三系中低温热水。开采深度为300～1200m，水温23～50℃，矿化度较低，水量较大。二为下第三系高矿化热水。开采深度 1000～1500m，水温可达 50～80℃，矿化度较高，由于综合利用条件限制，暂不宜开发。三为古潜山基岩高温热水及凹陷区上第三系高温热水。基岩高温热水埋深在 1500～2500m 以上，水温 60℃ 以上，矿化度较低，水量较大，水头高。

# 第二节　水　资　源　开　发

新中国成立后，衡水人民开始大规模开挖排沥河道、兴建防涝抗旱工程，进入二十世纪七八十年代，干旱缺水问题日益凸显，全面掀起了打井抗旱高潮，过多开采地下水，造成一定危害。据统计，年均超采地下水达 11.27 亿 m³，其中深层承压水超采 10.27 亿 m³，浅层地下水超采 1.0 亿 m³。地下水超采严重。进入 21 世纪后，大力推行节水型社会建设，重点是对地下水超采进行治理，保障经济社会可持续发展。

## 一、兴修水利

衡水自古以来水患成灾，历史上受黄河、漳河、滹沱河变迁影响，洪涝灾害为自然灾害之首。仅明清两代 500 余年间，就有洪涝灾害 129 次，平均 4 年一次。历朝历代修堤治水从未间断，特别是新中国成立后，海河流域经历了 1963 年特大洪涝灾害，衡水人民响应毛主席"一定要根治海河"的伟大号召，开始大规模开挖行洪排沥河道、兴建除涝抗旱工程，相继修建了大量闸涵和排灌扬水站，防洪、除涝、蓄水能力大幅增加。经过几代人奋战，有效克服了水旱灾害。保障了各项事业发展用水。

20 世纪 60 年代末，随着经济社会发展，各行各业用水量越来越多，上游兴建的蓄水工程越来越多，衡水地表来水越来越少，干旱缺水问题日益凸显。为解决工农业及生活用水难问题掀起了打井抗旱高潮。历经多年抗旱斗争，衡水实现了工业、农业跨越发展。

进入 21 世纪，衡水水资源短缺问题更加凸显。2017 年石津渠总引水量（按渠首计算）为 2.45 亿 m³，比上年引水量偏多 0.81 亿 m³，引用石津渠水的县（市、区）中深州用水量最大，为 1.81 亿 m³，占石津渠引水总量的 73.9％。通过引黄、引岳、引卫调水工程，合计调水量为 3.387 亿 m³，受水区域分别为衡水湖、阜城、景县、枣强、武邑、故城、桃城区、滨湖新区，用于农业及电厂生产。其中引卫水量为 1.983 亿 m³，引黄水量为 0.4958 亿 m³，引岳水量为 0.9089 亿 m³。衡水湖补水量为 0.5349 亿 m³。

2017 年，全市总供水量 14.95 亿 m³，其中地表水源供水量 2.58 亿 m³，地下水源供水量 9.20 亿 m³，外调水量 3.07 亿 m³，其他水源供水量 0.10 亿 m³。

其中农业用水 12.53 亿 m³，工业用水 0.87 亿 m³，生活用水 1.55 亿 m³。自然降水和上游来水无法满足生产生活需要，只能超采地下水，维持经济社会发展。

## 二、超采地下水

因连年大量超采地下水，在华北平原上逐步形成了以衡水市区为中心、面积 4.4 万 km²、中心埋深 120m 的复合型地下水大漏斗。超采地下水引发的地质问题日益显现，地面沉降、裂缝、咸淡水界面下移、机井报废率逐年上升。

衡水市年均超采地下水达 11.27 亿 m³，其中深层承压水超采 10.27 亿 m³，浅层地下水超采 1.0 亿 m³，全市"冀枣衡"漏斗由 1972 年的 2686km² 扩展到全境，漏斗中心水位埋深由 1972 年的 16m 增大到 119.53m，漏斗区底部由"冀枣衡"移向景县，加速了机井和机泵的更新换代，增加了农民负担和浇地成本，每年约有 40% 的机井出水不足，3.8% 的机井报废。新打机井必须要打到 200～400m 深才能水量充足。衡水市地下水漏斗区分布如图 1-3 所示。

衡水市浅层地下水超采面积 1066km²，占衡水市面积的 12%，均为一般超采区。超采区分布在安平县部分、饶阳县中西部，衡水市浅层地下水超采区分布如图 1-4 所示。

衡水市除安平县大部分、冀州区西部外，其余地区均为严重超采区，面积为 8076.6km²。衡水市深层地下水超采区分布情况如图 1-5 所示。

## 三、开源节流

进入 21 世纪后，衡水市逐步形成了以衡水湖为中心的引、蓄、供、排、灌工程框架体系，水利基础设施保障能力全面提升。卫千引水、中线引黄、中线引江、岗黄应急引水等调水线路相继建成；水利工程设施日益完善。全市完好的主要闸涵 199 处，其中各河道主要闸涵 37 处，小型闸涵 47 处，分干渠道以上的闸涵 115 处；全市修建 3 亩以上坑塘 6018 处；全市机井保有量达 7.5 万眼，咸淡混浇井组 12500 组，地下防渗管道达 2.7 万 km。近年，衡水市大力推行节水型社会建设，作为全国节水型社会建设示范区，大力实施以"引、蓄、节、调、管"为重点的地下水超采治理工程，使得全市水资源承载能力进一步提升。多年来卓有成效的水利建设，为抗御水旱灾害、促进经济社会发展发挥了重要作用。

由于衡水是资源型缺水城市，尽管水资源重复利用率不断提高，跑、冒、滴、漏、蒸发越来越少，但水资源仍不能满足社会快速发展需要，严重制约着经济社会可持续发展。

国家实施南水北调工程，对于衡水地区真可谓久旱逢甘霖，不但可以增加城镇生活和工业用水，改善人居生活条件，还可以改善水生态环境，提升农业应急灌溉保证率，改善农业生产条件。

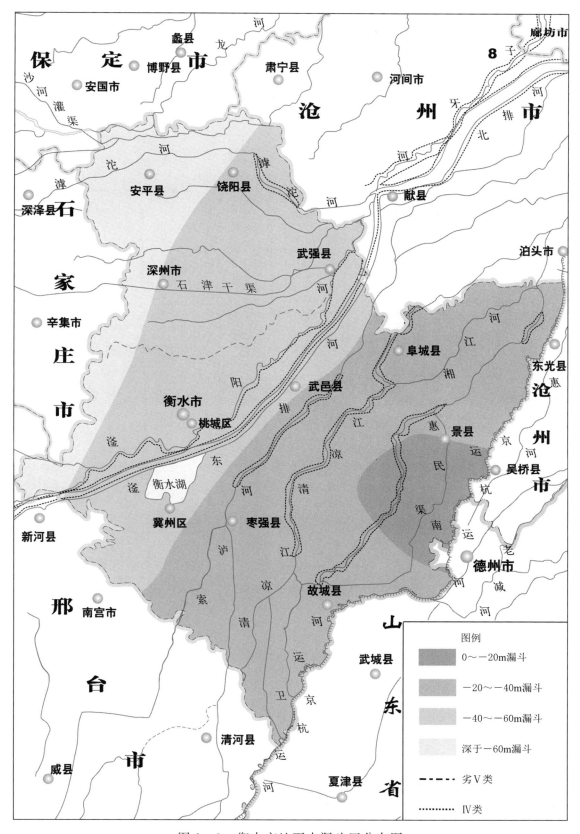

图 1 - 3　衡水市地下水漏斗区分布图

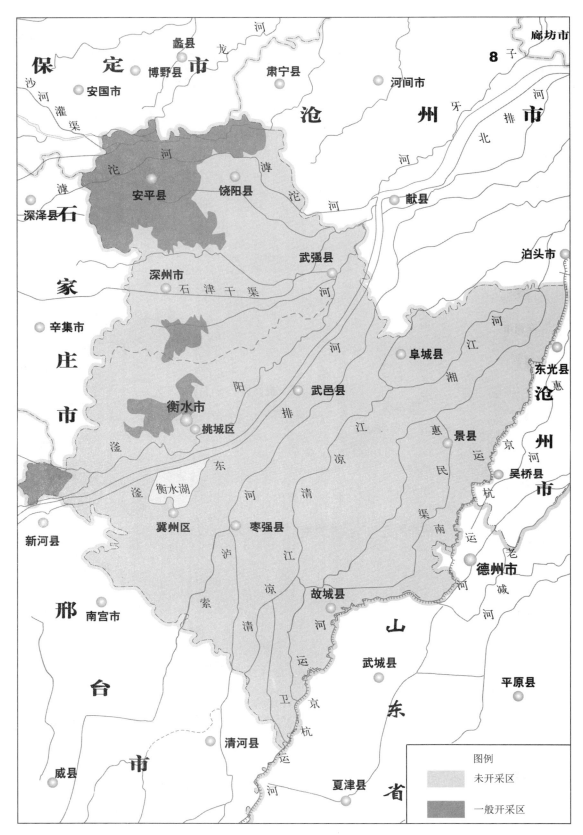

图 1-4 衡水市浅层地下水超采区分布图

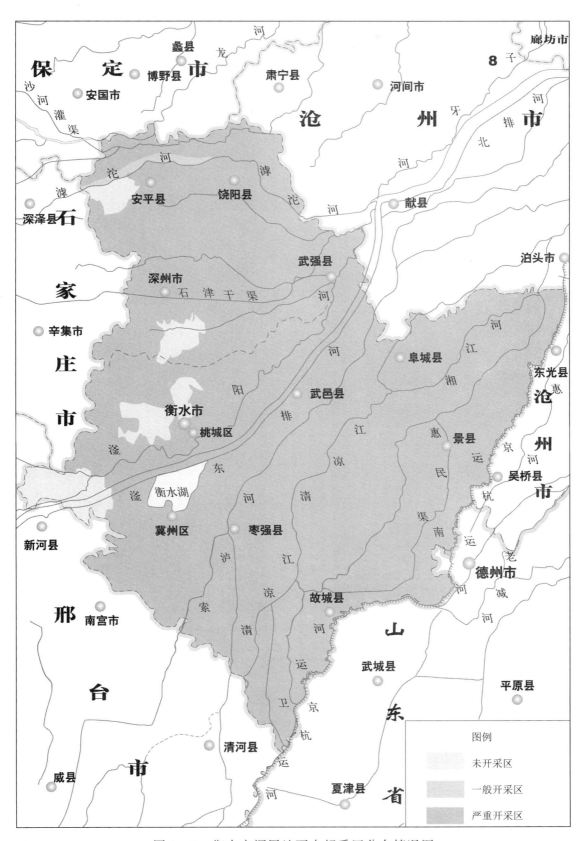

图 1-5 衡水市深层地下水超采区分布情况图

# 第二章
# 机构管理

南水北调工程是我国一项重大的国计民生工程。衡水市委、市政府根据国家和省南水北调工程建设规划安排，成立衡水市南水北调工程建设管理办事机构，并根据人事变化进行及时调整。严格落实南水北调工程建设项目法人责任制，积极发挥工程建设、运营的建管主体责任。在建设期间，各级管理部门对工程建设的质量、安全、进度、筹资和资金规范使用进行严格管控，保证工程如期完工、正式投入运行，同时在减少地下水的开采、恢复地下水生态环境、缓解社会用水矛盾、满足社会各界用水需求、促进经济社会可持续发展等方面，做了大量工作。

# 第一节　组　织　机　构

衡水市南水北调工程建设管理的组织机构，随着行政区划的变化而更名，工作人员随着工程建设的需要而不断调整。

## 一、规划设计阶段

1. 地区引江工程领导小组

1994年11月22日，衡水地区行政公署按照国家和省研究部署，成立衡水地区南水北调中线引江工程配套规划领导小组（图2-1）。这也是衡水市的南水北调工程最早筹建机构。以下为该领导小组人员。

# 衡水地区行政公署办公室

衡署办函字[1994]16号

衡水地区行政公署办公室
关于成立南水北调中线引江工程
配套规划领导小组的通知

各市县人民政府，行署有关部门：

为加强对引江工程配套规划工作的领导，经行署研究决定，成立衡水地区南水北调中线引江工程配套规划领导小组。人员名单如下。

　　组　　长：刘锡锋（行署副专员）

　　副组长：邹企领（行署副专员）

　　成　　员：魏荣彬（地区水利局局长）

　　　　　　　张禄夫（地区计经委主任）

　　　　　　　董万川（地区建委副主任）

　　　　　　　韩石利（地区财政局副局长）

　　　　　　　王书秀（地区环保局局长）

　　　　　　　王　义（地区水利局副局长）

领导小组下设办公室，办公地点设在地区水利局（电话222416）。办公室主任由王义同志兼任。

一九九四年十一月二十二日

主题词：机构　通知

衡水地区行政公署办公室　　　　　　　一九九四年十一月二十二日

（共印130份）

图2-1　1994年11月22日衡水地区行政公署办公室关于成立南水北调
中线引江工程配套规划领导小组的通知

组　　长：刘锡锋（行署副专员）

副组长：邹金锁（行署副专员）

成　　员：魏荣彬（地区水利局局长）

张稼夫（地区计经委主任）

董万川（地区建委副主任）

韩石利（地区财政局副局长）

王书秀（地区环保局局长）

王　义（地区水利局副局长）

领导小组下设办公室，办公地点设在衡水地区水利局，办公室主任由王义同志兼任。

衡水地区南水北调领导小组在充分调研勘测基础上，组织编制完成《南水北调中线工程衡水地区配套工程初步规划》（图 2-2）。该规划在河北省水利水电勘测设计研究院和石津灌区管理局组成的省"协调组"的指导下，由衡水地区水利局和衡水地区水利勘察设计院编制，于 1995 年 12 月完成并报经省水利厅审定。

南水北调中线工程
衡水地区配套工程初步规划

衡水地区水利局
衡水地区水利勘察设计院
一九九五年十二月

图 2-2　1995 年衡水地区南水北调中线工程衡水地区配套工程初步规划

1996 年，国务院批准撤销衡水地区，改设地级衡水市，衡水地区水利局改为衡水市水利局。衡水地区南水北调工程规划领导小组，改为衡水市南水北调工程规划领导小组。衡水市南水北调工程规划工作由衡水市水利局牵头推进。

2. 南水北调工程建设筹备处

为加快推进南水北调工作，2001 年，衡水市水利局组织成立了市水利局南水北调领导小组，由市水利局局长担任组长，组织协调各县（市、区）、市直有关部门提出引水线路和调蓄地，完成基本资料调查表，并上报省水利厅。同年 12 月 24 日，衡水市水利局组建南水北调工程建设筹备处，属于市水利局内设科室，人员从其他科处室暂时借调，具体负责衡水境内南水北调工程前期筹备工作。

2001 年衡水市水利局南水北调工作领导小组成员：

组　　长：高双臣

副组长：王　义

主要工作人员：杨志军　李　智　张彦军　王元培　颜世海　胡锐锋　魏荣彬

2002 年 6 月 26 日，根据《中共河北省委、河北省人民政府关于印发衡水市机构改革方案的通知》，衡水市水利局改名衡水市水务局，并进一步明确衡水市南水北调工程建设开发筹备处工作人员，在水务局引蓄水工程管理处基础上，增挂衡水市南水北调工程建设开发筹备处的牌子，人员从市直水务系统内差额事业单位在编人员中调剂解决。当时，工程仍处于规划阶段，工程建设尚未开始，正式人员尚未落实，具体工作仍由原借调人员承担。

随着国家南水北调工程的推进，2004 年 12 月 8 日河北省南水北调工程建设委员会及办公室成立。衡水市水务局为加强全市水资源管理，结合南水北调工程规划，邀请天津大学编制了《衡水市"一湖、两河、三系统"水资源优化调度总体规划》，对衡水市南水北调工程输水线路进行了设计深化。

2005 年衡水市水务局南水北调工作筹备成员：

局　　长：杨宝达

副局长：郑秋辉

主要工作人员：杨志军　王元培　王小兰

该筹备处配合省南水北调部门总体规划工作，参与前期输水线路调查、论证，确定衡水市"两线引水以石津渠为主，多点调蓄以千顷洼为主"的南水北调供水网络，并配合设计院开展域内南水北调工程规划设计。

## 二、建设管理阶段

### 1. 衡水市南水北调工程建设委员会

2008 年，为推进南水北调工程，省政府正式批复《河北省南水北调配套工程规划》，河北水务集团正式挂牌成立，该单位是省内南水北调水厂以上输水工程的项目法人，也是衡水市南水北调水厂以上工程的建设单位。

　　同年，衡水市正式成立了市南水北调工程建设管理委员会（简称市建委会），市政府市长为建委会主任，市直有关单位、各县（市、区）及工业新区、滨湖新区主要负责人为成员。同时设立衡水市南水北调工程建设委员会办公室（简称市调水办），机构规格为正处级事业单位，挂靠市水务局，核定事业编制20名，保证经费财政资金。

　　2010年9月，市政府办公室印发《关于印发衡水市水务局主要职责内设机构和人员编制规定的通知》，指出"南水北调工程前期和建设期的工程建设行政管理职能，由衡水市南水北调工程建设委员会办公室承担"（图2-3）。市水务局各部门原承担的南水北调相关工作转由市调水办负责。市调水办下设综合科、投资计划科、设计与环境保护科、工程建设科四个科室。

图2-3　衡水市南水北调工程建设委员会办公室

　　市建委会及调水办根据省调水办工作安排，开展南水北调工程建设前期准备工作，建立各县建设管理的办事机构，进一步调整区域内总体输水线路。2011年，历经数次勘察论证，汇报修改，基本确定衡水市南水北调工程的总体输水线路，并通过上级审核。2013年，又对中南部衡水湖线路进行优化，最终确定了全市南水北调输水线路。

　　2012年5月29日，省长张庆伟主持召开河北省南水北调工程建设委员会第四次全体会议，明确全省南水北调工作重心从南水北调中线干线建设转移到各地市南水北调工程建设上来，强调省与沿线受水市政府签订责任书，把各市县南水北调建设任务纳入政府考核目标。

2013 年，衡水南水北调工程开工时，市政府对市建委会的成员进行了调整补充和完善（图 2-4）。

建委会领导：

主　任：杨　慧　市政府市长

副主任：董晓宇　市委常委、市政府常务副市长

　　　　任　民　市委常委、市政府副市长

　　　　邹立基　市政府党组副书记、市政府咨询

建委会成员：

市政府党组成员、工业新区管委会主任

市政府常务副秘书长

市水务局局长、南水北调办主任

市发展和改革委员会主任

市科学技术局局长

市财政局局长

市审计局局长

市国土资源局局长

市住房和城乡建设局局长

市城乡规划局局长

市农牧局局长

市环境保护局局长

中国人民银行衡水市中心支行行长

衡水供电公司经理

市交通运输局局长

桃城区政府区长

冀州市政府市长

枣强县政府县长

武邑县政府县长

深州市政府市长

武强县政府县长

饶阳县政府县长

安平县政府县长

故城县政府县长

景县政府县长

阜城县政府县长

滨湖新区管委会主任

# 衡水市人民政府办公室

衡政办函〔2013〕57号

**衡水市人民政府办公室**
**关于调整衡水市南水北调工程建设委员会的**
**通　知**

各县市区人民政府，工业新区、滨湖新区管委会，市直有关部门：

经市政府研究决定，对市南水北调工程建设委员会进行调整。现将调整后的市南水北调工程建设委员会成员名单印发给你们。

图2-4　衡水市人民政府办公室调整衡水市南水北调工程建设委员会的通知

2016年11月，王景武任衡水市人民政府市长，兼南水北调建委会主任；2017年12月，王景武任中共衡水市委书记，吕志成任衡水市人民政府市长兼南水北调建委会主任；2018年10月，吴晓华任衡水市人民政府市长兼南水北调建委会主任，建委会委员曾相应调整。

2. **衡水市调水办**

在2013—2018年建设及运行期间，主要负责同志：主任负责南水北调全面工作；有两名副主任分别负责工程建设、综合事务、投资计划、征迁及运行等工作。

科室主要负责同志：

高成海　建设科科长、兼第一建管项目部负责人

王玉荣　综合科科长、兼第二建管项目部负责人

张　健　投资计划科科长

刘毓香　设计与环境保护科科长

市调水办单位职责：

负责贯彻落实国家及省南水北调工程建设的有关法规、政策及管理办法。

负责组织研究市南水北调配套工程规划、项目建议书和可行性研究报告以及初步设计等前期的有关工作。

协助、配合国家及省有关部门对南水北调工程中线石津干渠衡水段工程的建设监督检查工作；参与并负责衡水市南水北调主体工程建设资金筹措管理和使用；承办河北省南水北调工程建设委员会办公室交办的工作。

负责提出衡水市南水北调工程投资计划，以及因政策调整和不可预见因素增加的工程投资建议；负责市南水北调工程年度开工项目及投资规模的汇总；参与研究衡水市南水北调工程基金方案及供水水价方案，以及相关政策和管理办法的组织实施。

负责市南水北调配套工程建设质量、施工安全的监督管理；协调解决市南水北调配套工程建设中的重大技术问题；组织市南水北调配套工程的阶段性验收工作。

组织制订试运行期市南水北调配套工程运行管理方案。

负责区域内南水北调工程建设的信息宣传及新闻发布；承办上级南水北调部门交办的其他事项。

3. 市南水北调建管中心

在建设期间，根据省调水办、河北水务集团统一安排，2013 年 3 月 18 日，河北水务集团批复成立衡水市南水北调配套工程建设管理中心，下设综合处、征迁环保处、财务处、设计与建设管理处，代表河北水务集团，在工程现场履行项目建设管理单位职责，主要管理人员从市调水办在岗人员中调剂解决。市南水北调建管中心在岗人员 60 多人，其现场的管理人员从市水利系统其他部门借调解决。市调水办与市南水北调建管中心合署办公，市调水办主要负责全市南水北调工作行政管理职能，市南水北调建管中心主要是代表建设单位——河北水务集团，在衡水区域内，行使建设单位的驻地建设管理职能。

2013 年 12 月，为加强工程驻地管理，市调水办、市南水北调建管中心组织在武邑设立了驻地建设管理第一项目部；2014 年 6 月在枣强设立了驻地建设管理第二项目部。两个项目部分别负责衡水市南水北调工程的北、南两个片区，驻地督导协调工程建设。

市南水北调建管中心代表河北水务集团履行项目管理职责。

负责建管中心的财务管理、资金管理、计划管理、内部审计、人事劳动管理、党建工作、精神文明建设及廉政建设。

负责市南水北调中线输水工程建设的组织实施；负责组织市南水北调中线输水工程合同验收。

负责工程建设管理与运营管理衔接和规范转型工作。

完成河北省南水北调工程建设委员会办公室、河北水务集团交办的其他工作。

4. 各县（市、区）南水北调建设管理办事机构

在建设期间，按照省市南水北调工作统一部署，自 2012 年开始，衡水市区、冀州、枣强、武邑、深州、武强、饶阳、安平、故城、景县、阜城共 11 个县（市、区）均陆续组建了当地南水北调工程建设委员会、南水北调工程建设委员会办公室

等南水北调专门办事机构。

各县（市、区）南水北调建设委员会主任由各县（市、区）政府的主要领导担任，县直发改、财政、规划、国土资源、城管、建设、环保、公安、信访、林业、文物、电力、通信等部门主要负责人为建委会成员，按照职责分工，为沿线工程建设提供服务，做好当地南水北调工作。县（市、区）南水北调建委会办公室挂靠在当地水务部门，负责当地南水北调日常工作。

各县（市、区）南水北调办事机构主要职责：组织完成辖区内南水北调水厂以上输水管道工程的征迁安置，负责地表水厂及水厂以下的配水管网工程筹备、建设与运行管理，保证工程沿线环境安全，完善预案保证输水安全，编制年度用水计划，按照既定用水指标，组织用好用足长江水，并及时缴纳相应水费。

自2015年4月开始，衡水市南水北调工程项目陆续完工，安平线路、安平水厂首先进行了试通水调试。随后石津干渠压力箱涵衡水段、阜景泵站等其他工程也相继进行了通水压力试验、设备调试运行，工程质量合格。2016年10月，衡水市南水北调主体工程全部完工，达到全面试通水条件。按照省政府快用水、多用水，争取早日发挥工程效益的要求，经省调水办研究决定，于2016年年底衡水市南水北调工程开始陆续试水运行（图2-5）。

图2-5　军齐干渠试通水

### 三、建设后期调试运行阶段

2017年，衡水市南水北调工程进入全面试运行阶段。按照2017年7月4日河北省南水北调办公室印发的《关于进一步加强2017—2019年南水北调配套工程建设期运行管理工作的通知》，待2019年工程移交后，河北供水有限责任公司衡水管理处正常行使运营管理职能。在工程移交前，衡水市水厂以上工程的运行管理工作暂由市调水办代行负责。

1. 工程竣工移交前

根据省南水北调建委会决策部署，市调水办组织完成剩余工程建设；临时代行负责衡水域内水厂以上配套工程的运行管理职能；工程完工通水后，组织原有负责建设的人员转入试运行管理，负责各自工程的看护与运行；同时，市调水办聘用部分刚毕业大学生和社会懂机电的专业人员充实到泵站工程一线，确保工程建成后有人管理，发挥应有效益。并制定有关工程运行调度规程（图2-6），使其系统化、规范化。

图2-6　衡水市南水北调配套工程水厂以上输水管道工程
第一设计单元工程运行调度规程

为保证工程安全、通水安全，市调水办把全市南水北调工程运行管理工作暂划分四个片区，临时成立傅家庄、枣强、深州、武强四个管理所，负责辖区内线路的运行管理、安全管理、日常维护、应急处理等项工作，并制定了系列运行管理制度。

傅家庄管理所：负责市区、工业新区、武邑线路和冀枣滨故干线长约85.58km。办公地点设在冀州市傅家庄泵站。涉及市区支管调流阀站、工业新区支管调流阀站、武邑支管调流阀站三个调流阀站。

枣强管理所：负责冀滨干线、冀州支线、滨湖新区支线、枣故干线、枣强支线、枣强支管调流阀站、故城泵站、故城支线线路长为 47.123km。办公地点设在滨湖新区。涉及 3 个阀站、1 个泵站，即枣强支管调流阀站、冀州支管调流阀站、滨湖新区支管调流阀站、故城泵站。

深州管理所：负责安平县、饶阳县、深州支线线路长为 44.24km，涉及 2 个泵站、1 个阀站，即深州泵站、和乐寺泵站、安平支线调流阀站。

武强管理所：负责武强县、阜城县、景县线路长约 51.78km，涉及 2 个泵站、1 个阀站，即武强泵站、阜景泵站、阜城支线调流阀站。

2017 年 4 月，衡水市原计划建设的 12 座地表水厂均顺利完成江水切换目标。同年，在省、市南水北调办和河北水务集团组织下，河北供水有限责任公司公开招聘衡水市南水北调水厂以上工程首批聘用的正式运行管理人员，并于 2017 年 7 月正式上岗，投入到运行管理工作，由于衡水管理处尚未成立，首批聘用人员暂由市调水办负责管理。

2. 工程运行管理移交

2018 年，随着省、市国家机构改革方案的实施，省调水办职能并入了省水利厅。依据职能变革，同年 12 月 30 日，衡水市水务局改为衡水市水利局，原市调水办职能并入市水利局。2019 年 1 月，省水利厅召开"南水北调配套工程运行管理工作提升大会"，明确宣布各地市南水北调水厂以上工程开始建管分离，除保定市外，其他市调水办继续做好后续工程建设管理工作，不再负责已竣工项目的运行管理工作；同时，河北省成立南水北调运行管理领导小组，全省南水北调工程运行开始实行分片管理。自此，河北供水有限责任公司负责全省水厂以上工程运行管理工作，下辖的河北供水有限责任公司衡水管理处负责衡水域内南水北调水厂以上工程通水运行管理（不含石津干渠和军齐干渠）；衡水市南水北调工程项目的运行管理工作开始陆续办理移交事宜。

各县（市、区）水厂及水厂以下配水管网的南水北调运行管理工作仍由各县（市、区）政府部门负责。

## 附：建设期间上级主管部门

国家和省南水北调工程建设委员会是国务院与省政府下设的南水北调办事机构，国家、省南水北调办公室是国家、省建委会的日常办事机构。

南水北调水厂以上输水工程的建设单位和项目法人是河北水务集团，运行管理单位是河北供水有限责任公司，今简要介绍上级主管部门，便于对南水北调管理工作全面了解。

### 国务院南水北调工程建设委员会及建委会办公室

2003 年 7 月，国务院南水北调工程建设委员会成立。此建委会是我国南水北调工作最高层次的决策机构。建委会多次召开会议，研究决定工程建设重大方针、政策和措施，及时解决工程投资、建设部署、治污环保、征地移民等方面的重大问题。建委会主任、副主任由国务院常务副总理、国务院副总理担任。

2003年12月，国务院南水北调工程建设委员会办公室正式挂牌（图2-7），履行政府管理职能。其办公室（正部级）是国务院南水北调工程建设委员会的办事机构，承担南水北调工程建设期的工程建设行政管理职能，办公室机关行政编制为70名。

图2-7　国务院南水北调工程建设委员会办公室挂牌

2018年3月，根据第十三届全国人民代表大会第一次会议批准的国务院机构改革方案，国务院南水北调工程建设委员会办公室并入中华人民共和国水利部，不再保留国务院南水北调工程建设委员会办公室。

**国家南水北调中线干线工程建设管理局**

2004年7月13日，南水北调中线干线工程建设管理局（以下简称"中线建管局"），根据国务院南水北调工程建设委员会国调委发〔2003〕3号文件，经国务院南水北调工程建设委员会办公室批准成立，下设13个部门和4个直管项目建设管理单位。中线建管局是负责南水北调中线干线工程的建设和管理，履行工程项目法人职责的国有大型企业，在国务院南水北调工程建设委员会办公室的领导和监管下，依法经营，照章纳税，维护国家利益，自主进行南水北调中线干线工程建设及运行管理和各项经营活动，对中线干线工程进行建设管理。

**河北省南水北调工程建设委员会及省南水北调办**

2003年10月23日，河北省政府成立河北省南水北调工程建设委员会。2003年11月23日，河北省人民政府批准设立河北省南水北调工程建设委员会办公室，为省南水北调建委会的办事机构，挂靠河北省水利厅，主要职责是贯彻、执行国家南水北调工程建设的有关政策和管理办法；负责河北省南水北调工程建设管理工作，就省南水北调工程建设中的重大问题与有关设区市人民政府和省直有关部门进行协调；落实国家、省南水北调工程建设的相关重大措施。

2018年11月，河北省南水北调工程建设委员会办公室并入河北省水利厅，不再保留河北省南水北调工程建设委员会办公室。

**河北水务集团**

2008年7月1日，经省政府同意，河北水务集团正式挂牌成立，明确其为河北省南水北调配套工程水厂以上输水工程项目法人单位。根据省政府文件，河北水务集团负责河北省境内水厂以上南水北调工程建设（包括衡水市境内的水厂以上南水北调输水工程）。河北水务集团为省水利厅所属副厅级事业单位，南水北调工程建设期接受省南水北调工程建设委员会办公室有关业务指导。

内设机构：综合处、计划财务与投融资处、人事处（党委办公室）、供水与收费处、工程建设管理处，核定事业编制120名。在南水北调工程建设期间，经费来源于南水北调干线工程建设管理费和南水北调配套工程建设管理费；南水北调工程建成运营后，经费来源于供水收入。

**河北供水有限责任公司**

河北供水有限责任公司是河北省境内水厂以上南水北调工程的运行管理单位，其中南水北调通水后、衡水市境内的水厂以上输水管线的调水事宜及工程管护均由该公司统一管理。

2015年1月27日，省政府批复同意由河北水务集团和河北建投集团按照《河北供水有限责任公司运营初期机构设置方案》组建河北供水有限责任公司。公司内设7个部门，下设10个分支机构。7个部门包括：综合管理部、财务管理部、人力资源部（党办室、纪检监察室）、投资发展部、工程技术部（含仓储与工程维护中心）、审计法务部、调度中心。10个分支机构包括：廊涿干渠管理处、保沧干渠管理处、石津干渠管理处、邯郸管理处、邢台管理处、石家庄管理处、保定管理处、廊坊管理处、衡水管理处、沧州管理处。其中，衡水管理处设在衡水市区，管理范围为衡水市行政所辖区域内（不含石津干渠和军齐干渠）南水北调水厂以上配套工程。

# 第二节　管　理　体　制

根据《南水北调总体规划》，衡水境内南水北调工程建设实行"政府宏观调控、准市场机制运作、现代企业管理和用水户参与"的体制原则。实行政企分开、政事分开，按现代企业制度组建南水北调项目法人，由项目法人负责工程建设、管理、运营、债务偿还和资产保值增值全过程。水厂以上工程建设管理的总体框架分为政府行政管理、工程建设管理和决策咨询管理三个方面。建设期间，衡水市各县（市、区）水厂以上输水工程建设单位和项目法人是河北省水务集团；建后运行管理单位是河北供水有限责任公司；主管部门是省南水北调办；衡水市南水北调办是受省南水北调部门委托的二级建设管理单位。

## 一、政府行政管理

国务院南水北调建委会作为全国南水北调工程建设最高层次的决策机构，决定南水北调工程建设的重大方针、政策、措施和其他重大问题，是河北省南水北调建设委员会的上级主管部门；下设国务院南水北调办公室，是指导全国南水北调工作的日常办事机构。

河北省南水北调工程建设委员会（图 2-8），下设省南水北调办公室（副厅级单位），是衡水市南水北调建设委员会的上级主管部门，在建设期间，组织贯彻落实国家有关南水北调工程建设的法律、法规、政策、措施和决定；组织协调全省征地拆迁、移民安置；参与协调沿线节水治污及生态环境保护工作，检查监督工程沿线治污工程建设；对各市、县配套工程建设的组织协调，研究制定配套工程建设管理办法。

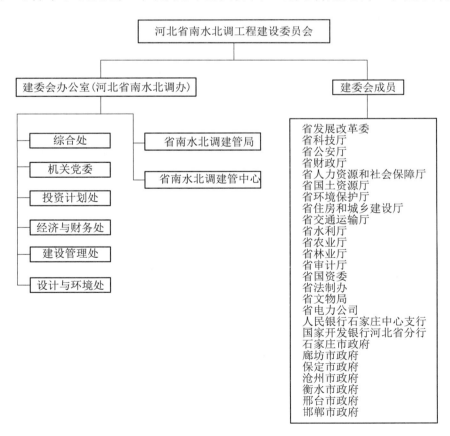

图 2-8 河北省南水北调工程建设委员会构成

衡水市南水北调工程建委会是辖区内南水北调工程建设的决策机构，研究部署全市南水北调配套工程的建设管理政策和措施，下设市南水北调办公室（挂靠市水务局、副处级单位）是市建委会的日常办事机构。负责落实市建委会的决策部署，履行水厂以上输水工程建设的行政管理职能，研究制定相关制度，协调解决有关问题，督导检查全市南水北调工程建设管理工作。

衡水各县（市、区）均成立南水北调建设委员会，下设建委会办公室或相应办事机构，落实衡水市南水北调建委会的南水北调决策部署，负责辖区内南水北调工程的建设管理工作。

省、市、县南水北调建设委员会的主任均由省、市、县政府一把手兼任，相关政府部门主要负责人为成员。

## 二、工程建设管理

南水北调工程建设管理，以南水北调工程项目法人为主导，涉及南水北调工程项目管理、勘测设计、监理、施工、咨询等建设业务单位的合同管理及相互之间的协调和沟通。建设期间，主体工程的项目法人对主体工程建设的质量、安全、进度、筹资和资金使用负总责；负责组织编制单项工程初步设计；协调工程建设的外部关系；承担南水北调工程项目管理、勘测（包括勘察和测绘）设计、监理、施工等事宜。业务单位通过竞争方式择优选用，实行合同化管理。

（1）水厂以上工程建设管理。河北水务集团是衡水市境内水厂以上输水工程的项目法人和建设单位，负责按照省政府确定的筹资方案，落实项目资本金和银行贷款，统贷统还。市南水北调办是辖区内受建设单位委托项目的二级建设管理单位，与河北水务集团签订委托建设协议，负责域内工程建设管理，接受河北水务集团的检查、监督；牵头组织实施辖区内征迁安置工作；履行建设单位的代表职责，督促协调各县（市、区）按时上交分摊的资本金和计量水费。

（2）水厂以上工程征迁管理。衡水市水厂以上输水工程的征迁安置工作实行"省建委会领导、市政府负责、县为基础、投资和任务包干"的原则。河北水务集团按照征迁概算与衡水市政府签订征迁包干协议，衡水市政府与各县（市、区）政府签订征迁包干协议。市南水北调办组织各县（市、区）按照设计单元，依据有关征迁政策、批复的补偿标准和核查的实物量，编制征迁安置实施方案，由市政府审批，报河北水务集团和省南水北调办备案。征迁安置实行监理制，建设单位——河北水务集团委托征迁监理公司对征迁工作进行指导和监督。征迁动用预备费经河北水务集团审查后，报省南水北调办批准。原则上征迁结余资金主要用于核减工程投资。

各县（市、区）政府负责辖区内水厂以上输水工程的征迁安置工作，筹集分摊的资本金，领导和监督受委托相关项目的建设管理，营造工程建设环境，加强工程沿线污染防治。各县（市、区）相关部门发挥职能作用，严格程序，提高效率，在配套工程的项目审批、土地预审、环境评价、防洪影响、水土保持、文物保护、安全评价等方面给予配合支持。各县（市、区）配套工程用地指标由省统筹解决。市政府与受水县（市、区）政府签订配套工程建设责任书，列入政府考核。政府督查室对配套工程建设进行全面督查。

（3）水厂及水厂以下管网工程建设管理。各县（市、区）的地表净水厂建设及水厂以下连通各用水户的配水管网建设由当地政府部门负责筹资、建设和组织运行管理。

**三、决策咨询管理**

建立政府决策咨询特聘专家制度，是新形势下政府部门推出的一系列加强政府决策支持服务措施的重要内容，是完善决策机制、创新决策方式，推进科学决策、民主决策、依法决策的重大举措。

在水厂以上南水北调工程的建设期间，河北省、衡水市政府均设立了特邀咨询岗位，聘请经验丰富的老干部、老专家指导南水北调工程建设。为科学规划全市南水北调输水线路，衡水市水利部门组织专业人员成立水资源环境评价领导小组，科学编制完善全市水资源使用报告，为南水北调规划提供可靠数据。衡水市南水北调部门聘请老水利专家、老学者担当规划和建设期间的技术顾问，代表政府部门对南水北调工程建设中的建设管理、生态环境、征迁安置及相关配套工作的推进进行检查和指导；有针对性地组织开展专题性调查研究活动。为南水北调工程的合理规划、规范建设、高效推进发挥了一定作用。

# 第三节 管 理 措 施

衡水市南水北调工作开展以来，特别是 2013 年 12 月开工后，按照国家和省、市部署要求，紧紧围绕工程建设通水目标，精心组织，科学安排，奋力拼搏，攻坚克难，各项工作顺利推进，成效显著。在实践过程中，根据地域环境、时代发展、工作特点，创建了完整而切合实际的管理方法，通过卓有成效的建设管理工作，充分彰显了衡水南水北调人献身、负责、求实的水利行业精神。

**一、拉练观摩，细化问责**

1. 政府现场拉练

南水北调工程是一项国家重点建设项目，由于各县（市、区）发展不平衡，南水北调工程建设进度不一样，为提高工作效率、统一规范标准，衡水市委、市政府领导现场办公，经常采取实地观摩拉练的方式（图 2-9），解决南水北调工程实际问题。2014 年 5 月，为全面掀起南水北调建设高潮，衡水市召开全市重点项目观摩拉练现场会，对南水北调工程建设进行现场调度，采取实名制打分，排名在媒体公布。会议由市委、政府、人大、政协四套班子领导出席，各县（市、区）委、政府，以及市直部门的主要负责人参加。观摩拉练结束后，大家纷纷表示，以这次项目观摩拉练为契机，进一步增强危机意识，正视问题，查找不足，学习先进，再接再厉，保证如期建成通水。现场观摩拉练方式，有力营造了全市解放思想、争先进位，加快工程建设的良好氛围。

图 2-9 2015 年 7 月，市长杨慧调研枣强水厂

2. 施工现场拉练

为加快施工进度、保证工程质量，市南水北调部门经常组织 30 多个参建单位进行现场观摩拉练。每到一处都认真听取建管人员和施工单位的情况汇报，了解工程建设进展，分析解决阻工问题，全力推动项目快速规范建设。

2015 年 4 月，衡水境内的跨市干渠——石津干渠压力箱涵衡水段工程进入攻坚阶段，市南水北调办组织召开了石津干渠压力箱涵衡水段工程观摩拉练现场会（图 2-10），邀请省质量监督站专业人员进行现场指导，全市水厂以上工程的监理单位总监、施工单位经理、设计技术负责人等约 40 人参加。会议实地抽查观摩了第 1、第 5 标段施工现场，随后召开交流座谈会，省质量监督站负责同志总结列举了外地南水北调建设中曾出现过的质量问题，结合衡水实际，就衡水市南水北调工程建设的重点部位、关键环节的质量控制提出了指导建议。

在建设推进中，通过现场观摩拉练，各参建单位进一步提高了建设管理水平。一是工程质量得到保障，没有发生任何影响工程运行的质量问题；二是始终将把安

图2-10 2015年4月，石津干渠压力箱涵衡水段工程观摩拉练现场会

全放在首位，没有发生过工程事故或人身伤亡事件；三是现场技术人员在岗在位，扎扎实实地组织好每个环节的施工；监理人员强化责任，严控质量，对有关问题做到早发现、早解决，切实把质量隐患消灭在萌芽状态。在每个单项工程完成后，迅速组织了达标验收，工程资料及时规范存档。

3. 细化问责机制

2014年10月，市政府领导作出重要批示，为确保南水北调工程按时完工通水，对南水北调工作懈怠、建设进展迟缓、影响全市通水目标的部分县（市、区）政府一把手实行警示约谈制度。依照市政府与各县（市、区）签订的目标责任状和省政府确定的通水目标，市政府督查室、市南水北调办联合开展专项检查督导（图2-11），严格问责机制，对组织不力、进展缓慢的，组织落实约谈制度，视情况通报批评或领导约谈。

市南水北调部门实行每周通报制度，每周将各县（市、区）的南水北调水厂及输水管网的建设情况，进行全市排名通报，印发各县（市、区）政府、报送市政府领导；并协调各参建单位不断优化施工建设方案，逐月逐周拉出工作计划，倒排工期目标，对穿越工程、征迁难点、工程节点等关键部位，选派专人现场盯办。在各级领导重视下，通过每周例会、每周通报、专项督查、现场拉练等多种形式，各参建单位加大人员设备投入，合理配置资源，采取有效措施，积极应对困难，有力保障了各建设项目按计划顺利推进。

图 2-11　市政府督查室、市南水北调办联合开展专项检查督导工业新区水厂建设

## 二、完善制度、规范行为

衡水市南水北调水厂以上工程是河北省南水北调工程的组成部分。在建设初期，衡水市组织大家学习落实省南水北调部门制定的一系列建设管理制度，结合本地实际工作，完善工作方案，努力构建统一标准的制度化体系，促进建设管理工作规范化、标准化。

1. 落实省南水北调规范性文件

在建设管理方面，2012年9月，衡水市南水北调建委会转发《河北省南水北调工程建设管理的若干意见》，对南水北调前期工作管理、工程建设管理、计划资金管理等进行了详细规定；同时转发《河北省南水北调配套工程水厂以上输水工程建设管理办法》，明确了水厂以上工程的建设管理责任，规范建设管理行为，对建管委托、工程变更、工程质量、工程安全等方面作出了规定性要求。

在征迁管理方面，2013年3月，为规范南水北调配套工程征迁安置资金使用管理，转发《河北省南水北调配套工程征迁安置资金管理办法》。

在供用水管理方面，2015年12月，为加强供用水管理，转发《河北省南水北调配套工程供用水管理规定》，对南水北调中线总干渠分水口门以下、地表水厂或者直供用水户以上的输水工程及其附属设施的供用水管理进行了详细规定。

2. 完善本地制度

为做好衡水市南水北调工程建设管理工作，市南水北调办积极开展探索和实践，在遵守国家和省出台的系列制度规定的基础上，又补充制定了一批规章制度，形成一套符合衡水市实际的管理体制。一是以学习贯彻党中央"八项规定"为契机，为集中开展整治"慵、懒、散"活动，衡水市南水北调工作中明确设立了外出请销假制度，在办公室门口设立了"干部职工出勤公示栏"，有效解决了干部职工上班迟到、中途离岗等行为涣散、纪律松弛的问题。二是为加强车辆管理，实现车辆管理的规范化和制度化，本着"安全、高效、节约、及时"的原则，制定完善《南水北调车辆管理办法》，公车管理水平进一步得到提升。三是为规范办公用品使用管理，本着厉行节约、反对浪费的工作原则，制定了《南水北调办公用品（设备）管理办法》，减少了铺张浪费，节约了成本，提高了办公效率。四是为加强南水北调配套工程价款结算工作程序化、规范化，细化各部门人员在工程价款结算中的责任，防止违规腐败问题发生，制定出台《南水北调工程建设资金管理办法》《工程价款结算支付办法》，进一步规范了干部职工的廉洁从政行为，维护了建筑市场的正常秩序。另外，还有"公文管理办法""档案管理办法""安全生产管理办法""会议接待管理规定""公开承诺制实施办法""三重一大决策制度"等（图2-12），通过规章制度的健全完善，有效保障了建设工作的开展。

图2-12　衡水市南水北调配套工程文件制度汇编

3. 强化制度落实

为落实制度，市南水北调办以规范工程建管为核心，各科室单位以遵循自我约束、化解问题、服务建设为目的，2014年衡水市水务部门开展了"三严三实"专题教育活动；2017年，在全市南水北调工作中开展了"建制度、强管理、优作风"规范管理年活动，并制定了《开展"建制度、强管理、优作风"规范管理年活动的实施方案》，进一步修订完善了单位制度体系。同时加强顶层设计，不断提高标准，结合国家和省出台的规范制度，不断细化当地的管理制度和规范流程，并注重制度学习培训、注重阶段性总结，努力提高工作效率，保障工作规范有序、流程顺畅。通过不断细化制度，努力形成了"工作有制度、标准可执行、检查有记录、经验能推广"的工作模式，全力打造具有衡水特色的南水北调工作全方位建设管理体系。

### 三、脚踏实地、锤炼作风

南水北调工程是造福千秋万代的惠民工程，来不得半点马虎，能否保证工程质量，实现通水目标，做到安全运行，是对求真务实作风的最终检验。

#### 1. 公正公开，扎实征迁

在衡水市南水北调工作中，征迁安置是关键节点、也是工作难点，征迁工作时间紧，任务重，涉及千家万户群众的切身利益，稍有不慎，就会给工程建设带来隐患，影响社会稳定。为快速征迁、保障施工，南水北调工作人员不怕辛苦，深入一线，扎实开展各项征迁工作（图2-13）。一是耐心细致做好工作。坚持动之以情、晓之以理、导之以法，把政策讲清楚，把道理说明白，耐心细致地做好群众工作，取得群众的理解和支持。二是实事求是，严格标准。切实增强政策和操作程序的透明度，真正做到"一把尺子、一个标准、一视同仁"，在群众的监督下阳光操作，以公开促公正，以公平促和谐，真正取信于民。三是扎扎实实、规范推进。严守法律政策底线，维护规划权威，坚定不移地保护合法征迁、打击非法骗取国家补偿。2013年12月，衡水市南水北调第一个先期开工项目顺利如期开工。2014年4月17日，《衡水日报》刊登了《他们依然在路上——南水北调工程实物核查工作印象记》专题文章，记叙衡水卓有成效的南水北调征迁工作，受到社会各界一致好评。

#### 2. 鼓足干劲，精准施工

2014年，为加快施工建设，保通水、保质量，全省开展南水北调配套工程"大干一百天"劳动竞赛活动，衡水市各个参建单位积极响应，以"敢为人先、能征善战、开拓创新、永争第一"的战斗精神，踊跃参与劳动竞赛，各参建单位都制订了详细的实施方案和施工计划，投入了精干的技术力量和足够的机械设备，以"创造一流工程"为目标，加强全员进度，强化质量管理，严格规范施工。同时，始终贯彻"安全第一、预防为主、综合治理"的方针，完善安全生产管理制度，加大隐患识别和治理的执行力。各工程项目部抓时间、抢进度、重质量、保安全。经过努力奋战，均圆满完成阶段性任务（图2-14）。

图 2-13 衡水市南水北调工程征迁现场

图 2-14 冀州南水北调施工现场

图2-15 输水管道第三设计单元第2标段吹缆施工

为争先创优，各参建单位千方百计提高工作效率。2015年1月5日，随着最后一节PCCP输水管道的吊装铺设，衡水市南水北调水厂以上输水管道第三设计单元第2标段（图2-15），在全市范围内率先完成管道安装铺设任务，为其他标段树立榜样。2015年6月29日，水厂以上输水管道第三设计单元第2标段4.8km硅芯管吹缆施工仅用2个多小时一气呵成。速度快、效率高、质量好，这在全省南水北调配套工程吹缆施工中尚属首次；为及时给清凉江春灌引水让路，2015年4月10日，衡水市南水北调穿越清凉江工程，增人员、上设备，昼夜施工，承担工程任务的第三设计单元第15标段参建单位，仅用40小时就完成了原定10天的工作量，创造了"衡水速度"。

### 四、强化管理，加强廉政

衡水市南水北调工作积极建立从源头上预防腐败工作机制，严格落实党风廉政建设责任制，实行工程合同与廉政合同联签制度，并经常开展南水北调工程建设领域突出问题专项排查活动，全面落实廉政风险排查预防工作。

主要做法包括：市南水北调办领导与各科室负责人均签订了党风廉政建设责任状；市南水北调办与各参建单位项目经验签订了廉政建设目标责任书；市南水北调办与市纪委、市检察院等部门联合成立了南水北调工程预防职务犯罪领导小组，进行经常性督查检查；在武邑县马回台的工程项目部设立了衡水市南水北调工程一线首个预防职务犯罪办公室，建立起了独具特色的南水北调惩治和预防腐败工作体系。为加强南水北调工程中的廉政建设，规范工程建设项目各项活动，防止发生各种谋取不正当利益的违法违纪行为，市南水北调办与30多个参建单位签订了廉政建设目标责任书。另外，尤其重视加强对南水北调建设中的重点工作、重点岗位人员，以及工程招投标、材料采购、工程款结算等三个重点环节全过程监督管理，定期排查，完善预案，保证工程安全、资金安全、人员安全。衡水市南水北调工作顺利通过国家和省级相关部门组织的多次检查和审计。

南水北调工程是千秋伟业工程，直接关系老百姓的切身利益，投资大、责任大、任务重，加强建设队伍的廉政建设是工程能够顺利实施的有力保证。为更好地贯彻党中央八项规定，深入践行"三严三实"工作作风，落实好"两个责任"理念，衡水市调水办联合市检察院成立了廉政办公室，组织落实廉政工作，形成了反腐高压态势，彰显了反腐倡廉的勇气、信心和决心，确保不出现违法乱纪、腐败、渎职等问题，努力营造风清气正的建设环境。衡水市调水办主要完成了以下廉政工作。

1. 加强组织领导

始终把党风廉政建设工作当大事、要事来抓，将建设管理工作与党风廉政建设责任制一并安排部署、一并检查落实。成立了领导小组，把廉政建设工作摆在重要议事日程，做到了早研究、早部署。利用正反两方面的典型，教育党员干部从身边人、身边事中吸取教训，耳边警钟长鸣，心中筑起道德和法纪两道防线。对中央、省、市明令禁止的事，做到令行禁止。将党风廉政建设责任制目标进一步细化，真正把落实党风廉政建设责任制纳入领导班子、干部职工及业务工作目标管理，严格责任考核和责任追究，具体到科室、责任到人，形成党风廉政建设与业务工作有机结合、相互促进的局面。

2. 强化学习教育

引导干部职工深入开展政治纪律学习活动，促使广大干部职工增强政治意识、责任意识、忧患意识，确保政令畅通。认真组织干部学习党章、学习反腐倡廉的有关理论和各级领导同志关于党风廉政建设的讲话言论，狠抓党性、党风、党纪教育。增强干部职工的反腐倡廉意识、廉洁自律意识，提高拒腐防变的能力。

3. 严格制度约束

为进一步明确责任意识，狠抓各项规章制度的制定和落实。建立健全惩防体系和党风廉政建设工作机制，着力提升干部廉洁从政意识，严格坚持工作程序，严守制度要求，坚决杜绝利用职权和职务上的影响谋取不正当利益的行为。坚持用制度规范约束干部职工自身行为。

4. 严格资金管理

工程资金专款专用、专账管理，不得以任何理由和方式截留、挤占、挪用。不得改变资金用途，严禁违规乱发钱物；按照规定程序，工程款在第一时间内办理资金拨付手续，严禁"吃、拿、卡、要"等现象。

5. 严格公务接待

进一步严格规范公务接待行为，力求务实节俭，不上烟，不上高档菜肴，工作期间不饮酒。尤其严格控制接待陪同人数、用餐标准和用餐地点。公务接待不得赠送各类纪念品或土特产品。

加强工程建设廉政管理，是实现建设一流工程的重要保证。市调水办党员干部站在践行科学发展观、构建和谐社会的高度，站在保持党的先进性、纯洁性的高度，建立了廉政风险防范管理机制，进一步增强了自觉接受监督、主动参与监督和积极化解廉政风险的意识，形成抓廉政风险防范工作的合力，进一步规范了权力运行，使市调水办在预防和惩治腐败体系建设方面不断取得新成效。

### 五、创新攻坚、破除难关

#### 1. 抢赶工期保通水

衡水市南水北调工程输水线路，经过一个复杂艰苦不断调整的过程。从1994年衡水地区开展引江规划后，进行了十几套线路方案的勘察、设计、比选，反复科学优化、修改论证，直到2011年省级干渠不再调整，衡水市才编制完成全市水厂以上工程可行性研究报告，基本确定了总体输水方案。2013年完成衡水湖线路优化调整后，最终确定了衡水市输水线路（图2-16）。

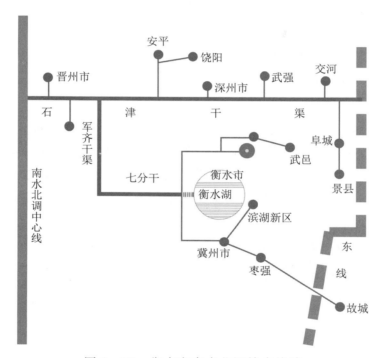

图2-16 衡水市南水北调输水线路

衡水市南水北调工程开工批复时间为全省最晚，2013年度衡水市先期开工项目才开始施工，2014年全市进入工程建设高潮。建设期间，为按时完成省政府确定的统一通水目标，在工程沿线部门、群众大力支持下，市南水北调办积极组织各参建单位，明确工作职责，细化工作任务，统筹兼顾，科学调度，科学组织，科学施工，加大施工机械和人员调配力度，紧盯时间节点，倒排工期，挂图作战，持续加压奋战，保证了各项工程阶段性任务圆满完成，2016年水厂以上工程整体建成通水。2016年10月18日，省南水北调办通报表扬了衡水市南水北调工程建设工作，明确指出衡水市在全省范围内起步最晚、进展最快。

#### 2. 创新工艺

衡水市南水北调工程线路长、工期紧、沿线涉及部门多，地形情况非常复杂，施工场地经常变动。为保证工期在施工中认真分析征迁占地、运输道路、施工断交等各种因素，切实做到程序上不出一丝差错，工作效率上不准有一丝懈怠。为此，各参建单位积极探索新的施工工艺，提高工作效率，在保证质量前提下，尽量缩短工期。

2014年8月26日，为加快工程建设，承担先期开工项目第一设计单元第1标段施工任务的技术人员，一直吃住在工地，通过多次实践，总结出一套高效、快捷的DIP管道安装工艺，不仅能有效地提高施工质量、降低安装成本、缩短建设工期，而且为同类工程施工提供了科学高效的技术参考，起到了良好的示范作用。

3. 确保质量

南水北调穿越工程是施工的重点和难点，输水管涵通过地下穿越国道、省道、高速公路和铁路，必须要保证路面安全。石津干渠压力箱涵穿越国道106工程（图2-17）是境内难度大、工艺复杂的穿越工程，此处为双向四车道，车辆川流不息，与压力箱涵的斜交角度为105°，穿越全长70m。是一个截面为两孔3.3m×3.3m、由钢筋水泥一次浇筑而成的大箱涵，从国道下边穿越70m，技术要求高、施工难度大。2015年5月，承建单位多次召开技术协商会，建管人员、施工人员吃住在工地，制作模型，反复演练，采取"一洞四点"控制法，最后高质量完成穿越任务。2015年年初，突遇寒流、天气异常严寒，为保质量保工期，承担工程建设任务的技术人员凌晨就为各种机械设备开始预热，在现场浇筑的模板外面都包上了厚厚保温材料，裸露的施工面也紧急购置了棉被进行了遮盖（图2-18），压力箱涵内部还点上了炉子，有效保证了混凝土浇筑的质量。另外，还积极克服了高温酷暑、连降暴雨、地下水位高等各种无法预见的困难。

图2-17　石津干渠压力箱涵穿越国道106工程

图 2-18　2015 年 1 月石津干渠压力箱涵施工

正是凭借这种精益求精的工匠精神，衡水市南水北调工程的 58 处大型穿越工程，均顺利如期完工。境内较大的石津干渠压力箱涵工程，于 2015 年 10 月顺利通水，成为衡水境内首个接纳南水北调水的输水线路。

# 第四节　应急保障体系

随着衡水市南水北调工程的正式运行，各级南水北调管理部门对突发事件的应急管理更加重视，不断完善与加强了南水北调工程突发事件应急保障管理体系。

## 一、细化突发事件类别

衡水市南水北调输水管线线路长，沿线周边环境复杂，运行管理难度大，南水北调工程的突发事件主要有四类。

（1）工程事故突发事件主要指工程结构、自动化系统、机电金结及供电系统发生破坏或失灵的突发事件，包括：工程结构破坏突发事件，如决口、堰塞、PCCP爆管等；自动化调度系统失控突发事件；金结机电及供电系统突发事件，如闸门损坏，供电系统瘫痪等。

（2）水质污染突发事件主要指由于外部原因造成输水线路水质发生污染的突发

事件；社会影响突发事件，包括渠道沿线化工厂等污染源渗入渠道污染水源，装载有毒有害化学品车辆坠渠引发水质污染，人为恶意投毒导致水质污染等。

（3）社会影响突发事件主要指可能对工程造成负面政治和社会影响的突发事件，包括沿线水事纠纷事件；沿线人员私自进入渠道管理范围导致溺亡事件，渠道汛期左排建筑物行洪引起冲淹事件，沿线地下水污染纠纷事件等。

（4）自然灾害突发事件主要指受当地复杂地形地质和气候变化影响，存在各种自然灾害的威胁，可能造成工程或人员伤害的突发事件。主要包括洪水灾害、冰凌灾害、暴雨灾害、地震灾害等。

## 二、健全应急管理体系

（1）成立应急管理组织机构。衡水市南水北调工程突发事件应急管理机构体系由一级运行管理单位、二级运行管理单位、三级运行管理单位组成。一级运行管理单位成立应急管理领导小组，统一领导南水北调工程应急管理工作，并下设办公室及专家组；成立各专业应急指挥部，具体负责各类突发事件应急管理。二级运行管理单位参照一级运行管理单位设置应急管理组织机构。三级运行管理单位服从二级运行管理单位指挥，配合完成应急响应有关指令。

（2）设定应急预案级别。衡水市南水北调工程突发事件按照其性质、严重程度和影响范围等因素，分为Ⅰ级（特别重大事件）、Ⅱ级（重大事件）、Ⅲ级（较大事件）和Ⅳ级（一般事件）4个级别，按其级别采取相应措施。

（3）完善应急保障。为及时应对各种突发事件，衡水市南水北调办公室成立了应急保障领导小组。一是下设通信与信息保障组。建立健全有线、无线相结合的基础应急通信系统，并大力发展视频远程传输技术，保障救援现场抢险与应急管理机构之间的通信畅通；做好与当地人民政府及有关部门的沟通联系，确保通信畅通。二是成立物资保障组。各级运行管理单位根据现场实际情况，组织做好应急物资监测、预警、储备、调拨及紧急配送工作，并加强对物资储备的监督管理，及时予以补充和更新（图2-19）。特殊物资应提前签订相关应急供应协议，保证及时供应。应急处置过程中的应急物资由现场应急指挥部统一计划调配。同时了解地方政府的应急物资管理情况，必要时请求地方政府调拨。三是充实应急队伍。各级运行管理单位建立各类相应的应急队伍，应急队伍分为先期处置队伍、后续增援队伍、临场专家队伍，以保证应急队伍处置情况时的连续性。四是落实经费保障。突发事件处置经费纳入了通水运行预算，应急经费实行专项拨付、专款专用。财务部门按照突发事件处置要求，及时下拨经费，保证资金供应。

（4）经常组织实战演练。针对可能发生的各种问题，衡水市南水北调各基层泵站所，经常组织各部门进行南水北调工程抢修、维护演练，确保维护人员和设备，时刻保持良好状态，全天候待命，保证拉得出、用得上、打得赢。有效避免了工程人员伤亡和经济损失，工程效益正在逐步显现。

图 2-19　枣强县南水北调部门安全生产物资储备

# 第五节　管　理　人　员

2018 年，衡水市南水北调工程实现全面通水运行。自 1994 年工程开始规划，2013 年衡水市南水北调工程开建，2018 年 12 月工程建设基本完成，2019 年 1 月衡水市南水北调办摘牌。在 25 年的征程中，凝结了无数水利人艰辛汗水、勤劳智慧、献身求实的精神，充分体现了广大水利工作者在南水北调工程建设中的责任和担当。下面简要记录 2013 年工程建设开始，奋战在一线的部分水利工作人员（表 2-1），由于时间跨度大，涉及人员多，参与单位和队伍多次调整，难免遗漏。

表 2-1　2013—2019 年市南水北调工程建设期间部分工作人员一览表

统计时间：2019 年 1 月

| | | | |
|---|---|---|---|
| 王建明 | 王元培 | 高成海 | 刘毓香 |
| 王玉荣 | 张　健 | 刘俊巧 | 崔桂宇 |
| 彭世亮 | 杜凤竹 | 袁　勇 | 王小兰 |
| 周云镯 | 张华平 | 赵　慧 | 吴　颖 |
| 彭海英 | 肖琳琳 | 张辰亚 | 高建敏 |
| 辛　帅 | 王媛媛 | 张　洁 | 张晓宁 |
| 丁兴钰 | 李星剑 | 梁兴胜 | 谢成悦 |
| 张占民 | 张英志 | 金晓路 | 李　艳 |

| | | | |
|---|---|---|---|
| 张盼长 | 南　颖 | 贡满囤 | 赵　朋 |
| 林　琳 | 解晓萌 | 宋有为 | 郝瑞华 |
| 李　军 | 尹世龙 | 吴红阳 | 曾前程 |
| 吴海新 | 关　亮 | 张学强 | 张　盼 |
| 张雪冬 | 王金明 | 刘子晶 | 任文哲 |
| 秦立超 | 陈国普 | 李冬雪 | 刘自军 |
| 梁兴胜 | 崔　宁 | 周建康 | 刘华磊 |
| 柳云龙 | 崔殿乐 | 艾红国 | 徐圣林 |
| 赵宜萱 | 张嘉碧 | 周　麦 | 郭　斐 |
| 王世周 | 王德仓 | 方肖飞 | 付世泽 |
| 付铁柱 | 王铁栓 | 付丙宽 | 付五存 |
| 孙　杨 | 白炳卫 | 张香妹 | 谷长青 |
| 耿双强 | 张茂琪 | 崔泽众 | 石兰峰 |
| 李爱民 | 白思圆 | 王小欢 | 王铁发 |
| 董月红 | 周　诺 | 李少雷 | 杨　朔 |
| 安佳豪 | 杨　乐 | 李少勇 | 文媛媛 |
| 祝建兵 | 张瀚轩 | 李　康 | 张　瑶 |
| 韩月宽 | 戚培基 | 付艳冲 | 李海风 |
| 闫济贤 | 李桂章 | 刘泽龙 | 高志岩 |
| 常保军 | 岳庆福 | 王中贵 | 于　鹏 |
| 史砚卿 | 宋志强 | 孙文栋 | 孙双全 |
| 王志广 | 王树春 | 周书会 | 马彦龙 |
| 徐占勇 | 魏　林 | 曹丙超 | 许　亮 |
| 王希刚 | 武胜来 | 尚旭璟 | 高　林 |
| 张彦军 | 杨志军 | 常海成 | |

**注**　南水北调工作人员姓名排名不分先后。工程试运行的巡护人员变动较多，未包括在内。

# 第三章
# 规划设计

南水北调配套工程指干渠分水口门到用水户之间所有形式各类工程，包括输水干渠、水厂以上输水管道、调蓄水库、地表水厂、地表水厂到用水户的市政配水管网及各类工程附属建筑物和管理建筑及设施。河北省实施的为南水北调中线工程的配套工程。

规划设计是南水北调工程项目的前期工作，主要包括前期规划、可行性研究和初步设计三部分。

前期规划工作始于1994年11月，作为河北省7个受水区之一，参与河北省南水北调配套工程规划编制。衡水地处中、东两线总干渠供水范围，系中线工程向沧州送水的必经之地，跨市干渠方案多次调整，直接影响衡水市配套工程方案。2001—2008年，根据不同跨市干渠方案，衡水相应选定3套输水线路方案。2008年11月，河北省政府批复《河北省南水北调配套工程规划》，为受水区南水北调配套工程各项工作开展提供依据。

可行性研究。随着跨市干渠衡沧分流方案明确，衡水围绕是否由衡水湖蓄供，对南部各供水目标的输水线路又经历四轮大的方案调整，开拓思路多方谋划，于2013年确定衡水配套工程输水线路的最终方案。

初步设计。衡水境内的省级跨市干渠工程由河北省水利水电勘测设计研究院承担勘测设计任务。衡水市南水北调配套工程水厂以上输水管道工程勘察设计划分为三个设计单元，第一设计单元为安平县、饶阳县、武强县、深州市地表水厂以上输水管道；第二设计单元为阜城县、景县地表水厂以上输水管道；第三设计单元为衡水市区、工业新区、滨湖新区、冀州市、武邑县、枣强县、故城县地表水厂以上输水管道。其中第一、第三设计单元勘察设计任务由河北省水利水电勘测设计研究院中标承担，第二设计单元勘察设计任务由河北水利水电第二勘测设计研究院中标承担。

# 第一节　前　期　规　划

2002 年 12 月，国务院批准《南水北调工程总体规划》，南水北调工程分为东线、中线、西线三条线路，分别从长江下、中、上游向北方调水，与长江、黄河、淮河、海河四大江河构成"四横三纵"的全国水网总格局。衡水市南水北调工程在中线配套工程规划之内。

## 一、规划研究

在《南水北调工程总体规划》批复基础上，河北省南水北调工程规划开始编制，衡水地处中、东两线供水范围，东线一期工程不向河北供水，东线二期工程向衡水送水但未确定建设时间。河北省把东线二期供水目标均纳入中线工程供水范围，规划实施的是国家南水北调中线工程的配套工程。在规划阶段，衡水市主要任务是配合河北省南水北调规划编制、勘察，在此基础上，初步拟定境内输水线路的总体布局。

1. 河北省境内南水北调工程

长江水从丹江口水库沿南水北调中线总干渠一路向北，经河北省省级输水干渠，进入衡水市南水北调输水管网进各地表水厂或直供用水户。

（1）境内中线总干渠。南水北调中线总干渠是向北京、天津方向送水。自河南省安阳市丰乐镇穿漳河进入河北省，沿太行山东麓由京广铁路西侧北行，经邯郸、邢台、石家庄、保定 4 市 25 个县（市）于涿州市穿北拒马河中支进入北京，线路长461.14km，占全长的 37%。天津干渠渠首位于河北省徐水县西黑山村北，向东穿京广铁路，经保定、廊坊部分县（市）于安次区东沽港进入天津市，线路全长约 144km。河北段长约 131km，占全长的 91%。

总干渠入河北界设计水位为 91.3m，北京界处设计水位为 60.3m，渠道总长度422.78km，分配水头 16.84m，渠道纵坡 1/16000～1/30000，平均流速 1m/s，全部渠道用 8～12cm 厚混凝土衬砌，上口开挖宽度 100～50m，渠道两侧堤防路面宽 5m，并设有 10m 宽的林带。

（2）配套工程总体布局。《南水北调工程总体规划》中，中线总干渠河北段分水口门 32 处，不单设农业供水口门，其中向东部输水的分水口门 6 处，向干渠沿线城市和工业区直接输水的分水口门 26 处。

结合南水北调受水区地形地貌、供水目标分布特点，河北省南水北调配套干线工程组成"两纵六横十库（引、输、蓄、调）"为骨干的供水网络体系。供水区包括衡水市在内的 7 个省辖市、92 个县（市）均可就近从这一骨干体系中引水，保证城市生活和工业发展用水。东部地区饮用高氟水的村、镇也可逐步从骨干网络体系及县城供水支线上取水，解决广大群众生活饮水水质问题。

"两纵"为南水北调中线总干渠、现有引黄输水干渠（南水北调东线二期总干渠）。"六横"为6条输水干渠。民有渠向邯郸市南部各县供水；赞善干渠两套方案，一套只向邢台东部各县供水，另一套还向衡水、沧州市区及部分市、县供水；石津干渠两套方案，一套向石家庄东部、衡水北部部分市、县供水，一套向石家庄东部、衡水全境及沧州市区和部分市、县供水；沙河干渠向保定南部和沧州、廊坊部分市、县供水；利用徐水县西黑山口门下的天津干渠可向保定、廊坊等县（市）供水；从涿州市三岔沟口门修建廊涿干渠向廊坊市和廊坊中部县（市）及涿州市供水。"十库"为拟利用东武仕、朱庄、岗南、黄壁庄、西大洋、王快等6座总干渠以西大型水库进行中线工程补偿调节，利用瀑河、大浪淀、千顷洼、白洋淀等4座总干渠以东水库（洼淀）进行中线工程充蓄调节。

另外，计划修建数十座中小调蓄工程以及供水区地下水水源地（包括地下含水层），实现外调水与当地水的联合调度调节，提高城市供水保证率，改善农业供水条件和供水区生态环境。

（3）全省配套工程规划。1994年河北省南水北调中线工程建设开发筹备处着手组织开展南水北调配套工程规划编制前期工作。2001年10月，省筹备处会同省计委、省水利厅组织召开河北省南水北调配套工程规划工作会议，确定由省筹备处组织、协调，河北省水利水电勘测设计研究院总负责，受水区邯郸、邢台、石家庄、保定、沧州、衡水、廊坊7个市参加，共同起草编制河北省南水北调工程配套规划。2003年8月8—28日，进行全省配套工程规划汇总。2004年12月8日，河北省南水北调工程建设委员会办公室正式挂牌，为南水北调配套工程各项工作推进提供组织保障。

2007年10月，省调水办组织编制完成《河北省南水北调配套工程规划》，以下为与衡水市相关的要点。

一是中东线连通工程石津干渠，在比选衡沧合流与衡沧分流方案的基础上，规划推荐衡沧合流方案，即共同走石津干渠、军齐干渠，在衡水湖南折向东，穿清凉江后奔南运河玉泉庄闸送往沧州，线路主要利用原有渠道，顾及了缺水最严重，仍在饮用高氟水、苦咸水的黑龙港地区，兼顾了经济和社会效益。

二是石津干渠工程分期实施。先实施从国家中线总干渠田庄口门至衡水段；若国家东线较长时期不能实施，为解决衡水东部受水区城镇严重缺水问题，实施南水北调中东线连通工程。

三是衡水市区、冀州、武邑由衡水湖蓄供，其他八县（市）由分干渠直供，分别建设调蓄水库。各供水目标均采用管道输水。

四是按照单项工程编制可行性研究报告，报省发展改革委审批。

2008年11月，河北省政府批复《河北省南水北调配套工程规划》。为南水北调配套工程各项工作开展提供依据。

2. 衡水市境内配套工程规划

（1）跨市干渠比选。1994 年 11 月省筹备处提出衡沧输水方案，并征得水利部长江水利委员会同意，拟利用石津干渠向衡水、沧州两市及石家庄的藁城、晋州、辛集三市供水。由省设计院和河北省石津灌区管理局共同完成规划编制。该规划推荐的输水线路为衡沧分流方案，衡沧两市自中线总干渠田庄口门引水入石津干渠，在军齐节制闸处分水，沿军齐干渠、七分干渠向衡水湖方向送水；沿石津干渠向东行至大田庄退水闸上，沿大田南干及其二分干向东穿滏阳河、滏阳新河、滏东排河、老盐河后入泽河故道，自泊头市杨圈闸入南运河给沧州送水。

2001 年 10 月 9—10 日，省筹备处召开南水北调配套工程规划工作会议，在会上沧州市不同意利用石津干渠向沧州送水的方案。2002 年 2 月 3 日，省设计院派员来衡，提出从邢台或邯郸另开一条向衡、沧供水的新渠道，征求衡水市的意见。具体走向为从总干渠洺河与输元河之间的西召庄口门分水，新开渠向东穿过京广铁路、京深高速公路，东行至永年洼北穿留垒河，向东在曲周北穿过滏阳河、沿老漳河左堤新开渠穿过邢威公路后再穿老漳河，新开渠沿东北方向至索沪河，穿过索泸河、清凉江，向东沿清江渠、马家渠、新开渠道，在吉利村东穿过江江河后，经玉泉庄渠入南运河，干渠长 228km；在张二庄闸上分水入千顷洼。

（2）供水目标与供水范围。南水北调中线工程明确供水目标为城市生活和工业。供水范围按国家规划，衡水市以滏阳河为界，滏阳河以东的故城、景县、阜城、枣强、武邑五县属东线供水范围，滏阳河以西的深县、武强、饶阳、安平四县为中线供水范围，衡水市区、冀州两市既属中线供水范围又属东线供水范围。在省南水北调配套工程规划编制中，已经考虑到东线工程一期不给河北、天津供水，东线二期工程不可预期及水质等因素，布置中东线连通工程，把本属东线供水范围的沧州运东各县和衡水滏东 6 县（市）纳入中线工程供水目标。规划阶段衡水市确定 11 个供水目标，并将供水目标分为两类：一类目标为衡水市区、深州市、冀州市；二类目标为安平、饶阳、武强、武邑、阜城、景县、故城、枣强。供水原则为：一类目标满足供应，二类目标按比例供应。同时，将不安全饮水村纳入供水目标。

（3）调蓄工程建设研究。衡水湖史称千顷洼，位于冀州城北、京开路以西、滏东排河以南，分东、西两洼，总面积 75km²，东洼内有村庄 1 个，西洼内有村庄 18 个。20 世纪 70 年代辟东洼为蓄水区，主要承泄卫运河及上游沥水供周边农业及部分工业用水。1993 年引黄入冀工程实施后，千顷洼东洼兼蓄引黄水，水库功能转为工业及城市供水为主。衡水湖湿地是 2003 年 6 月经国务院批准成立的国家级自然保护区，专家认为出于对湿地植物和鸟类的保护，蓄水深度不宜再加大。因此，东洼不宜通过加大水深增加调蓄库容。在国家南水北调东线工程规划中，千顷洼被列为东线二期骨干工程，投资 56900 万元，利用千顷洼东洼蓄引黄、引江水，总库容 1.23 亿 m³，调蓄库容 1.02 亿 m³。另外，对县级小型调蓄水库建设必要性及规模进行论证。

（4）地表水厂规划。衡水市市区的滏阳水厂为地表水厂，取水口设在衡水湖东湖，建成后因东库水质不达标一直未能生产运行。除衡丰电厂在衡水湖东湖设有取水口，取水作为电厂冷却水外，地下水仍是市区生活和工业生产主要水源；滏阳水厂改造后可以利用。衡水市下辖的 10 个县城水源均为地下水，没有地表水厂。各县需根据城市发展规划选址并确定地表水厂位置。同时对从取水口门到各供水目标输水线路方案选择。

（5）不确定因素。总干渠不同分水口门水价、配套工程投资分摊方案等在规划阶段均不明朗，这些关键问题的不确定因素对跨市干渠方案选择及衡水市配套工程布局有重大影响。

## 二、规划论证

2001 年 12 月，在省南水北调配套工程规划工作会议后，衡水市成立衡水市南水北调工程建设委员会筹备处（以下简称"市筹备处"）具体负责衡水市南水北调相关工作。市筹备处组织技术力量在技术牵头单位指导下，按要求完成各章节规划，2003 年 10 月编制完成《南水北调中线工程衡水市配套工程规划》（初稿）及附图册，规划就关键问题进行了分析论证。

### 1. 跨市干渠比选论证

河北省配套工程规划向衡沧输水的跨市干渠按以下两个方案进行比较，即石衡沧共用石津渠（走军齐干渠绕冀州）、邢衡沧共用赞善干渠（衡水市北四县用石津渠），其他方案被否决。

（1）石津渠方案。南水北调中线总干渠自田庄口门引水沿石津渠至军齐节制闸，沿军齐干渠向南，箱涵穿滏阳河、滏阳新河、滏东排河后至冀州泊南村北，向东南过西沙河，冀南渠、冀吕渠、106 国道、冀午渠、索泸河至南干渠，沿南干渠、清江渠，惠江渠、玉泉庄渠至南运河。向衡水湖输水的渠道沿冀吕渠方向新开。石津渠方案，利用石津渠向衡水市及沧州输水，衡水市的深州、安平、饶阳、武强、枣强、故城、景县、阜城由跨市干渠直供，衡水湖作为武邑、冀州、桃城区的调蓄水库，充分利用现有工程，占地、迁建任务小，投资少。另外，利用石津干渠输水，大部分处在石津灌区管理范围，比其他地区水资源丰沛，工程管理规范。在江水不足时还可以相机从岗南、黄壁庄水库引水。其缺点是渠道为石津灌区灌溉渠道，水质受一定影响。

（2）赞善干渠方案。自沙河市西北的赞善口门引水，新开渠向东穿过京广铁路、京深高速公路后，沿邯邢界在邢台境内向东北行，穿沙洺河、留垒河、滏阳河后，沿邢威公路向东穿老漳河。然后沿东北方向至索泸河，一路沿冀吕渠走向新开渠入衡水湖，另一路穿过索泸河、清凉江经玉泉庄入南运河送水给沧州。赞善干渠方案，赞善干渠全线为新开渠道，全封闭，全立交，水质有保障，可以利用排沥河渠向滏东各县农业补水，但是该线所经地区都是水资源缺乏地区，管理工作没基础，水量能否保障未知；新开渠道占地多、工程投资多；而衡水市北部深州、安平、饶阳、武强四县（市）还必须使用石津渠，必然出现非灌溉期石津渠大渠道小流量的不正常使用状况（石津渠现状流量 $120\sim65\text{m}^3/\text{s}$，北四县合计 $10.9\text{m}^3/\text{s}$，加上石家庄市三个县流量为 $27\text{m}^3/\text{s}$），造成输水损失大、基建投资增加。在总干渠水价机制不明确，只考虑工程投资与管理因素的情况下，石津渠方案对衡水市为最佳方案。

在以上两个方案中枣强、故城、景县、阜城四县均可就近从跨市干渠直接取水；深州、安平、饶阳、武强等县（市）从石津渠和乐寺闸上取水；衡水市区、冀州市、武邑用衡水湖蓄供。

2. 水资源调配论证

规划阶段进行了水资源现状及供需分析预测，现状年取 1999 年，规划水平年近期 2010 年，远期 2030 年。

为使引江水与当地水资源得到合理的配置和最大限度的利用，保障经济社会可持续发展，进行水源联合优化调度计算，对各种水源进行优化配置。根据《衡水市南水北调城市水资源规划报告》分析结果，衡水市属资源性缺水地区，当地无地表水可供城市，深层地下水已严重超采。预计到 2010 水平年通过采用各种节水措施后，城市净需水量为 31265 万 $\text{m}^3$，氟病区净需水量为 804 万 $\text{m}^3$，除去污水回用量 1228 万 $\text{m}^3$ 后，净缺水量为 30841 万 $\text{m}^3$。南水北调水利用系数按 0.726 估算，需引江水量为 40866 万 $\text{m}^3$。分配衡水市的总干渠口门水量为 31012 万 $\text{m}^3$，远远不能满足需求。按供水目标，除衡水市区所需要水量全额满足外，其他供水目标均存在用水缺口。

衡水市没有地表水源地，引江水实现后可替代部分超采地下水，优先满足城市生活、工业和农村不安全饮水村饮水需要，可有效缓解衡水市水资源短缺严峻现状。引黄水及洪沥水对于缓解衡水市缺水局面也有着重要作用，是引江工程实施后的有力补充，也不能放弃。将衡水湖西库作为引江调蓄水库，东库维持现有功能，可以实现引江水、引黄水和洪沥水分引、分蓄、分供，进而实现优水优用，发挥调水工程最大效益。

3. 调蓄水库论证

（1）衡水湖调蓄水库。按任务分工，大型调蓄水库规划设计由省设计院负责。围绕衡水湖功能分区和调度利用。衡水市政府对衡水湖调蓄水库的态度是坚持将衡水湖西库作为衡水市调蓄水库，东库维持现状不变，将千顷洼西库调蓄工程列入河北省南水北调一期工程。

（2）县级调蓄水库。由于城市供水保证率为 95%，并要求水量、水质并重。因南水北调来水过程不均匀，有的年份 3～5 个月不能供水，省规划大纲意见，除衡水湖外，有条件的市、县可设必要的调蓄工程。根据大型输水干渠可能线路方案，取水口门在跨市干渠上的深州市、安平县、饶阳县、武强县、枣强县、故城县、阜城县、景

县需自建小型调蓄工程。调蓄工程选址考虑输水方便，并尽量靠近水厂；与市、县、区总体规划相协调；考虑地质地形的优越条件，尽量减少投资。

4. 线路水厂选址与不安全饮水供水设计

规划阶段跨市干渠方案未定情况下，对滏东枣强、故城、阜城、景县输水线路布置影响较大。因此，根据可能跨市干渠方案相应规划了三套线路方案。

衡水市仅有主城区的滏阳水厂一座地表水厂，设备改造后方可利用，市区其他水厂及各县城的水厂均为地下水厂。南水北调实施后，地下水厂作为热备水源必须保留，除衡水市外其他各县（市、区）均需新建地表水厂。规划阶段各县（市、区）结合各自城乡规划，初步选定了各自地表水厂位置。

省南水北调配套工程规划把南水北调工程沿线高氟水、苦咸水等不安全饮水村纳入供水目标。为此，市配套工程规划中进行了不安全饮水村现状调查和供水工程设计。近期解决输水干渠和各调蓄工程周边的氟病村和苦咸水村的饮用水，直接供到病区村。对距输水干渠不超过 10km 的中、重病区，在乡镇建蓄水池，对来水进行集中存蓄和净化处理。

# 第二节 可行性研究

规划阶段，中线总干渠如何向沧州、衡水供水，在大量踏勘基础上谋划了多条跨市干渠线路，进行了大量方案比选论证。2010 年 6 月基本确定了石津干渠衡沧分流方案。在此基础上，按任务分工，衡水市负责水厂以上输水管道工程可行性研究阶段工作。

## 一、可行性研究报告编制

### 1. 跨市干渠方案确定

对衡水市输水线路方案有重大影响的跨市干渠《石津干渠工程可研技术报告》，于 2010 年 6 月 24—27 日完成了省级审查。具体输水线路为：从南水北调中线总干渠上的田庄分水口开始，沿石家庄市古城西路（省道 S101）南侧绿化带布置无压箱涵，于赵陵铺闸下入现有的灌溉渠道——石津干渠，利用石津干渠输水到军齐后分为两支。一支为衡水支线：从军齐开始向南入军齐干渠，到七分干后转向东，利用七分干及七分干东支输水至傅家庄节制闸。另一支为沧州支线：过军齐后继续利用石津干渠向东至大田庄，再向南利用大田南干，到大田南干一分干后转向东，出灌区范围后，在郝庄村南改为箱涵输水，穿过龙治河、滏阳河、滏阳新河、滏东排河、老盐河、清凉江、江江河等排涝河道，在杨圈村附近穿越南运河，穿越南运河后转向北东，在后孔村北入代庄引渠入大浪淀。输水线路总长 253.34km，其中田庄至大浪淀长 210.36km，军齐至傅家庄节制闸段长 42.98km。

线路方案为石津干渠衡沧分流方案，而批准的规划中推荐的石津干渠衡沧合流方案，衡水市不赞同在可研阶段推翻规划阶段结论。

2. 供水配置优化成果

2009 年，省调水办、省水利厅印发《关于开展南水北调受水区供水配置优化工作的通知》，组织各市开展供水水资源配置优化工作。2011 年省调水办、省水利厅以《关于河北省南水北调受水区供水配置优化成果的批复》对供水配置优化成果进行了确认，该成果为确定配套工程规模的依据见表 3－1。

表 3－1　　　　2011 年衡水市南水北调受水区供水配置优化成果一览表

| 序号 | 供水目标 | 分水指标/万 m³ | 序号 | 供水目标 | 分水指标/万 m³ |
|---|---|---|---|---|---|
| 1 | 衡水市区（桃城区） | 13794 | 7 | 安平 | 1860 |
| 2 | 冀州 | 2869 | 8 | 武邑 | 655 |
| 3 | 深州 | 3012 | 9 | 饶阳 | 1033 |
| 4 | 枣强 | 2392 | 10 | 阜城 | 765 |
| 5 | 故城 | 1674 | 11 | 武强 | 808 |
| 6 | 景县 | 2150 | | 总计 | 31012 |

3. 可研历程

（1）测量任务。2005 年 9 月 15 日，省南水北调配套工程可研阶段测量工作会议，下达可研阶段第一步测量工作任务。鉴于跨市干渠方案未定，测量任务安排相对成熟的深州、安平、饶阳、武强和从赵圈直供衡水市区的输水线路。2007 年 9 月 4 日，可研阶段第一步测量工作成果验收。第一阶段测量任务是深州支线、安平—饶阳—武强合用段、安平支线、武强支线、市区直供输水线路 1∶2000 地形图测量及纵横断测量。由于跨市干渠石津干渠方案对衡水市输水管道方案影响较大，省政府尚未批复规划。

（2）可研任务。2011 年河北省召开两次全省南水北调工作重要会议，对可研阶段工作进行调度。3 月 8 日，会议明确配套工程建设及前期工作职责分工和工作程序。提出配套工程建设分步实施的原则：跨市干渠，新建工程一次建设完成；利用现有灌溉渠道坚持治污为先、管护为主、先通后畅、逐步完善；输水管道：先近后远、系统成片、非引黄区优先。会后市筹备处向市政府作了《关于南水北调配套工程有关问题的请示》。4 月 25 日，市政府常务会听取南水北调配套工程有关问题汇报，并做出批示指出"不论是引黄还是引江，衡水市必须要有自己的调蓄工程，即建设衡水湖西湖地表水源地"。7 月 5 日，会议重点介绍南水北调配套工程当时形势及全部建成配套工程的决定。提出 2011 年 10 月 1 日前必须完成市负责的所有供水管网可行性研究报告，地表水厂、配水管网前期工作要同步展开。

（3）工作安排。对衡水市南水北调配套工程水厂以上输水管道工程可研任务，市筹备处组织熟悉南水北调规划及全市地理地貌、行政区划、交通等分布情况的工程技术人员，对输水线路进行谋划。

一是对供水目标进行梳理，供水目标增加工业新区地表水厂。要求各县（市、区）以政府文件正式上报各自地表水厂选址及占地坐标。

二是按河北省六大水库与长江水联合调配的新思路，供水保证率将大大提高。省建委员会以《关于加快我省南水北调配套工程建设的通知》明确配套工程省、市分工范围，调蓄工程、地表水厂及配水管网从前期到筹资建设运营管理均为地方政府负责，另外地方政府还要筹集水厂以上部分配套工程资本金，考虑土地政策、资金压力及各县（市）前期工作开展情况，通过与相关县（市）沟通决定不再建设县级调蓄水库，如遇特殊情况，可启动原有地下水厂，作为热备水源。

三是由于跨市干渠线路变更及县级调蓄水库的取消，原规划阶段确定的干渠沿线及调蓄水库周边不安全饮水村供水工程不再考虑。

四是武强县计划借南水北调沧州支线从其境内通过的有利条件争取农业分水量，谋划石津灌区恢复项目，向省调水办积极争取。

五是各供水目标取水口门位置开拓思路进行谋划，对口门增加或者位置调整与省调水办及相关设计单位进行沟通。

按照2011年9月底完成整体可行性研究报告为目标，市筹备处将工程勘察、测量及可研编制等工作分别委托衡水金实岩土工程有限公司、衡水华泽工程勘测设计咨询有限公司（原衡水市水利勘察设计院）承担。要求各承担单位充实技术力量，加强质量控制，狠抓关键环节，综合各方面因素，提出科学合理的建设方案。

（4）线路论证。因跨市干渠方案变化较大，输水线路需重新比选论证。根据口门位置及各县（市、区）确定的地表水厂位置，对各输水管道线路方案进行比选，并就线路方案征求各县（市、区）政府意见。其中武邑县、衡水市工业新区取水口门由规划中的衡水湖西湖调整到跨市干渠沧州支线上，衡水湖由原来的给市区、冀州市、武邑县三个目标供水调整为衡水市市区、冀州市、枣强县、故城县四个目标供水。

2011年8月11日，省调水办领导来衡，听取衡水配套工程可研工作进展情况汇报，给予了肯定与鼓励。9月底，衡水市调水办完成《衡水市南水北调工程可研报告》（初稿）。深州市、武强、饶阳、安平、工业新区、武邑、阜城、景县8个供水目标自石津干渠口门引水，市区、冀州、枣强、故城4个目标口门设在衡水湖西湖西侧，按双排管，输水管道总长度约234km。该方案涉及跨市干渠衡水支线和沧州支线规模重新调整问题需省调水办协调。

10月12日和14日，省政府与省调水办负责同志听取七市输水管道输水方案汇报。此次汇报显示各市管材选用、规模确定等无统一技术口径，暴露问题较多。18—19日省调水办组织召开配套工程前期工作咨询会，组织编制南水北调配套工程水厂以上输水管道工程可研统一标准。

11月1日，市调水办根据省调水办《关于加快完成水厂以上输水工程可研报告编制工作的通知》要求，对可研报告按统一标准做进一步完善修改。4日，省调水办和河北水务集团有关领导专程来衡，听取可研情况汇报，共同探讨各供水目标输水线路利与弊，提出开拓思路进一步优化输水管道线路方案的要求。

12月7日，在大量方案比选基础上，省调水办及有关部门领导专门听取衡水输水线路方案汇报，否定石津干渠规模调整思路，基本确定衡水市总体输水线路方案，即深州、武强、饶阳、安平、阜城、景县6个供水目标自石津干渠留设口门引水，市区、工业新区、武邑、冀州、枣强、故城6个供水目标自衡水湖引水。可研承担单位按照该方案深入做可研阶段技术工作。

（5）可研报审。2012年1月，编制完成《衡水市南水北调工程可研报告》（送审稿），10—11日，省调水办组织在衡水市召开审查会，出具审查意见；4月完成该报告复审稿，23—24日，省调水办组织在衡水市对复审稿进行了复审。根据复审意见，6月完成该报告修改稿。

7月24—25日，省调水办在衡水市组织召开可研阶段野外作业成果审查会，对地质勘察资料、测量外业资料进行成果审查和认定。

10月12日，衡水市长办公会确定衡水市南水北调配套工程水厂以上工程建设资本金分摊方案。明确增加滨湖新区供水目标。

10月15日，省调水办召开配套工程前期工作调度会，提出衡水争取12月初完成可研上报。按此目标，可研报批所需的土地预审、环境影响评价、防洪评价、水土保持方案、地质灾害评估及矿产压覆报告、高等级公路穿越需外委项目等工作均按项目上报要求进行工作安排，全力推进可研报批前各项工作。

（6）可研调整。2012年12月，市调水办工作人员全部到位，可研工作得到组织保证。当月，省调水办对经衡水湖线路要求再优化，市调水办组织水利方面老专家和相关人员进行研究，提出利用滏阳新河滩地给武邑、工业新区、冀州、枣强、故城供水思路。新思路调整线路近40km，重新进行外业勘察、测量后，于2013年2月底完成线路调整稿。南部六县（区）输水方案因占用滏阳新河滩地、多次穿越防洪河堤及经过衡水湖国家级湿地，在防洪评价和环境影响评价专项报告阶段均遇到前所未有的阻力。

2013年5月23日，省政府咨询一行来衡水市调研，对衡水湖西湖调蓄提出意见。确定衡水中南部六县（区）输水线路需做进一步比选优化。随后，省调水办专门召开衡水配套工程工作会，结合可研报批阶段防洪评价、环评工作遇阻，以及石津干渠给衡水湖送水线路涉及衡水湖国家级湿地保护区，导致环评通过困难，提出下一阶段输水方案彻底避开衡水湖湿地保护区范围，降低可研批复难度。提出衡水配套工程可研工作由省设计院接手，尽快展开工作，就衡水中南部六县（区）输水线路拿出专题报告。

省设计院按照避开衡水湖湿地保护区，各供水目标由傅家庄泵站直供，进行多方案比选和线路踏勘。同时正式提出新增滨湖新区供水目标。衡水市南部供水目标调整为衡水市区、工业新区、滨湖新区、冀州区、枣强、故城、武邑7个。6月13

日，省设计院组合拿出 10 套线路方案，向省调水办汇报后又确定对其中 3 个方案做细致工作。25 日省政府特邀咨询听取省调水办和省设计院衡水输水方案的专题汇报，会议基本通过线路方案。

7 月 9 日，市政府召开输水线路方案调整汇报会，市领导和有关部门听取省设计院汇报，并确定了输水线路大格局。7 月底，省设计院编制完成《衡水市南水北调配套工程水厂以上输水管道工程中南部六县区输水线路比选专题报告》，省调水办、河北水务集团同意衡水市中南部六县（区）规划输水线路全部绕开衡水湖湿地保护区；保持中南部各县（市、区）供水总量不变，另增加滨湖新区 1 处供水目标，按 2020 年规模建设，滨湖新区分水量从衡水市区分配水量中调济。

4. 输水线路比选

（1）选线原则。水厂以上输水管道工程起点为石津干渠沧州支线、衡水支线各分水口门，终点为 13 个县（市、区）供水目标的地表水厂。各分水口门位置和技术指标均由干渠工程设计单位提供。地表水厂位置经过多次与各县（市）规划、国土部门沟通后确定，2013 年各县（市、区）政府均以红头文件进行确认。

线路选择原则：输水管道定线时，必须与城镇建设总体规划相结合，尽量缩短线路长度，避免与现有重要建筑物、规划建筑物发生冲突，减少拆迁，少占良田，少毁植被，保护环境，便于管道施工和维修，保证供水安全，并避开正在开采和待开采油田区。应选择最佳的地形和地质条件，尽量沿现有道路或规划道路定线，以便施工和检修。输水管道尽量顺直，减少弯道。尽量减少与铁路、公路和河流的交叉，必须穿越时在保证管线顺直的情况下，应尽量正交。尽量避开现有通信、供电、管道设施，减少专项恢复费用。输水管道避免穿越对管道或水质可能产生污染的场地。

根据已定分水口门和地表水厂位置，结合各县（市）2020 年城市发展规划，按照有关规范尽量缩短线路长度、减少征迁等选线原则，在 1：10000 地形图上选出多条线路，结合卫星地图并进行现场踏勘确定比较线路。

（2）饶阳、安平线路比选。饶阳、安平两目标水厂位于石津干渠沧州支线北侧，输水线路自石津干渠左侧王庄村南的和乐寺分水口（桩号 93＋710）取水。按照饶阳支线、安平支线分岔点位置的不同，拟定三条输水线路进行比选。

方案一：饶安干线自和乐寺分水口取水后沿五分干左侧向北，经王庄村、大召村、北小召村，在程家庄西北穿位伯沟后分为两支，西支为安平支线，东支为饶阳支线。安平支线在北庞村东折向西北，在尚村往北经刁马庄、黄疃村，在黄疃村东折向东北，经后大寨村到台城村东南再折向北至规划的路庄地表水厂；饶阳支线自程家庄村西北约 1.2km 折向东，经邵甫村、婆婆营村北，穿天平沟后过西午村村北至郭村村南，折向北经郭村、东里满乡，再折向东北经固店村、大城北村，往北经范苑村、单铺村，在单铺村西北向东穿大广高速公路后，过崔口村、张口村最终至王庄村西的王庄地表水厂。该方案饶安干线长 7.969km，安平支线长 16.292km，饶阳支线长 28.778km，线路总长 53.039km。

方案二：饶安干线自程家庄村西北穿位伯沟后继续往北敷设，在北庞村东折向西北，在尚村往北经大贾村、马官屯村、尤禅院村，至徐疃村砖厂分为两支，西支为安平支线，东支为饶阳支线。安平支线与饶阳支线分开后向北经台城村东至路庄地表水厂；饶阳支线与安平支线分开后向东经敬思村、大同新村、郭屯村、西里屯村、南京堂村、单铺村（在村西北向东穿大广高速）、张口村至王庄村西的王庄地表水厂。该方案饶安干线长 22.867km，安平支线长 2.206km，饶阳支线长 21.492km，线路总长 46.565km。

方案三：饶安干线自程家庄西北穿位伯沟后继续往北敷设，至北庞村东折向东北穿五排干，在双井村东往北经张村穿天平沟、北斗村、程村、柴屯村、宋家营村、刘官屯村、南大疃村、在北大疃村东北分为两支，西支为安平支线，东支为饶阳支线。安平支线向西至敬思村西穿 S231 省道，向西而后折向西北再次穿 S231 省道，台城村南穿京堂北排干折向北至路庄水厂；饶阳支线往东经大同新村穿 S231 省道继续向东至郭屯村、西里屯村穿京堂南排干至南京堂村折向东北穿里满灌区、在单铺村西北向东穿大广高速桥、张口村至王庄村西的王庄地表水厂。该方案饶安干线长 22.566km，饶阳支线长 17.297km，安平支线长 4.214km，线路总长 44.077km。

3 个方案主要穿越工程基本相同，见表 3-2。

表 3-2 　　　　　　　　　饶阳、安平输水线路主要穿越工程一览表

| 输水管段 | 穿越类型及名称 | | 穿越次数 | 备　注 |
|---|---|---|---|---|
| 饶安干线 | 河道 | 位伯沟 | 1 | 行洪河道 |
| | | 五排干 | 1 | 行洪河道 |
| | | 天平沟 | 1 | 行洪河道 |
| | | 京堂南排干 | 1 | 行洪河道 |
| 饶阳支线 | 河道 | 里满沟 | 1 | 行洪河道 |
| | | 京堂南排干 | 1 | 行洪河道 |
| | 公路 | 大广高速 | 1 | |
| | | S231 省道 | 1 | |
| 安平支线 | 河道 | 京堂北排干 | 1 | 行洪河道 |
| | 公路 | S231 省道 | 2 | |
| | | 县级公路 | 2 | 高标准 |
| 各输水管线 | 公路 | 县级以下 | 34 | 硬质路面 |

饶安干线管道设计流量 1.17m³/s，饶阳支线管道设计流量 0.42m³/s，安平支线管道设计流量 0.75m³/s。经水力计算，该输水线路不能实现自流输水，在和乐寺分水口以下饶安干线首端设加压泵站。

初选饶安干线选用单排 DN1400 球墨铸铁管，安平支线采用单排 DN1200 球墨铸铁管，饶阳支线采用单排 DN1000 球墨铸铁管进行投资估算见表 3-3。比较可知，方案三线路最短，工程投资及占迁赔偿最小，为推荐方案。

表 3-3　　　　　　　饶阳、安平不同输水线路投资估算统计表

| 项　目 | 方案一 | | 方案二 | | 方案三（推荐方案） | |
|---|---|---|---|---|---|---|
| | 工程量 | 投资 | 工程量 | 投资 | 工程量 | 投资 |
| 土方开挖 | 95.29 万 m³ | 476 万元 | 90.22 万 m³ | 451 万元 | 86.11 万 m³ | 430 万元 |
| 土方回填 | 89.98 万 m³ | 899 万元 | 84.77 万 m³ | 847 万元 | 80.84 万 m³ | 808 万元 |
| 临时占地 | 2315 亩 | 925 万元 | 2059 亩 | 823 万元 | 1941 亩 | 776 万元 |
| DN1400 DIP | 7969m | 2388 万元 | 22867m | 6852 万元 | 22564m | 6761 万元 |
| DN1200 DIP | 16292m | 3786 万元 | 2206m | 513 万元 | 4214m | 958 万元 |
| DN1000 DIP | 28778m | 5001 万元 | 21492m | 3735 万元 | 17297m | 2966 万元 |
| 征迁赔偿 | 53039m | 11615 万元 | 46565m | 10197 万元 | 43750m | 9581 万元 |
| 投资估算 | | 25090 万元 | | 23418 万元 | | 22280 万元 |

推荐线路方案三进行不同管径组合，进行投资估算比较如下。

组合一：饶安干线选用单排 DN1400 球墨铸铁管；安平支线采用单排 DN1200 球墨铸铁管；饶阳支线采用单排 DN1000 球墨铸铁管；首端加压泵站扬程 18.0m。

组合二：饶安干线选用单排 DN1200 球墨铸铁管；安平支线采用单排 DN900 球墨铸铁管；饶阳支线采用单排 DN800 球墨铸铁管，首端加压泵站扬程 37.0m。

组合三：饶安干线选用单排 DN1000 球墨铸铁管；安平支线采用单排 DN700 球墨铸铁管；饶阳支线采用单排 DN700 球墨铸铁管，首端加压泵站扬程 67.0m。

不同管径组合投资估算见表 3-4。可知，方案二工程寿命期内总费用最低，故选择方案二的管径组合。

表 3-4　　　饶阳、安平推荐输水线路不同管径组合投资估算统计表　　　单位：万元

| 方　案 | 组合一 | 组合二 | 组合三 |
|---|---|---|---|
| 泵站 50 年电费折现 | 2465 | 5203 | 9174 |
| 泵站投资 | 1744 | 1908 | 2146 |
| 泵站改造一次投资 | 872 | 954 | 1073 |
| 泵站 50 年增加管理费现值 | 2750 | 2750 | 2750 |
| 管涵工程投资 | 11871 | 8639 | 7175 |
| 土方工程投资 | 2968 | 2160 | 1794 |
| 阀件及阀井费用 | 831 | 605 | 502 |
| 道路穿越及其他费用 | 1187 | 864 | 717 |

续表

| 方　案 | 组合一 | 组合二 | 组合三 |
|---|---|---|---|
| 临时工程 | 2528 | 1840 | 1528 |
| 征迁补偿 | 3962 | 3507 | 3270 |
| 总投资 | 25963 | 20477 | 18205 |
| 运行费现值合计 | 5214 | 7953 | 11924 |
| 寿命周期内总费用 | 31178 | 28430 | 30129 |

（3）深州线路比选。深州地表水厂位于石津干渠沧州支线南侧，深州输水线路自设在石津干渠沧州支线右岸的分水口取水，顶管垂直穿越石黄高速后向南入深州市枣科地表水厂。按照顶管位置的不同，拟定两条输水线路进行比选。

方案一：由石津干渠右岸分水口往下游 495m（对应干渠桩号 104＋094）处顶管垂直穿越石黄高速，后向南折向西入深州市枣科地表水厂，线路长 817m。

方案二：由石津干渠右岸分水口（对应干渠桩号 103＋599），顶管垂直穿越石黄高速后向南入深州市枣科地表水厂，线路长 358m。

深州输水线路管道设计流量 1.21m³/s，经水力计算，该线路不能实现自流输水，在分水口以下输水线路首端设加压泵站，该线路管道选用单排 DN1200 球墨铸铁管进行投资估算。两方案工程量及投资估算见表 3－5。

表 3－5　　　　　　　　　深州不同输水线路投资估算统计表

| 项　目 | 方案一 | | 方案二（推荐方案） | |
|---|---|---|---|---|
| | 工程量 | 投资 | 工程量 | 投资 |
| 土方开挖 | 1.84 万 m³ | 9 万元 | 0.81 万 m³ | 4 万元 |
| 土方回填 | 1.72 万 m³ | 17 万元 | 0.75 万 m³ | 7 万元 |
| 临时占地 | 37 亩 | 15 万元 | 16 亩 | 6 万元 |
| DN1200 DIP | 817m | 236 万元 | 358m | 105 万元 |
| 征迁赔偿 | 817m | 163 万元 | 358m | 71 万元 |
| 投资估算 | | 440 万元 | | 193 万元 |

可见，方案二线路短投资小，为推荐方案。

（4）武强线路比选。武强地表水厂位于石津干渠沧州支线北侧，武强输水线路由沧州支线干渠桩号 138＋390 处的分水口取水。拟定 3 条输水线路进行比选。

方案一：输水线路自武强分水口取水后至北王庄村东向北沿支渠左岸布设，经董庄在大杨庄向北在吴家寺村南折向东北在西张庄村西北，顶管垂直穿越石黄高速公路后入徐庄水厂（徐庄村北）。线路长 7.936km。

方案二：输水线路自武强分水口取水后至北王庄村东向北沿支渠左岸布设，经董庄在大杨庄村南向正东沿村村通公路折向北过吴家寺村，顶管斜向穿越石黄高速

公路后入徐庄水厂。线路长 8.44km。

方案三：方案一、方案二分水口紧邻灌渠，加压泵站布置较为局促，该方案拟将分水口门向东调整 29.458m，位于石津干渠沧州支线矩形槽段左岸，对应干渠桩号 138+419.5。管道在分水口取水后至北王庄村东向北沿支渠左岸布设，经董庄、大杨庄向北在吴家寺村南折向东北在徐庄村西北，顶管垂直穿越石黄高速公路后入徐庄村北地表水厂。线路长 8.23km。

管道设计流量 0.33m³/s，经水力计算，线路不能实现自流输水，在分水口以下输水线路首端设加压泵站，管道选用单排 DN700 球墨铸铁管进行投资估算。主要穿越工程统计、投资估算见表 3-6、表 3-7。

表 3-6　　　　　武强输水线路主要穿越工程一览表

| 输水管段 | 穿越类型及名称 | | 穿越次数 | 备注 |
|---|---|---|---|---|
| 武强 | 公路 | 石黄高速 | 1 | |
| | | 县级公路 | 1 | 高标准 |
| 各输水管线 | 公路 | 县级以下 | 44 | 硬质路面 |

表 3-7　　　　　武强不同输水线路投资估算统计表

| 项目 | 方案一 | | 方案二 | | 方案三（推荐方案） | |
|---|---|---|---|---|---|---|
| | 工程量 | 投资 | 工程量 | 投资 | 工程量 | 投资 |
| 土方开挖 | 11万m³ | 54万元 | 12万m³ | 58万元 | 11万m³ | 54万元 |
| 土方回填 | 10万m³ | 105万元 | 11万m³ | 111万元 | 10万m³ | 108万元 |
| 临时占地 | 362亩 | 145万元 | 385亩 | 154万元 | 375亩 | 150万元 |
| DN700 DIP | 7936m | 929万元 | 8440m | 987万元 | 8230m | 963万元 |
| 征迁赔偿 | 7936m | 675万元 | 8440m | 717万元 | 8230m | 700万元 |
| 投资估算 | | 1908万元 | | 2027万元 | | 1975万元 |

可见，方案一线路较短，工程及占迁投资较少，但加压泵站布置困难；方案二线路较长，加压泵站布置困难，工程及占迁投资较多；方案三加压泵站布置较为方便，且工程投资增加不多，因此推荐方案三。

（5）阜城、景县线路比选。阜城、景县两目标地表水厂位于石津干渠右侧，自石津干渠右岸分水口取水。根据分水口位置不同，拟定三条线路方案进行比选。

方案一：阜景分水口设在石津干渠桩号 152+700 处，位于衡水市境内武邑县马回台村北，老盐河左岸。

阜景干线，自分水口出口向东南沿马回台镇与李家村（属泊头市）中间空地（属武邑县）向东南敷设，穿越老盐河后折向南，经过西粉张村、鲍新庄至阜城县的孟长巷村东折向东，在冯村西再折向南，从东八里庄和西八里庄村中间穿越后折向东南，至柳王屯村南穿越清凉江，继续往南经马场村南，在郭塔头村北穿越省道

S383 至郭塔头村东阜城分水口，线路长 16.092km。穿越工程主要有环乡渠及环乡渠支渠两条、八里干渠、沥青路面公路一条，比较段线路沿线以耕地为主，地表设施较为简单。

阜城支线，自分岔点向东直入位于郭塔头村东的阜城地表水厂。阜城支线管道设计流量 0.3m³/s，长 178m。

景县支线，与阜城支线分开后，自门庄村西往南，经西尚庄村西、乔庄、东档柏村、东临阵村东，垂直穿在建邯黄铁铁路路基至杨庙村西南后折向东南，沿郭庄、阎高村、赵将军村，在大王高村东北折向南，在盐厂村西穿江江河，经张娘庄、刘岳庄、西李庄，在吴家庄村北穿省道 S385 经吕庄村至王厂村，在王厂村东北折向东，经小青草河村南至小留屯村南的小留屯地表水厂。景县支线管道设计流量 0.85m³/s，长 27.131km。

阜城、景县输水线路主要穿越工程情况见表 3-8。

表 3-8 阜城、景县输水线路主要穿越工程统计表

| 输水管段 | 穿越类型及名称 | | 穿越次数 | 备注 |
|---|---|---|---|---|
| 阜景干线 | 河道 | 老盐河 | 1 | 行洪河道 |
| | | 清凉江 | 1 | 行洪河道 |
| | 渠道 | 环乡渠 | 1 | |
| | | 八里庄渠 | 1 | |
| | | 其他小沟渠 | 12 | |
| | 公路 | S383 省道 | 1 | |
| | | 沥青路面 | 7 | |
| | | 砌砖路面 | 1 | |
| | | 乡间土路 | 55 | |
| 景县线路 | 河道 | 江江河 | 1 | 行洪河道 |
| | 渠道 | 杜庄渠 | 1 | |
| | | 其他小沟渠 | 3 | |
| | 公路 | S385 省道 | 1 | |
| | | 沥青路面 | 9 | |
| | | 砌砖路面 | 12 | |
| | | 乡间土路 | 80 | |
| | 铁路 | 邯黄铁路 | 1 | 在建 |

根据水力计算结果，阜城、景县水厂以上管道不能实现自流输水，全线采用泵站加压输水方式，加压泵站位置选择在阜景干线管道首端。

方案二：阜景分水口设在石津干渠桩号 154+000 处，位于泊头市境内夹疃村西南。

　　阜景干线，自石津干渠阜景分水口出口，沿老盐河右岸向南，经南杨庄、军王庄村西至武屯村西北进入衡水市境内的武邑县东粉张村北，折向东南再往南又进入泊头市境内四小营村，在该村西南再次进入衡水境内阜城县米小营村西，往南至辛庄村东与方案一线路相交，以下线路同方案一。线路长 15.284km，其中在泊头市境内约 4.3km。

　　阜城支线、景县支线线路布置、管道输水方式同方案一。

　　方案二比方案一线路长度短 1.225km，另分水口位置较方案一靠下游 1.3km，经水力计算，选定加压泵站扬程与方案一基本相同。

　　方案三：阜景分水口位于石津干渠桩号 155＋450 处，位于泊头市境内鲁官屯村西南。

　　阜景干线，自石津干渠阜景分水口出口，经泊头市的及庄村西、军王庄村东、武屯及前甜水井村中间至衡水市武邑县的东粉张村东，往南又进入泊头市境内旧站村西，在马村西南再次进入衡水境内阜城县郑林小营村东，在村东折向西南在辛庄村东向南，经沙吉村在柳王庄村东穿越清凉江，至西马厂村西南折向东南，穿省道 S383 至西门庄村西南的门庄地表水厂西侧分为两支，东支为阜城支线，南支为景县支线。线路长 15.645km，其中在泊头市境内约 6.3km。

　　阜城支线、景县支线线路布置、管道输水方式同方案一。

　　方案三与方案一相比，阜景干线长度短 0.864km，分水口位置较方案一靠下游 3.25km，经水力计算，选定加压泵站扬程与方案一基本相同，管道布置方案也与方案一相同。

　　对上述三个线路方案进行经济技术综合比较，比较段包括阜景输水线路及石津干渠相关渠段。工程费用方面：方案一、方案二、方案三工程寿命期总费用分别为 3.25 亿元、3.19 亿元和 3.21 亿元；相关石津干渠箱涵主体工程投资分别为 5577 万元、6097 万元和 6877 万元；比选段寿命期总费用分别为 3.81 亿元、3.80 亿元和 3.90 亿元，基本相当。方案一线路最长，但管线全部在衡水市境内；方案二、方案三线路略短，但分别有 40％、28％ 的管线在泊头市境内，考虑工程施工和征迁工作的便利性，推荐采用方案一。

　　（6）市区、工业新区、武邑、冀州、滨湖新区、枣强、故城线路比选。可研阶段，针对衡水中南部六县（市、区）供水线路曾进行过多轮次、多方案的专题比选工作，此处不再赘述，过程中供水目标增加了滨湖新区，6 个供水目标调整为 7 个。确定各供水目标均采用直供后，根据分水口位置的不同，先后拟定了以下 12 条输水线路。

　　线路 1 自石津干渠沧州支线大田南干渠一分干分水口引水，新埋涵管对衡水市区、工业新区和武邑县供水。

　　线路 2 自石津干渠沧州支线大田南干一分干分水口引水，新埋涵管对工业新区和武邑县供水。

线路 3 自石津干渠衡水支线石德铁路以北、曹元分干以南的分水口引水,新埋涵管对衡水市区、工业新区和武邑县供水。

线路 4 自石津干渠衡水支线石德铁路以南的徐湾分水口,新埋涵管对衡水市区、工业新区和武邑县供水。

线路 5 自石津干渠衡水支线圭家庄分水口引水,新埋涵管对衡水市区、工业新区和武邑县供水。

线路 6 自石津干渠衡水支线石德铁路以北、曹元分干以南的分水口引水,新埋涵管对衡水市区供水。

线路 7 自石津干渠衡水支线石德铁路以南的徐湾分水口引水,新埋涵管对衡水市区供水。

线路 8 自石津干渠衡水支线圭家庄分水口引水,新埋涵管对衡水市区供水。

线路 9 自石津干渠衡水支线官道李村分水口引水,新埋涵管对冀州、枣强和故城供水。

线路 10 自石津干渠衡水支线傅家庄村分水口引水,新埋涵管向南穿越滏阳河后走滏阳新河北岸对六区县供水。

线路 11 自石津干渠衡水支线傅家庄村分水口引水,新埋涵管向东走滏阳河北岸对六区县供水。

线路 12 自石津干渠衡水支线傅家庄村分水口引水,新埋涵管输水入衡水湖,调蓄后对六区县供水。

方案比选情况,将以上 12 条输水线路组合为 10 个输水方案,见表 3-9。

表 3-9　　　　　　　　　　六区县输水线路组合表

| 方案名称 | 市区 | 工业新区 | 武邑 | 冀州 | 枣强 | 故城 |
|---|---|---|---|---|---|---|
| 方案一 | 线路 1 | | | | 线路 9 | |
| 方案二 | 线路 3 | | | | 线路 9 | |
| 方案三 | 线路 4 | | | | 线路 9 | |
| 方案四 | 线路 5 | | | | 线路 9 | |
| 方案五 | 线路 2 | | 线路 6 | | 线路 9 | |
| 方案六 | 线路 2 | | 线路 7 | | 线路 9 | |
| 方案七 | 线路 2 | | 线路 8 | | 线路 9 | |
| 方案八 | 线路 10 | | | | | |
| 方案九 | 线路 11 | | | | | |
| 方案十 | 线路 12 | | | | | |

中南部六区县输水线路前期方案一~方案十见图 3-1~图 3-10。此 10 张图纸均出自 2014 年河北省设计院编制的衡水市南水北调配套工程水厂以上输水管道工程可行性研究报告。

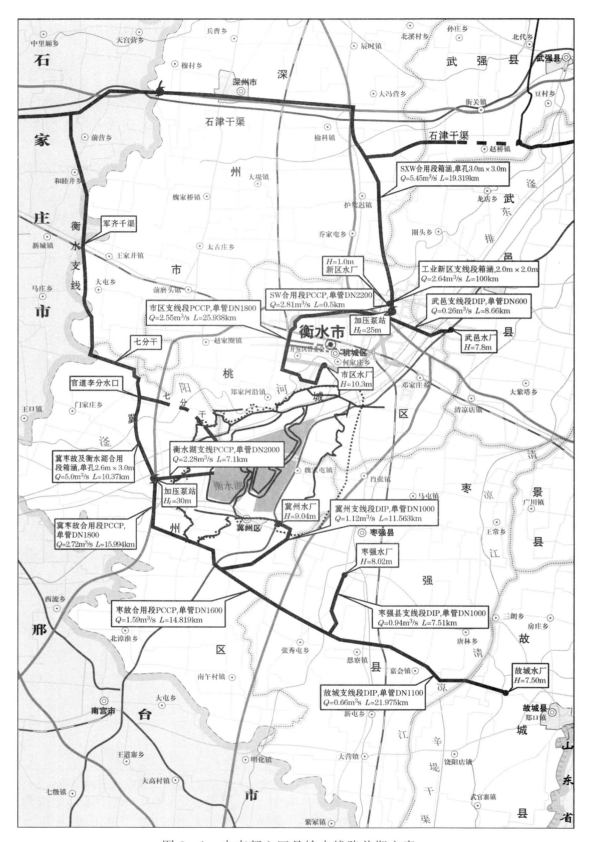

图 3-1 中南部六区县输水线路前期方案一

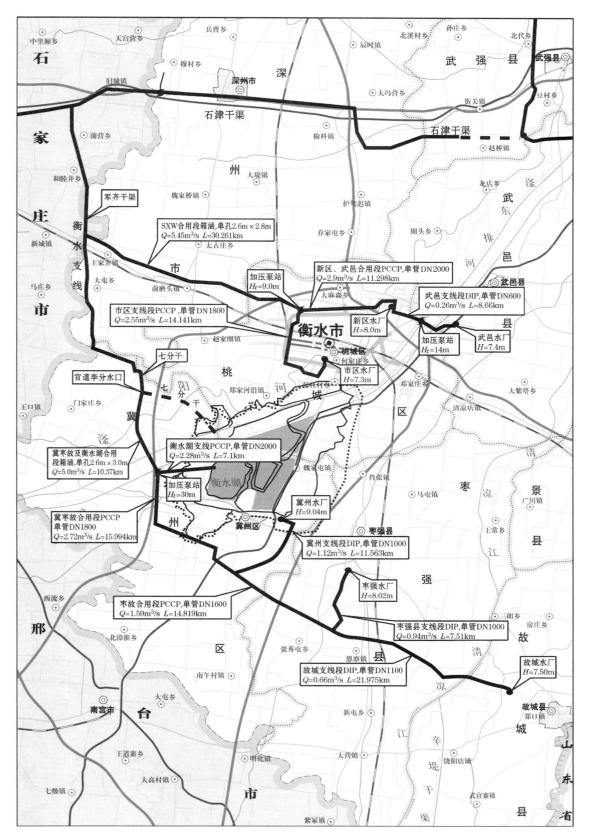

图 3-2　中南部六区县输水线路前期方案二

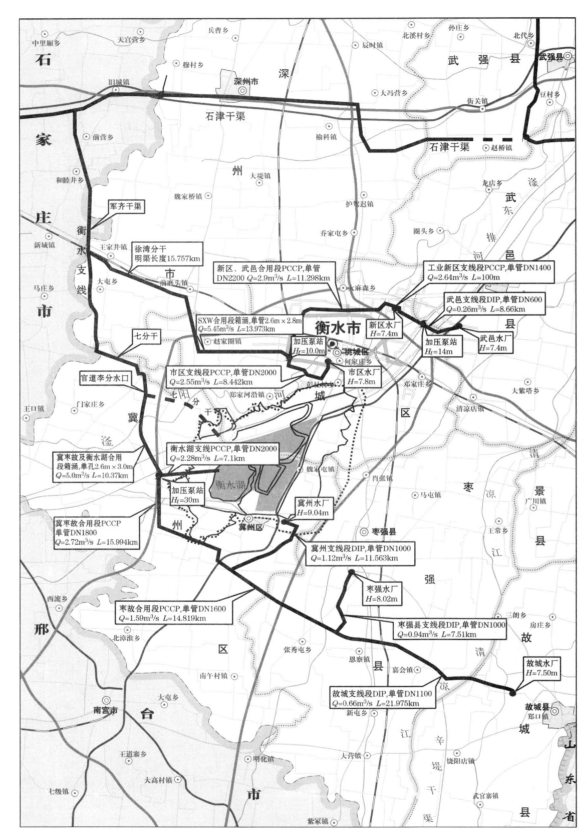

图 3-3　中南部六区县输水线路前期方案三

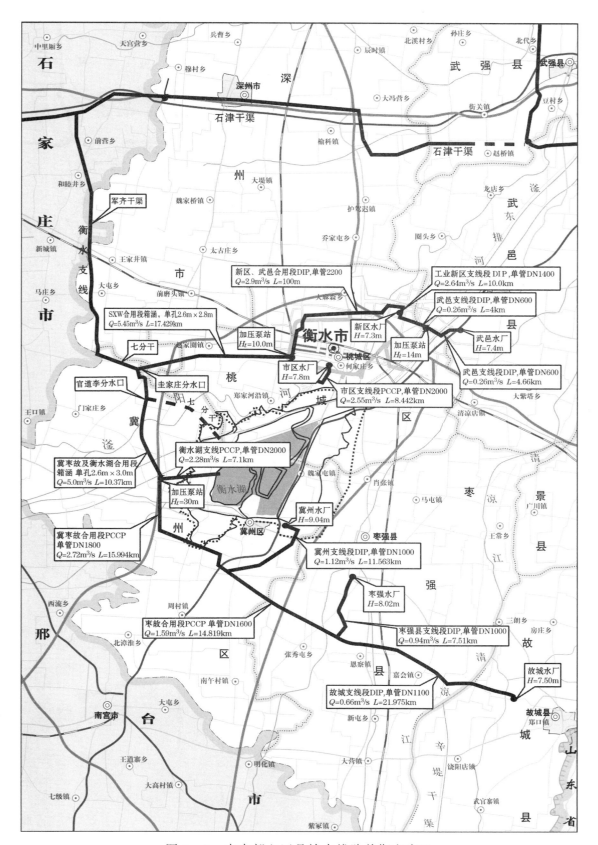

图3-4　中南部六区县输水线路前期方案四

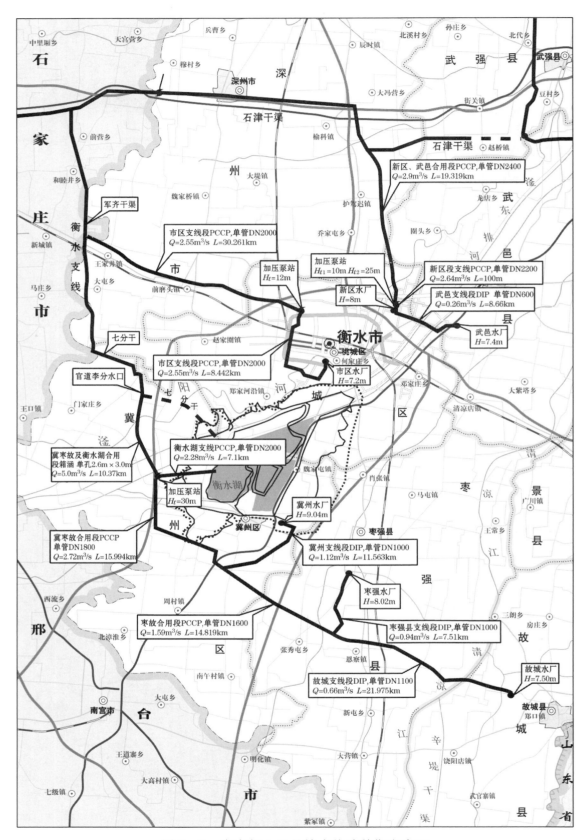

新区、武邑合用段PCCP，单管DN2400
$Q$=2.9m³/s　$L$=19.319km

市区支线段PCCP，单管DN2000
$Q$=2.55m³/s　$L$=30.261km

加压泵站
$H_t$=12m

加压泵站
$H_{t1}$=10m $H_{t2}$=25m

新区水厂
$H$=8m

新区段支线PCCP，单管DN2200
$Q$=2.64m³/s　$L$=100m

武邑支线段DIP 单管DN600
$Q$=0.26m³/s　$L$=8.66km

武邑水厂
$H$=7.4m

市区支线段PCCP，单管DN2000
$Q$=2.55m³/s　$L$=8.442km

市区水厂
$H$=7.2m

衡水湖支线PCCP，单管DN2000
$Q$=2.28m³/s　$L$=7.1km

冀枣故及衡水湖合用段箱涵 单孔2.6m×3.0m
$Q$=5.0m³/s　$L$=10.37km

加压泵站
$H_t$=30m

冀州水厂
$H$=9.04m

冀枣故合用段PCCP 单管DN1800
$Q$=2.72m³/s　$L$=15.994km

冀州支线段DIP，单管DN1000
$Q$=1.12m³/s　$L$=11.563km

枣强水厂
$H$=8.02m

枣故合用段PCCP，单管DN1600
$Q$=1.59m³/s　$L$=14.819km

枣强县支线段DIP，单管DN1000
$Q$=0.94m³/s　$L$=7.51km

故城水厂
$H$=7.50m

故城支线段DIP，单管DN1100
$Q$=0.66m³/s　$L$=21.975km

图3-5　中南部六区县输水线路前期方案五

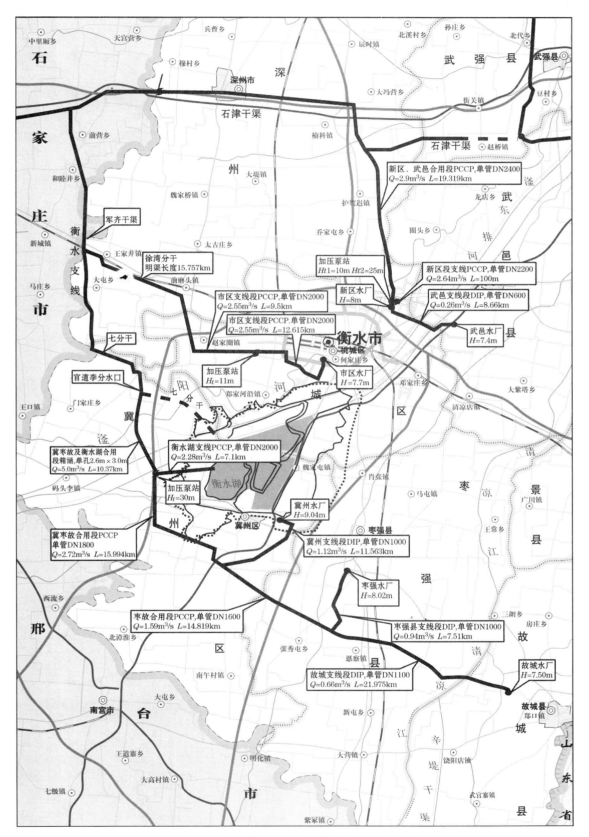

图 3-6 中南部六区县输水线路前期方案六

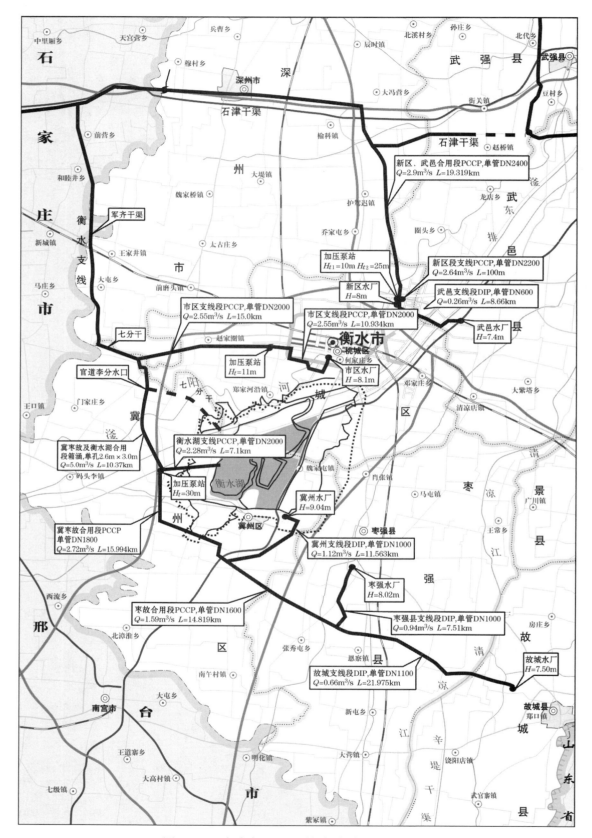

图 3-7　中南部六区县输水线路前期方案七

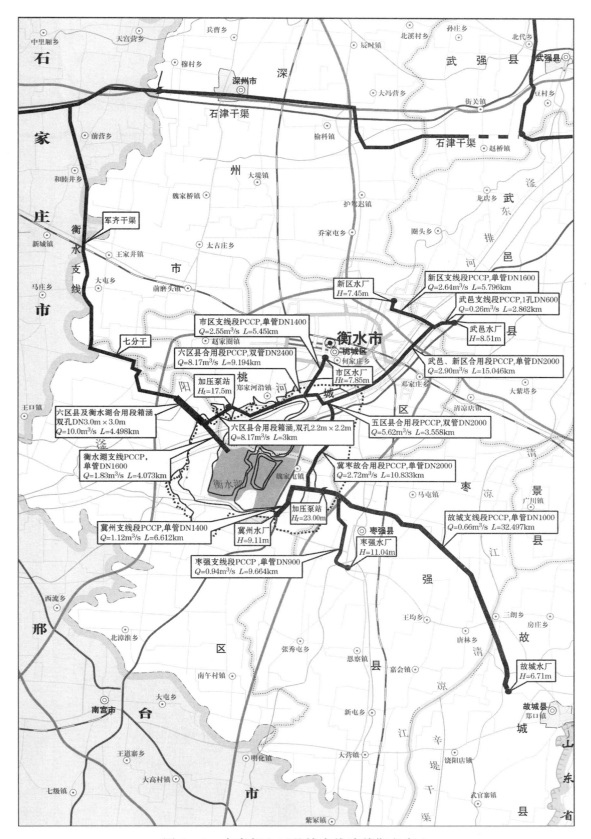

图 3-8 中南部六区县输水线路前期方案八

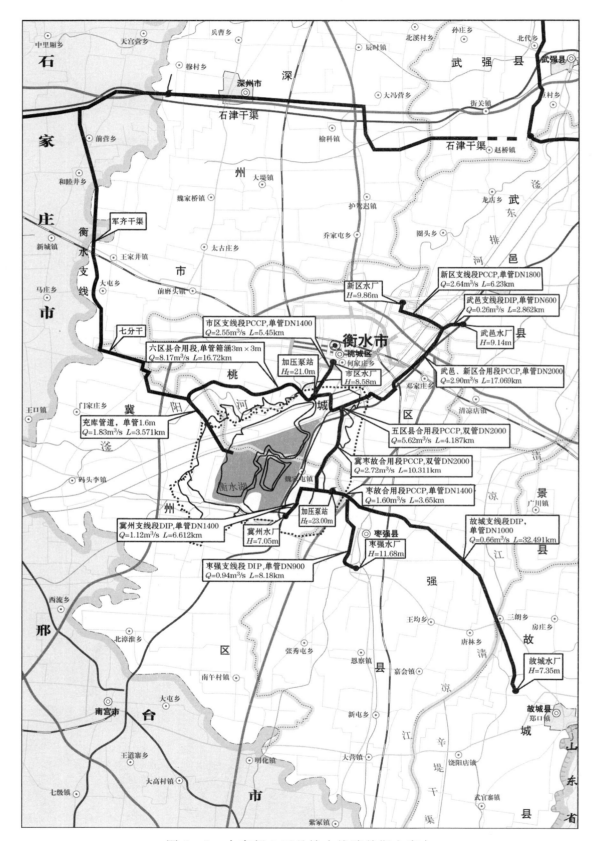

新区支线段PCCP,单管DN1800
$Q$=2.64m³/s $L$=6.23km

武邑支线段DIP,单管DN600
$Q$=0.26m³/s $L$=2.862km

新区水厂
$H$=9.86m

武邑水厂
$H$=9.14m

市区支线段PCCP,单管DN1400
$Q$=2.55m³/s $L$=5.45km

武邑、新区合用段PCCP,单管DN2000
$Q$=2.90m³/s $L$=17.069km

六区县合用段,单管箱涵3m×3m
$Q$=8.17m³/s $L$=16.72km

加压泵站
$H_t$=21.0m

市区水厂
$H$=8.58m

充库管道,单管1.6m
$Q$=1.83m³/s $L$=3.571km

五区县合用段PCCP,双管DN2000
$Q$=5.62m³/s $L$=4.187km

冀枣故合用段PCCP,双管DN2000
$Q$=2.72m³/s $L$=10.311km

枣故合用段PCCP,单管DN1400
$Q$=1.60m³/s $L$=3.65km

故城支线段DIP,单管DN1000
$Q$=0.66m³/s $L$=32.491km

冀州支线段DIP,单管DN1400
$Q$=1.12m³/s $L$=6.612km

加压泵站
$H_t$=23.00m

冀州水厂
$H$=7.05m

枣强水厂
$H$=11.68m

枣强支线段DIP,单管DN900
$Q$=0.94m³/s $L$=8.18km

故城水厂
$H$=7.35m

图3-9 中南部六区县输水线路前期方案九

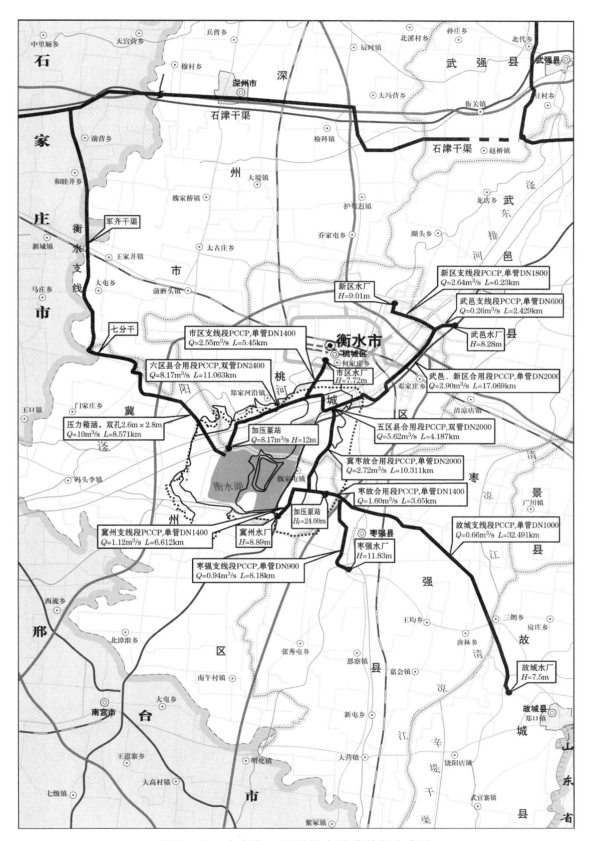

图 3-10 中南部六区县输水线路前期方案十

对以上 10 个方案进行技术经济比较，投资估算情况见表 3 - 10。

表 3 - 10　　　　　　南部 7 个供水目标 10 个输水线路方案投资估算统计表　　　　单位：万元

| 项目 | 投 资 合 计 | | | | | | | | | |
|---|---|---|---|---|---|---|---|---|---|---|
| | 方案一 | 方案二 | 方案三 | 方案四 | 方案五 | 方案六 | 方案七 | 方案八 | 方案九 | 方案十 |
| 建筑工程 | 173026 | 211721 | 171101 | 163467 | 178461 | 159584 | 162849 | 165945 | 167936 | 162880 |
| 施工 | 7978 | 9206 | 7825 | 7508 | 8133 | 7518 | 7536 | 7576 | 7650 | 7441 |
| 独立费用 | 20188 | 24577 | 19958 | 19084 | 20951 | 18729 | 19103 | 19087 | 19315 | 19062 |
| 移民占迁 | 35766 | 40221 | 34801 | 35368 | 41177 | 43874 | 35565 | 31300 | 29524 | 30920 |
| 工程投资 | 236958 | 285724 | 233685 | 225427 | 248722 | 224706 | 225054 | 223909 | 224425 | 220303 |
| 运行费 | 58819 | 58819 | 60624 | 60624 | 64042 | 63558 | 63558 | 52523 | 57833 | 55102 |
| 总费用 | 1065470 | 630268 | 527994 | 520043 | 561486 | 517969 | 513665 | 500340 | 506683 | 495708 |

可见，方案一、方案二、方案三、方案五、方案六、方案九工程寿命期内总费用偏高，不予推荐；方案八、方案十工程寿命期内总费用略低，但需穿越衡水湖湿地保护区，项目审批程序繁杂，不利工程尽快实施，不予推荐；方案四、方案七工程寿命期内总费用居中，但有较大优化余地，其线路完全绕开了衡水湖湿地保护区，故作为选择线路在可研阶段深入比选。

综合考虑各阶段性可研成果，研究确定了衡水中南部 7 个供水目标采用完全绕开衡水湖湿地保护区的直供方案，在此基础上，又详细设计了 3 个输水线路方案进行深入比选，并对拟推荐线路进行了现场查勘和管渠中心线 1：2000 带状图和纵横断面图的测量。

方案一：自石津干渠衡水支线末端傅家庄附近设左、右两分水口，左分水口下接管道向东北方向敷设，向衡水市区、工业新区和武邑县供水；右分水口下接管道向南敷设，向冀州市、枣强县、故城县和滨湖新区供水。为避免输水期间因各目标引水流量变化而造成工程弃水，在傅家庄预留 1 个分水口，必要时可利用此分水口及以下输水管线将富余水量送入拟建西湖水库；考虑石津干渠停水期间中南部七目标的用水要求，还可利用衡水湖支线将西湖水库蓄水反向供给上述目标。

方案二：自石津干渠沧州支线大田南干一分干进水闸附近设分水口，下接管道向南敷设，对工业新区和武邑县供水；自石津干渠衡水支线圭家庄附近设分水口，下接管道向东敷设，对衡水市区供水；自石津干渠衡水支线傅家庄附近设分水口，下接管道向南敷设，对冀州、枣强、故城和滨湖新区供水。为避免输水期间因各目标引水流量变化而造成工程弃水，在傅家庄预留 1 个分水口，必要时可利用此分水口及以下输水管线将富余水量送入拟建西湖水库；石津干渠停水期间还能利用衡水湖管线将西湖水库蓄水反向供给冀州、枣强、故城和滨湖新区四目标。

方案三：自石津干渠衡水支线军齐干渠七分干圭家庄附近设分水口，下接管道向东敷设，对衡水市区、工业新区和武邑县供水；自石津干渠衡水支线军齐七分干干渠傅家庄附近设分水口，下接管道向南敷设，对冀州、枣强、故城和滨湖新区供水。此外，在傅家庄预留一分水口，远期衡水西湖水库建成后，可从该分水口接引管道与西湖水库相连，必要时利用该管道自西湖水库引水供给上述目标。

3个方案的加压泵站情况比较。根据工程的特点，方案比选主要从工程费用、设计施工情况、防洪影响、对衡水湖湿地保护区的影响等几方面进行。由前述可知，3个输水线路方案都不能实现全线自流输水，均需设置加压泵站，经水力计算，各方案加压泵站均为5座，其中线路加压泵站3座和水厂加压泵站2座，各方案加压泵站布置情况见表3-11。

表3-11　　　　　　　　　　优选后3个方案加压泵站布置情况统计表

| 方案名 | 加压泵站位置 | 加压泵站参数 | |
| --- | --- | --- | --- |
| | | 设计净扬程/m | 设计流量/(m³/s) |
| 方案一 | 市区支线末端 | 8.0 | 2.55 |
| | 工业新区支线末端 | 8.0 | 2.19 |
| | 武邑支线首端 | 12.5 | 0.26 |
| | 冀滨枣故干线首端 | 21.5 | 3.18 |
| | 故城支线中部 | 17.5 | 0.66 |
| 方案二 | 市区支线末端 | 8.0 | 2.55 |
| | 工业新区支线末端 | 8.0 | 2.19 |
| | 武邑支线首端 | 12.5 | 0.26 |
| | 冀滨枣故干线首端 | 21.5 | 3.18 |
| | 故城支线中部 | 17.5 | 0.66 |
| 方案三 | 市区支线末端 | 8.0 | 2.55 |
| | 工业新区支线末端 | 8.0 | 2.19 |
| | 武邑支线首端 | 13.0 | 0.26 |
| | 冀滨枣故干线首端 | 21.5 | 3.18 |
| | 故城支线中部 | 17.5 | 0.66 |

优选后的3个方案的穿越工程情况比较。穿越工程主要包括穿越河渠工程、穿越铁路工程、穿越公路工程（国道、省道、市政主干路及一般道路），各方案主要穿越情况见表3-12。

表3-12　　　　　　　　　　优选后3个方案主要穿越情况统计表

| 穿越类型 | 各方案穿越次数/次 | | |
| --- | --- | --- | --- |
| | 方案一 | 方案二 | 方案三 |
| 穿越主要河、渠工程 | 30 | 36 | 30 |
| 穿越铁路工程 | 5 | 2 | 5 |

续表

| 穿越类型 | 各方案穿越次数/次 | | |
|---|---|---|---|
| | 方案一 | 方案二 | 方案三 |
| 穿越国道、省道 | 8 | 7 | 8 |
| 穿越市政主干路 | 7 | 2 | 7 |
| 穿越县级以下一般道路 | 256 | 268 | 256 |

这三个方案输水线路完全绕开了衡水湖湿地保护区，与蓄供方案相比，项目审批手续简化，利于工程尽快实施。加压泵站数量、现地站数量、管理机构设置和运行管理人员数量均相同，但方案一输水线路连续布置，方案二、方案三输水线路分散布置，方案一值班巡护方便，利于工程管理。经初步测算，3个方案50年运行、管理费用折现值分别为2.13亿元、2.14亿元、2.13亿元，基本相当。

考虑到不同线路方案对石津干渠相关渠段的工程规模和投资影响不同，为合理确定推荐线路，比选段起点选择在石津干渠军齐分水口，终点为各目标水厂。各方案投资由明渠工程投资和输水管道工程投资两部分组成：明渠工程包括石津干渠沧州支线（军齐—大田—分干）和石津干渠衡水支线（军齐—傅家庄）两部分。

经投资估算，方案一比选段工程总费用22.86亿元，方案二比选段工程总费用23.10亿元，方案三比选段工程总费用23.37亿元。方案一最低、方案三最高。衡水中南部七目标各方案比选段投资统计见表3-13。

表3-13　　衡水中南部7个供水目标输水线路方案比选段投资统计表

| 编号 | 工程或费用名称 | 估算投资/亿元 | | |
|---|---|---|---|---|
| | | 方案一 | 方案二 | 方案三 |
| 一 | 明渠工程 | 6.65 | 7.11 | 6.57 |
| 1 | 石津干渠沧州支线（军齐—大田—分干） | 3.36 | 3.92 | 3.36 |
| 2 | 石津干渠衡水支线（军齐—傅家庄） | 3.29 | 3.19 | 3.21 |
| 二 | 输水管道工程 | | | |
| 1 | 工程费用 | 11.63 | 10.79 | 11.90 |
| 2 | 环境移民投资（征迁补偿费） | 2.45 | 3.07 | 2.77 |
| 3 | 加压泵站50年运行、管理费用折现 | 2.13 | 2.14 | 2.13 |
| 4 | 工程总投资（1、2部分之和） | 14.08 | 13.86 | 14.67 |
| 5 | 工程寿命期总费用（1、2、3项之和） | 16.21 | 15.99 | 16.80 |
| 三 | 比选段工程总费用（一、二部分之和） | 22.86 | 23.10 | 23.37 |

衡水市政府要求，衡水市中南部七目标的配套工程管道设计应具备石津干渠停水期间自衡水西湖水库引水为上述目标供水的能力，为此本次配套工程设计时在石津干渠衡水支线傅家庄分水口处单独预留入衡水湖的分水口，远期衡水西湖水库建

成后，可从该分水口接引管道与西湖水库相连，必要时利用该管道自西湖水库引水供给上述目标。根据不同线路方案的输水管道布置，方案一因七目标干、支线管道全部连通，与西湖水库连接管线建成后，可满足自西湖水库为七目标供水的要求；方案二、方案三仅南部冀州、滨湖新区、枣强和故城输水管道连通，即使通过傅家庄分水口建成与西湖水库的连接管线也不能实现对市区、工业新区两重要目标自西湖水库引水的要求，须根据需要另外修建连接管线。从满足远期自衡水西湖水库引水要求方面比较，方案一较优，方案二、方案三较差。

综上，方案一工程寿命期内总费用最低，线路可绕开衡水湖湿地保护区，项目审批手续简单，对石津干渠现设计方案基本无影响，远期自西湖水库引水供给目标最多，为推荐方案（图3-11）。

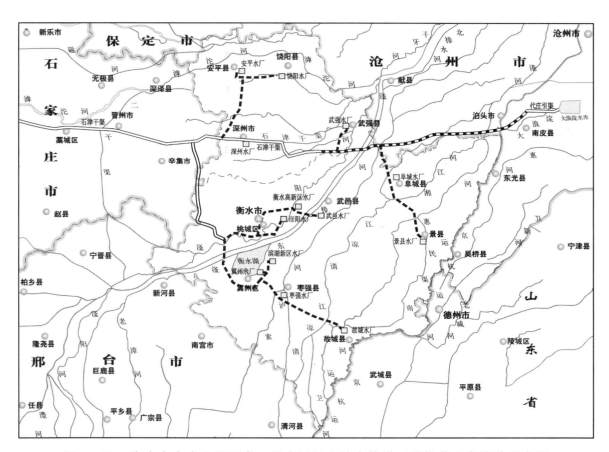

图3-11 衡水市南水北调配套工程水厂以上输水管道工程推荐方案线路示意图

## 二、可行性研究报告评估与批复

### 1. 审查意见

河北省工程咨询研究院受省发展改革委委托，2013年12月17日对《衡水市南水北调配套工程水厂以上输水管道工程可行性研究报告》（以下简称《报告》）进行了评估论证，评估认为，衡水市南水北调配套工程水厂以上输水管道工程是南水北调工程体系的重要组成部分，承担着连接南水北调中线总干渠和受水区地表水厂的纽带作用。工程的实施将有利于缓解衡水市区（桃城区）、滨湖新区、冀州市、枣强县等 13 个县（市、区）水资源严重短缺的矛盾，减少对地下水的过度开采，改善生态环境，促进区域经济社会协调发展，项目建设是必要的。

按照全省关于南水北调配套工程前期工作的安排部署，本项目自南水北调配套工程石津干渠工程沧州支线、衡水支线引水，按照不同的分水口门位置共布置 6 条输水管线。设计总输水流量 12.01m³/s，年分配水量 3.1 亿 m³，输水管线全长约 226.3km。自沧州支线引水的管线有 4 条，分别为和乐寺分水口至安平县、饶阳县地表水厂管线，深州分水口至深州市地表水厂管线，武强分水口至武强县地表水厂管线，阜景分水口至阜城县、景县地表水厂管线；自衡水支线引水的管线有 2 条，分别为傅家庄分水口门（左）至衡水市区、工业新区、武邑县地表水厂管线，傅家庄分水口门（右）至冀州市、滨湖新区、枣强县、故城县地表水厂管线。

（2）水文。输水管线穿越骨干行洪排涝河道和中小河流、引蓄水河道 41 条（次）。滏阳新河设计洪水采用《子牙河系防洪规划》中成果，其他排涝河道设计排水流量根据《河北省平原地区中小面积除涝水文手册》中的分析方法采用暴雨途径推求。依据《防洪标准》（GB 50201—94）和《调水工程设计导则》（SL 430—2008），确定衡水市区支线、工业新区支线以及涉及两目标的干线输水管道、冀滨枣故干线输水管道洪水标准为 30 年一遇设计、100 年一遇校核；其他干、支管线输水管道洪水标准为 20 年一遇设计、50 年一遇校核。其中，穿越滏阳新河段管道工程防洪标准采用 50 年一遇洪水设计、"63·8"（1963 年 8 月）洪水校核。河北省水利厅《关于〈衡水市南水北调配套工程水厂以上输水管道工程防洪评价报告〉的批复》同意项目按上述标准建设。同时认为，《修改报告》中的穿越河流设计防洪标准、施工设计洪水等采用的水文计算方法基本合理。

（3）地质。本项目工程区域位于河北省中东部地区，地势平坦开阔，为冲洪积、湖沼积平原区，地形较简单。工程区地表出露及钻孔揭露的地层岩性主要有第四系全新统人工堆积素填土、杂填土、黏土、壤土、砂壤土、粉砂、细砂、中砂。根据《中国地震动参数区划图》（GB 18306—2001），衡水市区、衡水工业新区、武强、深州、安平、饶阳、冀州地震动峰值加速度为 0.10g，相应地震基本烈度Ⅶ度；武邑、景县、阜城、枣强、故城地震动峰值加速度为 0.05g，相应地震基本烈度Ⅵ度。

评估认为，《修改报告》中的工程地质分析基本合理。

（4）工程任务和规模。本项目主要任务是从自南水北调配套工程石津干渠工程沧州支线、衡水支线引水，向衡水市所辖范围内的市区、县（市、区）13 个目标供水。南水北调中线总干渠一期工程年平均分配衡水市水量为 3.1 亿 m³，主要用于解决城市生活和工业用水。本项目各供水目标管道规模按南水北调多年平均分水量（考虑一定的输水损失后）×日变化系数（季节性变化）确定。市区（桃城区）输水管道日变化系数为 1.2，其他供水目标日变化系数取 1.3。输水管道规模详见表 3-14。

表 3-14　　　　　　　　　各输水线路输水管道规模统计表

| 管　道　分　段 | 分配水量/(万/m³) | 设计流量/(m³/s) |
| --- | --- | --- |
| 饶安干线输水管道 | 2893 | 1.17 |
| 安平支线输水管道 | 1860 | 0.75 |
| 饶阳支线输水管道 | 1033 | 0.42 |
| 深州支线输水管道 | 3012 | 1.21 |
| 武强支线输水管道 | 808 | 0.33 |
| 阜景干线输水管道 | 2915 | 1.15 |
| 阜城支线输水管道 | 765 | 0.3 |
| 景县支线输水管道 | 2150 | 0.85 |
| 市区、工业新区、武邑干线输水管道 | 13287 | 5.0 |
| 市区支线输水管道 | 7054 | 2.55 |
| 工业新区、武邑干线输水管道 | 6233 | 2.45 |
| 工业新区支线输水管道 | 5578 | 2.19 |
| 武邑支线输水管道 | 655 | 0.26 |
| 冀州、枣强、故城、滨湖新区干线输水管道 | 8097 | 3.18 |
| 冀州、滨湖新区干线输水管道 | 4031 | 1.59 |
| 冀州支线输水管道 | 2869 | 1.13 |
| 滨湖新区支线输水管道 | 1162 | 0.46 |
| 枣强、故城干线输水管道 | 4066 | 1.59 |
| 枣强支线输水管道 | 2392 | 0.94 |
| 故城支线输水管道 | 1674 | 0.66 |

评估认为，《修改报告》确定的工程任务和规模基本合理。

2．工程总体布置及主要建筑物评估

（1）工程等别和标准。本项目以城市供水为主，取水口、阀井、输水管道、加压泵站为主要建筑物，其他为次要建筑物。根据《调水工程设计导则》（SL 430—2008），衡水市区支线、工业新区支线、市区工业新区武邑干线、工业新区武邑干线输水管道和冀州、枣强、故城、滨湖新区干线输水管道工程等别为Ⅲ等，其余各干、支线输水管道工程等别均为Ⅳ等。Ⅲ等工程中的主要建筑物级别为 3 级；次要建筑物级别为 4 级；临时建筑物级别为 5 级。Ⅳ等工程中的主要建筑物级别为 4 级；次要建筑物级别为 5 级；临时建筑物级别为 5 级。穿越铁路、高等级公路、河渠等建筑物的输水建筑物级别不低于穿越建筑物的级别。

（2）工程总体布置。本项目采用管道输水形式，共布置 20 条输水管线与 13 个供水目标、配水管网衔接。输水管线全长约 226.3km。自南水北调配套工程石津干渠沧州支线和衡水支线取水，共设 6 个分水口门。设置在沧州支线上的分水口门共 4 个，为和乐寺分水口门、深州分水口门、武强分水口门和阜景分水口门，分别对饶阳、安平、深州、武强、阜城和景县等六县（区）地表水厂供水。设置在衡水支线上的分水口门共2个，为傅家庄分水口门（左）和傅家庄分水口门（右），分别对衡水市区、工业新区、武邑县、冀州市、枣强县、故城县和滨湖新区等七县（区）地表水厂供水。各分水口门位置及设计指标见表3-15。

表3-15　　　　　　　　　各输水线路分水口门特性指标统计表

| 线 路 名 称 | 分水口门 | 石津干渠桩号 | 干渠水位水压/m | 分水口水位/m | 设计流量/（m³/s） |
|---|---|---|---|---|---|
| 饶安干线 | 和乐寺分水口 | 93+710 | 28.38 | 26.52 | 1.17 |
| 深州支线 | 深州分水口 | 103+599 | 23.92 | 23.01 | 1.21 |
| 武强支线 | 武强分水口 | 138+419.5 | 18.00 | 18.00 | 0.33 |
| 阜景干线 | 阜景分水口 | 152+700 | 12.80 | 12.65 | 1.15 |
| 市区、工业新区、武邑干线 | 傅家庄口门（左） | 126+108 | 23.00 | 22.90 | 5.00 |
| 冀滨枣故干线 | 傅家庄口门（右） | 126+108 | 23.00 | 22.90 | 3.18 |

（3）管线工程。本项目除市区工业新区武邑干线、工业新区武邑干线、工业新区支线采用重力流输水外，其余线路均采用泵站加压输水。各输水线路干线、支线均采用单排管道输水方案。市区工业新区武邑干线、市区支线、工业新区武邑干线、冀滨枣故干线采用预应力钢筒混凝土管（PCCP），其余线路采用球墨铸铁管（DIP）。详见表3-16。

表3-16　　　　　　　　　管道工程主要技术特征一览表

| 序号 | 线路名称 | 主材管径/mm | 主材类型 | 线路长度/km | 设计流量/（m³/s） | 输水方式 |
|---|---|---|---|---|---|---|
| 1 | 饶安干线 | DN1200 | DIP | 22.566 | 1.17 | 泵站加压 |
| 2 | 饶阳支线 | DN800 | DIP | 17.297 | 0.42 | 泵站加压 |
| 3 | 安平支线 | DN900 | DIP | 4.214 | 0.75 | 泵站加压 |
| 4 | 深州线路 | DN1200 | DIP | 0.358 | 1.21 | 泵站加压 |
| 5 | 武强线路 | DN700 | DIP | 8.230 | 0.33 | 泵站加压 |
| 6 | 阜景干线 | DN1200 | DIP | 16.092 | 1.15 | 泵站加压 |
| 7 | 阜城支线 | DN700 | DIP | 0.178 | 0.3 | 泵站加压 |
| 8 | 景县支线 | DN1000 | DIP | 27.131 | 0.85 | 泵站加压 |
| 9 | 市新武干线 | DN3000 | PCCP | 14.326 | 5.0 | 重力流 |
| 10 | 市区支线 | DN1800 | PCCP | 7.400 | 2.55 | 泵站加压 |
| 11 | 新武干线 | DN2400 | PCCP | 21.145 | 2.45 | 重力流 |
| 12 | 武邑支线 | DN700 | DIP | 7.134 | 0.26 | 泵站加压 |
| 13 | 新区支线 | DN1600 | DIP | 0.200 | 2.19 | 重力流 |
| 14 | 冀滨枣故干线 | DN2200 | PCCP | 32.901 | 3.18 | 泵站加压 |
| 15 | 冀滨干线 | DN1400 | DIP | 2.282 | 1.59 | 泵站加压 |

续表

| 序号 | 线路名称 | 主材管径/mm | 主材类型 | 线路长度/km | 设计流量/(m³/s) | 输水方式 |
|---|---|---|---|---|---|---|
| 16 | 冀州支线 | DN1000 | DIP | 2.510 | 1.13 | 泵站加压 |
| 17 | 滨湖新区支线 | DN900 | DIP | 7.160 | 0.46 | 泵站加压 |
| 18 | 枣故干线 | DN1600 | DIP | 8.462 | 1.59 | 泵站加压 |
| 19 | 枣强支线 | DN900 | DIP | 0.973 | 0.94 | 泵站加压 |
| 20 | 故城支线 | DN1000 | DIP | 25.709 | 0.66 | 泵站加压 |
| | 合计 | | | 226.268 | | |

管道采用明挖式施工，填弧基础，一般地段埋深不小于 2.0m，管径小于 1.0m 的管道埋深不小于 1.5m，穿越工程管段根据穿越工程的具体情况和行业规程、规范确定具体埋深。PCCP 采用双密封胶圈接口，DIP 采用单胶圈承插接口（T 形）。钢管外防腐采用无溶剂型特加强级（六油两布）环氧煤沥青，内防腐采用环氧白陶瓷防腐，防腐前先进行喷砂除锈。PCCP 管道外防腐采用无溶剂型环氧煤沥青，管道接口型钢防腐采用环氧无毒漆，管道安装完成后外加水泥砂浆抹带。DIP 内防腐为水泥砂浆，管外防腐为喷锌加环氧煤沥青。

本项目穿越铁路 6 次。其中穿越京九铁路 2 次、石德铁路 1 次、邯黄铁路 2 次，采用钢筋混凝土箱涵顶进、内置输水钢管穿越方式；穿越石济铁路客运专线 1 次，采用预埋钢筋混凝土套管内置输水钢管穿越方式。穿越铁路工程设计工作由河北水务集团委托铁路行业设计单位完成。穿越高速、国道、省道等高等级公路共计 16 次，采用钢筋混凝土管顶进、内置输水钢管穿越方式，套管工程设计由省水务集团委托交通部门设计单位完成。穿越市政道路和高标准县级路 15 次，根据车流量及主管部门意见确定施工方案，本阶段暂考虑顶管施工。穿越县级以下一般道路 454 次，采用破路工艺施工、直埋主输水管材穿越。穿越骨干行洪排涝河道和中小河流、引蓄水河道 41 条（次），交叉断面处河道设计洪水位不高于两岸地面时，采用输水主管材直接穿越主槽、滩地和堤防，当交叉断面处河道设计洪水位高于两岸地面时，主槽、滩地段直接埋设管道。

（4）加压泵站。本项目共设置 8 座加压泵站，其中故城泵站为二级加压泵站，其余各站均为一级加压泵站。各泵站及其特征情况见表 3-17。

表 3-17　　　　　　　　　各泵站及其特征情况一览表

| 序号 | 泵站名称 | 设计流量/(m³/s) | 设计扬程/m | 泵　型 | 机组台数 | 装机容量/kW |
|---|---|---|---|---|---|---|
| 1 | 和乐寺分水口泵站 | 1.17 | 37.0 | S400-24/4C 卧式离心泵 | 4 台（3 用 1 备） | 880（220×4） |
| 2 | 深州分水口泵站 | 1.21 | 11.0 | S500-26N/4B 卧式离心泵 | 4 台（3 用 1 备） | 300（75×4） |

续表

| 序号 | 泵站名称 | 设计流量/(m³/s) | 设计扬程/m | 泵　　型 | 机组台数 | 装机容量/kW |
|---|---|---|---|---|---|---|
| 3 | 武强分水口泵站 | 0.33 | 13.0 | S300-19N/4C 卧式离心泵 | 3台 (2用1备) | 135 (45×3) |
| 4 | 阜景分水口泵站 | 1.15 | 57.2 | S400-13N/4A 卧式离心泵 | 4台 (3用1备) | 1260 (315×4) |
| 5 | 武邑支线加压泵站 | 0.26 | 15.0 | S250-18/4 卧式离心泵 | 3台 (2用1备) | 90 (30×3) |
| 6 | 傅家庄分水口泵站 | 3.18 | 24.0 | S600-18N/6C 卧式离心泵 | 7台 (5用2备) | 1540 (220×7) |
| 7 | 故城支线加压泵站 | 0.66 | 19.0 | S300-19/4 卧式离心泵 | 4台 (3用1备) | 220 (55×4) |
| 8 | 市区支线加压泵站 | 2.55 | 15.0 | S700-25/8 卧式离心泵 | 4台 (3用1备) | 740 (185×4) |

评估认为，《修改报告》确定的工程总体布置及加压泵站设计方案基本合理。

3. 水力机械、金属结构及电气评估

（1）水力机械。本工程供水目标13个，共设加压泵站8座。泵站主泵型式为单级双吸卧式离心泵，机组均采用变频控制。主泵进水管道设置伸缩节、手动偏心半球阀；出水管道设置伸缩节、多功能水泵控制阀、电动偏心半球阀、电磁流量计和压力变送器。

管道附属设备主要包括进排气阀、排水（泥）阀、检修阀、流量计和压力计等。输水管道主要监测项目包括水压监测和流量监测。

（2）金属结构。本工程涉及金属结构的建筑物有深州泵站、和乐寺分水口泵站进口各设1孔，为拦截污物进入泵站，进口分别设置1台格栅式清污机。阜景泵站自石津干渠沧州支线压力箱涵取水，仅在泵站进水池设置检修闸门。进水池共4孔，设检修闸门1扇，4孔共用。闸门采用叠梁钢闸门，分为3节，采用1台50kN移动式电动葫芦配合自挂梁启闭。

（3）电气。本项目在傅家庄分水口泵站、深州泵站、武强分水口泵站、武邑支线加压泵站、和乐寺分水口泵站、阜景分水口泵站、市区支线加压泵站和故城泵站均设置降压变电站1座，就近引接两路10kV架空线路，10kV高压侧采用线路-变压器单元组为泵站供电，变压器低压侧采用单母线接线。在衡水市管理处、安平调流阀站、饶阳调流阀站、景县调流阀站、阜城调流阀站、工业新区调流阀站、冀州调流阀站、枣强调流阀站和滨湖新区调流阀站均设置降压变电站1座，电源就近引接一路10kV架空线路，另设置1台快速自启动型柴油发电机组作为备用电源，低压侧设置自动投切装置。

评估认为，《修改报告》确定的水力机械、金属结构及电气方案基本合理。

4．其他等项评估

（1）工程管理。《修改报告》确定设置管理处 1 个、管理所 3 个、现地管理站 8 个，管理定员 279 人，运行管理业务用房建筑面积 5447m²，购置检修车、巡护车等交通工具 10 辆。

评估认为，《修改报告》确定的工程管理方案基本合理，但在下阶段工作中应进一步优化。

（2）建设用地及移民安置。本项目永久占地 259.27 亩，临时用地 16664 亩。对占压的房屋、树木、工副业、专项设施等建、构筑物进行补偿或复建、复垦。共占压大小树木 397975 棵、机井 260 眼、坟墓 3868 冢、工副业 15 家、房屋 15 处、高压电力线路 351 处、低压电力线路 358 处、通信线路 509 处、各类管道 37 处等。河北省国土资源厅《关于衡水市南水北调配套工程水厂以上输水管道工程项目用地的预审意见》中提出本项目已纳入《河北省南水北调配套工程规划》，批复本项目总用地 16.8306hm²（折合 252.459 亩）。本项目尚有约 6.811 亩用地未取得土地部门意见。

评估认为，《修改报告》确定的建设用地及移民安置方案基本合理，但其余 6.811 亩用地应取得土地部门意见，并补充规划部门意见。

（3）环境保护。本项目对施工场地经常洒水，弃土场采取水土保持措施，合理安排施工作业时间，生活垃圾、建筑垃圾等固体废物由专门人员收集处置，施工中生产、生活废水均经沉淀后综合利用，施工临时占地在工程完工后及时恢复等。营运期对泵房采取降噪措施，并按照相关技术规范与标准采取防腐保护措施，防止输水管道渗漏，确保水质安全等。《衡水市环境保护局关于河北水务集团衡水市南水北调配套工程水厂以上输水管道工程环境影响报告书的批复》，同意项目建设。

评估认为，《修改报告》确定的环境保护措施基本可行。

（4）投资估算与资金筹措。《修改报告》估算项目总投资为 260200.91 万元，评估提出价格水平年应调整为 2013 年第四季度价格水平，并合理调整汽油、柴油、砂石料、抗硫水泥等材料概算价格；调减石灰粉煤灰碎石基层、沥青路面拆除等工程单价；合理计列穿越省道、国道、高速等专项项目投资；合理调整柴油发电机组等设备价格及安装费；复核交通工具数量及购置费；复核工程勘测设计费等。《修改报告》根据专家意见进行了调整，调整后总投资为 244832.477 元，核减投资 15368.4455 元。

《修改报告》估算项目总投资 244832.47 万元，其中静态投资 240021.51 万元，建设期利息 4810.96 万元。本项目资金筹措方式为申请银行长期借款 146899.48 万元，占总投资的 60%；其余 97932.99 万元由省、市、县筹措，省级筹措其中的 70%，市、县筹措 30%。

评估认为，《修改报告》估算的投资额基本合理，但应进一步落实受水市县资金筹措计划，并按计划落实建设资金。

（5）结论与建议。本项目建设，有利于缓解衡水市管辖的衡水市区（桃城区）、工业新区、滨湖新区、冀州市、枣强县等 13 个市、县水资源严重短缺问题，减少过度开采地下水，改善生态环境，促进区域经济社会协调发展，项目建设是必要的。本项目确定的工程任务和建设规模基本适宜，工程总体布置和建筑物设计基本合理，水土保持和环境保护措施基本可行，估算的总投资能够满足项目建设需要，项目建成后具有较好的经济效益和社会效益，项目建设可行。

5. 项目批复意见

2014 年 3 月，省发展改革委根据本项目建设评估意见，对《衡水市南水北调配套工程水厂以上输水管道工程可行性研究报告》进行了批复，批复意见如下：

（1）同意衡水市南水北调配套工程水厂以上输水管道工程可行性研究报告提出的建设方案。项目由河北水务集团承建。

（2）项目主要建设内容及规模：铺设输水管道 226.3km。

（3）项目投资及资金来源：项目总投资 244832.47 万元，其中静态总投资 240021.51 万元。资金来源：资本金 97932.99 万元，占项目总投资的 40%，通过申请省、市、县财政拨款解决；银行贷款 146899.48 万元，占项目总投资的 60%。

有关招标事宜请按照核准意见执行。

# 第三节　初　步　设　计

根据《河北省南水北调配套工程建设管理若干意见》，衡水境内水厂以上输水管道工程初步设计划分为三个设计单元。具体方案由河北水务集团与各市调水办组织编制，报省调水办批准。初步设计工作具体由河北水务集团委托市调水办招标选择设计单位，初步设计报告由河北水务集团组织初审，省发改委会同省调水办审查概算，省调水办批复。设计监理和自动化系统由河北水务集团招标选择承担单位。

## 一、设计招标

2013 年 3 月，衡水市南水北调配套工程水厂以上输水管道工程可研报告编制完成，在可研报批过程中，为确保省政府提出的 2014 年配套工程与南水北调中线总干渠同步建成生效的目标，经省发改委同意，受河北水务集团委托按管理程序衡水市先行开展了设计招标工作。

衡水市南水北调配套工程水厂以上输水管道工程勘查设计工作，按工作量大小及便利性，划分为 3 个标段（即三个设计单元）：第 1 标段为安平县、饶阳县、武强县、深州市地表水厂以上输水管道；第 2 标段为阜城县、景县地表水厂以上输水管道；第 3 标段为衡水市区、工业新区、滨湖新区、冀州市、武邑县、枣强县、故城县地表水厂以上输水管道。衡水市负责的征迁工作划分为 2 个征迁监理标，第 1

标段为石津干渠衡水境内征迁监理工作，第 2 标段为衡水市南水北调配套工程水厂以上输水管道工程征迁监理工作。

2013 年 3 月 7 日，市调水办组织初步设计阶段的招标代理机构比选工作，经比选，选定天津普泽工程咨询有限责任公司作为招标代理公司。

4 月 1 日，在河北省招标投标综合网和河北省南水北调网上同时发布勘察设计和征迁监理招标公告，内容为勘察设计第 1、第 2、第 3 标段和征迁监理第 1、第 2 标段；4 月 28 日发布勘察设计第 2 标段和征迁监理第 1、第 2 标段中标公告。4 月 27 日发布勘察设计（第二次）招标公告，内容为勘察设计第 1、第 3 标段；5 月 18 日发布勘察设计第 1、第 3 标段中标公告。

勘查设计标招标结果为河北省水利水电勘测设计研究院中标第一设计单元和第三设计单元，河北省水利水电第二勘测设计研究院中标第二设计单元。征迁监理标招标结果为天津市冀水工程咨询中心中标第 1 标段，河北天和监理有限公司中标第 2 标段。

河北水务集团统一管理设计监理工作，设计监理单位为山西省水利设计院。初步设计各阶段成果均要经过设计监理审核出具审核意见后方可上报和审批。

## 二、第一设计单元设计报告

衡水市南水北调配套工程水厂以上输水管道工程第一设计单元（简称"第一设计单元"）担负向深州市、安平县、饶阳县、武强县 4 个目标的供水任务。

按照国家南水北调工程建设计划，中线总干渠一期工程于 2014 年汛后通水。河北省南水北调工程建设委员会第四次全体会议提出"对控制性工程、瓶颈工程和难点工程，要先期组织开工建设"，将饶阳安平干线列为先期开工项目。为保证项目实施，2013 年 8 月设计单位完成《衡水市南水北调配套工程水厂以上输水管道工程第一设计单元先期开工项目初步设计报告》，8 月 29—30 日，省调水办组织审查。设计单位根据审查意见和设计监理审查意见修改和完善，10 月 17 日，省调水办以冀调水设〔2013〕113 号文对设计报告和概算进行批复。

2014 年 1 月，设计单位完成《衡水市南水北调配套工程水厂以上输水管道工程第一设计单元初步设计报告》（送审稿）。24 日，省调水办和省发改委组织专家审查。根据审查意见，设计单位进行补充和完善，2 月修编完成《衡水市南水北调配套工程水厂以上输水管道工程第一设计单元初步设计报告》（报批稿），并通过复审。4 月 29 日，省调水办以冀调水设〔2014〕49 号文对设计报告和概算进行批复。5 月完成报告核定稿。

（1）任务规模。第一设计单元供水目标分别为饶阳县王庄地表水厂、安平县路庄地表水厂、深州市枣科地表水厂、武强县徐庄地表水厂，输水管线分别从石津干渠沧州支线上的和乐寺、深州和武强 3 个分水口门取水，均采用泵站加压管道输水方式，其中饶阳县、安平县共用和乐寺分水口输水。管线全长 52.618km。根据衡水市南水北调受水区供水配置优化成果，第一设计单元多年平均分水指标（口门毛水量）为6713万m³，主要供城市生活及工业用水。第一设计单元各分水口门位置及设计指标见表3-18、地表水厂位置及特征指标见表3-19。

表3-18　　　　　　　　　第一设计单元各分水口门位置及设计指标一览表

| 分水口名称 | 石津干渠桩号 | 设计流量/(m³/s) | 干渠加大水位/m | 分水口水位/m |
| --- | --- | --- | --- | --- |
| 和乐寺分水口门 | 93+710 | 1.8 | 28.483 | 26.520 |
| 深州分水口门 | 103+599 | 1.9 | 23.916 | 23.011 |
| 武强分水口门 | 138+420 | 0.5 | 20.420 | 18.058 |

表3-19　　　　　　　　　第一设计单元地表水厂位置及特征指标一览表

| 地表水厂名称 | 位　　置 | 地表高程/m |
| --- | --- | --- |
| 安平县路庄水厂 | 东黄城乡路庄村西、保衡路西侧、京堂北分干北侧 | 24.5 |
| 饶阳县王庄水厂 | 同岳乡王庄村西 | 17.6 |
| 深州市枣科水厂 | 石槽村北、307国道北侧、石黄高速南侧 | 23.8 |
| 武强县徐庄水厂 | 县城西南307国道以东、东临永兴路、南临迎宾路 | 15.4 |

各供水目标管道规模按南水北调多年平均分水量（考虑一定的输水损失后）乘以日变化系数（季节性变化）确定。本工程日变化系数取1.3。供水管道规模见表3-20。

表3-20　　　　　　　　　第一设计单元供水管道设计规模一览表

| 管道分段 | 供水量/万m³ | 管材管径 | 管道长度/km | 设计流量/(m³/s) |
| --- | --- | --- | --- | --- |
| 饶安干线 | 2893 | DIP DN1200 | 22.566 | 1.17 |
| 饶阳支线 | 1033 | DIP DN800 | 17.297 | 0.42 |
| 安平支线 | 1860 | DIP DN900 | 4.214 | 0.75 |
| 深州线 | 3012 | DIP DN1200 | 0.311 | 1.21 |
| 武强线 | 808 | DIP DN700 | 8.230 | 0.33 |

根据《调水工程设计导则》（SL 430—2008）、《水利水电工程等级划分及洪水标准》（SL 252—2000）及《防洪标准》（GB 50201—94）的规定，确定衡水市南水北调配套工程水厂以上输水管道工程等别为Ⅳ等，主要建筑物级别为4级、次要建筑物为5级。防洪标准为20年一遇设计、50年一遇校核。工程地震设防烈度为7度。穿越河流、铁路、公路等交叉建筑物的设计标准满足相应行业设计标准。

（2）输水线路。饶安干线，从石津干渠和乐寺分水口（干渠桩号93+710）分水后，经加压泵站沿五干一分干左侧向北，经王庄、大召、北小召，在程家庄西北穿位伯沟后往北，至北庞村东折向东北穿五干一分干，在双井村东往北经张村穿天平沟、北斗村、程村、柴屯、宋家营、刘官屯、南大疃，在北大疃村东北分为两支，西支为安平支线，东支为饶阳支线。安平支线自分岔点向西至敬思村西穿 S231 省道，向西而后折向西北再次穿 S231 省道，台城村南穿京堂北排干折向北至路庄水厂；饶阳支线自分岔点往东经大同新村穿 S231 省道继续向东至郭屯、西里屯穿京堂南排干至南京堂村折向东北穿里满灌渠，在单铺村西北向东穿大广高速桥、张口村至王庄村西的王庄地表水厂。线路总长 44.077km，其中饶安干线长 22.566km，设计流量 1.17m³/s，采用单排 DN1200 DIP 球墨铸铁管；饶阳支线长 17.297km，设计流量 0.42m³/s，采用单排 DN800 球墨铸铁管；安平支线长 4.214km，设计流量 0.75m³/s，采用单排 DN900 球墨铸铁管。和乐寺分水口下饶安干线首端设加压泵站，设计扬程 37.0m。

深州线路，由石津干渠右岸分水口（对应干渠桩号 103＋599）分水，顶管垂直穿越石黄高速，向南入深州市枣科地表水厂。深州线路设计流量 1.21m³/s，选用单排 DN1200 球墨铸铁管。据《泵站设计规范》（GB 50267—2011），"泵房与铁路、高压输电线路、地下压力管道、高速公路及一、二级公路之间的距离不宜小于100m"。故深州泵站设在黄石高速南侧距高速占地边线 100m 处，泵站设计扬程 11.0m。

武强线路，武强分水口门位于石津干渠沧州支线压力箱涵段左岸，对应干渠桩号 138＋420。管道在分水口取水后至北王庄村东向北沿支渠左岸布设，经董庄、大杨庄向北在吴家寺村南折向东北在徐庄村西北，顶管垂直穿越石黄高速公路后入徐庄村北地表水厂。武强线路长 8.230km，设计流量 0.33m³/s，选用单排 DN700 球墨铸铁管。采取首部加压，泵站设在线路首端，设计扬程 17.0m。

（3）附属建筑。为确保输水管道安全运行，沿线设有检修阀、排气阀、排水阀、调流阀、流量计、压力计等设施，各种设施均采用竖井加以保护，各类阀井均采用钢筋混凝土结构。管道附属设施见表 3-21。

表 3-21　　　　第一设计单元输水管线附属设施统计表　　　　单位：个

| 管线名称 | | 复合式排气阀 | 检修阀 | 排泥阀 | 活塞式调流阀 | 电磁流量计 |
| --- | --- | --- | --- | --- | --- | --- |
| 饶阳安平线 | 饶安干线 | 30 | 3 | 6 | | |
| | 饶阳支线 | 24 | 5 | 7 | | 2 |
| | 安平支线 | 8 | 2 | 3 | 1 | 2 |
| 深州线 | | 1 | 1 | | | |
| 武强线 | | 13 | 3 | 4 | | 1 |
| 合计 | | 76 | 14 | 20 | 1 | 5 |

（4）主要建筑物。和乐寺泵站负责向饶阳县及安平县供水，位于石津干渠沧州支线左侧和乐寺分水口末端、饶安干线首端。泵站设计流量 1.17m³/s，装机容量为 880kW，为小（1）型泵站，设计扬程 37.0m。共安装 4 台机组，水泵采用 S400-13N/4 中开式离心泵，单泵设计流量 0.44m³/s，3 用 1 备。泵站由拦污栅

段、进水池段、泵房段、连接段四部分组成。

深州泵站负责向深州市供水，位于深州输水线路末端靠近枣科水厂位置。泵站设计流量1.21m³/s，装机容量为300kW，为小（1）型泵站，设计扬程11.0m。共安装4台机组，3用1备，水泵型号为S500-26N/4B中开式离心泵，单泵设计流量0.42m³/s。泵站由拦污栅段、进水池段、泵房段、连接段四部分组成。

武强泵站负责向武强县供水，位于武强分水口下游。泵站设计流量0.33m³/s，装机容量为135kW，为小（1）型泵站，设计扬程17.0m。泵站共安装3台机组，2用1备，水泵型号为S300-19N/4B中开式离心泵，单泵设计流量0.178m³/s。泵站由进口连接段、前池及泵房段、出口连接段三部分组成。

（5）交叉建筑物。输水管道多次穿越河道、公路、电力、电信、油气管线等。工程共穿越6条行洪河道，均布置为穿河道倒虹吸型式（表3-22）。为保证输水管线运行安全，根据河道规划设计指标对河道两侧边坡采用30cm厚浆砌石进行防护，坡脚设1m深齿墙。浆砌石下设10cm厚碎石垫层，防护范围为输水管线上下游各20m。

表3-22　　　　　　　第一设计单元输水管线穿越河渠倒虹吸一览表

| 序号 | 输水线路 | 倒虹吸名称 | 桩　　号 | 长度/m |
|---|---|---|---|---|
| 1 | 饶安干线 | 位伯沟 | RA6+678～RA6+782 | 104 |
| 2 | | 天平沟 | RA12+750～RA12+896 | 146 |
| 3 | | 京堂南排干 | RA22+332～RA22+446 | 114 |
| 4 | 饶阳支线 | 京堂南排干 | RY6+144.5～RY6+235 | 90.5 |
| 5 | | 里满沟 | RY9+500～RY9+700 | 200 |
| 6 | 安平支线 | 京堂北排干 | AP4+026～AP4+115 | 89 |

输水管道穿越高速、省道等高等级公路时，采用钢筋混凝土顶管内置输水钢管的方式（表3-23）。

表3-23　　　　　第一设计单元输水管线穿越高等级公路交叉工程一览表

| 序号 | 输水线路名称 | | 公路名称 | 顶管桩号 | 路宽/m | 顶管长度/m |
|---|---|---|---|---|---|---|
| 1 | 饶阳安平线 | 饶阳支线 | S231 | RY1+055 | 33 | 58 |
| 2 | | | 大广高速 | RY13+185.4 | 35 | 75 |
| 3 | | 安平支线 | S231 | AP1+514.6 | 27 | 46 |
| 4 | | | S231 | AP3+430 | 25 | 44 |
| 5 | 武强线 | | 石黄高速 | WQ6+270.78 | 28 | 81 |

穿越县级公路、县级以下公路，工程有4条县级公路采用明挖直埋钢筋混凝土Ⅲ级管，内套钢管穿越，其余为县级以下硬质路面（40条）及乡村土路采用明挖直埋主管材的方式（表3-24）。

表 3 - 24　　　　　　　第一设计单元输水管线穿越县级公路交叉工程一览表

| 序号 | 输水线路名称 | | 交叉桩号 | 路宽/m | 套管长度/m |
|---|---|---|---|---|---|
| 1 | 饶阳安平线 | 饶安干线 | RA14+909 | 7 | 25 |
| 2 | | 安平支线 | AP2+029 | 27 | 60 |
| 3 | | | AP2+974 | 12 | 30 |
| 4 | 武强线 | | WQ7+897 | 12 | 40 |

（6）机电与金属结构。泵站主泵型为单级双吸卧式离心泵，机组均采用变频控制。和乐寺泵站设计流量 1.17m³/s，设计扬程 37m，选用 4 台 S400 - 13N/4 中开式离心泵，3 用 1 备。深州泵站设计流量 1.21m³/s，设计扬程 11m，选用 4 台 S500 - 26N/4B 中开式离心泵，3 用 1 备。武强泵站设计流量 0.33m³/s，设计扬程 17m，选用 3 台 S300 - 19N/4B 中开式离心泵，2 用 1 备。每座泵站的进口设置 1 台格栅式清污机。金属结构设备为格栅式清污机 2 台。金属结构设备总重 15.0t。

第一设计单元有和乐寺泵站、深州管理所、武强管理所和安平调流阀站等四个管理站（所），根据供电需要，在和乐寺泵站、深州管理所和武强管理所均设置降压变电站一座。就近引接两路 10kV 架空线路，10kV 高压侧采用线路—变压器单元组为泵站供电，线路低压侧采用单母线接线。降压变电站设置两台主变压器为泵站主水泵供电，两台主变互为备用。在安平调流阀站设置降压变电站一座，电源就近引接一路 10kV 架空线路，另设置一台快速自启动型柴油发电机组作为备用电源，低压侧设置自动投切装置。

（7）工程概算。按照 2014 年一季度材料价格水平，概算总投资 33987.41 万元。其中建筑工程 15775.48 万元，机电设备工程 2515.52 万元，金属结构安装工程 43.46 万元，施工临时工程 604.49 万元，独立费用 2531.48 万元，基本预备费 1073.52 万元，移民征地补偿 10142.44 万元，水土保持工程 297.45 万元和环境保护工程 244.93 万元，专项工程投资 90.79 万元，建设期融资利息 667.85 万元。

### 三、第二设计单元设计报告

衡水市南水北调配套工程水厂以上输水管道工程第二设计单元（简称"第二设计单元"）供水目标分别为阜城郭塔头地表水厂、景县小留屯地表水厂。

与第一设计单元理由相同，阜景干线和阜城支线列为先期开工项目。为保证项目实施，2013 年 9 月，完成《衡水市南水北调配套工程水厂以上输水管道工程第二设计单元先期开工项目初步设计报告》，13 日省调水办组织审查。10 月，设计单位修改完成《衡水市南水北调配套工程水厂以上输水管道工程第二设计单元先期开工项目初步设计报告》（报批稿）。2013 年 10 月 15 日，省调水办以冀调水设〔2013〕109 号文对设计报告和概算进行批复。随后，完成报告批准稿。

2013 年 12 月，设计单位在可研报告和先期开工项目初步设计基础上，完成

《衡水市南水北调配套工程水厂以上输水管道工程第二设计单元初步设计报告》（送审稿）。25 日，河北水务集团组织审查，2014 年 1 月，完成报告报批稿。2014 年 4月 29 日，省调水办以冀调水设〔2014〕50 号文对设计报告和概算进行批复。5 月，完成核定稿。

（1）任务规模。第二设计单元线路起点为位于武邑县马回台镇的马回台分水口，对应石津干渠桩号 152＋700，终点为末端阜城郭塔头水厂和景县小留屯水厂，输水线路全长 43.40km，包括阜景干线、阜城支线和景县支线三条线路。分水口设计流量 1.15m³/s，多年平均引水量 2915 万 m³。

管道规模按南水北调分配水量乘以日变化系数确定，输水管道规模见表 3－25。

表 3－25 第二设计单元供水管道设计规模一览表

| 线路名称 | 供水量/万 m³ | 管材管径 | 管线长度/km | 管道规模/(m³/s) |
|---|---|---|---|---|
| 阜景干线 | 2915 | DIP DN1200 | 16.092 | 1.15 |
| 阜城支线 | 765 | DIP DN500 | 0.178 | 0.3 |
| 景县支线 | 2150 | DIP DN1000 | 27.131 | 0.85 |

（2）工程等别和标准。根据《水利水电工程等级划分及洪水标准》（SL 252—2000）、《调水工程设计导则》（SL 430—2008）和《防洪标准》（GB 50201—94），确定工程等别为Ⅳ等。主要建筑物（泵站、管道工程及沿线附属建筑物等）级别为4 级，次要建筑物级别为 5 级。临时建筑物为 5 级。防洪标准为 20 年一遇洪水设计，50 年一遇洪水校核。工程地震设防烈度为 6 度。穿越河流、铁路、公路等交叉建筑物的设计标准满足相应行业设计标准。

（3）输水线路。阜景干线线路起点为石津干渠暗涵段马回台分水口，终点为阜城分水口，线路长 16.092km，设计流量 1.15m³/s，线路首端设阜景泵站，采用加压输水方式，输水管道采用 DN1200 球墨铸铁管。沿线布置排气井 24 座，泄水井 6座，检修井 4 座，超声波测流井 1 座。阜景干线穿越工程主要包括：穿越省道 1 条（S383 省道）、河道 2 条（老盐河、清凉江）、渠道 2 条（环乡渠、八里庄渠）、其他沟渠 14 条、沥青路面或砖砌路面公路 9 条、乡间土路 57 条。

阜城支线从阜景干线末端分水口分水，线路长 0.178km，设计流量 0.3m³/s，输水管道采用 DN500 球墨铸铁管。沿线布置排气井 1 座、调流井 1 座、检修井 1座、电磁测流井 1 座、调流阀现地站 1 处。管道末端为阜城郭塔头水厂。阜城支线穿越土路 1 条。

景县支线从阜景干线末端分水口分水，供水目标为小留屯水厂，管道采用单排DN1000 球墨铸铁管，设计流量 0.85m³/s，管线长 27.131km。沿线共布置排气井39 座，检修井 6 座，泄水井 7 座，测流井 1 座。景县支线穿越工程主要包括：穿越铁路 1 条（邯黄铁路）、穿越省道 1 条（S385 省道）、县道 1 条（X906）、河道 2 条（江江河、湘江河）、渠道 3 条（杜庄渠、红庙渠、虎林渠）、其他沟渠 14 条，沥青路面或砖砌路面公路 15 条，乡间土路 81 条。

（4）主要建筑物。阜景泵站位于桩号 FJ0＋030 处，与现地站结合布置，钢筋混凝土结构进水前池和泵房组成。泵站设计流量 1.15m³/s，扬程 55.5m。

（5）机电及金属结构。泵站主泵型式为单级双吸离心泵，水泵台数 3 用 1 备，变频控制。泵站辅助设备包括厂内起重机、水泵进出水管阀门、渗漏排水泵、消防泵及水力监测设备等。管道附属设备主要为进排气阀、排水（泥）阀、检修阀、调流阀及流量计等。金属结构设备为泵站前池检修闸门及其启闭设备。闸门型式为叠梁钢闸门，主材为 Q235C，启闭机采用移动电动葫芦。

阜景泵站和阜城现地站，根据负荷情况，确定泵站引接 2 路 10kV 线路作为供电电源，两路电源采用明备用。阜城现地站由附近 10kV 供电线路引接 1 路电源供电，同时另配 1 台 0.4kV 柴油发电机组作为备用电源。

（6）工程概算。按照 2013 年四季度材料价格水平，概算总投资 28106.29 万元。其中建筑工程 15461.34 万元，机电设备工程 1420.4 万元，金属结构安装工程 19.92 万元，施工临时工程 800.12 万元，独立费用 1831.2 万元，基本预备费 976.65 万元，其他投资 1883.18 万元，移民征地补偿 4949.97 万元，水土保持工程 118.26 万元和环境保护工程 92.97 万元，建设期融资利息 552.29 万元。

### 四、第三设计单元设计报告

第三设计单元输水管道供水目标为衡水市区、工业新区、滨湖新区、冀州市、枣强县、故城县和武邑县等 7 个地表水厂。

设计单位承担任务后，按照招标文件和合同规定，进行初步设计阶段深度要求的勘测、试验、占迁实物调查以及分析论证等工作，于 2014 年 1 月初编制完成《衡水市南水北调配套工程水厂以上输水管道工程第三设计单元初步设计报告》（送审稿）。月底，省调水办和省发展改革委组织专家进行审查。4 月，修编完成报告报批稿。2014 年 4 月 29 日，省调水办以冀调水设〔2014〕51 号文对设计报告和概算进行批复。5 月，完成报告核定稿。

（1）任务规模。管道规模按多年平均分水量（考虑一定的输水损失后）乘以日变化系数（季节性变化）确定。第三设计单元多年平均分配水量为 21384 万 m³。市区（桃城区）输水管道日变化系数为 1.2，其他目标日变化系数取 1.3。第三设计单元供水管道设计规模见表 3 - 26。

表 3 - 26　　　　　　第三设计单元供水管道设计规模一览表

| 管 道 分 段 | 供水量/万 m³ | 管材管径 | 管线长度/km | 管道规模/(m³/s) |
|---|---|---|---|---|
| 市区、工业新区、武邑干管 | 13287 | PCCP DN2400 | 14.316 | 5.0 |
| 市区供水支管 | 7054 | DIP DN1400 | 7.4 | 2.55 |
| 工业新区、武邑干管 | 6233 | PCCP DN1800<br>DIP DN1600 | 21.145 | 2.45 |

续表

| 管 道 分 段 | 供水量/万 m³ | 管材管径 | 管线长度/km | 管道规模/(m³/s) |
|---|---|---|---|---|
| 工业新区供水支管 | 5578 | DIP DN1000 | 0.2 | 2.19 |
| 武邑县供水支管 | 655 | DIP DN700 | 7.134 | 0.26 |
| 冀州、枣强、故城、滨湖新区干管 | 8097 | PCCP DN2200 | 31.306 | 3.18 |
| 冀州、滨湖新区干管 | 4031 | DIP DN1400 | 2.44 | 1.59 |
| 冀州市供水支管 | 2869 | DIP DN1000 | 2.54 | 1.13 |
| 滨湖新区供水支管 | 1162 | DIP DN900 | 7 | 0.46 |
| 枣强、故城干管 | 4066 | DIP DN1600 | 8.404 | 1.59 |
| 枣强县供水支管 | 2392 | DIP DN900 | 1.03 | 0.94 |
| 故城县供水支管 | 1674 | DIP DN1000 | 25.709 | 0.66 |

（2）工程等别和标准。第三设计单元干、支线输水管道共计12条，根据《调水工程设计导则》（SL 430—2008），衡水市区工业新区武邑干管、工业新区武邑干管、衡水市区支管、工业新区支管工程等别为Ⅲ等，冀州、枣强、故城及滨湖新区干管工程等别为Ⅲ等，其余各干、支管工程等别均为Ⅳ等。Ⅲ等工程主要建筑物级别为3级，次要建筑物级别为4级；Ⅳ等工程主要建筑物级别为4级，次要建筑物级别为5级。穿越铁路、高等级公路、河渠等建筑物的输水建筑物级别不低于穿越建筑物的级别。3级建筑物设计洪水标准为30年一遇，校核洪水标准为100年一遇；4级建筑物设计洪水标准为20年一遇，校核洪水标准为50年一遇。穿越堤防、铁路、公路等建筑物的输水建筑物洪水标准，不低于穿越建筑物的洪水标准。

衡水市和冀州市主要输水建筑物的抗震设防烈度为7度，武邑县、枣强县、故城县等3个县主要输水建筑物的抗震设防烈度为6度。穿越河流、铁路、公路等交叉建筑物的设计标准满足相应行业设计标准。

（3）输水线路。自南水北调配套工程石津干渠衡水支线取水，共设2个分水口门，其中傅家庄分水口门（左）向衡水市区、工业新区、武邑县3个目标地表水厂供水；傅家庄分水口门（右）向冀州市、枣强县、故城县和滨湖新区等4目标地表水厂供水。各分水口门位置及设计指标见表3－27。

表3－27　　　　　第三设计单元输水管线分水口门特性指标一览表

| 分水口门 | 干渠桩号 | 干渠水位/m | 分水口水位/m | 设计流量/(m³/s) |
|---|---|---|---|---|
| 傅家庄分水口门（左） | 126＋108 | 23.0 | 22.9 | 5.0 |
| 傅家庄分水口门（右） | 126＋108 | 23.0 | 22.9 | 3.18 |

第三设计单元共涉及7个地表水厂，其中市区滏阳水厂为已建水厂，其余6座水厂为新建水厂。新建水厂位置均由所属市、县人民政府以函件形式予以确认。各地表水厂位置见表3－28。

表 3-28 第三设计单元各地表水厂特性指标一览表

| 地表水厂名称 | 位 置 | 地表高程/m |
|---|---|---|
| 衡水市区滏阳水厂 | 中华大街与河阳路西北角 | 20.0 |
| 衡水工业新区地表水厂 | 规划纬六路与工业大街交叉口东南角、白马沟西侧 | 18.5 |
| 武邑县地表水厂 | 南云齐村东、106国道以西、江河干渠以南 | 18.5 |
| 滨湖新区地表水厂 | 规划纵一路东侧、中干渠北侧 | 22.0 |
| 冀州市地表水厂 | 滨湖新区水产和金帝城小区西南、106国道西，冀新东路北、署光街南 | 22.5 |
| 枣强县地表水厂 | 县城西南旸谷庄和李武庄村中间（原枣中农场） | 22.5 |
| 故城县杏基水厂 | 郑口镇大杏基村村西 | 25.0 |

初设阶段为提高整个输水系统的调度运行管理效率，经多方案比选，确定该单元输水线路全部采用泵站加压的输水方式。在输水管线上共设加压泵站3座，傅家庄分水口门（右）、傅家庄分水口门（左）和故城加压泵站。

输水线路布置，第三设计单元输水线路共2条，全长约128.6km，分别为傅家庄分水口门（左）—衡水市区、工业新区、武邑县地表水厂输水线路和傅家庄分水口门（右）—冀州市、滨湖新区、枣强县、故城县地表水厂输水线路。

傅家庄分水口门（左）—衡水市区、工业新区、武邑县地表水厂输水线路，线路全长50.195km，干、支管合计共5段，全部采用泵站加压输水，设傅家庄分水口门（左）加压泵站1座，布置在市区工业新区武邑干管首端，设计扬程29.0m。

市区、工业新区、武邑干管，线路起自石津干渠衡水支线傅家庄分水口门（左），在滏阳河北岸经衡尚营村向东北方向敷设，至骑王河村折向东南，经北增家庄至刘高村再次折向东北，顶管下穿中湖大道后沿其右侧向北敷设至南沼村转向东，沿规划滏阳二路敷设至其与规划西环路延长线相交处分为两支，向东一支为市区支管，向北一支为工业新区、武邑干管。市区、工业新区、武邑干管长度14.316km，设计流量5m³/s，采用单排DN2400预应力钢筒混凝土管。

市区支管与工业新区、武邑干管分开后沿规划滏阳二路向东敷设，穿越滏阳河后经河东刘村、常家庄村至大杜庄村南穿丰收渠后至规划育才街延长线折向北，依次穿越滏阳一路、南环西路至三杜庄村折向东，沿滏阳河右堤外空地向东敷设，在岸芷庭蓝小区东侧向北依次穿越滏阳河和河阳西路后入衡水市滏阳水厂。市区支管长度7.4km，设计流量2.55m³/s，采用单排DN1400球墨铸铁管。

工业新区、武邑干管与市区支管分开后，沿规划西环路延长线左侧向北敷设，经北沼村、衡水市看守所、某驾校、胡堂排干（倒虹吸）、人民西路（顶管）、迎宾生态园、某彩钢厂、某煤场，在岳家村东南穿越京九铁路（顶管）和石德铁路（顶管），至孙家屯村南折向西，绕过孙家屯村后继续向北敷设，穿过班曹店排干（倒虹吸）和拟建石济铁路（预埋涵管）至东胡村折向东，经李家屯村北至侯刘马村折向东南，至战备路并沿其南侧三分干向东敷设，经某商品混凝土厂、焦家村砖厂、榕花大街（顶管）、李善彰村、振华新路（顶管）、班曹店排干（倒虹吸）、大广高速（顶管）、至孙伍营村南折向东北，经焦伍营村，在沟里王村南穿越滏阳河，经花园村南至工业新区规划纬六路，并沿纬六路向东敷设，至东辛庄村东北分为两支，向南一支为工业新区支管，向东一支为武邑支管。工业新区、武邑干管长度21.145km，设计流量2.45m³/s，采用单排DN1800预应力钢筒混凝土管和单排DN1600球墨铸铁管。

工业新区支管与武邑支管分开后向南直入工业新区地表水厂。工业新区支管长度0.2km，设计流量2.19m³/s，采用单排DN1000球墨铸铁管。

武邑支管与工业新区支管分开后，在分岔点继续沿纬六路向东敷设，经东辛庄、至郭家庄村东穿越滏阳新河、滏东排河后，在南云齐村东入规划武邑县地表水厂。武邑支管长度7.134km，设计流量0.26m³/s，采用单排DN700球墨铸铁管。

傅家庄分水口门（右）—冀州市、滨湖新区、枣强县、故城县地表水厂输水线路，线路全长78.429km，干、支管合计共7段，全部采用泵站加压的输水方式，共设加压泵站2座，分别为傅家庄分水口门（右）加压泵站和故城支管加压泵站。傅家庄分水口门（右）加压泵站布置在冀滨枣故干管首端，设计扬程24.0m；故城支管加压泵站布置在故城支管13km处，设计扬程19.0m。

冀州、滨湖新区、枣强、故城干管，自石津干渠衡水支线傅家庄分水口门（右）起，在傅家庄村南向西南方向穿滏阳河左堤、主槽，沿其右岸滩地经崔家庄、范家庄、辛庄，至后张家庄东南穿滏阳河右堤，经垒头村向东南方向先后穿越滏阳新河、滏东排河，至东王家庄村穿赵南公路后折向西南至庄子头村北侧继续向东南方向敷设，先后穿越冀码河（倒虹吸）、西沙河（倒虹吸）、S393省道郑昔线（顶管），经狄家庄、冯家庄、淄村，穿冀南渠（倒虹吸）、冀吕渠（倒虹吸）后在宋家寨村南折向正南；经柳家寨与北边家庄之间向东敷设，经烈士陵园穿越老106国道，继续向东敷设穿过G106国道和冀午渠至小吴家寨村北，在G106国道与在建邯黄铁路之间向东北方向敷设，先后于大吴家寨村北穿越冀枣渠、双庙村北侧穿越盐河故道（倒虹吸），至华信玻璃钢厂分为两支，东支为冀州、滨湖新区干管，南支为枣强、故城干管。冀滨枣故干管长度31.306km，设计流量3.18m³/s，采用单排DN2200预应力钢筒混凝土管。

枣强、故城干管与冀州、滨湖新区干管分开后，沿华信玻璃厂西侧向东南敷设，穿越在建邯黄铁路（顶管）、沿大雨淋召村、张家庄、穿越大广高速（顶管）、经泸王坊村、至宋王坊与段宅城两村之间折向西南，在段宅城村南穿越索泸河（倒虹吸）后继续向西南方向敷设，至旸谷庄村南分为两支，东南支为故城支管，北支为枣强支管。枣故干管长度8.404km，设计流量1.59m³/s，采用单排DN1600球墨铸铁管。

枣强支管与故城支管分开后沿西张庄、西马庄村向北敷设，至旸谷庄村东入枣强县地表水厂。枣强支管长度1.03km，设计流量0.94m³/s，采用单排DN900球墨铸铁管。

故城支管与枣强支管分开后向东南方向敷设，经西张庄、前王庄、至边王庄村南转向正南，穿越 X905 县道后至范庄北再次转向东南，然后沿范庄、西白庄、北姚庄、穿越南干渠（倒虹吸）至潘庄村南转向东依次穿越卫千渠（倒虹吸）和京九铁路（顶管）后再次转向东南；沿打车杨、苏杨庄、南刘庄、夏家庄、曹庄、穿西直流（倒虹吸）和无名沟后再经倘村、楚村、至小横头村东北穿越清凉江（倒虹吸）；穿河后沿前崔庄、小李庄、至杨福屯村南折向正东，穿越武北渠（倒虹吸）经烧盆屯直入位于大杏基村西的故城县地表水厂。故城支管长度 25.709km，设计流量 0.66m³/s，采用单排 DN1000 球墨铸铁管。

冀州、滨湖新区干管与枣故干管分开后，自分岔点向东北方向敷设，经华信玻璃钢厂、庆华塑料厂、前店杨村、至焦杨村东分为两支，西支为冀州支管，东支为滨湖新区支管。冀滨干管长度 2.44km，设计流量 1.59m³/s，采用单排 DN1400 球墨铸铁管。

冀州支管与滨湖新区支管分开后，自分岔点向西北方向敷设，经刘杨村、焦杨村、穿盐河故道（倒虹吸）和 G106 国道（顶管）后，入位于漳下村西南侧的冀州市地表水厂。冀州支管长度 2.54km，设计流量 1.13m³/s，采用单排 DN1000 球墨铸铁管。

滨湖新区支管与冀州支管分开后向东南方向敷设，经常家庄村南、东杜家庄村南、西明师庄村南、至东名师庄村东折向西北，延至滨湖新区规划路并沿其西侧向北敷设，经东娄家疃、汇丰纺织品厂、穿越中干渠后入滨湖新区地表水厂。滨湖新区支管长 7.0km，设计流量 0.46m³/s，采用单排 DN900 球墨铸铁管。

（4）附属建筑。为确保输水管道安全运行，沿线设有检修阀、排气阀、排水阀、调流阀、流量计、压力计等设施，各种设施均采用竖井加以保护，竖井均采用钢筋混凝土结构。各干、支管段布置各类阀井总计 317 个，各类井室统计情况见表 3-29。

表 3-29　　　　　　第三设计单元输水管线附属建筑物数量统计表　　　　　单位：个

| 输水线路名称 | 排气井 | 排水井 | 检修井 | 测流井 | 末端阀组 | 小计 |
|---|---|---|---|---|---|---|
| 市新武干管 | 26 | 8 | 2 | 1 | — | 37 |
| 市区支管 | 11 | 4 | 1 | — | 1 | 17 |
| 新武干管 | 30 | 12 | 4 | 2 | — | 48 |
| 武邑支管 | 11 | 4 | 1 | — | 1 | 17 |
| 工业新区支管 | — | — | — | — | 1 | 1 |
| 冀滨枣故干管 | 53 | 13 | 5 | 2 | — | 73 |
| 枣故干管 | 15 | 4 | 2 | 2 | — | 23 |
| 枣强支管 | 2 | 1 | 1 | — | 1 | 5 |

续表

| 输水线路名称 | 排气井 | 排水井 | 检修井 | 测流井 | 末端阀组 | 小计 |
|---|---|---|---|---|---|---|
| 故城支管 | 44 | 11 | 5 | 1 | 1 | 62 |
| 冀滨干管 | 5 | 1 | 1 | 1 | — | 8 |
| 冀州支管 | 5 | 2 | 1 | | 1 | 9 |
| 滨湖新区支管 | 11 | 3 | 1 | 1 | 1 | 17 |
| 合计/个 | 213 | 63 | 24 | 10 | 7 | 317 |

（5）主要建筑物。分别为傅家庄分水口门（左）加压泵站，傅家庄分水口门（右）加压泵站和故城支管加压泵站。各泵站由进水池、主泵房、配电室、阀门井、进厂路及厂区附属建筑物组成。干、支管管道输水至进水池，经水泵加压后进入出水汇水母管，再由下接管道输送至地表水厂的配水井。

傅家庄分水口门（左）加压泵站位于市区、工业新区、武邑干管首端，设计桩号 SXW0−079.38～SXW0+000，为小（1）型泵站，由取水口、连通管、进水池和泵房四部分组成。泵站设计流量 $5m^3/s$，设计扬程 29.0m，装机容量 2520kW，装机 9 台，7 用 2 备，水泵采用 S600−18N/6A 型卧式离心泵，单机流量 $0.724m^3/s$。

傅家庄分水口门（右）加压泵站布置在冀滨枣故干管首端，设计桩号 JZGB0−082.1～JZGB0−020.4，设计流量 $3.18m^3/s$，设计扬程 24.0m，装机容量 1540kW，为小（1）型泵站。泵站共安装 7 台机组，5 用 2 备，水泵采用 S600−18N/6C 型单级双吸卧式轴流泵。

故城支管加压泵站位于故城支管设计桩号 G13+318～G13+350 处，设计流量 $0.66m^3/s$，设计扬程 19.0m，装机容量 220kW，为小（1）型泵站，装机 4 台，3 用 1 备，水泵采用 S300−19/4 型单级双吸卧式离心泵。

（6）交叉建筑物。输水管道穿越铁路 4 次，分别为工业新区武邑干管穿越京九石德铁路（双线）1 次、故城支管穿越京九铁路 1 次、枣强故城干管穿越邯黄铁路 1 次、工业新区武邑干管穿越石济铁路客运专线 1 次。

穿越京九、石德和邯黄铁路采用钢筋混凝土箱涵顶进、内置输水钢管穿越方式，箱涵孔口尺寸：宽度满足管道边缘距涵洞内墙净距不小于 0.8m，高度满足管顶距涵洞顶板底面净距不小于 0.6m，同时方涵还应满足不小于 2.5m×2.5m 的维修空间。穿越工程设计工作由河北水务集团委托铁路行业设计单位完成。箱涵两侧封堵、箱涵内套输水钢管设计由配套工程设计部门承担。

穿越石济铁路采用预埋钢筋混凝土套管内置输水钢管穿越方式，钢管与套管之间吹填中粗砂。该处穿越工程设计工作由输水管道主体设计单位承担。

穿越高速、国道、省道等高等级公路共计 11 条（次），分别为穿越大广高速 2 次，穿越 106 国道 2 次，穿越 S393 省道 2 次，穿越 S040 省道 1 次、穿越 S231 省道 1 次，穿越肃临支线 S102 省道 1 次，穿越 S282 省道 2 次。穿越高等级公路工程设计外委具备资格的设计单位完成。套管两侧封堵、内套输水钢管由配套主体工程设计单位完成。

穿越高等级公路采用钢筋混凝土管顶进、内置输水钢管穿越方式，套管内径按比内穿钢管大 0.4m 考虑。穿越高速公路的顶管覆土厚度一般不小于 5m，以免造成大的变形而影响交通；穿越国道、省道的顶管覆土厚度应大于等于 3m 或大于等于 1.5D。

穿越市政道路共计 4 条（次），分别为穿越中湖大道 1 次、振华新路 1 次、滏阳一路 1 次、河阳西路 1 次。根据车流量及主管部门意见，采用顶管施工方案。穿越设计外委具备资格的设计单位完成。套管两侧封堵、内套输水钢管由配套主体工程设计单位完成。

穿越县级以下一般道路 65 次，采用破路施工工艺、直埋主输水管材穿越，穿越长度超出路肩一定长度，便于将来道路拓宽。管道敷设后对公路和设有路面的道路按现状规模恢复。

穿越主要河渠 31 条（次），交叉断面处河道设计洪水位不高于两岸地面时，采用输水主管材直接穿越主槽、滩地和堤防。交叉断面处河道设计洪水位高于两岸地面时，主槽、滩地段直接埋设管道；穿越堤防段钢管外包混凝土穿越，外包混凝土厚度 0.4m，并在钢管与外包混凝土之间设置柔性垫层。穿河段管顶埋深在相应河道校核洪水标准冲刷线以下不小于 1.0m。

输水管道穿越的河道主槽、堤身恢复后，对主槽和堤身迎水面进行防护，防护材料采用 30cm 厚浆砌石，防护范围为开挖上口线以外各 10～30m。

穿越石油管线及电力、电信电缆等地下管线施工时，应采取临时措施（如增设桩、梁架设或局部暗挖保护等），对上方的管线进行保护，保证施工期间的正常运行及完工后的安全。输水管线与建筑物、高压线杆、给排水管线、污水管线、电力电信电缆间的最小水平间距满足相关规范要求。

（7）房屋建筑。包括衡水市管理处、傅家庄分水口门（左）加压泵站、傅家庄分水口门（右）加压泵站（含傅家庄管理所）、故城支管加压泵站、市区支管调流阀现地站、工业新区支管调流阀现地站、武邑支管调流阀现地站、冀州支管调流阀现地站、枣强支管调流阀现地站和滨湖新区支管调流阀现地站等 10 处运行管理机构的生产用房、管理用房和配套设施用房等。为尽量减少工程永久占地，3 处加压泵站仅设生产用房和配套设施用房，不单独设置管理用房；其他 7 处管理站（所）设置生产用房、配套设施用房和管理用房。

冀州支管调流阀站、市区支管调流阀站、工业新区支管调流阀站采用市政给水水源，由市政水源供至调流阀站内用水设施；衡水市管理处和其他加压泵站、调流阀站均采用深层地下水，打深井各 1 眼，具体深度按当地实际地质条件进行调整。衡水市管理处排水采用雨污分流，生活污水经化粪池处理后排至低洼处，雨水经过雨水口收集后排入地面低洼处；冀州支管调流阀站、市区支管调流阀站、工业新区支管调流阀站、其他加压泵站及调流阀站排水采用雨污分流，生活污水经化粪池简单处理后排至市政污水管网，地面雨水自由散排。

（8）机电及金属结构。3座加压泵站主泵型式为单级双吸卧式离心泵，变频控制，主泵台数一般为2～7台；备用机组一般为1～2台。阀门选型，为确保输水管道安全运行，沿线设有检修阀、排气阀、排水阀、调流阀、流量计和压力计等设施。

衡水市管理处、傅家庄分水口（右）加压泵站（与傅家庄管理所合建）、傅家庄分水口（左）加压泵站、故城支管加压泵站、市区支管调流阀站、工业新区支管调流阀站、武邑支管调流阀站、冀州支管调流阀站、枣强支管调流阀站、滨湖新区支管调流阀站等10处用电站点及输水管道沿线的供电系统，根据供电需要，在傅家庄分水口（右）加压泵站和傅家庄分水口（左）加压泵站均设置降压变电站一座。就近引接两路35kV专用架空线路，35kV高压侧采用线路—变压器单元组为泵站供电，线路低压侧采用单母线分段接线。在故城支管加压泵站设置降压变电站一座。就近引接两路10kV架空线路，10kV高压侧采用线路—变压器单元组为泵站供电，线路低压侧采用单母线接线。以上三座泵站降压变电站均设置两台主变压器为泵站主水泵供电，两台主变互为备用。在衡水市管理处、市区支管调流阀站、工业新区支管调流阀站、武邑支管调流阀站、冀州支管调流阀站、枣强支管调流阀站、滨湖新区支管调流阀站均设置降压变电站一座，电源就近引接一路10kV架空线路，另设置一台快速自启动型柴油发电机组作为备用电源，低压侧设置自动投切装置。

（9）工程概算。按2014年一季度价格水平，概算总投资140338.89万元，其中建筑工程81932.47万元，机电设备及安装工程8871.09万元，施工临时工程7204.69万元，独立费用9631.59万元，基本预备费5381.99万元，移民征地补偿17622.5万元，水土保持工程922.23万元，环境保护工程411.56万元，专项工程投资5633.11万元，建设期融资利息2758.26万元。

# 第四章
# 征迁安置

征迁安置工作是工程开工建设的重要条件，也是南水北调工程的难点和重点，涉及部门多、范围广，政策性强，直接关乎工程建设的进展。

　　衡水境内水厂以上输水工程的征迁安置总投资 39035.95 万元。征收永久占地 201.18 亩，征用临时占地 17478.29 亩，迁移树木 39.8 万棵、坟墓 4677 家、机井 260 眼，拆迁工副业 15 家，同时交叉穿越输变电网、通信光缆、油气管道、供水管道等专业项目 163 处，涉及电力、传输局、移动、电信、广电、燃气、军队等众多部门和单位。

　　在衡水市南水北调征迁工作中，采取联合办公、现场协调、入户动员等多种方式，圆满完成各阶段征迁安置工作，为南水北调工程顺利建设提供保障。

# 第一节 征 迁 任 务

为规范配套工程建设管理，省建委会于 2012 年 9 月下发《河北省南水北调配套工程建设管理若干意见》，对水厂以上输水工程征迁安置工作实行"省建委会领导，市政府负责，以县为基础，投资和任务包干"的工作体制。

为切实做好南水北调配套工程征迁安置工作，衡水市调水办转发《河北省南水北调配套工程征迁安置工作通知》，就征迁安置委托协议签订、征迁安置实施方案编制、征迁安置实施、征迁安置变更的处理、征迁安置监理、征迁安置设计管理、征迁安置档案管理、征迁安置资金管理和验收等工作做出具体规定。

## 一、征迁安置委托协议

衡水市调水办为保证南水北调配套工程顺利开工建设，在各设计单元初步设计批复后，根据衡水市承担的征迁安置任务和相应概算，与省南水北调办签订征迁安置委托协议见表 4-1，具体征迁安置实施细则如图 4-1 所示。

表 4-1　　　　　　　　　　征迁安置委托协议一览表

| 协 议 名 称 | 永久占地/亩 | 临时占地/亩 | 征迁安置总费用/万元 | 签订时间 |
|---|---|---|---|---|
| 衡水市水厂以上输水管道工程第一设计单元征迁安置委托协议（协议编号：HBNSBDPT-HSSCYS/DY1-ZQ-2014-01） | 36.45 | 2710 | 9406 | 2014 年 5 月 20 日 |
| 衡水市水厂以上输水管道工程第二设计单元征迁安置委托协议（协议编号：HBNSBDPT-HSSCYS/DY2-ZQ-2014-01） | 22.55 | 2663.7 | 4594 | 2014 年 5 月 20 日 |
| 衡水市水厂以上输水管道工程第三设计单元征迁安置委托协议（协议编号：HBNSBDPT-HSSCYS/DY3-ZQ-2014-01） | 113.4 | 9267 | 16353 | 2014 年 5 月 20 日 |
| 石津干渠工程沧州支线压力箱涵（衡水段）征迁安置委托协议（协议编号：HBNSBDPT-SJGQ/CZZX/HS-ZQ-2013-01） | 41.16 | 5984 | 5540.28 | 2013 年 12 月 25 日 |
| 石津干渠工程军齐至傅家庄段征迁安置委托协议（协议编号：HBNSBDPT-SJGQ/JQZFJZ/HS-ZQ-2014-01） | 281.1 | | 1974.69 | 2014 年 5 月 30 日 |
| 石津干渠工程大田南干段征迁安置委托协议（协议编号：HBNSBDPT-SJGQ/ DTNG/HS-ZQ-2014-01） | 93.37 | | 672.05 | 2014 年 5 月 30 日 |
| 河北省南水北调配套工程石津干渠工程深州段村镇截流导流工程实施委托协议（协议编号：HBNSBDPT-SJGQ/HSSZ-ZQ-2014-01） | 49.28 | | 495.93 | 2014 年 12 月 1 日 |
| 合　计 | 637.31 | 20624.7 | 39035.95 | |

# 衡水市人民政府
## 关于加强南水北调配套工程建设用地区域保护管理的
# 通　告

　　南水北调工程是国家为缓解北方水资源短缺矛盾、保障经济社会可持续发展实施的重要战略工程。加强南水北调配套工程建设用地区域保护管理是保障工程顺利实施的重要条件。根据有关法规，现就加强南水北调配套工程建设用地区域保护管理通告如下：

　　一、本通告所称南水北调配套工程建设用地区域，是指衡水市境内南水北调配套工程输水工程、调蓄工程及地表水厂划定的建设用地（含临时用地）区域。

　　二、南水北调配套工程所在地县级人民政府，是辖区南水北调配套工程征迁安置的实施主体，负责组织有关部门和乡镇人民政府、村集体经济组织，按期完成征迁安置任务，及时提供工程建设用地，为工程建设创造良好外部环境。

　　三、市、县南水北调办公室是辖区内征迁安置工作的主管部门，负责指导、协调、督促、检查辖区内具体征迁安置工作，处理征迁安置中出现的问题。

　　四、在南水北调配套工程建设用地区域内，任何单位和个人均不得擅自新建、扩建和改建项目；任何单位和个人均不得擅自堆土取土，弃渣排污，改变地形地貌，破坏生态环境；任何单位和个人均不得突击播种作物、种植苗木、圈养畜禽、增加地上附着物，套取征迁安置补偿资金。对违法违规建设的项目和增加的地上附着物，一律不予补偿。

　　五、在南水北调配套工程建设用地及周边区域，任何单位和个人均不得私设路障，扣押施工车辆，阻挠正常施工。沿线群众要注意安全，过往车辆要谨慎驾驶，小心通过工程区域。

　　六、各级各有关部门要做好宣传和沿线群众的思想工作，争取群众的理解和支持。各级公安、水行政主管部门、南水北调征迁安置主管部门等部门要加强对南水北调配套工程建设用地区域的执法管护，严肃查处各类违法违规行为。

　　请社会各界和广大群众积极配合，协力保护和管理好南水北调配套工程建设用地区域，维护正常的征迁安置和工程建设秩序。监督举报电话：2150312。

2014年4月4日

图4-1　衡水市人民政府关于加强南水北调配套工程建设用地区域保护管理的通告

## 二、征迁工作及范围

　　衡水市境内南水北调配套工程水厂以上输水工程征迁安置任务主要有石津干渠工程和水厂以上输水管道工程。石津干渠工程是衡水境内的省级跨市干渠，在境内有石津干渠工程衡水支线军齐至傅家庄段、石津干渠工程深州市区段、大田南干段、压力箱涵段及水厂以上输水管道工程。

征迁工作包括初设阶段实物调查、征迁安置规划编制及报批，实施阶段征迁安置实施方案编制及报批、各县（市、区）征迁安置兑付方案编制及报批、征迁放线及实物指标核查、专项调查、补偿兑付、征用土地移交，完工后复耕退地等环节。

1. 石津干渠衡水支线军齐至傅家庄段

承担衡水市区、冀州、工业新区、滨湖新区及武邑、故城、枣强的输水任务。为现有渠道加宽加高和衬砌改造，渠道长 42.98km，设计规模 37～9.5m³/s，梯形断面，底宽 2～14.5m，内边坡坡比 1：2。渠道为半挖半填渠道，横断面为梯形断面，内坡采用全断面混凝土衬砌，外坡采用草皮防护。在左堤顶设置维护道路。共涉及深州市、桃城区、冀州区 4 个乡镇 23 个村庄。

2. 石津干渠沧州支线深州市区段

承担深州市的输水任务。为现有渠道加宽加高和衬砌改造，渠道 9.594km，梯形断面，底宽 10～11.5m，纵坡坡降 1/10000，内边坡坡比 1：2。设计水位超高以下为混凝土衬砌，以上为混凝土六角框格植草护坡。设和乐寺、深州 2 座城市分水口。石津干渠原为灌溉渠道，沿线村镇在渠道上设有排沥口需要进行封堵，为解决沿线村镇排沥问题，实施南水北调配套工程石津干渠工程深州段村镇截流导流工程，截流导流工程管道总长 2925m，涉及深州市的南口村、西杜庄村、白庄村、北四王村和良知台村，共涉及深州市 2 个乡镇 5 个村庄。

3. 石津干渠工程大田南干段

承担武强、阜城、景县及沧州市的输水任务。为现有渠道加宽加高和衬砌改造，大田庄至一分干段长 4.7km，梯形断面，半挖半填渠道，底宽 7～5m，内边坡坡比 1：2，内坡采用全断面混凝土衬砌，外坡采用草皮防护。为防止外水进入干渠，渠道两岸设防护堤埝。为便于管理，在左堤顶设置维护道路。两侧堤顶以外设防护林带，防护林带外布设隔离网栏。工程涉及深州市 2 个乡镇 6 个村庄。

4. 石津干渠沧州支线压力箱涵工程

承担武强、阜城和景县三个供水目标及下游的沧州市的输水任务，走向自西向东，箱涵工程于北王庄村处设武强分水口，分水口下接武强输水管道；于武邑县马回台村设阜景分水口，分水口下接第二设计单元管道输水管道。衡水段长度共 33.59km，其中深州境内长 7.73km，武强县境内长度 11.32km，武邑县境内长度 13.68km，阜城境内长 0.86km。箱涵为两孔一联的钢筋混凝土结构，进口至阜城分水口孔口尺寸 3.3m×3.3m（高×宽）；阜城分水口至箱涵出口孔口尺寸 3.3m×3.0m（高×宽）。箱涵埋置深度一般不小于 2.0m，管身纵坡根据地形条件确定。涉及深州、武强、武邑、阜城，共 8 个乡镇 41 个村。

5. 衡水市水厂以上输水管道工程

承担向全市 13 个供水目标输送长江水的任务。工程涉及衡水市区、冀州、深州市、安平、饶阳、武强、阜城、景县、武邑、枣强、故城县、衡水市工业新区和滨湖新区，共13条输水管线，全长约226km。工程划分为三个设计单元。永久占地为输水工程的管理机构、取水口及加压泵站、管道附属构筑物等占地，临时占地包括管道施工的管沟、堆土区、施工道路占地及生产、生活区占地。

第一设计单元承担向深州市、安平县、饶阳县、武强县地表水厂供水任务。自石津干渠3个分水口门分水，新建和乐寺加压泵站、深州加压泵站、武强加压泵站，自加压泵站下接地下管道输水至各县（市）地表水厂。线路总长52.618km，其中饶安干线输水线路全长22.566km，饶阳支线输水线路全长17.279km，安平支线输水线路全长4.214km，武强线输水线路全长8.230km，深州线输水线路全长0.311km。工程征迁涉及安平、饶阳、深州、武强，共11个乡镇52个村庄。

第二设计单元承担向阜城郭塔头地表水厂和景县小留屯村地表水厂的供水任务。自位于武邑县马回台村北的石津干渠沧州支线暗涵段马回台分水口门分水，新建马回台加压泵站下接地下管道输水至两个地表水厂，包括阜景干线线路、阜城支线线路和景县支线线路，线路全长43.401km，其中阜景干线全长16.092km，阜城支线全长0.178km，景县支线全长27.131km。全线途径三个县，分别为武邑县、阜城县和景县，其中武邑县段长8.612km，阜城县段长17.315km，景县段长17.474km。工程征迁涉及阜城、景县、武邑，共7个乡镇60个村庄。

第三设计单元承担向衡水市区、工业新区、滨湖新区、冀州市、枣强县、故城县和武邑县等7县（市、区）地表水厂的供水任务。自傅家庄分水口门分水，新建傅家庄加压泵站下接地下管道输水至7个县（市、区）地表水厂，线路全长128.6km。分为两支输水线路，一支为衡水市区、工业新区及武邑县地表水厂线路，线路长50.205km；另一支为冀州市、滨湖新区、枣强县及故城县地表水厂线路，线路长78.429km。工程征迁涉及桃城区、工业新区、滨湖新区、冀州区、武邑县、枣强县、故城县，共18个乡镇132个村庄。

# 第二节 实 物 调 查

征迁实物调查是初步设计阶段的重要环节，是征迁安置工作的基础。为满足征迁安置规划报告编制深度及征迁安置投资概算编制要求，调查技术人员在确定的永久占地和临时用地范围的基础上，用1∶2000带状地形图，通过现场放线，对征用地范围内的实物进行全面详细调查，查明征用范围内的实物数量、规格、质量和规模。

## 一、组织培训

实物调查工作涉及各县（市、区）水务局（南水北调办公室）、国土资源局、林业局，工程所在乡镇政府、村级组织、电力、电信、广播电视、管道、军事等专项设施权属单位及相关单位。由市调水办牵头组织，设计单位技术负责，有关部门和单位参加。成立外业实物调查组，设组长1人，由县（市、区）水务局（南水北调办公室）主管局长或主任担任，负责全面协调工作，重点协调与地方的关系；设副组长1人，由设计院人员担任，负责技术标准把关、任务分工、调查进度等工作。2013年3月17日，市调水办组织召开全市南水北调配套工程征迁实物调查培训会议。市调水办全体人员、各县（市、区）水务局主管局长及业务骨干、省设计院和市设计院有关业务负责人参加。会上市调水办通报南水北调配套工程工作进展情况和工作要求，对即将进行的征迁实物调查工作进行动员和安排部署。省设计院征迁业务骨干对征迁实物调查工作进行讲解培训。解答参会人员现场提问。

测量人员根据设计提供的占地范围及坐标，利用GPS现场测设永久征地范围和临时用地范围，采集村界、专项塔杆等位置坐标。其他人员负责房屋建筑物的丈量、树木坟墓等清点、专项设施调查、调查表记录等工作。核查组全体作为一个整体，共同完成现场实物的调查工作，设计院负责实物调查资料内业整理等工作。

具体工作有现场确定土地征用边界（到行政村），包括永久征地和临时用地边界；进行农村调查，包括人口、房屋、附属建筑物、土地、树木、坟墓、机井、农村副业等；进行城集镇调查，包括征地面积、房屋及附属建筑物、工商业设施、市政设施及公用设施等；进行工业企业调查；进行专项调查，包括电力、通信、广播、管道、渠道、道路等；进行基本资料收集，主要是国民经济统计资料，包括人口、土地资源和农民收入等。在征迁工作中，按照《南水北调配套工程征迁安置技术规定（109－165）》，统一执行征用地实物调查复核及安置补偿工作中的原则、标准、内容及要求。调查范围包括永久征地和施工临时用地，调查内容包括农村、城镇、工业企业、专业项目四大类。

## 二、农村实物调查

（1）人口。人口调查主要对工程占压房屋涉及的人口进行核查，由当地县、村干部带领逐家逐户入户查询、登记。人口分农业人口和非农业人口，以户为单位调查，登记户主及家庭总人数。现场调查被调查户（人）的房屋产权证、户口簿，按照产权证上的姓名，结合户籍册进行核对。

（2）房屋。房屋包括农村居民私房和农村集体用房，按用途和结构逐户（单位）、逐栋丈量建筑面积或依据有关产权文件调查登记。房屋类型分为主房、副房和杂房。主房指层高（屋面与墙体的接触点至地面）大于等于2.0m，楼板、四壁、门窗完整的房屋，按结构分为框架结构、砖（石）混结构、砖（石）木结构、土木四类。副房指拖檐房、偏厦房、吊脚楼底层等楼板、四壁、门窗完整，层高小于2.0m的房屋。按结构分砖（石）木、木、土木三类。杂房指有墙壁，有顶盖的简易房屋如家禽家畜圈舍、肥料屋、厕所等结构低于副房的房屋。此类房屋不分结构。附属设施调查时，室内设施只调查水池、地窖、电话及有线电视，其余一律不作调查；室外设施调查砖（石）围墙、土围墙、门楼、影壁墙、混凝土晒场、三合土晒场、水井、水池、地窖、水窖、沼气池、粪池（厕所）、牲畜栏、电视接收器。水池以立方米计，围墙以立面面积平方米计，晒场以水平面积平方米计，其他以个（处）计。调查人员对房屋按用途和结构逐户（单位）逐栋丈量，做好丈量记录，绘制房屋平面示意图，标绘房屋位置并编号，分户或分单位做影像记录；对附属设施逐个（处）丈量登记，对逐户调查成果由产权人（户主）签字认可，各单位参与调查人员签字。

（3）土地。土地按所有权分为国有和集体所有；按用途分耕地、园地、林地、草地、商服用地、工矿仓储用地、住宅用地、公共管理与公共服务用地、特殊用地、交通运输用地、水域及水利设施用地和其他土地共 12 大类。以行政村为单位，按水平投影面积以亩计，利用 1∶2000 地形图量算。测量人员根据工程征地坐标实地放线，核查人员与土地管理、林业管理部门人员、村组干部一起，以行政村为单位实地调查，依据 1∶2000 地形图实地逐块调查各土地权属、类别后量算面积，按永久征地和临时用地分地类填表。对于有两种或两种以上用途的土地只计一类，不得重复登记，对土地类别有争议的，在收集的土地利用现状图和林相图的基础上，由当地政府协调解决；对土地权属有争议的村，由当地政府负责协调后确定其权属。建设用地分权属进行调查，集体土地以行政村为单位分地类进行核查。

（4）树木与坟墓。树木分果树和一般树木两类。果树又分鲜果和干果两大类，其中鲜果树包括苹果树、梨树、桃树、杏树、红果树、樱桃树等；干果树包括枣树、核桃树、花椒树和柿子树等。果树类按基径分别统计。一般树木包括杨、柳、榆、槐树及其他杂树等，按胸径分别统计。为达到兑付的目的，在核查组对全村占压情况核查的同时，要求村集体组织村民对占压的情况细化到户，主要包括每户占压的耕地种类、数量；果树和树木的种类、不同胸径的数量等。坟墓调查，以行政村为单位调查征占地范围内坟墓数量，按穴数统计。调查人员持 1∶2000 地类地形图现场逐处调查，填表登记。

（5）农村副业设施。农村副业设施指行政村、村民小组或农民家庭兴办的小型采集、加工、服务业设施。如小型米面加工厂、榨油坊等。调查人员深入现场逐一调查产品名称、年产量、年收入、年税收、从业人数、设备、设施等。副业设施的房屋与农村房屋调查方法相同。

（6）农村机井。农村机井指占压区域田间灌溉及居民点生活用井，包括机井水泵及输变电等配套设备设施。居民饮水机井单独说明。以行政村为单位调查登记。调查人员持 1∶2000 地类地形图现场逐处复核，并收集当地有关的水文地质资料，按照井深单独统计。根据设计开挖线，注明开挖线内和开挖线外。机井管理房按农村房屋调查方法分结构填表登记。

（7）小型水利设施。主要核查灌溉渠道、输水管道、排水沟道等，包括渠道名称、位置、规模、占压地点、占压长度、结构形式、断面指标以及主要建筑物的名称、结构和规模等。间接影响机井，对开挖作业面两侧影响的井灌区机井数量和灌溉面积，以行政村为单位进行调查、复核。居民饮水机井单独说明，并调查、复核恢复措施。调查成果由有关专业部门负责人（法人代表）签字认可，各单位参加调查人员签字。

### 三、城镇实物调查

城镇包括城市、县城关镇、建制镇、乡政府所在地的集镇和一般场镇。调查内容包括征地面积、人口、房屋及附属建筑物、工商业设施、市政工程及公用设施等实物指标。

（1）征地面积。征地分类为商服用地、工矿仓储用地、住宅用地、公共管理与公共服务用地、特殊用地、交通运输用地、水域及水利设施用地和其他用地共八类。调查人员根据城（集）镇建成区范围和征地界线以及向当地有关部门收集用地分类资料，持1:2000地类地形图现场勘察调绘，量算其面积，并标绘在地形图上。建成区内若有农用地，按农村土地的调查方法进行调查、填表。

（2）人口。调查人员现场逐户、逐单位调查，以长期有人居住的房屋为基础，根据户口簿、房产证、暂住证逐项登记每户的家庭成员名单及有关情况。对逐户调查成果由产权人（户主）签字认可，各单位参与调查人员签字。

（3）房屋及附属建筑物。调查范围有机关、学校、团体、事业单位、商业、居住房和未列入工矿企业的单位、设备简单的手工作坊及工矿企业分散在市区的住宅、门市部等房屋。居民房屋按用途分为主房、杂房，单位房屋按用途可分为住宅、商贸服务、办公科研、教育、医疗卫生、体育文艺演出场馆、仓库和其他八类。房屋结构分为框架、砖混、砖木、土木四类。房屋建筑面积系指房屋外墙（柱）勒脚以上各层的外围水平投影面积，包括阳台、挑廊、地下室、室外楼梯等，且具备有上盖、结构牢固、层高2.20m以上（含2.20m）的永久性建筑。调查人员对房屋按用途和结构逐户（单位）逐栋丈量，做好丈量记录，绘制房屋平面示意图，将房屋位置标绘在地形图上并编号，分户（单位）做影像记录；对附属设施逐个（处）丈量登记，对逐户调查成果由产权人（户主）签字认可，各单位参与调查人员签字。典型调查房屋的内外装饰情况在房屋调查表备注栏注明。

（4）市政工程及公用设施。市政工程包括道路桥梁、给水、排水、电信、广播电视工程等，公用设施包括广场、公园、绿地。城镇供电、电信、广播电视工程等在专项中单独调查。道路桥梁：调查城（集）镇道路名称、红线宽度、车行主干道、次干道的长度、宽度、路面材料；桥梁名称、结构、桥面宽度、桥面及支座高程、跨度等。给水工程：调查城（集）镇水源地点、取水方式、输水方式、水厂名称、净化方式、设计及实际供水能力、主次管网布置及长度、材料、断面尺寸、供水范围以及供水普及率等。排水工程：调查城（集）镇排水制式、污水处理工程、主管涵和次管涵走向、长度、结构、断面尺寸等。广场、公园、绿地：调查城

（集）镇广场、公园、绿地的规模和设施等。调查人员根据城（集）镇建设和有关管理机构提供资料，现场逐项调查复核主要项目和指标；调查成果各专业主管部门负责人签字认可，各单位参与调查人员签字。

### 四、工业企业实物调查

工业企业核查包括基本情况调查、房屋、人员、设备设施核查等，尚需核查厂区面积及厂区内零星树木等。

（1）基本情况。调查征地涉及企业名称，所在地点，隶属关系，经济成分，行业分类，建设日期，设计规模；占地面积，房屋总面积，总干渠征地面积，全厂职工人数及户口在厂人数（包括集体户口）；主要产品名称及产量，原材料及来源地，近三年逐年的年产值，年工资总额，年利润、年税收；账内、外固定资产，主要设施设备、房屋固定资产原值、实物形态流动资产等；收集厂区平面布置图、设计文件等。调查人员根据征地界线，持地形图现场勘察调绘、量算其面积，并标绘在地形图上，查清征地范围内征用厂区面积。工业企业征地范围内零星果木、林木调查统计数量，在备注中说明。

（2）企业人口。根据户口簿、集体户口册和住房对应关系登记户口为企业管理的在厂集体户、家庭户。调查方法同城（集）镇，不在厂区的生活用房的居住人口户口，在居委会的人口纳入城（集）镇统一调查；调查成果由企业负责人签字认可，各单位参与调查人员签字。

（3）企业房屋。房屋按用途分生产用房和生活办公用房。生产用房按结构一般分为：排架、框架、钢架、砖混、砖木、土木六类；生活办公用房按城（集）镇分类确定。有特殊情况时，上述分类可适当增减。房屋建筑面积测量与城（集）镇调查相同。调查人员对房屋按用途和结构丈量，做好丈量记录，将房屋位置标绘在地形图上并编号，逐栋做影像记录。调查成果企业负责人签字认可，各单位参与调查人员签字。典型调查房屋的内外装饰情况在房屋调查表备注栏注明。

（4）企业设施。设施分类包括厂区内给排水、供电、各种管线工程、围墙、地坪、工作台、烟囱、水池及各项专用生产设施等。对位于城（集）镇建成区以外的工业企业，在调查厂区内设施的同时，调查其厂区对外连接的专用（拥有所有权）道路、电力、电信、供水工程等。调查方法在企业填报的基础上全面核查。逐项核定各类设施规格、型号、数量，是否可以搬迁，并根据明细账统计其固定资产原值。调查成果企业负责人签字认可，各单位参与调查人员签字。

### 五、专业项目实物调查

专业项目调查包括铁路、公路、机耕路、电力、电信、广播电视、水利水电设施、军事、水文站、测量永久标志、农（林、牧、渔）场以及各类管道。

（1）铁路、公路、机耕路。调查铁路、铁路车站、机务段及铁路桥梁名称，起止地点，隶属关系，占压地点，营运状况（国家营运线或厂矿、地方专运线），铁路路轨类型，轨垫材料，路基和路肩宽度，占压长度；铁路桥梁型式、结构和设计高程。并在备注栏注明受影响程度。调查公路、公路道班及公路桥梁名称，起止地点，隶属关系，占压地点，公路等级，设计高程，路面宽度，路基和路肩宽度，路面材料，占压长度；公路桥梁型式，结构，桥长，桥面宽度，设计荷载，占压长度。并在备注栏注明受影响程度。调查机耕道、生产或人行桥名称，起止地点，隶属关系，占压地点，路面宽度，路面材料，占压长度。生产或人行桥型式，结构，桥面宽度，占压长度，并在备注栏注明受影响程度。根据有关部门和单位提供铁路、桥梁和公路、桥梁的资料和已审批的设计图纸或竣工图，调查人员持 1：2000 地形图现场逐条、逐处核查，并在地形图上标注铁路、桥梁长度和桥梁位置或公路长度、等级和桥梁位置，铁路车站和机务段或公路道班的占地、人口、房屋及其他建筑物调查和城（集）镇的调查方法一致，调查成果由有关专业部门负责人签字认可，各单位参与调查人员签字。机耕道、生产或人行桥调查，由调查人员持 1：2 000 地形图现场逐条、逐处核查机耕道、生产或人行桥的长度、桥位并在地形图上标注；调查成果由乡（镇）或村负责人签字认可，各单位参与调查人员签字。

（2）电力工程。送配电线路，调查 10kV 及以上送电线路、农村 380V 配电线路名称、隶属关系、电压等级、杆材、线质、导线截面、占地范围内线路长度、开挖线内占压杆塔数量等。变电站（设施）、设备，调查变电站（设施）名称、位置、使用年限、电压等级、容量；设备名称、使用年限、设备台数、设备型号、间隔和供电范围。核查人员持 1：2000 地形图现场逐处核查不同等级输变电线路及变电站（设施）和设备，并在地形图上标注线路位置和站点位置。电力设施分开挖线内和开挖线外进行核查。

（3）电信工程。通信线路，调查通信线路名称、起止地点、隶属关系、类别（电缆或光缆）、铺设方式（架空或地埋）、占压地点（桩号）、占压长度以及线路技术指标等。设备、设施，调查邮电局（所）交换机容量，设备、设施的规格，使用年限，数量。通信设施分开挖线内和开挖线外。根据有关部门和单位提供的资料及原设计图纸，调查人员持不小于 1：2000 地形图现场逐条、逐处核查不同等级通信线路及邮电局（所）的设备、设施，并在地形图上标注线路长度和站点位置；邮电局（所）人口、房屋及其他建筑物和城（集）镇的调查方法一致。调查成果由有关专业部门负责人签字认可，各单位参与调查人员签字。

（4）广播电视。调查广播电视线路名称、起止地点、隶属关系、等级、占压地点（桩号）、开挖线内占压杆塔数量及占压长度等相关的技术指标，并在地形图上标注其位置。调查广播电视接收站、转播站、差转台等设施设备规格、使用年限、数量。根据有关部门和单位提供的资料及原设计图纸，调查人员持 1：2000 地形图现场逐条、逐处调查不同等级广播电视线路及接收站、转播站、插转台等设施设备，并在地形图上标注线路长度和站点位置；广播电视接收站、转播站、插转台等人口、房屋及其他建筑物和城（集）镇的调查方法一致。调查成果由有关专业部门负责人签字认可，各单位参与调查人员签字。

（5）各类管道。调查输气、输油、输水等各类管道线路名称、起止地点、隶属关系、布设方式、管径、管材、输送介质、输送容量、占压地点（桩号）、占压长度。调查管线加压站的设备、设施的规格，使用年限、数量。根据有关部门及单位提供的资料和原设计图纸，调查人员持 1∶2000 地形图现场逐条、逐处核查各类管道线路及加压站设施设备，并在地形图上标注线路长度和站点位置；加压站人口、房屋及其他建筑物和城（集）镇的调查方法一致。调查成果由有关专业部门负责人签字认可，各单位参与调查人员签字。

（6）军事设施。调查军事设施名称、所在位置、隶属关系、主要设施、设备及使用年限等。由军事部门先提供调查设施的基本情况，在军事部门允许的情况下，可在有关部门的配合下进行现场调查。

（7）矿产资源及文物。矿产资源调查内容包括征占地影响范围内的矿产资源名称、位置、范围、矿藏种类、品位、等级、储量等，工程建设征占地对矿产资源开采的影响程度。文物古迹调查包括地面文物和地下文物两部分。地面文物调查包括征占地影响的文物名称、占地面积、文物年代、建筑结构、规模、保护级别等。地下文物调查包括征占地影响的文物名称、位置、年代、规模、保护级别等。若该区域无文物古迹，须文物部门出具证明。

### 六、实物调查成果

按各设计单元初步设计任务完成时限安排完成各输水线路征迁实物调查。2013年 6 月 25—30 日，完成第一设计单元实物调查工作。2013 年 7 月 8—15 日，完成第二设计单元实物调查工作。2013 年 11 月 21 日至 12 月 15 日，分两个调查组同时进行，完成第三设计单元实物调查工作。2013 年 12 月 20—30 日，完成石津干渠工程沧州支线压力箱涵工程（衡水段）实物调查工作。完成实物调查成果统计工作后，以此为基础，编制完成征迁安置实施方案及征迁安置投资概算。

# 第三节　征　迁　准　备

征迁放线前，要完成征迁安置实施方案编制及报批，完成征迁安置资金兑付方案编制及报批，与各县（市、区）签订包干协议。

### 一、征迁安置实施方案的编制与报批

#### 1. 方案编制

衡水市调水办编制征迁方案，严格按照国家、省有关征迁政策，对占压的土地采

取货币补偿的方式进行安置；占压实物国家如有明确规定的征迁赔偿政策，按国家政策执行，国家无规定的参照地方人民政府的规定执行，国家和地方人民政府无明确规定或规定不适用于本工程的，参照已建和在建水利水电工程及河北省实际情况确定；专业项目按原标准、原规模或恢复原功能的原则就近复建或恢复，无需恢复或复建的对象给予必要的补偿，扩大规模和提高标准需增加投资，由有关单位自行解决。

市调水办在各设计单元征迁安置投资概算通过省发展改革委审查、征迁安置投资已确定基础上，组织完成征迁安置实施方案的编制。同时对被列为先期开工项目的衡水水厂以上输水管道第一设计单元饶安干线和第二设计单元阜景干线和阜城支线工程单独编制征迁安置实施方案。为使方案编制更为实际，便于操作，市调水办组织建管技术骨干和设计单位进一步对占地范围和占用时限进行优化。对优化后占地范围内实物量进行核定，会同专项主管部门完成并审定专项迁建方案，在征求各县（市、区）对补偿标准的意见基础上，设计单位编制完成征迁安置实施方案。

依据批准的征迁投资概算，综合权衡各县（市、区）实际情况，对某些项目补偿标准进行适当调整，从各设计单元的农村补偿概算投资中预留10%作为调剂资金，用于兑付阶段个别县包干协议总投资不足时的支出。

实施管理费取费标准由3%调增到4.5%，增设乡村工作经费，标准为农村征迁安置补偿费1%；通过优化占地范围、调整某些项目标准等措施控制征迁安置总投资不变，按照县级行政区编制完成征迁安置投资概算。《征迁安置实施方案》编制完成（图4-2）、征求各县征迁安置机构意见后，报市政府批准。

图4-2　征迁安置实施方案

2. 补偿标准

根据项目和本地实际情况，确定农村征迁赔偿标准、专业项目补偿标准、工副

业补偿标准和其他税费及税金。征迁实物价格水平与主体工程价格水平一致，其有关费税和税率按国家或地方公布的标准执行。

（1）农村征迁赔偿。永久占地补偿标准按《河北省人民政府关于实行征地区片价的通知》区片价标准执行（表4-2）；临时用地的补偿标准采用每季1000元/亩，占一季补一季的原则，并考虑一季的熟化期补助，临时用地的复垦费只考虑细整平和翻松费用，按800元/亩计列。

表4-2　　　　　　　　衡水市永久征地综合区片地价统计表　　　　　　　单位：元

| 地区 | 平均区片价 | 区片1 | 区片2 | 区片3 | 区片4 |
|---|---|---|---|---|---|
| 衡水市 | 39185 | | | | |
| 主城区 | 71742 | 171000 | 137000 | 61000 | 52500 |
| 冀州市 | 33132 | 43500 | 38700 | 33800 | 32500 |
| 深州市 | 32618 | 34500 | 32800 | 32200 | |
| 饶阳县 | 42245 | 43700 | 41400 | 39100 | |
| 枣强县 | 35459 | 38000 | 36000 | 33000 | |
| 故城县 | 35136 | 41000 | 37000 | 33000 | |
| 阜城县 | 34393 | 37000 | 35000 | 33000 | |
| 安平县 | 58485 | 86500 | 75000 | 55000 | |
| 武邑县 | 36538 | 37700 | 36500 | 35300 | |
| 景　县 | 36527 | 41174 | 38905 | 36659 | 33715 |
| 武强县 | 32795 | 52000 | 41000 | 33600 | 32200 |

（2）林木补偿。根据《河北省人民政府关于实行征地区片价的通知》对被征土地上有附着物和青苗的，对其另行补偿。其中：果园地按22838元/亩计列，果木类苗圃按20000元/亩计列，用材林林地按4152元/亩计列，景观树类苗圃按50000元/亩计列。零星林、果木补偿标准分为用材林和果树两种，按照树种和规格依据近期国家批复的文件而定，详见表4-3。

表4-3　　　　　　　　　　各类树木补偿价格一览表

| 树 种 及 规 格 | | | 单价/（元/棵） |
|---|---|---|---|
| 用材林 | 杨、柳、槐、榆等 | 胸径≤5cm | 10 |
| | | 5cm＜胸径≤10cm | 20 |
| | | 10cm＜胸径≤15cm | 37.5 |
| | | 15cm＜胸径≤25cm | 120 |
| | | 25cm＜胸径≤35cm | 160 |
| | | 胸径＞35cm | 250 |
| | 柏树（国槐，观光树） | 胸径≤5cm | 50 |

续表

| 树种及规格 | | | 单价/(元/棵) |
|---|---|---|---|
| 果树 | 苹果、梨、杏、桃、石榴、桑、无花果等一般果树 | 幼树：3cm＜基径≤5cm | 84 |
| | | 初树：5cm＜基径≤15cm | 160 |
| | | 盛树：基径＞15cm | 500 |

（3）房屋及附属物补偿。砖混结构房屋正房补偿958元/$m^2$，偏房733元/$m^2$；砖木结构房屋补偿正房875元/$m^2$，偏房657元/$m^2$；附属房380元/$m^2$。场地平整费按照11227元/亩计列，基础设施补偿费按照33858元/亩计列，青苗补偿费按照1000元/亩计列，居民房屋搬迁费按照26元/$m^2$计列。

（4）坟墓补偿。单棺坟补偿为1000元/座，双棺坟2000元/座。

（5）灌溉系统恢复。工程占压后的灌溉管道恢复，按60元/m计列。机井补偿标准，施工开挖线内井深100～200m的机井按80000元/眼计列，井深200～250m的机井按90000元/眼计列。

（6）临时绕行路补偿。工程实施对田间路造成中断，施工期间需临时绕行，绕行路根据现状设计只计入土路，单价为60元/m计列。

（7）专业项目补偿。输变电工程的复建补偿投资，按原规模、原标准恢复。10kV电力线路按5万元/处计列，220V/380V电力线路按1.5万元/处计列，变压器补偿按3600元/台；架空通信线路改建费按1.5万元/处计列，地埋通信线路穿越保护费按6.5万元/处计列，传输局线路按21万元/处计列，国防军事光缆按85万元/处计列；管道工程补偿标准，天然气管道补偿标准按45万元/处计列，集中供水管道按1.8万元/处计列。

（8）工副业补偿。基础设施设备补偿标准，根据设施设备情况，结合市值进行补偿；场地平整补偿标准，根据已施工项目补偿标准按11227元/亩计列；基础设施费补偿标准，根据已施工项目补偿标准，按33858元/亩计列；停产损失费补偿标准，根据企业产值情况及工程对其影响，给予部分停产补偿。

（9）税费及其他。勘测设计费按发改委批复投资计列；实施管理费按前几项投资之和的4.5%计列；实施机构开办费按发改委批复投资计列；技术培训费按发改委批复投资计列；乡村工作经费按农村投资的1.0%计列；林地可研编制费按初设批复投资暂列；土地勘界费按初设批复投资暂列；养老保障费按永久征地补偿费的10%计列；耕地占用税按20元/$m^2$计列；对于占压的基本农田，其耕地占用税在20元/$m^2$的基础上，另加50%；耕地开垦费按10005元/亩计列；森林植被恢复费按4002元/亩计列。

3. 方案批复

征迁安置实施方案编制完成并征求各县征迁安置机构意见后，报市政府批准。市政府对市调水办上报的征迁安置实施方案审批后，市调水办将经市政府批准的征

迁安置实施方案报河北水务集团和省调水办备案。

2014年2月，市政府批复衡水市南水北调配套工程水厂以上输水管道第一、第二、第三设计单元征迁安置实施方案；2014年3月，市政府批复河北省南水北调配套工程石津干渠工程沧州支线压力箱涵（衡水段）征迁安置实施方案。

## 二、征迁责任制

### 1. 以会代训

2013年10月27日，市调水办组织召开衡水市南水北调配套工程征迁安置工作培训会（图4-3），各县（市、区）调水办主任及骨干业务人员、征迁监理单位主要技术人员、市调水办全体人员参加培训。会议对《河北省南水北调配套工程建设管理若干意见》《河北省南水北调配套工程征迁安置工作通知》进行学习，就包干协议签订、征迁安置实施方案和补偿兑付方案编制、征迁实施、变更处理、征迁监理等具体环节进行详细讲解。重点对《河北省南水北调中线干线工程建设征地拆迁安置暂行办法》内容进行逐条剖析。通过培训，帮助征迁参与人员吃透文件精神，加深对征迁工作的认识，掌握具体工作标准与方法，为顺利完成征迁安置任务打下基础。

图4-3　2013年10月，衡水市调水办征迁安置培训会现场

2013年11月6日，衡水市政府组织召开"南水北调配套工程征迁安置工作会议"。会议通报衡水市南水北调配套工程征迁进展情况，市长杨慧强调工程即将进入全面征迁建设阶段，对征迁工作作出周密安排与布置。要求各级各部门要科学安排，落实责任，把握重点，强力攻坚，确保11月底前完成先期开工项目征迁工作。同时衡水市政府与各县（市、区）签订目标责任书（图4-4）。

2. 签订投资包干协议

征迁安置实施方案经市政府批准后，市调水办对征迁安置项目及投资进行分解。根据任务分解后征迁安置任务及投资，各县（市、区）编制征迁安置投资概算表，经审核后，衡水市人民政府与各县（市、区）人民政府签订征迁安置任务与投资包干协议。

市政府与各县政府签订的征迁安置任务与投资包干协议情况见表4-4。

图4-5为衡水市政府与枣强县征迁安置任务与投资包干协议原件。

表4-4　　　　　　　　衡水市征迁安置任务与投资包干协议一览表

| 设　计　单　元 | 名　称 |
|---|---|
| 管道第一设计单元 | 衡水市南水北调配套工程水厂以上输水管道工程第一设计单元先期开工项目（深州）征迁安置任务与投资包干协议<br>协议编号：HBNSBDPT-HSSCYS-ZQ-2013-SZ |
| | 衡水市南水北调配套工程水厂以上输水管道工程第一设计单元深州市（不含先期开工项目）征迁安置任务与投资包干协议<br>协议编号：HBNSBDPT-HSSCYS-ZQ-2014-SZ |
| | 衡水市南水北调配套工程水厂以上输水管道工程第一设计单元安平县征迁安置任务与投资包干协议<br>协议编号：HBNSBDPT-HSSCYS-ZQ-2014-AP |
| | 衡水市南水北调配套工程水厂以上输水管道工程第一设计单元饶阳县征迁安置任务与投资包干协议<br>协议编号：HBNSBDPT-HSSCYS-ZQ-2014-RY |
| | 衡水市南水北调配套工程水厂以上输水管道工程第一设计单元武强县征迁安置任务与投资包干协议<br>协议编号：HBNSBDPT-HSSCYS-ZQ-2014-WQ |
| 管道第二设计单元 | 衡水市南水北调配套工程水厂以上输水管道工程第二设计单元阜城县（含先期开工项目）征迁安置任务与投资包干协议<br>协议编号：HBNSBDPT-HSSCYS-ZQ-2014-FC |
| | 衡水市南水北调配套工程水厂以上输水管道工程第二设计单元景县征迁安置任务与投资包干协议<br>协议编号：HBNSBDPT-HSSCYS-ZQ-2014-JX |
| 管道第三设计单元 | 衡水市南水北调配套工程水厂以上输水管道工程第三设计单元冀州市征迁安置任务与投资包干协议<br>协议编号：HBNSBDPT-HSSCYS-ZQ-2014-JZ |
| | 衡水市南水北调配套工程水厂以上输水管道工程第三设计单元滨湖新区征迁安置任务与投资包干协议<br>协议编号：HBNSBDPT-HSSCYS-ZQ-2014-BHXQ |
| | 衡水市南水北调配套工程水厂以上输水管道工程第三设计单元枣强县征迁安置任务与投资包干协议<br>协议编号：HBNSBDPT-HSSCYS-ZQ-2014-ZQ |

| 设　计　单　元 | 名　　称 |
|---|---|
| 管道第三设计单元 | 衡水市南水北调配套工程水厂以上输水管道工程第三设计单元故城县征迁安置任务与投资包干协议<br>　　协议编号：HBNSBDPT-HSSCYS-ZQ-2014-GC |
| | 衡水市南水北调配套工程水厂以上输水管道工程第三设计单元桃城区征迁安置任务与投资包干协议<br>　　协议编号：HBNSBDPT-HSSCYS-ZQ-2014-TCQ |
| | 衡水市南水北调配套工程水厂以上输水管道工程第三设计单元经济开发区征迁安置任务与投资包干协议<br>　　协议编号：HBNSBDPT-HSSCYS-ZQ-2014-JJKFQ |
| | 衡水市南水北调配套工程水厂以上输水管道工程第三设计单元武邑县征迁安置任务与投资包干协议<br>　　协议编号：HBNSBDPT-HSSCYS-ZQ-2014-WY |
| 石津干渠沧州支线压力箱涵 | 河北省南水北调配套工程石津干渠工程沧州支线压力箱涵工程（衡水段）深州市征迁安置任务与投资包干协议<br>　　协议编号：HBNSBDPT-SJCZYXHS-ZQ-2014-SZ |
| | 河北省南水北调配套工程石津干渠工程沧州支线压力箱涵工程（衡水段）武强县征迁安置任务与投资包干协议<br>　　协议编号：HBNSBDPT-SJCZYXHS-ZQ-2014-WQ |
| | 河北省南水北调配套工程石津干渠工程沧州支线压力箱涵工程（衡水段）武邑县征迁安置任务与投资包干协议<br>　　协议编号：HBNSBDPT-SJCZYXHS-ZQ-2014-WY |
| | 河北省南水北调配套工程石津干渠工程沧州支线压力箱涵工程（衡水段）阜城县征迁安置任务与投资包干协议<br>　　协议编号：HBNSBDPT-SJCZYXHS-ZQ-2014-FC |
| 石津干渠军齐至傅家庄段 | 河北省南水北调配套工程石津干渠工程军齐至傅家庄段深州市征迁安置任务与投资包干协议<br>　　协议编号：HBNSBDPT-SJGQ/JQZFJZ-ZQ-2015-SZ |
| | 河北省南水北调配套工程石津干渠工程军齐至傅家庄段冀州市征迁安置任务与投资包干协议<br>　　协议编号：HBNSBDPT-SJGQ/JQZFJZ-ZQ-2015-JZ |
| 石津干渠大田南干段 | 河北省南水北调配套工程石津干渠工程大田南干段深州市征迁安置任务与投资包干协议<br>　　协议编号：HBNSBDPT-SJGQ/ DTNG-ZQ-2015-SZ |

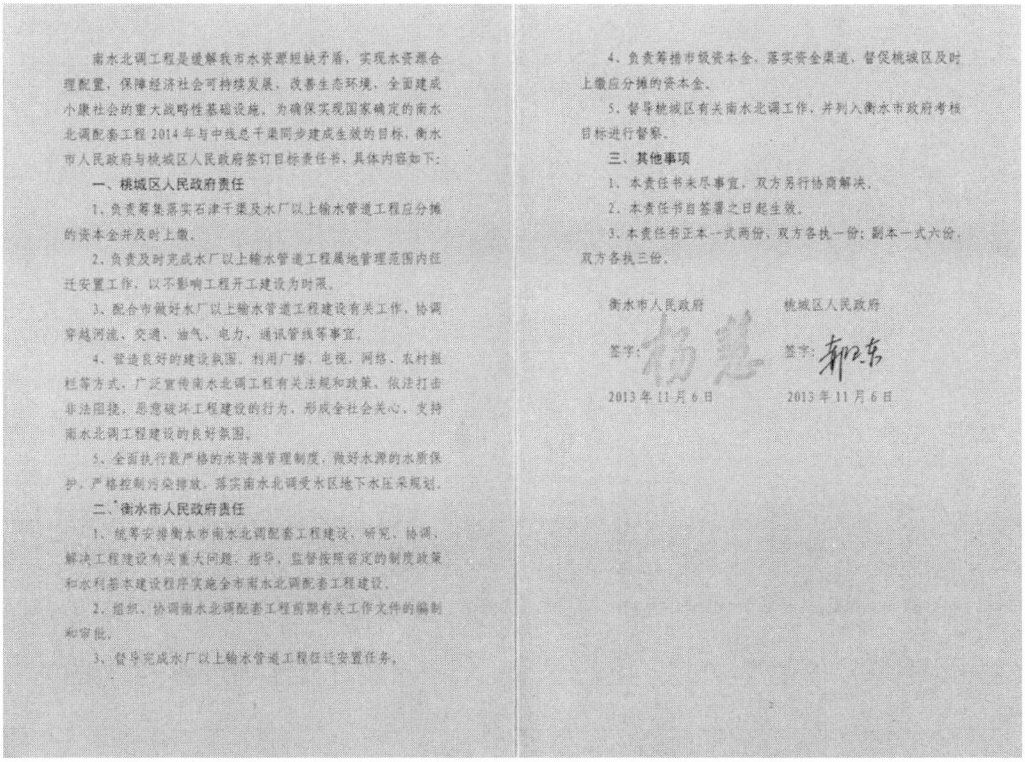
南水北调工程是缓解我市水资源短缺矛盾，实现水资源合理配置，保障经济社会可持续发展，改善生态环境，全面建成小康社会的重大战略性基础设施。为确保实现国家确定的南水北调配套工程2014年与中线总干渠同步建成生效的目标，衡水市人民政府与桃城区人民政府签订目标责任书，具体内容如下：

**一、桃城区人民政府责任**

1、负责筹集落实石津干渠及水厂以上输水管道工程应分摊的资本金并及时上缴。

2、负责及时完成水厂以上输水管道工程属地管理范围内征迁安置工作，以不影响工程开工建设为时限。

3、配合市做好水厂以上输水管道工程建设有关工作，协调穿越河流、交通、油气、电力、通讯管线等事宜。

4、营造良好的建设氛围，利用广播、电视、网络、农村报栏等方式，广泛宣传南水北调工程有关法规和政策，依法打击非法阻挠、恶意破坏工程建设的行为，形成全社会关心、支持南水北调工程建设的良好氛围。

5、全面执行最严格的水资源管理制度，做好水源的水质保护，严格控制污染排放，落实南水北调受水区地下水压采规划。

**二、衡水市人民政府责任**

1、统筹安排衡水市南水北调配套工程建设，研究、协调、解决工程建设有关重大问题，指导，监督按照省定的制度政策和水利基本建设程序实施全市南水北调配套工程建设。

2、组织、协调南水北调配套工程前期有关工作文件的编制和审批。

3、督导完成水厂以上输水管道工程征迁安置任务。

4、负责筹措市级资本金，落实资金渠道，督促桃城区及时上缴应分摊的资本金。

5、督导桃城区有关南水北调工作，并列入衡水市政府考核目标进行督察。

**三、其他事项**

1、本责任书未尽事宜，双方另行协商解决。

2、本责任书自签署之日起生效。

3、本责任书正本一式两份，双方各执一份；副本一式六份，双方各执三份。

衡水市人民政府　　桃城区人民政府

签字：　　签字：

2013年11月6日　　2013年11月6日

图4-4　2013年，衡水市政府与桃城区政府签订的衡水市南水北调征迁目标责任书（部分）

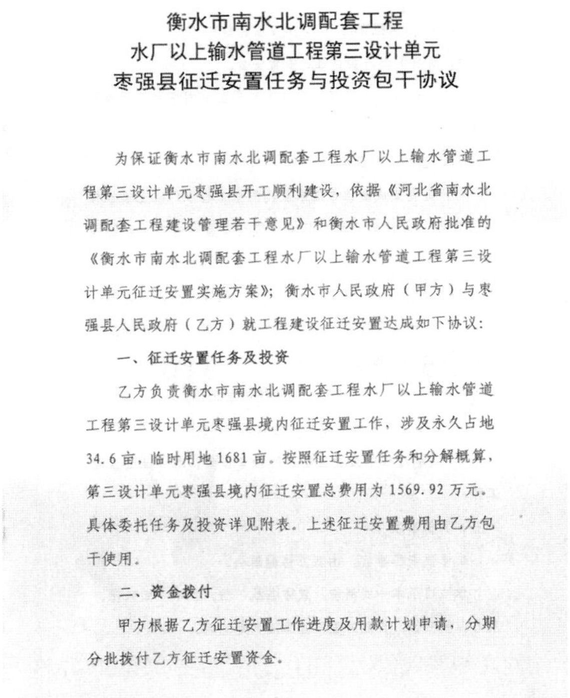
**衡水市南水北调配套工程**
**水厂以上输水管道工程第三设计单元**
**枣强县征迁安置任务与投资包干协议**

为保证衡水市南水北调配套工程水厂以上输水管道工程第三设计单元枣强县开工顺利建设，依据《河北省南水北调配套工程建设管理若干意见》和衡水市人民政府批准的《衡水市南水北调配套工程水厂以上输水管道工程第三设计单元征迁安置实施方案》；衡水市人民政府（甲方）与枣强县人民政府（乙方）就工程建设征迁安置达成如下协议：

**一、征迁安置任务及投资**

乙方负责衡水市南水北调配套工程水厂以上输水管道工程第三设计单元枣强县境内征迁安置工作，涉及永久占地34.6亩，临时用地1681亩。按照征迁安置任务和分解概算，第三设计单元枣强县境内征迁安置总费用为1569.92万元。具体委托任务及投资详见附表。上述征迁安置费用由乙方包干使用。

**二、资金拨付**

甲方根据乙方征迁安置工作进度及用款计划申请，分期分批拨付乙方征迁安置资金。

图4-5（一）　2014年衡水市政府与枣强县政府签订征迁包干协议

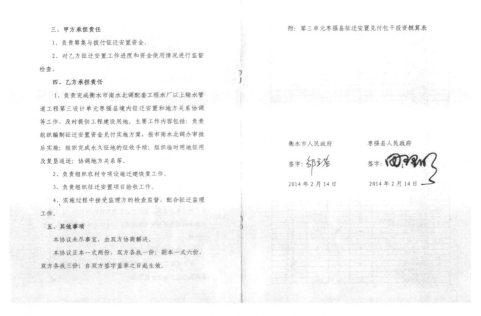

三、甲方承担责任

1、负责筹集与拨付征迁安置资金。

2、对乙方征迁安置工作进度和资金使用情况进行监督检查。

四、乙方承担责任

1、负责完成衡水市南水北调配套工程水厂以上输水管道工程第三设计单元枣强县境内征迁安置和地方关系协调等工作，及时提供工程建设用地。主要工作内容包括：负责组织编制征迁安置资金兑付实施方案，报市南水北调办审批后实施；组织完成永久征地的征收手续；组织临时用地征用及复垦退迁；协调地方关系等。

2、负责组织农村专项设施迁建恢复工作。

3、负责组织征迁安置项目验收工作。

4、实施过程中接受监理方的检查监督，配合征迁监理工作。

五、其他事项

本协议未尽事宜，由双方协商解决。

本协议正本一式两份，双方各执一份；副本一式六份，双方各执三份；自双方签字盖章之日起生效。

附：第三单元枣强县征迁安置兑付包干投资概算表

衡水市人民政府　　　枣强县人民政府

签字：　　　　　　　签字：

2014年2月14日　　　2014年2月14日

图 4-5（二） 2014 年衡水市政府与枣强县政府签订征迁包干协议

图 4-5（三） 枣强县征迁包干协议明细表

### 三、征迁安置资金兑付方案编制与报批

衡水市政府与各县（市、区）签订南水北调工程征迁安置任务与投资包干协议书后，各县（市、区）政府组织成立征迁安置工作实施机构［各县（市、区）调水办］，结合各县（市、区）的征迁安置补偿有关规定，确定南水北调工程征迁安置补偿标准，编制征迁安置兑付方案，报县（市、区）政府并上报市调水办批准后，

组织开展征迁安置实施工作。

　　图4-6为市调水办对阜城县征迁安置资金兑付方案批复及阜城县征迁安置资金兑付方案原件。

<table>
<tr><td>

**衡水市南水北调工程建设委员会办公室文件**

衡调水办〔2014〕59号

**衡水市南水北调工程建设委员会办公室
关于《衡水市南水北调配套工程水厂以上输水
管道工程及石津干渠沧州支线压力箱涵
工程（衡水段）阜城县征迁安置
资金兑付方案》的批复**

阜城县南水北调工程建设委员会办公室：

　　你县上报的《衡水市南水北调配套工程水厂以上输水管道工程及石津干渠沧州支线压力箱涵工程（衡水段）阜城县征迁安置资金兑付方案》收悉，经研究批复如下：

　　一、兑付方案编制原则、指导思想、工作程序、计划安排基本符合《河北省南水北调中线工程建设征地拆迁安置暂行办法》的规定，满足市政府确定的目标要求，原则同意所报资金兑付方案。

　　二、同意临时占地及各类地面附着物的补偿标准。

- 1 -

</td><td>

关于批复《衡水市南水北调配套工程
水厂以上输水管道工程及石津干渠沧州支线压力箱涵
工程（衡水段）阜城县征迁安置资金兑付方案》的
**申　请**

衡水市南水北调办公室：

　　我县《衡水市南水北调配套工程水厂以上输水管道工程及石津干渠沧州支线压力箱涵工程（衡水段）阜城县征迁安置资金兑付方案》已经编制完成，并由阜城县南水北调工程征迁安置工作领导小组组长审核签字，现申请给予批复。

　　特此申请

2014年4月25日

</td></tr>
<tr><td>

祁钰芳
2014.4.25

**衡水市南水北调配套工程
水厂以上输水管道工程及石津干渠沧州支
线压力箱涵工程(衡水段) 阜城县征迁安置
资金兑付方案**

　　为了保证衡水市南水北调配套工程水厂以上输水管道工程及石津干渠沧州支线压力箱涵工程(衡水段)建设顺利进行，保障被占地群众的合法权益，切实做好征迁安置工作，确保衡水市南水北调水厂以上配套工程占地征迁安置资金兑付工作的顺利开展，依据衡水市政府与我县签订的《衡水市南水北调配套工程水厂以上输水管道工程第二设计单元征迁安置任务与投资包干协议》、《石津干渠沧州支线压力箱涵工程(衡水段)阜城县征迁安置任务与投资包干协议》、《衡水市南水北调配套工程建设目标责任书》，制定我县南水北调配套工程征迁安置资金兑付方案。

　　1. 工作依据

　　(1)《中华人民共和国土地管理法》、《中华人民共和国土地管理法实施条例》、《河北省土地管理条例》等法律法规。

　　(2)河北省南水北调中线干线工程建设征地拆迁安置暂行办法》(冀政【2005】77号)。

　　(3)与衡水市政府签署的《衡水市南水北调配套工程水厂以上输水管道工程第二设计单元征迁安置任务与投资包干

</td><td>

协议》、《石津干渠沧州支线压力箱涵工程(衡水段)阜城县征迁安置任务与投资包干协议》。

　　(4)与衡水市政府签署的《衡水市南水北调配套工程建设目标责任书》。

　　(5)《河北省耕地占用税实施办法》冀政(87)119号文。

　　(6)衡水市南水北调配套工程水厂以上管道工程先期开工项目征迁安置资金兑付方案编制技术大纲》。

　　(7)河北省人民政府《河北省人民政府关于修订征地区片价的通知》冀政[2011]141号。

　　(8)《衡水市南水北调配套工程水厂以上输水管道工程征迁安置实施方案》。

　　(19)衡水市南水北调配套工程水厂以上输水管道工程征迁安置工作的其他有关政策规定。

　　2. 指导原则和工作目标

　　2.1 指导原则

　　(1)在衡水市政府下达的征迁包干资金范围内，完成我县农村征迁安置工作包干任务。

　　(2)在补偿标准细化时应以市包干协议的投资为基础。

　　(3)考虑不可预见因素，预留调剂资金100万元。

　　2.2 工作目标

　　按照与市政府签订的《衡水市南水北调配套工程征迁安置目标责任书》的要求按时完成资金兑付，妥善做好被征地农民

2

</td></tr>
</table>

图4-6（一）　2014年阜城县南水北调工程征迁安置兑付方案

的生产生活安置工作，及时提供建设用地。

**3. 征迁安置补偿标准**

结合我县被征用土地平均区片价，永久征地标准按34000元/亩。

**3.2 永久征地青苗补偿费补偿标准**

工程永久征地青苗补偿费根据用地的土地地类的产值计列。其中水田、水浇地、旱地、河滩地按年产值的一半计算，永久征地青苗补偿费补偿标准按1000元/亩计列。

临时占地按占用时间实行分年、分季补偿。2014年9月30日前，麦田按2200元/亩，白地按1500元/亩，白地施肥按1740元/亩，白地施肥、翻耕按1800元/亩，白地施肥、翻耕、播种按1860元/亩。2014年10月1日后，按照用一季补一季原则，补偿标准为1000元/亩/季。

**3.4 临时用地土地复垦费**

（不含河滩地）、园地、林地、苗圃。对原地类不是耕地、园地，恢复为原地类。临时用地复垦单价按800元/亩计列。

**3.5 地上附着物补偿标准**

根据河北省人民政府冀政〔2011〕141号文《河北省人民政府关于修订征地区片价的通知》规定：被征土地上有附着物和青苗的，对地上物和青苗的所有权人另行补偿。

（1）林木补偿标准

幼树（胸径＜5cm）每株15元

中树（5cm≤胸径＜15cm）每株50元

成树（15cm≤胸径＜25cm）每株70元

大树（25cm≤胸径）每株100元

（2）景观树补偿标准

国槐（胸径＜2.5cm）每株35元；（2.5cm≤胸径＜5cm）每株135元；（胸径≥5cm）每株160元。

白蜡（胸径＜2cm）每株15元；（2cm≤胸径＜5cm）每株80元；（胸径≥5cm）每株120元。

柏树（15cm≤胸径＜25cm）每株200元。

（3）果树补偿标准

树苗（基径＜3cm）每株20元；幼树每株30元；初果树每株200元；盛果树每株500元。

（4）苗圃补偿标准15000元/亩。

（5）坟墓补偿标准

坟墓（多棺）迁移补偿标准为1000元/座；坟墓保护补偿标准为500元/座。

（6）小型水利水电设施补偿标准

自来水管道120000元/处；

防渗管道100元/米；

出水口300元/个；

永久占压机井90000元/眼；浅井8000元/眼；机井保护1000元/眼；机井屋占压7000元/座；机井屋保护2000元/座。

（7）鸡舍补偿标准

由阜城县南水北调办公室组织评估公司进行专家评估，依据评估标准进行补偿。

（8）输变电线路复（改）建补偿标准

10kv架空线路25000元/处；380/220V架空线路20000元/处；穿越开挖线保护15000元/处。

（9）蔬菜大棚补偿标准

冬暖棚35000元/亩；春秋棚5月31日前征迁27000元/亩，6月30日前征迁22000元/亩，7月1日后征迁20000元/亩；小拱棚5月31日前征迁11000元/亩，6月31日前征迁9000元/亩，7月1日后征迁8000元/亩。

**3.6 农村道路恢复补偿标准为100元/米。**

**3.7 树墩清理10元/个。**

**3.8 各种税费**

（1）养老保障按照永久征地补偿费的1%计列；

（2）耕地占用税按20元/m2计列；对于占压的基本农田，其耕地占用税在20元/m2的基础上，另加50%；

（3）耕地开垦费按6670元/亩计列；

（4）森林植被恢复费按4002元/亩计列。

**4. 工作程序**

**4.1 兑付方案编制**

县征迁安置主管部门（南水北调办）按照《衡水市南水北调配套工程水厂以上管道工程第二设计单元征迁安置任务与资金包干协议》、《石津干渠沧州支线压力箱涵工程（衡水段）阜城县征迁安置任务与投资包干协议》的要求，于4月18日前编制完成《衡水市南水北调配套工程水厂以上输水管道工程及石津干渠沧州支线压力箱涵工程（衡水段）阜城县征迁安置资金兑付方案》，经县人民政府批准后，上报衡水市南水北调办公室审查。

**4.2 兑付工作责任分工**

**4.2.1 组织领导**

阜城县成立由副县长祁纯艺同志为组长，水务、国土、林业、信访、公安、阜城镇、漫河乡、大白乡等相关部门主要负责同志为成员的南水北调征迁安置工作领导小组，下设办公室，办公室主任由水务局局长刘树松同志担任。

**4.2.2 职责分工**

南水北调征迁安置工作领导小组主要职责：

（1）编制县南水北调配套工程征迁安置资金兑付方案，并报衡水市南水北调办公室审查批准。

（2）全面负责南水北调工程征迁安置资金的审核和兑付工作。

（3）协调解决工作中出现的矛盾和问题，确保按时、按标准完成补偿资金兑付工作任务，确保社会稳定和工程建设顺利进行。

（4）负责被征占地村的生产生活安置工作。

图4-6（二）　2014年阜城县南水北调工程征迁安置兑付方案

4.3 工作步骤

4.3.1 宣传发动

县征迁安置工作领导小组组织向南水北调工程所涉及的乡镇、村干部群众宣讲南水北调工程建设的重要意义，教育群众识大体、顾大局，支持国家重点工程建设。让群众知晓南水北调征迁安置工作的政策、标准与程序。

4.3.2 实物核查

阜城县南水北调征迁安置工作领导小组组织水务、国土、林业、监理、设计、阜城镇、漫河乡、大白乡及相关村庄人员以村为单位，对本村南水北调占地实物核查各项数据进行核实统计，填写实物核查登记表，由设计、监理、县南水北调办、村庄相关人员签字盖章，存档备案。

4.3.3 张榜公示

公示内容包括："衡水市南水北调配套工程安置补偿公示"、"公示明细表"、"公示汇总表"。在村政务公开栏进行公示，张榜公示时间为三天，接受群众监督。

4.3.3 错、漏项及举报情况处理

对张榜公示后发现的错、漏项，县征迁主管部门应及时报征迁监理工程师和设计代表，并由监理工程师、设计代表共同签字确认后改正并公示。

对群众举报问题，县征迁主管部门及时会同监理工程予以核实，并将结果反馈举报人，确有问题者应将核实结果张榜公示。县征迁主管部门要将最终处理结果以文字形式报市南水北调办公室备案。

4.3.4 资金兑付

县征迁主管部门（南水北调办）依据核实后的公示表编制兑付表，经征迁监理审核后，报县南水北调征迁安置工作领导小组组长签字同意，由县征迁主管部门将补偿资金拨付到阜城镇设立的南水北调征迁安置补偿资金专户，阜城镇按表中的内容，逐一填写由市南水北调办统一印制的"阜城县南水北调征迁安置补偿兑付卡"，一村一卡，一户一卡，一式五联，按兑付卡金额拨付到各村村委会，再由村委会发给补偿户，需动用集体的补偿费时需按照村财乡管制度履行相关手续。

4.3.5 成果验收

征迁安置资金兑付工作完成后，首先由县南水北调办向市南水北调办及时提出自验申请和工作大纲，经审核批准后，县级南水北调办事机构主持并组织有关单位（部门）和专家成立验收委员会进行县级自验。

4.3.7 资金管理

（1）县征迁主管部门必须设专户管理、单独建账、专款专用。征迁安置资金管理使用要严格按照《河北省南水北调中线干线工程建设占地拆迁安置暂行办法》和衡水市南水北调办印发的《衡水市南水北调配套工程建设征迁安置资金管理办法》执行，各级各部门不得以任何理由截留、挪用、挤占、私分。

（2）征用土地的土地补偿费的使用按照《中华人民共和国土地管理法》第四十九条、《中华人民共和国土地管理法实施条例》第二十六条、《河北省人民政府关于改进征地工作建立被征地农民基本生活保障制度的通知》第六条的规定执行。

（3）乡、镇政府要加强对被征占地村征迁安置资金的发放、管理和使用的监督检查力度，杜绝违规使用。

（4）调剂资金使用方法

在不增加工程成本的情况下通过优化临时占地节省的资金及其它剩余资金用于调剂，以备特殊事件使用。征迁安置资金兑付工作全部完成后的结余资金，主要用于冲减工程建设成本。

4.3.8 纪律要求

严格纪律、统一思想、统一政策、统一步调、统一口径，坚持公开、公平、公正的原则，严禁弄虚作假、优亲厚友、乱开口子的现象发生，一旦发现要严肃处理。各部门、镇、村要抽调得力人员，保质保量按时完成工作任务。

4.3.9 资料整理建档

县征迁主管部门与乡（镇）政府按国家有关规定建立文书档案、技术档案和财务档案，确保档案资料的完整、准确、系统和安全。

5. 工作计划

按照《衡水市南水北调配套工程征迁安置任务与兑付资金包干协议》的要求，4月18日前编制完成《衡水市南水北调配套工程（阜城县）征迁安置资金兑付方案》并上报，按照公平、公正、公开的原则，做好征迁安置资金兑付工作，维护工程沿线社会稳定。力争5月20日前，工程具备进场施工条件。鉴于施工单位未进场，施工管道用地、临时堆土区用地的具体位置不能确定。其临时用地及地上附着物的核实、赔偿，按以上规定的程序进行，以不影响施工单位安排进驻为限。

二〇一四年四月十八日

图4-6（三） 2014年阜城县南水北调工程征迁安置兑付方案

市调水办对各县（市、区）征迁安置兑付方案批复情况见表4-5。

表 4-5　2013—2014 年衡水市调水办对各县征迁安置兑付方案批复情况一览表

| 设计单元 | 名　称 | 批复时间 |
|---|---|---|
| 管道第一设计单元 | 衡水市南水北调配套工程水厂以上输水管道工程第一设计单元先期开工项目（深州）征迁安置资金兑付方案 | 2013 年 12 月 7 日 |
| | 衡水市南水北调配套工程水厂以上输水管道工程第一设计单元（不含先期开工项目）深州市征迁安置资金兑付方案 | 2014 年 4 月 22 日 |
| | 衡水市南水北调配套工程水厂以上输水管道工程第一设计单元安平征迁安置资金兑付方案 | 2014 年 4 月 14 日 |
| | 衡水市南水北调配套工程水厂以上输水管道工程第一设计单元饶阳县征迁安置资金兑付方案 | 2014 年 5 月 4 日 |
| | 衡水市南水北调配套工程水厂以上输水管道工程第一设计单元饶阳县征迁安置资金兑付方案 | 2014 年 5 月 6 日 |
| | 关于南水北调配套工程饶阳征迁安置资金兑付方案补充的批复 | 2015 年 3 月 |
| 管道第二设计单元 | 衡水市南水北调配套工程水厂以上输水管道工程武邑县征迁安置资金兑付方案（先期项目） | 2013 年 11 月 18 日 |
| | 衡水市南水北调配套工程水厂以上输水管道工程阜城县征迁安置资金兑付方案（先期项目） | 2013 年 11 月 18 日 |
| | 衡水市南水北调配套工程水厂以上输水管道工程第二设计单元景县征迁安置资金兑付方案 | 2014 年 5 月 5 日 |
| 管道第三设计单元 | 衡水市南水北调配套工程水厂以上输水管道工程第三设计单元冀州市征迁安置资金兑付方案 | 2014 年 4 月 30 日 |
| | 衡水市南水北调配套工程水厂以上输水管道工程第三设计单元桃城区征迁安置资金兑付方案 | 2014 年 4 月 14 日 |
| | 衡水市南水北调配套工程水厂以上输水管道工程第三设计单元枣强县征迁安置资金兑付方案 | 2014 年 5 月 5 日 |
| | 衡水市南水北调配套工程水厂以上输水管道工程第三设计单元故城县征迁安置资金兑付方案 | 2014 年 5 月 5 日 |
| | 衡水市南水北调配套工程水厂以上输水管道工程第三设计单元滨湖新区征迁安置资金兑付方案 | 2014 年 6 月 10 日 |
| | 衡水市南水北调配套工程水厂以上输水管道工程第三设计单元武邑县征迁安置资金兑付方案 | 2014 年 5 月 7 日 |
| | 衡水市南水北调配套工程水厂以上输水管道工程第三设计单元第四标营地桃城区征迁安置资金兑付方案 | 2014 年 9 月 12 日 |
| | 关于南水北调配套工程桃城区征迁安置资金兑付方案补充的批复 | 2015 年 3 月 |
| 沧州支线压力箱涵衡水段 | 河北省南水北调配套工程石津干渠工程沧州支线压力箱涵工程（衡水段）深州征迁安置兑付方案 | 2014 年 4 月 14 日 |
| | 河北省南水北调配套工程石津干渠工程沧州支线压力箱涵工程（衡水段）武强县征迁安置兑付方案 | 2014 年 5 月 6 日 |
| | 河北省南水北调配套工程石津干渠工程沧州支线压力箱涵工程（衡水段）武邑县征迁安置兑付方案 | 2014 年 4 月 24 日 |
| | 河北省南水北调配套工程石津干渠工程沧州支线压力箱涵工程（衡水段）阜城县征迁安置兑付方案 | 2014 年 5 月 5 日 |

# 第四节　征　迁　实　施

衡水市南水北调工程通过一段时间准备，于2013年12月起先后在各县（市、区）开展征迁工作。征迁实施阶段主要工作有征迁放线及实物指标核查、专项核查、补偿兑付、征用土地移交等。同时注重征迁监督管理，严格落实政策标准，坚持阳光操作，通过加强宣传、群众答疑、设置公示栏、张贴通告等措施，主动接受群众监督。

## 一、征迁放线及实物清点

征迁放线工作由县（市、区）调水办组织实施，会同市调水办、征迁监理、设计单位技术人员、乡（镇）政府及村委会一起，进行南水北调配套工程的具体征迁工作。设计单位测量人员按设计占地范围现场测量放线，县（市、区）调水办聘请的日工配合拉线、打标志桩、撒灰线，县（市、区）调水办技术人员与村干部对占地范围内实物进行清点，分类形成征迁实物量核查兑付表，且进行现场签字（图4-7）。

图4-7　深州市南水北调征迁现场

以枣强县为例，在实物核查工作中严格按照技术要求执行，做到公正公平。对临时占地进行放线、定界，核清地上附着物的种类、数量，并进行登记。核查登记到村，经村干部确认无误后，征迁监理工作人员填写实物核查确认表，由征迁监理、枣强县调水办工作人员、村干部签字、加盖村委会公章。村干部将占地亩数、附着物种类、数量，落实到户，形成明细表，并加盖公章，两委负责人签字后一式三份，一份村留存，两份上报到县（市、区）调水办。

## 二、补偿资金兑付

村委会通过土地丈量，将实物量落实到户，乡镇政府根据各村村委会的实物核查兑付表上报县（市、区）调水办。各县（市、区）调水办按照兑付方案确定的标准把赔偿资金落实到每村每户后在村委会进行张榜公示、填写五联单、户主签字及银行打卡等工作。征迁监理进行全过程见证监管。

核查表公示程序。南水北调管道沿线各村上报的实物核查落实到户的明细表，一份存档，一份张贴到各村公开栏，公示三天，并予照相（图4-8）。村干部利用广播，召集占地户去核实确认。如有不符，请群众拨打公示表上的电话联系县调水办，核实确认后由村委会开具变更证明、村主任签字盖村委会公章，上报到县调水办，确保占地的真实性，做到公开公正。严格按照《衡水市南水北调配套工程水厂以上输水管道工程征迁资金兑付方案》中的兑付标准，制作南水北调征迁安置明细表、汇总表公示三天，征迁监理对整个核查公示过程全程监管。

资金兑付程序。依据核查公示表编制兑付表一式四份（图4-9），经征迁监理审核同意后，由县调水办主任签字，再由县长签字批准，兑付资金书面申请报市调水办批准后，一份县调水办存档，一份留监理，一份交指定兑付银行，一份交乡镇政府，最后将各乡镇补偿资金拨付到指定兑付银行账户上，由乡镇农经站专职会计按兑付表内容，逐一填写由市调水办统一印刷的"南水北调征迁安置补偿兑付卡"，实行一户一卡，一式五联，其中一份交由县调水办存档。

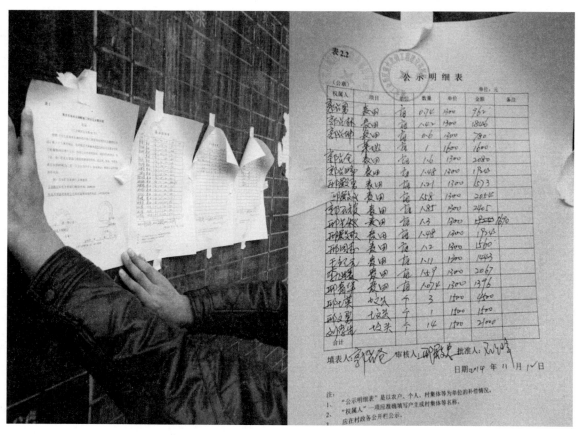

图4-8 2014年桃城区邢家团马村张贴公示征迁补偿明细表现场照片

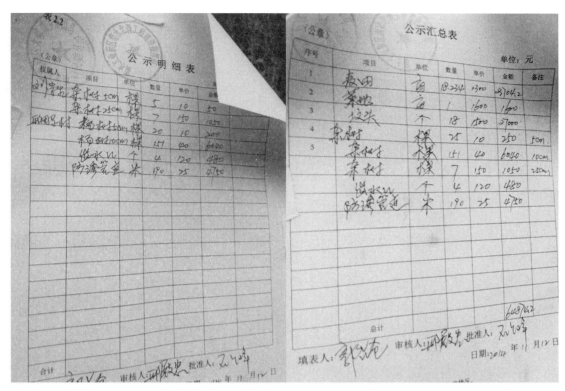

图 4-9 衡水市南水北调工程沿线第三设计单元征迁兑付公开公示栏

## 三、涉及乡村

征迁工作涉及全市 11 个县（市、区）及滨湖新区、工业新区，涉及村镇情况见表 4-6。

表 4-6 衡水市南水北调工程征迁涉及县、乡、村一览表

| 设计单元 | 县别 | 乡 镇 | 村 名 |
|---|---|---|---|
| 第一设计单元 | 深州市 | 穆村乡 | 王家庄、大召、南小召、北小召、穆村、程庄、庄火头 7 个村 |
| | | 双井乡 | 双井、蔡张村、北斗村 3 个村 |
| | | 唐奉镇 | 唐奉、程官屯、柴屯、宋营、刘屯、赵八庄、南大疃、北大疃 8 个村 |
| | 安平县 | 黄城乡 | 台城、敬思村、大同新村 3 个村 |
| | | 城关镇 | 李各庄、郭屯、前张庄村、杨屯 4 个村 |
| | | 两洼乡 | 东里屯、西里屯、小辛庄、史官屯 4 个村 |
| | 饶阳县 | 经济开发区 | 杨池、崔池 2 个村 |
| | | 同岳乡 | 段口村、南京堂、张路口、杨路口、崔路口、北京堂、一致合村、王庄、李家庄、单铺村 10 个村 |
| | 武强县 | 周窝镇 | 董庄村 |
| | | 北代乡 | 南平都、北平都 2 个村 |
| | | 豆村乡 | 南孙庄、李马、大杨庄、吴寺、西张庄、徐庄 6 个村 |

续表

| 设计单元 | 县别 | 乡　镇 | 村　　名 |
|---|---|---|---|
| 第二设计单元 | 武邑县 | 桥头镇 | 新营村 |
| | | 韩庄镇 | 马台村、北刘村、于屯村、西粉张村、东粉张村、鲍辛村、邢桥村、东辛庄村、鲍辛庄村9个村 |
| | 阜城县 | 阜城镇 | 门庄、郭塔、红叶屯、西马厂、常村、柳王屯、东八里、西八里、沙吉村、尤常巷、史长巷、边庄、乔庄、桑庄、尚庄15个村 |
| | | 漫河乡 | 东临阵村、郭庄、李高、杨庙、后八丈、塘坊村、灵神庙、前八丈、义和庄、中临阵、东档柏11个村 |
| | 景县 | 温城乡 | 王高村、周高村2个村 |
| | | 降河流镇 | 长利村、长顺村、闫高村、刘高村、赵将军、小王庄、大王庄、盐厂、张娘庄、刘岳庄、西李庄、罗庄、吴庄、颜庄14个村 |
| | | 杜桥镇 | 何庄村、小周庄、王吾庄、常庄、岔道口村、吕庄、王厂、郝杨院8个村 |
| 第三设计单元 | 冀州市 | 官道李镇 | 衡尚营四、衡尚营三、衡尚营二、傅家庄、范家庄5个村 |
| | | 小寨乡 | 崔家庄、谢家庄、辛庄、后张家庄、垒头村、南大方村、东王庄、西岳家庄8个村 |
| | | 徐庄乡 | 庄子头、狄庄、冯庄、松篱、北榆林、堤王、淄村7个村 |
| | | 冀州镇 | 十里铺、柳家寨、宋家寨、二铺、北边家庄、崔谭、李桃、周胡、胡刘、小罗、西沙、大吴寨、杜沙、八里、岳良、双庙、河夹庄、殷庄18个村 |
| | | 东部新区 | 焦杨、刘杨、前店3个村 |
| | 桃城区 | 河沿镇 | 北增村、焦高村、刘高村、种高村、冯庄村、魏庄村、南诏村、北沼村、张庄村、王渡口村、河东刘村、常庄村、路庄村、大杜村14个村 |
| | | 赵圈镇 | 骑河王村、杜村、三元店村3个村 |
| | 工业新区 | 农村工作办公室 | 西团马村 |
| | | 大麻森乡 | 邢团马、孙家屯、张家寺、蔡家村、任家坑、东胡村、李家屯、侯刘马、宋家村、安家村、北彰桥、刘善彰、大善彰、李善彰、魏家村、十二王、陈伍营、赵伍营、孙伍营、焦伍营、沟里王21个村 |
| | | 北方工业基地 | 花园村、王辛庄2个村 |
| | | 武邑循环园 | 李家庄、西张庄、苏正3个村 |
| | 武邑县 | 武邑镇 | 南云齐村 |
| | 枣强县 | 唐林乡 | 横头村、楚村、倘村3个村 |
| | | 王均乡 | 苏庄、曹庄、夏庄、南刘庄、大王均、文登6个村 |
| | | 枣强镇 | 杨苏、打车扬、袁杨官、黑马、康马、许杨庄、潘庄、北姚庄、范庄、三街、边王庄、前王庄、西张庄、西马庄、阳谷庄、李武庄、赵王坊、宋王坊、张家庄、大雨淋、付雨淋21个村 |

| 设计单元 | 县别 | 乡镇 | 村名 |
|---|---|---|---|
| 第三设计单元 | 滨湖新区 | 魏屯镇 | 常庄、邢村、曹村、西明、东明、西疃、东疃、魏屯 8 个村 |
| | 故城县 | 郑口镇 | 高庄、烧盆屯、大杏基 3 个村 |
| | | 三朗乡 | 后崔庄、前崔庄、小李庄、大李庄、杨福屯 5 个村 |
| 石津干渠工程沧州支线压力箱涵 | 深州市 | 榆科镇 | 赵村 |
| | | 大冯营乡 | 大王庄、中李村、北西河头、叶庄村、东河头、徐祥口 6 个村 |
| | 武强县 | 周窝镇 | 西安院、前王村、大安院、关头、西小章、刘厂、东小章、杜王李、东王村、西王村 10 个村 |
| | | 街关镇 | 郝庄、北台头 2 个村 |
| | | 豆村乡 | 南孙庄 |
| | 武邑县 | 赵桥镇 | 罗庄村、袁庄村、夹河村、楼堤村 4 个村 |
| | | 韩庄镇 | 东袁小寨、西袁小寨、田村、骆吕音、陈袁吕音、吴吕音、东香亭、西香亭、郭张赵、范村、马回台 11 个村 |
| | 阜城县 | 大白乡 | 徐化、冉庄、李千村、后孟、于家湾 5 个村 |
| 石津干渠工程大田南干段 | 深州市 | 大冯营乡 | 田庄、长官庄 2 个村 |
| | | 榆科镇 | 南杜、北杜、赵村、东杏园 4 个村 |
| 石津干渠工程军齐至傅家庄段 | 桃城区 | 赵圈镇 | 路口王村 |
| | 冀州市 | 官道李镇 | 南土路口、圭庄、呼家道口、杨家庄、会尚、会刘、西冯家庄、衡二、衡三、付家庄、庞家庄、将家庄 12 个村 |
| | 深州市 | 王家井镇 | 马兰井村、徐家湾村、靳家村 3 个村 |
| | | 大屯镇 | 西高村、半壁店村、祁刘村、丁家安村、琅窝村、耿家庄村、孤城村 7 个村 |
| 石津干渠工程深州段村镇截流导流工程 | 深州市 | 穆村乡 | 南口村 |
| | | 深州镇 | 西杜庄、北四王村、良知台 3 个村 |

## 四、临时占地

各县（市、区）调水办组织村委会进行地上附着物清表、旋耕。并向施工单位移交建设用地。临时占地情况见表 4-7。

**表 4-7** 衡水市南水北调配套工程临时占地一览表

| 县别 | 占地项目 | 占地面积/亩 | 县别 | 占地项目 | 占地面积/亩 |
|---|---|---|---|---|---|
| 深州市 | 第一设计单元 | 1201.85 | 饶阳 | 第一设计单元 | 341.66 |
| | 压力箱涵 | 1040.85 | 武强 | 第一设计单元 | 361.51 |
| | 小计 | 2242.7 | | 压力箱涵 | 1044.46 |
| 安平 | 第一设计单元 | 596.49 | | 小计 | 1405.97 |

续表

| 县别 | 占地项目 | 占地面积/亩 | 县别 | 占地项目 | 占地面积/亩 |
| --- | --- | --- | --- | --- | --- |
| 武邑 | 第二设计单元 | 551.74 | 工业新区 | 第三设计单元 | 1260.96 |
| | 压力箱涵 | 1918.84 | 滨湖新区 | 第三设计单元 | 245.5 |
| | 第三设计单元 | 162 | 冀州市 | 第三设计单元 | 3209.8 |
| | 小计 | 2632.58 | 枣强 | 第三设计单元 | 1549.89 |
| 阜城 | 第二设计单元 | 968.6 | 故城 | 第三设计单元 | 323.3 |
| 景县 | 第二设计单元 | 1000.56 | 合计 | | 17478.29 |
| 桃城区 | 第三设计单元 | 1700.28 | | | |

# 第五节　专　项　征　迁

在衡水市南水北调配套工程征迁工作中，专项设施涉及电力、通信、交通、管线等。其迁建任务一般在施工单位进场后进行，施工单位配合推进，是影响施工进程的一个环节。同时地下管道、电缆、光缆等隐藏型的专项设施，设计阶段容易发生遗漏，也是施工阶段导致投资增加、工期延长的主要因素。另外，专项设施征迁审批程序复杂，跨部门协调难度大，造成征迁周期长的现象时有发生，因此市调水办高度重视专项征迁工作。

## 一、专项迁建实施

按照"原规模、原标准和恢复功能"的原则，严格管理程序，不得随意提高设计标准，确保经济合理、符合工程设计、实现工期最短。在专项设施迁建过程中，对未经批准扩大规模、提高标准（等级）或改变功能需增加的投资，由有关单位自行解决。对专项设施迁建项目，市调水办组织各专项部门进行现场核查，并由各专项单位根据迁建要求编制专项迁改建方案，经其主管部门批准确认后报市调水办确认，签订投资包干协议后实施。

专项征迁安置按权属划分，县级及以下专项由县征迁安置部门负责实施，市本级及以上专项由市调水办负责实施。专项设施补偿费包括占压设施迁（改）建及保护方案中各种合理费用，实际费用以征迁兑付协议为准。占压设施涉及两个部门的，由双方商议确定一个牵头部门，市调水办只与牵头部门一方签订协议，双方之间的工程量及补偿费分配由牵头部门协调解决。对于实物核查过程中遗漏的设施及输水管道施工过程因线路调整等情况引起的征迁数量变化，由施工现场设计代表、征迁监理确认后，报市调水办审核。各专项部门在实施迁、改建及保护工程方案过程中，注意保存有价值的文字、图表、声像、照片、电子文件、实物等不同形式与载体的历史记录，以便接受各级各部门不同阶段的检查验收、审计。

## 二、专项迁建清单

经过市调水办与各专项部门核查，摸清专项迁建情况，及时上报审批，并组织完成专项征迁。专项迁建清单见表4-8～表4-11。

表4-8　　衡水市水厂以上输水管道工程第一设计单元征迁专项一览表

| 序号 | 专项单位及责任单位 | 地　点 | 铺设方式 | 占压地点（桩号） | 单位 | 占压数量 |
|---|---|---|---|---|---|---|
| 1 | 传输局 | 安平县大同新村 | 架空 | RY1+111 | 处 | 1 |
| 2 | 传输局1条，联通1条 | 安平县大同新村 | 地埋 | RY1+140 | 处 | 2 |
| 3 | 传输局（界桩上有联字） | 安平县大同新村 | 地埋 | RY1+213 | 处 | 1 |
| 4 | 传输局 | 安平县郭屯 | 地埋 | RY2+380 | 处 | 1 |
| 5 | 传输局 | 武强县吴寺村 | 架空 | WQ4+308 | 处 | 1 |
| 6 | 电力公司35kV电力塔 | 武强县徐庄 | 架空 | 武强入徐庄水厂处 | 处 | 1 |
| 7 | 传输局 | 武强县北平都 | 架空 | WQ8+168 | 处 | 1 |
| 8 | 移动公司 | 武强县李马村 | 架空 | WQ3+330 | 处 | 1 |
| 9 | 输油气公司天然气管道 | 安平县大同新村 | 地埋 | RY0+520 | 处 | 1 |
| 10 | 输油气公司天然气管道 | 安平县敬思村 | 地埋 | AP1+400 | 处 | 1 |
| 11 | 输油气公司天然气管道 | 安平县敬思村 | 地埋 | AP1+498 | 处 | 1 |
| 12 | 输油气公司天然气管道 | 安平县敬思村 | 地埋 | AP1+745 | 处 | 1 |
| 13 | 输油气公司天然气管道 | 安平县敬思村 | 地埋 | AP1+792 | 处 | 1 |
| 14 | 输油气公司天然气管道 | 安平县敬思村 | 地埋 | AP2+038 | 处 | 1 |
| 15 | 输油气公司天然气管道 | 安平县敬思村 | 地埋 | AP2+220 | 处 | 1 |
| 16 | 输油气公司天然气管道 | 安平县敬思村 | 地埋 | AP2+656 | 处 | 1 |
| 17 | 电力公司高压双杆 | 安平县李各庄 | 架空 | RY2+098 | 处 | 2 |
| 18 | 电力公司高压双杆 | 安平县李各庄 | 架空 | RY2+238 | 处 | 2 |
| 19 | 电力公司高压塔（在建） | 饶阳县杨路口 | 架空 | RY14+009 | 处 | 1 |
| 20 | 深州军事通讯营军事光缆 | 某县某村 | 地埋 | 某某处 | 处 | 1 |
| 21 | 移动 | 深州市蔡张庄 | 架空 | RA10+336 | 处 | 1 |
| 22 | 移动 | 深州市蔡张庄 | 架空 | RA11+073 | 处 | 1 |
| 23 | 移动 | 深州市蔡张庄 | 架空 | RA13+176 | 处 | 1 |
| 24 | 移动 | 深州市唐奉村 | 架空 | RA14+935 | 处 | 1 |
| 25 | 移动 | 深州市赵八庄 | 架空 | RA19+975 | 处 | 1 |
| 26 | 输油气公司（西气东输天然气管道） | 深州市北大疃 | 地埋 | RA21+820 | 处 | 1 |
| 27 | 深州市传输局（衡水传输局负责） | 深州市王家庄 | 架空 | RA0+805 | 处 | 1 |
| 28 | 深州市传输局（衡水传输局负责） | 深州市南小召 | 地埋 | RA3+802 | 处 | 1 |
| 29 | 深州市传输局（衡水传输局负责） | 深州市南小召 | 地埋 | RA3+986 | 处 | 1 |
| 30 | 深州市传输局（衡水传输局负责） | 深州市南小召 | 地埋 | RA4+640 | 处 | 1 |

续表

| 序号 | 专项单位及责任单位 | 地　点 | 铺设方式 | 占压地点（桩号） | 单位 | 占压数量 |
|---|---|---|---|---|---|---|
| 31 | 深州市传输局（衡水传输局负责） | 深州市南小召 | 地埋 | RA4＋925 | 处 | 1 |
| 32 | 深州市传输局（衡水传输局负责） | 深州市蔡张庄 | 架空 | RA4＋095 | 处 | 1 |
| 33 | 深州市传输局（衡水传输局负责） | 深州市蔡张庄 | 架空 | RA9＋740 | 处 | 1 |
| 34 | 深州市传输局（衡水传输局负责） | 深州市蔡张庄 | 架空 | RA12＋585 | 处 | 1 |
| 35 | 深州市传输局（衡水传输局负责） | 深州市程官屯 | 架空 | RA16＋039 | 处 | 1 |
| 36 | 深州市传输局（衡水传输局负责） | 深州市宋家营 | 架空 | RA18＋472 | 处 | 1 |
| 37 | 深州市传输局（衡水传输局负责） | 深州市北大瞳 | 架空 | RA22＋057 | 处 | 1 |
| 38 | 深州市传输局（衡水传输局负责） | 深州市北大瞳 | 地埋 | RA22＋072 | 处 | 1 |

表4-9　　衡水市水厂以上输水管道第二设计单元征迁专项一览表

| 序号 | 专项单位及责任单位 | 地　点 | 铺设方式 | 占压地点（桩号） | 单位 | 占压数量 |
|---|---|---|---|---|---|---|
| 1 | 移动 | 阜城县郭塔头村 | 架空 | JX0＋090 | 处 | 1 |
| 2 | 传输局 | 阜城县郭塔头村 | 架空 | JX0＋100 | 处 | 1 |
| 3 | 广电 | 阜城县门庄村 | 地埋 | JX0＋540 | 处 | 1 |
| 4 | 移动 | 阜城县东临阵村 | 架空 | JX3＋950 | 处 | 1 |
| 5 | 电信 | 阜城县东临阵村 | 架空 | JX3＋950 | 处 | 1 |
| 6 | 移动 | 景县大王高村 | 架空 | JX14＋420 | 处 | 1 |
| 7 | 传输局 | 景县西李村 | 架空 | JX19＋425 | 处 | 1 |
| 8 | 传输局（国防光缆） | 某县某村 | 地埋 | 某某处 | 处 | 1 |
| 9 | 移动 | 景县小周庄 | 架空 | JX22＋220 | 处 | 1 |
| 10 | 移动 | 景县王吾庄 | 地埋 | JX22＋430 | 处 | 1 |
| 11 | 天然气 | 景县吕庄村 | 地埋 | JX24＋285 | 处 | 1 |
| 12 | 河北广电光缆 | 阜城郭塔头村 | 地埋 | FJ15＋860 | 处 | 1 |
| 13 | 河北广电光缆 | 阜城郭塔头村 | 地埋 | FJ16＋460 | 处 | 1 |
| 14 | 衡水广电光缆 | 阜城郭塔头村 | 架空 | FJ15＋805 | 处 | 1 |
| 15 | 电信 | 阜城郭塔头村 | 架空 | FJ15＋715 | 杆 | 1 |
| 16 | 武邑广电光缆（含传输光缆）双方商议确定迁改实施单位 | 武邑县于屯村 | 架空 | FJ3＋280 | 处 | 1 |
| 17 | 联通（衡水传输局负责） | 武邑县西粉张村 | 架空 | FJ4＋621 | 处 | 1 |
| 18 | 联通（衡水传输局负责） | 武邑县鲍新庄村 | 架空 | FJ5＋400 | 处 | 1 |
| 19 | 联通（衡水传输局负责） | 阜城县西八里村 | 地埋 | FJ11＋130 | 处 | 1 |
| 20 | 衡水传输国防光缆 | 阜城县郭塔头村 | 地埋 | FJ15＋770 | 处 | 1 |
| 21 | 衡水传输国防光缆 | 阜城县郭塔头村 | 地埋 | FJ15＋780 | 处 | 1 |
| 22 | 衡水传输局 | 阜城县郭塔头村 | 架空 | FJ15＋790 | 处 | 1 |

**表 4-10 衡水市水厂以上输水管道工程第三设计单元征迁专项一览表**

| 序号 | 专项单位及责任单位 | 线路名称 | 所在村庄 | 铺设方式 | 占压地点（桩号） | 占压数量 |
|---|---|---|---|---|---|---|
| 1 | 传输局 | 通信杆 | 冀州后张家庄 | 架空 | JZGB4+554 | 1 |
| 2 | 传输局 | 中国移动光缆 | 冀州后张家庄 | 地埋 | JZGB4+586 | 1 |
| 3 | 广电（X2644） | 通信杆 | 冀州垒头村村北 | 架空 | JZGB6+811 | 1 |
| 4 | 中国电信 | 通信杆 | 冀州东王庄村北 | 架空 | JZGB7+303 | 1 |
| 5 | 传输局 | 597 | 冀州东王庄 | 地埋 | JZGB10+400 | 1 |
| 6 | 传输局 | 598 | 冀州东王庄 | 地埋 | JZGB10+400 | 1 |
| 7 | 移动 | 小寨—北大方通信杆（25） | 冀州东王庄 | 架空 | JZGB10+400 | 1 |
| 8 | 广电 | | 冀州东王庄 | 架空 | JZGB10+400 | 1 |
| 9 | 广电 | X2081 | 冀州东王庄 | 架空 | JZGB10+500 | 1 |
| 10 | 传输局 | | 冀州狄家庄 | 架空 | JZGB15+220 | 1 |
| 11 | 华润燃气 | 燃气管道 | 冀州淄村 | 地埋 | JZGB18+900 | 1 |
| 12 | 华润燃气 | 燃气管道 | 冀州十里铺村 | 地埋 | JZGB20+888 | 1 |
| 13 | 华润燃气 | 燃气管道 | 冀州杜沙 | 地埋 | JZGB31+300 | 1 |
| 14 | 华润燃气 | 燃气管道 | 冀州杜沙 | 地埋 | 杜沙村西南 | 1 |
| 15 | 中国移动 | 通信杆（055号） | 冀州宋家寨 | 架空 | JZGB22+235 | 1 |
| 16 | 中国移动 | 通信杆（059号） | 冀州二铺村 | 架空 | JZGB22+508 | 1 |
| 17 | 中国人民解放军 | 国防光缆（京九广） | 某村 | 地埋 | 某某处 | 1 |
| 18 | 中国人民解放军 | 国防光缆（横邯） | 某村 | 地埋 | 某某处 | 1 |
| 19 | 中国人民解放军 | 国防光缆（衡周南） | 某村 | 地埋 | 某某处 | 1 |
| 20 | 中国人民解放军 | 国防光缆（衡周） | 某村 | 地埋 | 某某处 | 1 |
| 21 | 传输局 | | 冀州周胡 | 架空 | JZGB25+000 | 1 |
| 22 | 广电 | | 冀州周胡 | 架空 | JZGB25+060 | 1 |
| 23 | 传输局 | （0021号） | 冀州西沙村 | 架空 | JZGB26+700 | 1 |
| 24 | 移动 | | 冀州大吴寨 | 地埋 | JZGB27+300 | 1 |
| 25 | 传输局 | | 冀州大吴寨 | 地埋 | JZGB27+300 | 1 |
| 26 | 传输局 | | 冀州前店村 | 架空 | BJ0+890 | 1 |
| 27 | 河北传输局 | 河北传输光缆 | 冀州前店村 | 地埋 | BJ1+053 | 1 |
| 28 | 中国移动、传输局（捆绑） | 移动光缆 | 冀州前店村 | 地埋 | BJ1+061 | 1 |
| 29 | 中国人民解放军×××部队 | 国防光缆 | 某村 | 地埋 | 某某处 | 1 |
| 30 | 中国电信 | 通信线路 | 冀州双庙村 | 架空 | ZG0+989 | 1 |
| 31 | 中国移动 | 通信线路 | 冀州何夹庄 | 架空 | ZG1+020 | 1 |
| 32 | 传输局 | 联通光缆 | 枣强大雨淋村 | 地埋 | ZG2+416 | 1 |
| 33 | 传输局 | 通信线路 | 枣强大雨淋村 | 架空 | ZG2+929 | 1 |
| 34 | 传输局 | 通信线路 | 枣强范庄 | 架空 | G1+740 | 1 |
| 35 | 中国移动 | 移动光缆 | 枣强范庄 | 地埋 | G1+846 | 1 |
| 36 | 中国移动 | 通信线路 | 枣强康马 | 架空 | G4+369 | 1 |

续表

| 序号 | 专项单位及责任单位 | 线路名称 | 所在村庄 | 铺设方式 | 占压地点（桩号） | 占压数量 |
|---|---|---|---|---|---|---|
| 37 | 北京铁路局 | 京九铁路通信光缆 | 枣强康马 | 地埋 | G5＋394 | 1 |
| 38 | 传输局 | 通信线路 | 故城杨福屯 | 架空 | G21＋432 | 1 |
| 39 | 广电 | | 桃城区大杜村 | 架空 | S3＋186 | 1 |
| 40 | 电信 | | 桃城区大杜村 | 架空 | S3＋186 | 1 |
| 41 | 移动 | 通信杆（017号） | 京华—河沿 | 架空 | S3＋186 | 1 |
| 42 | 传输局 | | 桃城区三杜村 | 地埋 | S5＋200 | 1 |
| 43 | 移动 | | 桃城区三杜村 | 地埋 | S5＋200 | 1 |
| 44 | 广电 | | 桃城区三杜村 | 地埋 | S5＋200 | 1 |
| 45 | 电信 | | 桃城区三杜村 | 地埋 | S5＋200 | 1 |
| 46 | 华润燃气 | 燃气管道 | 桃城区三杜村 | 地埋 | S5＋200 | 1 |
| 47 | | 红绿灯信号线（南北向） | 桃城区三杜村 | 地埋 | S5＋200 | 1 |
| 48 | | 红绿灯信号线（东西向） | 桃城区三杜村 | 地埋 | S5＋200 | 1 |
| 49 | 传输局 | | 桃城区三杜村 | 地埋 | S6＋000 | 1 |
| 50 | 移动 | | 桃城区三杜村 | 地埋 | S6＋000 | 1 |
| 51 | 传输局 | | 桃城区三杜村 | 地埋 | S7＋300 | 1 |
| 52 | 移动 | | 桃城区三杜村 | 地埋 | S7＋300 | 1 |
| 53 | 广电 | | 桃城区三杜村 | 地埋 | S7＋300 | 1 |
| 54 | 电信 | | 桃城区三杜村 | 地埋 | S7＋300 | 1 |
| 55 | 广电 | | 桃城区刘高村 | 架空 | SXW7＋650 | 1 |
| 56 | 传输局 | （020号） | 桃城区刘高村 | 架空 | SXW7＋650 | 1 |
| 57 | 传输局 | （021号） | 桃城区刘高村 | 架空 | SXW7＋650 | 1 |
| 58 | 传输局 | （022号） | 桃城区刘高村 | 架空 | SXW7＋650 | 1 |
| 59 | 传输局 | （捆绑移动、广电） | 桃城区种高村 | 架空 | SXW9＋665 | 1 |
| 60 | 移动 | | 桃城区冯庄村 | 地埋 | SXW11＋420 | 1 |

表4-11　　　　南水北调配套工程石津干渠工程征迁专项一览表

| 序号 | 隶属关系 | 所属县别 | 起讫地点 | 铺设方式 | 占压地点（桩号） | 占压数量 |
|---|---|---|---|---|---|---|
| 1 | 电信 | 深州市 | 大王庄 | 架空 | 122＋940 | 1 |
| 2 | 广电 | 深州市 | 大王庄 | 架空 | 122＋940 | 1 |
| 3 | 传输局 | 深州市 | 中李村 | 架空 | 123＋990 | 1 |
| 4 | 传输局 | 深州市 | 东河头 | 架空 | 125＋950 | 1 |
| 5 | 广电 | 深州市 | 东河头 | 架空 | 125＋950 | 1 |
| 6 | 传输局 | 深州市 | 徐祥口 | 架空 | 126＋840 | 1 |
| 7 | 传输局 | 深州市 | 徐祥口 | 架空 | 126＋840 | 1 |

| 序号 | 隶属关系 | 所属县别 | 起讫地点 | 铺设方式 | 占压地点（桩号） | 占压数量 |
|---|---|---|---|---|---|---|
| 8 | 传输局 | 深州市 | 徐祥口 | 架空 | 126＋860 | 1 |
| 9 | 移动 | 深州市 | 徐祥口 | 架空 | 126＋860 | 1 |
| 10 | 移动 | 深州市 | 徐祥口 | 架空 | 126＋860 | 1 |
| 11 | 传输局 | 深州市 | 徐祥口 | 架空 | 127＋450 | 1 |
| 12 | 传输局 | 武强县 | 北台头 | 架空 | 128＋310 | 1 |
| 13 | 传输局 | 武强县 | 郝庄、前王、西王、东王 | 架空 | 130＋150～132＋400 | 40 |
| 14 | 移动 | 武强县 | 西王村 | 架空 | 131＋410 | 1 |
| 15 | 传输局 | 武强县 | 西王村 | 架空 | 131＋550 | 1 |
| 16 | 传输局 | 武强县 | 东王村 | 架空 | 132＋400～132＋500 | 4 |
| 17 | 电信 | 武强县 | 杜王李 | 架空 | 132＋640 | 1 |
| 18 | 移动 | 武强县 | 杜王李 | 架空 | 133＋100 | 1 |
| 19 | 传输局 | 武强县 | 刘厂 | 架空 | 134＋200 | 1 |
| 20 | 电信 | 武强县 | 刘厂 | 架空 | 134＋200 | 1 |
| 21 | 传输局 | 武强县 | 西小章 | 架空 | 137＋695 | 1 |
| 22 | 电信 | 武邑县 | 袁家庄 | 架空 | 139＋484 | 1 |
| 23 | 传输局 | 武邑县 | 罗庄 | 地埋 | 141＋176 | 2 |
| 24 | 传输局 | 武邑县 | 罗庄 | 架空 | 141＋210 | 1 |
| 25 | 移动 | 武邑县 | 罗庄 | 架空 | 141＋397 | 1 |
| 26 | 传输局 | 武邑县 | 夹河 | 架空 | 141＋598 | 1 |
| 27 | 传输局 | 武邑县 | 夹河 | 架空 | 141＋742 | 1 |
| 28 | 移动 | 武邑县 | 夹河村 | 架空 | 141＋976 | 1 |
| 29 | 移动 | 武邑县 | 夹河村 | 架空 | 141＋976 | 1 |
| 30 | 广电 | 武邑县 | 夹河村 | 架空 | 142＋874 | 1 |
| 31 | 电信 | 武邑县 | 嵝堤村 | 架空 | 145＋176 | 1 |
| 32 | 传输局 | 武邑县 | 东袁 | 地埋 | 145＋800 | 1 |
| 33 | 移动 | 武邑县 | 东袁 | 地埋 | 145＋800 | 1 |
| 34 | 移动 | 武邑县 | 东袁 | 架空 | 146＋164 | 1 |
| 35 | 传输局 | 武邑县 | 骆吕音 | 架空 | 146＋644 | 1 |
| 36 | 传输局 | 武邑县 | 东香亭 | 架空 | 149＋113 | 1 |
| 37 | 移动 | 武邑县 | 田村 | 地埋 | 150＋377 | 2 |
| 38 | 传输局 | 武邑县 | 田村 | 架空 | 150＋500 | 1 |
| 39 | 移动 | 武邑县 | 田村 | 地埋 | 150＋500 | 2 |
| 40 | 移动 | 武邑县 | 范村 | 地埋 | 150＋900 | 1 |
| 41 | 传输局 | 武邑县 | 马台 | 架空 | 152＋312 | 1 |
| 42 | 传输局 | 武邑县 | 马台 | 地埋 | 152＋340 | 1 |
| 43 | 移动 | 武邑县 | 滏东排河左堤 | 地埋 |  | 1 |

市调水办与专项主管单位均签订迁建协议。附水厂以上输水管道工程第一设计单元土建施工一标段后建工程穿跨越天然气管道保护施工安全管理协议（图 4-10）。

图 4-10（一）　第一设计单元 1 标跨越天然气管道协议

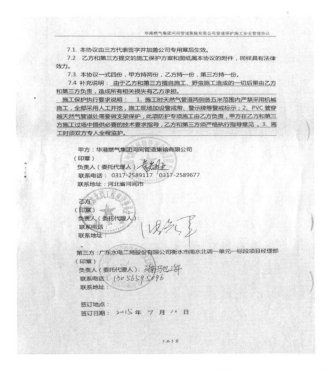

图4-10（二）　第一设计单元1标跨越天然气管道协议

# 第六节　征迁难点及解决方法

征迁工作的难点是工程建设的关键。在市委、市政府的强力领导下，市调水办积极协调，广泛动员，征迁工作人员共同努力，解决征迁过程中很多难点问题，保障工程沿线社会稳定，保证工程建设如期开工、按时完成。

## 一、强化机制

在征迁过程中，为及时解决各种征迁难题，市调水办不断健全完善征地拆迁良性工作机制和体制，始终坚持教育监督、完善制度、规范程序、严查严惩多管齐下，全力抓好征迁。在施工现场，衡水市南水北调工程建设管理第一、第二驻地建管项目部，均下设征迁科，牵头组织学习国家及省市有关征地、拆迁、安置方面的法律、法规及政策；负责指导、督导、协调解决各类征地拆迁和专项拆建中出现的问题；负责协调解决阻碍工程建设的外部问题；会同各县调水办和两个征迁监理单位，共同解决各类征迁遗留问题。在征迁工作中，始终注重以下几个方面。

一是严格征迁工作人员选用准入机制。凡是进入征地拆迁一线的人员都必须具备较高的思想政治觉悟和一定的专业技能，并加大征迁从业人员的法律与政策学习力度，牢固树立依法拆迁、阳光拆迁、和谐拆迁的理念，增强业务能力。此间，全市专兼职从事征迁工作人员近百人。

二是不断加强制度建设，构建风险管控体系。科学制定政策和实施方案，采取"一把尺子量到底"，防止有人钻政策漏洞和空子，用完善的制度来约束干部的行为。着重加强对基层集体资产所有权、管理权、使用权、监督权的监督管理，加强对征地补偿款等资金的过程监管，严格专款专用。市调水办转发制定征迁安置办法资金管理办法，涉及征迁占地的规范性文件近 20 个，有力保障工程征迁顺利进行。

三是规范工作程序，营造公开透明征迁环境。各项征迁工作细化责任，每一个环节都要符合征迁工作流程规范，及时公布征迁兑付情况，注重重点环节监督。为确保补偿资金顺利兑付，市调水办严格把握各类方案编制，强化资金监管，确保及时准确足额到位，实行上网公告、上墙公示、一户一卡兑付、及时签订协议等一系列规范程序和全程阳光操作，让被占迁群众心里踏踏实实、明明白白。

四是加大查处力度，重视正能量宣传。及时纠正征地拆迁过程中出现的官商勾结、权钱交易的腐败问题苗头，着力解决发生在群众身边的腐败问题，对一些倾向性、苗头性问题及时报道预警，从源头上严肃杜绝。并持续宣传征迁工作的先进典型，不断夯实风清气正的征迁工作作风。

## 二、征迁所遇难点

迁坟工作是征迁工作最大的难点。由于农村风水迷信影响严重，普遍不愿迁坟。为此，需要征迁工作人员找户主交心谈话，讲政策、讲道理，耐心细致、苦口婆心做工作，说明南水北调工程的意义和重要性，请村委会解决迁坟占地，设身处地解决生活难题，个别典型问题个别处理，通过耐心细致的工作，问题均普遍得到满意解决。

农村副业补偿标准问题也是征迁工作难点。对兑付方案中没有赔偿标准的项目，一般处理原则是县（市、区）调水办委托专业评估公司进行评估，按评估估价进行赔偿。遇到有些评估公司不予评估的项目，市县调水办在充分调查相同或相似项目经营情况基础上，与产权户进行协商赔偿。个别产权人对赔偿标准不满意，诉求过高，经多方协调达不成一致意见的，通过诉讼途径解决。如阜城鱼塘补偿一案，经过几轮诉讼，工程完工，纠纷仍未圆满解决。

趁征迁之机，乱栽乱种树木和漫天要价问题也时有发生。在正式测量放线前，要求参与征迁工作人员严格保密，防止这类问题扩大化。遇到此事，坚持政策，公平公正不偏不倚，严格按照征迁程序和标准执行，通过讲政策讲道理，将心比心，动之以情，晓之以理，绝大多数群众转变思想支持南水北调工作，并做出很多付出。针对征迁赔偿漫天要价、征迁问题难以解决而影响施工的难点，通过改变施工方案予以解决。

### 三、典型征迁问题

**1. 影响施工建设的征迁问题**

在施工过程中，出现暗坟、管道、专项等影响施工的征迁问题时，先由施工负责人及时上报县调水办，通知征迁监理、村负责人及时到达现场，研究处理，并拍照存档。坚持有兑付标准的，严格履行兑付手续；无标准的据实拟定迁建方案，审定后费用从征迁资金列支。

水厂以上输水管道第三单元第16标段，在施工现场巡查时发现完工管道发生漂管现象，排查发现管道基础下方有两条沿药厂厂区排水管未与市政排水管网接通，雨后厂区沥水利用管道外排所至，事后市调水办迅速召集有关人员，现场研究处理方案，以会议纪要方式记录，费用从征迁资金中列支。水厂以上输水管道第三设计单元土建施工的第10标段，在穿越四处高压线路施工时，涉及专项迁建，由驻地第二项目部牵头，以市调水办名义，组织相关单位专家对穿越高压线路施工方案进行技术审查，增加的费用从征迁费用中列支。水厂以上输水管道第三设计单元土建施工第9标段，施工期间影响冀州市小寨乡南方村春灌问题，由市调水办组织征迁监理、施工单位、县调水办、受影响村的村委会等部门负责人集体协商、妥善解决；对部分群众素质不高，多次现场阻止施工单位施工的当事人，市县调水办到工地现场、田间地头、进村入户，耐心细致地做思想工作；对个别无视法规、无理取闹的行为人，联合执法权力采取强制措施，有力保障工程顺利建设。

**2. 影响周边环境的征迁问题**

在施工过程中，出现对沿线居民生活生产环境造成影响问题时，县调水办牵头，先组织施工单位与村民协商，对难以解决的问题，联合市调水办、施工单位、受影响乡村及村民等共同协商解决，以会议纪要形式记录，规范合理予以适当补偿。

沧州支线压力箱涵衡水段第4标因施工降水造成武强县某民房出现裂缝，房屋存在较大安全隐患问题，妥善协商后，适当赔付解决。施工单位进场路问题比较普遍，原设计中进出场道路借用乡级路村级路，未考虑施工重型车辆通行，导致施工期间路面破损修复、交通车辆扰民等现象，在征迁监理监督下，考虑到乡村公路多为村集体投资建设，施工重型车辆通行造成一定程度路面破损，协商后从征迁直接费中给予酌情补偿。

**3. 现场难以解决的征迁问题**

对于协商难以解决或存在实际困难的征迁问题，主要采取变更设计方案或变更施工方案予以解决，增加的费用从征迁资金中列支。水厂以上输水管道第三设计单元土建施工的第7标段，位于工业新区武邑干线战备路附近，按设计管沟开挖需放坡1:1.25，但施工作业面北侧的战备路为进出场路，不宜开挖，南侧两家企业强烈要求对邻近施工场地的房屋进行保护，不同意拆迁并要求不能对其房屋造成不良影响。在多方协商，权衡利弊后，本着尽量减少工程成本的原则，最终采用钢板桩临时支护的施工新举措，对增加的工程量现场共同认定，据实结算，相应费用从征迁资金直接费中列支。图4-11为第三设计单元第7标段征迁现场。

图4-11　第三设计单元第7标段征迁现场

## 四、输水线路改变

在实施阶段，因城市规划等原因，引起线路变更。

1. 衡水市区支线中湖大道段

输水线路位于中湖大道段东侧的绿化带中，绿化带中有一处轻钢结构粮库、一处变电站及通信设施，绿化带东侧是麦地。这段绿化带是河沿乡政府租赁村民的土地，并要求土地所属人在其上植树绿化，另外乡政府每年给土地所属人每亩750kg麦子补偿费，连续补偿三年，现已补两年。如线路经由此处，不仅征迁费用高，难度大，而且输水管道工程完成后，乡政府仍需再增加相同的投资进行绿化，造成不必要的损失。如输水线路向东平移50m，线路将移入麦地，征迁难度小，征迁投资大大减少，因此申请进行线路调整。

2. 冀州市的冀州支线段

冀州市的冀州支线段管道线路与冀州市在建的冀新路线路走向一致，并有一段并行，为不扩大征迁范围，减少工程成本，决定将输水管道建于冀新路绿化带内，靠近绿化带边缘处。冀新路已完成用地征迁，输水工程可无偿使用已征用地，大大减少征迁投资，也便于日后运行维护和管理，因此申请进行线路调整。

3. 冀滨枣故干线经邯黄铁路冀州站段

该段线路与邯黄铁路冀州站段并行，初设阶段测量时冀州站在建，当时线路未涉及铁路用地。测量放线时发现开挖线穿越冀州站站台、站台北侧的架空及地埋电力、通信等设施，部分征用地在冀州站永久征地范围内，因此申请线路调整，调出冀州站永久征地范围，远离冀州站。

4. 工业新区武邑线路重大设计变更

由于涉及规划区道路、位置等问题，为尽量降低输水管线对土地使用的影响，调水办多次协调，工业新区规划局与水利设计承担单位的双方测量人员对线路进行多轮现场测设交接，共同认可后，开始正式征迁放线。并采取钢板桩减少占地范围；采用顶管穿越方式规避征迁难点等措施，顺利完成该区域多处征迁任务。图4-12为市政府与工业新区负责同志在线路变更现场办公协调。

图4-12 市政府工业新区负责同志在线路变更现场办公协调

## 五、临时占地复耕退地

衡水市南水北调配套工程土地复垦是对工程临时占用耕地、园地、林地和其他农用地全部进行复耕垦种。对其他农用地中的养殖水面及农村道路，施工结束后由主体施工单位恢复原使用功能或给予农用地权属人补偿资金自行恢复。

土地复垦退地之前，首先要做好粗整平。建设用地粗整平是指主体工程施工单位按设计要求完成开挖区回填，施工作业区压实土层翻松，破碎轧实板结的土层，并回填耕作层表土。对施工营地，施工单位负责拆除场地范围内的临时房屋、围墙、厕所、仓库、硬化地面等所有临建设施，并清除范围内所有建筑垃圾、油污及杂物，将所有清除物外运，之后进行土地翻松，回填表层耕作层。粗整平工作经施工监理、设计单位、建设单位、各县（市、区）南水北调部门验收合格后进入土地复垦阶段。土地复垦在土地粗整平的基础上填筑挡水土埂、灌水、土地细整平、施复合肥（每亩50kg）、旋耕和恢复田间畦埂。复垦灌水后出现局部不均匀塌陷塌坑仍应由主体工程施工单位负责处理。复垦后要达到原有土地耕作标准，并保持原地形坡度，与两侧耕地平顺衔接。

粗整平完成后项目部组织各相关单位进行验收，验收表样式附下。复垦工作由施工单位与各县调水办签订委托协议，样式附下。

临时占地进行退地后，工程通水试运行期间，一般后续遗留问题比较多，局部塌陷问题、土地板结未翻松、遗留工程垃圾未全部清除、穿路段路面沉降影响通行、耕作层的表土层未按要求回填造成庄稼减产问题。市调水办对临时占地退耕环节工程管理非常重视，施工过程中严格保障耕作土单独堆放，防止严重丢土盗土事件发生，强调要求工程完工后回填压实要保证质量，尤其机械施工顾不到的边角部位更要重点控制，耕作土按要求回填。

### 附：粗整平验收表和复垦协议

## 衡水市南水北调配套工程××工程××单元××县（市、区）粗整平工程验收表（样）

编号：××号

| 组织验收单位 | 衡水市南水北调配套工程建设管理第一项目部 | | | |
|---|---|---|---|---|
| 负责人 | | 验收时间 | 年 月 日 | |
| 验收土地位置 | （此处填写涉及的村及南水北调桩号） | 验收土地面积 | 亩 | |
| 验收意见 | 2015年7月20日，衡水市南水北调配套工程建设管理第一项目部、施工监理单位××监理有限公司、××县南水北调工程建设委员会办公室、乡（镇）政府及____村委会等7个单位联合对××单位承建的××工程（衡水段）第4标段（桩号____～____）的临时用地粗整平工作进行验收，达成如下一致意见：本段施工临时用地已按设计要求完成施工回填及临时用地粗整平等恢复工作，同意验收，但复垦灌水后出现局部不均匀塌陷塌坑仍应主体工程施工单位负责处理。临时用地现交付××县南水北调工程建设委员会办公室组织进行复垦工作。 | | | |
| 村委会验收意见 | | | 村委会负责人： | |
| （乡镇）政府验收意见 | | | 负责人： | |
| 设计单位验收意见 | | | 负责人： | |
| 施工监理验收意见 | | | 负责人： | |
| 征迁监理验收意见 | | | 监理工程师： | |
| 施工单位意见 | | | 负责人： | |
| 市建管第一项目部验收意见 | | | 监理工程师： | |
| 县调水办验收意见 | | | 负责人： | |

说明：本表一式 份，由村委会、乡（镇）政府、县调水办、设计单位、建管部、工程监理、征迁监理各一份。

**衡水市南水北调配套工程××单元××县临时占地复垦工程协议**

甲方：（施工单位）

乙方：（各县调水办）

根据《土地复垦条例》（2011年国务院令592号）有关规定，按照"谁损毁，谁复垦"的原则，经县政府联席会议议定，优先由被占地村组织复垦，各村负责各村被占用的地段。如果镇、村两级不同意负责被占地的复垦，则由原标段施工单位进行复垦，并经甲、乙双方协商签订如下协议：

一、土地复垦前置条件：土地复垦工作是在建设用地完成粗整平的基础上进行。粗整平是指主体工程施工单位按设计要求完成开挖区回填，施工作业区压实土层翻松，破碎压实板结的土层，并回填表土，对施工范围内的施工遗留物清除外运，之后进行土地翻松，回填表层耕作层，并经施工单位、县（市、区）南水北调办公室及镇、村等单位联合验收合格后再在进行复垦。

二、土地复垦标准：土地复垦在土地粗整平的基础上填筑挡水土埂、灌水、土地细整平，施复合肥（每亩100市斤），旋耕和恢复田间畦埂。保持原地形坡度，与两侧耕地平顺衔接。

三、土地复垦完成时间：2015年9月15日。

四、土地复垦费用：土地复垦费用由××县调水办公室负担，按每亩800元标准计列，经建设单位、征迁监理单位、设计单位及区、镇、村联合验收合格后支付给乙方。

五、甲方有责任指导乙方的土地复垦工作，对复垦过程中乙方不按标准进行的，甲方有权利对乙方进行停工。

六、未尽事宜共同协商或报市南水北调办批准。

七、本协议一式三份，甲乙双方各执一份，报市南水北调办公室存档一份。


甲方（盖章）：　　　　　　　　　　　　乙方（盖章）：


代表（签字）：　　　　　　　　　　　　代表（签字）：


　　　　　　　　　　　　　　　　　　　　　　年　　月　　日


# 第七节　征迁兑付及组卷


衡水境内南水北调水厂以上工程，除市级负责专项征迁外，各县（市、区）征迁安置工作繁杂具体，通过积极细致工作业已完成。经过认真细致的工作，衡水市征迁安置工作顺利完成。实际兑付情况详见表4-12～表4-15。

# 一、征迁安置兑付情况一览表

表4－12　第一设计单元征迁安置市县包干协议一览表

| 序号 | 项目 | 单位 | 深州市 数量 | 深州市 单价/元 | 深州市 合计/万元 | 安平县 数量 | 安平县 单价/元 | 安平县 合计/万元 | 饶阳县 数量 | 饶阳县 单价/元 | 饶阳县 合计/万元 | 武强县 数量 | 武强县 单价/元 | 武强县 合计/万元 | 合计 数量 | 合计 投资/万元 |
|---|---|---|---|---|---|---|---|---|---|---|---|---|---|---|---|---|
| 一 | 农村补偿投资 | | | | 4724.01 | | | 680.87 | | | 367.29 | | | 361.22 | | 6133.39 |
| （一） | 永久征地补偿费 | | | | 97.30 | | | 104.65 | | | 24.76 | | | 59.25 | | 285.97 |
| 1 | 土地补偿费 | | | | 96.39 | | | 103.45 | | | 24.21 | | | 58.14 | | 282.19 |
| | 耕地 | 亩 | 27.03 | 36249.0 | 96.39 | 11.96 | 86500.0 | 103.45 | 5.54 | 43700.0 | 24.21 | 11.18 | 52000.0 | 58.14 | 55.71 | 282.19 |
| 2 | 青苗费 | 亩 | 9.07 | 1000.0 | 0.91 | 11.96 | 1000.0 | 1.20 | 5.54 | 1000.0 | 0.55 | 11.18 | 1000.0 | 1.12 | 37.75 | 3.78 |
| （二） | 临时用地补偿费 | | | | 614.19 | | | 286.14 | | | 157.70 | | | 156.57 | | 1214.60 |
| 1 | 土地补偿费 | | | | 504.73 | | | 241.95 | | | 127.19 | | | 126.46 | | 1000.33 |
| | 耕地 | 亩 | 264.1 | 3000.00 | 79.23 | 473.3 | 3000.00 | 141.99 | 368.3 | 3000.00 | 110.49 | 370.6 | 3000.00 | 111.18 | 1476.3 | 442.89 |
| | 园地 | 亩 | 1025 | 3000.00 | 307.50 | 27 | 22838.00 | 61.66 | 3.6 | 22838.00 | 8.22 | 3.6 | 22838.00 | 8.22 | 1059.2 | 385.61 |
| | 苗圃（核桃） | 亩 | 13.5 | 50000.00 | 67.50 | | | | | | | 0.5 | 50000.00 | 2.50 | 14 | 70.00 |
| | 林地 | 亩 | 65.7 | 7152.00 | 46.99 | 52 | 7152.00 | 37.19 | 9.5 | 7152.00 | 6.79 | 2.1 | 7152.00 | 1.50 | 129.3 | 92.48 |
| | 其他用地 | 亩 | 11.7 | 3000.00 | 3.51 | 3.7 | 3000.00 | 1.11 | 5.6 | 3000.00 | 1.68 | 10.2 | 3000.00 | 3.06 | 31.2 | 9.36 |
| | 复垦费 | 亩 | 1368.3 | 800.00 | 109.46 | 552.3 | 800.00 | 44.18 | 381.4 | 800.00 | 30.51 | 376.3 | 800.00 | 30.10 | 2678.3 | 214.26 |
| （三） | 房屋补偿 | | | | 107.86 | | | | | | | | | | | 107.86 |
| 2 | 砖木房屋 | m² | 1227 | 875.00 | 107.36 | | | | | | | | | | 1227 | 107.36 |
| | 围墙 | m² | 83 | 60.00 | 0.50 | | | | | | | | | | 83 | 0.50 |
| （四） | 树木 | | | | 3468.60 | | | 137.84 | | | 99.10 | | | 86.81 | 121778.37 | 3792.35 |
| 1 | 一般树木 | | | | 206.28 | | | 70.88 | | | 77.18 | | | 80.22 | 44915.82 | 434.56 |
| | 胸径≤5cm | 棵 | 3200 | 10 | 3.20 | | | | 3670 | 10 | 3.67 | 292 | 10 | 0.29 | 7161.7 | 7.16 |
| | 5cm＜胸径≤10cm | 棵 | 11 | 20 | 0.02 | 2325 | 20 | 4.65 | 21 | 20 | 0.04 | | | | 2357.51 | 4.72 |
| | 10cm＜胸径≤15cm | 棵 | 891 | 37.5 | 3.34 | | | | 407 | 37.5 | 1.52 | | | | 1297.6 | 4.87 |

| 序号 | 项 目 | 单位 | 深 州 市 数量 | 深 州 市 单价/元 | 深 州 市 合计/万元 | 安 平 县 数量 | 安 平 县 单价/元 | 安 平 县 合计/万元 | 饶 阳 县 数量 | 饶 阳 县 单价/元 | 饶 阳 县 合计/万元 | 武 强 县 数量 | 武 强 县 单价/元 | 武 强 县 合计/万元 | 合 计 数量 | 合 计 投资/万元 |
|---|---|---|---|---|---|---|---|---|---|---|---|---|---|---|---|---|
| | 15cm<胸径≤25cm | 棵 | 15133 | 120 | 181.60 | 5519 | 120 | 66.23 | 5785 | 120 | 69.43 | 6660 | 120 | 79.92 | 33097.91 | 397.17 |
| | 25cm<胸径≤35cm | | | 160 | | | | | 107 | 160 | 1.71 | | | | 107 | 1.71 |
| | 胸径≥35cm | 棵 | 725 | 250 | 18.13 | 137 | 250 | 3.43 | 32 | 250 | 0.80 | | | | 894.1 | 22.35 |
| 2 | 果树 | | | | 3234.28 | | | 66.96 | | | 21.21 | | | 6.59 | 71166.74 | 3329.05 |
| | 幼树 | 棵 | 2500 | 84 | 21.00 | | | | 589 | 84 | 4.94 | | 84 | 0.00 | 3088.5 | 25.94 |
| | 初果 | 棵 | 2330 | 160 | 37.28 | 26 | 160 | 0.41 | 214 | 160 | 3.42 | 395 | 160 | 6.32 | 2964.96 | 47.44 |
| | 盛果 | 棵 | 63520 | 500 | 3176.00 | 1331 | 500 | 66.55 | 257 | 500 | 12.84 | 5 | 500 | 0.27 | 65113.28 | 3255.66 |
| 3 | 景观树 | | | | 28.04 | | | | | | 0.71 | | | | 5695.81 | 28.75 |
| | 国槐（胸径≤5cm） | 棵 | 5607 | 50 | 28.04 | | | | | | | | | | 5607 | 28.04 |
| | 国槐（5cm<胸径≤10cm） | | | 80 | | | | | 89 | 80 | 0.71 | | | | 88.81 | 0.71 |
| （五） | 坟墓 | 座 | | | 166.10 | | | 63.20 | | | 11.20 | | | 9.00 | 1375 | 249.50 |
| | 坟墓（单棺） | 座 | 175 | 1000 | 17.50 | 62 | 1000 | 6.20 | 10 | 1000 | 1.00 | 8 | 1000 | 0.80 | 255 | 25.50 |
| | 坟墓（双棺） | 座 | 743 | 2000 | 148.60 | 285 | 2000 | 57.00 | 51 | 2000 | 10.20 | 41 | 2000 | 8.20 | 1120 | 224.00 |
| （六） | 机井 | 眼 | 11 | | 94.00 | | | 67.00 | 7 | | 60.00 | 4 | | 35.00 | 22 | 256.00 |
| | 井深100～200m（开挖线内） | 眼 | 5 | 80000 | 40.00 | 5 | 80000 | 40.00 | 3 | 80000 | 24.00 | 1 | 80000 | 8.00 | 14 | 112.00 |
| | 井深200～250m（开挖线内） | 眼 | 6 | 90000 | 54.00 | 3 | 90000 | 27.00 | 4 | 90000 | 36.00 | 3 | 90000 | 27.00 | 16 | 144.00 |
| （七） | 管道补偿 | m | 5140 | 60 | 30.84 | 1750 | 60 | 10.50 | 1050 | 60 | 6.30 | 750 | 60 | 4.50 | 8690 | 52.14 |
| | 出水口 | 个 | 119 | 300 | 3.57 | 85 | 300 | 2.55 | 46 | 300 | 1.38 | 24 | 300 | 0.72 | 274 | 8.22 |
| （八） | 耕临时绕行路补偿费（土路） | | | | 90.55 | | | 4.74 | | | 5.10 | | | 6.67 | | 107.06 |
| | 土路恢复 | m | 5049 | 60 | 30.29 | 550 | 60 | 3.30 | 450 | 60 | 2.70 | 752 | 60 | 4.51 | 6801 | 40.81 |
| | 土路临时绕行 | m | 10042 | 60 | 60.25 | 240 | 60 | 1.44 | 400 | 60 | 2.40 | 360 | 60 | 2.16 | 11042 | 66.25 |
| （九） | 耕临时绕行路补偿费（泥结石） | | | | 45.00 | | | | | | | | | | 1000 | 45.00 |
| | 泥结石恢复 | m | 1000 | 150 | 15.00 | | | | | | | | | | | 15.00 |

续表

| 序号 | 项目 | 单位 | 深州市 | | | 安平县 | | | 饶阳县 | | | 武强县 | | | 合计 | |
|---|---|---|---|---|---|---|---|---|---|---|---|---|---|---|---|---|
| | | | 数量 | 单价/元 | 合计/万元 | 数量 | 单价/元 | 合计/万元 | 数量 | 单价/元 | 合计/万元 | 数量 | 单价/元 | 合计/万元 | 数量 | 投资/万元 |
| | 泥结石临时绕行 | m | 2000 | 150 | 30.00 | | | | | | | | | | 2000 | 30.00 |
| （十） | 界桩埋设 | 个 | 120 | 500 | 6.00 | 85 | 500 | 4.25 | 35 | 500 | 1.75 | 54 | 500 | 2.70 | 294 | 14.70 |
| 二 | 农村副业投资补偿 | 家 | 3 | | 42.87 | 1 | | 8.00 | 1 | | 23.60 | | | | 5 | 74.47 |
| 三 | 专项设施补偿 | | | | 147.44 | | | 76.08 | | | 62.36 | | | 89.72 | | 375.60 |
| 1 | 电力设施 | | | | 141.44 | | | 76.08 | | | 62.36 | | | 89.72 | | 369.60 |
| | 10kV高压线路（开挖线内） | 处 | 16 | 50000 | 80.00 | 12 | 50000 | 60.00 | 10 | 50000 | 50.00 | 16 | 50000 | 80.00 | 54 | 270.00 |
| | 低压架空线路（开挖线内） | 处 | 19 | 30000 | 57.00 | | | | | | | | | | 19 | 57.00 |
| | 低压架空线路 | 处 | 2 | 15000 | 3.00 | 10 | 15000 | 15.00 | 8 | 15000 | 12.00 | 6 | 15000 | 9.00 | 26 | 39.00 |
| | 变压器搬迁 | 台 | 4 | 3600 | 1.44 | 3 | 3600 | 1.08 | 1 | 3600 | 0.36 | 2 | 3600 | 0.72 | 10 | 3.60 |
| 2 | 通讯设施 | | | | 6.00 | | | | | | | | | | | 6.00 |
| | 架空通信光缆（开挖线内） | 处 | 2 | 30000 | 6.00 | | | | | | | | | | 2 | 6.00 |
| 一~三 | 合计 | | | | 4914.32 | | | 764.95 | | | 453.25 | | | 450.94 | | 6583.46 |
| 四 | 其他费用 | | | | 180.66 | | | 30.90 | | | 17.94 | | | 17.80 | | 247.30 |
| 1 | 实施管理费 | 项 | | | 133.42 | | | 24.10 | | | 14.28 | | | 14.20 | | 186.00 |
| 2 | 乡村工作经费 | 项 | | | 47.24 | | | 6.800 | | | 3.66 | | | 3.60 | | 61.30 |
| 五 | 有关税费 | | | | 117.03 | | | 73.16 | | | 31.22 | | | 57.10 | | 278.50 |
| 1 | 养老保障 | 项 | | | 9.60 | | | 10.47 | | | 2.48 | | | 5.93 | | 28.47 |
| 2 | 耕地占用税 | 亩 | | | 36.06 | | | 19.94 | | | 12.93 | | | 26.10 | | 95.04 |
| 3 | 基本农田增加耕地占用税 | 亩 | | | 18.03 | | | 9.97 | | | 6.47 | | | 13.05 | | 47.52 |
| 4 | 耕地开垦费 | 亩 | | | 27.04 | | | 11.97 | | | 5.54 | | | 11.19 | | 55.74 |
| 5 | 森林植被恢复费 | 亩 | | | 26.29 | | | 20.81 | | | 3.80 | | | 0.84 | | 51.75 |
| | 合计 | | | | 5212.01 | | | 869.00 | | | 502.41 | | | 525.85 | | 7109.26 |

表4-13　　第二设计单元征迁安置市县包干协议一览表

| 项　目 | 单位 | 武邑县 | | | 阜城县 | | | 景县 | | | 合计 | |
|---|---|---|---|---|---|---|---|---|---|---|---|---|
| | | 数量 | 单价/元 | 投资/万元 | 数量 | 单价/元 | 投资/万元 | 数量 | 单价/元 | 投资/万元 | 数量 | 投资/万元 |
| 第一部分：农村征迁安置补偿费 | | | | 392.5 | | | 1421.51 | | | 836.01 | | 2650.02 |
| （一）土地补偿费和安置补助费 | | | | 336.65 | | | 948.14 | | | 608.34 | | 1893.13 |
| 1. 永久征地补偿 | | | | 37.16 | | | 30.03 | | | 17.86 | | 85.05 |
| （1）耕地 | 苗 | | | 37.16 | | | 27.17 | | | 16.84 | | 44.01 |
| 水浇地 | 苗 | 10.17 | 36538 | 37.16 | 7.62 | 34393 | 26.21 | 4.48 | 36527 | 16.36 | 22.27 | 79.73 |
| 大棚菜地 | 苗 | | | | 0.28 | 34393 | 0.96 | 0.13 | 36527 | 0.47 | 0.41 | 1.44 |
| （2）林地 | 苗 | | | | | 34393 | 2.62 | | 36527 | 1.02 | | 3.64 |
| 用材林 | 苗 | | | | 0.7 | 34393 | 2.62 | 0.28 | 36527 | 1.02 | 0.98 | 3.64 |
| （3）其他农用地 | 苗 | | | | 0.07 | 37393 | 0.24 | | | | 0.07 | 0.24 |
| 2. 永久征地青苗补偿费 | | | | 1.02 | | | 0.79 | | | 0.46 | | 2.27 |
| （1）耕地 | | | | 1.02 | | | 0.79 | | | 0.46 | | 2.27 |
| 水浇地 | 苗 | 10.17 | 1000 | 1.02 | 7.62 | 1000 | 0.76 | 4.48 | 1000 | 0.45 | 22.27 | 2.23 |
| 大棚菜地 | 苗 | | | | 0.28 | 1000 | 0.03 | 0.13 | 1000 | 0.01 | 0.41 | 0.04 |
| 3. 临时用地补偿 | | | | 256.52 | | | 833.60 | | | 506.75 | | 1596.87 |
| （1）耕地 | | | | 144.01 | | | 394.45 | | | 297.92 | | 836.38 |
| 水浇地 | 苗 | 480.02 | 3000 | 144.01 | 809.92 | 3000 | 242.98 | 882.72 | 3000 | 264.82 | 2172.66 | 651.80 |
| 大棚菜地 | 苗 | | | | 100.98 | 15000 | 151.47 | 22.07 | 15000 | 33.11 | 123.05 | 184.58 |
| （2）园地 | | | | 72.73 | | | 25.97 | | | 46.63 | | 145.33 |
| 园地 | 苗 | 19.14 | 38000 | 72.73 | 6.29 | 38000 | 23.90 | 12.27 | 38000 | 46.63 | 37.7 | 143.26 |
| 苗圃园 | 苗 | | | | 1.34 | 15430 | 2.07 | | | | 1.34 | 2.07 |
| （3）林地 | | | | 38 | | | 412.84 | | | 162.19 | | 613.03 |
| 用材林 | 苗 | | | | 92.21 | 19700 | 181.65 | 67.13 | 19700 | 132.25 | 159.34 | 313.90 |
| 景观苗圃 | 苗 | | | | 34.66 | 66700 | 231.18 | 4.49 | 66700 | 29.95 | 39.15 | 261.13 |

续表

| 项　目 | 单位 | 武邑县 数量 | 武邑县 单价/元 | 武邑县 投资/万元 | 阜城县 数量 | 阜城县 单价/元 | 阜城县 投资/万元 | 景县 数量 | 景县 单价/元 | 景县 投资/万元 | 合计 数量 | 合计 投资/万元 |
|---|---|---|---|---|---|---|---|---|---|---|---|---|
| （4）其他农用地 | 亩 | | | | 1.16 | 3000 | 0.35 | 0.02 | 3000 | 0.01 | 1.18 | 0.35 |
| 4. 临时用地复垦费 | | | | 41.95 | | 0 | 83.72 | | | 83.27 | | 208.94 |
| （1）临时用地复垦面积 | 亩 | 524.4 | 800 | 41.95 | 1046.56 | 800 | 83.72 | 1040.87 | 800 | 83.27 | 2611.83 | 208.94 |
| （2）基础设施补偿费 | | | | | | 0 | 217.22 | | | | | 217.22 |
| 大棚影响补偿费 | 亩 | | | | 144.81 | 15402 | 217.22 | | | | 144.81 | 217.22 |
| （3）房屋及附属建筑物补偿费 | | | | | | | | | | 1.22 | | 1.22 |
| 农村房屋 | | | | | | | | | | 1.22 | | 1.22 |
| 果园房屋 | | | | | | | | | | 1.22 | | 1.22 |
| 砖木 | m² | | | | | | | 14 | 868 | 1.22 | 14 | 1.22 |
| （4）农副业房屋设施补偿费 | | | | | | | 47.16 | | | 0.00 | | 47.16 |
| 房屋补偿费 | 项 | | | | 1 | 338954 | 33.90 | | | | 1 | 33.90 |
| 设备补偿费 | 项 | | | | 1 | 3200 | 0.32 | | | | 1 | 0.32 |
| 停产损失费 | 项 | | | | 1 | 119205 | 11.92 | | | | 1 | 11.92 |
| 房屋搬迁费 | 项 | | | | 1 | 10193 | 1.02 | | | | 1 | 1.02 |
| （5）农村机井补偿 | | | | 0.32 | | | 65.42 | | | 37.91 | | 103.64 |
| 250~300m机井（开挖线内） | 眼 | | | | 7 | 90000 | 63.00 | 4 | 90000 | 36.00 | 11 | 99.00 |
| 机井房屋砖混 | m² | 4 | 750 | 0.3 | 29.00 | 750 | 2.18 | 23 | 750 | 1.73 | 56 | 4.20 |
| 配套设备变压器 | 台 | | | | 5 | 200 | 0.10 | 5 | 200 | 0.10 | 10 | 0.20 |
| 临时保护机井（开挖线外）保护措施费 | 眼 | 1 | 200 | 0.02 | 7 | 200 | 0.14 | 4 | 200 | 0.08 | 12 | 0.24 |
| （6）搬迁运输费 | | | | | | | | | | 0.04 | | 0.04 |
| 农村居民搬迁费 | | | | | | | | | | 0.04 | | 0.04 |
| 主房 | | | | | | | | | | 0.04 | | 0.04 |

续表

| 项　目 | 单位 | 武邑县 | | | 阜城县 | | | 景县 | | | 合计 | |
|---|---|---|---|---|---|---|---|---|---|---|---|---|
| | | 数量 | 单价/元 | 投资/万元 | 数量 | 单价/元 | 投资/万元 | 数量 | 单价/元 | 投资/万元 | 数量 | 投资/万元 |
| 砖木 | m² | | | | | | | 14 | 26 | 0.04 | 14 | 0.04 |
| (7) 其他补偿费 | | | | 29.02 | | | 73.47 | | | 82.44 | | 184.93 |
| 零星林果木 | | | | 9.22 | | | 40.67 | | | 58.54 | | 108.43 |
| ①用材林（杨、柳、槐、榆等） | | | | 4.27 | | | 29.96 | | | 35.26 | 15270 | 69.49 |
| 胸径≤5cm | 株 | 40 | 10 | 0.04 | 2505 | 10 | 2.51 | 1746 | 10 | 1.75 | 4291 | 4.29 |
| 5cm<胸径≤10cm | 株 | 182 | 30 | 0.55 | 885 | 30 | 2.66 | 1711 | 30 | 5.13 | 2778 | 8.34 |
| 10cm<胸径≤15cm | 株 | 146 | 50 | 0.73 | 445 | 50 | 2.23 | 1888 | 50 | 9.44 | 2479 | 12.40 |
| 15cm<胸径≤25cm | 株 | 245 | 70 | 1.72 | 1296 | 70 | 9.07 | 1717 | 70 | 12.02 | 3258 | 22.81 |
| 25cm<胸径≤35cm | 株 | 116 | 85 | 0.99 | 1377 | 85 | 11.70 | 487 | 85 | 4.14 | 1980 | 16.83 |
| 胸径>35cm | 株 | 25 | 100 | 0.25 | 179 | 100 | 1.79 | 278 | 100 | 2.78 | 482 | 4.82 |
| 柏树胸径≤5cm | 株 | | | | | 10 | 0.00 | | | | | 0.00 |
| 柏树：5cm<胸径≤10cm | 株 | | | | 2 | 37 | 0.01 | | | | 2 | 0.01 |
| ②经济林 | | | | | | | 0.00 | | | 0.00 | | 0.00 |
| ③果树类（苹果、梨、杏、桃、石榴、桑、无花果等一般果树） | | | | 4.95 | | | 7.86 | | | 23.29 | 3530 | 36.09 |
| 树苗：基径≤3cm | 株 | | 9 | 0.00 | 1015 | 9 | 0.91 | 206 | 9 | 0.19 | 1221 | 1.10 |
| 幼树：3cm<基径≤5cm | 株 | 1467 | 15 | 2.2 | 379 | 15 | 0.57 | | 15 | 0.00 | 1846 | 2.77 |
| 初树：5cm<基径≤15cm | 株 | | 225 | 0.00 | 230 | 225 | 5.18 | | 225 | 0.00 | 230 | 5.18 |
| 盛树：基径>15cm | 株 | 55 | 500 | 2.75 | 24 | 500 | 1.20 | | 500 | 0.00 | 79 | 3.95 |
| 核桃：15cm<基径≤25cm | 株 | | | | | | | 154 | 1500 | 23.10 | 154 | 23.10 |
| ④景观树木 | | | | | | | 2.85 | | | | 95 | 2.85 |
| 白蜡树 | 株 | | | | 95 | 300 | 2.85 | | | | 95 | 2.85 |

171

续表

| 项　目 | 单位 | 武邑县 数量 | 武邑县 单价/元 | 武邑县 投资/万元 | 单城县 数量 | 单城县 单价/元 | 单城县 投资/万元 | 景县 数量 | 景县 单价/元 | 景县 投资/万元 | 合计 数量 | 合计 投资/万元 |
|---|---|---|---|---|---|---|---|---|---|---|---|---|
| ⑤其他 | | | | 0.00 | | | 0.00 | | | | 388 | 0.00 |
| 坟墓（单棺） | 座 | | 1000 | | 6 | 1000 | 0.60 | 5 | 1000 | 0.50 | 11 | 1.10 |
| 坟墓（双棺） | 座 | 99 | 2000 | 19.8 | 161 | 2000 | 32.20 | 117 | 2000 | 23.40 | 377 | 75.40 |
| (8) 灌排渠恢复补偿费及临时灌溉管道补偿 | | | | 13.81 | | | 42.55 | | | 35.84 | | 92.20 |
| 灌溉管道恢复费（PVC 125mm） | m | 1212.53 | 100 | 12.13 | 3904.16 | 100 | 39.04 | 3278.08 | 100 | 32.78 | 8394.77 | 83.95 |
| 管件补偿（出水口、阀门等） | 个 | 56 | 300 | 1.68 | 117 | 300 | 3.51 | 102 | 300 | 3.06 | 275 | 8.25 |
| (9) 田间机耕路恢复 | | | | 10.25 | | | 23.56 | | | 66.58 | | 100.39 |
| 土路 | m | 1709 | 60 | 10.25 | 3926.7 | 60 | 23.56 | 2764 | 60 | 16.58 | 8399.7 | 50.39 |
| 恢复生产桥 | 座 | | | | | | | 1.0 | 500000 | 50.00 | 1 | 50.00 |
| 里程碑、公里桩、转点桩 | 处 | 49 | 500 | 2.45 | 80 | 500 | 4.00 | 73 | 500 | 3.65 | 202 | 10.10 |
| 第二部分：集镇单位迁建补偿费 | | | | | | | 0.00 | | | 0.00 | | 0.00 |
| 第三部分：工业企业迁建补偿费 | | | | | | | 0.00 | | | 0.00 | | 0.00 |
| 第四部分：专业项目迁建补偿费 | | | | 5 | | | 176.60 | | | 97.60 | | 279.20 |
| （一）输变电线路工程复（改）建补偿投资 | | | | | | | 76.60 | | | 47.60 | | 124.20 |
| 35kV架空线路 | 处 | | | | | 200000 | 0.00 | | | 0.00 | | 0.00 |
| 10kV架空线路 | 处 | 1 | 50000 | 5 | 10 | 50000 | 50.00 | 9 | 50000 | 45.00 | 20 | 100.00 |
| 380V/220V架空线路 | 处 | | | | 8 | 30000 | 24.00 | | | | 8 | 24.00 |
| 变压器 | 项 | | | | | 3000 | 0.00 | | | 0.00 | | 0.00 |
| 地埋电缆保护 | 处 | 1 | 26000 | 2.60 | | | | 1 | 26000 | 2.60 | 2 | 5.20 |
| 变压箱 | 个 | | | | | 2000 | 0.00 | | | 0.00 | | 0.00 |
| 路灯 | 处 | | | | | 1500 | 0.00 | | | | | 0.00 |

续表

| 项目 | 单位 | 武邑县 | | | 阜城县 | | | 景县 | | | 合计 | |
|---|---|---|---|---|---|---|---|---|---|---|---|---|
| | | 数量 | 单价/元 | 投资/万元 | 数量 | 单价/元 | 投资/万元 | 数量 | 单价/元 | 投资/万元 | 数量 | 投资/万元 |
| (二)各类管道补偿投资 | | | | | | | 100.00 | | | 50.00 | | 150.00 |
| 自来水管道（保护措施费） | 处 | | | | 10 | 100000 | 100.00 | 5 | 100000 | 50.00 | 15 | 150.00 |
| 一~四部分合计 | | | | 397.5 | | | 1598.11 | | | 933.61 | | 2929.22 |
| 第五部分：其他费用 | | | | 24.38 | | | 64.56 | | | 37.77 | | 126.70 |
| (一)实施管理费 | 项 | 1 | | 20.39 | 1 | | 50.34 | 1 | | 29.41 | 3 | 100.14 |
| (二)乡村工作经费 | 项 | 1 | | 3.99 | 1 | | 14.22 | 1 | | 8.36 | 3 | 26.57 |
| 第六部分：有关税费 | | | | 42.28 | | | 75.56 | | | 43.02 | | 160.86 |
| (一)耕地占用税 | | | | 20.35 | | | 16.44 | | | 9.47 | | 46.26 |
| (1)永久占地100%税额 | | | | 20.35 | | | 16.44 | | | 9.47 | | 46.26 |
| ①永久占地100%税额 | | | 13340 | 13.57 | | 13340 | 10.55 | | 13340 | 6.16 | | 30.29 |
| 水浇地 | 亩 | 10.17 | | 13.57 | 7.9 | | 10.55 | 4.62 | | 6.16 | 22.7 | 30.29 |
| ②基本农田多缴50%税额 | | | 6670 | 6.78 | | 6670 | 5.28 | | 6670 | 3.08 | | 15.14 |
| 占压基本农田 | 亩 | 10.17 | | 6.78 | 7.9 | | 5.28 | 4.62 | | 3.08 | 22.7 | 15.14 |
| ③按60%税额缴税 | | | | | | 8004 | 0.62 | | 8004 | 0.22 | | 0.84 |
| 林地 | 亩 | | | | 0.77 | | 0.62 | 0.28 | | 0.22 | 1.05 | 0.84 |
| (二)耕地开垦费 | | | | 6.78 | | | 5.08 | | | 2.99 | | 14.85 |
| 耕地占补平衡数量 | 亩 | 10.17 | 6670 | 6.78 | 7.6 | 6670 | 5.08 | 4.48 | 6670 | 2.99 | 22.27 | 14.85 |
| (三)社会保障费 | | | | 7.43 | | | 2.98 | | | 1.79 | | 12.19 |
| 社会保障费 | 项 | 1 | | 7.43 | 1 | | 2.98 | 4.89 | 3653 | 1.79 | 6.89 | 12.19 |
| (四)森林植被恢复费 | | | | 7.72 | | | 51.05 | | | 28.77 | | 87.55 |
| 用材林、经济林、苗圃 | 亩 | 19 | 4002 | 7.72 | 128 | 4002 | 51.05 | 71.90 | 4002 | 28.77 | 218.47 | 87.55 |
| 第七部分：总投资 | | | | 464.16 | | | 1738.22 | | | 1014.40 | | 3216.78 |

## 表4－14　第三设计单元征迁安置市县包干协议一览表

| 序号 | 项目 | 单位 | 冀州市 | | | 桃城区 | | | 工业新区 | | | 武邑县 | | | 湖滨新区 | | | 枣强县 | | | 故城县 | | | 合计 | |
|---|---|---|---|---|---|---|---|---|---|---|---|---|---|---|---|---|---|---|---|---|---|---|---|---|---|
| | | | 数量 | 单价/元 | 合计/万元 | 数量 | 单价/元 | 合计/万元 | 数量 | 单价/元 | 合计/万元 | 数量 | 单价/元 | 合计/万元 | 数量 | 单价/元 | 合计/万元 | 数量 | 单价/元 | 合计/万元 | 数量 | 单价/元 | 合计/万元 | 数量 | 投资/万元 |
| 一 | 农村补偿投资 | | | | 2978.92 | | | 2708.77 | | | 1212.29 | | | 129.13 | | | 388.55 | | | 1171.09 | | | 491.69 | | 9080.44 |
| (一) | 永久征地补偿费 | | | | 245.20 | | | 625.71 | | | 443.18 | | | 8.79 | | | 51.19 | | | 135.06 | | | 18.84 | | 1527.97 |
| 1 | 土地补偿费 | | | | 239.69 | | | 622.07 | | | 440.60 | | | 8.56 | | | 50.04 | | | 131.60 | | | 18.39 | | 1510.95 |
| | 耕地 | 亩 | 55.1 | 43500 | 239.69 | 36.38 | 171000 | 622.07 | 25.77 | 171000 | 440.60 | 2.27 | 37700 | 8.56 | 11.5 | 43500 | 50.04 | 34.63 | 38000 | 131.60 | 4.49 | 41000 | 18.39 | 170.14 | 1510.95 |
| 2 | 青苗费 | 亩 | 55.1 | 1000 | 5.51 | 36.38 | 1000 | 3.64 | 25.77 | 1000 | 2.58 | 2.27 | 1000 | 0.23 | 11.5 | 1000 | 1.15 | 34.63 | 1000 | 3.46 | 4.49 | 1000 | 0.45 | 170.14 | 17.01 |
| (二) | 临时用地补偿费 | | | | 1820.40 | | | 1311.99 | | | 232.07 | | | 79.08 | | | 108.35 | | | 773.86 | | | 381.17 | | 4706.90 |
| 1 | 土地补偿费 | | | | 1472.07 | | | 1105.51 | | | 197.51 | | | 66.54 | | | 88.83 | | | 642.69 | | | 353.09 | | 3926.24 |
| | 耕地 | 亩 | 4190.39 | 3000 | 1257.12 | 2400.1 | 3000 | 720.04 | 369.58 | 3000 | 110.87 | 149.65 | 3000 | 44.89 | 150.31 | 3000 | 45.09 | 1581.31 | 3000 | 474.39 | 236.1 | 3000 | 70.83 | 9077.48 | 2723.24 |
| | 园地 | 亩 | 99.4 | 3000 | 29.82 | 79.1 | 3000 | 23.73 | 10.5 | 3000 | 3.15 | | | | 90.7 | 3000 | 27.21 | 13 | 3000 | 3.90 | 15 | 3000 | 4.50 | 307.7 | 92.31 |
| | 苗圃(苹果) | 亩 | 34 | 20000 | 68.00 | 21 | 20000 | 42.00 | 8 | 20000 | 16.00 | 7 | 20000 | 14.00 | 3 | 20000 | 6.00 | 23 | 20000 | 46.00 | 5.9 | 20000 | 11.80 | 101.9 | 203.80 |
| | 林地 | 亩 | 15.25 | 7152 | 10.91 | 27.6 | 7152 | 19.74 | 37.9 | 7152 | 27.11 | | | | | | | 1.32 | 7152 | 0.94 | 49 | 7152 | 35.04 | 131.07 | 93.74 |
| | 苗圃(景观树) | 亩 | 15 | 50000 | 75.00 | 53.1 | 50000 | 265.50 | 6 | 50000 | 30.00 | | | | | | | 21 | 50000 | 105.00 | 45 | 50000 | 225.00 | 140.1 | 700.50 |
| | 其他用地 | 亩 | 104.1 | 3000 | 31.23 | 115 | 3000 | 34.50 | 34.6 | 3000 | 10.38 | 25.5 | 3000 | 7.65 | 35.1 | 3000 | 10.53 | 41.5 | 3000 | 12.45 | 19.7 | 3000 | 5.91 | 375.5 | 112.65 |
| 2 | 复垦费 | 亩 | 4354.04 | 800 | 348.32 | 2580.9 | 800 | 206.48 | 431.98 | 800 | 34.56 | 156.65 | 800 | 12.53 | 244.01 | 800 | 19.52 | 1639.63 | 800 | 131.17 | 351 | 800 | 28.08 | 9758.25 | 780.66 |
| (三) | 房屋补偿 | | | | 50.12 | | | 60.94 | | | 21.30 | | | 3.59 | | | 21.21 | | | 31.65 | | | 10.80 | | 199.61 |
| | 砖木房屋 | m² | 1200 | 380 | 45.60 | 682 | 875 | 59.68 | 240 | 875 | 21.00 | 40 | 875 | 3.50 | 240 | 875 | 21.00 | 360 | 875 | 31.50 | 120 | 875 | 10.50 | 2882 | 192.78 |
| | 闸端 | m² | 754 | 60 | 4.52 | 210 | 60 | 1.26 | 50 | 60 | 0.30 | 15 | 60 | 0.09 | 35 | 60 | 0.21 | 25 | 60 | 0.15 | 50 | 60 | 0.30 | 1139 | 6.83 |
| (四) | 树木 | | | | 513.98 | | | 431.24 | | | 346.91 | | | 9.54 | | | 137.74 | | | 46.12 | | | 33.22 | 115500 | 1518.75 |
| 1 | 一般树木 | | | | 147.68 | | | 60.14 | | | 99.65 | | | 7.00 | | | 18.19 | | | 26.79 | | | 19.57 | 71684 | 379.02 |
| | 胸径≤5cm | 棵 | 2492 | 10 | 2.49 | 8130 | 10 | 8.13 | 13083 | 10 | 13.08 | 440 | 10 | 0.44 | 1991 | 10 | 1.99 | 2575 | 10 | 2.58 | 226 | 10 | 0.23 | 28937 | 28.94 |
| | 5cm<胸径≤10cm | 棵 | 2191 | 20 | 4.38 | 881 | 20 | 1.76 | 4487 | 20 | 8.97 | 435 | 20 | 0.87 | 1590 | 20 | 3.18 | 283 | 20 | 0.57 | 0 | 20 | 0.00 | 9867 | 19.73 |
| | 10cm<胸径≤15cm | 棵 | 3212 | 37.5 | 12.05 | 2916 | 37.5 | 10.94 | 4001 | 37.5 | 15.00 | 253 | 37.5 | 0.95 | 809 | 37.5 | 3.03 | 607 | 37.5 | 2.28 | 50 | 37.5 | 0.19 | 11848 | 44.43 |
| | 15cm<胸径≤25cm | 棵 | 7587 | 120 | 91.04 | 1772 | 120 | 21.26 | 2350 | 120 | 28.20 | 286 | 120 | 3.43 | 314 | 120 | 3.77 | 1388 | 120 | 16.66 | 1150 | 120 | 13.80 | 14847 | 178.16 |
| | 25cm<胸径≤35cm | 棵 | 2209 | 160 | 35.34 | 770 | 160 | 12.32 | 1462 | 160 | 23.39 | 55 | 160 | 0.88 | 220 | 160 | 3.52 | 243 | 160 | 3.89 | 249 | 160 | 3.98 | 5208 | 83.33 |
| | 胸径>35cm | 棵 | 95 | 250 | 2.38 | 229 | 250 | 5.73 | 440 | 250 | 11.00 | 17 | 250 | 0.43 | 108 | 250 | 2.70 | 33 | 250 | 0.83 | 55 | 250 | 1.38 | 977 | 24.43 |
| 2 | 果树 | | | | 366.30 | | | 371.10 | | | 247.26 | | | 2.55 | | | 119.55 | | | 19.33 | | | 13.65 | 43816 | 1139.73 |
| | 幼树 | 棵 | 325 | 84 | 2.73 | 75 | 84 | 0.63 | 68 | 84 | 0.57 | 84 | 84 | 0.71 | 45 | 84 | 0.38 | 280 | 84 | 2.35 | 240 | 84 | 2.02 | 1117 | 9.38 |
| | 初果 | 棵 | 1701 | 160 | 27.22 | 19045 | 160 | 304.72 | 7821 | 160 | 125.14 | 12 | 160 | 0.19 | 264 | 160 | 4.22 | 352 | 160 | 5.63 | 352 | 160 | 5.63 | 29547 | 472.75 |
| | 盛果 | 棵 | 6727 | 500 | 336.35 | 1315 | 500 | 65.75 | 2431 | 500 | 121.55 | 33 | 500 | 1.65 | 2299 | 500 | 114.95 | 227 | 500 | 11.35 | 120 | 500 | 6.00 | 13152 | 657.60 |
| (五) | 坟墓 | 座 | | | 37.60 | | | 31.40 | | | 89.70 | | | 8.50 | | | 14.00 | | | 40.00 | | | 8.20 | 1366 | 229.40 |

续表

| 序号 | 项目 | 单位 | 冀州市 | | | 桃城区 | | | 工业新区 | | | 武邑县 | | | 滨湖新区 | | | 枣强县 | | | 故城县 | | | 合计 | |
|---|---|---|---|---|---|---|---|---|---|---|---|---|---|---|---|---|---|---|---|---|---|---|---|---|---|
| | | | 数量 | 单价/元 | 合计/万元 | 数量 | 单价/元 | 合计/万元 | 数量 | 单价/元 | 合计/万元 | 数量 | 单价/元 | 合计/万元 | 数量 | 单价/元 | 合计/万元 | 数量 | 单价/元 | 合计/万元 | 数量 | 单价/元 | 合计/万元 | 数量 | 投资/万元 |
| | 坟墓（单棺） | 座 | 68 | 1000 | 6.80 | 52 | 1000 | 5.20 | 189 | 1000 | 18.90 | 15 | 1000 | 1.50 | 30 | 1000 | 3.00 | 76 | 1000 | 7.60 | 8 | 1000 | 0.80 | 438 | 43.80 |
| | 坟墓（双棺） | 座 | 154 | 2000 | 30.80 | 131 | 2000 | 26.20 | 354 | 2000 | 70.80 | 35 | 2000 | 7.00 | 55 | 2000 | 11.00 | 162 | 2000 | 32.40 | 37 | 2000 | 7.40 | 928 | 185.60 |
| （六） | 机井 | 眼 | 10 | | 87.00 | | | 116.00 | | | 35.00 | | | 9.00 | | | 35.00 | | | 44.00 | | | 17.00 | 39 | 343.00 |
| | 井深100~200m（开挖线内） | 眼 | 3 | 80000 | 24.00 | 1 | 80000 | 8.00 | 1 | 80000 | 8.00 | | | | 1 | 80000 | 8.00 | 1 | 80000 | 8.00 | 1 | 80000 | 8.00 | 8 | 64.00 |
| | 井深200~250m（开挖线内） | 眼 | 7 | 90000 | 63.00 | 12 | 90000 | 108.00 | 3 | 90000 | 27.00 | 1 | 90000 | 9.00 | 3 | 90000 | 27.00 | 4 | 90000 | 36.00 | 1 | 90000 | 9.00 | 31 | 279.00 |
| | 管道补偿 | m | 26749 | 60 | 160.49 | 16176 | 60 | 97.05 | 2799.45 | 60 | 16.80 | 1092.9 | 60 | 6.56 | 1674.6 | 60 | 10.05 | 10086.8 | 60 | 60.52 | 2224.21 | 60 | 13.35 | 60802.59 | 364.82 |
| | 出水口 | 个 | 267.49 | 300 | 8.02 | 161.76 | 300 | 4.85 | 28 | 300 | 0.84 | 10.93 | 300 | 0.33 | 16.75 | 300 | 0.50 | 100.87 | 300 | 3.03 | 22.24 | 300 | 0.67 | 608.04 | 18.24 |
| （七） | 机井路补偿 | | | | 48.60 | | | 23.40 | | | 25.20 | | | 3.15 | | | 6.75 | | | 30.60 | | | 7.20 | | 144.90 |
| | 土路恢复 | m | 2700 | 60 | 16.20 | 1300 | 60 | 7.80 | 1400 | 60 | 8.40 | 175 | 60 | 1.05 | 375 | 60 | 2.25 | 1700 | 60 | 10.20 | 400 | 60 | 2.40 | 8050 | 48.30 |
| | 土路临时统行 | m | 5400 | 60 | 32.40 | 2600 | 60 | 15.60 | 2800 | 60 | 16.80 | 350 | 60 | 2.10 | 750 | 60 | 4.50 | 3400 | 60 | 20.40 | 800 | 60 | 4.80 | 16100 | 96.60 |
| （八） | 界桩埋设 | 个 | 150 | 500 | 7.50 | 124 | 500 | 6.20 | 26 | 500 | 1.30 | 12 | 500 | 0.60 | 75 | 500 | 3.75 | 125 | 500 | 6.25 | 25 | 500 | 1.25 | 537 | 26.85 |
| 1 | 工副业投资补偿 | 家 | 3 | | 65.00 | 7 | | 600.00 | 9 | | 450.00 | 4 | | 210.00 | 1 | | 23.00 | 3 | | 86.00 | 1 | | 8.00 | 28 | 1442.00 |
| 2 | 专项设施补偿 | | | | 211.06 | | | 89.48 | | | 82.28 | | | 8.60 | | | 18.60 | | | 139.16 | | | 23.96 | | 573.14 |
| 3 | 电力设施 | | | | 198.46 | | | 75.08 | | | 75.08 | | | 5.00 | | | 15.00 | | | 128.36 | | | 20.36 | | 517.34 |
| | 10kV高压线路 | 处 | 38 | 50000 | 190.00 | 13 | 50000 | 65.00 | 13 | 50000 | 65.00 | 1 | 50000 | 5.00 | 3 | 50000 | 15.00 | 22 | 50000 | 110.00 | 4 | 50000 | 20.00 | 94 | 470.00 |
| | 低压架空线路 | 处 | 3 | 15000 | 4.50 | 6 | 15000 | 9.00 | 6 | 15000 | 9.00 | | | | | | | 12 | 15000 | 18.00 | | | | 28 | 40.86 |
| | 变压器搬迁 | 台 | 11 | 3600 | 3.96 | 3 | 3600 | 1.08 | 3 | 3600 | 1.08 | | | | | | | 1 | 3600 | 0.36 | 1 | 3600 | 0.36 | 20 | 10.08 |
| | 集中供水管道 | 处 | 7 | 18000 | 12.60 | 8 | 18000 | 14.40 | 4 | 18000 | 7.20 | 2 | 18000 | 3.60 | 2 | 18000 | 3.60 | 6 | 18000 | 10.80 | 2 | 18000 | 3.60 | 29 | 575.85 |
| | 1~3合计 | | | | 3254.98 | | | 3398.25 | | | 1744.57 | | | 347.73 | | | 430.15 | | | 1396.25 | | | 523.65 | | 10593.34 |
| 4 | 其他费用 | | | | 132.32 | | | 134.13 | | | 67.08 | | | 12.24 | | | 17.44 | | | 55.69 | | | 21.41 | | 435.40 |
| （1） | 实施管理费 | 项 | | | 102.53 | | | 107.04 | | | 54.95 | | | 10.95 | | | 13.55 | | | 43.98 | | | 16.49 | | 337.93 |
| （2） | 乡村工作经费 | 项 | | | 29.79 | | | 27.09 | | | 12.12 | | | 1.29 | | | 3.89 | | | 11.71 | | | 4.92 | | 120.85 |
| 5 | 有关税费 | 项 | | | 196.01 | | | 182.81 | | | 136.82 | | | 8.10 | | | 40.05 | | | 117.98 | | | 34.96 | | 683.65 |
| （1） | 养老保障 | 亩 | | | 24.52 | | | 62.57 | | | 44.32 | | | 0.88 | | | 5.12 | | | 13.51 | | | 1.88 | | 156.90 |
| （2） | 耕地占用税 | 亩 | | | 73.51 | | | 48.53 | | | 34.37 | | | 3.03 | | | 15.35 | | | 46.20 | | | 2.99 | | 223.97 |
| （3） | 基本农田增加耕地占用费 | 亩 | | | 36.75 | | | 24.26 | | | 17.19 | | | 1.51 | | | 7.67 | | | 23.10 | | | 4.49 | | 114.98 |
| （4） | 耕地开垦费 | 亩 | | | 55.13 | | | 36.40 | | | 25.78 | | | 2.27 | | | 11.51 | | | 34.65 | | | 19.61 | | 185.34 |
| （5） | 森林植被恢复费 | 亩 | | | 6.10 | | | 11.05 | | | 15.17 | | | 0.40 | | | 0.40 | | | 0.53 | | | 580.02 | | 613.66 |
| | 合计 | | | | 3583.32 | | | 3715.19 | | | 1948.47 | | | 368.08 | | | 487.63 | | | 1569.92 | | | | | 11672.60 |

表 4-15

沧州支线压力箱涵征迁安置市县包干协议一览表

| 序号 | 项目 | 单位 | 深州市 数量 | 深州市 单价/元 | 深州市 合计/万元 | 武强县 数量 | 武强县 单价/元 | 武强县 合计/万元 | 武邑县 数量 | 武邑县 单价/元 | 武邑县 合计/万元 | 阜城县 数量 | 阜城县 单价/元 | 阜城县 合计/万元 | 合计 数量 | 合计 投资/万元 |
|---|---|---|---|---|---|---|---|---|---|---|---|---|---|---|---|---|
| 一 | 农村补偿投资 | | | | 927.43 | | | 1050.01 | | | 1419.80 | | | 54.03 | | 3451.28 |
| (一) | 永久征地补偿费 | | | | 88.85 | | | 29.20 | | | 22.86 | | | | | 140.91 |
| 1 | 土地补偿费 | | | | 86.21 | | | 28.33 | | | 22.25 | | | | | 136.80 |
| | 耕地(深州区片价) | 亩 | 26.43 | 32618 | 86.21 | 8.64 | 32795 | 86.21 | 6.09 | 36538 | 22.25 | | | | 41.16 | 136.80 |
| 2 | 青苗费 | 亩 | 26.43 | 1000 | 2.64 | 8.64 | 1000 | 0.86 | 6.09 | 1000 | 0.61 | | | | 41.16 | 4.12 |
| (二) | 临时用地补偿费 | | | | 458.60 | | | 655.82 | | | 829.64 | | | 40.66 | | 1984.72 |
| 1 | 土地补偿费 | | 1214 | | 364.20 | 1737 | | 521.10 | 2202 | | 660.60 | 107 | | 32.10 | 5260 | 1578.00 |
| | 耕地 | 亩 | 1075 | 3000 | 322.50 | 1567 | 3000 | 470.10 | 1874 | 3000 | 562.20 | 107 | 3000 | 32.10 | 4623 | 1386.90 |
| | 林地 | 亩 | 0 | 3000 | 0.00 | 52 | 3000 | 15.60 | 174 | 3000 | 52.20 | | | | 226 | 67.80 |
| | 园地 | 亩 | 105 | 3000 | 31.50 | 65 | 3000 | 19.50 | 65 | 3000 | 19.50 | | | | 235 | 70.50 |
| | 其他土地 | 亩 | 34 | 3000 | 10.20 | 53 | 3000 | 15.90 | 89 | 3000 | 26.70 | | | | 176 | 52.80 |
| 2 | 复垦费 | 亩 | 1180 | 800 | 94.40 | 1684 | 800 | 134.72 | 2113 | 800 | 169.04 | 107 | 800 | 8.56 | 5084 | 406.72 |
| (三) | 树木 | | | | 74.20 | | | 77.77 | | | 134.93 | | | 2.42 | | 289.32 |
| 1 | 一般树木 | | | | 38.97 | | | 50.97 | | | 71.06 | | | 2.42 | | 163.41 |
| | 5~10cm | 棵 | 425 | 20 | 0.85 | 3215 | 20 | 6.43 | 4373 | 20 | 8.75 | | 20 | 0.00 | 8013 | 16.03 |
| | 10~15cm | 棵 | 1354 | 37.5 | 5.08 | 2260 | 37.5 | 8.48 | 2874 | 37.5 | 10.78 | 645 | 37.5 | 2.42 | 7133 | 26.75 |
| | 15~25cm | 棵 | 975 | 120 | 11.70 | 965 | 120 | 11.58 | 1054 | 120 | 12.65 | | 120 | | 2994 | 35.93 |
| | 25~35cm | 棵 | 659 | 160 | 10.54 | 827 | 160 | 13.23 | 1085 | 160 | 17.36 | | 160 | | 2571 | 41.14 |
| | 胸径>35cm | 棵 | 432 | 250 | 10.80 | 450 | 250 | 11.25 | 861 | 250 | 21.53 | | 250 | | 1743 | 43.58 |

续表

| 序号 | 项目 | 单位 | 深州市 | | | 武强县 | | | 武邑县 | | | 阜城县 | | | 合计 | |
|---|---|---|---|---|---|---|---|---|---|---|---|---|---|---|---|---|
| | | | 单价/元 | 数量 | 合计/万元 | 单价/元 | 数量 | 合计/万元 | 单价/元 | 数量 | 合计/万元 | 单价/元 | 数量 | 合计/万元 | 数量 | 投资/万元 |
| 2 | 果树 | 株 | | | 35.23 | | | 26.80 | | | 63.87 | | | | 3659 | 125.91 |
| | 盛果期 | 棵 | 500 | 650 | 32.50 | 500 | 421 | 21.05 | 500 | 1075 | 53.75 | 500 | | | 2146 | 107.30 |
| | 初果期 | 棵 | 160 | 154 | 2.46 | 160 | 231 | 3.70 | 160 | 391 | 6.26 | 160 | | | 776 | 12.42 |
| | 幼树 | 棵 | 84 | 32 | 0.27 | 84 | 245 | 2.06 | 84 | 460 | 3.86 | 84 | | | 737 | 6.19 |
| (四) | 坟墓 | 座 | | | 81.50 | | | 63.40 | | | 56.60 | | | 5.60 | 1548 | 207.10 |
| | 坟墓（单棺） | 座 | 1000 | 305 | 30.50 | 1000 | 210 | 21.00 | 1000 | 510 | 51.00 | 1000 | | | 1025 | 102.50 |
| | 坟墓（双棺） | 座 | 2000 | 255 | 51.00 | 2000 | 212 | 42.40 | 2000 | 28 | 5.60 | 2000 | 28 | 5.60 | 523 | 104.60 |
| (五) | 机井 | 眼 | | | 55.40 | | | 62.40 | | | 62.60 | | | | | 180.40 |
| | 开挖线内：100m≤井深<150m | 眼 | 80000 | 2 | 16.00 | 80000 | 3 | 24.00 | 80000 | 2 | 16.00 | | | | 7 | 56.00 |
| | 开挖线内：200m≤井深<300m | 眼 | 90000 | 4 | 36.00 | 90000 | 4 | 36.00 | 90000 | 5 | 45.00 | | | | 13 | 117.00 |
| | 开挖线外机井 | 眼 | 2000 | 17 | 3.40 | 2000 | 12 | 2.40 | 2000 | 8 | 1.60 | | | | 37 | 7.40 |
| | 管道补偿 | m | 60 | 10850 | 65.10 | 60 | 4770 | 28.62 | 60 | 20030 | 120.18 | | | | 35650 | 213.90 |
| | 喷灌加压罐 | 个 | 50000 | 1 | 5.00 | 50000 | 1 | 5.00 | 50000 | 1 | 5.00 | | | | 3 | 15.00 |
| | 出水口 | 个 | 300 | 254 | 7.62 | 300 | 119 | 3.57 | 300 | 508 | 15.24 | | | | 881 | 26.43 |
| (六) | 机耕路补偿 | | | | 29.36 | | | 35.28 | | | 56.66 | | | | | 121.29 |
| | 临时绕行路补偿费（土路） | m | 60 | 950 | 5.70 | 60 | 1870 | 11.22 | 60 | 3520 | 21.12 | | | | 6340 | 38.04 |
| | 道路恢复（土路） | m | 60 | 878 | 5.27 | 60 | 1660 | 9.96 | 60 | 1760 | 10.56 | | | | 4298 | 25.79 |
| | 临时绕行路补偿费（泥结石） | m | 150 | 680 | 10.20 | 150 | 520 | 7.80 | 150 | 1225 | 18.38 | | | | 2425 | 36.38 |
| | 道路恢复（泥结石） | m | 150 | 546 | 8.19 | 150 | 420 | 6.30 | 150 | 440 | 6.60 | | | | 1406 | 21.09 |

续表

| 序号 | 项 目 | 单位 | 深 州 市 | | | 武 强 县 | | | 武 邑 县 | | | 阜 城 县 | | | 合 计 | |
|---|---|---|---|---|---|---|---|---|---|---|---|---|---|---|---|---|
| | | | 数量 | 单价/元 | 合计/万元 | 数量 | 单价/元 | 合计/万元 | 数量 | 单价/元 | 合计/万元 | 数量 | 单价/元 | 合计/万元 | 数量 | 投资/万元 |
| (七) | 里程碑、转点桩、公里桩 | 个 | 22 | 500 | 1.10 | 42 | 500 | 2.10 | 120 | 500 | 6.00 | | | | 184 | 9.20 |
| (八) | 灌溉及其他影响 | 亩 | 1214 | 500 | 60.70 | 1737 | 500 | 86.85 | 2202 | 500 | 110.10 | 107 | 500 | 5.35 | 5260 | 263.00 |
| 二 | 专项设施补偿 | | | | 80.22 | | | 39.22 | | | 141.52 | | | | | 260.96 |
| (一) | 电力设施 | | | | 80.22 | | | 39.22 | | | 141.52 | | | | | 260.96 |
| | 10kV高压线路 | 处 | 9 | 50000 | 45.00 | 2 | 50000 | 10.00 | 20 | 50000 | 100.00 | | | | 31 | 155.00 |
| | 低压架空线路 | 处 | 0 | 15000 | 0.00 | | 15000 | 0.00 | 11 | 15000 | 16.50 | | | | 11 | 16.50 |
| | 低压地埋线路保护 | 处 | 23 | 15000 | 34.50 | 19 | 15000 | 28.50 | 15 | 15000 | 22.50 | | | | 57 | 85.50 |
| | 变压器搬迁 | 台 | 2 | 3600 | 0.72 | 2 | 3600 | 0.72 | 7 | 3600 | 2.52 | | | | 11 | 3.96 |
| 一~二 | 合计 | | | | 1007.65 | | | 1089.23 | | | 1561.32 | | | | | 3658.21 |
| 三 | 其他费用 | | | | 41.02 | | | 44.81 | | | 63.38 | | | 2.24 | | 151.45 |
| (一) | 实施管理费 | 项 | | | 31.74 | | | 34.31 | | | 49.18 | | | 1.70 | | 116.94 |
| (二) | 乡村工作经验费 | 项 | | | 9.27 | | | 10.50 | | | 14.20 | | | 0.54 | | 34.51 |
| 四 | 有关税费 | | | | 129.97 | | | 75.59 | | | 116.15 | | | | | 321.71 |
| (一) | 养老保障 | 项 | | | 8.62 | | | 2.83 | | | 2.23 | | | | | 13.68 |
| (二) | 耕地占用税 | 亩 | | | 35.26 | | | 11.53 | | | 8.12 | | | | | 54.91 |
| (三) | 基本农田增加耕地占用费 | 亩 | | | 17.63 | | | 5.76 | | | 4.06 | | | | | 27.45 |
| (四) | 森林植被恢复费 | 亩 | | | 42.02 | | | 46.82 | | | 95.65 | | | | | 184.49 |
| (五) | 耕地开垦费 | 亩 | | | 26.44 | | | 8.64 | | | 6.09 | | | | | 41.18 |
| | 合计 | | | | 1178.64 | | | 1209.63 | | | 1740.85 | | | 56.27 | | 4185.40 |

## 二、永久占地组卷

2017 年，衡水市南水北调工程完工通水，境内水厂以上输水工程征迁工作基本结束，各类阀井、泵站、调流阀站、管理处施工地址属于永久占地。所占地位置工程确定，初步具备土地组卷条件。市调水办根据省调水办要求，多次召开征地组卷调度会，协调组卷工作。南水北调工程永久占地，按照水厂以上石津干渠工程和水厂以上衡水市输水管道工程两个项目组卷。

根据河北省国土资源厅关于《河北省土地转用征收报批办法》对土地转用征收程序和报批材料的明确要求。衡水市南水北调配套工程用地采取按项目一次性报批方式提出用地申请。项目报批材料共 27 项，其中：土地组卷说明书一项，由市县南水北调部门组织编写；一书四方案五项文件，由各县（市、区）国土部门出具；勘测定界单位出具七项技术文件；国土部门出具土地权属证明和土地证书两项材料；社保部门出具社保措施及费用落实情况证明两项材料；建设单位出具七项共性依据性文件，涉及违法用地的有违法用地行为责任追究文书。

为加快水厂以上配套工程征地组卷报批进度，按照省调水办 2017 年 6 月 13 日召开的土地组卷推进会议要求，衡水市调水办组织有关人员开会研究组卷工作的迫切性，对于有共性的重点难点问题，提出办理原则，进一步梳理土地组卷主要事项。截至 2018 年年底，永久占地组卷工作正规范有序推进。

### 附：征迁难点工作纪实

#### （一）南水北调配套工程崔池村调查报告

崔池村位于饶阳县城西南面，饶安路南侧约 3500m。全村共有农户 462 户，人口 1590 人，耕地 2800 亩。南水北调工程配套工程崔池村段东西方向横穿村南耕地，全长约 550m。

2014 年 4 月底，崔池村党支部、村委会，按照南水北调征迁工作的具体任务，立即研究实施方案，通过广播、挂条幅等方式进行宣传，针对工程临时占用耕地事宜，村支部书记带领村两委班子成员逐家逐户讲政策、搞协调，使征迁工作顺利开展。

5 月初进行统计工作，在丈量统计过程中，包村干部、村干部和涉及农户全部到场，共同丈量。该工程标段涉及崔池村 70% 农户，共计约 30 亩耕地，对于种植小麦、玉米的农户给予一亩地 1200 元/丰收季的经济补偿；对于种植树木的农户，树木归农户所有，给予每棵 80 元经济补偿。

崔池村仅用 20 多天就完成了征迁任务，该段配套工程 6 月初动工挖土方，于 8 月中旬阶段性完工；于 2015 年春垫砂石料、铺管道、填埋土方，麦收前全部顺利竣工。

崔池村南水北调征迁工程做得好，其原因包括以下几个方面。

（1）宣传工作及时到位。在工程动工之前，村里已经提前做好思想宣传工作，村民对该项工程的认识充足，知道该项工程利国利民，村民持支持态度。虽然也有部分村民表示担忧，担心工期影响农作物耕种与收成，担心工程动土会影响土质，不利于农作物生长。但经过村干部及时耐心细致的思想工作，解除部分村民的疑虑，并积极配合。

（2）遇到困难创新思路。南水北调工程东西方向横穿崔池村南耕地，所需临时征地为零散地，需要做到户户丈量，但因为恰逢春季，村民外出务工较多，难以碰头丈量，无形中在统计时间上拉长战线。为此，崔池村村干部牺牲个人时间，于清早晚间串户做工作，充分利用党员联系户制度，将涉及的农户全部联系到位，保证丈量工作及时完成，为工程开展提供时间保障。

（3）特殊问题，从速办理。南水北调工程崔池村段涉及两口浇灌井，一条农村道路，一个养殖场。为保障实施工程期间农户能正常灌溉，崔池村临时铺设防渗管道，解决农户后顾之忧。为保障道路正常通行，崔池村临时铺设道路，使路人通行不受影响。对于对养殖场造成的不利，村两委表示歉意并帮助养殖主另觅养殖场所且帮助完成搬迁。

因工程中挖土方深约2m，动表土层，农户在回填的土地上种植的庄稼收成明显次于未动表土层的耕地。且因回填土方处密度较小，灌溉后，动用土地处明显低于未动处。针对出现的此问题，崔池村村委帮助农户夯实阴沟，找平耕地，解决农户的浇灌困扰。

## （二）枣强唐林镇征迁阻工事件

枣强县南水北调主管道输水工程涉及该县3个乡镇，共计32个村，永久性占地约36亩，临时占地1628亩，在枣强县境内呈东西走向，总长度约27km。

在枣强县南水北调配套工程征迁工作中，大部分群众积极配合，使工程顺利进展，但也有部分群众，出于利益驱动，多次到现场阻止施工单位施工。县调水办有关同志不辞劳苦，耐心开导，最终做通很大部分群众的思想工作，使工程顺利完工。其中也有唐林镇倘村崔某事件成为阻挠征迁安置的典型案件。

2014年4—9月，枣强县南水北调工程清表逐步完成。10月施工单位开始进场施工。由于设计单位规划线路途经该村数个大棚，而大棚征迁补偿费用过高，经评估，一个大棚至少补偿30余万元，共涉及13个大棚，共计400余万元。经办领导商定，进行线路变更，而改变的线路路过村民崔某的地，有坟一座，而一座坟头补偿标准为1000元。唐林乡倘村村民崔某，常年在外务工，白天干力气活，晚上回家看门，家庭生活不富裕。崔某不同意征迁补偿费金额，硬是要价20余万元，不然就阻挠施工。因崔某索要金额与规定补偿金额悬殊太大，而崔某对施工单位百般阻挠，故施工过程中先进行其他地段，暂停在崔某的土地上施工，枣强县调水办及村干部对崔某进行数次劝说，晓之以理、动之以情，按照国家政策及法律法规对崔某进行耐心讲解、劝导，无奈崔某不为之所动，还在其土地中种植树木，加大索赔金额。

由于工期限制，不能因崔某一人而耽搁南水北调工程工期，影响南水北调顺利通水，于是施工方在崔某不在现场的情况下进行施工。崔某恼羞成怒，多次对施工方进行人身威胁，期间对施工测量仪器进行破坏损毁，导致仪器不能正常使用，被迫停工近1个月，经第三方鉴定，仪器修复需数万元；若加上停工数日的损失，金额更为巨大。

2015年的一天，下午下班后18时多，崔某来到县水务局院内，为泄私愤，看到院内停靠的两辆水务执法车，对车辆进行打砸，其中一辆执法车被崔某砸36锤，性质极其恶劣。当即有人报警，将崔某押送至派出所问询。崔某闹事原因也很简单，就是由于南水北调工程征迁补偿远远未达到其预期，为发泄私怨，故而对县水务局两辆公车进行破坏。当时派出所为维护正义，拘留崔某15日。事后，经多方协调，解决此事。

枣强县倘村崔某阻挠施工的典型事件，充分说明南水北调工程在建设中时常会遇到一些干扰事件，但在当地政府和征迁工作人员的坚韧努力下，最终使南水北调配套工程圆满竣工，顺利通水。

### （三）武强县征迁典型事件

武强县南水北调配套工程建设分为石津干渠工程沧州支线压力箱涵工程（衡水段）和水厂以上输水工程第一设计单元两部分，工程自2014年春季开始动工，2015年8月陆续完工。其中，压力箱涵途经3个乡镇，13个村，线路总长11.4km，箱涵顶部至地面高平均5m。第一设计单元水厂管道途经3个乡镇，9个村，线路总长8.4km。

**周窝镇养殖事件**

2014年夏，武强县周窝镇大安院村贾某养猪场多次反映因南水北调工程箱涵线施工，养猪场仔猪和母猪出现生长缓慢、偶尔死亡现象。为弄清事实真相，县调水办负责人多次到养殖场观察了解，炎炎夏日，猪场臭气熏天，走进猪舍几乎把人熏晕。

经多方探访调查，因养殖场靠近施工现场，施工中的噪声等确实对养殖场造成一定影响。县调水办负责同志数次同贾某讲解有关赔偿标准，并会同评估公司及市南水北调办人员根据相关情况，与养殖户最终达成合理赔偿事宜。

同样是2014年夏，在箱涵线路施工过程中，周窝镇大安院村李某的养鸽场种鸽受施工影响造成产蛋量低等现象，种蛋幼鸽损失较大，对此李某多次反映情况想讨个说法。经县调水办人员早出晚归、数次耐心细致地做思想工作，最终在评估公司评估和市南水北调办同意的情况下，完成相应的赔偿问题，创造和谐征迁氛围，推进征迁工作的顺利开展。

**加油站停业事件**

2014年夏季，因紧紧临近开挖线，武强县周窝镇刘厂村一加油站被迫停止营业。加油站负责人多次通过各种途径申请赔偿，县水调办负责人通过亲朋好友对加油站负责人，动之以情、晓之以理地做工作，使其勿影响正常施工，并逐步和负责人讨论赔偿事宜。开始时加油站要价动辄数十万元，通过评估公司评估及多次谈话，在工程影响加油站停业半年的时间前提下，通过县调水办负责同志多次协商，最终达成合理的赔偿协议。

### 施工箱涵第3、第4标段施工回填问题

箱涵第3、第4标段施工结束后进行回填，过程中回填砖石瓦块过大，影响正常耕种，复垦后地面太硬，导致庄稼地下雨不渗水，淹死庄稼。共涉及大安院等村长度近1km。经县调水办调查，这一地段部分地块对老百姓耕种造成较大的问题。于是，县调水办调集挖掘机对大石块、混凝土块等进行重新清理、回填。最终经过共同努力，圆满完成回填复耕。

# 第五章
# 工程建设

衡水市南水北调工程承担向11个县（市、区）的13个供水目标输水任务，输水线路包含管道和箱涵型式，全长259.93km。为全力推进工程建设，在市委、市政府的领导下，市调水办精心组织、科学管理，选出了精干的施工队伍，保证了工程的进度、质量和安全。2013年12月，先期开工项目破土动工，工程正式进入施工阶段。2014年7月，全线开工，施工单位严格落实施工技术要求，统筹安排，全力推进工程进展。建设者们以高度的责任感、紧迫感积极投入工程建设，不畏严寒、不怕酷暑，与时间赛跑，在衡水大地上谱写辉煌篇章。

　　截至主体工程完工，共完成土方开挖1060万 m³、土方回填899万 m³、混凝土浇筑56万 m³、钢筋制安4.1万 t。2016年10月，对完成的线路进行试通水；2017年4月，完成江水切换。这标志着衡水市南水北调工程建设满足了设计要求，实现了打造惠民工程、放心工程的目标。

# 第一节　工　程　项　目

2013年12月，市调水办与河北省水务集团签订建管合同，市调水办负责河北省南水北调配套工程石津干渠工程沧州支线压力箱涵衡水段（以下简称"箱涵衡水段"）与衡水市南水北调配套工程水厂以上输水管道工程（以下简称"水厂以上输水管道工程"）的建管工作。输水线路全长259.93km，包含箱涵衡水段32.64km；水厂以上输水管道工程227.29km。工程设管理处1个、管理所3处、加压泵站6座、较大穿越工程58处、阀井544处。

## 一、水厂以上输水管道工程

管道选择了DIP、PCCP、HDPE、PVC四大类管材。其中DIP管长113.65km、PCCP管长62.04km、HDPE管长34.22km、PVC管长17.38km。为保证管道安全运行，沿线布置了检修井、排气井、排泥井等各类附属建筑物。对于交叉工程，如天然气管道、河渠、公路、铁路等，采取明挖、顶管、倒虹吸等方式穿越。

### 1.管道工程

第一设计单元全长52.65km，承担向饶阳、安平、深州及武强的供水任务。其中，饶安干线采用DN1200 DIP管道，长22.56km，设计流量1.17m³/s，工作压力0.4MPa；饶阳支线采用DN800 PVC管道，长17.47km，设计流量0.42m³/s，工作压力0.41～0.45MPa；安平支线采用DN900 DIP管道，长4.23km，设计流量0.75m³/s，工作压力0.45MPa；深州支线采用DN1200 DIP管道，长0.065km，设计流量1.21m³/s，工作压力0.2MPa；武强支线采用DN700 HDPE管道，长8.26km，设计流量0.33m³/s，工作压力0.35MPa。

第二设计单元全长42.97km，承担着向阜城县、景县的供水任务。其中，阜景干线采用DN1200 DIP管道，长16.09km，设计流量1.15m³/s，工作压力0.6MPa；阜城支线采用DN500 DIP管道，长0.22km，设计流量0.3m³/s，工作压力0.45MPa；景县支线采用DN1000 DIP管道，长26.66km，设计流量0.85m³/s，工作压力0.3～0.45MPa。

第三设计单元输水管线全长131.75km，承担着向市区、冀州区、工业新区、滨湖新区、武邑县、枣强县、故城县的供水任务。第三设计单元设计输水流量8.18m³/s。设加压泵站2座，傅家庄分水口门加压泵站设计流量8.18m³/s，故城支线加压泵站设计流量0.66m³/s。第三设计单元管线采用管材及规模见表5-1。

表5-1　　　　　　　第三设计单元管线采用管材及规模统计表

| 线路名称 | 长度/km | 管材及规格 | 设计流量/(m³/s) | 工作压力/MPa |
|---|---|---|---|---|
| 市新武干线 | 14.16 | DN2400 PCCP | 5.00 | 0.4 |
| 市区支线 | 7.93 | DN1400 DIP | 2.55 | 0.3 |

续表

| 线路名称 | 长度/km | 管材及规格 | 设计流量/(m³/s) | 工作压力/MPa |
|---|---|---|---|---|
| 新武干线 | 16.41 | DN1800 PCCP | 2.45 | 0.4 |
| | 6.17 | DN1600 DIP | 2.45 | 0.3 |
| 工业新区支线 | 0.28 | DN1000 DIP | 2.19 | 0.3 |
| 武邑支线 | 7.91 | DN700 DIP | 0.26 | 0.3 |
| 冀滨枣故干线 | 31.46 | DN2200 PCCP | 3.18 | 0.4 |
| 枣故干线 | 8.42 | DN1600 DIP | 1.59 | 0.3 |
| 枣强支线 | 1.25 | DN900 DIP | 0.94 | 0.3 |
| 故城支线 | 25.88 | DN1000 HDPE | 0.65 | 0.3 |
| 冀滨干线 | 2.40 | DN1400 DIP | 1.59 | 0.3 |
| 冀州支线 | 2.42 | DN1000 DIP | 1.13 | 0.3 |
| 滨湖新区支线 | 7.06 | DN900 DIP | 0.46 | 0.3 |

### 2. 管理处工程

管理处工程位于滨湖新区衡三路以北、滨河环路以东，建设占地面积6665.18m²，共建设3层。管理处内设业务楼、配电室、附属用房和警卫室。业务楼建筑面积2107m²，内设置有自动化设备用房、巡视值班房、卫生间等房屋。配电室建筑面积122m²，房间内布置变压器、高低压配电柜等电器设备；附属用房建筑面积168m²，设厨房、餐厅、卫生间及给水设备用房。警卫室建筑面积21m²。管理处是衡水市水厂以上输水管道工程的总调度中心。借助自动化功能，管理处能够实现闸站监控、视频监控、安全监控、安防监控、消防监控、水质监控等功能，能够实现各类数据的快速收集、现场动态准确捕捉、泵闸阀的开关等功能。

### 3. 管理所和泵站工程

工程设管理所3处，分别为傅家庄管理所、深州管理所、武强管理所；设加压泵站6座，分别为傅家庄泵站、深州泵站、武强泵站、和乐寺泵站、阜景泵站及故城泵站。各泵站概况见表5-2。考虑节约用地及管理便利，管理所分别与相应泵站合建。各管理所、泵站的建设任务类似，以傅家庄管理所与泵站为例进行介绍。

傅家庄加压泵站位于石津干渠军齐至傅家庄输水渠道末端，坐落在冀州区傅家庄村北，承担向市区、冀州区、工业新区、滨湖新区、武邑、枣强、故城7个目标的供水任务。管理所主要建设内容包括办公及生活用房，泵站主要建设内容包括上游节制闸、进水池、主泵房、下游节制闸、泵站出水管、配电室、管理房、进厂路及厂区附属建筑物。泵站进厂路与赵南公路相连，长约500m，路宽4m，采用混凝土路面。市区、工业新区、武邑干线供水方向配套8台机组，7用1备，机组型号为S600-18N/6A，单机流量0.724m³/s；冀滨枣故干线供水方向配套5台机组，4用1备，机组型号为S700-25N/6，单机流量0.86m³/s。泵站管线上安装手动偏心半球阀、电动偏心半球阀和水泵多功能控制阀进行流量和压力控制。

主要工程量包括基坑开挖、混凝土浇筑、土方回填、房屋建筑及装修、道路工程、绿化工程、金属结构及机电设备安装、消防及给排水工程、水土保持及环境保护等项目。

表 5-2　　　　　　　　　衡水市南水北调配套工程泵站情况一览表

| 名称 | 取水位置 | 地点 | 供水目标 | 管理用房面积/m² | 生产用房面积/m² | 水泵台数/台 |
|------|---------|------|---------|--------------|--------------|------------|
| 傅家庄泵站 | 石津干渠 126+108 | 冀州区傅家庄村 | 衡水市区、工业新区、武邑、冀州、滨湖新区、枣强、故城 | 2415 | 620 | 13 |
| 深州泵站 | 石津干渠 104+980 | 深州榆科镇石曹魏村 | 深州市 | 600 | 620 | 4 |
| 武强泵站 | 石津干渠 138+420 | 武强县夹河村 | 武强 | 420 | 756 | 3 |
| 和乐寺泵站 | 石津干渠 93+710 | 深州王庄 | 饶阳、安平 | 660 | 104 | 4 |
| 阜景泵站 | 石津干渠 152+700 | 武邑马回台村 | 阜城、景县 | 708 | 107 | 4 |
| 故城泵站 | 故城支线 12+960 | 枣强夏家庄 | 故城 | 402 | 104 | 4 |

**注**　故城泵站为二级加压泵站，傅家庄泵站为其一级加压泵站，其他均为一级加压泵站。

4. 阀井工程

为确保输水管道安全运行，沿线设有检修阀、空气阀、排水阀、调流阀、流量计、压力计等设施，各种设施均采用钢筋混凝土结构竖井加以保护。工程布置排气井 354 个、排水井 97 个、检修井 61 个、测流井 24 个、调流阀井 8 个。

空气阀采用多功能复合式排气阀，可随管道内的压力变化而进行排气、进气，以保证输水管道的安全运行。在输水管道的隆起点均设空气阀，在管道布置平缓段，每隔 1km 左右设 1 个空气阀与进人三通成组设置，以方便管道的检修和维护。先期 1-1 标模板工程（2014 年 12 月 20 日）、先期 1-1 标空气阀安装（2014 年 12 月 20 日）、先期 1-2 标阀井（2015 年 1 月 5 日）如图 5-1～图 5-3 所示。

在管线低凹并有排水条件处设置排泥阀，以便检修时放空管道或排出管内沉积物。排泥装置由排泥三通、排泥管、手动偏心半球阀及排泥阀井、排水湿井组成，排泥阀井及排水湿井均采用钢筋混凝土结构。为满足管道排水（泥）时，水流不进入干井，干井底面高程高出湿井底面高程 20cm。

为便于输水管道发生事故时及时断水，满足安全维护需要，在输水管道的适当位置设置检修阀，选用手动双偏心蝶阀，阀门设在阀门井内。管径 DN900～DN700以下的输水管道，不设置进孔。检修阀布置结合穿越公路和河流等统一考虑，对于线路较长、沿线无较大穿越的管段，根据便于检修、排水时间合理的原则确定检修阀井间距，检修分段距离为 5～10km。

图 5-1　先期 1-1 标模板工程（2014 年 12 月 20 日）

图 5-2　先期 1-1 标空气阀安装（2014 年 12 月 20 日）

调流阀可准确调整流量，保证分水口的分水流量和压力水头，减少流量突变引起过大水锤压力。选择活塞式调流阀的管径与相应管道相同。截至 2018 年年底，运行靠人工调节，待自动化工程调试后，可自动调节。

图 5-3　先期 1-2 标阀井（2015 年 1 月 5 日）

## 二、压力箱涵工程

箱涵衡水段位于深州市、武强县、武邑县境内，承担着向沧州市和衡水市武强、阜城、景县输水的任务。其中，武强县在桩号 138＋420 处取水，阜城、景县在桩号 152＋700 处取水，通过加压泵站，由地埋式输水管道向目标供水。

本工程采用两孔一联钢筋混凝土结构。其中，箱涵进口至武强节制闸段单孔孔口尺寸为 3.4m×3.5m，长 18.00km；武强节制闸至阜城分水口段单孔孔口尺寸为 3.3m×3.3m，长 14.12km；阜城分水口至沧州界段单孔孔口尺寸为 3.0m×3.3m，长 0.52km。沧州支线压力箱涵衡水段最大设计流量为 17m³/s，武强节制闸至阜城分水口段设计流量为 14m³/s，阜城分水口至箱涵出口设计流量为 13m³/s。建设内容主要包括土方开挖及回填、箱涵及建筑物混凝土浇筑、金属结构制作安装、公路和河流穿越工程、进口闸、节制闸、机电设备采购及安装、硅芯管采购及埋设、施工期水保环保等。

主要工程量包括土方开挖 457 万 m³，土方回填 335 万 m³，混凝土浇筑 50.47 万 m³，钢筋制作安装 3.65 万 t，硅芯管敷设 67222m 等。

# 第二节　工　程　招　标

2013 年，衡水市南水北调配套工程进入施工准备阶段。市调水办严格落实省建委会印发的《河北省南水北调工程建设管理若干意见》，制订了科学、合理的分标方案，严格招投标程序，委托招标代理机构，完成了设计、监理、施工、管材供应等项

目的招标工作。

为推进工程建设进度，市调水办根据工程实际情况，将工程规模较大、施工周期较长的第一设计单元饶安干线输水管道工程和第二设计单元阜景干线输水管道工程作为先期开工项目，在 2013 年 11 月 20 日首先完成了招标工作。2014 年 10 月 27 日，招投标工作全部完成。

## 一、箱涵衡水段招标

### 1. 分标方案

2014 年 1 月 9 日，河北水务集团对市调水办报送的《河北省南水北调配套工程石津干渠沧州支线压力箱涵（衡水市段）工程分标方案的请示》进行批复。

工程分为土建施工标、土建监理标、材料设备采购标 3 类共 15 个标段，其中土建施工标 7 个、土建监理标 3 个、材料设备采购标 5 个。2014 年压力箱涵（衡水市段）分标情况见表 5-3。

表 5-3　　　　　　　2014 年压力箱涵（衡水市段）分标情况一览表

| 类别 | 标段 | 起始桩号 | 起始位置 | 终点桩号 | 终点位置 | 长度/km | 所在县（区） |
|---|---|---|---|---|---|---|---|
| 土建施工标 | SJHSS-Ⅰ | 120+430 | 李村 | 125+000 | 北西河头村 | 4.57 | 深州市 |
| | SJHSS-Ⅱ | 125+000 | 叶加庄 | 128+928 | 北台头 | 3.928 | |
| | SJHSS-Ⅲ | 128+928 | 街关镇北台头村 | 134+000 | 周窝镇刘厂村 | 5.072 | |
| | SJHSS-Ⅳ | 134+000 | 张家庄 | 138+470 | 北西河头村 | 4.47 | 武强县 |
| | SJHSS-Ⅴ | 138+470 | 南孙庄村 | 144+186 | 楼堤村 | 5.716 | |
| | SJHSS-Ⅵ | 144+186 | 赵桥镇夹河 | 150+546 | 韩庄镇吴吕音村 | 6.36 | 武邑县 |
| | SJHSS-Ⅶ | 150+546 | 韩庄镇范村 | 153+215 | 韩庄镇马回台村 | 2.669 | |
| 土建监理标 | SJHSJ-Ⅰ | 120+430 | 土建1-3标 | 134+000 | 土建1-3标 | 13.57 | 深州市 |
| | SJHSJ-Ⅱ | 134+000 | 土建4-5标 | 144+186 | 土建4-5标 | 10.186 | 深州市、武强县 |
| | SJHSJ-Ⅲ | 144+186 | 土建6-7标 | 153+215 | 土建6-7标 | 9.029 | 武强县、武邑县 |
| 材料设备采购标 | SJHSC-Ⅰ | 120+430 | | 136+823 | | 16.393 | |
| | SJHSC-Ⅱ | 136+823 | | 153+215 | | 16.392 | |
| | SJHSC-Ⅲ | 120+430 | 箱涵衡水段工程 | 136+823 | 箱涵衡水段工程 | 16.393 | 箱涵衡水段工程 |
| | SJHSC-Ⅳ | 136+823 | | 153+215 | | 16.392 | |
| | SJHSC-Ⅴ | 120+430 | | 153+215 | | 32.785 | |

注　SJHSS、SJHSJ、SJHSC 分别为石津干渠工程衡水施工标、监理标、材料标。

### 2. 招投标

2013 年 9 月 16 日，市调水办发布了工程招标代理机构比选公告，9 月 24 日发布中标公告，共有 8 个单位参与投标。中标单位是河北中原工程项目管理有限公司，由该公司负责箱涵衡水段工程监理、施工、材料采购单位的招投标事宜。2014

年压力箱涵衡水段招投标情况见表 5-4。

（1）监理标。2014 年 1 月 22 日发布土建监理标招标公告，2 月 18 日评标，2 月 19 日发布中标公告。

（2）材料采购标。2014 年 2 月 14 日发布材料采购标招标公告，3 月 11 日评标，3 月 13 日发布中标公告。

（3）施工标。2014 年 2 月 17 日发布土建施工标招标公告，3 月 13 日评标，3 月 17 日发布中标公告。

箱涵衡水段工程各标段于 2014 年 4 月 9 日完成合同签订。各中标单位在合同签订后，积极筹备工程开工工作。

表 5-4　　　　　　　　2014 年压力箱涵衡水段招投标情况一览表

| 类别 | 标段 | 发布时间 | 评标时间 | 公示时间 | 合同签订 | 中标单位 | 参与投标单位个数/个 |
|---|---|---|---|---|---|---|---|
| 监理单位 | I | 1 月 22 日 | 2 月 18 日 | 2 月 19 日 | 2 月 25 日 | 河北天和监理有限公司 | 5 |
| | II | | | | | 上海宏波工程咨询管理有限公司 | 5 |
| | III | | | | | 重庆江河工程建设监理有限公司 | 5 |
| 施工单位 | I | 2 月 17 日 | 3 月 13 日 | 3 月 17 日 | 3 月 24 日 | 湖南省建筑工程集团总公司 | 30 |
| | II | | | | 3 月 24 日 | 山东恒泰工程集团有限公司 | 27 |
| | III | | | | 4 月 9 日 | 河北省水利工程局 | 25 |
| | IV | | | | 4 月 4 日 | 山西省水利建筑工程局 | 32 |
| | V | | | | 4 月 4 日 | 天津振津工程集团有限公司 | 23 |
| | VI | | | | 3 月 24 日 | 北京金河水务建设有限公司 | 28 |
| | VII | | | | 3 月 24 日 | 北京通成达水务建设有限公司 | 25 |
| 材料采购单位 | I | 2 月 14 日 | 3 月 11 日 | 3 月 13 日 | 4 月 4 日 | 河北省水利物资供应站 | 8 |
| | II | | | | 4 月 4 日 | 中旭实业（天津）有限公司 | 8 |
| | III | | | | 3 月 28 日 | 河北华虹工程材料有限公司 | 12 |
| | IV | | | | 4 月 11 日 | 衡水鑫盛达新材料科技有限公司 | 12 |
| | V | | | | 3 月 28 日 | 衡水大禹工程橡塑科技开发公司 | 7 |
| | VI | | | | 3 月 28 日 | 衡水大禹工程橡塑科技开发公司 | 7 |

## 二、管道工程招标

### 1. 先期开工项目

（1）分标方案。2013 年 9 月 30 日，河北水务集团对市调水办报送的《关于衡水市南水北调配套工程水厂以上输水管道工程先期开工项目分标方案的请示》进行批复。

先期开工项目共分为 2 个土建监理标，4 个土建施工标。其中第一设计单元饶阳安平干线输水管道工程分为 1 个监理标、2 个施工标；第二设计单元阜景干线输水管

道工程分为 1 个监理标、2 个施工标。管道工程先期开工项目分标情况见表 5-5。

表 5-5　　　　　　2013 年 9 月管道工程先期开工项目分标情况一览表

| 类别 | 标段 | 起始桩号 | 起始位置 | 终点桩号 | 终点位置 | 长度/km | 所在县（市、区） |
|------|------|---------|---------|---------|---------|---------|----------------|
| 土建施工标 | HSXS1-Ⅰ | RA0+036 | 穆村乡王家庄 | RA8+514 | 穆村乡庄火村 | 8.514 | 深州市 |
| | HSXS1-Ⅱ | RA8+514 | 双井乡双井村 | RA22+564 | 唐奉镇北大瞳 | 14.05 | 深州市 |
| | HSXS2-Ⅰ | FJ000 | 韩庄镇马回台村 | FJ8+157 | 韩庄镇鲍辛村 | 8.157 | 武邑县 |
| | HSXS2-Ⅱ | FJ8+157 | 阜城镇边长巷村 | FJ16+509 | 阜城镇郭塔头村 | 8.352 | 阜城县 |
| 土建监理标 | HSXJ1-Ⅰ | RA0+036 | | RA22+564 | | 22.564 | |
| | HSXJ2-Ⅰ | FJ000 | | FJ16+509 | | 16.509 | |

**注**　HSXS1-Ⅰ 为衡水南水北调工程先期 1 单元施工 1 标段；HSXJ1-Ⅰ 为衡水先期 1 单元监理 1 标段，以此类推。

（2）招投标。2013 年 9 月 16 日，市调水办通过河北省招投标综合网和河北省南水北调网同时发布招标代理比选公告，经过比选，9 月 26 日确定河北华业招标有限公司为衡水市南水北调配套工程水厂以上输水管道工程先期开工项目施工和监理的招标代理机构。

2013 年 10 月，第二设计单元先期开工项目首先完成征迁任务，具备施工单位进场的条件。10 月 24 日，河北华业招标有限公司发布先期开工项目第二设计单元监理、施工单位招标公告；11 月 14 日，评标并公示中标情况；11 月 6 日，发布第一设计单元先期开工项目监理、施工单位招标公告；11 月 29 日，评标并公示中标情况。管道工程先期开工项目招投标情况见表 5-6。

表 5-6　　　　　　管道工程先期开工项目招投标情况一览表

| 单　元 | 标段 | 发布时间 | 评标、公示时间 | 中标单位 | 投标单位个数/个 |
|--------|------|---------|---------------|---------|----------------|
| 第一单元控制性工程 | 监理 | 11 月 6 日 | 11 月 29 日 | 河北天和监理有限公司 | 3 |
| | 施工 1 标 | | | 北京翔鲲水务建设有限公司 | 12 |
| | 施工 2 标 | | | 山东省水利工程局 | 12 |
| 第二单元控制性工程 | 监理 | 10 月 24 日 | 11 月 14 日 | 河北天和监理有限公司 | 3 |
| | 施工 1 标 | | | 河北省水利工程局 | 7 |
| | 施工 2 标 | | | 中国水利水电第十三工程局有限公司 | 12 |

2. 管道第一、第二、第三设计单元工程

（1）分标方案。2014 年 5 月 4 日，河北水务集团对《衡水市南水北调配套工程水厂以上输水管道工程分标方案》进行了批复。

第一、第二设计单元后期及第三设计单元工程共划分为 5 类 33 个标段。其中，土建监理标 4 个，土建施工标 21 个，管道制造标 5 个，钢管制造标 2 个，管道监造标 1 个。

土建监理第 1 标段负责第一、第二设计单元后期土建施工监理，标段长 56.872km；第 2 标段负责第三单元施工 1～8 标的土建施工监理，标段长 49.82km；第 3 标段负责第三单元 13～15 标的土建施工监理，标段长 45.36km；第 4 标段负责第三单元 9～12 标和 16 标的土建施工监理，标段长 35.104km；第一、第二、第三设计单元 SP 管道（含防腐）监造监理。

管道制造 1 标为 PCCP 管径 DN2400 制造，2 标为 PCCP 管径 DN1800 制造，3 标为 PCCP 管径 DN1800 制造，4 标为 PCCP 管径 DN2200 制造，5 标为 DIP 管径 700～1600mm 制造。以上各标均包含标准管、短管、承插口、胶圈等的设计、检测、制造、运输、装卸、管件防腐等任务。

土建施工标包含第一设计单元 3 个，第二设计单元 2 个，第三设计单元 16 个。分标情况详见表 5－7。

表 5－7　　　　2014 年第一、第二、第三设计单元分标情况一览表

| 单　元 | 标　段 | 起始位置 | 终点位置 | 长度/km | 所在县（市、区） |
| --- | --- | --- | --- | --- | --- |
| 第一设计单元 | HSD1SG－03 | 史官屯 | 王庄 | 10.808 | 饶阳县、深州市 |
| | HSD1SG－04 | 台城村 | 小辛庄 | 11.01 | 安平县、饶阳县 |
| | HSD1SG－05 | 南平都 | 南孙庄 | 8.68 | 武强县 |
| 第二设计单元 | HSD2SG－03 | 郭塔头 | 长顺 | 13.328 | 阜城县 |
| | HSD2SG－04 | 降河流镇小王庄 | 杜桥镇郝杨院村 | 13.328 | 景县 |
| 第三设计单元 | HSD3SG－01 | 官道李镇衡尚营二村 | 赵圈村 | 4.835 | 冀州区、衡水市区 |
| | HSD3SG－02 | 赵圈村 | 河沿村 | 4.795 | 衡水市区 |
| | HSD3SG－03 | 种高村 | 张庄 | 4.687 | |
| | HSD3SG－04 | 河沿镇张家庄村 | 市区滏阳水厂 | 7.400 | |
| | HSD3SG－05 | 张庄 | 西团马 | 4.850 | |
| | HSD3SG－06 | 西团马 | 李屯 | 4.855 | |
| | HSD3SG－07 | 李家屯 | 大善彰 | 5.495 | |
| | HSD3SG－08 | 大善彰 | 武邑水厂 | 13.279 | 武邑县、衡水市区 |
| | HSD3SG－09 | 官道李镇傅家庄村 | 徐庄乡庄子头村 | 12.953 | 冀州区 |
| | HSD3SG－10 | 徐家庄乡庄子头村 | 徐家庄乡淄村 | 6.45 | |
| | HSD3SG－11 | 徐家庄乡淄村 | 胡刘村 | 6.58 | |
| | HSD3SG－12 | 胡刘村 | 岳良村 | 5.403 | |
| | HSD3SG－13 | 岳良村 | 阳谷庄村 | 9.435 | 冀州区、枣强县 |
| | HSD3SG－14 | 阳谷庄村 | 南刘庄村 | 12.853 | 枣强县 |
| | HSD3SG－15 | 夏庄村 | 大杏基村 | 12.856 | 枣强县、故城县 |
| | HSD3SG－16 | 冀州区岳良村 | 魏屯镇东家娄疃村 | 11.98 | 冀州区、滨湖新区 |

（2）招投标情况。2014 年 3 月 25 日，市调水办发布衡水市南水北调配套工程水厂以上输水管道工程第一、第二、第三设计单元工程招标代理公告；4 月 3 日，发布中标公告，中标单位为河北华业招标有限公司，负责监理、施工、管材、监造等单位的招标工作。2014 年管材制造、监理监造标段招投标情况见表 5-8。

表 5-8　　　　　　2014 年管材制造、监理监造标段招投标情况一览表

| 项目 | 标段 | 发布时间 | 评标时间 | 中标单位 | 评标个数/个 | 备注 |
|---|---|---|---|---|---|---|
| SP 管道制造 | 一标 | 5 月 16 日 | 6 月 27 日 | 河北省水利工程局—河南建科防腐保温工程有限公司 | 3 | |
| | 二标 | 5 月 16 日/7 月 14 日第二次发布 | 8 月 4 日 | 中国水利水电第十三工程局有限公司—河南长兴建设集团有限公司 | 2 | |
| PCCP 管道制造 | 一标 | 5 月 16 日 | 6 月 27 日 | 宁夏青龙管业股份有限公司——（联合体）新洋电力建设有限公司 | 12 | 5 月 22 日发布投标期限修正公告 |
| | 二标 | | | 山东电力管道工程有限公司——（联合体）河南长兴建设集团有限公司 | 11 | |
| | 三标 | | | 河北建设集团千秋管业有限公司——（联合体）安徽省宿州市防腐安装有限公司 | 11 | |
| | 四标 | | | 恒润集团有限公司——（联合体）沛县防腐保温工程总公司 | 12 | |
| DIP 管道制造 | 一个标 | 5 月 16 日 | | | | |
| 监理监造 | 监理 1 标 | 5 月 16 日 | 6 月 17 日 | 天津市冀水工程咨询中心 | 10 | |
| | 监理 2 标 | | | 河南卓越工程管理有限公司 | 10 | |
| | 监理 3 标 | | | 河北冀龙水利水电工程项目管理有限公司 | 10 | |
| | 监理 4 标及 SP 防腐监造 | | | 北京燕波工程管理有限公司 | 10 | |
| | PCCP 管材制造监造 | 5 月 16 日/8 月 8 日发布了第二次招标公告 | | 山东省水利工程监理有限公司 | 2 | |

**注**　提交投标文件的投标人少于 3 个的，招标人应当依法重新招标。重新招标后投标人仍少于 3 个的，属于必须审批的工程建设项目，报经原审批部门批准后可以不再进行招标；其他工程建设项目，招标人可自行决定不再进行招标。

第一、第二、第三设计单元共分为 21 个施工标。河北华业招标有限公司 2014

年 6 月 19 日发布第一、第二及第三设计单元 2～8 标、10～16 标的招标公告，7 月
23 日开标，7 月 28 日公示；9 月 30 日发布三单元 1 标、9 标的招标公告，10 月 24
日开标，10 月 27 日公示。土建施工标招投标情况见表 5-9。

表 5-9　2014 年管道第一、第二、第三设计单元土建施工标招投标情况一览表

| 单元 | 标段 | 发布时间 | 评标时间 | 中 标 单 位 | 投标单位<br>个数/个 |
|---|---|---|---|---|---|
| 第一设计单元 | 施工 3 标 | 6 月 19 日 | 7 月 23 日 | 广东水电二局股份有限公司 | 18 |
|  | 施工 4 标 |  |  | 山东恒泰工程集团有限公司 | 16 |
|  | 施工 5 标 |  |  | 华北水利水电工程集团有限公司 | 10 |
| 第二设计单元 | 施工 3 标 | 6 月 19 日 | 7 月 23 日 | 江苏淮阴水利建设有限公司 | 9 |
|  | 施工 4 标 |  |  | 黑龙江庆达水利水电工程有限公司 | 19 |
| 第三设计单元 | 施工 1 标 | 9 月 30 日 | 10 月 24 日 | 北京通成达水务建设有限公司 | 15 |
|  | 施工 2 标 | 6 月 19 日 | 7 月 23 日 | 中国水利水电第六工程局有限公司 | 21 |
|  | 施工 3 标 |  |  | 河南省地矿建设工程有限公司 | 30 |
|  | 施工 4 标 |  |  | 内蒙古辽河工程局股份有限公司 | 17 |
|  | 施工 5 标 |  |  | 北京金河水务建设有限公司 | 26 |
|  | 施工 6 标 |  |  | 山东大禹工程建设有限公司 | 29 |
|  | 施工 7 标 |  |  | 黑龙江省水利四处工程有限责任公司 | 17 |
|  | 施工 8 标 |  |  | 河北省水利工程局 | 31 |
|  | 施工 9 标 | 9 月 30 日 | 10 月 24 日 | 河北省水利工程局 | 14 |
|  | 施工 10 标 | 6 月 19 日 | 7 月 23 日 | 山东省水利工程局 | 29 |
|  | 施工 11 标 |  |  | 中国水利水电第十三工程局有限公司 | 41 |
|  | 施工 12 标 |  |  | 山东黄河工程集团有限公司 | 30 |
|  | 施工 13 标 |  |  | 黑龙江省水利水电工程总公司 | 29 |
|  | 施工 14 标 |  |  | 河南省中原水利水电工程集团有限公司 | 19 |
|  | 施工 15 标 |  |  | 河南省水利第一工程局 | 11 |
|  | 施工 16 标 |  |  | 吉林省长泓水利工程有限责任公司 | 22 |

# 第三节　施　工　工　艺

　　衡水市境内南水北调工程涉及线路长、地质条件多变、附属建筑物多样，对
工程的施工工艺提出了严格的要求。为建成优质、放心工程，在施工阶段，有的
施工单位不但严格按规范施工，还改进管道安装技术，不仅能够加快施工进度、

节约成本，而且还保证了工程质量和安全，这充分展现了工程工艺在工程建设中的重要作用。

## 一、压力箱涵主要施工工艺

工艺流程为测量放线→场地清理→土方开挖→垫层浇筑→钢筋绑扎→止水带、闭孔泡沫板安装→模板支护→混凝土浇筑→聚硫密封胶施工→土方回填→硅芯管、警示带铺设→场地粗整平，质量检查与验收贯穿在各个工序之中。

1. 土方开挖

（1）场地清理。施工场地地表的植被清理延伸至最大开挖边线外侧5m处。挖除树根的范围延伸至距离最大开挖边线、填筑线或建筑物基础外3m处。表层种植有机土壤单独存放在临时弃渣场，用于以后复耕。场地清理采用挖掘机挖土、装载机端运的方法，如图5-4、图5-5所示。

（2）基槽开挖。基槽土方开挖深度在7m左右，分两层开挖。上层土采用挖掘机挖土、铲车运土至堆土区域的方法。开挖上层土后，用挖掘机将下层土甩到上层挖掘面上，由另一台挖掘机及铲车运土至堆土区域，如图5-6所示。

（3）基槽平整。待土方开挖至第二层时，在挖掘机的铲齿上安装刮板，用挖掘机配合人工进行建基面的清理。最后30cm采用人工开挖，以保护原土不受扰动。如果局部超挖，则用混凝土填补。箱涵5标基槽开挖和箱涵6标基槽平整如图5-7、图5-8所示。

图5-4　先期2-1标场地清理

图5-5 先期2-1标装载机安置开挖土

图5-6 箱涵5标进行基槽开挖（一）

图 5 - 7　箱涵 5 标进行基槽开挖（二）

图 5 - 8　箱涵 6 标基槽平整

2. 钢筋安装

箱涵主要采用直径为 14mm、16mm、18mm 和 20mm 等类型的钢筋。

（1）底板钢筋安装。底板钢筋安装时除底板全部钢筋外，还要将墙体竖向受力筋安装到位，横向筋绑扎至底板浇筑高程以上，如图5-9所示。

图5-9　底板钢筋安装

进行底层钢筋安装（保护层为5cm）时，在仓面上按图纸标定的钢筋规格、间距和方向进行绑扎。绑扎完毕后在主筋下放置预制混凝土垫块，垫块强度应不小于该部位混凝土强度等级，厚度与钢筋保护层相等。垫块应交错布置。间距以满足钢筋保护层需要为准。

进行面层钢筋安装（保护层为5cm）时，在垫层上竖向架立钢筋。架立钢筋采用梅花形布置，间距可根据面层钢筋间距调整，以满足面层钢筋的结构刚度和稳定性为准。

（2）墙体钢筋安装。在底板面层筋绑扎好后，按照测量人员所放墙身位置进行墙身竖向钢筋的架立，竖向受力筋绑扎的同时可进行底板与墙身交叉处八字墙钢筋的绑扎。墙身内、外层钢筋间用架立筋支撑以保证墙身钢筋的刚度与位置准确。

（3）顶板钢筋安装。在顶板模板上按图纸要求的钢筋规格、间距、方向进行绑扎，绑扎完毕后在主筋下放置预制混凝土垫块，厚度与钢筋保护层相等。垫块应相互错开。现场可根据实际情况调整垫块位置，以满足钢筋保护层需要为准。

3. 模板拼装

底板钢筋验收合格后，进行底板及八字墙模板拼装。模板验收合格后进行浇筑，浇筑至高出八字墙30cm处，然后进行侧墙及顶层钢筋施工。经验收合格后，使用钢模台车进行支立。

（1）底板模板。底板外墙模板在现场进行拼装，角模采用定制的专用钢角模。模板外利用横、竖向钢管整体固定，横向间距 60cm，竖向间距 80cm。为了保证模板的稳定性，设置对拉螺栓和锚固螺栓。对拉螺栓中间部位加设遇水膨胀止水胶片，防止通水后螺栓处漏水。为保证角模的稳定性，在每块角模设置垂直锚固筋，垂直锚固筋位于每孔中心线两侧 150cm 处。每根锚固筋在与箱涵内底同高的位置设橡胶垫一个，待拆除模板后将橡胶垫剔除，螺栓沿孔内壁折断，利用铁锤捶捣密实，与墙面保持平整。箱涵 7 标底层模板固定如图 5-10 所示。

图 5-10　箱涵 7 标底层模板固定

（2）墙体模板。外墙模板采用组合钢模板拼装，内、外墙采用 1.2m×1.5m 大模板。

模板采用两排对拉螺栓和两排锚固螺栓进行加固。以箱涵内底为 ±0m 的相对高程，在 1100mm、2600mm 位置各设一道对拉螺栓，两道对拉螺栓间距为 1500mm；在 3350mm、3700mm 位置各设一道锚固螺栓，横向间距均为 7500mm。并在对拉螺栓中部加止水环，以解决浇筑成型混凝土的渗水问题。螺栓两端设橡胶垫，待拆模后将橡胶垫剔除。

模板纵肋为两根一组 10cm×5cm 钢方子，每组间距为 7500mm；在每排对拉螺栓处设置两根一组 10cm×5cm 的钢方子作为横肋。采用钢管做支撑体系。为了保证外侧模板的稳定性，在外侧设置 3 道斜支撑。施工过程中尤其要注意第二道斜支撑的支固,其位置处于两排螺栓之间。通过计算,此部位受到混凝土侧压力最大,必须保证其稳定性,这样才能保证箱涵外侧模板的整体稳定性及成型混凝土箱涵外墙的垂直度。

(3) 顶板模板。规格为 1m×1.5m 大模板,支撑体系采用 10cm×10cm 木方子作为横纵肋,间距均为 6m。模板台车的做法是:每孔顶板沿长度方向分为 3 个单元,每个单元的支撑面为 4m×3.2m,每个纵横向钢楞交叉点处用钢管做竖向支撑,并将竖向支撑以钢管连接,并适当加以剪刀撑,在每个单元底部加设车轮做活动装置,当一个仓面完工后,通过人工牵引分别拉到下一个仓面。箱涵 7 标墙体及顶层模板支设准备如图 5-11 所示。

图 5-11　箱涵 7 标墙体及顶层模板支设准备

(4) 内外模台车支立。箱涵管身内外侧模板均采用钢模台车进行支立。内钢模台车主要由台车和铰接转动的钢模两大部分组成。钢模由 5mm 厚的钢板和型钢加工制作组成,并分成若干块用铰接连在一起形成整体,靠水平和竖直千斤顶调整就位,在管身钢模台车与前期浇筑的管底混凝土接合处设置细薄胶条,以防止漏浆。混凝土浇筑完成达到拆模强度时,借助台车上的千斤顶收回模板,台车与模板一起平移到下一个待浇段的位置上,重复进行上一个浇筑段的工序。

外钢模台车亦为平移式钢模台车,由桁架和钢面板组成,面板与台车桁架由水平千斤顶连接,由水平千斤顶调整就位。在进行管身混凝土浇筑前,外模台车调整就位，底部采用在底板预埋螺栓加固，顶部由拉杆顶拉加固。

外台车的行走机构采用有轨式，外力牵引行走。箱涵每节管身需 2 部内台车和 2 部外台车。每节管身的平均施工期为 12 天，根据施工总进度计划，需同时进行三节管身侧墙及顶板混凝土施工，共配备 6 部内台车、6 部外模台车。

根据管身台车模板配置情况，管身混凝土施工同时进行三节管身的施工。底板混凝土采取分块跳仓浇筑，管身混凝土分 3 段依次进行，大大提高了工程进展，保证了工程进展。

4. 止水带、闭孔泡沫板安装

止水带安装由模板夹紧固定，内侧采用止水夹将止水带与结构钢筋固定，仓面以外部分的止水带由固定支架进行固定。对安装的止水带每隔 0.4m 采用钢筋进行夹箍，以免混凝土浇筑过程中止水带位移。安装好的止水带加以固定和保护；对止水带附近的混凝土安排专人振捣确保浇筑密实，防止形成渗漏通道。

聚乙烯闭孔泡沫板在加工厂按照图纸要求加工，现场按照施工图要求安装，拼接时采用黏结方法，材料、厚度符合设计要求。混凝土浇筑前将聚乙烯闭孔泡沫塑料板用钢钉固定在模板内侧。混凝土接缝面两侧混凝土与闭孔泡沫塑料板挤紧。

5. 混凝土浇筑

混凝土原材料水泥采用普通硅酸盐水泥，强度为 42.5MPa；砂为中砂，粒径分别为 5～20mm 和 20～40mm；粉煤灰为二级。混凝土采用混凝土泵车入仓。箱涵沿轴线每 15m 设置一道伸缩缝，即 15m 为一仓。

（1）垫层混凝土浇筑。混凝土垫层强度 10MPa，垫层厚度为 10cm，基坑验收合格后进行混凝土垫层的施工。混凝土采用拌和站集中拌和，混凝土搅拌车运输至施工现场，通过混凝土泵车运输至仓面，人工平仓找平，平板振捣器振捣。垫层混凝土强度达到设计强度等级的 75% 后，方可在上面绑扎钢筋、安装模板等。

（2）箱涵混凝土浇筑。箱涵混凝土分两次浇筑。在浇筑底板混凝土的过程中，严格控制浇筑顺序，先对底板八字墙以下的部分进行浇筑，采用台阶法浇筑。其浇筑程序为：从板块短边一端向另一端铺料，边前进、边加高，逐步向前推进并形成明显的台阶，直至把整个仓面浇筑到收仓高程。在浇筑过程中，台阶层次明显。铺料厚度为 30cm 左右。台阶宽度大于 3～5m，坡度不大于 1:2，如图 5-12～图 5-14 所示。

（3）墙体及顶板混凝土浇筑。浇筑前对新旧接触面进行凿毛处理。台车经过卷扬机牵引进入相邻段箱涵底板，在进行台车的就位过程中，测量人员紧密配合此过程，直至模板调整符合设计要求为止。其后便进行箱涵顶板及侧墙的钢筋及模板安装，待上述工作完成后，再进行模板的复测，加以调整至合格为止。边墙及顶板混凝土浇筑时，确保墙体混凝土均匀上升，控制混凝土上升速度。振捣采用插入式振捣器，保证混凝土振捣密实，如图 5-15～图 5-17 所示。

图 5-12 箱涵 4 标测定混凝土含气量

图 5-13 箱涵 4 标测定混凝土坍落度

图 5-14 箱涵 6 标箱涵底板浇筑

图 5-15 箱涵 7 标第二次浇筑

图 5-16　箱涵 7 标新旧接触面凿毛

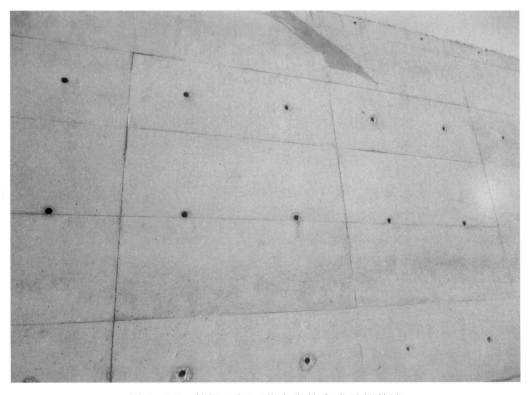

图 5-17　箱涵 6 标一节仓浇筑完成后的外墙

6. 聚硫密封胶填充

聚硫密封胶的主要原料是液态聚硫橡胶，在箱涵安装时先用毛刷把变形缝两侧清理干净，均匀地刷涂层底涂料；20～30min 后用刮刀向涂层底涂料上涂 3～5mm 的密封胶，并反复挤压，使密封胶与黏结界面更好地浸润。再按设计深度均匀密实地将密封胶注入变形缝内，然后用专用整形工具进行刮压整形。整形后的缝面呈月牙形，固化后的胶体表面应光滑平整无气泡，胶体内部保持密实无断头，并保持黏结牢固，无脱胶、开胶、断裂和渗水现象。注胶过程中保证一次成型。

7. 土方回填

混凝土的强度达到设计强度的 75%，并且龄期超过 7 天，通过验收后可回填土方。洞身段顶部待混凝土强度达到设计强度的 100% 后进行土方回填。基坑回填采用推土机配合人工平土，振动碾碾压。距离箱涵侧墙 0.5m 及顶板 1.0m 范围内采用蛙式打夯机进行土方分层回填。

（1）回填土击实试验。因线路较长，土质情况多变，回填土击实试验程序类似，以箱涵六标为例做简单介绍。施工单位现场取样，委托沧州昊海实验室进行击实试验，土方最大干密度为 1.73g/cm³，最优含水率为 17.2%。完成现场生产性试验后，根据获得的试验成果确定了填筑施工所需的压实参数，主要包括铺料方式、铺料厚度、碾压机械、碾压遍数、填筑含水量、压实干密度等施工参数。监理单位审核后确定采用 1.8t 振动碾，松铺厚度为 30cm，碾压 6 遍进行压实。

（2）土料填筑。回填土料除设计图中明确的土料外，其余采用基坑开挖料，回填土料中不得含植物根须、杂物、有机物和易碎易腐物质等。

回填土料前，清除混凝土建筑物周围基坑内的积水、杂物；清除混凝土表面的钢筋、木模板屑、油毛毡、乳皮等；清除基坑边坡面表层的污染土和脏物。

（3）填筑土料压实。采用推土机配合人工平土，振动碾碾压，垫层以上 2m 范围内用 0.8t 振动碾碾压，2m 以上部位采用 18t 振动碾碾压。距离箱涵侧墙 0.5m 及顶板 1.0m 范围内采用蛙式打夯机或其他轻型压实机械对填土进行分层回填，箱涵两侧填土同步上升。

涵洞表层 50cm 厚耕作土及 50cm 厚土方回填不压实，采用推土机平整，以利于复耕。

机械碾压不到的部位，辅以夯具夯实。人工夯实时，采用连环套打法，双向套打，夯压夯 1/3，行压行 1/3；分段、分片夯实时，夯迹搭接宽度不小于 1/3 夯径。图 5-18 为箱涵 5 标用蛙式打夯机进行分层回填。

（4）压实试验。以上有压实要求的回填部分，在压实完成后按要求进行压实试验，满足设计要求后，才能进入下一步回填。箱涵 7 标碾压压实试验和回填完成分别如图 5-19 和图 5-20 所示。

（5）表层土回填。在临时用地使用结束后，由施工单位对土地进行平整，将清表时堆放的表土运回，进行土地表层复垦，完成土地细整平和施用有机肥等工作。

图 5-18　箱涵 5 标用蛙式打夯机进行分层回填

图 5-19　箱涵 7 标碾压压实试验

箱涵 6 标表层土回填平整如图 5-21 所示。

8. 硅芯管铺设

硅芯管通信管道是南水北调工程重要的基础设施，是自动化系统安全运行的重要保障。市调水办向各参建单位转发了《河北省南水北调配套工程水厂以上输水管道工程硅芯管采购及敷设技术要点》的通知。其主要内容包括：做好硅芯管厂家选择工作，选择驰名品牌的优质产品；市调水办和监理单位要做好检验或抽检工作；

图 5-20　箱涵 7 标回填完成

图 5-21　箱涵 6 标表层土回填平整

严格按照技术要求施工，避免敷设的硅芯管出现 S 形弯曲、折角大于 45°、两端开口等重大缺陷；建设管理单位及监理单位加强监管及督查，发现不合格现象应严肃处理。硅芯管铺设情况如图 5-22～图 5-24 所示。

衡水市南水北调采用的硅芯管由河北凯巍塑业有限公司、雄县旮岗友通塑料制品厂生产。

图 5-22 箱涵 1 标压力箱涵硅芯管开槽

图 5-23 箱涵 1 标硅芯管沟槽及警示带

图 5-24 箱涵 4 标硅芯管检查井

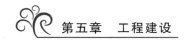

## 二、球墨铸铁管

### 1. 生产工艺

球墨铸铁管生产工艺流程如图5-25所示。

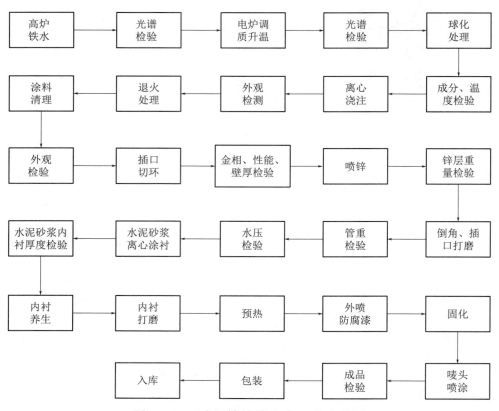

图5-25 球墨铸铁管生产工艺流程图

其主要工序涉及离心机、退火炉工、整理工序等。

球墨铸铁管有多种接口形式，如T形、K形、S形、N1形、TF形自锚式接口等，适用于不同地形和土壤环境。衡水市南水北调工程中主要使用的接口型式为T形接口及TF形自锚式接口。

球墨铸铁管分为不同的壁厚等级，在衡水市南水北调工程中综合使用了K8、K9、K10、K12的壁厚等级。

其具体特点如下：①密封性能良好，由于橡胶圈受到压紧，与管子承口内表面和插口外表面紧密接合，因而可获得充分的气密性和水密性；②具有可挠性，由于橡胶圈具有弹性，管子承口的内表面呈圆锥形，因而获得了可挠性，使管道能很好地适应地基的少许沉降或震动；③良好的伸缩性，由于温度的变化而使管子产生的伸缩能够容易地被其吸收，不需要特殊的伸缩接头等。

### 2. 安装工艺

球墨铸铁管安装工艺流程如图5-26所示。

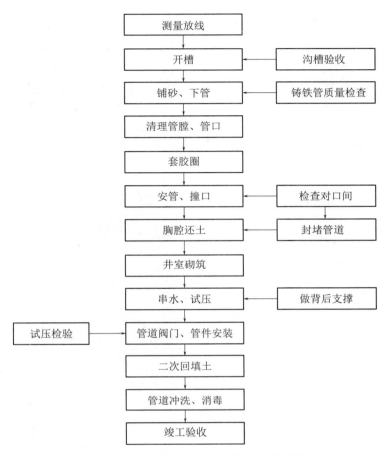

图 5-26　球墨铸铁管安装工艺流程图

（1）外观检查。铸管及管件尺寸符合现行的国家标准和国际标准，表面不得有裂纹，不得有妨碍使用的凹凸不平的缺陷，承口内、插口外工作面光滑，轮廓清晰，不得有影响接口密封的缺陷。

（2）沟槽开挖。沟槽一般段用 1.0m³ 挖掘机开挖，开挖土一部分用于修筑施工道路，用推土机进行平整压实；其余部分堆放于沟槽一侧。挖掘机采用倒退法进行全断面开挖。特殊部位或有不便机械作业的情况时，采用人工开挖。用于管道两侧和管顶以上 0.5m 范围内的回填土应就近堆放，便于回填使用。建基面以上原状土弧地基采用人工开挖，开挖后的土弧中不完整之处用中粗砂填补。

（3）安装。下管采用汽车吊，下管时承口方向朝向上游，同时在接口处掏挖工作坑，工作坑大小以方便管道安装为宜；安装前管内外做好防腐工作，具体安装情况如图 5-27～图 5-29 所示。

清刷承口，铲去所有黏结物；将胶圈清理干净，将其弯成心形或花形后放于承口槽内，并用手压实，确保各个部位不翘不扭；清理插口表面，将食用油均匀刷在承口内已安装好的橡胶圈表面，在插口外表面刷润滑剂至坡口处。

对接时插口对承口找正，使插口装入承口。并注意撞口一定要撞到白线位置，保证角度不大于 3°。

图 5-27　先期一单元 1 标吊车吊管

图 5-28　先期一单元现场管道安装

图 5-29　先期一单元 2 标管道弯头安装效果图

（4）沟槽回填。管道两侧回填高差不超过 20cm。回填分层进行，管道两侧和管顶以上 50cm 用木夯夯实，每层虚铺厚度不大于 20cm；管顶以上 50cm 至地面用蛙式打夯机夯实，每层虚铺厚度 20～25cm；做到夯夯相连，一夯压半夯。分段回填时，相邻两段接茬呈阶梯形。回填土里不得有石块、房渣土等。图 5-30 为先期一单元 1 标机械配合人工沟槽回填。

图 5-30　先期一单元 1 标机械配合人工沟槽回填

（5）阀门、排气阀及管件安装。阀门、排气阀应结构牢固、启闭灵活，无松动、卡等现象及不正常的杂音，并能达到全开和全关的程度。有明显的开关标识，布置的位置、角度、方向满足安装及运行要求，阀片的强度保证在最大负荷压力下不弯曲变形。安装要求包括：连接法兰的螺栓均匀拧紧，法兰中的垫片采用 5mm 油板，其螺母都在同一侧；安装前进行水压试验，试验合格后方能进行安装；安装符合设计要求，外形完整，标牌齐全；排气阀的安装位置适宜。

（6）水压试验。对安装好的管道要认真检查安装质量，外观检查合格后方可进行水压试验，试验压力为工作压力的 2 倍，稳压 5min，管道无渗漏，压力下降不超过 0.02MPa。试验合格后，再进行管道冲洗，同时做好水压试验及冲洗记录。如果受条件影响，不能一次试压，则采用阀兰盲板加支撑、顶堵等安全措施，分段进行试压。阀门安装前都进行水压试验，压力为工作压力的 2 倍，试压合格后方能进行安装。安装好的管道用净水反复冲洗，直至管道内无杂物、水浊现象，冲洗干净后，流出的水质透明为合格。先期 1-1 标试验段水压试验如图 5-31 所示。

图 5-31　先期 1-1 标试验段水压试验

### 三、预应力钢筒混凝土管材

#### 1. 生产工艺

预应力钢筒混凝土管材简称 PCCP 管。衡水市南水北调配套工程所用管材为 PC-CP-E 式，它是将薄钢筒嵌置于内外模之间，立式浇筑混凝土，振动成型，经养护后在混凝土管外缠预应力钢丝，最后喷制水泥砂浆保护层，主要用于 1.4m 以上的大中口径管道。PCCP-E 式管材结构如图 5-32 所示。

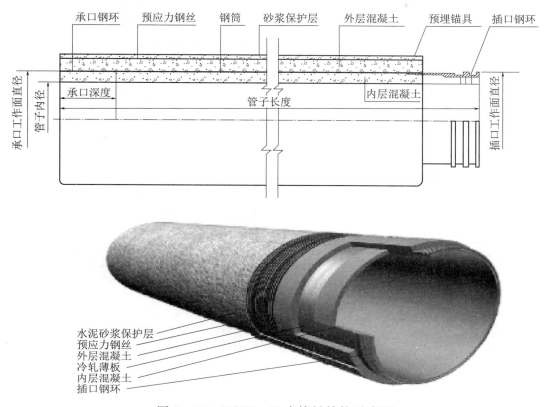

图 5-32　PCCP-E 式管材结构示意图

PCCP 管材特点如下：能够同时承受很高的工作压力和外荷载；具有良好的抗渗性和密封性；具有良好的耐腐蚀性和耐久性；安装环境适应性好，抗震能力强；管内水流好，使用中不会结瘤；具有良好的工程经济性。

2. 安装工艺

（1）沟槽开挖。管道安装部位的基础应修整成设计要求的弧度，管基标高符合设计要求。开挖的沟槽应有足够的放坡，避免发生滑坡现象；同时安排人员跟踪测量，避免超挖现象。特别是承插口连接部位应局部挖成槽坑，坑的深度和宽度根据接口大小和接口灌浆确定。

（2）安装。安装前，仔细清洗管道的承插口工作面，用食用油涂刷承插口工作面，橡胶圈均匀涂抹食用油后，套入插口凹槽内。安装时，采用 150t 履带吊吊装，用内拉法进行安装。管口连接时作业人员事先在两管之间塞入垫木，以防止承插口碰撞，损坏管道，两管之间的安装间隙控制在 5～25mm。安装时按照测量控制点仔细校测管道的轴线和标高，并及时做好施工安装记录。3-4 标段 PCCP 管道安装如图 5-33 所示。

（3）密封胶圈安装。密封圈放置到插口环上部的凹槽中，对胶圈的扭曲翻转部位进行调整，使插口环凹槽各部位上的胶圈粗细均匀，并顺直地紧绷在插口环凹槽内，并在安装好的密封圈外表面涂刷润滑油。安装用的润滑油和密封圈避免受阳光

图 5-33 3-4 标段 PCCP 管道安装

直射，防止接触灰尘和其他有害物。

（4）接口水压试验。管子安装完毕后，清扫试验孔的周围，取下试压孔螺栓，安装手动试压泵，进行试压检验。接口试验压力为 0.6MPa（根据设计要求调整试验压力），通过仪表监测 5min，如果确认没有压力下降现象，则该接口压力检验合格。如果发现压力下降，应对仪器、接头、管路及接缝等仔细检查，找出压力下降的原因并解决问题，之后重做接口内压检验工作，直到检验完全合格才能安装下一管节。3-4 标 PCCP 管接口水压试验如图 5-34 所示。

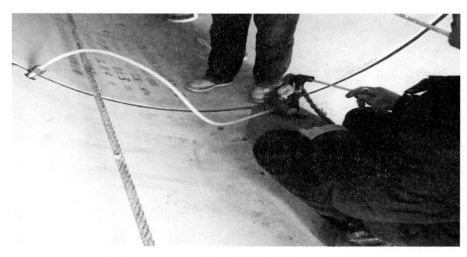

图 5-34 3-4 标段 PCCP 管接口水压试验

（5）沟槽回填。管道沟槽回填的施工方法基本类似，见 DIP 管道土方回填。

## 四、聚氯乙烯管材（PVC）

**1. 生产工艺**

PVC 管材主要成分为聚氯乙烯，物理外观为白色粉末，无毒、无臭。采用挤出成型法生产管材。

南水北调工程中使用的 PVC 管材优缺点包括：密度较小，搬运、装卸、施工方便；具有优异的耐酸、耐碱、耐腐蚀性；管材内壁光滑，流体阻力小，不影响水质。

**2. 安装工艺**

PVC 管具体安装工艺流程如图 5-35 所示。

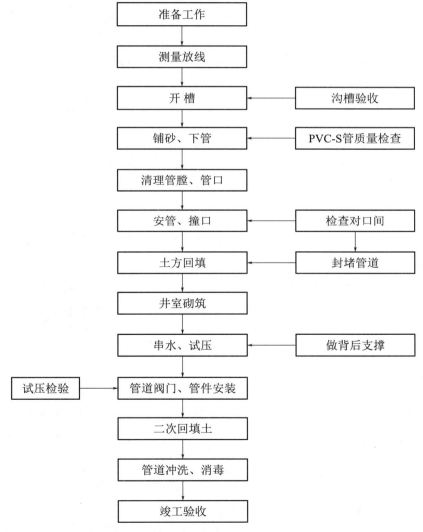

图 5-35 PVC 管安装工艺流程图

（1）外观检查。PVC 管外观及尺寸应符合国家标准。承口内、插口外工作面应光滑，轮廓清晰，不得有影响接口密封的缺陷。

（2）沟槽开挖。参考 DIP 球墨铸铁管沟槽开挖。

（3）管道安装。管道及管件应采用兜身吊带或专用工具起吊，下管采用汽车吊，下管时注意承口方向朝向上游。

检查管材、管件及胶圈质量，清理干净承口内侧（包括胶圈凹槽）和插口外侧，不得有土或其他杂物；用毛刷将润滑剂均匀地涂在装嵌于承口内的胶圈和插口外表面上；不得将润滑剂涂在承口内。

对接时插口对承口找正，支立三脚架，挂手扳葫芦，套钢丝绳。扳动手扳葫芦，使插口端对准承口端，并保持管道轴线平直，将其一次插入，直至管材上的标线均匀外露在承口端部。角度不大于 1°。

（4）沟槽回填。参考 DIP 球墨铸铁管沟槽回填。

（5）管道水压试验。安装好管道后，认真检查法兰连接质量、焊缝质量，外观检查合格后进行水压试验。试验压力为工作压力的 1.5 倍，稳压 5min，管道无渗漏，压力下降不超过 0.02MPa。试验合格后，再进行管道冲洗，同时做好水压试验及冲洗记录。如果受条件影响，不能一次试压，则采用法兰盲板加支撑、顶堵等安全措施，分段进行试压。阀门安装前都进行水压试验，压力为工作压力的 1.5 倍，试压合格后方能进行安装。

### 五、高密度聚乙烯管（HDPE）

#### 1. 生产工艺

高密度聚乙烯管（HDPE）是一种结晶度高、非极性的热塑性树脂，采用挤出成型法生产管材。

HDPE 管材的具体特点包括：连接可靠，低温抗冲击性好，抗应力开裂性好，耐化学腐蚀性好，耐老化，使用寿命长，耐磨性好，可挠性好，具有光滑的内表面，水流阻力小，质轻、搬运方便、安装便捷。

#### 2. 安装工艺

故城支线管材型号为 DN1000 HDPE，压力 0.6MPa，壁厚 26mm。

热熔焊接施工要求包括：加热板温度 220℃，加热时间 8min，熔接压力 450MPa，冷却时间 45min，管道对口错边量不超过壁厚的 10%，22.5°以下的转角可不使用弯头管件，利用管道自身柔性转弯。

枣强支线管材型号为 DN710 HDPE，压力 0.6MPa，壁厚 26mm。

热熔焊接施工要求包括：加热板温度 220℃，加热时间 6min，熔接压力 350MPa，冷却时间 30min，管道对口错边量不超过壁厚的 10%，22.5°以下的转角可不使用弯头管件，利用管道自身柔性转弯。

# 第四节　水厂以上输水管道施工建设

2013 年 12 月，衡水市南水北调配套工程正式进入施工建设阶段。12 月 30 日，武邑县马回台村的先期开工项目——二单元第 1 标首先开工。2014 年 7 月，境内工程全线开工。为保证工程进度、质量和安全，市调水办领导、职工及参建单位的建设者以高度的责任感和饱满的热情战斗在第一线，不惧酷暑、不畏严寒，经过 26 个月夜以继日的奋战，衡水市南水北调配套工程主体完工。

## 一、第一设计单元

本单元共 4 条输水管线，划分为 5 个标段。负责向深州市、安平县、饶阳县、武强县 4 个目标供水，分别从石津干渠沧州支线上的和乐寺、深州和武强 3 个分水口取水，供水目标分别为饶阳县王庄地表水厂、安平县路庄地表水厂、深州市枣科地表水厂、武强县徐庄地表水厂，其中饶阳县、安平县输水管道共用和乐寺分水口。输水管线全长约 52.649km，主要建筑物有加压泵站 3 座、调流阀站 1 座、穿河倒虹吸 6 座，穿越 5 条高等级公路、4 条县级公路及多条县级以下公路。

1. 设计变更

本单元共有 3 处重大设计变更，2 处一般设计变更，57 处设计通知。3 处重大设计变更如下：

（1）深州市输水线路变更。项目进入实施阶段后，在施工临时占地核查期间，发现深州市地表水厂位置与初设时现场勘察位置相比发生变化，实际位置较初设勘察位置向东移动了约 1.3km。现状水厂位置变化后，与已批复的石津干渠分水口的相对距离产生了较大变化，因此提出变更。

变更后管道长度减少了 118.8m；泵站结构布置基本未作调整，只将出水口位置由向南改为向西，场区地面高程降低 0.3m；由于线路变短，临时占地面积减少 14.6 亩；增加场区连接路永久占地面积 3.7 亩；征迁投资增加 17.8 万元；10kV 引接线路长度减少 500m；工程总投资较初设批复减少 69.85 万元。本变更未引起施工工期变化。

2015 年 4 月 2 日，河北省南水北调工程建设委员会办公室以冀调水设〔2015〕12 号文对变更作了批复。

（2）武强线输水管道工程管材及穿迎宾街设计变更。按照省政府关于在省南水北调配套工程中积极推广使用新材料的要求，考虑衡水高地下水位及部分环境水具有强腐蚀性等实际情况，为有效提高管道防腐能力，增强输水管道的耐久性，研究确定将武强线初设 DIP 管材调整为 HDPE 管。根据武强县人民政府《关于调整配套工程输水管线穿越迎宾街方式的函》，市调水办提出变更穿越方式的申请，由原设计的明挖方式改为顶管方式。

变更引起总投资减少 56.55 万元；顶管工程设计工期为 3 个月，武强线总工期维持原设计 8 个月不变；变更方案对武强县迎宾街及县规划有利，社会效益明显。

2015 年 6 月 10 日，河北省南水北调工程建设委员会办公室以冀调水设〔2015〕159 号文对变更作了批复。

（3）饶阳支线输水管道管材设计变更。饶阳段沿线土壤大部分具有强腐蚀性，为更有效提高输水管道对防腐的适应性及使用耐久性，将饶阳支线约 17km 原批复球墨铸铁管管道变更为给水用硬聚氯乙烯（PVC）管道。变更后有利于延长输水管道防腐耐久性。管材变更后，饶阳支线总水头损失较原初设减少 2.14m，和乐寺泵站水泵扬程略有富余，对水机设备选型和饶阳支线整体过流能力无不良影响。

2015 年 6 月 10 日，河北省南水北调工程建设委员会办公室以冀调水设〔2015〕159 号文对变更作了批复。

2.饶阳、安平输水管线及深州支线

饶安干线从石津干渠和乐寺分水口（干渠桩号 93＋710）分水后，经加压泵站沿石津干渠五干一分干左侧向北，采用管道输水方式，经王庄、大召、北小召，在程家庄西北穿位伯沟后往北敷设，至北庞村东折向东北穿五干一分干，在双井村东往北经张村穿天平沟、北斗村、程村、柴屯、宋家营、刘官屯、南大疃，在北大疃村东北分为东、西两支。东支为饶阳支线，自分岔点往东经大同新村穿省道 S231 向东至郭屯、西里屯，穿京堂南排干至南京堂村，折向东北穿里满灌区，在单铺村西北向东穿大广高速桥、张口村至王庄村西的王庄地表水厂。西支为安平支线，自分岔点向西至敬思村西，穿省道 S231，向西而后折向西北，再次穿省道 S231，台城村南穿京堂北，排干折向北至路庄水厂。

本段包含 4 个标段：先期开工项目第一设计单元第 1、第 2 标，第一设计单元第 3、第 4 标。

（1）先期开工项目第一设计单元第 1 标段。本标段工作内容为泵站及管径 DN1200mm 的离心球墨铸铁管安装，桩号 RA0－001.63～RA8＋514，长度为 8515.63m，沿线经过王家庄、大召村、穆村、南小召、程家庄、庄火头村，由北京翔琨水务建设有限公司承建。

施工投入方面，主要设备有大型挖掘机 6 台、小型挖掘机 2 台、大型吊车 3 台、装载机 4 台、自卸汽车 12 台、推土机 4 台、振动碾 6 台、冲击夯 4 台、钢筋弯曲机 2 台、钢筋切断机 2 台、振捣棒 8 台、电焊机 8 台；高峰期施工人员数量达 107 人。

管道工程方面，本标段沟槽一般段（以后不再重复）底宽 1983mm，坡比 1：0.75；开挖土方量 126655m³，回填量 118455m³，管道安装共 1413 根。2014 年 2 月 27 日，开始清表，次日开挖沟槽；5 月 10 日，安装管道；6 月 15 日，进行试验段打压实验；11 月 14 日，主管道安装完成；12 月 18 日，土方回填完成。2015 年

9 月 5 日，开始退地，至 11 月 25 日完成退地工作。

2014 年 10 月 9 日，第一个阀井开始浇筑；2015 年 4 月 17 日，全部完成。输水管线阀井统计见表 5-10。

表 5-10　　　　　　　　　　先期一单元 1 标阀井一览表

| 类　　别 | | 排气、检修阀 | 排 泥 阀 |
|---|---|---|---|
| 个数 | | 13 | 3 |
| 桩号 | | RA0+043，RA0+929，RA1+837，RA2+643，RA3+463，RA4+286，RA5+102，RA5+889，RA6+667，RA6+789，RA7+571，RA8+353，RA8+459 | RA1+776，RA6+750，RA8+426 |
| 尺寸/mm | 长 | 3200 | 4400 |
| | 宽 | 3000 | 2600 |
| | 高 | 4000～5000 | 5300～7100 |

和乐寺泵站工程负责向饶阳县和安平县两个目标水厂供水，工程位于石津干渠沧州支线左侧和乐寺分水口，进口设计桩号 RA0-001.63，出口设计桩号 RA0+036.00，总长 37.63m。泵站设计流量 1.17m³/s，装机容量为 880kW，为小（1）型泵站，设计扬程 37.0m。泵站共安装 4 台机组，3 用 1 备，水泵采用 S400-13N/4 中开式离心泵，单泵设计流量 0.44m³/s。

2014 年 10 月 13 日，进场施工；10 月 15 日，开挖土方；11 月 2 日，开始基坑验收；11 月 23 日，浇筑混凝土。2015 年 6 月 14 日，完成隐蔽工程验收，并开始土方回填；6 月 20 日，完成泵体安装；6 月 21 日，开始调试，满足设计要求。工程建设情况如图 5-36～图 5-41 所示。

图 5-36　先期 1-1 标和乐寺泵站验收地板钢筋及模板工程

图 5-37　先期 1-1 标和乐寺泵站墙体钢筋绑扎完成

图 5-38　市调水办配合省督查组对先期 1-1 标和乐寺泵站进行检查

图 5-39　1-1 标深州管理所办公用房主体完工

图5-40　1-1标深州管理所中开式离心泵

图5-41　深州管理所1-1标压力变送器测试管道压力

本标段交叉工程穿越位置见表5-11。

表5-11　　　　　　　　先期一单元1标穿越位置一览表

| 类别 | 名称 | 穿越方式 | 穿越长度/m | 桩　　号 |
|------|------|----------|-----------|---------|
| 公路 | 王庄村路 | 明挖 | 90 | RA0+815～RA1+584 |
|      | 大召村路 |  |  | RA2+180～RA3+700 |
|      | 穆村路 |  |  | RA3+980～RA6+120 |
| 河道 | 位伯沟 | 明挖 | 104 | RA6+678～RA6+782 |

工艺上的创新点为 DIP 铸铁管管道安装工艺。投入技术和安装人员 12 名；投入吊车、导链、千斤顶、倒 T 形钢架等大中小型设备 25 件。

承担该标段施工任务的技术人员不断探索新的施工工艺，通过多次实践，总结出了一套高效、快捷的管道安装工艺，提高了施工质量、降低了安装成本，缩短了建设工期。该管道安装工艺是将原来单纯的导链安装改进为导链、千斤顶配合安装。具体做法是在管道外部，用缆绳分别将已安装好的管道和待安装的管道兜身，并在待安装管道的承口处特制一个倒 T 形的钢架，上面固定 2 个千斤顶。钢架左右两端连接手拉葫芦导链和缆绳，并逐渐收短手拉葫芦的导链，在两节管道快要接触时，通过调节 2 个千斤顶的推力，进行微调，最终使两节管道高质量、高标准对接。

工艺创新的成果包括：①提高了安装速度和质量，改进之后的安装设备，不仅导链可给管道一定拉力，承口部位的千斤顶也能给管道一定推力，加大了对接力度，若发现管道偏移，通过调节承口处千斤顶，很容易调正方向、迅速对接，以前每根管道安装需约 20min，每天能安装 25～28 根，改进后每根管道安装只需约 10min，每天能安装 40～46 根；②管道防护更容易，单纯导链安装，待安装管道的承口部位挂钩处的橡胶磨损大，稍有不慎钩子就会直接接触管壁，且需经常更新橡胶防护，改进后的安装设备，只需在钢架与管道的接触面上做一层橡胶带防护，即可有效避免与管壁直接接触，且承口受力均匀，有利于管道保护，橡胶防护层磨损小，不需经常更换对接设备的橡胶防护层；③节约人力资源，保证安全生产，单纯导链安装，管道两边导链均需 2 人操作，轮流作业，人员体力消耗大，换补频繁，改进后的设备，由于千斤顶的推力，减少了导链操作的作用力和人员体力消耗，操作人员轻松打压千斤顶即可，降低了人员换补频率，进一步保证了生产的安全。

本标段分部工程共 17 个，2015 年 11 月 4 日至 2016 年 8 月 9 日，完成本标段所有分部工程验收；单位工程包含和乐寺泵站单位工程和输水管道单位工程，2017 年 5 月 27 日，完成和乐寺泵站单位工程验收；2018 年 4 月 24 日，完成输水管道单位工程验收。工程施工情况如图 5-42～图 5-45 所示。

（2）先期开工项目第一设计单元第 2 标段。本标段工作内容为管径 DN1200 的离心球墨铸铁管安装，桩号 RA8+514～RA22+591，总长 14077m。沿线经过双井乡双井村、蔡张村与唐奉镇唐奉村、陈屯、柴屯、宋家营、刘官屯、北大疃村。由山东水利工程总公司承建。

施工投入主要设备有挖掘机 8 台、吊车 2 台、装载机 4 台、振动碾 4 台、自卸汽车 10 辆、钢筋弯曲机 2 台、钢筋切断机 3 台；高峰期施工人员数量达 135 人。

本标段沟槽底宽 1983mm，坡比 1：0.75；开挖土方量 216456m³，回填量 197889m³；管道安装共 2346 根。2014 年 2 月 26 日，开始清表并进行沟槽开挖；4 月 18 日，安装管道；6 月 1 日，进行试验段水压实验；11 月 8 日，主管道安装完成。2015 年 1 月 17 日，土方回填完成；9 月 5 日，开始退地；11 月 25 日，完成退地工作。

图 5-42　市调水办在先期 1-2 标检查管道安装

图 5-43　先期 1-1 标工人们用方形钢固定千斤顶

图 5-44　先期 1-1 标千斤顶与导链合力作用部位

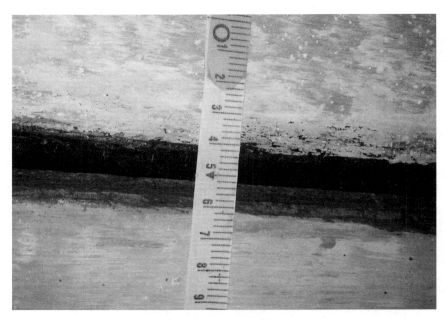

图 5-45　先期 1-1 标检测管道安装质量

2014 年 9 月 5 日，第一个阀井开始浇筑；12 月 26 日，全部完成。输水管线阀井统计见表 5-12。

表 5-12　　　　　　　　　　　　先期一单元 2 标阀井一览表

| 类　别 | | 排气、检修组合阀（含蝶阀） | 排　泥　阀 |
|---|---|---|---|
| 个数 | | 17 | 3 |
| 桩号 | | RA9＋320、RA10＋176、RA11＋036、RA11＋890、RA12＋740、RA12＋740（蝶）、RA12＋896、RA13＋916、RA14＋940、RA15＋950、RA16＋970、RA16＋970（蝶）、RA17＋860、RA18＋756、RA19＋650、RA20＋540、RA21＋436、RA22＋326、RA22＋456 | RA11＋491、RA12＋838、RA22＋358 |
| 尺寸/mm | 长 | 3200 | 4400 |
| | 宽 | 3000 | 2600 |
| | 高 | 4200～5500 | 5100～9000 |

本标段交叉工程见表 5-13。

表 5-13　　　　　　　　　　　　先期一单元 2 标穿越一览表

| 类　别 | 名　称 | 穿越长度/m | 桩　号 |
|---|---|---|---|
| 公路 | 西铁线 | 20 | 14＋900～14＋920 |
| | 乡级村（双井乡双井村） | 20 | 9＋699～9＋719 |
| | 乡级路（唐奉镇程屯） | 20 | 16＋014～16＋034 |
| 河道 | 天平沟（双井乡蔡张村） | 146 | RA12＋750～RA12＋896 |

本标段分部工程共 13 个，2015 年 12 月 24 日至 2016 年 7 月 14 日完成本标段所有分部工程验收；单位工程 1 个，2018 年 4 月 25 日完成验收；合同工程 1 个，2018 年 12 月 21 日完成验收。

（3）第一设计单元第 3 标段。本标段包含深州支线全部（桩号 SZ0＋000～SZ0＋065，DN1200 DIP 管材）、饶阳支线部分（桩号 RY6＋800～RY17＋296.693，DN1000 PVC 管材），总长 10.56km。深州支线全部在石槽魏村；饶阳支线沿线经过史官屯、李家庄、南京堂、一志合、北京堂、马庄、张口、崔池、王庄。由广东水电二局股份有限公司承建。

施工投入主要设备有大型挖掘机 4 台，小型挖掘机 4 台，装载机 4 台，自卸汽车 15 辆，推土机 8 台，振动碾 6 台，冲击夯 4 台，钢筋弯曲机 2 台，钢筋切断机 2 台，振捣棒 8 个，电焊机 8 台；高峰期施工人员数量达 119 人。

本标段一般段沟槽底宽 2000mm，坡比 1：0.75；开挖土方量约 160000m³，回填量 124700m³；PVC 管道安装共 901 根；DIP 管道安装 34 根。2014 年 2 月 27 日，开始清表，次日开挖沟槽；5 月 10 日，安装管道；6 月 15 日，进行试验段压水打压实验；11 月 14 日，主管道安装完成；12 月 18 日，土方回填完成；2015 年 9 月 5 日，开始退地；2016 年 10 月 20 日，完成退地工作。

2015 年 10 月 9 日，第一个阀井开始浇筑，至 11 月 20 日完成 12 个。输水管线阀井统计见表 5-14。

表 5-14　　　　　　　　　　一单元 3 标阀井一览表

| 类别 | | 复合式排气阀 | 排泥阀 | 蝶阀与排气阀 | 排气阀与蝶阀 | 电磁流量计 | 蝶阀 |
|---|---|---|---|---|---|---|---|
| 个数 | | 13 | 5 | 1 | 2 | 1 | 1 |
| 桩号 | | RY7＋410、RY8＋570、RY9＋090、RY9＋490、RY9＋725、RY11＋130、RY11＋930、RY12＋750、RY14＋115、RY15＋019、RY16＋119、RY16＋519、RY16＋789 | RY9＋035、RY9＋690、RY10＋185、RY13＋110、RY16＋733 | RY10＋270 | RY13＋260、SZ0＋39.063 | RY17＋333.75 | RY17＋338.66 |
| 尺寸 /mm | 长 | 3000 | 4400 | 4000 | 4000 | 4100 | 3800 |
| | 宽 | 2600 | 2600 | 3800 | 3800 | 3800 | 3400 |
| | 高 | 3730～4820 | 5070～9570 | 4000 | 4300 | 4000 | 4000 |

深州泵站工程负责向深州水厂供水，工程位于深州市东南石津总干渠南侧，紧邻 307 国道及深州水厂，进口设计桩号 SZ0＋0，出口设计桩号 SZ0＋065.321，总长 65.321m。泵站设计流量 1.21m³/s，装机容量为 300kW，为小（1）型泵站，设计扬程 11.0m。泵站共安装 4 台机组，3 用 1 备，水泵采用 S500-26N/6B 中开式离心泵，单泵设计流量 0.44m³/s。

本泵站 2015 年 8 月 9 日开始进场施工，进行土方开挖；8 月 20 日，验收基坑；8 月 10 日，开始浇筑混凝土；11 月 4 日，完成隐蔽工程验收，次日开始土方回填；12 月 28 日，完成泵体安装。

本标段交叉工程见表 5-15。

表 5-15　　　　　　　　　一单元 3 标穿越位置一览表

| 类　别 | 名　称 | 穿越长度/m | 桩　号 |
|---|---|---|---|
| 公路（混凝土） | 穿越大广高速 | 75 | RY13＋145～RY13＋220 |

本标段分部工程共 17 个，2017 年 1 月 6 日至 3 月 24 日完成本标段所有分部工程验收；单位工程 2 个，分别为深州泵站单位工程和输水管道单位工程，2018 年 3 月 13 日完成验收；合同工程 1 个，未验收。

（4）第一设计单元第 4 标段。本标段包含安平支线全部（桩号 AP0＋000～AP4＋189，DN800 DIP 管材）、饶阳支线部分（桩号 RY0＋000～RY6＋800，DN1000 PVC 管材），总长 10.989km。沿线经过台城村、敬思村、大同新村、李各庄、郭屯村、前张庄村、杨屯村、西里屯村、东里屯村、小辛庄村。由山东恒泰工程集团有限公司承建。

施工投入主要设备有挖掘机 4 台，装载机 4 台，自卸汽车 10 辆，推土机 6 台，振动碾 6 台，冲击夯 3 台，钢筋弯曲机 2 台，钢筋切断机 2 台，振捣棒 6 个，电焊机 5 台；高峰期施工人员数量达 89 人。

本标段沟槽底宽 2145mm，坡比 1∶0.75；开挖土方量约 136700m³，回填量 130500m³；PVC 管道安装共 561 根，DIP 管道安装 661 根。2014 年 8 月 10 日，开始清表；9 月 22 日，开挖沟槽。2015 年 3 月 7 日，安装管道；9 月 18 日，进行试验段水压实验；10 月 1 日，主管道安装完成；10 月 10 日，土方回填完成；11 月 5 日，开始退地；12 月 20 日，完成退地工作。

2015 年 10 月 9 日，第一个阀井开始浇筑，至 11 月 20 日完成 12 个。输水管线阀井统计见表 5-16。

表 5-16　　　　　　　　　一单元 4 标阀井一览表

| 类别 | 复合式排气阀 | 排泥阀 | 活塞式调流阀 | 电磁流量计 |
|---|---|---|---|---|
| 个数 | 16 | 5 | 1 | 3 |
| 桩号 | AP0＋710、A0＋370（排气检修组合井）、AP1＋810、AP2＋060、AP2＋904、AP3＋186、AP4＋094、AP4＋164.1、RY0＋420、RY1＋220、RY2＋010、RY2＋660、RY3＋530、RY4＋400、RY5＋270、RY6＋130（排气检修组合井） | AP1＋550、AP2＋943、AP4＋164、RY1＋102、RY6＋165 | AP4＋172 | E0＋090、AP4＋186、F0＋020 |

续表

| 类别 | | 复合式排气阀 | 排泥阀 | 活塞式调流阀 | 电磁流量计 |
|---|---|---|---|---|---|
| 尺寸/mm | 长 | 3000 | 4400 | | |
| | 宽 | 2600 | 2600 | | |
| | 高 | 3500~5000 | 4500~8200 | | |

安平调流阀站负责向安平县水厂供水，工程位于安平水厂院内，进口设计桩号AP4＋166.4，出口设计桩号AP4＋182.7，总长16.3m（阀组管道长度）。阀站设计流量0.75m³/s，调流阀电源引自水厂变电站低压备用回路，装机容量为35kW。

2015年9月10日，开始进场施工；9月11日，开始土方开挖；9月13日，开始基坑验收；10月15日，开始混凝土；12月26日，基本完成隐蔽工程验收，开始土方回填。2017年4月25日，完成全部建设内容。

本标段交叉工程主要为穿越大广高速工程，穿越长度75m，桩号范围RY13＋145～RY13＋220。

本标段分部工程共16个，2016年12月27日至2017年3月18日，完成本标段所有分部工程验收；单位工程1个，2018年4月23日，完成验收；合同工程1个，未验收。

3. 武强输水管线

武强分水口门位于箱涵衡水段左岸，对应干渠桩号138＋420。管道在分水口取水后至北王庄村东向北沿石津干渠支渠左岸布设，经董庄、大杨庄向北，在吴家寺村南折向东北，在徐庄村西北顶管垂直穿越石黄高速公路后入徐庄村北地表水厂。武强线路长8.23km，设计流量0.33m³/s，选用单排DN700 HDPE管道。武强输水线路采用重力输水和泵站加压组合输水方式。泵站布置在武强输水线路首端位置，设计扬程17.0m。

本段工程共1个标段：第一设计单元第5标段。

本标段采用HDPE管道，桩号WQ0－46.73～WQ8＋229.582，全长约8276m。沿线经过南平都、徐庄、吴家寺、大杨庄、董庄、北王庄、南孙庄。由华北水利水电工程集团有限公司承建。

（1）施工投入。投入主要设备有挖掘机8台、推土机2台、吊车2台、自卸汽车4辆、铲车2台、电焊机5台；高峰期施工人员数量达118人。

（2）管道工程。本标段沟槽底宽1910mm，坡比1∶0.75；开挖土方量约114800m³，回填量87500m³；安装HDPE管道691根。2014年3月4日，开始清表；10月5日，开挖沟槽；11月16日，开始热熔管道。2015年5月6日，管道完成；5月17日，土方回填完成；6月5日，开始退地；2016年5月7日，完成退地。

（3）阀井工程。2014年10月9日，第一个阀井开始浇筑，至2015年4月17日全部完成。输水管线阀井统计见表5－17。

表 5 – 17 一单元 5 标阀井一览表

| 类别 | 复合式排气阀 | 检修阀 | 排泥阀 | 活塞式调流阀 | 电磁流量计 |
|---|---|---|---|---|---|
| 个数 | 13 | 3 | 4 | 3 | 4 |
| 桩号 | WQ0＋005、WQ0＋700、WQ1＋400、WQ2＋255、WQ3＋345、WQ4＋060、WQ4＋760、WQ5＋460、WQ6＋319.411、WQ7＋505、WQ7＋675、WQ2＋855、WQ6＋080 | 泵站 | WQ2＋130、WQ3＋315、WQ6＋125、WQ7＋605 | 泵站 | 泵站 |
| 尺寸/mm 长 | 3200 | | 4500 | | |
| 尺寸/mm 宽 | 2700 | | 2700 | | |
| 尺寸/mm 高 | 3700～4100 | | 3450～6450 | | |

（4）武强泵站工程。泵站负责向武强县供水，工程位于武强分水口下游，设计桩号 WQ0－046.73，出口桩号 WQ0＋000.0，总长 46.73m。泵站设计流量 0.33m³/s，装机容量为 135kW，为小（1）型泵站，设计扬程 17.0m。泵站共安装 3 台机组，2 用 1 备，水泵型号为 S300－19N/4B 中开式离心泵，单泵设计流量 0.178m³/s。泵站由进口连接段、前池及泵房段、出口连接段三部分组成。

本泵站 2014 年 10 月 10 日，进场施工；10 月 13 日，开挖土方；10 月 25 日，验收基坑；11 月 19 日，浇筑混凝土。2015 年 3 月 15 日，完成隐蔽工程验收，开始土方回填；6 月 20 日，完成泵体安装；9 月 30 日，调试，满足设计抽水要求。

（5）穿越工程。本标段交叉工程主要包括两项：①穿越武强县迎宾街，穿越长度 72m，桩号范围 WQ0＋278.3～WQ0＋350.3；②穿越石黄高速，穿越长度 83m，桩号范围 WQ6＋182.41～WQ6＋265.4。

（6）验收工作。本标段分部工程共 20 个，2016 年 12 月 27 日至 2017 年 3 月 21 日，完成本标段所有分部工程验收；单位工程 1 个，2018 年 2 月 2 日完成验收；合同工程 1 个，2018 年 10 月 18 日完成验收。

## 二、第二设计单元

本单元共 3 条输水管线，划分为 4 个标段。负责向阜城、景县 2 个目标供水，其中阜景干线从箱涵衡水段武邑县马回台镇的马回台分水口（石津干渠桩号 152＋700）取水，采用泵站加压管道输水方式，经景县支线、阜城支线分别向景县水厂、阜城水厂供水。本单元输水管线全长 42.97km，主要建筑物有加压泵站 1 座，调流阀站 1 座，穿越较大河道 4 条、县级公路 3 条及多条乡村道路。

1. 设计变更

本单元没有重大设计变更，一般设计变更两项，本节做简单介绍。

（1）设计变更一。设计变更一为阜景泵站泵房段基础含有机质壤土层挖除换填。阜景泵站基础在泵房基底以下存在厚度约为 1.2m 的含有机质壤土层，为保证工程安全，需对进水前池集水井基础及泵房基底进行处理，处理措施及要求如下。

将泵房段基础含有机质壤土层全部挖除，并采用水泥土分层碾压回填至建基面高程。水泥土压实度应不低于 0.95，泵站天然地基建基面应进行平整、碾压，要求碾压后 30cm 深度范围内土体压实度不低于 0.96。

进水池吸水井底板下设钢筋混凝土枕梁，枕梁尺寸为 4.8m×19.7m×1m（宽×长×厚）。枕梁采用 C30 混凝土，钢筋保护层厚度为 50mm。

在设计工程量方面，其中水泥土量为 634.6m³，土方开挖量为 854m³，土方回填 220m³，枕梁混凝土共 94.6m³，钢筋制作安装 2.96t，C10 素混凝土 9.6m³。

工程新增投资概算 17.96 万元。

（2）设计变更二。设计变更二为景县支线小留屯水厂位置变动及穿越县道景王线方式调整。根据《衡水市南水北调建设委员会办公室关于衡水市南水北调配套工程水厂以上输水管道工程第二设计单元景县支线景县水厂位置变更的通知》（衡调水办〔2014〕54 号）及《衡水市南水北调建设委员会办公室关于调整南水北调配套工程输水管线穿越景王线方式的通知》（衡调水办〔2015〕17 号），对景县支线小留屯水厂位置及穿越县道景王线方式做相应调整。小留屯水厂位置向西移至景县土特产公司南，景王路东侧，输水线路做相应调整并缩短 475m。同时，穿越景王路由大开挖施工改为顶管施工。变更后工程总投资减少 46.59 万元。

2. 阜城、景县干线

阜景干线从石津干渠马回台分水口（干渠桩号 152＋700）分水后，经加压泵站沿马回台镇与李家村中间空地往东南，穿老盐河后折向南，经过西粉张村西、鲍新庄东进入阜城县的孟常巷村东折向东，在冯村西再折向南，从东八里庄和西八里庄村之间穿越后再折向东南，至柳王屯村南穿越清凉江，继续往东南经马场村南在郭塔头村北穿越省道 383 至郭塔头村东的阜城分水口。阜景干线全长 16.092km。

该管线划分为 2 个标段：先期开工第二设计单元第 1、第 2 标段。

（1）先期开工第二设计单元第 1 标段。本标段包含阜景泵站施工和 DN1200 DIP 离心球墨铸铁管安装施工，桩号 FJ0＋000～FJ8＋200，长度为 8200m。沿线经过马回台村、北刘村、于屯村、西粉张村、鲍辛村。由河北省水利工程局承建。

施工投入主要设备有大型挖掘机 6 台、小型挖掘机 2 台、大型吊车 2 台、装载机 2 台、自卸汽车 12 辆、推土机 4 台、振动碾 6 台、冲击夯 4 台；高峰期施工人员数量达 140 人。

本标段沟槽底宽 1983mm，坡比 1∶0.75；开挖土方量 126655m³，回填量 118455m³；管道安装共 1413 根。2014 年 2 月 27 日，开始清表，次日开挖沟槽；5 月 10 日，安装管道；6 月 15 日，进行试验段水压实验；11 月 14 日，主管道安装完成；12 月 18 日，土方回填完成。2015 年 9 月 5 日，开始退地；11 月 20 日，完成退地工作。

2014年10月7日，第一个阀井开始浇筑；2015年5月16日，全部完成。输水管线阀井统计见表5-18。

表5-18                        先期二单元1标阀井一览表

| 类别 | | 排气阀 | 排泥阀 | 检修阀 | 电磁流量计 |
|---|---|---|---|---|---|
| 个数 | | 12 | 3 | 2 | 1 |
| 桩号 | | FJ0+135、FJ0+930、FJ1+664、FJ2+564、FJ3+464、FJ4+311、FJ4+374、FJ5+154、FJ5+965、FJ6+650、FJ7+317、FJ8+127 | FJ0+634、FJ1+483、FJ5+507 | FJ4+364、FJ7+327 | FJ0+100 |
| 尺寸/mm | 长 | 3400 | 4600 | 5300 | 5300 |
| | 宽 | 3200 | 2800 | 3800 | 3800 |
| | 高 | 1630~5240 | 4960~10650 | 4520、4930 | 5130 |

阜景泵站工程负责向阜县、景县水厂供水，工程位于石津干渠沧州支线左侧和马回台分水口，阜景干线首端，进口设计桩号FJ0+030，出口设计桩号FJ0+070，长40m。泵站设计流量1.15m³/s，装机容量1260kW。泵站共安装4台机组，3用1备，水泵采用单机双吸泵，单泵设计流量0.39m³/s。

2014年5月13日，进场施工；5月15日，开挖土方；6月21日，开始基坑验收；7月6日，浇筑混凝土；11月24日，完成隐蔽工程验收；12月3日，回填土方。2015年7月21日，完成泵体安装；7月26日，开始调试，满足设计抽水要求。

本标段交叉工程见表5-19。

表5-19                        先期二单元1标穿越位置一览表

| 类 别 | 名 称 | 穿越长度/m | 桩 号 |
|---|---|---|---|
| 公路 | 马台村混凝土路 | 6 | FJ0+583~FJ0+589 |
| | 鲍辛村混凝土 | 6 | FJ5+1722~FJ5+178 |
| 河道 | 老盐河 | 88 | FJ1+375~FJ1+463 |

本标段分部工程共15个，2015年11月5日至2016年8月10日，完成本标段所有分部工程验收；单位工程包含阜景泵站单位工程和输水管道单位工程，2017年3月2日，完成阜景泵站单位工程验收；2017年8月3日，完成输水管道单位工程验收；合同工程1个，2018年1月26日完成验收。

（2）先期开工第二设计单元第2标段。本标段安装管径DN1200的离心球墨铸铁管，桩号FJ8+200~RA16+092，长7892m。沿线经过阜城县阜城镇边长巷村、史长巷村、尤常巷村、沙吉村、西八里村、东八里村、柳王屯村、常村、红叶屯、西马厂村、郭塔头村。由中国水利水电第十三工程局有限公司承建。

施工投入主要设备有大型挖掘机 6 台、大型吊车 2 台、装载机 4 台、自卸汽车 8 辆、推土机 4 台、振动碾 6 台、冲击夯 4 台、振捣棒 4 个、电焊机 3 台；高峰期施工人员数量达 92 人。

本标段沟槽底宽 1983mm，坡比 1：0.75；开挖土方量 126655m³，回填量 118455m³；管道安装共 1413 根。2014 年 2 月 27 日，开始清表，次日开挖沟槽；5 月 10 日，安装管道；6 月 15 日，进行试验段压水打压实验；11 月 14 日，主管道安装完成；12 月 18 日，土方回填完成。2015 年 9 月 5 日，开始退地；10 月 8 日，完成退地工作。

2014 年 10 月 9 日，第一个阀井开始浇筑；2015 年 4 月 17 日，全部完成。输水管线阀井统计见表 5－20。

表 5－20　　　　　　　　先期二单元 2 标阀井一览表

| 类别 | 排气阀 | 检修阀 | 排泥阀 | 活塞式调流阀 | 电磁流量计 |
|---|---|---|---|---|---|
| 个数 | 13 | 3 | 3 | 1 | 1 |
| 桩号 | FJ8＋965、FJ9＋435、FJ9＋925、FJ10＋825、FJ11＋790、FJ12＋500、FJ13＋200、FJ13＋915、FJ14＋255、FJ15＋155、FJ15＋760、FJ16＋072、FC0＋186（DN500） | FJ11＋810、FJ15＋165、FC0＋020（DN500） | FJ9＋416、FJ11＋892、FJ15＋790 | FC0＋206（DN500） | FC0＋196（DN500） |
| 尺寸/mm | 长 3400～3800 不等、宽 2600～3400 不等、高 3540～5740 不等 | 长 3800～5300 不等、宽 3300～5300 不等、高 3290～39200 不等 | 长 4600、宽 2800、高 5910～6730 | 长 5000、宽 5000、高 2740 | 长 3800、宽 3550、高 2990 |

本标段交叉工程主要包括两项：①穿越省道 383，穿越长度 50m，桩号范围 FJ15＋815～FJ15＋865；②穿越清凉江，穿越长度 215m，桩号范围 FJ13＋975～FJ14＋243。

本标段分部工程共 13 个，2016 年 7 月 29 日至 11 月 3 日，完成所有分部工程验收；单位工程 1 个，未验收；合同工程 1 个，未验收。

3. 阜城支线、景县支线

景县支线线路起点为阜景干线末端阜城分水口。线路走向自门庄村西往南，经西尚庄村西、乔庄、东档柏，在东临阵村东垂直穿越在建邯黄铁路，在杨庙村西南折向东南，往东南沿郭庄、阎高、赵将军村，在大王高村东北折向南至盐场村西穿江江河，经张娘庄、刘庄、西里庄，在吴家庄村北穿越省道 383，经吕庄村至王厂村东北折向东，经小青草河村南至小留屯村南的小留屯地表水厂。景县支线线路长 27.131km。

该管线划分为 2 个标段：第二设计单元第 3、第 4 标段。

（1）第二设计单元第 3 标段。本标段安装管径 DN1000 的离心球墨铸铁管，

JX0＋000～JX13＋400，全长 13.4km。沿线经过郭塔头、门庄、东档柏、义和庄、杨庙、王高、灵神庙、长顺等 20 余个村庄。由江苏淮阴水利建设有限公司承建。

施工投入主要设备有大型挖掘机 3 台、小型挖掘机 2 台、大型吊车 2 台、装载机 4 台、自卸汽车 6 辆、推土机 4 台、振动碾 6 台、冲击夯 4 台、振捣棒 4 个、电焊机 6 台；高峰期施工人员数量达 107 人。

本标段沟槽底宽 2000mm，坡比 1：0.75；开挖土方量 145300m³，回填量 133800m³；管道安装共 2234 根。2014 年 9 月 17 日，开始清表，次日开挖沟槽；10 月 13 日，安装管道；11 月 1 日，进行试验段水压实验。2015 年 5 月 28 日，主管道安装完成；6 月 20 日，土方回填完成；9 月 5 日，开始退地；10 月 20 日，完成退地工作。

2014 年 10 月 9 日，第一个阀井开始浇筑；2015 年 4 月 17 日，全部完成。输水管线阀井统计见表 5-21。

表 5-21　　　　　　　　　二单元 3 标阀井一览表

| 类别 | | 复合式排气阀 | 检修阀 | 泄水井阀 |
|---|---|---|---|---|
| 个数 | | 19 | 4 | 3 |
| 桩号 | | JX0＋020、JX0＋800、JX1＋600、JX2＋460、JX3＋200、JX3＋995、JX4＋150（含压力计）、JX4＋930、JX5＋500、JX5＋590、JX6＋590、JX7＋590、JX8＋510、JX9＋510、JX10＋225（含压力计）、JX11＋025、JX11＋795、JX12＋630、JX13＋320 | JX0＋010、JX6＋580、JX10＋215、JX13＋330 | JX4＋035、JX7＋970、JX11＋900 |
| 尺寸/mm | 长 | 3000 | 4500 | 4600 |
| | 宽 | 2600 | 3000 | 2800 |
| | 高 | 3560～4120 | 3350～3790 | 3880～8510 |

本标段交叉工程见表 5-22。

表 5-22　　　　　　　　　二单元 3 标穿越位置一览表

| 类别 | 名称 | 穿越方式 | 穿越长度/m | 桩　　号 |
|---|---|---|---|---|
| 铁路 | 邯黄铁路 | 暗挖 | 72.56 | JX4＋043.94～JX4＋116.50 |
| 公路 | 千武公路 | 明挖 | 50 | JX0＋812.5～JX0＋867.5 |
| 河道 | 湘江河 | 明挖 | 71.24 | JX5＋507.87～JX5＋579.11 |

本标段分部工程共 17 个，2016 年 6 月 30 日至 9 月 30 日，完成本标段所有分部工程验收；单位工程共 1 个，2017 年 12 月 28 日完成验收；合同工程 1 个，2018 年 8 月 29 日完成验收。

（2）第二设计单元第 4 标段。本标段安装管径 DN1000 的离心球墨铸铁管，桩号 JX13＋400～JX26＋656，长度 13256m。沿线经过降河流镇的小王庄、大王庄、盐厂、张娘庄、刘岳庄、西李庄、罗庄、吴庄、颜庄，杜桥镇的小周庄、王吾庄、常庄、岔道口村、昌庄、王厂村、郝杨院村。由黑龙江省庆达水利水电工程有限公司承建。

施工投入主要设备有大型挖掘机 2 台、小型挖掘机 2 台、大型吊车 2 台、装载机 3 台、自卸汽车 6 辆、推土机 4 台、振动碾 6 台、冲击夯 4 台；高峰期施工人员数量达 138 人。

本标段沟槽底宽 1983mm，坡比 1：0.75；开挖土方量 126655m³，回填量 118455m³；管道安装共 1413 根。2014 年 2 月 27 日，开始清表，次日开挖沟槽；5 月 10 日，安装管道；6 月 15 日，进行试验段压水打压实验；11 月 14 日，主管道安装完成；12 月 18 日，土方回填完成。2015 年 9 月 5 日，开始退地；10 月 20 日，完成退地工作。

2015 年 3 月 11 日，第一个阀井开始浇筑；10 月 5 日，全部完成。输水管线阀井统计见表 5-23。

表 5-23　　　　　　　　　　　二单元 4 标阀井一览表

| 类别 | | 复合式排气阀 | 检修阀 | 排水阀 | 电磁流量计 |
|---|---|---|---|---|---|
| 个数 | | 19 | 2 | 4 | 1 |
| 桩号 | | JX13+925、JX14+825、JX15+770（含压力计）、JX16+570、JX17+370、JX18+100、JX19+000、JX19+510、JX20+050、JX20+695、JX21+325、JX21+920（含压力计）、JX21+984、JX22+465、JX23+012、JX23+825、JX24+645、JX25+590、JX26+548 | 20+685、23+815 | 15+870、18+200、22+345、24+722 | 26+570（含压力计） |
| 尺寸/mm | 长 | 3400 | 5300 | 4600 | 4800 |
| | 宽 | 2600 | 3000 | 2200 | 4500 |
| | 高 | 3420～5220 | 3580～3800 | 6110～10010 | 3860 |

本标段交叉工程见表 5-24。

表 5-24　　　　　　　　　　　二单元 4 标穿越位置一览表

| 类　　别 | 名　　称 | 穿越长度/m | 桩　　号 |
|---|---|---|---|
| 公路 | S385 | 51 | JX19+965～JX20+016 |
| | X906 | 78.5 | JX22+359.3～JX22+437.8 |
| | 景王路 | 38 | JX26+603.9～JX26+641.9 |
| 河道 | 江江河 | 80 | JX15+778～JX15+858 |

本标段分部工程共 17 个，2016 年 1 月 14 日至 11 月 16 日完成本标段所有分部工程验收；单位工程共 1 个，2017 年 12 月 15 日完成验收；合同工程 1 个，未验收。

### 三、第三设计单元

第三设计单元承担着向市区、冀州区、工业新区、滨湖新区、武邑县、枣强县、故城县供水的任务。本单元输水管线全长约 128.624km，主要建筑物有加压泵站 2 座、调流阀站 7 座、穿河倒虹吸 31 条，穿越铁路 4 次，穿越高等级公路 8 次，穿越市政主干道 7 次，穿越县级公路 65 条及多条县级以下公路。

1. 设计变更

本单元有重大设计变更 3 项，一般设计变更 96 项，均已按要求履行相关手续。

（1）重大设计变更一：市区/工业新区/武邑干线和市区支线线路调整。工程开工后，衡水市城乡规划局根据主城区规划发展需要，要求滏阳二路、育才街和西外环处线路按管道中心距离道路规划红线 5m 原则进行微调；此外，桃城区部分管线实施过程中，征迁难度极大，无法协调解决，为保证工程顺利进行，亦需对该部分管线进行调整。

2015 年 6 月 2 日，河北省南水北调工程建设委员会办公室以冀调水设〔2015〕32 号文对《衡水市南水北调配套工程水厂以上输水管道工程第三设计单元市区输水管道穿越市区段改线设计变更报告》报批稿进行了批复。主要变更内容包括：对市区支线平面线位和管道埋深进行局部调整和优化；经方案比较，优化市区支线末端滏阳河倒虹吸施工方案，将其由顶管施工改为定向钻施工。在市区支线大杜庄村东孙公河与滏阳一路之间增加一处互联互通分水口门。市区支线穿越滏阳河改为定向钻施工后，需将原设计单排 DN1400 管道改为双排 DN1000 管道。滏阳水厂现有两路 DN800 输水管道正在运行，考虑运行安全及施工方便，两处新老管线连接点需设置阀门和阀门井。进滏阳水厂处，滏阳水厂的两路 DN800 管道合并为一路 DN1000 管道转出水厂，再同定向钻穿河后的单排 DN1000 管道合为一路 DN1400 管道，共同进入滏阳水厂调流阀室。对工业新区/武邑干线市区分水口—京九铁路顶管进口段平面线位和管道埋深进行局部调整和优化，改线段长度约为 5.7km。对市区/工业新区/武邑干线桩号 SXW11＋340～SXW13＋400 段平面线位进行调整。

综上所述，本报告涉及的 3 段管线设计变更方案直接费增加 333.26 万元，其中建筑工程增加 451.32 万元。工业新区/武邑干线、市区支线局部改线后，由管线管理范围内的绿地变为可利用的建设用地约 455 亩，按 100 万元/亩保守估算，可增加土地效益 45500 万元。

（2）重大设计变更二：工业新区/武邑干线和武邑支线线路调整。工程开工后，涉及衡水市工业新区的工业新区/武邑干线和武邑支线部分管线因征迁难度极大，无法协调解决，不能按原设计线路进行施工，为保证工程顺利进行，需对部分管线进行调整。

2015 年 6 月 2 日，河北省南水北调工程建设委员会办公室以冀调水设〔2015〕33 号文对《衡水市南水北调配套工程水厂以上输水管道工程第三设计单元市区输水管道穿越工业新区段改线设计变更报告》（报批稿）进行了批复。主要内容包括：对工业新区/武邑干线侯刘马村—战备路管段线路进行调整，确定采用改线方案绕过取土坑，改线段长度约为 3.25km；新增穿越邢衡高速衡水段庞家村互通连接线工程 1 处，穿越段采用预埋钢筋混凝土套管内穿钢管的方案。对工业新区/武邑干线榕花大街东—振华路西管段平面线位进行调整，比较了在现有桥梁下穿越榕花大街的方案，改线段长度约为 2.587km。对工业新区/武邑干线焦伍营村西南—花园村东管段平面线位进行调整，改线段长度约为 3.3km。对武邑支线王辛庄—滏阳新河左堤滩地管段平面线位进行调整，改线段长度约为 5.481km。根据武邑水厂调整后的厂区位置，对武邑支线末端管道进行局部调整，改线后长度增加 50m。

综上所述，本报告涉及的改线段设计变更方案直接费用增加 839.82 万元。工业新区/武邑干线焦伍营—花园村段局部改线后，可增加建设用地 882 亩，按 100 万元/亩估算，可增加土地效益 8.82 亿元。

（3）重大设计变更三：故城支线管材调整变更。按照初设批复的线路，第三设计单元故城支线长度为 25.709km，设计采用 DN1000 球墨铸铁管（DIP）。按照配套工程与总干渠同步建成生效的目标要求，河北省各地（市）配套工程已进入管道安装高峰期，尤其是球墨铸铁管，因管线长，厂家管材供应压力较大。按照河北省政府关于在省南水北调配套工程中积极推广使用新材料的要求，考虑衡水市高地下水位及部分环境水具有强腐蚀性等情况，对故城支线输水管材进行调整，以减轻 DIP 厂家生产强度，加快工程建设，同时满足抗腐蚀性等要求。

综合考虑本设计各干、支线的设计管径、地质条件、厂家供管能力，同时结合邢清干渠 HDPE 试验段的成功经验，对故城支线输水管材进行调整，将 DN1000 球墨铸铁管（DIP）更换为高密度聚乙烯塑料管道（HDPE）。

2015 年 4 月 17 日，河北水务集团对《衡水市南水北调配套工程水厂以上输水管道工程第三设计单元故城支线管材调整及局部改线设计变更报告》进行了审查，并于 4 月 25 日出具专家审查意见。设计院按照审查意见对变更报告进行了修改。主要内容包括：故城支线变更为 DN1000 高密度聚乙烯（HDPE）管材。本线路管材调整后，输水方案不变，仍采用埋地管道输水，与初设阶段相同。管材调整后，干、支线输水管道条数不变，仍采用单排管道布置。原线路 G17＋500～G18＋800 段，穿越故城县 3 处蔬菜大棚和 2 处坟场，因征迁难度较大，经设计人员现场查勘，确定对该段管线进行调整。改线后线路增加 120m，另增加水平弯头 4 个，不增加竖向弯头，也不增加阀井。

综上所述，变更设计前、后，工程部分投资减少 120.7 万元。土地占用基本无增减。

2. 衡水市区、工业新区、武邑县地表水厂输水线路

本输水线路全长 50.195km，干、支管线合计有 5 段。

衡水市区、工业新区、武邑县地表水厂输水线路（以下简称市新武线路）划分为 8 个标段。

（1）市新武线路第 1 标段。本标段安装管径 DN2400 的预应力钢筒混凝土管，桩号 SXW0－075～SXW4＋755，长度为 4830m。沿线经过衡尚营二村、衡尚营三村、衡尚营四村、骑河王村、北增家庄村。由北京通成达水务建设有限公司承建。

施工投入主要设备有大型挖掘机 8 台、小型挖掘机 2 台、大型吊车 3 台、装载机 2 台、自卸汽车 16 辆、推土机 4 台、振动碾 2 台、冲击夯 6 台、钢筋弯曲机 2 台、钢筋切断机 2 台、振捣棒 8 个、电焊机 8 台；高峰期施工人员数量达 120 人。

本标段沟槽底宽 4300mm，坡比 1:1.25、1:1；开挖土方量 211132m³，回填量 200986m³；共安装管道 927 根，其中 5m 长 853 根、6m 长 74 根。2015 年 3 月 17 日，开始清表；3 月 20 日，开挖沟槽；5 月 5 日，安装管道；8 月 30 日，主管道安装完成；10 月 19 日，土方回填完成。2016 年 5 月 20 日，开始退地；6 月 20 日，完成退地工作。

输水管线阀井统计见表 5－25。

表 5－25　　　　　　　三单元 1 标输水管线阀井一览表

| 类别 | 排　气　阀 | 检　修　阀 | 排　泥　阀 |
|---|---|---|---|
| 个数 | 9 | 1 | 2 |
| 桩号 | SXW0＋030、SXW0＋530、SXW1＋130、SXW1＋730、SXW2＋330、SXW2＋506、SXW3＋390、SXW3＋695、SXW4＋270 | SXW3＋427.5 | SXW2＋370、SXW3＋483 |

排气阀长 2600mm、宽 2800mm；检修阀长 3000mm、宽 3100mm、高 2500～3860mm；排泥阀长 5200mm、宽 2800mm。2015 年 8 月 22 日，第一个阀井开始浇筑；2016 年 4 月 20 日，全部完成。

本标段交叉工程主要包括：穿越骑河王排干，穿越长度 100m，桩号范围 SXW3＋445～SXW3＋545。

本标段分部工程共 9 个，2016 年 3 月 22 日至 7 月 1 日完成本标段所有分部工程验收；单位工程共 1 个，2018 年 7 月 26 日完成验收；合同工程 1 个，2018 年 9 月 19 日完成验收。

（2）市新武线路第 2 标段。本标段安装管径 DN2400 的 PCCP 管，桩号 SXW4＋755～SXW9＋550，长度为 4795m。沿线经过河沿镇的北增家庄、焦高村、刘高村、种高村。由中国水利水电第六工程局有限公司承建。

施工投入主要设备有大型挖掘机 4 台、大型吊车 2 台、洒水车 1 辆、自卸汽车

4 辆、推土机 1 台、振动碾 2 台、冲击夯 2 台、钢筋弯曲机 1 台、钢筋切断机 1 台、振捣棒 4 个、发电机 4 台、电焊机 4 台；高峰期施工人员数量达 65 人。

本标段沟槽底宽 4300mm，坡比 1∶1；开挖土方量 143000m³，回填量 119960m³；管道及管件安装共 955 节。2014 年 10 月 1 日，开工；10 月 2 日，开始清表施工；10 月 19 日，开挖沟槽；11 月 8 日，安装管道。2015 年 1 月 4 日，主管道安装完成；1 月 6 日，土方回填完成；5 月 28 日，开始退地；6 月 25 日，完成退地工作。

输水管线阀井统计见表 5-26。

表 5-26　　　　　　　　三单元 2 标输水管线阀井一览表

| 类　别 | 排气、排水及检修阀 |
|---|---|
| 个数 | 8 |
| 桩号 | SXW5+000、SXW5+518、SXW6+118、SXW6+804、SXW7+404、SXW8+004、SXW8+604、SXW9+204、SXW6+040、SXW7+010 |

排气、检修组合阀长 2800mm、宽 2600mm；排水阀长 5300mm、宽 2800mm。2015 年 3 月 16 日，第一个阀井开始浇筑；5 月 27 日，全部完成。

本标段交叉工程见表 5-27。

表 5-27　　　　　　　　三单元 2 标穿越位置一览表

| 类　别 | 名　称 | 穿越方式 | 穿越长度/m | 桩　号 |
|---|---|---|---|---|
| 公路 | 种高村乡间道路 | 明挖 | 382.2 | SXW5+248 |
| | 北增家庄乡间道路 | | | SXW7+577 |
| | 焦高村乡间道路 | | | SXW7+612 |
| | 刘高村乡间道路 | | | SXW8+236 |
| | 刘高村乡间道路 | | | SXW9+130 |
| | 种高村乡间道路 | | | SXW9+319 |
| 河道 | 北增村河道 | 倒虹吸 | 138 | SXW5+890～SXW6+118 |

本标段分部工程共 10 个，2015 年 7 月 13 日至 9 月 16 日，完成本标段所有分部工程验收；单位工程共 1 个，2017 年 7 月 19 日完成验收；合同工程 1 个，未验收。

（3）市新武线路第 3 标段。本标段安装管径 DN2400 的 PCCP 预应力钢筒混凝土管，桩号 SXW9+550～SXW+14+070，长度为 4520m。沿线经过种庄、河沿、冯庄、魏庄、南沼、张庄。由河南省地矿建设工程（集团）有限公司承建。

施工投入主要设备有大型挖掘机 6 台、小型挖掘机 2 台、大型吊车 2 台、装载机 4 台、自卸汽车 12 辆、推土机 4 台、振动碾 6 台、冲击夯 4 台、钢筋弯曲机 2 台、钢筋切断机 2 台、振捣棒 8 个、电焊机 8 台；高峰期施工人员数量达 80 人。

本标段沟槽底宽 4300mm，坡比 1∶1、1∶2.5；开挖土方量 24.984 万 m³，回填量 21.66 万 m³；共安装管道 3850m。共安装 698 根，其中 6m 长的管材 63 根，5m 长的管材 635 根。2014 年 10 月 15 日，开始清表并开挖沟槽；10 月 22 日，安装管道。2015 年 6 月 5 日，主管道安装完成；7 月 15 日，土方回填完成。2016 年 4 月 28 日，开始退地；6 月 18 日，完成退地工作。

输水管线阀井统计见表 5-28。

表 5-28 三单元 3 标输水管线阀井一览表

| 类 别 | 排气、检修组合阀 | 电磁流量计 |
|---|---|---|
| 个数 | 12 | 1 |
| 桩号 | SXW9+630、SXW11+339、SXW11+970、SXW9+804、SXW10+285、SXW10+880、SXW11+359、SXW12+000、SXW12+780 | SXW10+880 |

排水阀长 5200mm、宽 2800mm；检修阀长 5300mm、宽 4800mm；排气井长 2800mm、宽 2600mm、高 2800mm。2015 年 4 月 25 日，第一个阀井开始浇筑；8 月 30 日，全部完成。

本标段交叉工程见表 5-29。

表 5-29 三单元 3 标穿越位置一览表

| 类 别 | 名 称 | 穿越方式 | 穿越长度/m | 桩 号 |
|---|---|---|---|---|
| 公路 | 中湖大道 | 土压平衡顶管 | 70 | SXW11+248.7～11+361 |
| | 种高村村路 | 明挖 | 4 | SXW9+652 |
| 河道 | 张庄干渠 | 倒虹吸 | 30 | 11+745～11+975 |

本标段分部工程共 12 个，2016 年 3 月 5 日至 7 月 24 日，完成本标段所有分部工程验收；单位工程共 1 个，2017 年 2 月 1 日完成验收；合同工程 1 个，未验收。

（4）市新武线路第 4 标段。本标段安装管径 DN1400 的离心球墨铸铁管，市区支线桩号 S0+000～S7+025，长度为 7025m。桩号 S5+831.75 之前为单排 DN1400 球墨铸铁管；桩号 S5+831.5 之后为双排 DN1000 球墨铸铁管，其中一排 DN1000 支管末端桩号为 S7+025，另一排 DN1000 支管起、末端桩号为支 S0+000～支 S0+847，与原滏阳水厂管线连接，长度为 847m。沿线经过张家庄村、王渡口村、常庄村、大杜庄村、陆家庄村、三杜庄村。由内蒙古辽河工程局股份有限公司承建。

施工投入主要设备有大型挖掘机 11 台、小型挖掘机 2 台、大型吊车 3 台、装载机 5 台、自卸汽车 8 辆、推土机 4 台、振动碾 5 台、钢筋弯曲机 2 台、钢筋切断机 2 台、振捣棒 10 个、电焊机 8 台；高峰期施工人员数量达 94 人。

本标段沟槽底宽 2400mm，坡比 1:1.25、1:2；开挖土方量 272767m³，回填量 286287m³；DIP 管道安装共 923 根，其中 DN1400 为 714 根，DN1000 为 209 根。2014 年 10 月 15 日，开始清表，次日开挖沟槽；11 月 24 日，安装管道；11 月 29

日，因线路调整停工。2015 年 7 月 25 日，线路调整后清表；8 月 20 日，开始土方开挖；9 月 14 日，安装管道；9 月 25 日，成功完成试验段水压实验。2016 年 4 月 6 日，主管道安装完成；4 月 28 日，土方回填完成；5 月 25 日，开始退地；6 月 1 日，完成退地工作。

输水管线阀井统计见表 5-30。

表 5-30　　　　　　　　　　　　　三单元 4 标阀井一览表

| 类别 | 排气、检修组合阀 | 排泥阀 | 活塞式调流阀 | 流量计 |
|---|---|---|---|---|
| 个数 | 22 | 7 | 1 | 1 |
| 桩号 | S0+655、S0+810、S1+350、S1+933、S2+678、S3+672、S3+977、S4+625、S4+935、S5+175、S5+340、S5+812、S6+107（2 个）、S7+008、S0+040、滏阳水厂分水口（6 个） | S0+685、S1+115、S3+150、S3+787、S5+204、S5+962.3（2 个） | S5+840 | S5+823.5 |

排气阀长 3300mm、宽 3600mm；排泥阀长 5050mm、宽 2650mm；检修阀长 4600mm、宽 2700mm。2015 年 9 月 2 日，第一个阀井开始浇筑；2016 年 3 月 15 日，全部完成。

市区支线调流阀站负责向市区滏阳水厂供水，工程位于南环西路南侧、育才南大街东侧，进口设计桩号 S5+820，出口设计桩号 S5+860，总长 40m。主要施工内容包括调流阀井房、变电站、管理用房、厂区绿化及围墙等。

市区支线调流阀站 2015 年 11 月 25 日进场施工，11 月 30 日开挖土方，12 月 10 日开始基坑验收，12 月 15 日浇筑混凝土垫层。由于本工程同水厂规划有冲突，经批准，该项目缓建，截至 2017 年年底，主体工程基本完成。

本标段交叉工程见表 5-31。

表 5-31　　　　　　　　　　　　　三单元 4 标穿越位置一览表

| 类别 | 名称 | 穿越方式 | 穿越长度/m | 桩　　　　号 |
|---|---|---|---|---|
| 公路 | 丰收街 | 明挖 | 100 | S3+150～S3+250 |
| | 滏阳一路 | 顶管 | 148 | S5+177～S5+325 |
| | 南环西路 | 顶管 | 161.2 | S5+925～S6+086.2 |
| | | | 160.5 | 支 S0+075～支 S0+235.5 |
| 河道 | 滏阳河 1 号 | 倒虹吸明挖 | 860 | S0+655～S1+515 |
| | 孙公河 1 号 | 倒虹吸明挖 | 50 | S3+698～S3+748 |
| | 孙公河 2 号 | 倒虹吸明挖 | 55 | S4+630～S4+685 |
| | 滏阳河 2 号 | 定向钻 | 445 | S6+328.4～S6+773.4 |
| 滏阳水厂管线 | 滏阳水厂 | 直顶钢管 | 20 | S3+383～S3+403 |
| | 滏阳水厂分水口 | 直顶钢管 | 20 | S4+967～S3+987 |

本标段分部工程共 14 个，2016 年 7 月 2—4 日，完成本标段所有分部工程验收；单位工程共 1 个，2017 年 6 月 15 日完成验收；合同工程 1 个，未验收。

（5）市新武线路第 5 标段。本标段安装管径 DN1800 的 PCCP 管，桩号 XW0＋000～XW4＋850，长度为 4850m。沿线经过张家庄村、南沼村、北沼村、西团马村、工业新区。由北京金河水务建设有限公司承建。

施工投入主要设备有大型挖掘机 2 台、小型挖掘机 1 台、大型吊车 1 台、装载机 2 台、自卸汽车 2 辆、推土机 1 台、洒水车 1 辆、手动试压泵 3 台、发电机 2 台、手板葫芦 6 台、水准仪 1 台、全站仪 1 台、振动碾 2 台、冲击夯 1 台、钢筋弯曲机 1 台、钢筋切断机 1 台、振捣棒 2 个、电焊机 4 台；高峰期施工人员数量达 50 人。

本标段沟槽底宽 3700mm，坡比 1∶1；开挖土方量 158000m³，回填量 150800m³；共安装管道 721 根。2015 年 8 月 11 日，开始清表，次日开挖沟槽；9 月 19 日，安装管道；10 月 15 日，成功完成试验段水压实验。2016 年 6 月 1 日，主管道安装完成；9 月 5 日，土方回填完成；9 月 10 日，开始退地；9 月 15 日，完成退地工作。

输水管线阀井统计见表 5-32。

表 5-32　　　　　　　　　三单元 5 标输水管线阀井一览表

| 类别 | 排气、检修组合阀 | 电磁流量计 |
|---|---|---|
| 个数 | 9 | 1 |
| 桩号 | XW0＋100、XW1＋125、XW1＋320、XW1＋940、XW2＋245、XW3＋219、XW3＋880、XW4＋520、XW0＋045.5 | XW0＋057.1 |

排气阀长 2600mm、宽 2800mm；排水阀长 2650mm、宽 5050mm；检修阀长 3400mm、宽 4200mm、高 5000mm；流量计阀长 3800mm、宽 4200mm、高 5000mm。2015 年 10 月 15 日，第一个阀井开始浇筑；2016 年 7 月 25 日，全部完成。

本标段交叉工程见表 5-33。

表 5-33　　　　　　　　　三单元 5 标穿越位置一览表

| 类别 | 名　　称 | 穿越方式 | 穿越长度/m | 桩　　号 |
|---|---|---|---|---|
| 公路 | 北沼村 | 明挖 | 3.5 | XW1＋116 |
| | 工业新区西团马 | | 6 | XW3＋736 |
| | 工业新区都市生态庄园 | | 30 | XW4＋020 |
| | 工业新区公交车道 | | 6 | XW4＋100 |
| | 桃城区北沼村 | | 4.5 | XW1＋700 |
| | 桃城区北沼村 | | 4 | XW2＋093 |
| | 工业新区西团马 | 顶管 | 8 | XW3＋479 |
| | 工业新区西团马 | | 未确定 | |

本标段分部工程共 17 个，2016 年 9 月 5 日至 12 月 14 日，完成本标段所有分部工程验收；单位工程共 1 个，2018 年 10 月 25 日完成验收；合同工程 1 个，未验收。

（6）市新武线路第 6 标段。本标段安装管径 DN1800 PCCP 管，桩号 XW4＋850～XW9＋705，长度为 4855m，线路调整后长度为 5010.5m。沿线经过西团马、邢团马、孙家屯、赵圈、蔡家村、胡家村、任坑村、李屯。由山东大禹工程建设有限公司承建。

施工投入主要设备有大型挖掘机 8 台、小型挖掘机 2 台、大型吊车 2 台、装载机 4 台、自卸汽车 12 辆、推土机 4 台、振动碾 6 台、冲击夯 4 台、钢筋弯曲机 2 台、钢筋切断机 2 台、振捣棒 8 个、电焊机 8 台；高峰期施工人员数量达 107 人。

本标段沟槽底宽 3700mm，坡比 1：1.25、1：3；开挖土方量 212610m³，回填量 207630m³；共安装管道 883 根，其中 5m 长标准管材为 748 根，6m 长标准管材为 135 根。2015 年 5 月 11 日，开始放线清表工作；7 月 4 日，管沟开挖；8 月 6 日，开始管道安装。2016 年 9 月 10 日，主管道安装完成；9 月 25 日，土方回填完成；9 月 28 日，开始退地；10 月 20 日，完成退地工作。

输水管线阀井统计见表 5-34。

表 5-34　　　　　　　　三单元 6 标输水管线阀井一览表

| 类别 | 排气、排水及检修阀 |
|---|---|
| 个数 | 11 |
| 桩号 | XW5＋177、XW5＋324、XW6＋160、XW7＋250、XW7＋740、XW8＋387、XW9＋467、XW6＋350、XW7＋308、XW7＋904、XW5＋000 |

排气阀井长 2800mm、宽 2600mm；排水阀井长 4050mm、宽 2650mm；检修阀井长 4200mm、宽 3600mm、高 5700mm。2015 年 10 月 7 日，第一个阀井开始浇筑；2016 年 8 月 20 日，全部完成。

本标段交叉工程见表 5-35。

表 5-35　　　　　　　　三单元 6 标穿越位置一览表

| 类别 | 名　　称 | 穿越方式 | 穿越长度/m | 桩　　号 |
|---|---|---|---|---|
| 铁路 | 京九铁路、石德铁路 | 顶管 | 135 | XW5＋708.5～XW5＋715 |
| | 石济高铁 | 顶管 | 106 | XW7＋797.4～XW7＋903.4 |
| 公路 | 任坑村 | 明挖 | 5 | XW8＋387～XW8＋392 |
| 河道 | 班曹店干渠 | 倒虹吸 | 60 | XW7＋290～XW7＋350 |
| 线缆 | 京九、石德地埋电缆 | 明挖 | 1 | XW5＋890～XW5＋891 |
| 管道 | 电厂水管 | 直顶管 | 20 | XW6＋360～X6＋380 |

本标段分部工程共 17 个，2016 年 12 月 25 日至 2017 年 1 月 5 日完成本标段所

有分部工程验收；单位工程共 1 个，2018 年 11 月 20 日完成验收；合同工程 1 个，未验收。

（7）市新武线路第 7 标段。本标段安装管径 DN1800 的 PCCP 管，桩号 XW9＋705～XW15＋200，长度为 5495m，改线后长度为 6155m。沿线经过李家屯、候刘马村、宋家村、安家村、刘善彰村、北彰乔村、大善彰。由黑龙江省水利四处工程有限责任公司承建。

施工投入主要设备有大型挖掘机 2 台、大型吊车 3 台、装载机 2 台、自卸汽车 25 辆、推土机 2 台、振动碾 10 台、冲击夯 4 台、钢筋弯曲机 4 台、钢筋切断机 4 台、振捣棒 9 个、电焊机 6 台；高峰期施工人员数量达 110 人。

本标段沟槽底宽 3700mm，坡比 1：1.25；开挖土方量 287880m³，回填量 283520m³；共安装管道 1192 根。2015 年 4 月 30 日，开始清表；5 月 4 日，开挖沟槽；5 月 10 日，安装管道；7 月 15 日，成功完成试验段水压实验。2016 年 7 月 30 日，主管道安装完成；9 月 30 日，土方回填完成；6 月 3 日，开始退地；11 月 13 日，完成退地工作。

输水管线阀井统计见表 5－36。

表 5－36　　　　　　　　　　三单元 7 标输水管线阀井一览表

| 类别 | 排气、排水及检修阀 |
|---|---|
| 个数 | 12 |
| 桩号 | XW10＋467、XW11＋065、XW12＋632、XW13＋310、XW14＋283、XW14＋746、XW14＋900、XW9＋833、XW11＋969、XW14＋771、XW10＋000、XW15＋150 |

排气阀长 2800mm、宽 2600mm；排水阀长 2350mm、宽 1850mm；检修阀长 5000mm、宽 3400mm、高 5500mm。2015 年 8 月 20 日，第一个阀井开始浇筑；2016 年 5 月 15 日，全部完成。

本标段交叉工程主要有两项：①穿越桃城区榕华大街，穿越长度 66m，桩号 XW14＋795～XW14＋861；②穿越邢衡高速，穿越长度 54m，桩号 XW11＋516～XW11＋570。

本标段分部工程共 17 个，2016 年 12 月 15 日至 2017 年 1 月 20 日完成本标段所有分部工程验收；单位工程共 1 个，2017 年 7 月 19 日完成验收；合同工程 1 个，2018 年 9 月 18 日完成验收。

（8）市新武线路第 8 标段。本标段为工业新区、武邑干线输水管道（桩号 XW15＋200～XW21＋145），采用 DN1600 的 DIP 管，单排布置，长 6.560km；工业新区支线输水管道（桩号 X0＋000～X0＋200）采用 DN1000 的 DIP 管，单排布置，长 0.2km；武邑支线输水管道（桩号 W0＋000～W7＋191）采用 DN700 的 DIP 管，单排布置，长 7.726km。沿线经过大善彰村、李善彰村、魏家村、十二王、赵伍营、陈伍营、孙伍营、焦伍营、沟里王、花园村、王家辛庄、李家庄、西张庄、苏正村、南云齐村共 15 个村庄。由河北省水利工程局承建。

施工投入主要设备有大型挖掘机 5 台、小型挖掘机 2 台、大型吊车 2 台、装载机 1 台、自卸汽车 13 辆、推土机 3 台、振动碾 4 台、钢筋弯曲机 2 台、钢筋切断机 2 台、振捣棒 10 台、电焊机 6 台；高峰期施工人员数量达 175 人。

工业新区/武邑干管沟槽底宽 3200mm，坡比 1∶1.25；开挖土方量 199750m³，回填量 204200m³；共安装 DIP 管道 759 根。工业新区支管沟槽底宽 2000mm，坡比 1∶1；开挖土方量 8980m³，回填量 8475m³，管道总长 200m；武邑干线管道沟槽底宽 1700mm，坡比 1∶0.75，开挖土方量 63500m³，回填量 61600m³；共安装管道 1064 根。2015 年 5 月 6 日，开始清表；10 月 20 日，开挖沟槽；11 月 13 日，安装管道；12 月 17 日，成功完成试验段水压实验。2016 年 7 月 18 日，主管道安装完成；7 月 20 日，土方回填完成；9 月 20 日，开始退地；2017 年 1 月 10 日，完成退地工作。

输水管线阀井统计见表 5-37。

表 5-37　　　　　　　　　　　三单元 8 标输水管线阀井一览表

| 类别 | 排气、检修阀组合 | 排泥阀 | 电磁流量计 |
|---|---|---|---|
| 个数 | 20 | 7 | 1 |
| 桩号 | XW15＋776、XW15＋966、XW16＋497、XW17＋096.2、XW17＋458、XW18＋193、XW19＋484、XW20＋185、XW21＋151.5、W0＋055、W0＋311、W0＋875、W2＋096.2、W3＋112.2、W4＋198.2、W4＋902.5、W5＋670、W6＋150、W6＋692、W0＋006.5 | XW16＋352、XW17＋270、XW18＋774、XW19＋767、W0＋273、W1＋966.2、W2＋594.6 | W7＋169 |

排水井长 4700～5050mm、宽 2500～2650mm、高 4100～12200mm；排气井长 3300mm、宽 2900～3800mm、高 3900～6200mm；排泥井长 4700～5050mm、宽 2500～2650mm、高 4100～12200mm；检修井长 3000mm、宽 3100mm、高 5600mm。2016 年 4 月 14 日，第一个阀井开始浇筑；8 月 30 日，全部完成。

工业新区支线调流阀站负责向工业新区水厂供水，工程位于冀衡路南侧，进口设计桩号 X0＋170.5，出口桩号 X0＋273.3，总长 102.8m。主要施工内容包括调流阀井房、变电站、管理用房、厂区绿化及围墙等。施工单位 2016 年 4 月 10 日进场施工；4 月 11 日，开挖土方；4 月 22 日，开始基坑验收；4 月 23 日，浇筑混凝土垫层；6 月 22 日，完成隐蔽工程验收，并开始土方回填；10 月 20 日，完成阀门安装。2017 年 1 月 14 日开始调试，满足设计要求。

武邑支线调流阀站负责向武邑水厂供水，工程位于 106 国道西侧，进口设计桩号 W7＋153.8，出口设计桩号 W7＋191，总长 37.2m。主要施工内容包括调流阀井房、变电站、管理用房、厂区绿化及围墙等。施工单位 2016 年 4 月 10 日进场施工，4 月 12 日开挖土方；4 月 24 日，开始基坑验收；4 月 26 日，浇筑混凝土垫层；6 月 20 日，完成隐蔽工程验收，并开始土方回填；10 月 22 日，完成阀门安装。

2017 年 1 月 14 日，开始调试，满足设计要求。

本标段交叉工程见表 5-38。

表 5-38 三单元 8 标穿越工程一览表

| 类 别 | 名 称 | 穿越方式 | 穿越长度/m | 桩 号 |
|---|---|---|---|---|
| 公路（混凝土路） | 陈伍营通村路 | 明挖 | 31 | XW16+912 |
| | 焦伍营通村路 | | | XW17+574 |
| | 花园通村沥青路 | | | XW20+198.5 |
| | 王家辛庄通村路 | | | W0+755.6 |
| | 西张庄通村水泥路 | | | W3+235.2 |
| | 南云齐通村沥青路 | | | W7+122.6 |
| | 大广高速 | 顶管 | 100 | XW17+143.1 |
| | 威武大街 | | 79 | W4+080.2 |
| | 振华新路 | | 82 | XW16+405 |
| | 东华大街 | | 132.63 | W2+630.2 |
| 河道 | 班曹店 | 倒虹吸 | 50 | XW16+312 |
| | 滏阳河 | | 341 | XW19+797 |
| | 白马沟 | | 105 | W0+250 |
| | S040 省道滏阳新河 | 定向钻 | 562 | W4+346.7～W4+892.5 |
| | 滏东排河 | | 467 | W5+695.5～W6+145 |

本标段分部工程共 17 个，2016 年 12 月 12 日至 2017 年 1 月 10 日完成本标段所有分部工程验收；单位工程共 1 个，2017 年 7 月 18 日完成验收；合同工程 1 个，2018 年 5 月 18 日完成验收。

3. 冀州市、滨湖新区、枣强县、故城县地表水厂输水线路

本输水线路全长 78.429km，干、支管合计共 7 段，全部采用泵站加压的输水方式。

冀州市、滨湖新区、枣强县、故城县地表水厂输水线路管线（以下简称冀滨枣故线路）划分为 8 个标段，第 9～16 标段。

（1）冀滨枣故线路第 9 标段。本标段安装管径 DN2200 的 PCCP 管，桩号 JBZG0－122.0～JZGB13＋102，全长 12.995km。沿线经过傅家庄、范家庄、北大方、南大方、东王家庄、庄子头村。由河北省水利工程局承建。

施工投入主要设备有大型挖掘机 20 台、小型挖掘机 2 台、大型吊车 5 台、装载机 4 台、自卸汽车 4 辆、振动碾 6 个、钢筋弯曲机 2 台、钢筋切断机 2 台、振捣棒 8 个、电焊机 4 台；高峰期施工人员数量达 232 人。

本标段沟槽底宽 4.1m，坡比 1∶1.25；开挖土方量 1004934m³，回填量 903339m³；管道安装共 12.995km。2015 年 3 月 29 日，开始清表，次日开挖沟槽；

5月15日，安装管道；9月5日，主管道安装完成；10月15日，土方回填完成。
2016年11月10日，开始退地；12月20日，完成退地工作。

输水管线阀井统计见表5-39。

表5-39 三单元9标输水管线阀井一览表

| 类别 | 排气、检修阀组合 | 排泥阀 |
|---|---|---|
| 个数 | 24 | 4 |
| 桩号 | JZGB0+027.2、JZGB0+597、JZGB1+220、JZGB1+759、JZGB1+890、JZGB2+776、JZGB3+615、JZGB4+477.5、JZGB5+436.4、JZGB5+957.4、JZGB6+435.4、JZGB6+986、JZGB7+323.4、JZGB7+660、JZGB8+265、JZGB9+020、JZGB10+317.5、JZGB10+836、JZGB11+597、JZGB11+686、JZGB12+477、JZGB13+034、JZGB1+848.2、JZGB6+004.4、JZGB7+575、JZGB9+236.3、JZGB4+561、JZGB9+474.3 | JZGB1+848.2、JZGB6+004.4、JZGB7+575、JZGB9+236.3 |

排气阀长2600mm、宽2800mm；排泥阀长5200mm、宽2800mm；检修排气阀长5300mm、宽4800mm。2015年7月26日，第一个阀井开始浇筑；2016年3月20日，全部完成。

傅家庄加压泵站枢纽布置在军齐至傅家庄输水渠道末端，主要由上游节制闸、进水池、主泵房、下游节制闸、泵站出水管、配电室、管理房、进厂路及厂区附属建筑物组成。泵站进厂路利用军齐至傅家庄输水渠道右侧堤顶路与附近的赵南公路相连，长约500m，路宽4m，采用混凝土路面。其中市区、工业新区、武邑干线供水方向设计流量5m³/s，设计扬程29.0m，配套8台机组，7用1备，机组型号为S600-18N/6A，单机流量0.724m³/s；冀滨枣故干线供水方向设计流量3.18m³/s，设计扬程24.0m，配套5台机组，4用1备，机组型号为S700-25N/6，单机流量0.86m³/s。

泵站2014年11月9日进场施工；11月11日，开挖土方；12月2日，开始基坑验收；12月11日，浇筑进水池底板混凝土。2015年4月21日，完成隐蔽工程验收，并开始土方回填；6月30日，完成泵体安装；7月30日，已具备通水条件。

本标段交叉工程见表5-40。

表5-40 三单元9标穿越位置一览表

| 类别 | 名称 | 穿越方式 | 穿越长度/m | 桩号 |
|---|---|---|---|---|
| 公路 | 第一次赵南公路 | 明挖 | 42 | JZGB4+496～JZGB4+545 |
| | 第二次赵南公路 | | 44 | JZGB10+345～JZGB10+394 |
| | 冀门公路 | | 40 | JZGB11+616～JZGB11+668 |
| 河道 | 滏阳河 | 明挖 | 140 | JZGB1+755～JZGB1+895 |
| | 滏阳新河 | | 120 | JZGB7+545～JZGB7+665 |
| | 滏东排河 | | 434.5 | JZGB9+065.5～JZGB9+500 |

本标段分部工程共 24 个，2016 年 1 月 14 日至 11 月 16 日完成本标段所有分部工程验收；单位工程共 1 个，2017 年 12 月 15 日完成验收；合同工程 1 个，未验收。

（2）冀滨枣故线路第 10 标段。本标段安装管径 DN2200 的 PCCP 管，桩号 JZGB13＋102～JZGB19＋552，长度为 6.45km。沿线经过庄子头、狄家庄、冯家庄、淄村。由山东省水利工程局承建。

施工投入主要设备有挖掘机 6 台、推土机 3 台、装载机 4 台、破碎锤 1 个、振动碾 3 台、手扶式振动碾 6 台、蛙式打夯机 4 台、自卸汽车 4 辆、逆变直流弧焊机 1 台、钢筋加工设备 1 套、木工设备 1 套、插入式振捣器 6 台、平板振捣器 2 台、电焊机 9 台、汽车吊 1 台、履带吊 2 台、拌合站 1 个、污水泵 12 台、发电机组 6 组、洒水车 2 辆、油罐车 1 辆；高峰期施工人员数量达 164 人。

本标段沟槽底宽 4100mm，一般段坡比 1∶1.25；开挖土方量 424464.64m³，回填量 381775.06m³；共安装 PCCP 管 1075 根。2014 年 8 月 20 日，开始清表，次日开挖沟槽；10 月 9 日，安装管道。2015 年 8 月 15 日，主管道安装完成；8 月 20 日，土方回填完成，开始退地；10 月 13 日，完成退地工作。

输水管线阀井统计见表 5－41。

表 5－41　　　　　　　　　　三单元 10 标输水管线阀井一览表

| 个数 | 10 | 4 |
|---|---|---|
| 桩号 | JZGB13＋436、JZGB13＋764、JZGB14＋242.5、JZGB15＋282.4、JZGB15＋881.4、JZGB16＋882.4、JZGB18＋120、JZGB18＋718.6、JZGB19＋100.6、JZGB14＋759.7 | JZGB13＋141、JZGB13＋603、JZGB17＋313.4、JZGB18＋945.6 |

排气阀长 2600mm、宽 2800mm；排泥阀长 5200mm、宽 2800mm；检修排气阀长 5300mm、宽 4800mm、高 6400mm。2015 年 6 月 19 日，第一个阀井开始浇筑；11 月 20 日，全部完成。

本标段交叉工程见表 5－42。

表 5－42　　　　　　　　　　三单元 10 标穿越位置一览表

| 类别 | 名称 | 穿越方式 | 穿越长度/m | 桩号 |
|---|---|---|---|---|
| 公路 | 穿越 S393 省道 | 顶管 | 50 | JZGB14＋162.7～JZGB14＋227.7 |
| 河道 | 冀码河 | 倒虹吸 | 116 | JZGB13＋050～JZGB13＋166 |
| | 西沙河 | | 320 | JZGB13＋440～JZGB13＋760 |
| | 冀南渠 | | 220 | JZGB18＋840～JZGB19＋060 |
| 线缆 | 高压塔/110kV | 降低路面 | 60 | JZGB14＋800～JZGB14＋860 |
| | 徐 T 线/35kV | | 50 | JZGB16＋475～JZGB16＋525 |
| | 双排高压电杆/35kV | | 120 | JZGB18＋480～JZGB18＋600 |
| | 冀码线/35kV | | 60 | JZGB19＋260～JZGB19＋340 |

本标段分部工程共 11 个，2016 年 12 月 14 日至 2017 年 3 月 22 日，完成本标段所有分部工程验收；单位工程共 1 个，2017 年 12 月 15 日完成验收；合同工程 1 个，2018 年 11 月 16 日完成验收。

（3）冀滨枣故线路第 11 标段。本标段安装管径 DN2200 的 PCCP 管，桩号 JZGB19＋552～JZGB26＋132，长度为 6597.5m。沿线经过冀州、枣强、故城及衡水滨湖新区干线。由中国水利水电第十三工程局有限公司承建。

施工投入主要设备有挖掘机 4 台、推土机 2 台、装载机 2 台、破碎锤 1 个、振动碾 2 台、手扶式振动碾 2 台、蛙式打夯机 6 台、自卸汽车 4 辆、逆变直流弧焊机 1 台、钢筋加工设备 1 套、木工设备 1 套、插入式振捣器 6 台、平板振捣器 2 台、电焊机 9 台、汽车吊 1 台、履带吊 1 台、龙门架 1 台、拌合站 1 个、搅拌运输车 2 辆、污水泵 2 台、发电机组 7 组、洒水车 1 辆、油罐车 1 辆；高峰期施工人员数量达 135 人。

本标段沟槽底宽 4100mm，坡比 1∶1 和 1∶1.25；开挖土方量 499200m³，回填量 456218m³；共安装 PCCP 管 992 根。2014 年 9 月 26 日，开始清表，次日开挖沟槽；12 月 9 日，安装管道，成功完成试验段水压实验。2015 年 9 月 5 日，土方回填完成；9 月 10 日，开始退地；9 月 20 日，主管道安装完成；9 月 30 日，完成退地工作。

输水管线阀井统计见表 5-43。

表 5-43　　　　　　　　　三单元 11 标输水管线阀井一览表

| 类别 | 排气、检修组合阀 | 排泥阀 | 活塞式调流阀 | 电磁流量计 |
|---|---|---|---|---|
| 个数 | 10 | 3 | | |
| 桩号 | JZGB19＋933.6、JZGB20＋800、JZGB21＋185、JZGB22＋001.5、JZGB22＋598.5、JZGB23＋299.5、JZGB23＋802.5、JZGB24＋299.5、JZGB24＋976.5、JZGB25＋597.5 | JZGB21＋163.5、JZGB25＋070.2、JZGB25＋733 | | |

排气阀长 2600mm、宽 2800mm；排泥阀长 5200mm、宽 2800mm；检修排气阀长 5300mm、宽 4800mm、高 6400mm；检修排泥阀长 5300mm、宽 7400mm、高 8000mm。2015 年 7 月 1 日，第一个阀井开始浇筑；9 月 5 日，全部完成。

本标段交叉工程见表 5-44。

表 5-44　　　　　　　　　三单元 11 标穿越位置一览表

| 类别 | 名称 | 穿越方式 | 穿越长度/m | 桩号 |
|---|---|---|---|---|
| 公路 | G106 | 顶管 | 70 | JZGB24＋990.3～JZGB25＋060.3 |
| | 旧 G106 | | 46 | JZGB24＋229.6～JZGB24＋345.6 |
| | 冀李线（X904） | | 89 | JZGB25＋642.8～JZGB25＋731.8 |
| | 西环（S393） | | 34 | JZGB23＋320.4～JZGB23＋345.4 |
| 河道 | 冀午渠 | 倒虹吸 | 122 | JZGB25＋600～JZGB25＋722 |
| | 冀吕渠 | | 70 | JZGB21＋120～JZGB21＋190 |

续表

| 类别 | 名称 | 穿越方式 | 穿越长度/m | 桩号 |
|---|---|---|---|---|
| 线缆（国防地埋式光缆） | 106 路南 | 明挖 | | JZGB25+230 |
| | 106 路北 | | | JZGB24+993 |
| | 旧 106 | | | JZGB24+340 |

本标段分部工程共 12 个，2016 年 4 月 14 日至 2017 年 7 月 11 日，完成本标段所有分部工程验收；单位工程 1 个，2017 年 12 月 15 日，完成验收；合同工程 1 个，未验收。

（4）冀滨枣故线路第 12 标段。本标段安装管径 DN2200 的 PCCP 管，桩号 JZGB26+132～JZGB32+790，长度为 5.388m。沿线经过胡刘村、小罗村、西沙村、大吴家寨、杜沙村、八里村、岳良村。由山东黄河工程集团有限公司承建。

施工投入主要设备有大型挖掘机 6 台、小型挖掘机 1 台、大型吊车 2 台、装载机 4 台、自卸汽车 9 辆、推土机 3 台、振动碾 5 台、冲击夯 3 台、钢筋弯曲机 2 台、钢筋切断机 2 台、振捣棒 6 个、电焊机 3 台；高峰期施工人员数量达 86 人。

本标段沟槽底宽 4100mm，坡比 1:1～1:1.25；开挖土方量 270689.5m³，回填量 205191.9m³；管道安装共 5338m，其中 PCCP 管道安装 5202.7m，SP 管安装 185.3m。2014 年 10 月 8 日开始清表，次日开挖沟槽；12 月 5 日，安装管道。2015 年 7 月 14 日，主管道安装完成；7 月 23 日，土方回填完成；8 月 6 日，开始退地；9 月 30 日，完成退地工作。

输水管线阀井统计见表 5-45。

表 5-45　　　　　　　　三单元 12 标输水管线阀井一览表

| 类别 | 排气、检修组合阀 | 排 泥 阀 | 超声波流量计 |
|---|---|---|---|
| 个数 | 9 | 2 | 1 |
| 桩号 | JZGB26+140、JZGB26+750、JZGB27+740、JZGB29+694、JZGB30+356、JZGB30+590、JZGB31+760、JZGB32+280、JZGB32+760 | JZGB29+722、JZGB32+460 | JZGB32+779 |

排气阀长 2800mm、宽 2600mm；排泥阀长 5200mm、宽 2800mm；流量计井长 4800mm、宽 4400mm、高 5800mm。2014 年 12 月 17 日，第一个阀井开始浇筑；2015 年 7 月 17 日，全部完成。

本标段交叉工程见表 5-46。

表 5-46　　　　　　　　三单元 12 标穿越位置一览表

| 类别 | 名称 | 穿越方式 | 穿越长度/m | 桩号 |
|---|---|---|---|---|
| 公路 | 大吴家寨村路 | 明挖 | 132 | JZGB27+770 |
| | 杜沙村路 | | 70 | JZGB30+860 |
| 河道 | 盐河故道 | 明挖 | 173 | JZGB26+320～JZGB32+493 |

本标段分部工程共11个，2016年1月14日至11月16日，完成本标段所有分部工程验收；单位工程1个，2017年12月15日完成验收；合同工程1个，2018年11月21日完成验收。

（5）冀滨枣故线路第13标段。本标段安装DN1600和DN900的球墨铸铁管。枣故干线为桩号ZG0＋000～ZG8＋405，全长8405m；枣强支线为桩号Z0＋000～Z1＋252.3，全长1252.3m。沿线经过冀州区冀州镇岳良村、双庙村、河夹庄村和枣强县枣强镇大雨淋召村、付雨淋召村、张家庄村、段宅城村、宋王坊村、赵王坊村、旸古庄村、西马庄村和李武庄村。由黑龙江省水利水电工程总公司承建。

施工投入主要设备有大型挖掘机8台、小型挖掘机3台、大型吊车5台、装载机4台、自卸汽车12辆、推土机4台、振动碾6台、冲击夯4台、钢筋弯曲机2台、钢筋切断机2台、振捣棒8个、电焊机8台；高峰期施工人员数量达190人。

枣故干线沟槽底宽度为3200mm，枣强支线沟槽底宽度为1900mm，坡比1∶1、1∶0.75。开挖土方量为342880m³，回填量为322880m³。共安装DN1600管道983根、DN900管道166根。2014年9月29日，开始清表；10月10日，开始开挖；11月5日，安装管道；12月23日，顺利完成试验段管道水压试验。2015年9月10日，管道安装完成；9月20日，土方回填完成；10月8日，完成退地工作。

输水管线阀井统计见表5-47。

表5-47　　　　　　　　　三单元13标阀井一览表

| 类别 | 排气、检修组合阀 | 排泥阀 | 活塞式调流阀 | 电磁流量计 |
|---|---|---|---|---|
| 个数 | 17 | 5 | 1 | 3 |
| 桩号 | ZG0＋213、ZG0＋016.7、ZG0＋956、ZG1＋740、ZG2＋602、ZG3＋534、ZG3＋878、ZG4＋757、ZG5＋310、ZG6＋000、ZG0＋890、ZG7＋202、ZG7＋802、ZG8＋385、ZG0＋070、ZG4＋017、ZG6＋737 | ZG0＋704、ZG3＋564、G3＋992、ZG6＋789、Z0＋320 | Z1＋252.3 | ZG0＋028.2、ZG8＋395.2、Z1＋206.3 |

排气、检修组合阀长3300mm、宽3800mm、高2850～3560mm；排泥阀长5050mm、宽2260mm、高3200mm。2015年4月25日，第一个阀井开始浇筑；9月28日，所有阀井浇筑完成。

本标段交叉工程见表5-48。

表5-48　　　　　　　　　三单元13标穿越位置一览表

| 类别 | 名称 | 穿越方式 | 穿越长度/m | 桩号 |
|---|---|---|---|---|
| 铁路 | 邯黄铁路 | 混凝土保护涵 | 90 | ZG0＋806～ZG0＋896 |
| 公路 | 河夹庄路 | 明挖 | 20 | ZG1＋000～ZG1＋005 |
|  | 大雨淋召村路 |  |  | ZG2＋870～ZG2＋875 |
|  | 段宅城村路 |  |  | ZG5＋221.8～ZG5＋226.8 |
|  | 旸古庄村南路 |  |  | ZG8＋248.4～ZG8＋252.4 |

续表

| 类别 | 名称 | 穿越方式 | 穿越长度/m | 桩号 |
|---|---|---|---|---|
| 公路 | 旸古庄村路 | 明挖 | 8 | Z0+896～Z0+900 |
| | 水厂路 | | | Z1+130～Z1+134 |
| 沥青公路 | 段宅城新公路 | 明挖 | 6 | ZG4+708.3～ZG4+714.3 |
| 高速公路 | 大广高速 | 顶管 | 87.5 | ZG3+905.4～ZG3+992.9 |
| 河道 | 索泸河 | 明挖 | 127 | ZG6+753～ZG6+880 |

本标段分部工程共 15 个，2015 年 12 月 23 日至 2017 年 1 月 6 日，完成本标段所有分部工程验收；单位工程共 1 个，未验收；合同工程 1 个，未验收。

（6）冀滨枣故线路第 14 标段。本标段安装管径 DN1000 的 HDPE 管，桩号 G0+000～G12+853，长度为 12853m。沿线经过阳谷庄、西马庄、前王庄、边王庄、范庄、三街、北姚庄、潘庄、许杨庄、黑马、打车杨、表杨官、文登庄、文登、南刘庄。由河南中原水利水电工程集团有限公司承建。

施工投入主要设备有大型挖掘机 12 台、小型挖掘机 2 台、大型吊车 2 台、装载机 4 台、自卸汽车 12 辆、推土机 4 台、振动碾 6 台、冲击夯 4 台、钢筋弯曲机 2 台、钢筋切断机 2 台、振捣棒 8 个、电焊机 8 台；高峰期施工人员数量达 120 人。

本标段沟槽底宽 2000mm，坡比 1∶1、1∶1.25；开挖土方量 218000m³，回填量 215000m³；共安装管道 745 根。2014 年 11 月 2 日，开始清表；11 月 10 日，开挖沟槽；11 月 20 日，安装管道。2015 年 5 月 20 日，主管道安装完成；8 月 10 日，土方回填完成；10 月 5 日，开始退地；10 月 20 日，完成退地工作。

输水管线阀井统计见表 5-49。

表 5-49　　　　　　　　　三单元 14 标输水管线阀井一览表

| 类别 | 排气、检修组合阀 | 排泥阀 | 活塞式调流阀 | 电磁流量计 |
|---|---|---|---|---|
| 个数 | 23 | 5 | | 1 |
| 桩号 | G0+230、G1+100、G1+782.5、G2+500、G3+000、G3+743、G3+857、G4+440、G4+900、G6+200、G6+720、G7+420、G8+040、G8+540、G9+120、G9+680、G10+240、G10+800、G11+640、G12+160、G0+007.25、G5+465、G10+240 | G0+740、G3+768、G4+412、G5+465、G11+360 | | G0+014.5 |

排气阀长 3300mm、宽 3200mm、高 3000～3890mm；检修兼排气阀长 3600mm、宽 3400mm、高 3200～3600mm；排泥阀长 4700mm、宽 2500mm、高 2850～3600mm。2015 年 7 月 1 日，第一个阀井开始施工；9 月 28 日，全部阀井施工完成。

本标段交叉工程见表 5-50。

表 5-50　　　　　　　　　　三单元 14 标穿越位置一览表

| 类别 | 名称 | 穿越方式 | 穿越长度/m | 桩号 |
|---|---|---|---|---|
| 铁路 | 京九铁路 | 混凝土保护涵 | 132 | G5+356～G5+488 |
| 公路 | X905 | 顶管 | 138 | G1+785～G1+865 |
| | S282 | | | G4+164～G4+256 |
| 河道 | 南干渠 | 倒虹吸 | 183 | G3+746～G3+854 |
| | 卫千渠 | | | G4+360～G4+435 |

本标段分部工程共 20 个，2016 年 12 月 19 日至 2017 年 2 月 12 日完成本标段所有分部工程验收；单位工程共 1 个，2017 年 9 月 12 日完成单位工程验收；合同工程 1 个，未验收。

(7) 冀滨枣故线路第 15 标段。本标段安装管径 DN1000 的 HDPE 管，桩号 G12+853～G25+814.6，长度为 13.082km。沿线经过夏家庄、曹庄、苏庄、倘村、楚村、横头后崔庄、小李庄、杨福屯、北高庄、烧盆屯、大杏基至故城水厂。由河南省水利第一工程局承建。

施工投入主要设备有大型挖掘机 6 台、小型挖掘机 2 台、大型吊车 2 台、装载机 3 台、自卸汽车 8 辆、推土机 3 辆、振动碾 6 台、冲击夯 2 台、钢筋弯曲机 2 台、钢筋切断机 2 台、振捣棒 8 个、电焊机 6 个；高峰期施工人员数量达 153 人。

本标段沟槽底宽 2000mm，坡比 1:1、1:1.25；开挖土方量 315561.3m³，回填量 263917.69m³。共安装管道 760 根。2014 年 10 月 10 日，开始清表；10 月 29 日，开挖沟槽。2015 年 6 月 12 日，管道安装完成；7 月 30 日，土方回填完成；10 月 9 日，开始退地。2016 年 4 月 25 日，完成退地工作。

输水管线阀井统计见表 5-51。

表 5-51　　　　　　　　　三单元 15 标输水管线阀井一览表

| 类别 | 排气、检修组合阀 | 排泥阀 | 电磁流量计 |
|---|---|---|---|
| 个数 | 26 | 6 | 1 |
| 桩号 | G12+920、G13+318（泵站左、右）、G13+480、G14+080、G15+446、G16+040、G16+560、G17+116、G17+826、G18+560、G19+236、G20+320、G20+792、G21+280、G21+840、G22+440、G22+960、G23+383、G24+040、G24+110、G24+765、G25+669、G14+800、G19+800、G25+812.5 | G13+774、G14+654、G16+990、G19+523、G20+850.5、G23+298 | G25+805.5 |

排气阀长 3300mm、宽 3200mm、高 2800～3600mm；检修兼排气阀长 3600mm、宽 3400mm、高 3500mm；排泥阀长 4700mm、宽 2500mm、高 3650mm。2015 年 7 月 30 日，第一个阀井开始浇筑；11 月 26 日，全部完成。

故城支线加压泵站设计流量为 0.66m³/s，扬程 19m，装机 4 台，单机容量 55kW，3 用 1 备。泵站占地面积为 2803.7m²。进水池及泵房下部结构（▽24.50m

以下）主体施工情况如下：泵房检修平台、巡视平台采用C30钢筋混凝土，垫层采用C10素混凝土，支墩采用C20钢筋混凝土，其余均采用C25钢筋混凝土；进水池和泵房下部结构混凝土中均掺加纤维素，纤维掺加量为 $0.9kg/m^3$。泵房上部结构及电气设备用房为钢筋混凝土框架结构，其中泵房建筑面积为 $225.60m^2$，电气设备用房建筑面积为 $217.28m^2$。管理房及水源井房为砖混结构，其中管理房建筑面积为 $154.50m^2$，水源井房建筑面积为 $38.10m^2$。

泵站2014年12月4日进场施工；12月6日，开挖土方。2015年3月19日，开始基坑验收，浇筑混凝土；3月22日，完成隐蔽工程验收，并开始土方回填；9月30日，完成泵体安装。2016年6月5日，开始调试，满足设计抽水要求。

本标段交叉工程见表5-52。

表5-52　　　　　　　　三单元15标阀井一览表

| 类别 | 名称 | 穿越方式 | 穿越长度/m | 桩号 |
|---|---|---|---|---|
| 公路 | 水泥混凝土 | 明挖 | 7 | G13+435 |
| | 水泥混凝土 | 明挖 | 8 | G17+813 |
| | 水泥混凝土 | 明挖 | 6.5 | G20+985 |
| 河道 | 西支流 | 明挖 | 89 | G14+605~G14+694 |
| | 清凉江 | | 200 | G19+480~G19+680 |
| | 武北沟 | | 125 | G23+270~G23+395 |

本标段分部工程共25个，2016年12月2日至2017年11月8日完成本标段所有分部工程验收；单位工程共2个，未验收；合同工程1个，未验收。

（8）冀滨枣故线路第16标段。本标段安装管径DN1400、DN1000、DN900的离心球墨铸铁管输水。桩号 BJ0+000~BJ2+390，长度为2.39km，本段为DN1400，沿线经过岳亮村、前店村、焦阳村；桩号 J0+000~J2+416 段为DN1000，长度为2.416km，沿线经过焦阳村、殷家庄；桩号 B0-050~B7+000 段为DN900，长度为7.05km。总计11.856km。由吉林省长虹水利工程有限责任公司承建。

施工投入主要设备有大型挖掘机6台、小型挖掘机1台、大型吊车4台、装载机2台、自卸汽车10辆、振动碾8台、冲击夯4台、钢筋弯曲机2台、钢筋切断机2台、振捣棒8个、电焊机8台；高峰期施工人员数量达205人。

本标段沟槽底宽2400mm、2000mm、1900mm，坡比1:1.25、1:1、1:0.75；开挖土方量 $161858.40m^3$，回填量 $148163.30m^3$；共安装管道1878根，其中DN1400每根长8.15m、DN1000和DN900每根长6m。2014年10月20日，开始清表；10月21日，开挖沟槽；5月2日，安装管道；6月15日，成功完成试验段水压实验。2015年9月25日，主管道安装完成。2016年5月2日，土方回填完成；8月1日，开始退地；10月25日，完成退地工作。

输水管线阀井统计见表 5-53。

表 5-53　　　　　　　　　　三单元 16 标阀井一览表

| 类别 | 排气、检修组合阀 | 排泥阀 | 活塞式调流阀 | 电磁流量计 |
|------|------------------|--------|--------------|------------|
| 个数 | 20 | 6 | 2 | 4 |
| 桩号 | B0＋664、B1＋352.2、B1＋483.5、B2＋137.5、B2＋840.5、B3＋378、B4＋028.9、B4＋830.5、B5＋530、B6＋180、B6＋740、J0＋070、J1＋044、J1＋182、J2＋085、BJ0＋027.5、BJ0＋600、BJ0＋915、BJ1＋619、BJ2＋125 | BJ1＋366、J1＋088、J2＋052、B0＋175、B4＋288、B6＋662 | J2＋400.2、B6＋948.8 | BJ2＋381.2、B0－032、B6＋940、J2＋393 |

排气、检修组合阀长 3200mm、宽 3000mm、高 2850～3350mm；排泥井长 4700～5050mm、宽 2650～3850mm、高 6700～8300mm。2015 年 5 月 20 日，第一个阀井开始浇筑；10 月 15 日，全部完成。

本标段交叉工程见表 5-54。

表 5-54　　　　　　　　　　三单元 16 标穿越位置一览表

| 类别 | 名称 | 穿越方式 | 穿越长度/m | 桩号 |
|------|------|----------|-----------|------|
| 公路（沥青） | 106 国道 | 顶管 | 70 | J2＋045～J2＋115 |
| | 393 省道 | | 112 | BJ0＋776.2～BJ0＋888.2 |
| 河道 | 中干渠 | 明挖 | 116 | J1＋059～J1＋175 |
| | 盐河故道 | | 68 | B6＋759～B6＋827 |

本标段分部工程共 18 个，2016 年 7 月 14 日至 8 月 16 日完成本标段所有分部工程验收；单位工程 1 个，未验收；合同工程 1 个，未验收。

# 第五节　压力箱涵衡水段施工建设

压力箱涵衡水段线路始于深州境内石津干渠大田南干一分干始端（石津干渠桩号 120＋430），线路沿大田南干一分干明渠轴线方向约 18km 后折向东南，在孙庄南穿龙治河向东北方向行进，在罗庄南折向东南，穿滏阳河后继续向东偏北方向行进，于滏阳新河左堤外 120m 处折向东南，穿滏阳新河和滏东排河后向东北行进，从武邑县范家村和田家村中间穿过，于 106 国道左侧约 100m 处折向东南，横穿 106 国道 200m 后一路向东北行进，穿过老盐河、省道 281、六号干渠、五号干渠、四号干渠，在南八里庄南向南折穿清凉江后一路向东北行进，在新建李伯村北折向偏南方向，穿过江江河后折向东南，行进约 1km 后向北折，穿过南运河后继续北折行进约 1.2km 后向东，在张盘古村西侧折向东北，从张盘古和义和庄北侧绕行后一路向北偏东行进，与代庄引渠交汇。

根据压力箱涵衡水段工程规模、规划设计，共划分 7 个施工标。

## 一、压力箱涵衡水段 1 标

本标段为 3.4m×3.5m（宽×高）两联箱涵，桩号 120＋430～125＋000，长度为 4530m。沿线经过李村、大王庄、叶家庄、赵村、北西河头村。由湖南省建筑工程集团总公司承建。

（1）施工投入。主要设备有大型挖掘机 6 台、小型挖掘机 2 台、大型吊车 2 台、装载机 6 台、自卸汽车 10 辆、泵车 3 辆、罐车 12 辆、振动碾 4 台、冲击夯 4 台等；高峰期施工人员数量达 280 人。

（2）箱涵工程。本标段沟槽底宽 10.4m，坡比 1∶1；开挖土方量 616996m³，回填量 437938m³；混凝土用量 71051.33m³，钢筋用量 4854.198t；箱涵浇筑共 298 节，每节长 15m。2014 年 8 月 1 日，开始清表；8 月 26 日，开挖沟槽；10 月 20 日，浇筑第一节箱涵。2015 年 6 月 30 日，箱涵主体完成；9 月 15 日，土方回填完成；10 月 1 日，开始退地；12 月 10 日，完成退地工作。

（3）阀井工程。2015 年 6 月 18 日，第一个阀井开始浇筑；6 月 30 日，全部完成。输水管线阀井统计见表 5－55。

表 5－55　　　　　　　　压力箱涵衡水段 1 标阀井一览表

| 类别 | | 排气井 | 检修阀 | 排水井 | 超声波流量计 |
|---|---|---|---|---|---|
| 数量 | | 3 个 | 1 个 | 2 个 | 2 套 |
| 桩号 | | 120＋868.39、124＋025.001、123＋355.012 | 120＋500 | 122＋905 | 120＋640 |
| 尺寸/mm | 长 | 2700 | 2800 | 4700 | |
| | 宽 | 2400 | 2300 | 2800 | |
| | 高 | 4500 | 5200 | 7200～7500 | |

（4）穿越工程。本标段交叉工程为穿越安济线天然气管道，穿越长度 90m，桩号 123＋272.512～123＋362.512。

（5）进口闸。箱涵进口闸由进口连接段、闸室段和出口连接段三部分组成，总长 42m，全闸共 2 孔，单孔孔口尺寸为 3.4m×3.5m。闸室底板为混凝土结构，侧墙厚 0.8m、底板厚 1.2m、中墙厚 1.1m，底板设计高程（过流面）9.00m，最高挡水位 20.42m。工作闸门为潜孔式平面钢闸门，闸门顶高程 12.63m，闸门由 2 台电动卷扬式启闭机操作，单台容量为 250kN。

节制闸于 2016 年 3 月 20 日开始清表并开挖土方；4 月 20 日，基坑验收；9 月 1 日，浇筑混凝土；9 月 30 日，完成隐蔽工程验收，并开始土方回填。2017 年 7 月 30 日，完成闸室安装，经调试达到运行要求。

（6）验收工作。本标段分部工程共 9 个，2015 年 10 月 18 日至 2016 年 1 月 29

日完成本标段所有分部工程验收；单位工程 1 个，2017 年 12 月 6 日完成验收；合同工程 1 个，2018 年 7 月 26 日完成验收。

## 二、压力箱涵衡水段 2 标

本标段为 3.4m×3.5m（宽×高）两联箱涵，桩号 125＋000～128＋928，长度为 3928m。沿线经过叶家庄、徐祥口、东河头、北台头。由山东恒泰工程集团有限公司承建。

（1）施工投入。主要设备有大型挖掘机 6 台、小型挖掘机 2 台、大型吊车 2 台、装载机 6 台、自卸汽车 10 辆、泵车 3 辆、罐车 12 辆、振动碾 4 台、冲击夯 4 台等；高峰期施工人员数量达 245 人。

（2）箱涵工程。本标段沟槽底宽 10.4m、坡比 1∶1；土方开挖量 501450.45m³、回填量 345159.405m³；混凝土用量 61489.96m³、钢筋用量 4398.2t；箱涵浇筑共 264 节。2014 年 6 月 17 日，开始清表；10 月 15 日，开挖沟槽；10 月 29 日，浇筑第一节箱涵。2015 年 5 月 31 日，箱涵主体完成；7 月 8 日，土方回填完成；9 月 1 日，开始退地；9 月 16 日，完成退地工作。

（3）阀井工程。2015 年 6 月 18 日，第一个阀井开始浇筑；6 月 30 日，全部完成。输水管线阀井统计见表 5－56。

表 5－56　　　　　　　　　压力箱涵衡水段 2 标阀井一览表

| 类别 | 排气井 | 排水井 | 类别 | | 排气井 | 排水井 |
|---|---|---|---|---|---|---|
| 个数 | 1 | 2 | 尺寸 /mm | 长 | 2700 | 4700 |
| | | | | 宽 | 2400 | 2800 |
| 桩号 | 127＋170 | 125＋840.001 | | 高 | 6500 | 8900 |

（4）验收工作。本标段分部工程共 6 个，2015 年 10 月 19 日至 2016 年 1 月 29 日完成本标段所有分部工程验收；单位工程 1 个，2017 年 4 月 18 日完成验收；合同工程 1 个，2018 年 5 月 18 日完成验收。

## 三、压力箱涵衡水段 3 标

本标段为 3.4m×3.5m（宽×高）两联箱涵，桩号 128＋928～134＋000，全长 5.072km。沿线经过街关镇的北台头村、郝庄村，周窝镇的前王村、西王村、东王村、杜王李村、刘厂村。由河北省水利工程局承建。

（1）施工投入。主要设备有大型挖掘机 6 台、小型挖掘机 2 台、大型吊车 2 台、装载机 6 台、自卸汽车 10 辆、泵车 3 辆、罐车 12 辆、振动碾 4 台、冲击夯 4 台等；高峰期施工人员数量达 280 人。

（2）箱涵工程。本标段沟槽底宽 10.4m、坡比 1∶1；土方开挖量 644500m³、回填量 450700m³；混凝土用量 84000m³、钢筋用量 5502t；箱涵浇筑共 338 节。

2014 年 8 月 10 日，开始清表，开挖沟槽；10 月 26 日，浇筑第一节箱涵。2015 年 5 月 25 日，箱涵主体完成；6 月 14 日，土方回填完成；6 月 18 日，开始退地；9 月 18 日，完成退地工作。

（3）阀井工程。2015 年 4 月 10 日，第一个阀井开始浇筑；6 月 11 日，全部完成。输水管线阀井统计见表 5-57。

表 5-57　　　　　　　　　压力箱涵衡水段 3 标阀井一览表

| 类别 | 排水井 | 排气井 | 分水口 |
|---|---|---|---|
| 个数 | 2 | 2 | 4 |
| 桩号 | 130+405.5、133+420.5 | 128+995.5、131+500.5 | 128+935.5、130+780.5、130+795.5、132+595.5 |

（4）验收工作。本标段分部工程共 7 个，2015 年 10 月 2 日至 2016 年 1 月 28 日完成本标段所有分部工程验收；单位工程 1 个，2017 年 4 月 20 日完成验收；合同工程 1 个，2018 年 7 月 27 日完成验收。

## 四、压力箱涵衡水段 4 标

本标段为 3.4m×3.5m（宽×高）两联箱涵，桩号 120+430～125+000，长度为 4530m。沿线经过李村、大王庄、叶家庄、赵村、北西河头村。由山西省水利建筑工程局承建。

（1）施工投入。主要设备有大型挖掘机 6 台、小型挖掘机 2 台、大型吊车 2 台、装载机 6 台、自卸汽车 10 辆、泵车 3 辆、罐车 12 辆、振动碾 4 台、冲击夯 4 台、钢筋弯曲机 4 台、钢筋切断机 2 台等；高峰期施工人员数量达 280 人。

（2）箱涵工程。本标段沟槽底宽 10.4m，坡比 1:1；开挖土方量 616996m³、回填量 437938m³；混凝土用量 71051.33m³、钢筋用量 4854.198t；箱涵浇筑共 298 节。2014 年 8 月 1 日，开始清表；8 月 26 日，开挖沟槽；10 月 20 日，浇筑第一节箱涵。2015 年 6 月 30 日，箱涵主体完成；9 月 15 日，土方回填完成；10 月 1 日，开始退地；12 月 15 日，完成退地工作。

（3）阀井工程。2015 年 6 月 18 日，第一个阀井开始浇筑；6 月 30 日，全部完成。输水管线阀井统计见表 5-58。

表 5-58　　　　　　　　　压力箱涵衡水段 4 标阀井一览表

| 类别 | | 排气井 | 分水口 | 排水井 |
|---|---|---|---|---|
| 个数 | | 2 | 5 | 1 |
| 桩号 | | 134+127.5、136+334.977 | 134+202.5、134+630.38、136+124.977、138+334.977、138+420 | 135+380.38 |
| 尺寸/mm | 长 | 2700 | 4450～5300 | 4700 |
| | 宽 | 2400 | 5100～7300 | 4300 |
| | 高 | 13650 | 9200～10620 | 8400 |

（4）验收工作。本标段分部工程共 7 个，2015 年 10 月 17 日至 12 月 25 日，完成本标段所有分部工程验收；单位工程 1 个，2017 年 4 月 23 日完成验收；合同工程 1 个，2018 年 4 月 17 日，通过合同项目完成验收。

## 五、压力箱涵衡水段 5 标

本标段为 3.4m×3.5m（宽×高）两联箱涵，桩号 138＋470～144＋186，长度为 5716m。沿线经过南孙庄村、袁庄村、夹河村、楼堤村。由天津振津工程集团有限公司承建。

（1）施工投入。主要设备有大型挖掘机 6 台、小型挖掘机 4 台、大型吊车 2 台、装载机 6 台、自卸汽车 8 辆、泵车 3 辆、罐车 12 辆、振动碾 4 台、冲击夯 4 台等；高峰期施工人员数量达 320 人。

（2）箱涵工程。本标段沟槽底宽 10.4m、坡比 1∶1；开挖土方量 850059m³、回填量 646503m³；混凝土用量 84426m³、钢筋用量 6151t；箱涵浇筑共 380 节。2014 年 8 月 10 日，开始清表；8 月 12 日，开挖沟槽；9 月 11 日，浇筑第一节箱涵。2015 年 5 月 20 日，箱涵主体完成；6 月 29 日，土方回填完成；7 月 10 日，开始退地；8 月 10 日，完成退地工作。

（3）阀井工程。2014 年 12 月 24 日，第一个阀井开始浇筑；2015 年 7 月 11 日，全部完成。输水管线阀井统计见表 5－59。

表 5－59　　　　　　　　压力箱涵衡水段 5 标阀井一览表

| 类别 | | 排气井 | 排水井 | 超声波流量计 |
|---|---|---|---|---|
| 数量 | | 5 个 | 3 个 | 2 套 |
| 桩号 | | 139＋601.5、141＋388.487、141＋764.5、142＋955.294、143＋815.822 | 139＋331.5、141＋629.5、144＋025.831 | 武强节制闸 |
| 尺寸/mm | 长 | 3.3 | 4.7 | |
| | 宽 | 3.3 | 2.8 | |
| | 高 | 11.3～12.35 | 9.9～11.9 | |

（4）节制闸。武强节制闸由进口连接段、闸室段和出口连接段三部分组成，总长 45m。全闸共 2 孔，单孔孔口尺寸为 3.3m×3.3m。闸室底板为混凝土结构，厚 1.5m，侧墙厚 0.8m、底板厚 0.6m、中墙厚 1.1m。底板设计高程（过流面）为 9.00m、最高挡水位 20.42m。工作闸门为钢闸门，尺寸为 3.3m×3.3m（宽×高），闸门顶高程为 12.30m。闸门由 2 台电动卷扬式启闭机操作，单台容量为 400kN。

节制闸于 2015 年 4 月 20 日开始清表并开挖土方；4 月 23 日，基坑验收；5 月 1 日，浇筑混凝土；7 月 1 日，完成隐蔽工程验收，开始土方回填；8 月 26 日，完成闸室安装，经调试达到运行要求。

（5）穿越工程。本标段交叉工程见表 5-60。

表 5-60　　　　　　　压力箱涵衡水段 5 标穿越位置一览表

| 类别 | 名称 | 交叉长度/m | 桩号 |
|------|------|-----------|------|
| 公路 | S040 | 40 | 143+023.322～143+063.322 |
| | 武小路 | 8 | 141+254 |
| 河道 | 龙治河 | 300 | 139+219～139+519 |
| 河道 | 滏阳河 | 360 | 141+427～141+787 |

（6）验收工作。本标段分部工程共 11 个，2015 年 10 月 22 日至 12 月 25 日，完成本标段所有分部工程验收；单位工程 1 个，2017 年 12 月 6 日完成验收；合同工程 1 个，2018 年 6 月 1 日通过合同项目完成验收。

## 六、压力箱涵衡水段 6 标

本标段为 3.4m×3.5m（宽×高）两联箱涵，桩号 144+186～150+546，长 6360m。沿线经过赵桥镇的夹河、楼堤村，韩庄镇的东乡亭、西乡亭、范村、田村、郭张赵、东袁村、西袁小赛村、陈袁吕音村、骆吕音村、吴吕音村。由北京金河水务建设有限公司承建。

（1）施工投入。主要设备有大型挖掘机 7 台、小型挖掘机 6 台、大型吊车 2 台、装载机 8 台、自卸汽车 15 辆、泵车 3 辆、罐车 12 辆、振动碾 4 台、冲击夯 4 台等；高峰期施工人员数量达 320 人。

（2）箱涵工程。本标段沟槽底宽 10.4m、坡比 1:1；开挖土方量 616996m³、回填量 437938m³；混凝土用量 71051.33m³、钢筋用量 4854.198t；箱涵浇筑共 298 节。2014 年 8 月 1 日，开始清表；8 月 26 日，开挖沟槽；10 月 20 日，浇筑第一节箱涵。2015 年 6 月 30 日，箱涵主体完成；9 月 15 日，土方回填完成；10 月 1 日，开始退地；10 月 20 日，完成退地工作。

（3）阀井工程。2015 年 6 月 1 日，第一个阀井开始浇筑；8 月 26 日，全部完成。输水管线阀井统计见表 5-61。

表 5-61　　　　　　　压力箱涵衡水段 6 标阀井一览表

| 类别 | | 排气井 | 排水井 | 观测电缆井 |
|------|------|--------|--------|-----------|
| 个数 | | 4 | 4 | 1 |
| 桩号 | | 144+996.13、148+086.5、149+503.5、149+578.5 | 146+421.5、148+161.5 | 146+256.5 |
| 尺寸/m | 长 | 2.65～2.7 | 4.7 | 3.8 |
| | 宽 | 2.4 | 2.8 | 3.8 |
| | 高 | 7～7.5 | 14 | 5.2 |

（4）穿越工程。本标段交叉工程见表 5 - 62。

表 5 - 62　　　　　压力箱涵衡水段 6 标穿越位置一览表

| 类别 | 名称 | 交叉长度/m | 桩号 |
|---|---|---|---|
| 河道 | 滏阳新河 | 210 | 146＋354～146＋564 |
| | 滏东排河 | 270 | 148＋094～148＋364 |
| 线缆 | 通信光缆 | 8 | 150＋230 |

（5）验收工作。本标段分部工程共 7 个，2015 年 10 月 22 日至 2017 年 5 月 29 日完成本标段所有分部工程验收；单位工程 1 个，2017 年 12 月 6 日完成验收；合同工程 1 个，2018 年 6 月 1 日完成验收。

## 七、压力箱涵衡水段 7 标

本标段为两联箱涵，阜城分水口以上单孔尺寸为 3.3m×3.3m，分水口以下单孔尺寸为 3.0m×3.3m，长度为 2610m。沿线经过范村、马回台村。由北京通成达水务建设有限公司承建。

（1）施工投入。主要设备有大型挖掘机 8 台、小型挖掘机 6 台、大型吊车 2 台、装载机 6 台、自卸汽车 12 辆、泵车 3 辆、罐车 12 辆、振动碾 4 台、冲击夯 4 台等；高峰期施工人员数量达 247 人。

（2）箱涵工程。本标段沟槽底阜城分水口以上宽 10.5m、阜城分水口以下宽 9.3m，坡比 1∶1.25；土方开挖量 329239.624m³、回填量 269171.66m³；混凝土用量 35296.401m³、钢筋用量 2906.104t；箱涵浇筑共 169 节。2014 年 8 月 1 日，开始清表；8 月 15 日，开挖沟槽；10 月 31 日，浇筑第一节箱涵。2015 年 7 月 16 日，箱涵主体完成；10 月 16 日，土方回填完成；10 月 18 日，开始退地；10 月 28 日，完成退地工作。

（3）阀井工程。2015 年 7 月 10 日，第一个阀井开始浇筑；10 月 13 日，全部完成。输水管线阀井统计见表 5 - 63。

表 5 - 63　　　　　压力箱涵衡水段 7 标阀井一览表

| 类别 | | 排气井 | | |
|---|---|---|---|---|
| 个数 | | 3 | | |
| 桩号 | | 152＋020.002、152＋365.554、152＋741.416 | | |
| 尺寸/mm | 长 | 2650 | 2400 | 6500 |
| | 宽 | 2650 | 2400 | 6500 |
| | 高 | 2600 | 2400 | 7000 |

（4）交叉工程布置。本标段交叉工程见表 5 - 64。

表 5-64　　　　　　　　压力箱涵衡水段 7 标穿越位置一览表

| 类别 | 名称 | 交叉长度/m | 桩号 |
|---|---|---|---|
| 公路 | G106 | 42 | 152+197.054~152+239.054 |
| | 田村村口路 | 3 | 151+640.5~151+643.5 |
| | 马回台村口路 | 3 | 153+003.5~153+006.5 |
| 线缆 | 通信光缆 | 1 | 152+263 |

（5）验收工作。本标段分部工程共 6 个，2015 年 10 月 19 日至 2016 年 1 月 29 日完成本标段所有分部工程验收。

# 第六节　关　键　项　目

衡水市境内南水北调配套工程与其他工程交叉数量多、种类多。规模较大的穿越工程，成为影响工程进度的关键节点工程。对此，衡水市调水办专门组织精干力量，召开攻艰安全生产会，集思广益，制订最优方案，攻克难关，为如期实现通水奠定了基础。同时，南水北调自动化工程涉及单位多、设备多，各单位之间的工作面交接、设备调试等问题是制约自动化工程进展的关键。为此，勇敢开拓，创新工作方法，推进自动化工程进度，对衡水市南水北调配套工程顺利完工起到重要作用。

## 一、穿越工程

穿越工程主要涉及铁路、高速公路、国省干道、河流，渠道等。结合衡水市南水北调配套工程实际案例，各类交叉工程分别选择规模较大、施工难度高、技术复杂的典型工程予以介绍。

### 1. 穿越铁路工程

衡水市南水北调配套工程输水线路穿越铁路共 6 次，分别是穿越京九铁路 2 次、石德铁路 1 次、邯黄铁路 2 次和石济铁路客运专线 1 次。穿越京九、石德和邯黄铁路工程采用钢筋混凝土箱（管）涵顶进、内置输水钢管的方式；穿越石济铁路工程采用预埋钢筋混凝土套管、后穿输水钢管的方式。

典型工程：南水北调配套工程需要穿越石家庄至济南的铁路工程。施工与铁路部门协商，石济铁路穿越工程由市调水办组织实施。此工程位于工业新区西环与北环交叉口张家寺村西，穿越长度 100m，交叉角度 90°；穿越段输水管材采用 DN1800 钢管，外设 DN2200 钢筋混凝土套管保护，在钢管与套管之间吹填中粗砂。市调水办要求施工、监理、设计等参建单位派精干力量进驻施工现场，及时协调解决施工中遇到的各种技术问题，为工程的顺利开展保驾护航。本工程于 2014 年 5 月 10 日开工，2016 年 6 月 10 日完工，如期完成了建设任务。

主要完成工程量：土方开挖 5694m³、土方回填 4984m³、管底中粗砂垫层

164m³、钢筋混凝土套管 78m。

2. 穿越公路工程

输水管道穿越高速、国道、省道等高等级公路共计 19 次，其中穿越大广高速 3 次、石黄高速 1 次、106 国道 2 次、S393 省道 2 次、S040 省道 1 次、S282 省道 2 次、S102 省道 1 次、S231 省道 4 次、S383 省道 1 次、S385 省道 1 次、衡德高速景州连接线 1 次。穿越高等级公路采用顶进钢筋混凝土箱涵、钢筋混凝土管，内置输水钢管的穿越方式。穿越其他公路一般采用顶管（与上下游一致的管材）或者明挖的方式进行。

典型工程：国道 106 为双线四车道，设计荷载公路——Ⅰ级，斜交角度为 105°，穿越全长 70m，桩号 152＋182.054～152＋252.054，中心交点桩号 152＋217.054。穿越工程为压力箱涵，箱涵设计流量 14m³/s，过水截面为 2 孔，尺寸为 3.3m×3.3m。涵内顶高程 9.50m，底高程 6.20m。

此项工程由于工期紧、任务重，且国道 106 车流量大、载荷大，一旦路面沉降超过 3cm，势必对过往车辆产生影响，严重时可能发生事故。针对这种情况，市调水办组织精干力量，多次召开安全生产会，集思广益，制定安全预案：在道路两侧设置警示灯、警示标志等，并加派人员 24 小时提醒过往司机注意安全。

施工单位投入技术总工 1 名、技术员 6 名、各工种有经验的工人 120 人、大型挖掘机 4 台、装载机 3 台、顶进油泵 2 台（1 台备用）、顶进油缸 16 台（4 台备用）等各种状态良好的机械设备，保证了工程的安全完成。

此项工程穿越段所用箱涵为一次浇筑成型，体积大、重量大。顶进过程中，左右偏差、高程偏差不易控制，在箱体超过滑板 1/2 时，易出现扎头、跑偏等事故。为保证工作顺利开展，市调水办提前组织施工技术人员召开技术协商会，制作模型，针对各种问题、各种情况开展演练，总结经验。对左右偏差采用三台激光经纬仪对箱涵中线、边线进行控制，另外，增加全站仪进行校核，确保了顶进左右偏差精度。对高程采取"一洞四点"进行控制，"一洞四点"就是在箱涵的每个涵洞内设置四个控制点，用两台水准仪交叉测量、相互验算，每顶进一镐测量一次，发现问题及时处理。在制作模型的过程中，发现扎头现象可以采取预抬头进行纠正，即在滑板浇筑阶段按一定比例制作出抬头坡。经过电脑模拟验算，本工程抬头坡比为 2.5‰，即对滑板沿其纵轴方向做出 2.5‰ 的坡度，工程预期圆满完成。

3. 穿越河道工程（倒虹吸）

当交叉断面处河道设计洪水位不高于两岸地面时，采用管材直接穿越主槽、滩地和堤防。当交叉断面处河道设计洪水位高于两岸地面时，主槽、滩地段直接埋设管道；穿越堤防段钢管外包混凝土，厚度为 0.4m，并在钢管与外包混凝土之间设置柔性垫层。穿河段管顶埋深在相应河道校核洪水标准冲刷线以下不小于 1.0m。输水管道穿越的河道主槽、堤身恢复后，对主槽和堤身迎水面进行防护，防护材料采用 30cm 厚浆砌石，防护范围为开挖上口线以外 10～30m。

典型工程为箱涵滏东排河倒虹吸工程。工程为实现干场作业，采用明水围堰导流、地下水井点降水。根据滏东排河倒虹吸工程地质实际情况及汛期情况，工期安排在 2015 年 9 月 20 日至 2016 年 2 月 10 日，围堰导流主要工作包括施工导流渠开挖与回填、围堰填筑与拆除。后者为施工的难点，其主要工艺如下：水下部分围堰填筑由自卸车运土至围堰一端，用推土机向河中推土，边坡为自然坡；水面以上围堰按筑堤要求填筑，用推土机整平碾压，逐层填土、逐层碾压至设计堰顶标高，保证围堰密实；围堰拆除时一侧有水，先拆除水上部分，再用长臂挖掘机由中间向两边拆除。箱涵 6 标完成施工导流见图 5-46。

图 5-46　箱涵 6 标完成施工导流

由于地下水较多，为保证工程满足设计的干场施工条件，在土方开挖施工前，先进行降水 7～10 天，经过有效降水后进行开挖。对于开挖土层中流出的饱和水，在基坑两侧开挖截流沟，用水泵将水排至基坑外。土方开挖及混凝土箱涵施工期间，安排专人负责抽排水工作，24 小时连续抽水，同时现场设置发电机作为备用电源，另外在现场设置备用水泵及时更换。

经过参建人员齐心协力攻艰，2016 年 1 月 28 日，顺利完成了本穿越工程，如图 5-47～图 5-49 所示。

图 5-47　箱涵 6 标沟槽两侧设置的排水沟

图 5-48　箱涵 6 标抽水泵抽水

图 5-49　箱涵 6 标穿越段主体完工

**4. 穿越滏阳河工程（定向钻）**

工程穿越市区滏阳河管道采用定向钻穿越方式通过，由第三设计单元 4 标施工。定向钻穿越段布置于育才街东侧，穿越长度为 450m。穿越管道为钢管，钢管布设自定向钻起点向南至南环西路，管道布设长度为 265m，采用双排布设，以"二接一"形式连接。质量标准为达到现行国家验评标准合格等级，工期 30 日历天。

为保证工程顺利进行，市调水办组织相关参建单位召开四次会议，针对施工方案、部署、人员配备等进行了认真的讨论和审议，要求工程施工期间监理单位、设计单位代表到现场旁站，以便及时处理可能遇到的难题。施工单位投入技术总工 1

名，技术员 6 名，各工种有经验的工人 50 人。本次穿越投入设备包括：200T 以上钻机 2 台，备用 1 套；泥浆泵 2 台，1500L、2500L 各 1 台；泥浆搅拌罐 2 套；水化罐 2 套；250kW 发电机 1 台，100kW 发电机 2 台；200 型挖掘机 3 台；150T 吊车 4 台；运输车 4 辆；采购车 1 辆；指挥车 1 辆；导向设备 1 套；扩孔器 8 套；140 钻杆 70 根；500 型电焊机 6 台；水泵 10 台。

项目穿越曲率半径为 1500mm，入土角度为 8°～10°，出土角度为 46°。水平段距离应在 60m 以上，因为河道底部宽 60m。设计合理深度为 8m，由于原设计中 390.5m 整条穿越管线为弧线，最深点为河底，深度为 8m，所以不能满足整个穿越河底 8m 深。同时增加了水平段，使穿越曲线更平缓，以安全完成穿越工作。

管道焊接采用 500 型交流焊机，采用直径为 3.2mm、4.0mm 的焊条，里口焊 1 遍、外口焊 4 遍，如图 5-50 所示。焊接完成后探伤、内外防腐，采用分段打压形式打压，如图 5-51 所示。

图 5-50　三单元 4 标焊接　　　　　图 5-51　三单元 4 标打压试验

泥浆配制以泥浆配比为 10％的膨润土为基础，根据具体情况，添加各种添加剂，调整膨润土添加量。拖管二接一时，需要暂时停工，为了保证钻孔的完整性，采用高效泥浆。

泥浆回收采用每小时 200m³的回收设备，回收泵送采用 45kW 沙泵，铺设管道回收。同时为了保证回收万无一失，提前联系好泥浆运输车，准备随时调用。

管材与设备采用分动器连接。

由于施工场地所限，管道采用二接一方式回托，第一根管摆放位置为距出土点50m处，第二根管摆放位置为距出土点86m处，发射沟（泥浆沟）开挖上口宽为2.5m。底部宽为1.5m，深1.8m，沟中心顺直于穿越轴线。开挖起始点为第二根管管头至管尾部。

拖管时用吊车配合挖机将管材放入发射沟内，同时在发送沟内注满水和泥浆，以保护防腐层不被划伤，保证管材顺直于穿越轴线。管材二接一施工时，首先将第一根管拉入穿越孔内，至第一根管尾部水平于第二根管头部时，停止回拖。然后将第二根管放入发射沟内，用吊车和挖机配合两根管的对接。焊接完毕后，进行探伤防腐，然后进行第二次回拖。三单元4标回托扩孔如图5-52所示。

5. 其他穿越工程

图5-52　三单元4标回托扩孔

穿越石油管线及电力、电信电缆等地下管线施工时，采取临时措施，如增设桩、梁或局部暗挖保护等，对上方的管线进行保护，保证施工期间的正常运行。

## 二、自动化工程

加快推进自动化工程的完成，可以有效提高现地站的运行效率，改进运行质量，提高现地站管控能力，增加人员及设备的安全性，在确保现地站有序运行的同时，实现南水北调综合效益的提升。

1. 功能简介

现地站自动化控制系统满足了对现地站的监测、对应数据的处理及监督控制三方面的要求，主要由监控软件、控制逻辑及检测装置三部分组成。

（1）现地数据采集。需要采集的信息主要包括：泵站机组中的电压电流等相关电气信息，机组中的温度压力等非电气信息，机组是否运行等状态信息及对机组的控制与调节的相关信息。

（2）上层监控。通过上层监控能够随时了解系统的运行状况，当遇到系统故障时能够及时提供相关的警示信息并显示故障存在的范围；在监控过程中将泵站的相关数据转化为可视化数据，能够更好地帮助工作人员进行数据分析与查询存储工作；监控还包括工作人员的具体操作记录，能够对不同人员进行权限监管，确保系统安全有序运行。

（3）数据存储与管理。主要是对现地站运行中产生的数据进行统一的存储与管理，建立相关的平台。通过对数据的管理与分析了解泵站的运行状态，并与其他水利系统进行对接，实现数据共享。

2. 工程内容

衡水市南水北调涉及自动化现地站共 16 个，其中包括 6 个加压泵站、2 个闸站、8 个调流阀站。涉及监测设备共计 113 台，其中流量计 56 台、压力变送器 57 台；硅芯管 223.338km；涉及水泵、闸门、阀门共计 42 处，其中水泵 32 处、闸门 2 处、阀门 8 处。

设备结构细分为四部分：本体、连接线缆、显示数据仪表、自动化控制柜。本体安装在需要监测数据的工程实体上，通过专用线缆将本体与仪表进行连接，进行数据传输，数据传输至自动化控制柜后，由自动化相关软件进行智能控制。

3. 工程协调推进

自动化工程涉及单位多，有设备供应单位、土建施工单位、自动化施工单位以及不同专业的设计单位和建设管理单位等。土建施工单位与自动化施工单位之间的工作交接是影响工程进展的关键，为此，河北水务集团意见制定了"自动化工作界面交接表"，以划清任务、分工负责。根据对自动化工作高度重视，抽选精干力量，选派专人负责自动化工作，并召开关于推进衡水市自动化建设的动员会议，要求各参建人员理清思路、积极应对、加强协调，全力推进自动化工作进展。

市调水办专职人员为尽快熟悉各现地站的建设情况，白天积极到各个现场了解情况，询问制约进展问题，晚上对问题进行梳理、归纳。由于自动化施工队伍进场较晚，与土建施工单位沟通不及时，很多交接基础面已浇筑混凝土或者土建施工单位负责自动化的员工已离职，现场人员对情况不了解等原因，给专职人员熟悉工作带来了许多困难。专职人员利用近 1 个月的时间，全面掌握了 16 个现地站的工作情况后，对存在问题进行了总结，并提出一些解决问题的建议，形成报告提交领导，领导对问题做出批示后，及时协调数十家相关单位，根据"自动化工作界面交接表"，到现场按类别、分批次解决问题。在现场发现，个别单位派来的员工对情况并不熟悉或者对于解决问题的方法没有决策权，一段时间内给工作进展带来很大的阻碍。为了提高工作效率，市调水办领导同相关单位的项目负责人沟通，各单位安排专业人员到现场，一处一处解决实际问题。大家多次在现场边讨论、边吃饭，晚上八九点还在现地站忙着处理问题。2017 年 12 月至 2018 年 3 月，经过近 3 个月的奋战，衡水市自动化取得显著进展，为自动化调试工作奠定了基础。

### 三、整体水压试验

#### 1. 压力箱涵衡水段

2015 年 9 月 20 日，压力箱涵衡水段完成了主体工程，为验证箱涵、阀件及沿线建筑物在试验压力条件下的箱涵强度、严密性及安全性，判断箱涵密封性是否符合规范要求，市调水办委托本工程的设计单位编写《河北省南水北调配套工程沧州支线压力箱涵衡水段水压试验技术方案》。为保证全线水压试验运行安全、有效顺利开展，市调水办成立通水运行领导小组，各施工单位分别成立各标段的领导班组，统一领导，统一指挥；各班组编写了应急预案，根据实际情况准备了相应的应急人员、物资及设备。

根据水压试验技术方案，本工程划分为 2 个试验段，分别为第一试验段进口检修闸—武强节制闸（桩号 120＋430～138＋495）和第二试验段武强节制闸—老盐河检修闸（桩号 138＋495～153＋335）。具体水压试验流程如图 5－53 所示。

2015 年 11 月 1 日至 2016 年 1 月 8 日，市调水办完成箱涵段水压试验。水压试验期间，经过巡视，沿线均未发现渗水及塌落沉陷现象；试验过程中，试验水位均能达到设

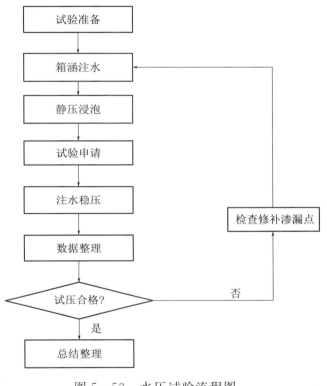

图 5－53 水压试验流程图

计水位，补水时间和补水量均能满足设计要求，两阶段水压试验全部合格，具备试运行条件。

#### 2. 水厂以上输水管道工程

输水管道水压试验目的是检验各输水线路主体管道、阀件及管线建筑物（包括镇墩、阀室等）在试验压力条件下是否安全；检验管道、阀件安装质量和渗流量是否符合规范要求。工程按照划分的三个设计单元分别进行水压试验。

第一设计单元主体完工后，市调水办委托本工程的设计单位编写《水市南水北调配套工程水厂以上输水管道工程第一设计单元管道水压试验技术方案》。根据市办通水运行的总体安排部署，此设计单元水压试验方案总体思路为全线自查、统一调试、统一运行。为保证工程整体水压试验顺利、安全、可靠进行，各单位认真落

实了以下准备工作：

结合本设计单元水压试验、分段注水情况，以各标段为单位对沿线所有阀门阀件进行检查、排查，对存在问题的阀门阀件及时上报，尽快处理，保证后续工作顺利实施。

由于设计单元线路长，阀门种类比较多，操作要求各异，因此，对所有参与人员提前进行技术培训，熟悉各类阀门的性能，熟练操作各项设备，保证第一时间准确到达所需开闭的阀门位置。

在通水期间，对微小事故要求带水抢修，若需停水维修，以各标段为单位及时通知本单元通水运行领导小组，并做好安全疏散和应急排险工作。各级人员各司其职，保证操作人员、事故抢险设备和人员到位，做好准备工作。在通水运行期间，所有参与人员保证通信畅通，手机全天候处于开机状态。主要工作均应24小时不间断进行，实行交接班制度。一切行动必须根据本单元通水运行领导小组指令操作，任何标段、任何人员不得任意对阀门进行开闭。

运行前，各标段必须检查管道沿线布设的泄水、退水设施，并增加数台排空管道用水泵。检查是否存在安全隐患，若存在，应及时处理，使其达到应急要求。确保排出口顺畅，承泄区具备排放条件。

水压试验情况如下：先期一单元1标、2标于2016年1月5—9日进行管道水压试验；一单元1标于2016年5月20日至9月9日分三段进行了水压试验；一单元2标于2016年1月22日和2016年6月26日分两段进行了水压试验；一单元3标于2016年9月25日至10月27日分三段进行了水压试验。

衡水市南水北调配套工程水厂以上输水管道工程第一设计单元水压试验技术参数统计见表5-65。

表5-65 第一设计单元水压试验技术参数统计表

| 管线名称 | 打压时间（2016年） | 施工标段 | 起始桩号 | 终止桩号 | 管材 | 管径/m | 工作压力/MPa | 试验压力/MPa |
|---|---|---|---|---|---|---|---|---|
| 饶安干线 | 1月5—9日 | SG1 | RA0+036 | RA8+514 | DIP | 1.2 | 0.4 | 0.8 |
| | | SG2 | RA8+514 | RA16+970 | DIP | 1.2 | 0.4 | 0.8 |
| 安平支线 | 1月22日至6月26日 | SG4 | RA16+970 | Ap4+204 | DIP | 0.9/1.2 | 0.45 | 0.9 |
| 饶阳支线 | | SG4 | RY0+000 | RY6+248 | PVC-U | 0.8 | 0.41 | 0.8 |
| | 5月20日至9月9日 | SG3 | RY6+248 | RY10+270 | PVC-U | 0.8 | 0.41 | 0.8 |
| | | SG3 | RY10+270 | RY13+260 | PVC-U | 0.8 | 0.41 | 0.8 |
| | | SG3 | RY13+260 | RY17+339 | PVC-U | 0.8 | 0.45 | 0.8 |
| 武强线 | 9月25日至10月27日 | SG5 | WQ0+000 | WQ8+215.5 | HDPE | 0.71 | 0.23 | 0.8 |

注 深州支线不具备打压条件，经探伤合格。

根据水压试验技术参数统计表，市调水办会同设计院、监理单位、施工单位及管道供应厂家会签了相应的水压试验成果报告，管线水压试验合格，标志着第一设计单元各管线满足试运行的条件。

第二设计单元在 2015 年 7 月 18 日至 2016 年 5 月 21 日完成全线整体水压试验，第三设计单元在 2016 年 5 月 10 日至 12 月 25 日完成全线整体水压试验。

# 第七节 项 目 管 理

在工程一线项目管理中，工程建设管理水平直接影响工程的质量、工期和成本。为加强衡水市境内南水北调配套工程的建设管理，规范建设管理行为，确保工程质量、安全、进度和投资效益，市调水办根据《河北省南水北调配套工程建设管理若干意见》及国家和行业等有关工程建设管理规定，结合境内南水北调工程的实际特点，经办领导批准，制定了《衡水市南水北调配套工程建设管理办法》和各项管理制度。

在工程施工管理工作中，具体划分为质量管理、进度管理、安全管理、工程支付管理及廉政管理，时刻坚持"安全第一，预防为主，综合治理"方针，以规范施工为保障，以先进技术为支撑，正确处理质量、进度和安全的关系。

## 一、质量管理

为切实加强工程质量控制，提高管理水平，预防工程质量通病，消除质量隐患，杜绝重大质量问题和质量事故的发生，确保实现工程高质量目标。市调水办制定了工程质量管理工作制度，认真落实到每一项工程任务中。境内工程质量目标包括：单元工程全部合格，优良率达到 85% 以上，重要隐蔽单元工程和关键部位单元工程优良率达到 90% 以上，单位工程外观质量得分率 85% 以上，无较大质量事故。

1. 组建项目部

2013 年 12 月，衡水市境内南水北调配套工程先期开工项目开始进场施工，经河北水务集团批准，市调水办在 2013 年 12 月 10 日组建了衡水市南水北调配套工程建设管理第一项目部，代表市调水办履行项目管理单位职责，并制定了《衡水市南水北调配套工程项目部职责》。2014 年 7 月，境内南水北调工程全面铺开，市调水办根据工程需要，组建了第二项目部。第一项目部承担第一、第二设计单元及压力箱涵衡水段的工程建设管理任务，第二项目部承担第三设计单元的工程建设管理任务。

2. 落实监理制

衡水市境内南水北调工程按照《中华人民共和国合同法》实行监理制，监理单位采用跟踪检查与检测、平行检测、旁站监理、联合验收等方法，针对土方开挖、管道安装、钢筋混凝土浇筑、阀门阀件安装、土方回填、打压试验等方法进行监督。

以先期监理 1 标为例，2013 年 11 月 21 日，市调水办同河北天和监理有限公司签订首个监理合同。2013 年 11 月 5 日，监理单位完成了监理规划、监理细则和旁站监理方案的编制；11 月 8 日，报市调水办审核，市调水办在 11 月 12 日组织相关技术专家完成审核，审核重点是各方案的全面性、针对性和可操作性。12 月 10 日，监理单位组织施工组织设计及专项技术方案审查会，当日报市调水办审核。市调水办 12 月 15 日完成了审核，要求施工单位严格按照施工组织设计及专项技术方案进行施工，监理单位要对施工单位的落实情况严格监管，积极做好对工程"质量、进度、投资"三大目标的监控，促进参建单位做好安全生产和文明施工。

2014 年 3 月 13 日，市调水办配合省质量巡视组，对河北天和监理有限公司驻衡水项目部人员上岗情况和监理行为进行检查。河北天和监理公司负责组建了河北天和监理有限公司南水北调配套衡水第一设计单元监理部，配备 13 名监理人员，其中总监理工程师 1 名，副总监理工程师 1 名，监理工程师 5 名。此次检查内容主要包括监理人员数量、专业、有无挂名及履职等违规问题。在检查中发现监理部两名监理工程师与监理投标文件中拟派人员不相符，配备人员数量不足等问题，次日召开整改会议。3 月 16 日，监理单位对项目部人员进行了补充，调整后满足合同要求。

监理部统筹部署、科学安排，认真推进各项工作。主要完成事项包括审批项目预划分、绘制各种进度图表、参与图纸审查与设计交底、审查施工单位施工准备情况、审批承包人的工程施工组织设计、审查承包人的质量保证体系、检查及验收材料构配及施工机械、检查与审核施工单位各类资料等。

2014 年 3 月 24 日，市调水办参加了首个隐蔽工程（桩号 FJ6＋600～FJ7＋300）的验收工作。验收工作由监理单位组织，由施工、监理、设计、业主四方联合验收，验收通过后方可进行下道工序。市调水办监管重点是监理人员执行验收工作的标准情况，未经验收合格的，不得进行下步施工。其他监理相关工作同样按照此规定执行。

3. 原材料、构配件、设备进场验收监管

2014 年 1 月 22 日，市调水办参与了先期二单元 1 标首批球墨铸铁管的落地验收工作，该工作由监理单位组织建管、施工、管材厂家进行验收，管材经验收合格后，才能进行安装工作。

2014 年 6 月 10 日，市调水办对压力箱涵衡水段经监理单位验收的钢筋、混凝土原材料进行抽查，发现以下问题：钢筋进场验收程序简单，未按设计要求填写验收单；钢筋堆放杂乱；混凝土原材料中的沙子、石子未按设计标准购买，达不到设计指标。要求施工单位严格按照设计要求进行钢筋的落地验收与堆放、保管，对不合格的原材料及时更换，监理单位加强监管，市调水办先后完成 8 次抽查工作。

2017 年 7 月 7 日，对用于压力箱涵衡水段工程的止水材料，包括止水带、橡胶圈、聚硫密封胶等的生产安装进行检查，发现部分箱涵 1 标、4 标等施工单位及相关监理单位对止水材料的保管及安装存在问题。为杜绝将不满足设计和规范要求的材料用于工程实体中，市调水办作了如下部署：严格产品的出厂验收和现场抽检；严格进场验收、存放工作；规范安装，加强监管；明确止水材料质量责任制。市调水办重点对施工和监理方的原材料、构配件、设备的进场验收及见证取样工作进行监管，督促监理方加强跟踪检查，严禁将不合格的原材料、构配件、设备用于工程。市调水办先后完成抽查10次。

4. 工程实体质量管理

市调水办应及时掌握工程实体质量管理状况，对于质量自控措施不利、质量问题频发的施工项目部，及时将问题上报，研究处理措施，督促监理单位责成施工单位进行整改，对整改情况及时检查。

2014年3月14日，市调水办联合质量巡视组对先期开工建设情况进行了监督检查，发现有标段存在质量隐患，令存在问题施工单位暂停施工。当日，市调水办印发《关于联合督导检查过程中发现问题的整改通知》，通知内容的重点是：施工单位进场路及施工场地修缮不达标、DIP管道安放不规范、施工路未按要求洒水、管道弧存在超挖现象且未按要求填筑中粗砂等，对以上问题，各施工单位要高度重视，按规范和要求及时处理，监理单位要加强督促建管力度。

2014年7月2日，市调水办配合水务集团对各参建单位止水材料的安装进行了抽查，发现压力箱涵衡水段土建施工1标、6标、7标对止水材料的生产和安装质量控制不到位，个别施工单位对止水材料不够重视。为提高各参建单位的质量意识，加强质量管理，7月7日，市调水办印发《关于进一步加强南水北调配套工程止水材料质量控制的通知》，并转发了河北水务集团的相关通知，主要内容包括：各单位要建立健全质量责任制，明确职责；加强原材料生产和安装的过程质量控制；监理单位要加强监管等。

2014年11月10日，市调水办印发《关于石津干渠沧州支线压力箱涵衡水市段工程质量检查整改的通知》。11月3日，市调水办陪同省调水办督查处对境内压力箱涵衡水市段工程部分标段进行了质量检查，发现11处质量问题。对施工单位提出严厉批评，责成及时整改，督促监理单位加强监管，要求各单位、各参与人员要时刻把好质量关，严格执行规范要求。存在问题单位在11月20日前将整改报告报送调水办，整改报告附有问题整改前后对比的照片，从根本上杜绝此类问题再次发生。

5. 开展"质量管理督查月""大干100天"等活动

市调水办根据省调水办南水北调配套工程建设质量工作会议精神，为进一步提高工程建设质量管理水平、消除质量隐患，于2014年8月、2015年6月开展衡水市境内南水北调工程质量管理督查月活动，向各参建单位印发《"质量管理督查月"活动工作方案》，要求各参建单位在工程建设的各个环节严格落实设计技术要求，坚决克服侥幸心理，杜绝工程安全隐患。2015年9月1日至12月10日，开展了

"大干100天"活动。9月1日召开了动员会议，各参建单位项目负责人全部到会，会上听取了各单位工作进度、工作安排以及需要协调解决的问题。市调水办领导针对各单位的汇报情况，进行了分类汇总，针对共性问题提出了解决办法。参建单位积极参加了百日竞赛活动，努力推进工程进度，保证如期实现供水目标。

## 二、进度管理

2013年12月，衡水市境内南水北调工程先期工程正式进场施工，到2014年7月全线开工。衡水市境内工程工期紧、任务重，为确保全市南水北调配套工程能与中线工程同步建成、通水达效，市调水办以高度的责任感和紧迫感，从制度制定到现场管理，迅速掀起施工高潮，抓落实、抓重点、保质量、促进度，全力以赴推进工程进度目标。2016年10月18日，省调水办以冀调水建〔2016〕81号文表彰了衡水市工程开工最晚、完工最早。

1. 召开工程进度调度会

根据工程进展情况在一定时间内召开调度会，总结工程建设情况，了解建设中的问题及要求，制定下一步的工作目标，确保境内南水北调配套工程进度目标的顺利实现。

2015年8月5日，衡水市南水北调配套工程建设调度会议召开，市委常委、副市长任民出席会议并讲话。会议要求各级各有关部门要确保工程进度目标的如期实现，集中力量、倒排工期、科学施工，强力推进工程进度，确保群众尽早喝上优质放心的长江水。要明确责任，加强对工程沿线群众的宣传引导，打通结点，迅速完成征迁安置扫尾任务，为工程施工建设提供便利条件、创造良好环境。要把质量作为南水北调工程建设的生命线，保证进度的同时确保质量，严格监管，要健全质量安全管理制度和工程档案，加强监理单位的监督，施工单位科学规范施工，全力打造优质工程。

2. 编制进度控制网络图或横道图

要求施工单位将工程进度计划安排与实施情况上墙公示。要求监理单位按照批准的施工组织设计和进度计划，严格控制进度，督促各单位根据工程实际情况，做好施工进度的调整与平衡工作。市调水办于2014年6月10日至7月5日对第一、第二设计单元工程进度进行了调研，对进度较计划落后的单位进行了督导，并安排专人负责，分析原因，提出具有针对性和可行性的赶工措施，以保证工程顺利实施。

3. 制定监理月报制度

为及时掌握工程的建设进度情况，进行统筹安排，市调水办要求监理单位每半月上报一次所管辖工程的建设进度表，并安排专人负责该工作，并在2014年3月5日印发《关于上报工程建设进度报表的通知》，自3月开始每月14日、29日上午10点以前及时准确上报。工作开展后，市调水办发现个别监理单位上报进度表存在不及时和数据错误多的情况，及时召开监理单位资料整改会议，强调南水北调工程资料的重要性，要求监理单位安排专人负责，认真填写进度表，及时上报；采取定期、不定期方式检查施工单位资料整理情况，杜绝资料数据错误的发生。会后，市调水办对每项工程多次抽查，检查各参建单位的落实情况，发现各单位资料得到明显改善。

4. 实施项目部例会制度

为了解工程的建设情况，及时发现问题、解决问题，市调水办制定了项目部例会工作制度。项目部例会由各驻地现场项目负责人召集，每周召开一次，具体召开时间提前通知；由项目部现场负责人主持，参加人员有项目总监或总监代表、施工单位项目经理及技术负责人、设计代表等；参会人员不得无故缺席，确实有事不能参加要请假；做好签到和会议记录工作，编写会议纪要并由工程技术部存档备查。会议主要听取施工、监理、设计单位的工作汇报情况，现场负责人根据汇报内容进行总结并提出意见。

施工单位汇报内容包括：前阶段工程进展情况，工程质量管理、安全及文明施工情况，施工中的问题及解决措施，需要工程项目部、监理单位或其他单位协调解决的问题，下一阶段工程计划。

监理单位汇报内容包括：前一阶段工程监督质量、投资进度控制、安全及文明施工情况，做出评价结论，对工程建设中遇到的问题进行汇总，提出合理化建议和下一步工作意见。

5. 加强协调力度

为及时解决施工过程中遇到的各种难题，各参建单位加强协调，多沟通、多联系，针对发现的问题提前谋划。

设计单位安排设计代表进驻现场，做好图纸下发、地质检查、隐蔽工程验收及设计变更等工作，保证满足施工进度的需求。现场设计代表同监理单位应密切注意开挖管沟的地质情况，发现地质情况发生变化，立即组织地质情况会审，制订切实可行的方案，保证管道基础达到设计标准，避免延误工程进度。

监理单位及时审核施工进度计划，对计划的可行性、合理性、可操作性提出建议。及时解决施工单位提出的问题，积极配合施工单位赶工期。对于可预见或已发生的难以解决的问题，及时上报市调水办，为工程进展创造平台。

施工单位统筹安排，全面规划，积极推进工程进度。在保证安全和质量的前提下，合理增加工作面，各工作面相对独立，保证各工作面的人员、材料、设备的投入，有效地缩短了工期。对工程的关键部位、关键工序，提前制定控制措施并报监理单位审核，保障工程质量和进度。

材料、设备等供应商及时供货，满足工程进展的需求。2014年3月21日，因新兴铸管股份有限公司石家庄销售分公司DIP管道供应不及时，致使第一项目先期开工项目窝工，延误了工期。为此下发了关于加快DIP管材供货进度的通知，使其满足"施工现场DIP管材存货必须满足10日的安装需求"。

2014年进入施工阶段，市调水办及时召开了工作进度协调会议，各施工单位、监理单位对加快工程进度、提高现场管理、加强工程质量进行了部署。

### 三、安全管理

安全是工程建设的基础，是人身安全的保障。创造安全的生产环境，严格按照设计规范进行施工，防止各类生产安全事故，是每一个工程参建人员都应时刻警醒的事情。衡水市调水办为贯彻"安全第一，预防为主，综合治理"的方针，结合域内南水北调配套工程的特点，采取了多种措施来保障从业人员的安全、健康和国家财产不受损失。

1. 成立安全生产机构

2014年4月衡水市成立了南水北调配套工程安全生产管理委员会（以下简称"安委会"）。4月25日与6月20日，市调水办分别成立第一项目部安委会、第二项目部安委会。6月，安委会向各参见单位印发通知，要求各单位建立相应的安全生产管理专门机构，建立健全安全生产制度，明确各级、各部门、各类人员的安全职责，制定考核办法，将安全管理办法认真落实到实际生产工作当中。

2. 签订安全生产责任书

2014年8月9日，市调水办召开落实安全生产责任会议。会议强调工程安全建设的重要性，各参建单位树立安全生产"红线"意识，定期组织安全生产会议，将安全意识贯彻落实到每个参建人员，加大安全投入，克服侥幸心理，杜绝安全事故的发生。市调水办与所有参建单位一一签订了包括质量管理、合同履约、安全生产、廉政建设、农民工工资五个方面内容的《衡水市南水北调工程综合管理目标责任书》，为保证责任落实，还附上了各施工、监理、监造、管材、设计等责任单位的资质证书、营业执照、组织机构代码证、法人代表或相关责任人身份证的复印件等证明材料。

3. 应急预案

为满足应急要求、提升应急能力，市调水办设立了应急指挥系统，并根据工程施工中的局部存在或可能存在危险的情况建立局部应急预案。各参建单位建立了相应的应急响应预案，定期组织有关人员对应急预案进行演练等。参与工程建设的各单位为确保全员具备相应素质和工作能力，定期进行安全培训和考核。始终坚持工作人员（含临时用工人）先培训后上岗和特殊工种持证上岗的工作制度；现场配备相应人数的专职安全管理人员并具备安全管理资质。

4. 监督检查

采取定期和不定期形式加强监督检查，提高各参建单位及各人员的安全意识，有效避免生产工作中的危险。安全检查主要是查人、查管理、查隐患、查事故防范措施、查应急预案等。对于在安全检查中发现隐患的单位，填写"安全隐患整改通知单"限期整改；对因工程进展、技术等不能立即整改的问题，由施工方制定临时措施，并及时上报。

2014年5月19日，第一项目部建管人员对先期开工项目第一设计单元第1标段工地现场进行检查，发现该标段严重违规操作，存在极大的安全隐患。5月20日，项目部下发安全生产工作的通知，主要内容包括：施工方采用推土机推砂进入沟槽，工人在槽底进行平整，并未佩戴安全帽，严重影响工程质量和安全，要求施工方在施工时，必须按照设计规范进行填砂作业，现场施工人员按相关工作配齐安装防护装备，沟槽回填工作避免立体交叉作业；另外，施工现场的危险部位必须设置明显的警示标志和围栏，夜间设警示灯，严防伤亡事故的发生。

2014年11月26日，市调水办对衡水压力箱涵3标进行安全抽查，发现未成立安全管理机构，未制定安全管理制度和应急预案，未进行安全岗位职责分工；现场管理混乱，电缆随意布设，有工人不带安全帽进入槽底施工，在路口和存在安全隐患的地段未设置警示、未设围挡；桩号133+730～133+860段，两侧边坡未按设计要求进行开挖，出现多处垮塌，严重影响施工安全等。为有效避免危险事故，市调水办在27日下发关于石津干渠衡水箱涵段第3标段133+730～133+860段停工整改的通知，要求施工单位切实负起安全管理的主体责任，对存在的问题抓紧整改，限一周内将整改报告书面呈报市调水办。经过整改，监理单位负起安全管理的监管责任，加大监督检查力度，排查安全隐患，杜绝了安全事故的发生。

5.重点阶段安全管理

加强汛期和春节的安全生产管理工作，施工单位每年分别在汛期前和春节前编制并上报防汛预案和春节假期安全施工管理方案。其他参建单位相互配合、相互协调，保证重点阶段的安全生产管理方案落实到位，确保零安全事故发生。

2014年1月22日，第一项目部第一次下发了春节期间安全施工管理工作的通知，主要内容包括：加强工程施工管理，严格执行市调水办下发的关于加强衡水市南水北调配套工程冬季施工管理工作的通知，施工方落实好冬季施工管理方案，监理方加强安全监督检查，及时解决发现的安全问题及隐患，确保施工安全；加强应急值守工作，保证各参与人员的信息畅通；加强现场的安全检查，提高值班人员安全意识，时刻警惕危险、窃盗等情况发生。

2014年4月22日，市调水办为更好地贯彻落实河北水务集团安全生产会议精神，召开衡水市南水北调工程安全生产会议，制定了切实可行的具体措施。南水北调各科室时刻保持安全生产的警觉性，对安全生产工作再排查、再落实；严格落实一把手负总责和领导班子成员"一岗双责"工作责任制，做到工作明确、责任到人；细化安全生产合同，对于合同内的各项要求要做到件件有着落、事事有回音。通过各参建单位的努力，做到了省集团"杜绝较大事故，避免一般事故，确保实现事故死亡零目标"安全生产目标。

2014年5月20日，市调水办第一次印发《关于认真做好衡水市南水北调在建工程汛期安全生产工作的通知》，主要内容包括：当前是境内南水北调配套工程建设的高峰期、关键期，各参建单位经过科学谋划、精心调度，在保证安全和质量的前提下，全力推进了工程建设进度；汛期即将来临，为确保人员和工程安全，各参建单位务必严明防汛责任制、强化防汛意识、制定度汛措施、落实应急保障、狠抓薄弱环节，保证做好安全度汛工作。6月7日，为进一步加强汛期建设管理，保证安全度汛，市调水办向各参见单位转发了河北水务集团《关于做好汛期建设管理确保工程度汛安全的通知》，重点强调采取施工措施，在度汛期间确保工程质量，保证工程和人员安全。保证提供安全生产需要的装备、设备、通信器材、交通工具等；科学规划、合理安排工程进度，安装合格的管道及时回填，尽量合拢，少留管道接口；沟槽、基坑等暂不能回填处，修筑防洪围堰、护堤等；有管道或箱涵接口的地方进行封堵，确保不被雨水浸泡。

### 四、工程支付管理

施工单位根据标价工程量清单进行资金支付。在支付过程中，要经建管、设计、监理、施工四个单位签证。施工结算按工程实际完成，依合同约定的计量方法进行计量。

施工方对已完成的工程进行计量，向监理方提交进度付款申请单、已完工程量计算书。监理方在7天内完成复核，对数量有异议的监理方与施工方共同复核和抽样复测；若7天内监理方未完成复核，施工方提交的工程量认同为实际完成工程量。总监理工程师审核确认后，签发工程价款月付款证书，提交建设单位审核，经审核同意后在7天内签认建设单位支付证书，14天内完成工程价款支付手续。

工程预付款为建设单位为施工方提供购置材料和设备、修建临时设施及组织人员进场的费用。该费用在累计至合同金额的20%后，按一定比例进行扣回，直至全部扣清。

工程质量保证金为从第一个付款周期在付给施工方的工程进度款中扣留的5%，该资金用于项目质量保修。在合同完工、证书颁发后的14天内，建设单位应退还一半的质量保证金；在工程质量保修期满后30天内，支付剩余质量保证金。在工程质量保修期满后，施工方没有履行好保修义务的，建设单位有权扣留相应的费用，并有权延长保修期，直至完成保修义务。

完工结算是在合同完工证书颁发后的28天内，由施工方向监理方提交完工结算申请单、完工结算合同总价、发包人已支付工程价款、应扣留的质量保证金额、应支付的完工价款金额。监理方在14天内完成审查，签发完工结算证书，提交建设单位审核。建设单位在14天内签认支付证书，完成支付手续。

在合同履行过程中发生变更时，因变更引起的价格调整按照以下原则进行处理：①已标价的工程量清单中有适用于变更项目的，采用该项目单价；②若无适用的，参考类似项目单价，并由监理方及建设单位确定项目单价；③若无适用或类似项目，可按照成本加利润的原则，由监理方及建设单位确定其单价。

# 第六章
# 资金管理

衡水市南水北调工程资金管理是南水北调工程建设的一项重要工作。为加强南水北调财务管理，2013年3月，市调水办设立投资计划科，专门负责南水北调资金使用管理。主要工作包括：编制年度建设资金预算；按月、季度编制会计报表，按年度编制会计决算报表，归口对外提供相关信息资料；参与工程项目概算、预算的审查及决算编制、审核；参与工程项目招标文件、项目变更合同的审查及工程验收；负责工程建设资金的筹集、管理、使用和监督检查；负责会计核算和财务内部审计。

　　衡水市南水北调水厂以上工程建设总投资29.64亿元，其中南水北调配套工程水厂以上输水管道工程（以下简称"水厂以上管道工程"）总投资20.24亿元（含征迁资金3.05亿元）；石津干渠工程总投资9.21亿元（含征迁资金1.56亿元）；前期工作费用0.19亿元。财务工作致力于服务工程建设，在资金筹集方面，克服种种困难，积极主动落实各项资金；在资金运用方面，集中力量支持关键工程项目，在具体支付中严格执行财务程序，提高资金使用效率，规范资金流动管理，着力防止挪用、挤占和浪费工程资金现象，保证南水北调工程顺利建成。

# 第一节　工程投资

2012年12月，衡水市南水北调工程建设委员会办公室（以下简称"市调水办"）正式成立。2013年3月，经中国人民银行审核，正式准予市调水办开立基本存款账户，至此市调水办基本户开户建账，独立开展有关南水北调财务工作。

2013年4月24日，市财政局拨入市调水办第一笔南水北调专项经费10万元，6月拨付30万元，用于购置交通工具、部分办公设备及急需用品，为衡水市南水北调工作顺利开展提供了财务保障。

## 一、可研阶段费用

水厂以上管道工程可行性研究阶段资金使用情况如下：

（1）水厂以上管道工程可研阶段勘察费用、工程测量费用。编制单位是衡水金石岩土工程有限公司和衡水华泽工程勘测设计咨询有限公司。经过两年实际野外踏勘、测量、比选，多次报告编写、修改，2011年9月，完成了衡水市南水北调配套工程输水管道工作方案；2012年1月，编制完成了《可研报告》（送审稿）。由于工程开工在即，输水管线线路调整较大，2013年5月，按省调水办要求委托省水利水电勘测设计研究院接手继续开展工作。两单位将已完成的勘测设计成果纸质与电子版的报告、图表，全部提供给河北省水利水电勘测设计研究院，由其统一补充、修改、编制。

（2）水厂以上管道工程可研阶段勘察设计合同。编制单位是河北省水利水电勘测设计研究院。主要完成衡水市南水北调配套工程226.3km输水管道的可研阶段勘测设计工作，总费用1010万元。

（3）水土保持方案编制技术咨询费用。编制单位是河北省水利水电勘测设计研究院。主要完成水厂以上管道工程水土保持方案编制，费用40万元。

（4）防洪评价报告编制技术咨询费用。编制单位是河北省水利水电勘测设计研究院。主要完成水厂以上管道工程防洪评价报告编制，费用40万元。

（5）社会稳定风险分析报告技术咨询费用。编制单位是河北省水利水电勘测设计研究院。主要完成水厂以上管道工程社会稳定风险分析报告，费用10万元。

（6）环境影响报告技术服务费用。由石家庄华诺安评环境工程技术有限公司承担水厂以上管道工程项目环境影响报告书的编制，费用80万元。

（7）永久用地预审测绘及图件制作费用。由衡水市土地勘测规划院对水厂以上管道工程永久用地预审工作进行土地勘界测绘，并绘制相关图件及提供土地咨询服务，费用20万元。

（8）地灾矿压勘测、评估费用。由河北地矿建设工程集团衡水公司对水厂以上

管道工程永久用地预审工作进行地灾矿压勘测、评估，费用 32 万元。

## 二、征迁安置投资

1. 水厂以上管道工程征迁投资

根据河北水务集团和市调水办签订的征迁安置委托协议，水厂以上管道工程征迁安置总投资 30353 万元，包括工程划分的三个设计单元。

（1）第一设计单元。第一设计单元包括饶安干线、饶阳支线、安平支线、武强线和深州线的工程征迁安置工作。占地共计 183.19hm²（2746.45 亩），其中永久占地 2.43hm²（36.45 亩），临时用地 180.76hm²（2710 亩）。征迁安置总费用 9406 万元（含先期开工项目费用 6131.09 万元），其中农村补偿投资 6534.89 万元，工副业投资补偿 262.22 万元，专项设施补偿 1677.10 万元，其他费用 730.69 万元，有关税费 201.14 万元。

（2）第二设计单元。第二设计单元包括阜景干线、阜城支线和景县支线的工程征迁安置工作。占地共计 179.17hm²（2686.25 亩），其中永久占地 1.5hm²（22.55 亩），临时用地 177.67hm²（2663.70 亩）。征迁安置总费用 4594 万元（含先期开工项目费用 1561.97 万元），其中农村补偿投资 2983.93 万元，专项设施补偿 1096.70 万元，其他费用 365.91 万元，有关税费 147.71 万元。

（3）第三设计单元。第三设计单元包括衡水市区、工业新区、武邑输水线路和冀州、滨湖新区、枣强县、故城输水线路的工程征迁安置工作。占地共计 625.67hm²（9380.4 亩），其中永久占地 7.56hm²（113.4 亩），临时用地 618.11hm²（9267 亩）。征迁安置总费用 16353 万元，其中农村补偿投资 9083.24 万元，工副业投资补偿 4397.66 万元，专项设施补偿 1184.74 万元，其他费用 1198.61 万元，有关税费 489.15 万元。

2. 石津干渠工程征迁投资

（1）沧州支线压力箱涵衡水段征迁投资。石津干渠工程沧州支线压力箱涵工程衡水段（简称箱涵衡水段）的工程征迁安置工作涉及用地共计 401.88hm²（6025.16 亩），其中永久占地 2.75hm²（41.16 亩），临时用地 399.13hm²（5984 亩）。征迁安置总费用 5540.28 万元，其中农村补偿投资 4320.58 万元，专项设施补偿 671.46 万元，其他费用 334.18 万元，有关税费 214.06 万元。

（2）石津干渠工程（明渠）军齐至傅家庄段征迁投资。石津干渠工程军齐至傅家庄段的工程征迁安置工作涉及永久占地 18.75hm²（281.10 亩）。征迁安置总费用 1974.69 万元，其中农村补偿投资 975.39 万元，其他费用 62.95 万元，有关税费 936.35 万元。

（3）石津干渠工程（明渠）大田南干段征迁投资。石津干渠工程大田南干段的工程征迁安置工作涉及永久占地 6.23hm²（93.37 亩）。征迁安置总费用 672.05 万元，其中农村补偿投资 338.43 万元，其他费用 21.16 万元，有关税费 312.46 万元。

（4）石津干渠工程深州段村镇截流导流工程。石津干渠工程深州段村镇截流导流工程总投资为 2574.17 万元（建设资金在征迁投资中核算），其中截流导流和污水处理投资 2078.24 万元，征迁安置总费用 495.93 万元。涉及永久占地 3.28hm² （49.28 亩），临时占地 24.6hm²（369 亩）。

征迁安置总费用 495.93 万元，包括：农村补偿投资 274.02 万元，其他费用 57.93 万元，有关税费 163.98 万元。

### 三、工程建设投资

1. 水厂以上管道工程建设投资

水厂以上管道工程划分为三个单元，线路总长 226km。根据省调水办关于水厂以上管道工程第一、第二、第三单元初步设计的批复，工程总投资 202432.59 万元，建设期融资利息 3979 万元。

（1）第一设计单元。第一设计单元包括深州市、武强县、饶阳县和安平县（饶安干线、饶阳支线、安平支线）等一市三县地表水厂以上的干、支线输水管道，总长 52.618km。工程总投资 33987 万元，其中建设期融资利息 668 万元，建筑工程 15775 万元，机电设备及安装工程 2515 万元，金属结构设备及安装工程 43 万元，施工临时工程 605 万元，独立费用 2532 万元，基本预备费 1074 万元，专项工程投资 91 万元，水土保持工程 297 万元，环境保护工程 245 万元。

（2）第二设计单元。第二设计单元包括阜城县和景县地表水厂以上的干、支线输水管道，总长 43.401km。工程总投资 28107 万元，其中建设期融资利息 553 万元，建筑工程 15461 万元，机电设备及安装工程 1421 万元，金属结构设备及安装工程 20 万元，施工临时工程 800 万元，独立费用 1831 万元，基本预备费 977 万元，专项工程投资 1883 万元，水土保持工程 118 万元，环境保护工程 93 万元。

（3）第三设计单元。第三设计单元包括衡水市区、工业新区、武邑县、冀州市、枣强县、故城县和滨湖新区等四县（市）三区地表水厂以上的干、支线输水管道，总长 128.62km。工程总投资 140339 万元，其中建设期融资利息 2758 万元，建筑工程 81932 万元，机电设备及安装工程 8871 万元，施工临时工程 7205 万元，独立费用 9632 万元，基本预备费 5382 万元，专项工程投资 5603 万元，水土保持工程 922 万元，环境保护工程 412 万元。

2. 箱涵衡水段工程建设投资

箱涵衡水段工程经深州、武强、武邑、阜城，最终到达大浪淀水库。根据省调水办关于河北省南水北调配套工程石津干渠工程沧州支线压力箱涵初步设计的批复，工程总投资 260039 万元。其中衡水市段工程投资 82041.03 万元，包括：建筑工程 76314.39 万元，机电设备及安装工程 475.92 万元，金属结构设备及安装工程 193.58 万元，施工临时工程，388.21 万元，独立费用 1294.49 万元，水土保持工程 170.43 万元，环境保护工程 104.02 万元。

# 第二节　资　金　来　源

衡水市南水北调工程资金筹集按照河北省政府确定的分级负责的原则，跨市干渠和供水管道以省为主、市（县）为辅进行筹资建设。调蓄工程、水厂和配水管网由市（县）负责同步筹资、建设。

## 一、可研阶段资金筹集

根据 2011 年省调水办《关于加快我省南水北调配套工程水厂以上输水管道工程可行性研究工作的通知》规定，衡水市调水办负责组织本市行政区域内水厂以上输水管道的可行性研究工作。水厂以上管道工程（不含调蓄工程）可行性研究阶段的工作经费由省级补助 60%，各市配套 40%。为此，市调水办及时制订方案，配合市政府积极筹措落实 40% 的配套资金。

2011 年 3 月 8 日至 2018 年 12 月 31 日，省调水办拨付衡水市前期工作经费 800 万元，市财政拨付衡水市前期工作经费 1433 万元。

## 二、征迁资金筹集

征迁安置资金包括直接费用、其他费用、预备费和有关税费。征迁安置资金由河北水务集团统一负责筹集。资金管理实行市、县两级会计核算制度，县为基础会计核算单位，乡（镇）、村实行报账制度。征迁安置资金实行专户储存、独立核算、专款专用。

2013 年 3 月 2 日至 2018 年 12 月 31 日，河北水务集团共拨付市调水办征迁资金 35271.17 万元，其中水厂以上管道工程征迁资金 26887 万元，箱涵衡水段征迁资金 4570 万元，石津干渠（明渠）军齐至傅家庄征迁资金 910 万元，石津干渠（明渠）大田南干段征迁资金 330 万元，深州截流导流工程 2574.17 万元。

## 三、建设资金筹集

河北省水厂以上配套工程总投资 300 亿元，衡水市水厂以上管道概算总投资 20.24 亿元，由河北水务集团统一投资、统贷统还。按照省政府批准的水厂以上配套工程（不含调蓄工程）建设所需投资的筹资方案：资本金占总投资的 40%，银行贷款占总投资的 60%。资本金由各级政府共同筹措，其中省级筹措 70%，有关受水市（县）筹措 30%。各市（县）筹集的资本金以股份形式并入河北水务集团统一管理，由河北水务集团向金融机构统贷统还。按衡水市配套工程投资 20.24 亿元进行估算，需分摊资本金约 2.5 亿元。衡水市南水北调资本金分摊方案经市政府研究确定，截至 2015 年 7 月 31 日，各县资本金 2.5 亿元已全部上缴。

根据河北省人民政府办公厅关于印发推进南水北调配套工程建设和江水利用实施方案的通知指示精神及 2016 年省政府第 96 次常务会议要求，按照省政府确定的水厂以上筹资方案，确定衡水市应交南水北调工程资本金为 26000 万元。为此，2017 年 6 月 14 日，河北省调水办给衡水市政府下达了关于缴纳南水北调水厂以上输水工程项目资本金的函，要求衡水市足额缴纳剩余资本金。接到通知后，市调水办立即向各县（市、区）人民政府、工业新区、滨湖新区管委会及衡水市财政局发了催缴通知。截至 2017 年 12 月 31 日，衡水市足额上缴了南水北调资本金，资本金上缴情况统计见表 6-1。

表 6-1　　　　　　　　　衡水市南水北调工程资本金上缴情况统计　　　　　　单位：万元

| 序号 | 县（市、区） | 2015 年 7 月 | 2017 年 12 月 | 总额 |
|---|---|---|---|---|
| 1 | 市财政 | 8700 | 334 | 9034 |
| 2 | 桃城区 | 3000 | 115 | 3115 |
| 3 | 冀州市 | 1450 | 56 | 1506 |
| 4 | 枣强县 | 1290 | 50 | 1340 |
| 5 | 武邑县 | 390 | 15 | 405 |
| 6 | 深州市 | 850 | 33 | 883 |
| 7 | 武强县 | 560 | 22 | 582 |
| 8 | 饶阳县 | 810 | 31 | 841 |
| 9 | 安平县 | 1430 | 55 | 1485 |
| 10 | 故城县 | 1470 | 56 | 1526 |
| 11 | 景县 | 1380 | 53 | 1433 |
| 12 | 阜城县 | 370 | 14 | 384 |
| 13 | 工业新区 | 3000 | 115 | 3115 |
| 14 | 滨湖新区 | 300 | 11 | 311 |
| | 小计 | 25000 | 960 | 25960 |
| | 利息 | 40 | 0 | 40 |
| | 合计 | 25040 | 960 | 26000 |

河北省南水北调配套工程石津干渠沧州支线压力箱涵工程总投资 26 亿元，其中衡水段概算总投资 8.2 亿元，由河北水务集团统一投资、统贷统还。

截至 2018 年 12 月 31 日，河北水务集团共拨入市调水办建设资金 171417.78 万元，其中第一设计单元 14701.11 万元，第二设计单元 13261.38 万元，第三设计单元 77600.83 万元，箱涵衡水段 65334.21 万元，电费 520.25 万元。

截至 2018 年 12 月 31 日，河北水务集团共拨入市调水办运行资金 1770.77 万元。

# 第三节　资　金　使　用

市调水办积极采取各种措施，细化各项资金的用款计划，按照工程进度及时向省调水办和河北水务集团申请资金，确保工程建设和征迁资金供应；资金到位后严格执行各项财务制度，按照资金拨付流程及时将资金拨付至各县（市、区）及参建单位，保证工程征迁安置和建设工作的顺利进行，提高资金使用效率。

## 一、可研阶段经费

2013 年，市调水办正式设立财务账之前，衡水市南水北调配套工程可研阶段经费由衡水市水务局负责管理和使用。截至 2018 年 12 月 31 日，衡水市南水北调工程共拨出前期工作经费 1711.972 万元，其中市调水办拨出 1191.972 万元，水务局拨付 520 万元，前期工作经费拨付情况见表 6-2。

表 6-2　　　　　　衡水市南水北调前期工作经费拨付情况一览表　　　　单位：万元

| 序号 | 项 目 名 称 | 实 施 单 位 | 合同金额 | 已付金额（小计） | 市调水办拨付 | | 水务局拨付 |
| --- | --- | --- | --- | --- | --- | --- | --- |
| | | | | | 前期户 | 基本户 | |
| 1 | 水厂以上输水管道工程可研阶段地质勘查工程 | 衡水金石岩土工程有限公司 | 360 | 360 | | 150 | 210 |
| 2 | 水厂以上输水管道工程测量 | 衡水华泽工程勘测设计咨询有限公司 | 310 | 310 | 70 | | 240 |
| 3 | 技术服务合同 | 石家庄华诺安评环境工程技术有限公司 | 80 | 80 | 30 | | 50 |
| 4 | 测绘费 | 衡水市土地勘测规划院 | 20 | 20 | | 20 | |
| 5 | 水厂以上输水管道工程可研评估咨询费 | 河北省工程咨询研究院 | 5 | 5 | 5 | | |
| 6 | 勘测费、地灾矿压评估费 | 河北地矿建设工程集团衡水公司 | 32 | 32 | | 12 | 20 |
| 7 | 勘测设计费 | 河北水利勘测设计研究院 | 1010 | 814.972 | | 814.972 | |
| 8 | 水土保持 | 河北水利勘测设计研究院 | 40 | 40 | | 40 | |
| 9 | 防洪评价 | 河北水利勘测设计研究院 | 40 | 40 | | 40 | |
| 10 | 社会风险评价 | 河北水利勘测设计研究院 | 10 | 10 | | 10 | |
| | 合计 | | 1907 | 1711.972 | 105 | 1086.972 | 520 |

## 二、征迁资金拨付

1. 资金管控

河北水务集团按照投资概算及相应的征迁安置任务与市调水办签订征迁安置委托协议。据衡水市政府与各县（市、区）政府（管委会）签订的征迁安置任务与投资包干协议，根据征迁安置工作进度及各县（市、区）用款计划申请，分期分批拨付各县（市、区）征迁安置资金。对于专项资金拨付，依据合同、申请和相关科室负责人审核拨付程序拨付。

征迁安置资金使用计划依据审核批准后的初步设计概算、征迁安置实施方案、征迁安置进度要求分批编制。市调水办根据配套工程年度建设计划编制征迁资金使用计划，报河北水务集团，抄报省调水办。省调水办根据征迁工作任务和进度情况，分批下达征迁安置资金使用计划。如遇特殊情况确需调整的，由市调水办提出调整意见，报省南水北调办审批。

2. 资金拨付手续与审批程序

市调水办按规定设置了独立的财务管理机构并配备了专职会计人员，负责征迁安置资金的核算与管理。制定了《衡水市南水北调配套工程征迁安置资金管理办法》，建立健全了各项内控制度。加强票据、印章管理，实行会计、出纳等不相容岗位分设，严格资金收支程序，严肃财务纪律，严禁设立"小金库"。

县（市、区）调水办均单独设置了会计账簿，按照财政部《南水北调工程征地移民资金会计核算办法》进行会计核算，合理分摊费用，及时、准确、完整地反映征迁安置资金的使用情况，严禁以拨代支、长期挂账。

各县（市、区）调水办按照衡水市政府与各县（市、区）政府的征迁安置任务与投资包干协议、征地移民工作进度及资金需要，向市调水办提出资金申请。市调水办对资金申请文件进行审核，审核通过后投资计划科制作衡水市南水北调工程征迁安置资金付款申请批复卡（图6-1），经业务部门负责人、财务部门签署意见后报主管领导批示，最后经单位负责人批准后进行征迁资金的拨付。其审批程序是：首先由具体业务经办人对支付凭证的合法性、手续的完备性（包括附件材料的完整性）和金额的真实性进行审查；经办人审查无误后送有关业务部门和财务部门负责人审核；最后经单位领导核准签字后由财务部门拨付资金。

对于违反国家法律、法规和财经纪律的，不符合批准的建设内容的，不符合合同条款规定的，结算手续不完备、支付审批程序不规范的，财务部门不予支付南水北调配套工程征迁资金。

3. 资金拨出情况

各县（市、区）政府作为征迁责任主体，与衡水市人民政府签订征迁安置任务与投资包干协议，主要负责本区域境内征迁安置和地方关系协调等工作，及时提供工程建设用地；组织农村专项设施迁建恢复工作；组织征迁安置项目验收工作；实

衡水市南水北调工程征迁安置资金付款申请批复卡

项目名称：　石津干渠线路征迁监理费（第1标段）　　编号：2016年235号

| 收款单位名称 | 天津市冀水工程咨询中心 | |
|---|---|---|
| 协议总金额（元） | 417800.00 | |
| 已付款金额 | | |
| 本次拟申请付款金额（元） | 贰拾万元整 | |
| | 小写：￥200000.00 | |
| 单位负责人批准 | 国琴　（签名）　年 4 月 14 日 | |
| 主管财务部门领导批示 | （签名）　年 4 月 13 日 | |
| 主管业务部门领导批示 | （签名）　年 4 月 13 日 | |
| 财务部门负责人意见 | 资金已到位，请领导批示。张健　2016年 4 月 13 日 | |
| 业务部门负责人意见 | 请杨主任批示　刘毓香　2016年 4 月 13 日 | |

图 6-1　衡水市南水北调工程征迁安置资金付款申请批复卡

施过程中接受监理方的检查监督，配合征迁监理工作。市调水办负责筹集与拨付征迁安置资金，并对各县（市、区）征迁安置工作进度和资金使用情况进行监督检查。

截至 2018 年 12 月 31 日，市调水办累计拨至各县（市、区）征迁资金 29948.56 万元，其中水厂以上输水管道工程征迁资金 22545.61 万元，石津干渠沧州支线压力箱涵衡水段征迁资金 7402.95 万元，资金拨付情况详见表 6-3。

表 6-3　　衡水市南水北调办各县（市、区）征迁安置资金拨付情况一览表　单位：万元

| 序号 | 县（市、区） | 单元 | 包干协议金额 | | 已拨金额 | | |
|---|---|---|---|---|---|---|---|
| | | | 衡水市水厂以上输水管道工程 | 石津干渠沧州支线压力箱涵衡水段 | 衡水市水厂以上输水管道工程 | 石津干渠沧州支线压力箱涵衡水段 | 合计 |
| 1 | 深州 | 第一单元 | 5212.00 | 1178.64 | 3291.95 | 1080.15 | 4372.10 |
| 2 | 安平 | | 869.00 | | 726.99 | | 726.99 |
| 3 | 饶阳 | | 502.41 | | 440.78 | | 440.78 |
| 4 | 武强 | | 525.85 | 1209.63 | 372.50 | 2076.50 | 2449.00 |

续表

| 序号 | 县（市、区） | 单元 | 包干协议金额 衡水市水厂以上输水管道工程 | 包干协议金额 石津干渠沧州支线压力箱涵衡水段 | 已拨金额 衡水市水厂以上输水管道工程 | 已拨金额 石津干渠沧州支线压力箱涵衡水段 | 合计 |
|---|---|---|---|---|---|---|---|
| 5 | 阜城 | 第二单元 | 1738.22 | 56.27 | 1019.16 | 79.99 | 1099.15 |
| 6 | 景县 | | 1014.40 | | 775.44 | | 775.44 |
| 7 | 武邑 | | 464.16 | 1561.32 | 780.38 | 1879.36 | 2659.74 |
| 8 | 武邑 | 第三单元 | 368.08 | 592.51 | 268.96 | 20.74 | 289.70 |
| 9 | 故城 | | 580.02 | | 454.63 | | 454.63 |
| 10 | 枣强 | | 1569.92 | | 1664.99 | | 1664.99 |
| 11 | 冀州 | | 3583.30 | | 5365.65 | | 5365.65 |
| 12 | 桃城 | | 3715.19 | | 4491.97 | | 4491.97 |
| 13 | 滨湖新区 | | 487.63 | | 378.86 | | 378.86 |
| 14 | 工业新区 | | 1948.47 | | 2497.35 | | 2497.35 |
| 合计 | | | 22578.65 | 4598.37 | 22516.61 | 5149.74 | 27666.35 |
| 15 | 石津干渠 | 大田南干 | 1974.69 | | | 327.44 | 327.44 |
| 16 | 石津干渠 | 军齐到傅家庄 | 672.05 | | | 918.40 | 918.40 |
| 17 | 深州截流导流 | | 2574.17 | | | 1007.37 | 1007.37 |
| 18 | 景县杜桥二单 | | | | 1.00 | | 1.00 |
| 19 | 何庄乡马村 | | | | 28.00 | | 28.00 |
| 合计 | | | | | 22545.61 | 7402.95 | 29948.56 |

统计时间：2018 年 12 月 31 日

（1）深州市。累计拨付征迁资金 4372.10 万元，其中水厂以上输水管道工程征迁资金 3291.95 万元，石津干渠压力箱涵（衡水段）征迁资金 1080.15 万元，根据征迁进展情况，分 18 次拨付。

（2）安平县。累计拨付征迁资金 726.99 万元，其中水厂以上输水管道工程征迁资金 726.99 万元，根据征迁进展情况，分 8 次拨付。

（3）饶阳县。累计拨付征迁资金 440.78 万元，其中水厂以上输水管道工程征迁资金 450.29 万元，根据征迁进展情况，分 7 次拨付。

（4）武强县。累计拨付征迁资金 2449.00 万元，其中水厂以上输水管道工程征迁资金 372.50 万元，石津干渠压力箱涵（衡水段）征迁资金 2076.50 万元，根据征迁进展情况，分 16 次拨付。

（5）阜城县。累计拨付征迁资金 1099.15 万元，其中水厂以上输水管道工程征迁资金 1019.16 万元，石津干渠压力箱涵衡水段征迁资金 79.99 万元，根据征迁进展情况，分 16 次拨付。

（6）景县。累计拨付征迁资金 775.44 万元，其中水厂以上输水管道工程征迁资金 775.44 万元，根据征迁进展情况，分 6 次拨付。

（7）武邑县。累计拨付征迁资金 2949.44 万元，其中水厂以上输水管道工程征迁资金 1049.34 万元，石津干渠压力箱涵（衡水段）征迁资金 1900.10 万元，根据征迁进展情况，分 20 次拨付。

（8）故城县。累计拨付征迁资金 454.63 万元，其中水厂以上输水管道工程征迁资金 454.63 万元，根据征迁进展情况，分 7 次拨付。

（9）枣强县。累计拨付征迁资金 1664.99 万元，其中水厂以上输水管道工程征迁资金 1664.99 万元，根据征迁进展情况，分 12 次拨付。

（10）冀州区。累计拨付征迁资金 5365.65 万元，其中水厂以上输水管道工程征迁资金 5365.65 万元，根据征迁进展情况，分 13 次拨付。

（11）桃城区。累计拨付征迁资金 4491.97 万元，其中水厂以上输水管道工程征迁资金 4491.97 万元，根据征迁进展情况，分 10 次拨付。

（12）滨湖新区。累计拨付征迁资金 378.86 万元，其中水厂以上输水管道工程征迁资金 378.86 万元，根据征迁进展情况，分 6 次拨付。

（13）工业新区。累计拨付征迁资金 2497.35 万元，其中水厂以上输水管道工程征迁资金 2497.35 万元，根据征迁进展情况，分 10 次拨付。

（14）石津干渠（明渠）大田南干段。累计拨付征迁资金 327.44 万元，根据征迁进展情况，分 3 次拨付。

（15）石津干渠（明渠）军齐至傅家庄段。累计拨付征迁资金 918.40 万元，根据征迁进展情况，分 10 次拨付。

（16）景县杜桥财政所。根据实际情况，市调水办直接拨付征迁资金 1.00 万元。

（17）桃城区何庄乡马村。根据实际情况，市调水办直接拨付征迁资金 28.00 万元。

4. 征迁资金兑付使用

截至 2018 年 12 月 31 日，衡水市南水北调配套工程全市已累计支出征迁移民资金 31727.35 万元，其中农村移民安置支出 26720.60 万元（表 6-4），城镇迁建支出 255.86 万元（表 6-5），工业企业迁建支出 20 万元，专业项目复建支出 1976.16 万元（表 6-6），防护工程支出 257.62 万元，库底清理支出 72.51 万元，地质灾害检测防治支出 1.5 万元，税费支出 1053.08 万元，其他费用支出 1370.02 万元。

表 6-4　　　　衡水市南水北调配套工程农村移民安置支出统计表　　　　单位：万元

| 序号 | 项　目 | 费用支出 | 序号 | 项　目 | | 费用支出 |
|---|---|---|---|---|---|---|
| 1 | 征用土地补偿费和安置补助费 | 16854.781 | 8 | 移民双瓮厕所及沼气池补助费 | | 16.40 |
| 2 | 房屋及附属建筑物补偿费 | 2051.84 | 9 | 其他补偿费 | （1）零星果木及林木补偿费 | 4041.25 |
| 3 | 农副业设施补偿费 | 549.45 | | | | |
| 4 | 小型水利水电设施补偿费 | 1336.98 | | | （2）坟墓迁移费 | 5785.69 / 222.38 |
| 5 | 学校及医疗网点调整补助费 | 0 | | | （3）临时搬迁道路补助费 | 184.40 |
| 6 | 基础设施补偿费 | 108.03 | | | （4）其他 | 1337.66 |
| 7 | 移民双瓮厕所及沼气池补助费 | 17.43 | 合　计 | | | 26720.60 |

注　核算各级征地移民管理机构按南水北调工程移民投资概算实施农村移民安置的各项支出。

表 6-5　　　　　　衡水市南水北调配套工程城镇迁建支出统计表　　　　单位：万元

| 项　目 | 支　出　数 | 项　目 | 支　出　数 |
|---|---|---|---|
| 基础设施补偿费 | 255.86 | （3）市政公用设施恢复 | 222.10 |
| （1）室外工程 | 13.28 | （4）其他 | 13.48 |
| （2）道路广场 | 7.00 | | |

注　核算各级征地移民管理机构按南水北调工程移民投资概算实施城集镇迁建的各项支出。

表 6-6　　　　　衡水市南水北调配套工程专业项目复建支出统计表　　　　单位：万元

| 序号 | 项　目 | 支　出　数 | 序号 | 项　目 | | 支　出　数 |
|---|---|---|---|---|---|---|
| 1 | 交通设施恢复改建费（等级公路） | 80.88 | 6 | 水利水电设施恢复改建费 | | 228.63 |
| 2 | 输变电设施恢复改建费 | 490.24 | 7 | 其他项目补偿费 | （1）输水管道 | 150.77 |
| 3 | 电信设施恢复改建费 | 336.89 | | | （2）国防光缆　772.15 | 71.02 |
| 4 | 广播电视设施恢复改建费 | 60.30 | | | （3）其他 | 550.36 |
| 5 | 文物古迹保护费 | 7.07 | | 合　　计 | | 1976.16 |

注　核算各级征地移民管理机构按南水北调工程移民投资概算实施专业项目恢复改建的各项支出。

## 三、建设资金

### 1. 使用和管理

（1）投资管控。市调水办以委托建设项目概算投资额作为工程投资控制依据。按照批准的初步设计组织建设，在此基础上，招标代理、勘察设计、施工监理、工程施工、材料采购等均采取公开招标方式，并签订协议书（详见工程章招标节），这是财务部门支付工程款项的重要依据。为此，财务部门规范合同的立项、谈判、签订、备案、履行、变更、争议调解、验收、存档等行为。同时对工程预付款、质量保证金和履约保证金等进行严格管理。

（2）工程价款结算。以单个合同为工程价款结算的基本单位，工程价款结算项目与合同项目相互对应，合同以外的项目按合同变更处理，在结算时单独体现。

在承包合同中工程价款结算严格依据条款约定，如结算形式的约定，结算价格认定方式的约定，已完工程量的认定方式的约定，预付工程款支付与抵扣的约定，质量保证金扣除方法、比例及支付条件的约定，违约责任的约定等。

除按承包合同外，工程价款结算还要核查在招投标过程中形成各种往来函件、承诺书、澄清函、谈判记录，经批准实施的施工图设计、设计变更通知等有效文件，以及其他与工程量及预算定额相关的文件和资料。

（3）工程价款结算拨付程序。由承包商提出申请，经监理工程师审核后报建设单位驻地项目部审核，建设单位驻地项目部（建设单位分管工程部门经办人）对支付凭证的合法性、手续的完备性和金额的真实性进行审查无误后，报工程负责人和

财务部门领导审核，之后报建设单位负责人审批，最后，报送河北省水务集团审批后将工程资金拨付市调水办或直接拨付至工程承包商。支付证书如图6-2所示。

衡水市南水北调工程建设委员会办公室
（建管中心）支付证书

证书编号：HBNSBDPT-SCYS/HS-DY3-SG-2014-05-05

| 工程项目名称 | 衡水市南水北调配套工程水厂以上输水管道工程第三设计单元土建施工五标段 |
|---|---|
| 账户及账号 | 北京金河水务建设集团有限公司衡水市南水北调三单元五标项目部<br>695694333（民生银行　衡水市红旗大街支行） |
| 合同编号 | HBNSBDPT-SCYS/HS-DY3-SG-2014-05 |
| 合同总价款 | 小写：¥14184482.00元<br>大写：壹仟肆佰壹拾捌万肆仟肆佰捌拾贰元整 |
| 已累计拨款金额 | 小写：¥10348014.00元<br>大写：壹仟零叁拾肆万捌仟零壹拾肆元整 |
| 拨款缘由 | 2016年管线巡视费用 |
| 拨款数额 | 大写：捌万柒仟伍佰柒拾伍元整（小写：¥87575.00元） |
| 审核签发 | 项目部现场负责人意见　同意　　东局 78/8 |
| | 建管部门意见　同意　　高丽立 8.18 |
| | 财务部门意见　同意　　张健 8.29 |
| | 分管副主任意见　拟同意　　杨程 3/8 |
| | 分管财务副主任意见　拟拨　　王师涛 3/9 |
| | 主任审批意见　同意　　汉军 4/9 |

说明：本表一式七份，第二项目部、工程科、财务科、监理单位、施工单位、水务集团、省财务各一份。

图6-2　支付证书

在资金拨付中，凡有下列情况之一的，财务部门不予支付建设资金：违反国家法律、法规和财经纪律的，不符合批准的建设内容的，不符合合同条款规定的，结算手续不完备、支付审批程序不规范的，不合理的负担和摊派等。其间共有几十次暂缓资金支付并积极主动帮助施工方查找解决问题。如三单元10标的工程款支付证书中出现单项金额累计数与累计金额不符，市调水办协同施工方查找原因，进行更正后拨付资金。

2. 基本建设支出

截至2018年12月31日，市调水办共完成基建工程投资179461.03万元（不含征迁及运行资金），其中建筑安装投资160386.89万元，设备投资3526.74万元，待摊投资15138.17万元，其他投资409.23万元。基建投资统计见表6-7。

表6-7　　　　　　　　衡水市南水北调配套工程项目基建投资统计表　　　　　　单位：万元

| 序号 | 建设项目名称 | 建安投资 | 设备投资 | 待摊投资 | 其他投资 | 合计 | 委托项目概算 |
|---|---|---|---|---|---|---|---|
| 1 | 衡水市输水管道第一单元 | 13370.38 | 772.95 | 808.17 | 216.82 | 15168.32 | 33987.00 |
| 2 | 衡水市输水管道第二单元 | 12667.17 | 433.34 | 786.48 | 0.26 | 13887.25 | 28107.00 |
| 3 | 衡水市输水管道第三单元 | 70524.55 | 1890.85 | 8748.31 | 53.87 | 81217.58 | 140339.00 |
| 4 | 石津干渠压力箱涵（衡水段） | 63824.79 | 429.60 | 4274.96 | 138.28 | 68667.63 | 82034.11 |
| 5 | 电费 | | | 520.25 | | 520.25 | |
| | 合　　计 | 160386.89 | 3526.74 | 15138.17 | 409.23 | 179461.03 | 284467.11 |

**3. 工程建设资金拨付**

截至2018年12月31日，市调水办累计完成工程建设投资176975.37万元，其中水厂以上管道工程建设投资108273.37万元，箱涵衡水段建设投资67702万元。共拨付工程建设资金164421.23万元，其中水厂以上管道工程拨付建设资金100183.10万元（表6-8），箱涵衡水段拨付建设投资64238.13万元（表6-9）。

表6-8　　　　　　　　水厂以上管道工程拨付建设资金一览表　　　　　　　单位：元

| 设计单元 | 标段 | 单位名称 | 合同金额 | 已完成工程投资 | 累计拨款 |
|---|---|---|---|---|---|
| 一单元（先期） | 1标 | 北京翔鲲水务建设有限公司衡水市南水北调配套1标施工项目部 | 15743972.00 | 16924711.00 | 16078475.00 |
| | 2标 | 山东水工公司衡水南水北调配套2标施工项目部 | 10463903.00 | 10787948.00 | 10248551.00 |
| | DIP制造 | 新兴铸管股份有限公司石家庄销售分公司 | 49322185.70 | 49588534.96 | 47109108.20 |
| 一单元 | 1标 | 广东水电二局衡水南水北调一单元1标项目部 | 15761186.00 | 15218689.45 | 14457754.99 |
| | 2标 | 山东恒泰工程集团有限公司衡水南水北调一单元2标项目部 | 12277822.00 | 10771628.91 | 10233047.45 |
| | 3标 | 华北水利集团衡水南水北调一单元3标项目部 | 11081617.00 | 13546407.30 | 12869086.93 |
| | HDPE制造 | 河北泉恩高科技管业有限公司 | 6963000.00 | 6949242.80 | 5209180.70 |
| | PVC制造 | 河北泉恩高科技管业有限公司 | 18165000.00 | 18502050.00 | 13943947.50 |
| | DIP | 新兴铸管股份有限公司石家庄销售分公司 | 24372896.43 | 5793484.15 | 5431882.69 |
| | SP制造 | 中国水利水电第十三工程局有限公司 | 1013235.27 | 1233270.42 | 1171606.89 |

| 设计单元 | 标段 | 单位名称 | 合同金额 | 已完成工程投资 | 累计拨款 |
|---|---|---|---|---|---|
| 二单元（先期） | 1 标 | 河北水利工程局衡水市南水北调配套工程施工项目部 | 20137462.00 | 21629392.00 | 20547922.00 |
| | 2 标 | 中水电十三局衡水市南水北调配套工程第二设计单元 2 标项目部 | 15512057.00 | 11949525.00 | 11352049.00 |
| | DIP 制造 | 新兴铸管股份有限公司石家庄销售分公司 | 38861548.06 | 35658745.03 | 24883887.15 |
| 二单元 | 1 标 | 江苏淮阴水利建设有限公司衡水市南水北调配套管道工程二单元 1 标工程项目部 | 10601606.00 | 9071676.05 | 8618092.25 |
| | 2 标 | 黑龙江庆达水利水电工程有限公司衡水市南水北调二单元 2 标项目部 | 16074913.00 | 14116391.28 | 742967.97 |
| | DIP | 新兴铸管股份有限公司石家庄销售分公司 | 41901722.07 | 42573717.75 | 40376121.42 |
| | SP 制造 | 中国水利水电第十三工程局有限公司 | 424931.64 | 715229.39 | 679467.92 |
| 三单元 | 1 标 | 北京通成达水务建设有限公司 | 8932159.00 | 5722657.00 | 5436524.00 |
| | 2 标 | 中国水电六局衡水南水北调三单元 2 标项目部 | 9924249.00 | 7091042.00 | 6736489.00 |
| | 3 标 | 河南省地矿建设工程（集团）有限公司 | 13651788.00 | 12369673.00 | 11751190.00 |
| | 4 标 | 内蒙古辽河工程局衡水南水北调三单元 4 标项目部 | 29103980.00 | 38959559.00 | 37011580.00 |
| | 5 标 | 北京金河水务建设有限公司衡水市南水北调三单元 5 标项目部 | 11482147.00 | 10984831.00 | 10435589.00 |
| | 6 标 | 山东大禹工程建设有限公司衡水市南水北调三单元 6 标项目部 | 10343855.00 | 7032502.00 | 6680878.00 |
| | 7 标 | 黑龙江省水利四处工程有限责任公司 | 11802933.00 | 19833975.00 | 18842276.00 |
| | 8 标 | 河北省水利工程局衡水市南水北调三单元 8 标项目部 | 35931978.00 | 37628131.00 | 35746725.00 |
| | 9 标 | 河北省水利工程局衡水市南水北调三单元 9 标项目部 | 64242034.00 | 73732157.00 | 70045550.00 |
| | 10 标 | 山东水工局衡水南水北调三单元 10 标项目部 | 16716865.00 | 16784730.55 | 15945493.55 |

续表

| 设计单元 | 标段 | 单位名称 | 合同金额 | 已完成工程投资 | 累计拨款 |
|---|---|---|---|---|---|
| 三单元 | 11 标 | 中水电十三局衡水市南水北调 11 标项目部 | 19461747.00 | 18419108.00 | 17498153.00 |
| | 12 标 | 山东黄河集团衡水市南水北调三单元 12 标项目部 | 14378221.00 | 13095525.00 | 12440749.00 |
| | 13 标 | 黑龙江省水利水电工程总公司衡水市南水北调三单元 13 标项目部 | 21946378.00 | 16909353.57 | 16063885.90 |
| | 14 标 | 河南中原水电集团衡水市南水北调 14 标项目部 | 16661007.00 | 13817018.52 | 13126167.59 |
| | 15 标 | 河南省水利第一工程局衡水市南水北调三单元 15 标项目部 | 23260010.00 | 23320860.40 | 22154817.47 |
| | 16 标 | 吉林省长泓水利工程有限责任公司衡水南水北调三单元 16 标项目部 | 23600018.00 | 22100523.00 | 20995498.00 |
| | PCCP | 宁夏青龙衡水南水北调配套管道制造 1 标项目部 | 80396912.00 | 79489956.73 | 75526406.65 |
| | PCCP | 山东电力衡水市南水北调配套工程 PCCP 管道制造 2 标项目部 | 21095588.00 | 21058627.20 | 20013418.34 |
| | PCCP | 千秋管业衡水南水北调配套管道制造 3 标项目部 | 30002865.00 | 29593253.17 | 28124968.90 |
| | PCCP 防腐 | 安徽宿州防腐公司衡水南水北调管道 3 标项目部 | 5938367.00 | 5681684.14 | 5397599.94 |
| | PCCP | 恒润集团衡水市南水北调配套工程 PCCP 管道制造 4 标项目部 | 152417164.00 | 143658670.20 | 136498247.12 |
| | HDPE 制造 | 河北泉恩高科技管业有限公司 | 40374700.00 | 39786518.00 | 37797192.00 |
| | DIP 制造 | 新兴铸管股份有限公司石家庄销售分公司 | 111070550.00 | 101615928.27 | 96535131.85 |
| | SP 制造 1 标 | 河北省水利工程局机械厂 | 19696885.00 | 33291820.69 | 31634567.17 |
| | SP 制造 2 标 | 中国水利水电第十三工程局有限公司 | 2290772.33 | 5724942.39 | 5438695.27 |
| 合　计 | | | 1103402229.50 | 1082733690.32 | 1001830941.81 |

表 6-9　　　　　　　　　　**箱涵衡水段拨付建设资金一览表**　　　　　单位：元

| 标段 | 单位名称 | 合同金额 | 已完工程投资 | 累计拨款 |
|---|---|---|---|---|
| 1 标 | 湖南省建筑工程集团总公司衡水市南水北调 1 标段项目部 | 84718348.00 | 78144775.00 | 73855476.80 |
| 2 标 | 山东恒泰工程集团有限公司河北南水北调衡水箱涵项目部 | 66995912.00 | 61326964.00 | 58260615.65 |

续表

| 标段 | 单位名称 | 合同金额 | 已完工程投资 | 累计拨款 |
|---|---|---|---|---|
| 3 标 | 河北省水利工程局南水北调配套工程沧州支线压力箱涵（衡水市段）3 标施工项目部 | 83311693.00 | 76401664.00 | 72581581.00 |
| 4 标 | 山西省水利建筑工程局石津干渠沧州支线压力箱涵衡水段 4 标项目部 | 72813426.00 | 71047803.95 | 67495413.75 |
| 5 标 | 天津振津工程集团有限公司 | 101024457.00 | 95303501.56 | 90538326.48 |
| 6 标 | 北京金河水务建设有限公司石津干渠沧州支线箱涵土建 6 标项目部 | 114658888.00 | 110390459.45 | 104870936.47 |
| 7 标 | 北京通成达水务建设有限公司 | 46010000.00 | 47429356.40 | 45057888.58 |
| 钢筋制造 | 河北省水利物资供应站 | 79854012.00 | 68747460.38 | 65104992.59 |
| 钢筋制造 | 中旭实业（天津）有限公司 | 66353859.00 | 58324257.63 | 55207495.33 |
| 止水带 1 标 | 河北华虹工程材料有限公司 | 3133333.00 | 3760941.04 | 3572893.99 |
| 止水带 2 标 | 衡水鑫盛达新材料科技有限公司 | 2464714.00 | 2799027.07 | 2659075.72 |
| 密封胶 | 衡水大禹工程橡塑科技开发有限公司 | 1000917.00 | 1393870.96 | 1324177.41 |
| 泡沫板 | 衡水大禹工程橡塑科技开发有限公司 | 1826756.00 | 1949971.92 | 1852473.32 |
| 合　　计 | | 724166315.00 | 677020053.36 | 642381347.09 |

### 四、运行管理资金

截至 2018 年 12 月 31 日，市调水办已经发生各项运行成本 1562.38 万元，其中人员工资、运行管理费、电费、巡查费、日常维护费、抢修抢险费等待摊投资 1483.83 万元，购买电脑、办公桌椅等固定资产 78.55 万元。

### 五、不可预见性资金

超出投资任务包干协议需动用征迁安置预备费由市调水办依据县（市、区）提出的申请，向河北水务集团申报，经河北水务集团审核后报省南水北调办审批。

项目建设过程中出现的设计变更中，50 万元以下的一般设计变更由市调水办审批，报河北水务集团和省南水北调办备案。50 万～200 万元的一般设计变更原则上由河北水务集团审批，报省南水北调办备案。200 万元以上的设计变更按程序报省南水北调办批准。

（1）箱涵衡水段穿越 S040 和 G106 设计变更。该工程在初步设计阶段采用顶框架涵内套输水箱涵形式。工程实施阶段经公路部门确认，优化为直顶输水箱涵方案。优化方案可大大降低工程投资，原设计批复概算投资 5076.54 万元，核定变更后概算投资为 2167.27 万元，较原批复设计投资减少 2909.27 万元。

（2）水厂以上管道工程第三单元冀枣故滨干线穿越冀州市四条县级公路设计变更。该工程在初步设计阶段采用明挖直埋方式。工程实施阶段，冀州市人民政府要求穿越公路方式变更为顶进套管内穿输水管道方案，为保障工程顺利实施，对穿路方案进行变更。原设计批复概算投资 816.89 万元，核定变更后概算投资为 2020.91 万元，较原批复设计投资增加 1204.02 万元。

（3）水厂以上管道工程第三单元输水管道穿越市区段改线设计变更。根据衡水市主城区新的规划，结合衡水市城乡规划局、国土局和水务集团对输水管线线路、纵断埋深的相关要求，为满足城市发展的规划要求，提高土地利用和加快工程建设进度，预留赵圈工业园区分水口，部分管道施工方案由明挖直埋调整为直顶钢管，市区支线穿越滏阳河段进行由单排 DN1400 管道变更为双排 DN1000 管道等设计变更。原设计批复概算投资 13572.93 万元，核定变更后概算投资为 13906.19 万元，较原批复设计投资增加 333.26 万元。

配套工程项目建设需动用预备费的，由市调水办提出申请，经河北水务集团审查后报省南水北调办审批。

# 第四节　财　务　监　管

## 一、财务管理制度

1. 征迁资金管理制度

2013 年 11 月 4 日，为规范南水北调工程建设征地补偿和移民安置资金管理，提高资金使用效率，保障移民合法权益，市调水办制定并印发了《衡水市南水北调配套工程征迁安置资金管理办法》。主要根据 2009 年 7 月 13 日国务院南水北调办修订印发的《南水北调工程建设和移民安置资金管理办法（试行）》及 2013 年 3 月 20 日河北省南水北调办制定并印发的《河北省南水北调配套工程征迁安置资金管理办法》（图 6-3）文件精神，对衡水市及下辖各县（市、区）调水办征迁资金的使用进行规范化和制度化管理。

2. 建设资金管理制度

衡水市调水办为规范和加强南水北调配套工程建设资金管理，保证资金合理、有效使用，提高投资效益，根据《会计法》《国有建设单位会计制度》《基本建设财务管理规定》《南水北调河北省配套工程建设资金管理办法》和相关法律法规，结合市南水北调配套工程的特点和实际情况，制定并印发了《衡水市南水北调配套工程建设资金资金管理办法》（见图 6-4～图 6-6）。该办法共分七章三十条，就总则、财务管理机构和职责、投资控制管理、合同管理、资金的使用管理、竣工财务决算、内部财务监督与检查等方面对工程建设资金的使用进行了规范化、制度化。

衡水市南水北调配套工程征迁安置资金管理办法

第一章 总则

第一条 本办法适用于衡水市南水北调配套工程征迁安置资金的使用、管理和监督。

第二条 本办法所称征迁安置资金包括直接费用、其他费用、预备费用和有关税费。

第三条 市南水北调配套工程征迁安置资金是配套工程建设资金的组成部分,由河北水务集团统一负责筹集。资金原则上实行市、县两级会计核算制度,县为基础会计核算单位,乡(镇)、村实行报账制度。

第四条 征迁安置资金实行专户存储、独立核算、专款专用。

第二章 投资控制管理

第五条 市南水北调配套工程征迁资金实行与征迁任务相对应的使用制度,河北水务集团按照投资概算及相应的征迁安置任务与市南水北调办签订征迁安置协议。

市南水北调办组织各县(区)按照设计单元,依据有关征迁政策及批复的补偿标准和核查的实物量,编制征迁安置实施方案。实施方案经市政府审批后,报河北水务集团和省南水北调办备案。

第六条 市南水北调办应与各县(市)、区南水北调办签定征地拆迁投资任务包干协议。协议中必须明确规定下列内容:

1. 征地拆迁任务的具体内容;
2. 征地拆迁工作的进度要求;

8

图 6-3　衡水市南水北调配套工程征迁安置资金管理办法（节录）

衡水市南水北调工程建设委员会办公室文件

衡调水办〔2013〕51号

衡水市南水北调工程建设委员会办公室
关于印发《衡水市南水北调配套工程
资金管理办法》的通知

各市、县、区南水北调办:

为规范我市南水北调配套工程资金管理,确保专款专用,我办依据《会计法》、《国有建设单位会计制度》(财会字[1995]45号)、《基本建设财务管理规定》(财建[2002]394号)、《河北省南水北调配套工程建设资金管理办法》、《河北省南水北调配套工程征迁安置资金管理办法》和相关法律法规,结合我市的实际情况,制定了《衡水市南水北调配套工程资金管理办法》,现印发给

-1-

图 6-4　衡水市南水北调配套工程资金管理办法（节录）

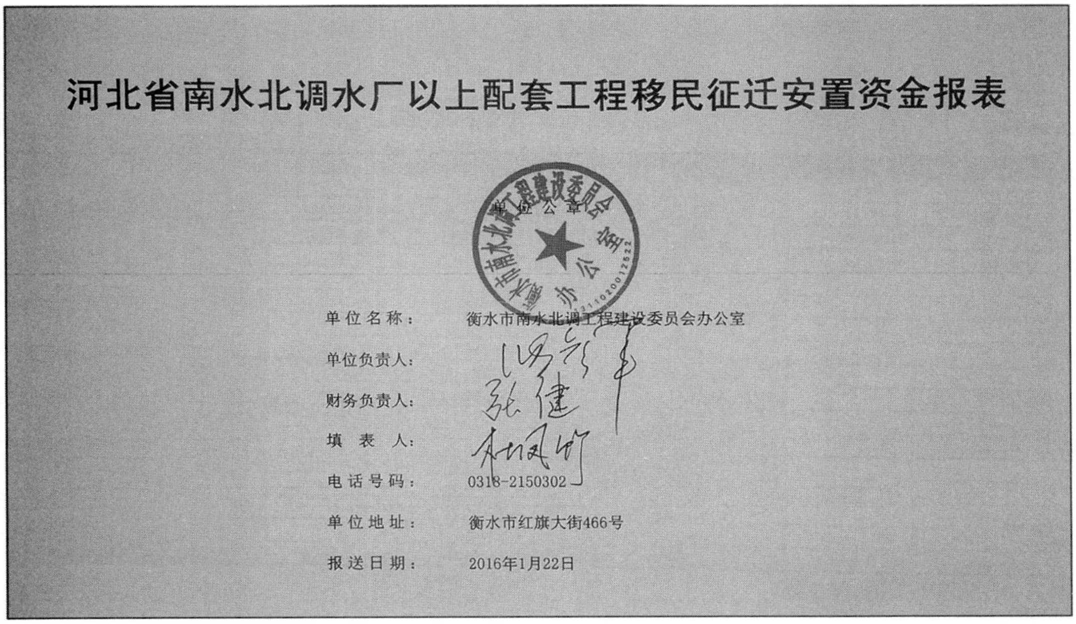

河北省南水北调水厂以上配套工程移民征迁安置资金报表

单位名称： 衡水市南水北调工程建设委员会办公室

单位负责人：

财务负责人：

填 表 人：

电话号码： 0318-2150302

单位地址： 衡水市红旗大街466号

报送日期： 2016年1月22日

图6-5 河北省南水北调水厂以上配套工程移民征迁安置资金报表

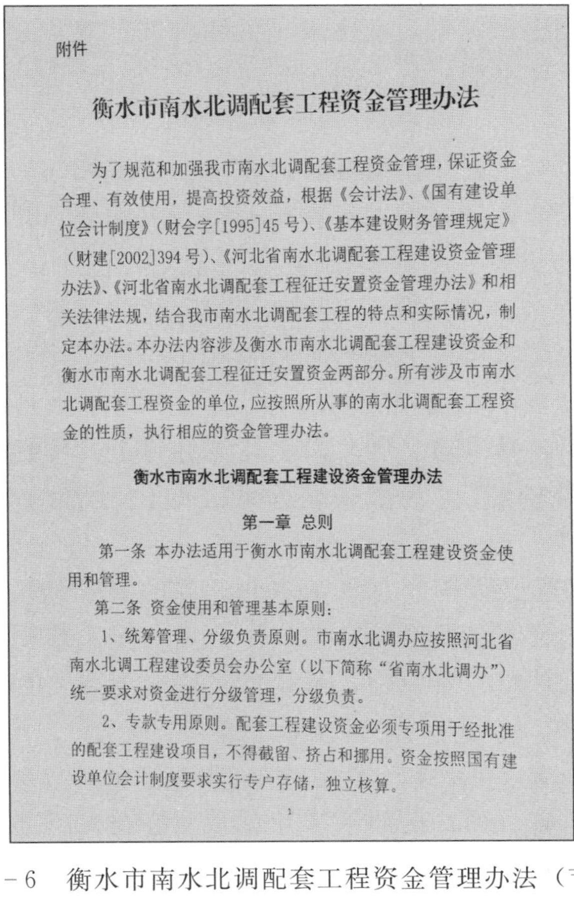

附件

衡水市南水北调配套工程资金管理办法

为了规范和加强我市南水北调配套工程资金管理，保证资金合理、有效使用，提高投资效益，根据《会计法》、《国有建设单位会计制度》（财会字[1995]45号）、《基本建设财务管理规定》（财建[2002]394号）、《河北省南水北调配套工程建设资金管理办法》、《河北省南水北调配套工程征迁安置资金管理办法》和相关法律法规，结合我市南水北调配套工程的特点和实际情况，制定本办法。本办法内容涉及衡水市南水北调配套工程建设资金和衡水市南水北调配套工程征迁安置资金两部分。所有涉及南水北调配套工程资金的单位，应按照所从事的南水北调配套工程资金的性质，执行相应的资金管理办法。

衡水市南水北调配套工程建设资金管理办法

第一章 总则

第一条 本办法适用于衡水市南水北调配套工程建设资金使用和管理。

第二条 资金使用和管理基本原则：

1、统筹管理、分级负责原则。市南水北调办应按照河北省南水北调工程建设委员会办公室（以下简称"省南水北调办"）统一要求对资金进行分级管理，分级负责。

2、专款专用原则。配套工程建设资金必须专项用于经批准的配套工程建设项目，不得截留、挤占和挪用。资金按照国有建设单位会计制度要求实行专户存储，独立核算。

图6-6 衡水市南水北调配套工程资金管理办法（节录）

**3. 工程价款结算制度**

市调水办为规范南水北调水厂以上配套工程财务决算编制，根据《河北省南水北调配套工程财务决算编制办法》，结合衡水市实际情况，于 2014 年 11 月 17 日制定了《衡水市南水北调配套工程价款结算支付办法》。该办法共分八章三十二条，对建设资金的使用进行了规范化和制度化管理。

## 二、内部财务检查

**1. 主要内容**

衡水市调水办长期坚持做好内部财务检查，其内容包括：国家财经法规制度是否得到贯彻执行，工程建设、征迁安置等资金使用是否符合规定；内部控制制度是否健全有效，财务会计工作相关人员的职责权限、工作规程、工作纪律要求是否明确；财务岗位不相容职务是否分离；财务经济重大事项决策、执行程序是否规范；是否建立财产清查制度等。

**2. 重大事项报告制度**

在工程建设中，单项金额在 200 万元以上的重大索赔事项，资金使用管理中的重大违规、违纪问题，其他涉及资金管理的重大事项应及时向上级做书面报告。同时建设单位积极配合国家和省有关部门对配套工程建设资金使用情况进行的审计、稽察及专项检查，如实提供资料，实事求是说明情况。对审计、监督检查中提出的问题要及时进行整改，并书面报告上级。

**3. 财务报表制度**

为加强南水北调配套工程建设财务管理，全面了解和掌握配套工程建设进展及资金使用情况，加强资金调度、投融资和相关部门对财务信息的需要，根据《河北省南水北调配套工程建设资金管理办法》有关规定，结合配套工程建设的实际情况，市调水办制定了南水北调配套工程财务报表制度。每月 10 日前向河北水务集团报送《河北省南水北调水厂以上配套工程移民征迁安置资金报表》《河北省南水北调水厂以上配套工程基本建设项目财务报表》，于每年 1 月底前报送上一年度的财务报表。每月月初，各县（市、区）南水北调办将上月征迁安置资金使用情况报给衡水市调水办，市调水办汇总后统一报送河北水务集团。

**4. 资金监管**

衡水市调水办的资金监管是根据省南水北调办的要求和工程项目建设需要，通过三方监管协议，对项目建设资金结算账户、资金流量和流向等进行全过程、全方位实时的监控。以降低项目投资风险，做到项目资金专款专用，做到确保工程建设顺利进行。

（1）监管原则与内容。甲、乙、丙三方在严格遵守国家法律、法规及相关政策的前提下，开展资金监管合作。按照平等互利、友好合作、共同发展的原则处理资金监管中的相关问题。对建设资金实行专户存储、专款专用，严格按批准的资金预算、合同、协议和规定用途使用建设资金,保证项目建设期不以任何名义转移、挪用资金,不同时接受上级单位或所属系统的任何资金归集和调剂管理。

要求被监管单位建立完善的资金安全保障机制,按财务管理制度及要求配备财务人员,完善内控制度,配备必要设施,从而使资金监管落实到位。

(2)资金监管的实效。衡水市调水办对衡水市南水北调配套工程所有施工单位和PCCP材料供应单位进行资金监管。经过4年多的运行,确保了本项目中的建设资金实行专户存储、专款专用,保证了项目建设期各参建单位不以任何名义转移、挪用建设资金,保障了域内南水北调各项工程的顺利进行,减少了拖欠农民工工资事件的发生,为以后工程建设资金使用和管理积累了丰富的经验。

## 三、审计

### 1. 省(市)审计

根据《中华人民共和国审计法》第二十二条规定,自2014年9月11日起,河北省审计厅组织衡水市审计局对市调水办负责的河北省南水北调水厂以上配套工程衡水市段进行跟踪审计。2015年5月26日,省审计厅审计小组一行8人来衡对南水北调配套工程征迁资金、建设资金及可研阶段资金进行全面审计。省审计厅对市调水办成立以来的南水北调配套工程征迁资金、建设资金及可研阶段资金进行了全面审计,并于2017年7月11日出具了审计报告。

审计结果表明,衡水市调水办财务管理和内控制度比较健全,能够按照相关会计准则和会计制度进行核算,在项目建设过程中能够履行基本建设程序,能够遵守国家的法律法规,建立了较为完善的内控制度,采取了行之有效的办法与措施。但在审计过程中,也发现如下问题:施工单位串通投标问题,涉及资金2.52亿元;违法转包问题,涉及资金6635万元;施工单位违法分包工程、借用资质等问题。并针对这些问题提出了处理意见。

### 2. 内部审计

2014年12月,受河北省南水北调办委托,河北天时会计师事务所有限公司对衡水市调水办南水北调前期工作经费的收支情况进行了审计,审计截止日期为2014年11月30日。审计内容为2002年1月至2013年5月由衡水市水务局记账的前期经费和2013年6月后由市调水办记账的前期工作经费的收入、支出情况。2015年1月6日,出具了专项审计报告。

2016年6月,受河北省南水北调办委托,瑞华会计师事务所对市调水办2013—2015年度衡水市南水北调配套工程水厂以上输水管道工程和石津干渠压力箱涵衡水段的建设资金、征迁资金进行了专项审计。2017年3月20日,出具了《关于河北省衡水市南水北调项目配套建设资金和征迁资金专项检查报告》。市调水办根据审计报告对存在的问题进行了整改。

附:石津干渠工程变更资金管理示例如图6-7、图6-8所示。

# 衡水市南水北调工程建设委员会办公室文件

衡调水办〔2015〕12 号          签发人：杨志军

**衡水市南水北调工程建设委员会办公室**
**关于对《河北省南水北调配套工程石津干渠**
**工程沧州支线压力箱涵（衡水段）穿越 S040 和**
**G106 设计变更报告》审查的请示**

河北水务集团：

　　《河北省南水北调配套工程石津干渠工程沧州支线压力箱涵（衡水段）穿越 S040 和 G106 设计变更报告》已由河北省水利水电勘测设计研究院编制完成。我办组织相关人员对其进行了初审，基本同意其设计成果。现上报贵集团，请予以审查。

　　　　附件：河北省南水北调配套工程石津干渠工程沧州支线压力箱涵（衡水段）穿越 S040 和 G106 设计变更报告

　　　　　　　　　　　衡水市南水北调工程建设委员会办公室
　　　　　　　　　　　　　　　2015 年 1 月 12 日

图 6-7　石津干渠工程变更资金管理示例（一）

# 河北省南水北调工程建设委员会办公室文件

冀调水设〔2015〕13 号

**河北省南水北调工程建设委员会办公室**
**关于河北省南水北调配套工程石津干渠工程**
**沧州支线压力箱涵衡水段穿越 S040 和 G106**
**设计变更的批复**

河北水务集团：

　　你集团《关于河北省南水北调配套工程石津干渠工程沧州支线压力箱涵衡水段穿越 S040 和 G106 设计变更的请示》（冀水务〔2015〕18 号）收悉，2015 年 1 月 21 日我办组织专家对随文报送的《河北省南水北调配套工程石津干渠工程沧州支线压力箱涵衡水段穿越 S040 和 G106 设计变更报告》（以下简称《变更报告》）进行了审查，形成了审查意见。会后，设计单位根据审查意见对《变更报告》进行了修改，于 2015 年 3 月 30 日报送我办。经研

　　　　　　　　　　　　　　　　　　　　　　　　— 1 —

图 6-8（一）　石津干渠工程变更资金管理示例（二）

究,基本同意修改后的《变更报告》,现批复如下:

一、初步设计阶段,石津干渠工程沧州支线压力箱涵衡水段穿越 S040 和 G106 采用顶框架涵内套输水箱涵形式。工程实施阶段经公路部门确认,优化为直顶输水箱涵方案。优化方案可大大降低工程投资,因此同意对穿越 S040 和 G106 工程进行设计变更。

二、基本同意穿越 S040 和 G106 直顶输水箱涵方案的工程布置和结构型式。

三、基本同意采用明挖与顶进相结合的施工方案,进一步优化施工组织设计,合理安排施工顺序。

四、同意工程概算的编制依据和方法,按照 2014 年三季度价格水平,原设计批复概算投资 5076.54 万元,核定变更后概算投资为 2167.27 万元,较原批复设计投资减少 2909.27 万元(详见附表)。

五、请按照批复的《变更报告》抓紧组织工程实施,做好穿越工程与输水管道工程的衔接,严格控制工程质量,按期完成工程建设任务。

附件:河北省南水北调配套工程石津干渠工程沧州支线压力
箱涵衡水段穿越 S040 和 G106 设计变更概算核定表

— 2 —

附件

### 河北省南水北调配套工程石津干渠工程沧州支线压力箱涵衡水段穿越 S040 和 G106 设计变更概算核定表

单位:万元

| 序号 | 工程或费用名称 | 原批复概算 | 核定概算 | 增(+)减(−) |
|---|---|---|---|---|
| | 第一部分　建筑工程 | 4825.72 | 1975.52 | −2850.2 |
| 一 | 穿越 G106 | 2515.4 | 1130.08 | −1385.32 |
| 1 | 一般段箱涵 | | 214.53 | 214.53 |
| 2 | 穿越 106 国道 | 2436.21 | 873.24 | −1562.97 |
| 2 | 人工调差 | 79.19 | 42.31 | −36.88 |
| 二 | 穿越 G040 | 2310.32 | 845.44 | −1464.88 |
| 1 | 一般段箱涵 | | 228.22 | 228.22 |
| 2 | 穿越 040 省道 | 2245.37 | 586.97 | −1658.4 |
| 2 | 人工调差 | 64.95 | 30.25 | −34.7 |
| | 第二部分　机电设备及安装工程 | | | |
| | 第三部分　金属结构设备及安装工程 | | | |
| | 第四部分　施工临时工程 | 250.82 | 191.75 | −59.07 |
| 一 | 穿越 G106 | 127.18 | 98.05 | −29.13 |
| 1 | 施工导流 | 82.71 | 77.88 | −4.83 |
| 2 | 房屋建筑工程 | 21.17 | 9.6 | −11.57 |
| 3 | 其他施工临时工程 | 23.31 | 10.57 | −12.74 |
| 二 | 穿越 S040 | 123.64 | 93.7 | −29.94 |
| 1 | 施工导流 | 82.71 | 77.88 | −4.83 |
| 2 | 房屋建筑工程 | 19.48 | 7.53 | −11.95 |
| 3 | 其他施工临时工程 | 21.45 | 8.29 | −13.16 |
| | 第五部分　独立费用 | | | |
| | 一至五部分合计 | 5076.54 | 2167.27 | −2909.27 |
| | 总投资 | 5076.54 | 2167.27 | −2909.27 |

— 3 —

图 6-8(二)　石津干渠工程变更资金管理示例(二)

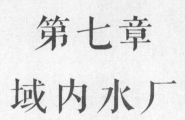

# 第七章
# 域内水厂

衡水市南水北调工程涉及 11 个县（市、区）和工业新区、滨湖新区，共修建 13 座南水北调地表水厂，即市区滏阳水厂、冀州水厂、枣强水厂、武邑水厂、深州水厂、武强水厂、饶阳水厂、安平水厂、故城水厂、景县水厂、阜城水厂、工业新区水厂、滨湖新区水厂，同时建设 420km 配水管网。除滏阳水厂、工业新区水厂、滨湖新区水厂、阜城水厂、武邑水厂由当地政府投资建设外，其他均采用 BOT 模式融资建设。按照整体设计、分期实施的原则，全市地表水厂及配水管网工程完成投资 8.6 亿元，日供水能力为 3.5 万 $m^3$，年供水能力为 1.95 亿 $m^3$，占河北省计划分配衡水市南水北调工程水量 3.1 亿 $m^3$ 的 63%。各县（市、区）水厂由当地政府负责投资建设和运营管理。2018 年，各县（市、区）水厂已实现通水试运行，各水厂管理措施不断完善。

# 第一节　桃城区滏阳水厂

## 一、区域环境

桃城区是衡水市委市政府所在的主城区，是全市政治、经济、文化中心。其东部与武邑县接壤，东南部与枣强县相连，南部与冀州区毗邻，西部、北部与深州市交界。西汉时为桃县地，东汉时曾设桃城驿。隋朝开皇十六年（公元 596 年），始置衡水县，1983 年改称衡水市（县级）。1996 年 7 月，衡水地区改为衡水市，撤销县级市，改设桃城区。桃城区面积为 591km²，人口 52 万人。桃城区下辖河西街道、河东街道、路北街道、中华街道、郑家河沿镇、赵圈镇、邓庄乡、何家庄乡、大马森乡、彭杜村乡，共 4 个街道办事处、2 个镇、4 个乡。

桃城区生产生活以地下水为主要水源，占总用水量的 79.4%。地下水超采严重，地下水位最大埋深达 103m，已出现咸淡水界面下移、地下水氟超标、地面沉降等问题。多年来，城市用水结构不合理，地表水源少且水质不达标，不能作为城市供水水源；而城市发展较快，用水量逐年增加，经常出现供水不足现象；配水管网布局也不适应新城市建设及社会经济发展。南水北调工程实施有力破解了桃城区缺水难题，为生产、生活用水提供了有力保障，为经济社会可持续发展奠定基础。

## 二、水厂项目

衡水市桃城区滏阳水厂是衡水市主城区唯一能承接地表水处理的水厂，水厂在岗人员 55 人。2018 年，年制水能力达 1000 余万 m³，约占市区公共供水系统供水总量的 47%。该水厂也是衡水市最大的南水北调地表水厂，如图 7-1 所示。

图 7-1　2018 年衡水市区滏阳水厂全貌

滏阳水厂始建于 1998 年，承担着衡水市主城区生产、生活用水的供水任务。水厂位于衡水市中华南大街，占地 153 亩，供水规模为 10 万 m³/d。原设计配套有"引水入衡给水工程"，引黄河水入衡水湖，再由取水泵站输水至滏阳水厂，处理后供市民饮用。但由于衡水湖区引来的上游来水水质较差，不能满足饮用水水源标准，故水厂建成后未能正常运行。2009 年，衡水市启动"衡水市城乡供水滏阳新河水源地工程"，即在衡水湖西侧约 10km 的滏阳新河滩附近打深井 27 眼，设计取水量 4 万 m³/d，加压后输水至滏阳水厂。但该区地下水利用占比大，年年超量开采，水中含氟量超标，不能长期作为城市供水水源。

为利用好南水北调水，经考查，按照满足《生活饮用水卫生标准》（GB 5749—2006）的水质标准，只需对滏阳水厂原有常规水处理设施进行简单升级改造，就能作为接纳南水北调来水的配套工程。既可充分发挥滏阳水厂最大作用、减少地下水开采，又可降低南水北调工程建设投资。

滏阳水厂升级改造工程于 2015 年 9 月开工，改扩建完成后一期供水规模为 10m³/d，工程投资 7479 万元，于 2016 年 4 月竣工。工程建设内容包括对滏阳水厂内现有的混合、反应、沉淀、过滤处理、污泥处理构筑物及设备进行维修、改造；新建 20 万 m³/d 规模的进水稳压设施、预处理设施、应急粉末活性炭投加系统；同时按照满足《生活饮用水卫生标准》（GB 5749—2006）的水质标准，补充完善水质监测设备。

### 三、水厂工艺与设施

根据《生活饮用水卫生标准》（GB 5749—2006）中 106 项的水质标准要求，改造后的水厂采用"预氧化＋常规处理＋臭氧、生物活性炭处理（预留）＋次氯酸钠消毒"的工艺；水厂排泥处理仍采用原有的"调节池＋浓缩池＋离心脱水"的工艺。工艺流程图及相关厂房设施如图 7-2～图 7-5 所示。

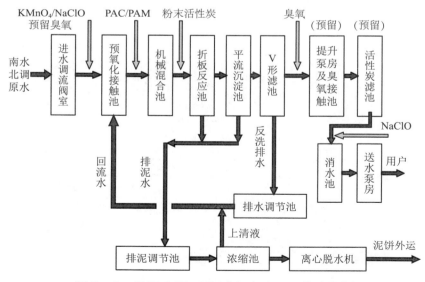

图 7-2　滏阳水厂（升级改造后）工艺流程图

图 7-3 滏阳水厂加药车间

图 7-4 滏阳水厂滤池

图 7-5 滏阳水厂平流沉淀池

### 四、配水管网

衡水市桃城区政府为保证区域内供水管网贯通、用足用好南水北调水，自筹资金，陆续对部分城区的配水管网按照供水规划进行了新建或改建。主要涉及前进街、榕华街、育才街和永兴路，总长度为5664m，投资718万元。

1.人民路、前进街的供水管道

桃城区内新建居民小区增多，用水需求不断增加。为保证市民安全用水，2014年7月5—25日，在前进街的人民路—永兴路段段敷设了管道，并与永兴路原有供水管道对接；在人民路的前进街—宝云街段敷设管道，与宝云街原有供水管道对接，实现人民路、前进街、宝云街、永兴路环状管网的贯通。管道分别位于前进街西侧和人民路南侧。主管道采用φ315mm的PE管，总长度为1784m，工程投资125万元。前进街支管阀门安装完成如图7-6所示，前进街与人民路交叉口定向钻如图7-7所示。

图7-6　前进街支管阀门安装完成

图7-7　前进街与人民路交叉口定向钻

2.榕花街的供水管道

2015年3月8日至4月4日，对榕花北大街的裕华路—北外环南段进行供水管道安装铺设。共铺设φ630mm的PE管580m（其中顶管300m），工程投资155万元。榕花街供水管道安装铺设现场如图7-8所示。

3.育才街的供水管道

育才北大街无供水管道，为改变现状，2015年3月8—31日，对育才北大街的大庆路西—北外环以南段实施了供水管道敷设。管道位于育才街西侧，主管道采用φ315mm的PE管，总长度为1590m（其中顶管长约870m），工程投资148万元。育才街供水管道安装铺设如图7-9所示。

图7-8　榕花街供水管道安装铺设现场　　　　图7-9　育才街供水管道安装铺设

#### 4. 永兴路的供水管道

在永兴东路的永兴桥西—京衡大街路段重新敷设供水管道，实现了河西、河东区域的配水管网贯通。主管道采用 $\phi630\sim500mm$ 的 PE 管，总长度为 1710m，其中 $\phi630mm$ PE 管长 1140m（包含顶管 444m），$\phi500mm$ PE 管长 570m，总投资 290 万元。

### 五、水厂管理

滏阳水厂的建设管理单位是衡水市水务集团。南水北调工程通水后，滏阳水厂的水源由开采地下水转变为利用南水北调来水。一期设计水处理能力 10 万 t/d。滏阳水厂内设办公室、人事科、财会科、生产计划科、技术科、后勤保卫科、设备科、安全科、制水车间、加氯间、加药间、送水车间、变配电车间、机修车间、中控室、化验室、污泥脱水车间 17 个科室和车间。

滏阳水厂设有水质化验室，并配备了离子色谱仪、气相色谱仪、液相色谱仪、原子吸收光谱仪、原子荧光仪等大型进口或国产仪器设备，可检测 55 项水质指标；设有安全科，对制水安全生产各环节、各设备进行全程监控。2018 年以来，水厂设施运行正常，水质各项指标达标，衡水市区广大市民顺利用上长江水。

## 第二节　冀州区地表水厂

### 一、区域环境

衡水市冀州区东邻枣强县，南接南宫市，西南与新河县、宁晋县毗邻，西北与辛集市、深州市接壤，北隔衡水湖与衡水市桃城区相望。西汉初，沿用秦朝郡县制，冀州为信都郡，是东汉光武中兴之始。三国魏文帝黄初二年（公元221年），冀州治所由邺迁至信都（今冀州）。虽政区不断变化，但治所未变。1912年，改为冀县。1993年9月22日，经国务院批准，撤冀县，建立县级市。2016年7月5日，经国务院批准，撤销县级冀州市，设立衡水市冀州区。冀州古城墙、汉墓遗址众多。冀州辖区总面积为917km²，人口36万人。下辖冀州镇、官道李镇、南午村镇、周村镇、码头李镇、西王镇、门庄乡、徐家庄乡、北漳淮乡、小寨乡，共6镇4乡。

冀州境内地上水资源主要由自然降水、外来客水、石津渠水三部分组成。冀州人均水资源量87m³，仅为全省人均水平307m³的28%，缺水严重。随着经济社会的持续发展，用水量进一步增大，若不采取切实有效的开源节流及外流域引水措施，供需矛盾会更加突出。多年来，由于地表水严重不足，地下水过量开采，地下水水位持续下降，已经造成地面沉降、地下水水质恶化。南水北调工程的实施与地表水厂的建设，使冀州水资源紧张状况得到有效缓解，提升了城镇居民饮用水质量。

## 二、水厂项目

冀州地表水厂（图7-10）位于冀州城区东北部，滨湖大道与106国道交叉口西南，冀新东路北、曙光街东、金帝城小区南，占地7.64hm²（114.6亩）。一期建设规模为5万m³/d，建筑面积11867m²，投资金额为8772.16万元。冀州区水务局为项目法人，采用BOT筹资模式，由河北建设集团投资建设。2014年12月开工建设，2015年8月建成，同时水厂以下输水管网进行新建改建5100m，与之配套，同步达到通水条件。为保证水质达标，还装备了非正常状态下的应急处理设施。

图7-10 冀州地表水厂

### 三、水厂工艺与设施

冀州地表水厂制水流程如图 7-11 所示。

冀州地表水厂的水处理建筑物及设备情况如下。

（1）稳压配水井。其主要作用为集水、稳压、溢流和配水；建设物结构形式为钢筋混凝土矩形井结构。

（2）机械混凝池。其由 2 座单座尺寸为 2.0m×2.0m×4.8m 的钢筋混凝土矩形池组成；主要设备为 2 台机械搅拌机。

（3）小网格絮凝池。其为 1 座 2 格单座尺寸为 9.0m×8.5m×5.2m 的钢筋混凝土矩形池；主要设备为小孔眼网格反映箱、穿孔排泥管及电动刀闸阀。

（4）平流沉淀池。其为 1 座 2 格单座尺寸为 85.0m×9.6m×3.0m 的钢筋混凝土矩形池；主要设备为虹吸式吸泥机。

（5）V 形滤池。其由 4 个单格滤池过滤面积为 72m² 的钢筋混凝土矩形池组成；主要设备为滤料、滤板、滤头。

（6）清水池。其为 1 座 2 格单座尺寸为 63.9m×27.6m×4.2m 的地下式钢筋混凝土矩形池。

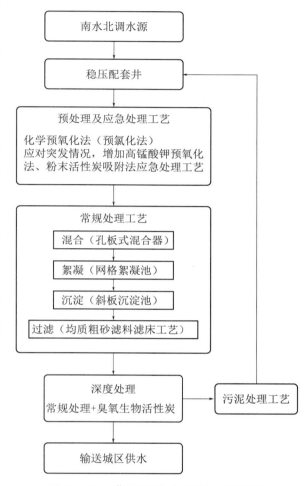

图 7-11　冀州地表水厂制水流程图

（7）泵房、鼓吹机房、变配电间。本工程泵房、鼓吹机房、变配电间为合建，单座尺寸为 56m×9m，地下为钢筋混凝土结构，地上为框架结构；主要设备为送水泵、反冲洗水泵、反冲洗鼓风机。

（8）加氯加药间。其由 2 个单池尺寸为 2.2m×2.2m×2.2m 的溶解池和 2 个单池尺寸为 2.2m×2.2m×1.1m 的溶液池组成。

（9）回流调节池。其为 1 座单座尺寸为 17.2m×8.0m×3.0m；主要设备为潜水泵。

（10）前储泥池。其为 1 座 2 格单座尺寸为 8.4m×8.0m×3.0m；主要设备为潜水泵。

（11）污泥浓缩池。其 2 座单池直径为 9m，有效水深 3.0m；主要设备为 PAM。

（12）后储泥池。其平面尺寸为 8.0m×5.0m，有效水深 3.0m；主要设备为潜水搅拌机。

（13）污泥脱水机房。其主要设备为离心式脱水机、污泥投配泵、电动单梁悬挂式起重机。

（14）其他配套设施。其包括设备安装及给排水及消防、电器及其设备安装、自控及其设备安装。配套综合办公楼，一层设有化验室、办公室、监控室、值班宿舍；二层设有中控室、会议室和办公用房、宿舍；三层设有办公室、活动室、职工倒班宿舍等。综合办公楼为钢筋混凝土框架结构，总建筑面积为 1343.2m²，建筑高度为 14.15m，耐火等级为二级，按 7 度抗震设防。其他配套设施如图 7-12～图 7-19 所示。

图 7-12　冀州地表水厂贮药池

图 7-13　冀州地表水厂化验室

图 7-14　冀州地表水厂加药设备

图 7-15　冀州地表水厂储泥池

图 7-16　冀州地表水厂供水泵房

315

图 7-17 冀州地表水厂中控室

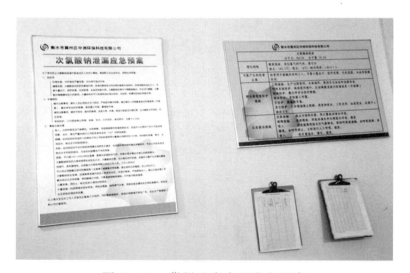

图 7-18 冀州地表水厂应急预案

图 7-19 冀州地表水厂平流沉淀池

### 四、配水管网

冀州住房与城市建设局负责自来水管网的完善和建设，采用球墨铸铁材质管材，管径分为 D300、D400、D600，管网总长为 5100m。总投资 473.06 万元，其中，中央预算内投资 160 万元、县财政拨款 113.06 万元、自筹 200 万元。

管道线路分为四段。第一段为冀新东路北侧金鸡大街至焦杨村西老盐河桥段，总长 2400m；第二段为 106 国道东侧冀新东路至滨湖大道段，总长 1000m；第三段为迎宾大街西侧滨湖大道与冀新路段，总长 500m；第四段为金鸡大街自信都路至滏阳路段，总长 1200m。

### 五、水厂管理

在运行初期，冀州地表水厂的工程筹建处负责全厂行政和生产管理，主管部门是县住建局。该机构下设五个职能部门，分别负责项目管理、计划财务、工程管理、设备管理和技术管理。主要工作包括：推进水源切换，担负起供水保障工作职责，确保城区水源切换工作完成；根据供水要求，保证全天候 24 小时供应，进行日检、月检、年检，确保水质指标安全达标；科学制定南水北调供水应急预案，落实应急物资和队伍。建立健全供水运行应急保障体系，用好用足长江水，真正发挥水源切换综合效益。

根据《城市给水工程项目建设标准》（CECS 120—2009），结合冀州的实际情况，2018 年水厂工程人员在岗 50 人，包括管理人员 5 人、直接生产人员 30 人、辅助生产人员 15 人。该水厂设计日供水能力为 5 万 t。目前水厂工程处于通水试运行阶段，工程通水正常，水质达标。

# 第三节　枣强县地表水厂

### 一、县域环境

枣强县东隔清凉江与景县、故城相望，南靠邢台地区南宫市，西临冀州区，北接桃城区、武邑县。据《畿辅通志》，枣强古时盛产红枣，故得名枣强。枣强县是"全国皮草商品示范市场""玻璃钢材料产业化基地"，总面积 892km²，人口 39.7 万人。下辖枣强镇、大营镇、马屯镇、恩察镇、肖张镇、加会镇、王常乡、张秀屯镇、王均乡、新屯镇、唐林镇，共 9 镇 2 乡。

枣强县的饮用水源主要是地下水，地表水主要是通过清凉江引黄输水。全县水利工程包括两河十渠和 150 多个小蓄水坑塘，坑塘除遇较大雨季外全年干涸。有完好机井 7955 眼，其中深井 2201 眼，提水扬程逐年增高，地下水超采日益严重。随着域内经济的快速发展，现有的供水设施已无法满足城镇用水的需要。该县以国家实施南水北调工程为契机，积极建设南水北调地表水厂及配套供水管网工程，着力用好长江水，减少对地下水的开采，缓解县域内的用水紧张状况，改善生态环境。

## 二、水厂项目

枣强县南水北调地表水厂（图7-20）承担着枣强县城镇生产、生活供水的任务。根据南水北调工程规划，枣强县地表水厂建设规模为7万m³/d，分两期建设。水厂位于枣强县城西南，索泸河南岸，旸谷庄村与李武庄村之间，占地6.7113hm²（100.67亩），一期建设规模为4万m³/d，建筑面积12643m²，投资金额为6881.32万元。枣强县水务局为项目法人，采用BOT筹资模式，由枣强恒润集团投资建设，2014年10月开工建设，2015年12月建成。同时，对水厂以下14609.1m输水管网进行新建、改建，与之配套，同步达到通水条件。2017年4月11日，枣强县城饮用水源完成了从地下水向地表水的转换，南水北调地表水厂正式运行，通水正常。

图7-20 2018年枣强县南水北调地表水厂

## 三、水厂工艺与设施

水厂进水水质按照地表水环境的Ⅱ类水体标准中的相关指标进行设计，同时在净水处理工艺设计中，考虑非正常状态下的应急处理设施。经过常规处理后可达到《生活饮用水卫生标准》（GB 5749—2012）中生活饮用水的标准要求，但考虑事故状态及非常状态情况下地表水厂仍能保证正常运行供水。采用传统制水工艺，工艺流程（图7-21）如下：南水北调水源→预处理→高密度沉淀→过滤→消毒（调节）→输送→城区供水。厂房设备主要包括工艺设备、实验室设备、电气设备、依控设备。

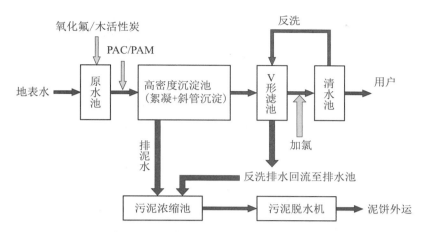

图 7 - 21 枣强县地表水厂工艺流程

1. 水处理车间

水处理车间有 1 间，面积为 8723.6m²。钢、柱、梁、板、斜拉筋、抗拉、底部围墙，按 6 度抗震设防。配套工程由 4 个污泥浓缩池、2 个原水池、1 个排水池、2 个高密池、2 个 V 形滤池、1 个清水池及其附属设施等组成。水池和基础部分均为钢筋混凝土构筑物，安全等级为二级，强度等级 C30，P6 抗渗，抗冻等级 F150，按 6 度抗震设防。施工顺序为清水池→V 形滤池和污泥浓缩池→回收水池→原水池和高密池，附属工程的施工在施工过程中穿插进行。

2. 综合办公楼

综合办公楼一楼为设备室，二楼为总控室，三楼为办公值班室，总面积为 2047m²，为抗震框架楼钢筋混凝土构筑物，安全等级为二级，强度等级 C30，按 6 度抗震设防。水厂包括设备安装及其配套管网给排水、消防、电气及其设备安装，自控及其设备安装等。水厂设施如图 7 - 22～图 7 - 28 所示。

图 7 - 22 枣强县地表水厂 V 形滤池

图 7-23　枣强县地表水厂中控室

图 7-24　枣强县地表水厂污泥浓缩池

图 7-25　枣强县地表水厂化验室

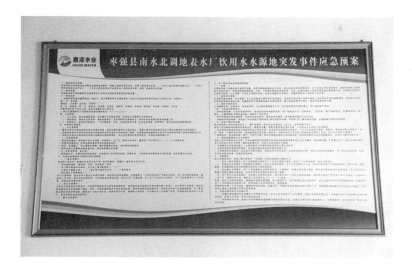

图 7-26　枣强县地表水厂突发事件应急预案

图 7-27　枣强县地表水厂污泥处理泵

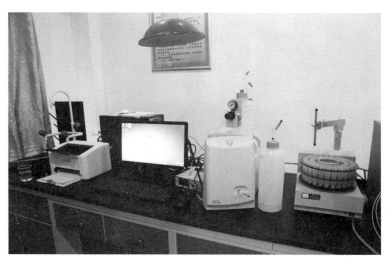

图 7-28　枣强县地表水厂化验室

### 四、配水管网

枣强县自来水管理所负责建设配水管网，管材采用 PE 管，共改造或铺设南水北调配水管网 14609.1m，总投资 1466.66 万元。

枣强县城镇南水北调管线走向为：自地表水厂至西外环路为东西走向，西外环往北接至中华大街为南北走向；然后由中华大街往东至建设路，管道在中华大街与建设路交叉，再顺着南北方向沿建设路铺设，往北至北外环路，从北外环路口往东至胜利路；西外环至裕华大街管线为东西走向，到裕华街与和平路交叉处，管道向东沿裕华路铺设，向北沿和平路铺设至平原街交叉口，从西外环往北至中华大街时，经过新华街分支往东铺设。配水管网建设内容及规模见表 7-1。

表 7-1　　　　　　　　枣强县配水管网建设内容及规模一览表

| 序号 | 地　点 | 建设内容及规模 | 铺设方式及规模 |
|---|---|---|---|
| 1 | 地表水厂—西外环路 | 双向铺设 PE 管道（De630 管径）707m，安装地下消防栓 6 个、阀门 4 个 | 沟槽开挖 707m |
| 2 | 西外环路：中华大街—裕华街 | 单向铺设 PE 管道（De500 管径）4182.1m；安装地下消防栓 35、阀门 23 个 | 顶管施工 3 个路口（290m）和过河（160m）；沟槽开挖 3732.1m |
| 3 | 中华大街：西外环路—建设路 | 单向铺设 PE 管道（De400 管径）1803m；安装地下消防栓 16 个、阀门 17 个 | 顶管施工 2 个路口（180m）和过河（180m）；沟槽开挖 1443m |
| | 裕华街：西外环路—和平路 | 单向铺设 PE 管道（De400 管径）1202m；安装地下消防栓 10 个、阀门 9 个 | 顶管施工 1 个路口（70m）；沟槽开挖 1132m |
| 4 | 和平路：平原街—裕华街 | 单向铺设 PE 管道（De315 管径）3242m，安装地下消防栓 27 个、阀门 20 个 | 顶管施工 2 个路口（140m）；沟槽开挖 3102m |
| | 建设路：中华大街—北外环路 | 单向铺设 PE 管道（De315 管径）1389m；安装地下消防栓 12 个、阀门 10 个 | 顶管施工 1 个路口（63m），沟槽开挖 1326m |
| | 北外环路：建设路—胜利路 | 单向铺设 PE 管道（De315 管径）1158m；安装地下消防栓 10 个、阀门 7 个 | 沟槽开挖 1158m |
| | 新华街与西外环路交叉路口段 | 单向铺设 PE 管道（De315 管径）926m，安装地下消防栓 7 个、阀门 5 个 | 顶管施工 1 个路口（117m）；沟槽开挖 809m |
| 合计 | | 铺设管道 | 14609.1m |
| | | 阀门 | 95 个 |
| | | 地下式消防栓 | 123 个 |
| | | 涉及人行道 | 4889.1m |
| | | 涉及绿化修复面积 | 11400m |
| | | 供水能力 $1.0 \times 10^4 m^3/d$，供水面积 102 万 $m^2$ | |

### 五、水厂管理

枣强县南水北调地表水厂由县自来水管理所负责建设和管理。水厂日常管理工作内容主要包括：监控水厂配套工程正常运行；根据进水水质、水量变化，调整运行条件，做好日常水质化验、分析，及时整理汇总汇报，分析运行记录，保存各项资料；建立运行技术档案；做好构筑物和有关设备的维护、保养；建立信息系统，定期总结运行经验，改善工作水平。按照《城镇供水厂运行、维护及安全技术规程》严格规范运行标准，保证水质达标供应。

该水厂区内设置多个职能科室和生产工段，负责全厂的行政和生产管理。根据国家颁布的《城市供水处理工程项目建设标准》（CECS 120—2009）相关规定，结合县域实际，确定供水厂人员为30人，其中技术干部和管理人员5人，生产人员20人，辅助生产人员5人。水厂日供水能力为4万t。

# 第四节　武邑县云齐净水厂

## 一、县域环境

武邑县位于衡水市东北部，东邻阜城县、景县，南与枣强县接壤，西接桃城区、深州市，北与武强县毗连，东北与泊头市为邻。地处京津都市经济圈和临港经济半径辐射范围之内。武邑县境在夏时称为武罗国，即后羿贤臣武罗之封邑。汉初置县后基本沿用"武邑"之名至今。武邑县总面积830.1km²，人口33万人，下辖武邑镇、清凉店镇、桥头镇、审坡镇、赵桥镇、龙店镇、韩庄镇、紫塔乡、圈头乡、循环经济园区，共7镇、2乡、1区。

武邑县境内有滏阳河、滏阳新河、滏东排河、老盐河（索鲁河）、清凉江、龙治河6条主要行洪排沥河道，排灌主干渠道25条。由于连年持续干旱，来水较少，地上水非常短缺，多年来主要利用地下水来满足生产、生活需要。武邑县城镇自备水源井较多，大量水源井开采地下水，造成了水资源的严重浪费，加之城区供水设施陈旧、管网漏失量大、供水可靠性差，随着经济社会的飞速发展，生产、生活用水量不断加大，引蓄外来水源显得日益迫切。

## 二、水厂项目

武邑县南水北调地表水厂（云齐净水厂）（图7-29）承担着武邑县城生产、生活的供水任务。水厂位于武邑县106国道以西，江河干渠以南，南云齐村东，距云齐村330m，占地3.5333hm²（53亩），总投资为11062.42万元。设计总规模为6.0万m³/d，一期建设规模3.0万m³/d。水厂总建筑面积5431.45m²，其中厂区综合管理业务楼建筑面积1343.26m²，铺设配水管网44.27km。2014年12月进场施工，2015年10月完工。

2017年4月14日，武邑县举行了南水北调地表水厂的水源启动仪式，水厂开

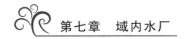

始投入使用，武邑县城百姓告别了长期饮用地下水的历史，顺利喝上了长江水。

图 7-29　2018 年武邑县南水北调地表水厂

### 三、水厂工艺与设施

水厂的主要水处理工艺是混凝、絮凝、沉淀、过滤、消毒。

（1）混凝。在原水中投入药剂（净水剂），使药剂与原水经过充分的混合与反应（混凝过程在反应池进行）后再和混凝剂充分混合。目前混合的主导工艺仍然是水泵混合、管式静态混合器混合、机械混合和跌水混合等。

（2）絮凝。通过絮凝工艺使水中的悬浮物和胶体杂质形成易于沉淀的大颗粒絮凝体，俗称"矾花"。目前我国大多数水处理厂所采用的絮凝工艺为隔板絮凝池、机械絮凝池、折板絮凝池、网格絮凝池及组合絮凝池等。

（3）沉淀。通过混凝过程的原水夹带大颗粒絮凝体以一定的水流速度流进沉淀池，在沉淀池中进行重力分离，将水中密度大的杂质颗粒下沉至沉淀池底部排出。目前我国广泛采用的是平流沉淀池和斜管沉淀池。

（4）过滤。原水通过混凝、沉淀工艺后，水的浊度大为降低，但通过集水槽流入水池中的沉淀水仍然残留着一些细小的杂质。通过滤池中的粒状滤料（如石英砂、无烟煤等）截留水中的细小杂质，使水的浊度进一步降低。

（5）消毒。当原水进行混凝、沉淀、过滤处理之后，通过管道流入清水池，必须对其进行消毒。消毒的方法是在水中投入氯气、漂白粉或其他消毒剂，用以杀灭水中的致病微生物；也有采用臭氧或紫外线照射等方法对水进行消毒的。云齐净水厂主要厂房设施如图 7-30～图 7-33 所示。

图 7-30 武邑云齐净水厂办公楼

图 7-31 武邑云齐净水厂 NFDLF 模块化净水系统

图 7-32 武邑云齐净水厂加氯加药设备

图 7-33　武邑云齐净水厂中控室

### 四、配水管网

武邑云齐净水厂主要服务武邑县城区，配水管网新建长度为 44.27km，投资 1969 万元，供水保证率 97％。主要工程是沿 106 国道向东北铺设 2 根 DN600 输水管至城区，2015 年 4 月 13 日正式开工，2015 年年底建成。

1. 主干管网新建工程

工程起点位于武邑县云齐水厂，工程线路由云齐水厂穿 106 国道，沿 106 国道向北经刘云干渠至河钢检查井。106 国道河钢路口管道分为两路：一路沿 106 国道东侧向东北，经兴武路、欢龙路、宁武路、宏达路、建设路至东风路（老 040），然后沿东风路东侧至东昌街，沿途在建设路与 106 国道交叉口西北处接加压泵站，在新华街与东风路交叉口东北侧接加压泵站；另一路沿河钢路北侧向东，经学苑街、腾达街、武馆路至东昌街，然后沿东昌街西侧至东风路，沿途在欢龙路与新华街交叉口南侧约 260m 处接加压泵站，在花园路与东昌街交叉口西南角接加压泵站，两路管网最终成环状分布，线路全长 21.80km。

2. 武邑县城区管网新建工程

（1）欢龙路：106 国道—新华街，双路布管 5680m，管径 DN300。

（2）宏达路：106 国道—富强街，双路布管 2112m，管径 DN300。

（3）宁武路：106 国道—学苑街，双路布管 1638m，管径 DN300。

（4）兴武路：106 国道—学苑街，双路布管 2114m，管径 DN300。

（5）学苑路：河钢路—宏达路，双路布管 5016m，管径 DN200。

（6）富强路：建设路—宏达路，双路布管 1234m，管径 DN200。

（7）腾达街：河钢路—宁武路，双路布管 3656m，管径 DN200。

（8）新华街：河钢路—欢龙路，双路布管 2422m，管径 DN200。

管径大于 DN300 的采用球墨铸造铁管，管径不大于 DN300 的采用 PE 管（压力 1.0MPa）。

## 五、水厂管理

武邑县地表水厂建设管理部门是武邑县水务局，运行管理由武邑县供水公司负责。水厂坚持全天候 24 小时供水，根据国家有关要求，实行常态化日检、月检、年检，保证水质指标符合国家饮用水标准。

运行管理主要工作包括：强化技术管理，根据进水水质、水量变化，调整运行条件，做好日常水质化验、分析、保存记录完的各项资料；及时整理汇总、分析运行记录，建立运行技术档案；建立处理构筑物和设备的维护，保养工作和维护记录的存档；建立信息系统，定期总结运行经验；加强人员管理，供水厂厂区内设置相应的职能科室和生产工段，负责全厂的行政和生产管理。

根据国家颁布的《城市供水处理工程项目建设标准》（CECS 120—2009）规定，结合当地实际，确定供水厂人员为 30 人，其中技术干部和管理人员 5 人，生产人员 20 人，辅助生产人员 5 人。

# 第五节 深州市地表水厂

## 一、市域环境

深州市地处河北省东南部，衡水市西北部，东与武强、武邑接壤，南连桃城区、冀州，西与辛集市交界，北邻饶阳、安平。汉初设县，明成祖永乐十年（1412 年），迁至吴家庄（今深州市城区）。1994 年 6 月，撤县建市。深州历史悠久，系蜜桃之乡，是形意拳的发源地，全国武术之乡。深州市总面积 1252km²，人口 57 万人。深州市下辖唐奉镇、高古庄镇、深州镇、辰时镇、榆科镇、魏桥镇、大堤镇、前磨头镇、王家井镇、护驾迟镇、大屯镇、兵曹乡、穆村乡、东安庄乡、北溪村乡、大冯营乡、乔屯乡、双井经济开发区，共 11 个镇、6 个乡、1 个开发区。

深州市境内有石津总干渠、天平沟、朱家河、龙治河、小西河、班曹店排干、骑河王排干等 16 条主要季节性排水河渠，除丰水年汛期排沥外，常年干枯，境内基本无地表水可利用。该市城镇用水主要依赖深井抽取地下水，城区年供水量为 667 万 m³。其中自来水公司有水源井 9 眼、水务局有水厂 1 座、市区内企事业单位自备水源井 41 眼。随着深州市城镇化步伐加快，现有供水设施逐渐无法满足城市用水需要，深州市城市总体规划也要求加快城市供水配套设施建设。南水北调工程的实施带来巨大的机遇，通过水源置换，减少了对地下水的开采，对缓解全市用水紧张状况、改善区域环境具有重要意义。

## 二、水厂项目

深州市地表水厂（深化净水有限公司）（图 7 - 34），是衡水市南水北调配套工程地表水厂之一，主要供深州市城区居民生活及工业用水，工业新区（城东）及深州市化工区（高古庄镇）用水。

图 7 - 34　深州市地表水厂（深化净水有限公司）

深州市地表水厂位于深州市城南，石黄高速南，307 国道北，石槽位村北，占地 8.1913hm² （122.87 亩），一期建设规模 8 万 m³/d，建筑面积 8281.94m²，投资金额为 19737.51 万元。深州市水务局为项目法人，采用 BOT 筹资模式，由阳煤集团深州化肥有限公司投资建设。2014 年 7 月，完成可行性研究报告专家评审；8 月，深州发改局对净水厂工程建设项目申请核准予以批复；11 月，完成净水厂工程初步设计及审查意见，并完成净水厂岩土工程勘察报告的编制。2014 年 11 月开工建设，2015 年 12 月建成，同时新建了配水管网 33800m，与之配套，达到通水条件。

2017 年 10 月 23 日，深州市在主城区范围内开展水源切换，进入"饮用长江水"模式，替代地下水供水，结束了地下水饮用历史。南水北调水厂试运行正常。

## 三、水厂工艺与设施

水厂采用分质供水，供水对象主要有城镇居民、工业企业、公共建筑及市政用户等。居民生活及公共建筑用水水质必须符合《生活饮用水卫生标准》（GB 5749—2006）的要求，采用传统制水工艺。供城区生活用水净水工程采用"预氧化＋混凝沉淀过滤＋加氯消毒"处理工艺。净水工艺流程见图 7 - 35。

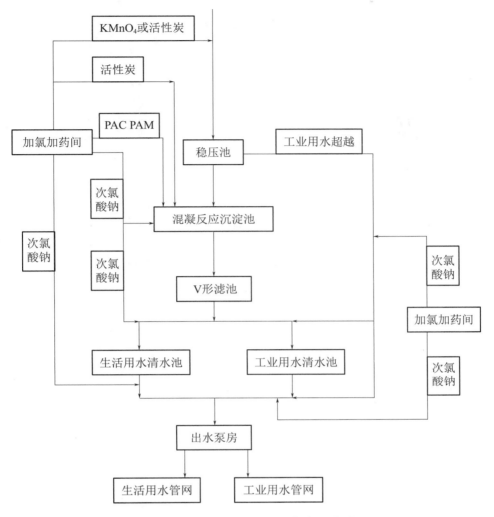

图 7-35　深州市地表水厂净水工艺流程

水厂供城区用水水质满足《生活饮用水卫生标准》（GB 5749—2006）的要求；供城东工业新区及高古庄工业园区用水水质满足《生活杂用水水质标准》（CJ/T 48—1995）的要求。供水管网服务压力合格率为 95%，城区供水管网末梢压力不小于 0.28MPa，最高日出厂水压为 0.40MPa；工业区供水管网末梢压力不小于 0.1MPa，最高日出厂水压为 0.35MPa。水厂主要设施如下。

（1）稳压池。配水井尺寸为 5300mm × 5100mm × 7760mm；有效水深为 6910mm，超高 850mm；有效容积 141m³；以 8.4 万 m³/d 核算，停留时间为 2.4min。

（2）混合反应沉淀池（图 7-36）。此项工程包括 2 个系列，每个系列设置机械混合 1 座，折板絮凝池 2 座，斜板沉淀池 2 座，三者联建。主要参数为：单座机械混合池尺寸为 2850mm×2850mm×4550mm，有效容积为 37m³。水力停留时间为 76s；搅拌速度梯度 $G$＝500L/s。设置 1 台快速混合搅拌机，直径 1.0m；推进式搅拌器，1 层，桨叶 3 片，功率为 7.5kW。

图 7-36　深州市地表水厂混合反应沉淀池

（3）V 形滤池（图 7-37）。此工程分为 8 个系列，双侧布置，可分别独立运行。进水来自沉淀池出水管。进水管分别进入滤池两侧进水渠道，通过主进水闸门和配水堰分配到单格滤池的 V 形配水槽。过滤水通过出水管进入出水井的出水堰。出水竖井汇流至出水总渠道。出水进入后续的清水池。

V 形滤池采用石英砂均质滤料，滤料层厚 1200mm，标准有效粒径为 0.90～0.95mm；承托层的厚度为 100mm，采用直径 2～4mm 的粗砂。

图 7-37　深州市地表水厂 V 形滤池

（4）加氯加药间（图 7-38）。设置加氯加药间 1 座，分为三个功能区，西侧为 PAC、PAM 及高锰酸钾投加区，中部为次氯酸钠制备投加区，东侧为粉末活性炭投加区。

图 7-38　深州市地表水厂加氯加药间

（5）清水池。设置 3 座清水池，其中生活用水清水池 2 座、工业用水清水池 1 座。单座清水池有效尺寸为 31.6m×31.6m×4m，超高 0.3m，单座有效容积为 4000m³。生活用水及工业用水调节比例分别为 26.7% 和 8%。

（6）送水泵房（图 7-39）。设置送水泵房 1 座。送水泵房采用半地下结构，尺寸为 31.2m×8.7m×9.43m。送水泵房设置一根 DN1000 输水母管，生活用水清水池的出水管及工业用水清水池的出水管接入输水母管。设置供水泵 7 台，6 用 1 备。

图 7-39　深州市地表水厂送水泵房

（7）回流调节池。V 形滤池的反冲洗水和污泥浓缩池上清液共用 1 座回收调节池。池体设计尺寸为 20m×10m×3.7m。采用的回流泵包括：潜水泵 $Q=60m^3/h$，

$H=10m$，$P=5.5kW$，2用1备；潜水搅拌器2台，功率为$2.0kW$，防止污泥沉积。

（8）污泥调节池。设置污泥调节池1座，接入污泥浓缩池排泥和脱水机房排水。排泥池尺寸为$18m\times10m\times3.7m$。排泥泵规格为$Q=30m^3/h$，$H=10m$，功率为$2.2kW$，3台，2用1备。水泵控制采用液位自动控制或定时控制。潜水搅拌器2台，$2.0kW$，防止污泥沉积。

（9）污泥脱水机房。浓缩后的污泥进入储泥池，由泵提升后进入污泥脱水机，通过离心作用脱离水分，达到出泥含固率不小于20%。车间尺寸为$25.35m\times13m\times9m$。

其他配套设施包括化验室（图7-40）、高压无菌锅（图7-41）、中控室（图7-42）、配电室（图7-43）。

图7-40　深州市地表水厂化验室

图7-41　深州市地表水厂高压无菌锅

图 7－42　深州市地表水厂中控室

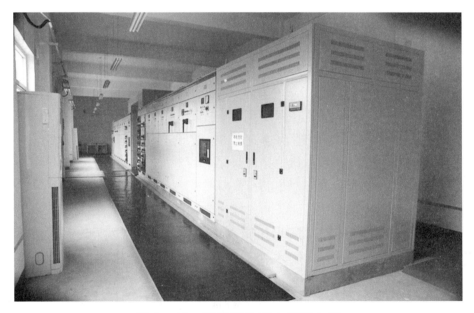

图 7－43　深州市地表水厂配电室

## 四、配水管网

深州市净水厂配水管网全长 33800m，总投资 8752.55 万元，项目法人是深州市深化净水有限公司，管网铺设范围为深州市净水厂至深州市城区管网、阳煤集团深州化肥有限公司和高古庄工业园。

敷设配水管网长度共计 33800m，采用钢塑复合管，其中生活用水输水管道采用双排管径为 DN600 管道，长度为 700m；工业用水输水管道采用管径为 DN400

管道，长度为 5600m；工业用水输水管道采用管径为 DN1000 管道，长度为 26800m。建成后可达到日输水量 13.5 万 t。工程合计总投资为 8752.55 万元。其中固定资产投资 8707.55 万元，铺底流动资金 45 万元。工程包括生活用水输水管道及工业用水输水管道的铺设。管道铺设的起点为深州市净水厂，生活用水供至现状给水管网起端（双排，1 用 1 备），工业用水分别供至阳煤集团深州化肥有限公司和深州市化工园区。

（1）水厂生活用水输水管至现状公共给水管道。由深州市净水厂北侧出厂，向北穿越 G1811 石黄高速公路、石津总干渠，再沿长城东路与现状给水管网接顺。管道全长 700m，管径 DN600。由于南水北调工程在深州市净水厂北侧需建一输水管涵，横穿石黄高速及石津总干渠，为减少输水工程投入，输水至阳煤集团深州化肥有限公司的工业用水输水管亦同步并排铺设。为保证供水安全可靠，生活用水输水管均做成双排（1 用 1 备）。

（2）阳煤集团工业用水输水管道。由深州市净水厂北侧出厂，向北经由南水北调工程拟建管涵穿越 G1811 石黄高速公路、石津总干渠，而后沿长城东路、长城西路向西铺设，再由西外环路（即省道 S231）铺设至西外环路与长江西路交叉口，连接至阳煤集团深州化肥有限公司用水点。管道全长 5600m，管径 DN400。为了将施工对交通的影响降到最低，设计考虑管道穿过城市主干道、河流时采用拉管施工的方法。

（3）化工园区工业用水输水管道。由深州市净水厂北侧出厂，经净水厂场区东侧路向南铺设至国道 307，沿国道 307 向东铺设至与郭辛线交叉口，再沿郭辛线向南铺设至与乡道 430 交叉口，经由乡道 430 铺设至工业园区用水点。管道全长 26800m，管径 DN1000。

## 五、水厂管理

深州市地表水厂由阳煤集团深州化肥有限公司投资建设，由深州市深化净水有限公司负责运行管理。严格按饮用水处理工艺对南水北调水进行处理，对 106 项指标严格检测，保证出厂水水质完全符合《生活饮用水卫生标准》（GB 5749—2006）。

（1）节能管理。在净水厂运行中对运行成本影响最大的因素是用电量。水厂引进了一批高效率先进设备，送水泵房采用大小泵搭配，尽量节省变电的能耗，并及时做好厂内各工段的耗能计量监控工作。

（2）药剂管理。用水安全至关重要，净水厂使用的药剂包括絮凝剂和消毒用次氯酸钠。确定最佳处理效果时的最佳药剂投加量是降低运行成本主要方法之一，其主要措施包括：在加药、加氯系统中采用高精度计量仪表和投加设备；加药和加氯系统均采用复合环控制方式，即絮凝剂投加量先根据流量按比例投加，再根据 SCD、出水浊度检测的反馈信号进行调节，以达到最佳投加量；次氯酸钠亦先根据流量按比例投加，然后根据出厂水余氯检测信号进行调节，以达到最佳加氯量；用复合环控制系统能使加氯、加药量处于最佳值；针对冬季原水低温、低浊现象，采用气浮工艺，既可改善净水效果，又节省絮凝剂用量。

（3）人员管理。根据住建部《城市给水工程项目建设标准》（建标 120—2009），设置职能科室，配齐常用物资。结合工程项目工艺特点和自动化水平，确定水厂定员 40 人（表 7-2）。目前，水厂运行规范有序，水质达标。

表 7-2　　　　　　　　　水厂定员一览表

| 分工 | 岗位 | 每日班次 | 每班人员 | 班组人数 | 备注 |
|---|---|---|---|---|---|
| 行政技术人员 | 厂长 | 1 | 1 | 1 | |
| | 总工程师 | 1 | 1 | 1 | |
| | 办公室 | 1 | 2 | 2 | |
| | 保卫室 | 2 | 2 | 4 | |
| 一线工作人员 | V形滤池 | 3 | 1 | 3 | |
| | 加药间 | 3 | 2 | 6 | |
| | 出水泵房 | 3 | 1 | 3 | |
| | 变配电室 | 3 | 1 | 3 | |
| | 化验室 | 2 | 1 | 2 | |
| | 中控室 | 3 | 1 | 3 | |
| | 机修组 | 3 | 2 | 6 | |
| | 仪器组 | 3 | 2 | 6 | |
| 合　计 | | | | 40 | |

# 第六节　武强县地表水厂

## 一、县域环境

武强县位于河北省东南部，衡水市东北部，东临景县、阜城，南临武邑，西为深州，北为饶阳、献县。《太平寰宇记》中记载："武强汉为侯国，西晋于其城置武强县，因古城以之。"意为武强县因武强古城而得名。1993 年，武强县被文化部命名为"中国木版年画艺术之乡""中国民间艺术之乡"。2006 年，武强县被联合国教科文组织评定为"千年古县"。武强县总面积 445km²，人口 21 万人。下辖武强镇、街关镇、周窝镇、东孙庄镇、豆村乡、北代乡，共 4 镇、2 乡。

武强县地表水资源量 529 万 m³，人均占有量仅 24.8m³，约为全省人均和亩均占有量的 1/10 和 1/14。水资源极度匮乏。境内有滏阳河和龙治河两条天然河流，均为季节性河道，上游来水少，主要靠开采地下水。武强县城镇供水为自来水公司

集中供水和各单位与企业自备水源井供水。自来水公司有 2 个水厂，主要供给小区居民饮用水；各企业、单位自备水源井 14 眼，主要供给大、中、小型工业企业用水及部分居民生活用水。南水北调工程通水后，缓解了主城区供水矛盾。

## 二、水厂项目

武强县地表水厂（图 7-44），即武强县永兴（徐庄）净水厂工程，由北控（武强）水务集团有限公司特许经营 30 年（不包括建设工期）。水厂位于县城西南角，东临永兴路，南临迎宾街，东西长 267m，南北长 200m，占地 78.11 亩，总投资 6275.78 万元。建设总规模为 6.5 万 t/d，分两期进行，一期建设规模为 3.0 万 t/d，二期建设规模为 3.5 万 t/d。厂区一次性规划布置，预留远期发展用地。净水厂目前设计供县城区域居民生活用水及工业用水，待日后条件成熟后将覆盖全县城乡。2013 年 7 月，完成净水厂岩土工程勘察报告的编制。2014 年 2 月，完成净水厂工程可行性研究报告；3 月，完成地质灾害危险性评估报告和可研评估报告；7 月，完成净水厂工程建设项目申请核准的批复；8 月，武强县发改局正式批复通过了初步设计。2014 年 9 月开工建设，2015 年建成，2017 年 1 月开始通水试运行。水厂主要构筑物有配水井、絮凝沉淀池、V 形滤池、清水池、送水泵房、脱水机房、加药间、库房、配电室、废水池、废泥池、储泥池，承担着武强县主城区的生产、生活用水任务。

图 7-44 武强县南水北调配套地表水厂——北控水务集团有限公司

## 三、水厂工艺与设施

武强县永兴（徐庄）净水厂采用"网格絮凝斜管沉淀池＋V 形滤池"的处理工艺，工艺流程如图 7-45 所示。

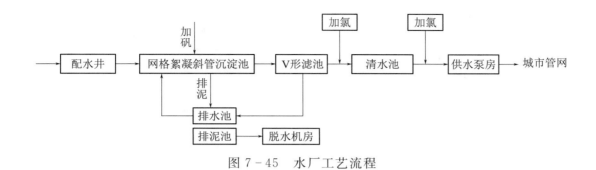

图 7-45　水厂工艺流程

絮凝斜管沉淀池通过向水中投加一些药剂，使水中难以沉淀的颗粒能互相聚合而形成胶体，然后与水体中的杂质结合形成更大的絮凝体。絮凝体具有强大的吸附力，不仅能吸附悬浮物，还能吸附部分细菌和溶解性物质。絮凝体通过吸附，使水中杂质沉降下来。V 形滤池是快滤池的一种形式，因进水槽呈 V 形而得名，可进一步吸附悬浮物，提高水质。

水厂内设施如下。

（1）配水井。尺才为 6600mm×5900mm×6000mm；有效水深为 5200mm，有效容积为 83m³。

（2）絮凝斜管沉淀池。本工程分为 2 个系列，可分别独立运行。每个系列设置机械混合 1 座，网格絮凝池 2 个，斜管沉淀池 2 个，三者联建。采用机械混合工序，混合时间为 120s，采用双层浆板搅拌机。絮凝反应段采用网格絮凝设备，反应时间为 22min，排泥段采用穿孔排泥管。沉淀池采用斜管沉淀设备，上升流速为 1.8mm/s，液面负荷为 6.1m³/m²，集水采用不锈钢集水堰。

（3）V 形滤池。本工程分为 4 个系列，双侧布置，可分别独立运行。进水来自沉淀池出水管。进水管分别进入滤池两侧进水渠道，通过主进水闸门和配水堰分配到单格滤池的 V 形配水槽。过滤水通过出水管进入出水井的出水堰。出水竖井汇流至出水总渠道，出水进入后续的清水池。V 形滤池采用石英砂均质滤料，滤料层厚 1200mm，标准有效粒径为 0.90～0.95mm，K80<1.4；承托层的厚度为 50mm，采用直径 2～4mm 粗砂。

（4）清水池。本工程设置 2 座清水池。单座清水池有效尺寸为 24m×12m×3.6m，有效容积为 1036.8m³。

（5）送水泵房。本工程设置送水泵房 1 座，采用半地下结构。尺寸为 18m×7m×10.25m。采用卧式离心泵，2 用 1 备，流量为 625m³/h。

（6）工艺加药间。本工程设置工艺加药间 1 座（图 7-46），分为两个功能区，南侧为 PAC、PAM 投加区，北侧为二氧化氯制备投加区。

（7）污泥脱水机房。浓缩后污泥进入储泥池，经泵提升后进入污泥脱水机。通过带式脱水机将污泥脱离水分，污泥含水率不大于 80%。机房设备如图 7-47～图 7-50 所示。

图 7-46 武强县地表水厂工艺加药间

图 7-47 武强县地表水厂反冲洗设备

图 7-48 武强县地表水厂V形滤池控制柜

图 7-49　武强县地表水厂中控室

图 7-50　武强县地表水厂送水泵房

### 四、配水管网

武强县城区配水管网总规划铺设 95.7km。分两期实施，其中一期新建改建 43.7km，投资 3957 万元。采用 PE 管材及消防栓、阀门井等配套设施，管材管径 为 $\phi710mm$、$\phi500mm$、$\phi450mm$、$\phi400mm$、$\phi300mm$、$\phi250mm$、$\phi200mm$、$\phi150mm$。该水厂与现有迎宾水厂连接，新铺设送水管网 1590m，总投资 300 余万元。

### 五、水厂管理

武强县地表水厂由北控水务（中国）投资有限公司投资建设并负责建后运营，主管部门是武强县水利局。水厂的日常运营工作主要是保证工程设备正常运行，及时沟通协调好水量调度汇报，保证武强县城区的供水安全。水厂日常在岗人员 18

人，设备运转正常，通水正常，水质达标。

1. 组织架构

武强县永兴（徐庄）净水厂按照北控水务集团相关要求，在保证安全供水，确保水质，提高劳动生产率，有利生产经营的原则下，确定厂内组织架构，如图 7-51 所示。

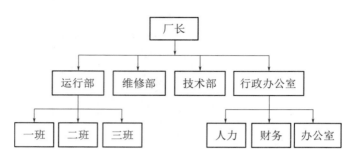

图 7-51　水厂组织架构

（1）厂长。全面负责本厂生产管理工作，对各生产班组进行业务管理、技术支持和监督检查，确保生产管理中心下达的生产运营指标的完成。

（2）运行部。负责当值期间所属人员的管理及全厂设备、物资的安全管理，保证全厂生产正常、安全运行，确保出厂水质达到公司水质要求，负责突发事故上报及协调处理。

（3）维修部。负责生产设备基础管理、维护维修、更新改造、设备及备件采购等方面的工作，确保设备安全经济运行。负责安全生产制度的建立、安全生产监督检查、安全生产专业知识技能培训、安全生产信息上报。

（4）技术部。负责生产系统的水质管理、工艺设计和优化管理，确保生产安全经济运行。

（5）行政办公室。具体负责全厂人员的出勤、绩效统计和工资发放。负责本厂设备的台账、维修维护记录和生产成本统计。负责本厂的设备备件、材料、易耗品的保管。

2. 管理制度

武强县永兴（徐庄）净水厂非常重视制度化管理，厂内主要制度如下：

（1）综合管理方面：主要有会议制度、培训制度、考勤管理制度、交接班制度、生产物资管理制度、技术资料管理制度、卫生管理制度。

（2）运行管理方面：主要有工艺运行管理制度、水质化验管理制度、中控值班管理制度、工艺设备操作巡检规程，设备维修给水规程。

（3）安全生产管理方面：主要有水厂安全生产管理制度、安全检查细则、水厂安全技术规程。

（4）突发事件应急预案：水质异常（事故）应急预案、设备故障应急处置预案、水厂停电事故应急处置预案、二氧化氯泄漏应急处置预案、水厂防汛应急预案。

完善的规章制度是保障净水厂稳定运行的基础，从而实现管理的专业化、标准化、统一化，并以此提高客户服务水平、企业管理效率及员工技术和素质。

# 第七节 饶阳县地表水厂

## 一、县域环境

饶阳县地处河北省东南部，衡水市北部。东界武强县和献县，南接深州市，西连安平县和博野县，北邻肃宁县和蠡县。西汉高祖年间始置饶阳县，以长安君封饶而得名，因县南有饶河而名为饶阳，即饶河之阳。饶阳县总面积573km²，人口30万人。下辖饶阳镇、大尹村镇、五公镇、大官亭镇、王同岳镇、留楚乡、东里满乡，共5镇、2乡。

饶阳县水资源主要为天然降水形成的地表水、下渗形成的地下水及县外流入境内的客水。降水年内分配不均，主要集中在夏季，易形成春旱秋涝。饶阳县饮用水主要靠开采地下水，县城镇自来水公司有水井9眼，县城企事业单位自备井43眼，采取各井点直供水的方式。随着饶阳县城区人口的增加及工业的发展，地下水不能满足生产、生活用水需求。南水北调工程建设缓解了县城用水紧张状况，提高了人民群众生活水平，促进了经济发展。

## 二、水厂项目

饶阳县地表水厂（图7-52）是南水北调配套水厂工程之一，承担着饶阳县城镇生产、生活供水任务。饶阳县地表水厂位于饶阳县城南部的王庄村西、留楚排干渠南侧，占地4.0867hm²（61.3亩），建设规模3.5万m³/d，投资总金额为16839.01万元。饶阳县水务局为项目建设法人，采用BOT筹资模式，由北控（饶阳）水务集团有限公司特许经营30年（不包括建设工期）。

图7-52 饶阳县地表水厂［北控（饶阳）水务集团有限公司］

2013年5月13日，饶阳县住房和城乡建设局批复了《建设项目选址意见书》。2014年，饶阳县发展改革委批复《饶阳县地表水厂工程项目建议书的请示》《关于饶阳县地表水厂及配水管网工程可行性研究报告》及《饶阳县地表水厂及配水管网工程初步设计报告》。2015年1月，饶阳县人民政府与北控水务（中国）投资有限公司就南水北调饶阳县地表水厂工程签订合同，由北控水务投资有限公司对南水北调饶阳县地表水厂工程进行投资建设，并成立北控（饶阳）水务有限公司开始实施该项目。于2015年4月开工建设，2016年3月建成。同时，水厂以下新建输水管网46km，与之配套，达到通水条件。2018年，水厂正常运行，效果良好。

### 三、水厂工艺与设施

水厂进水的水质应满足地表水环境Ⅱ类水体标准中的相关指标，同时在净水处理工艺设计中考虑非正常状态下的应急处理设施。针对本工程的特点及进出水的标准指标，参考国内外净水厂的设计和运行经验，净水厂主体采用"混合→混凝→沉淀→过滤→深度处理→消毒"处理工艺，达到国家生活饮用水卫生标准。

水厂设施如下：

综合楼为两层建筑，总建筑面积1200m²；清水池2座，为矩形钢筋混凝土结构；废水池将絮凝沉淀池的定期排泥收集至污泥调节后经泵均匀、连续地输送至污泥浓缩池，为半地下钢筋混凝土结构，尺寸为25m×12.5m×3.7m；储泥池采用混泥混合池与污泥浓缩池合建形式，为半地下矩形钢筋混凝土结构，尺寸为3m×3m×4.7m（单格）；沉淀池采用蜂窝斜管形式，与絮凝池合建，共2层；V形滤池（图7-68）采用半地下钢筋混凝土结构，尺寸为31.3m×18.2m×6.5m；脱水机房加药间采用钢筋混凝土框架结构，柱下采用独立基础；反冲洗鼓风机房选用3台反冲洗泵，2用1备，每台$Q$（流量）$=550m^3/h$，$H$（扬程）$=12.5m$，$N$（功率）$=30kW$；送水泵房配电所设计规模$Q_1=3.5$万$m^3/d$，设计流量$Q=1896m^3/h$；配水井设计规模3.5万$m^3/d$，尺寸为6.2m×4.7m×9m。水厂设施如图7-53～图7-61所示。

图7-53 饶阳县地表水厂絮凝剂加药间

图 7-54  饶阳县地表水厂 V 形滤池

图 7-55  饶阳县地表水厂贮泥池

图 7-56  饶阳县地表水厂反冲洗设备

343

图 7-57 饶阳县地表水厂生活饮用水自检管理制度

图 7-58 饶阳县地表水厂鼓风机及配套设备

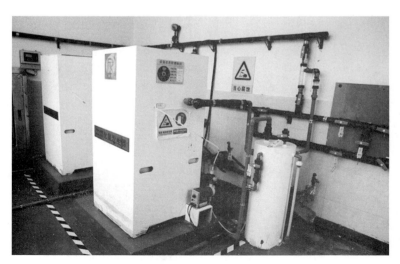

图 7-59 饶阳县地表水厂加药设备

图 7-60 饶阳县地表水厂平流沉淀池

图 7-61 饶阳县地表水厂送水泵房

### 四、配水管网

配水管网由河北省建设集团安装有限公司中标建设，管道采用 HDPE 管，管网总长 46km，总投资 5000 万元。

主管网铺设分 3 年实施，2015 年铺设 12km，投资 1500 万元，铺设内容为衔接南外环、喜奥大街、博陵大街与原城区管道；2016—2017 年，铺设长度 34km，总投资 3500 万元，对县城内原有管道进行更新。工程穿越部分为钢管，管径为 DN600 和 DN700；一般为 PE 管，管径为 DN150～DN700。

### 五、水厂管理

饶阳县水厂建设与管理采用 BOT 模式，由项目投资人北控水务集团特许经营 30 年，负责该项目的投资、建设、运营维护等，并在特许经营期结束后将全部设施无偿移交给饶阳县人民政府或政府指定的部门。

（1）技术管理。根据进水水质、水量变化调整运行条件，做好日常水质化验、分析、保存记录完整的各项资料。及时整理汇总、分析运行记录，建立运行技术档案。建立构筑物和设备维护、保养工作及维护记录的存档。建立信息系统，定期总结经验。其余按照《城镇供水厂运行、维护及安全技术规程》（CJJ 58—2009）执行。

（2）人员管理。供水厂厂区内设置相应的职能科室和生产工段，负责全厂的行政和生产管理。根据国家颁布的《城市供水处理工程项目建设标准》（CECS 120—2009）有关规定，结合当地实际需要，确定了供水厂人员为 70 人，其中生产和管网检修工人 55 人，技术、管理人员 10 人，辅助生产人员 5 人。

2018 年，饶阳县地表水厂的各项通水运行管理工作有序进行，供水正常，水质达标。

# 第八节　安平县地表水厂

## 一、县域环境

安平县位于河北省中南部，衡水市西北部。东接饶阳县，南抵深州市、辛集市，西邻深泽县，北靠安国市、博野县。安平自汉高祖时置县，已有 2200 多年的历史，因"官民安居乐业且地势平坦"而得名。安平县是中国共产党第一个农村党支部诞生地，是冀中抗日根据地发祥地，是"中国丝网之乡""国家生猪活体储备基地"。安平县总面积 495.4km²，人口 32.7 万人。下辖安平镇、马店镇、南王庄镇、何庄乡、油子乡、两洼乡、子文乡、黄城乡，共计 3 镇、5 乡。

安平县用水主要依靠开采地下水，地下水超采系数为 1.4 左右，为严重超采区。安平县城镇供水分为自来水公司集中供水和各单位、企业自备水源井供水，其中自来水管理站有深井 10 眼，自备井包括深井 72 眼、浅井 121 眼。多年来，安平县地下水超采、滥采严重，影响到经济社会的可持续发展。同时，原有供水设施无法满足城镇各行各业用水需要。南水北调工程的建成通水，有力缓解了该地区用水紧张状况。

## 二、水厂项目

安平县南水北调地表水厂（图 7-62）是域内唯一的地表水厂，位于县城西南黄城乡路庄村西，和平街南，保衡公路安平绕城段西。工程总用地 63.22 亩，工程总规模为 6 万 m³/d，设计规模 3 万 m³/d，总建筑面积 4566.93m²，其中厂区业务用房 1853.14m²。工程总投资 5708.92 万元，资金来源由安平县财政负责落实。

图 7-62　安平县地表水厂

2014 年 2 月，衡水华泽勘测设计咨询有限公司完成项目建议书和项目可研报告，安平县发展改革局批复同意。2014 年 8 月 19 日，安平县路庄净水厂工程 BOT 项目在安平县公共资源交易中心进行招标，保定建业集团有限公司以总投资额 5708.92 万元、水单价 1.80 元/m³ 中标。2015 年 5 月，安平县人民政府与保定建业集团有限公司签订特许经营协议，运营期为 30 年。2014 年 9 月开工建设，2015 年 10 月建成，同时水厂以下输水管网进行新建改建 627620m，与之配套，达到通水条件。2017 年，水厂建成后通水正常。

### 三、水厂工艺与设施

南水北调中线总干渠及石津干渠的输水水质整体较好。经过长距离Ⅱ类标准保护输送后，保持在《地表水环境质量标准》（GB 3838—2002）规定的Ⅲ类水标准之内。源水经水厂净水工艺处理，能够满足《生活饮用水卫生标准》（GB 5749—2006）的要求。水厂采用传统制水工艺，即"预处理＋常规处理＋深度处理"工艺。

水厂构筑物包括净水车间（净水模块）、工艺间、清水池、汇水池、二级泵房、配电室、预处理池、废水回收池、污泥沉淀池、压滤间等。净水厂一期工程处理规模为 3 万 m³/d，选用 6 台处理规模为 5000m³/d 的单元净水模块并联运行。清水池按 3 万 m³/d 规模设置 2 座，每座平面尺寸为 23.4m×23.4m，有效水深 4.00m，总有效调节容积 4000m³，调节比例 13.3%。送水泵房土建按 6 万 m³/d 设置 1 座，设备一期按 3 万 m³/d 设计，出厂自由水压为 0.35MPa，时变化系数 $K_h$＝1.50。最高日最大时设计流量为 1875m³/h。泵房采用半地下式结构，一期安装 8 台卧式离心泵，包括 4 台大泵、2 台小泵、2 台反冲洗泵。大泵（3 用 1 备）特性参数 $Q$＝612m³/h、$H$＝38m，配套电机功率 $N$＝90kW，380V；小泵（1 用 1 备）特性参数 $Q$＝342m³/h、$H$＝35m，配套电机功率 $N$＝45kW，380V；反冲洗泵 14sh-28（1 用 1 备）特性参数 $Q$＝1260m³/h、$H$＝16.2m，配套电机功率 $N$＝75kW，380V。

二期取水规模增加到 6 万 $m^3/d$ 时，通过改造现有水泵满足流量需求。由于送水泵房受用水量变化影响较大，水泵开停频繁。为及时启动水泵、方便管理操作，设置了汇水池，尺寸为 25m×3m×5.5m。泵房按全自灌启动设计。管网末梢服务水头不小于 28m，出厂自由水压为 35m（表 7-3）。

表 7-3　　　　　　　　　　安平水厂主要建筑物一览表

| 项　　目 | | 面积/$m^2$ | 备　　注 |
|---|---|---|---|
| 建筑物 | 净水车间 | 1790 | 按 30000$m^3/d$ 规模设计 |
| | 工艺间 | 377 | 按 60000$m^3/d$ 规模设计 |
| | 二级泵房 | 239 | |
| | 配电室 | 219 | |
| | 业务用房 | 1740 | 仅建设 1 座 |
| | 压滤间 | 76 | 按 60000$m^3/d$ 规模设计 |
| | 传达室 | 30 | |
| 合　　计 | | 4471 | |

水厂内设化验室，对水厂进、出水水质进行检测化验，以指导水厂技术人员对各净水单元的运行操作及管理。化验室系统的建设内容主要包括检测仪器及设备类、试验台类及配套附属设施三部分。主要仪器设备配置清单见表 7-4。

表 7-4　　　　　　　　　　安平水厂主要仪器设备一览表

| 序号 | 名　　称 | 型　　号 | 数量 | 序号 | 名　　称 | 型　　号 | 数量 |
|---|---|---|---|---|---|---|---|
| 1 | 二氧化氯测试仪 | SYL-1B | 1 台 | 17 | 纯水机 | AXLC1820 | 1 台 |
| 2 | 浊度仪 | WGZ-B | 1 台 | 18 | 菌落计数器 | TYJ-2A | 1 台 |
| 3 | 超净工作台 | JB-CJ-1D | 1 台 | 19 | 水浴锅 | HH-S6 | 2 台 |
| 4 | 隔水式恒温培养箱 | GHX-9050B | 1 台 | 20 | 砂芯过滤器 | 1991 | 2 台 |
| 5 | 数显鼓风干燥箱 | DGX-9073B | 2 台 | 21 | 高压蒸汽灭菌锅 | 280B | 2 台 |
| 6 | 电热恒温培养箱 | DPX-9082B | 1 台 | 22 | 电导率仪 | DDB-303A | 1 台 |
| 7 | 显微镜 | XSP-BM-2CA | 1 台 | 23 | 循环水真空泵 | SHZ-D（Ⅲ） | 1 台 |
| 8 | 紫外可见分光光度计 | UV765 | 1 台 | 24 | 冰箱 | | 1 台 |
| 9 | 电子天平（1/10000 精度） | FB224 | 1 台 | 25 | 电热套 | PTHW | 4 台 |
| 10 | 托盘天平 | 500g | 1 台 | 26 | 电炉 | 1kW/2kW | 2 台 |
| 11 | 酸度计 | PHBJ-260 | 1 台 | 27 | 超声波清洗器 | KQ-2200 | 1 台 |
| 12 | 气相色谱仪 | GC1120 | 1 台 | 28 | 控温电热板 | DB-3A | 1 台 |
| 13 | 原子吸收分光光度计 | 4510（含石墨炉） | 1 台 | 29 | 马弗炉 | 4kW | 1 台 |
| 14 | 原子荧光分光光度计 | 2202E | 1 台 | 30 | 玻璃器皿 | | 1 宗 |
| 15 | 离子色谱仪 | CIC-100 | 1 台 | 31 | 药品试剂费 | | 1 宗 |
| 16 | 低本底放射性测定仪 | XH-1000 | 1 台 | 32 | 试验台及通风系统 | | 1 套 |

安平县地表水厂主要建筑设施如图 7-63～图 7-70 所示。

图 7-63　安平县地表水厂办公楼

图 7-64　安平县地表水厂中控室

图 7-65　安平县地表水厂复式预处理池

图 7 - 66　安平县地表水厂供水泵房

图 7 - 67　安平县地表水厂加药车间

图 7 - 68　安平县地表水厂管理制度

图 7 - 69　安平县地表水厂配电室

图 7 - 70　安平县地表水厂水处理装置

## 四、配水管网

安平水厂配水管网建设单位为安平县自来水管理站，工程一期总投资 1951.78 万元。配水管网呈 5 横 10 纵，共 21 个环，水流方向自西向东，自中间向南北。主干管管径为 300～400mm，总长度为 62.762km。2014 年 7 月开工，9 月完工。

东西向主要布置在和平街、鹤煌大道、为民街、长安街和南环路等 5 条街道上，南北向主要布置在北新路、西马路、育才路、汉王城路、东环路及东工业区南北干道上，具体为：长安街管径 DN400，长 1981m；红旗街管径 DN300，长 9391m；新盈街管径 DN300，长 2120m；平安街管径 DN300，长 4124m；银网街管径 DN300，长 1046m；北新路管径 DN400，长 713m；铁道路管径 DN300，长 1022m；中心路管径 DN300，长 3750m；汉王城路管径 DN400，长 724m；裕华路管径 DN300，长 1361m；富民路管径 DN300，长 273m；经三路管径 DN300，长 1407m。均采用 PE 管。

在城区次干道、小区入口处、较大用水户或对用水要求高的单位处均布设配水支管。老城区的新盈街、平安街、中心路、汉主城路、裕华路、红旗街（富民街以西）等利用现有配水支管，其他道路设配水支管。管径为 160mm，采用 PVC - U 给水管。各街道配水变管改造具体情况为：长安街管道长 700m；红旗街管道长 1800m；银网街管道长 400m；北新路管道长 200m；铁道路管道长 300m；富民路管道长 100m；经三路管道长 400m。

工程二期总投资 739.77 万元，采用 PE 管，管径 DN300，新建管网总长 9970m，与原有管网连接形成环状管网。2015 年 4 月开工，11 月完工。新建供水管道为：保衡路（和平路—环路）敷设 DN300 HPPE 给水管 4118m；北环路（保衡路—学府路）敷设 DN300 HPPE 给水管 5324m；学府路（长安街以北—文轩花园保障房）敷设 DN300 HPPE 给水管 528m。

### 五、水厂管理

安平县地表水厂工程采用 BOT 模式，由投资主体保定建业集团有限公司负责建设与运行管理。水厂主要运行管理工作包括：建立健全完善的生产管理机构；对入厂职工进行必要的资格审查；组织操作人员上岗前的专业技术培训；聘请有经验的专业技术人员负责厂内的技术管理工作；选派专业技术人员到国外进行技术培训；建立健全包括岗位责任制和安全操作规程在内的工厂管理规章制度；对职工进行定期考核并实行奖惩制度；组织专业技术人员提前进岗，参与施工、安装、调试、验收的全过程，为今后的运转奠定基础；对净水厂的进出水水量、水质进行检测、化验、分析，根据水量、水质的变化调整运行工况；及时整理汇总分析运行记录，建立运行技术档案；建立施工验收与交接档案；建立设备使用、维修档案；建立设备使用、维护制度；建立信息交流制度，定期总结运行经验。

安平水厂定岗 80 人，其中管理人员 18 人、直接生产人员 35 人、辅助生产人员 27 人。运行初期，水厂在岗运行管理人员 25 人。2018 年，工程处于通水试运行阶段，所有设备工作正常，水质达标。

## 第九节 故城县地表水厂

### 一、县域环境

故城位于河北省东南部、衡水市东南部、京杭大运河西岸，地处冀鲁两省七市（县）交界处，东南与山东省武城县及德州市隔卫运河相望，西北与枣强、景县相邻。元初始置故城县，沿用旧镇名。《大清一统志》引旧志云："金明昌五年（1194年，编者注），以废长河县置故城县。"故城县系运河码头，自古商品经济活跃。故城县总面积 937km²，人口 47 万人。下辖郑口镇、夏庄镇、青罕镇、故城镇、武官寨镇、饶阳店镇、军屯镇、建国镇、西半屯镇、房庄镇、三朗镇、辛庄乡、里老乡，共 11 镇、2 乡。

故城县是农业大县，农业灌溉用水量大。县境内有 4 条引洪、排沥河道，23 条县级骨干河渠。近年来，随着上游来水越来越少，地下水超采日益严重，故城县成为严重的资源型缺水地区。随着经济的不断发展和县城人口的增加，供水需求越来越大，水资源已成为制约经济社会发展的瓶颈。南水北调工程实施后，为当地经济社会的健康快速发展奠定了坚实基础。

## 二、水厂项目

故城县地表水厂（图 7-71）位于故城县郑口镇大杏基村西、杏基湖北、温庄排干南、江江河西，占地 7.3826hm²（110.74 亩），建设规模 6 万 m³/d。分两期建设，一期建设占地 2.748hm²（41.22 亩），土建部分按 3 万 m³/d 建设，净水设备、加压设备按 2 万 t/d 配置。投资总额为 19320.3 万元人民币，其中净水厂投资 7288.3 万元，管网投资 12032 万元。

图 7-71　故城县地表水厂（故城桑德水务有限公司）

故城县水务局为水厂项目建设法人，采用 BOT 筹资模式，由故城桑德水务有限公司。2015 年 4 月开工建设，2015 年 12 月基本建成，同时水厂以下输水管网进行新建改建 137107m，与之配套，达到通水条件。2017 年 5 月 6 日，故城县城区供水管网正式切换为南水北调水源。

## 三、水厂工艺与设施

水厂采用"原水→沉淀→过滤→加压"的处理工艺，主要承担该县城镇的供水任务。水厂水处理工艺区如图7-72所示。

图7-72　故城县地表水厂水处理工艺区

本工程包括清水池、综合办公楼、生产污泥沉淀池、栅条反应池、斜管沉淀池、气水反冲滤池、提升泵站、高位水池、出厂水输水管道、变配电间、锅炉房、辅助生产综合用房、传达室、厂区道路等设施。综合办公楼面积1784.44m²，建筑高度12.45m，为框架结构。清水池储水量6000m³，为地下钢筋混凝土池体，顶部为梁板式结构，池深4.6m。其他单体大部分为地下构筑物。具体设施情况见表7-5。

表7-5　　　　　　　　故城县地表水厂设施一览表

| 序号 | 名　称 | 数量 | 工　艺　结　构 |
|---|---|---|---|
| 1 | 预处理池 | 1 | 按照6万t/d的规模建设；预氧化反应池和粉末炭反应池合建，建设溶剂2500m³反应前池一座，满足各工艺停留时间的要求；预反应池尺寸为26.6m×26.6m×4.0m |
| 2 | 净水车间 | 1 | 净水处理规模为6万t/d，选用6台10000t/d的单元净水模块并联运行；单元净水模块的外形尺寸为19.2m×98.0m×5.41m，在净水车间的南侧布置7.2m的开间作为工艺用房，故净水车间的常见轴线尺寸为82.2m；宽度方向考虑设备两端各留4m的管道安装及检修通道，宽度轴线尺寸为29.12m；设备高5.41m，基础高0.2m；车间顶安装电动葫芦，其起吊高度为2m，车间高度为7.63m，取处理车间的下弦高度为8m；净水车间尺寸为82.2m×30m×8m（长×宽×高） |
| 3 | 清水池 | 2 | 每座平面尺寸29.4m×29.4m，有效水深5m；总有效调节容积8000m³（每座为4000m³），调节比例13.3%，池内设导流墙；池内设放空管和溢流管，均排入厂区雨水系统 |
| 4 | 汇水池 | 1 | |

续表

| 序号 | 名　　称 | 数量 | 工　艺　结　构 |
|---|---|---|---|
| 5 | 送水泵房及变配电站 | 1 | 泵房内设电动单梁桥式起重机1台，泵房为半地下室，深度7.35m，地面以下为2.6m；泵房出水管配置有一定水锤消除功能的水泵控制阀；配电站与泵房合建，配电站尺寸为25.9m×10.5m×4.75m（长×宽×高） |
| 6 | 工艺间（加氯、加药、加气、粉末活性炭投加） | 1 | |
| 7 | 废水回收池 | 1 | 用于接纳滤池反冲洗排水，沉淀后上清液回流到水处理系统；底部派往污泥沉淀池 |
| 8 | 污泥沉淀池 | 1 | 用于接纳沉淀池的排泥水和废水池的底泥 |
| 9 | 压滤间 | 1 | 压滤间内设有叠螺污泥脱水机、PAM制备装置和螺旋输送机 |

故城县地表水厂主要设施如图7-73～图7-80所示。

图7-73　故城县地表水厂中控室

图7-74　故城县地表水厂V形滤池管道

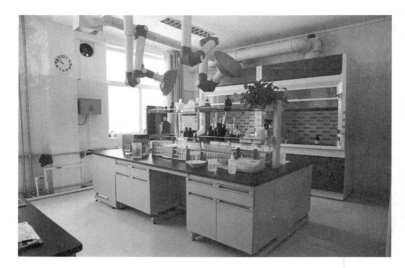

图 7 - 75 故城县地表水厂质化验室

图 7 - 76 故城县地表水厂加药车间

图 7 - 77 故城县地表水厂清水池

图 7-78 故城县地表水厂供水泵房

图 7-79 故城县地表水厂炭反应池

图 7-80 故城县地表水厂污泥浓缩池

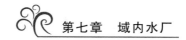 

## 四、配水管网

故城县配水管网改建、扩建总长度为 137107m，投资 8000 万元，其中扩建路段长 79491m，改建路段长 57616m。所用管材为 PE 管，直径为 DN400、DN500、DN600、DN700、DE200、DE300。

配水管道线路走向为：自地表水厂至郑昔线为南北、东西走向；向南接至规划路到原邢德线，为南北走向；往东接至金宝园区金宝大道，往西接至西苑工业园区，为东西走向；扬帆大街（原邢德线—广交路）为南北走向；同德大街（原邢德线—工业路）为南北走向；冀中大道（原邢德线—紫光路）为南北走向；幸福路（扬帆大街—学府路）为东西走向；广交路（青年节—邢德线）为东西走向；体育街（原邢德线—广交路）为南北走向；中华街（原邢德线—广交路）为南北走向；康年路（京杭大街——道街）为东西走向；工业路（同德大街—中华街）为东西走向；兴业街（原邢德线—工业路）为南北走向。

## 五、水厂管理

故城县地表水厂由故城县城管局负责建设管理。工程采用 BOT 模式，由北京桑德公司承建与运营。水厂日常运行管理工作主要是根据进水水质、水量变化调整运行条件；做好日常水质化验、分析，保存记录完的各项资料；及时整理汇总、分析运行记录，建立原型技术档案；做好构筑物和设备的维护保养工作及维护记录的存档。严格遵守《城镇供水厂运行、维护及安全技术规程》《城市供水处理工程项目建设标准》（CECS 120—2009）规定。水厂厂区内设置相应职能科室和生产工段，负责全厂的行政和生产管理。运行初期，日常在岗技术人员 10 人。2018 年，一期工程供水能力为 3 万 t/d，工程运行正常，输水正常。

# 第十节　景县地表水厂

## 一、县域环境

景县地处河北省东南部、衡水市东部，紧邻山东省德州市、京杭大运河西岸。远古时期的景县由古黄河、漳河冲积而成，林木苍莽、水草丰盛。景县地域在秦之前称为"蓨县"，置县后名称几经变更。续至明初，除县存州。民国初年，废州为县，景县之名自此沿用至今。境内景州塔、汉代古墓群等文物遗存众多。景县总面积 1188km$^2$，人口 53 万人。下辖景州镇、龙华镇、广川镇、王瞳镇、洚河流镇、安陵镇、杜桥镇、王谦寺镇、北留智镇、留智庙镇、梁集镇、刘集乡、连镇乡、温城乡、后留名府乡（留府）、青兰乡，共 11 镇、5 乡。

景县境内有 18 条县级以上渠道，地表水资源匮乏，天然降水和上游来水少，以开采地下水为主。供水主要用于农业灌溉、工业和企业生产用水及人民群众生活用水。县城供水分为两部分，即自来水公司水源井供水和企事业单位自备水源井供水。自来水公司有水源井 8 眼，城区企事业单位自备水源井 9 眼。南水北调工程通水后，较大程度上缓解了水资源短缺情况，为经济社会可持续发展奠定基础。

## 二、水厂项目

景县地表水厂（即景县桑德净水有限公司）（图 7-81）是衡水市南水北调工程的配套地表水厂之一。景县地表水厂位于县城西南部杜桥镇小青草河村南，景王路以东，占地 6.6667hm² （100 亩）。根据河北省分配景县水量（2150 万 m³/a）和景县每年实际用水量，2014 年 2 月 20 日，经景县人民政府研究决定分期建设水厂。其中一期建设规模为 2 万 m³/d，二期将制水能力提升至 4 万 m³/d。一期工程投资金额为 5877.75 万元，景县水务局为项目建设管理法人，采用 BOT 筹资模式。由北京桑德环境工程有限公司投资建设，监理单位为河北建信工程项目管理有限公司，质量监督单位为景县质量监督站，水厂采用传统净水工艺。

图 7-81　景县地表水厂——景县桑德净水有限公司

2015 年 4 月 22 日，景县人民政府与北京桑德环境有限公司签订了《衡水市南水北调配套工程景县青草河水厂工程（BOT）项目特许经营框架合同》。该合同明确规定了北京桑德环境工程有限公司为衡水市南水北调配套工程景县青草河水厂工程（BOT）项目的投资人，以 BOT（建设→运营→移交）的方式运作该项目，独家享有该水厂的管理经营权，特许经营期为 30 年。

该水厂于 2015 年 4 月开工建设，2015 年 11 月建成，水厂以下输水管网新建改建 7000m，与之配套，达到通水条件。南水北调水厂试通水后，运行正常，水质达标。自 2017 年 6 月 25 日起，景县城区自来水公共管网正式切换为南水北调水源供水。

### 三、水厂工艺与设施

该水厂进水水质按照地表水环境Ⅱ类水体的相关指标进行设计，并装配了非正常状态下的应急处理设施。经过常规处理后，水质可达到《生活饮用水卫生标准》（GB 5749—2006）中的生活饮用水的标准要求。水厂采用传统制水工艺，水处理工艺流程如图 7-82 所示。

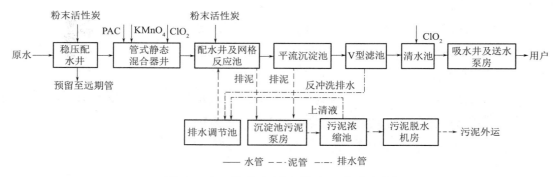

图 7-82 景县水厂水处理工艺流程图

水厂主要构筑物工房，结构设计年限为 50 年。厂房设备主要包括水处理工艺设备、实验室设备、电气设备和仪表设备。景县地表水厂建筑物和构筑物见表 7-6。

表 7-6　　　　　　　　　景县地表水厂建筑物和构筑物一览表

| 序号 | 名　称 | 结构形式 | 数量/座 | 尺寸/m | 备　注 |
|---|---|---|---|---|---|
| 1 | 平流池 | 钢混 | 1 | 85.2×20.4 | |
| 2 | V形滤池 | 钢混 | 1 | 31×21.1 | |
| 3 | 清水池 | 框架 | 1 | 48.35×44 | |
| 4 | 送水泵房 | 框架 | 1 | 18×11.05 | |
| 5 | 配电间 | 框架 | 1 | 22.5×8 | |
| 6 | 综合楼 | 框架 | 1 | 36×11 | |
| 7 | 粉末投配间 | 框架 | 1 | 15×8 | |
| 8 | 加氯加药间 | 框架 | 1 | 21.1×86 | |
| 9 | 脱泥机房 | 框架 | 1 | 17.15×4.8 | |
| 10 | 污泥浓缩池 | 钢混 | 1 | | |
| 11 | 排水调节池 | 钢混 | 1 | 12×6 | |
| 12 | 反冲洗泵房 | 框架 | 1 | 25.25×9.4 | |
| 13 | 各种井类 | 钢混 | 10 | | |

景县地表水厂主要设施如图 7-83～图 7-93 所示。

图 7-83 景县地表水厂办公楼

图 7-84 景县地表水厂中控室

图 7-85 景县地表水厂盐酸储罐

图 7 - 86　景县地表水厂 V 形滤池过滤设备

图 7 - 87　景县地表水厂 V 形滤池

图 7 - 88　景县地表水厂反冲洗设备

图 7-89 景县地表水厂风机设备

图 7-90 景县地表水厂平流沉淀池

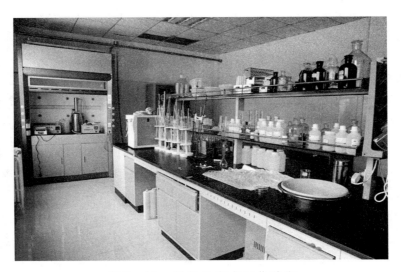

图 7-91 景县地表水厂化验室

图 7-92　景县地表水厂稳压配水井

图 7-93　景县地表水厂污泥浓缩池

### 四、配水管网

水厂建成后，通过配水管网与自来水公司供水管道连接，最后通过自来水公司的原有供水管网送水到户。配水管网建设前期，景县水务局、景县城建局、杜桥镇政府、景州镇政府等有关主要负责同志多次实地勘察，并最终确定管网路线。配水管网由水厂向北经任重路东侧到达景兴大街，沿景兴大街南侧到达董子公园，沿董子公园外围到达县自来水公司，全长 7km，总投资 1080 万元。设计管材直径600mm，材质为球墨铸铁，与地表水厂建设同步运行。

### 五、水厂管理

景县水厂运行管理由北京桑德环境有限公司负责，采取 BOT 模式。建设采取

"投资→建设→运营→移交"的方式，特许经营期为 30 年。该公司与政府签订了《衡水市南水北调配套工程景县青草河水厂工程 BOT 项目特许经营权协议》，每月收取自来水费获取投资回报。

水厂从多方面进行管理，保证水厂正常稳定运行，确保水质达标，供人民群众放心饮用。加强制度管理，不断完善纪律组织、安全生产和规范操作等方面的规章制度，实施精细化管理，确保安全规范生产；重视设备管理，设备自动化、智能化程度高，设备管理的重点在于日常维护，通过强化设备日常维护和应用设备状态监测技术，及时掌握设备的运行状态，预测确定预防维修时间和维修内容，尽量减少生产设备的故障和意外损坏，降低设备的故障率；强化指标管理，水质指标是水厂的硬性指标，严格保证满足《生活饮用水卫生标准》（GB 5749—2006）的要求；抓好人员管理，不断加强员工培训，不仅要懂现场操作，熟悉工艺，还要能读懂图纸，解决突发问题。

2018 年，景县地表水厂处于通水运行阶段，日常在岗人员 20 多人，工程设备通水运行正常，水质达标。

# 第十一节　阜城县地表水厂

## 一、县域环境

阜城县位于河北省衡水市东北部，东与东光隔河相望，西与武邑接壤，南与景县相邻，北与泊头市相连。西汉高祖年间（公元前 256—前 195 年）始置阜成县。《太平寰宇记》载，阜城县境地势高且多土岗沙丘，为求物阜民丰，取《尚书》"阜成于民"之义，故名"阜成县"。后改"成"为"城"，取名阜城，是全国首批科普示范县、全国体育先进县，也是国务院确定的全国粮食生产基地县。县域总面积 697km²，人口 35 万人。下辖阜城镇、码头镇、古城镇、霞口镇、崔家庙镇、漫河镇、建桥乡、蒋坊乡、王集乡、大白乡，共计 6 镇、4 乡。

阜城县多年平均降雨量 530mm，境内的主要河流有南运河、清凉江、江江河、湘江河等，均属季节性河流，其功能以排洪为主。除汛期短时有水外，常年干枯，工农业及生活用水主要依靠地下水。阜城县水资源严重短缺，地表水严重匮乏，供水与用水的矛盾呈现不断加剧的严峻形势。南水北调工程的实施，从根本上解决了阜城县饮用高氟水等水安全问题，涵养地下水资源，改善受水区水生态环境，减少了地下水开采，实现了城区水资源的置换，为经济社会健康发展创造了良好条件。

## 二、水厂项目

阜城县地表水厂（图 7-94）建成后，解决了县城及城乡结合处居民的生产、生活用水问题。水厂位于阜城县城西、阜城镇郭塔头村东、武千公路南、乔庄村村通公路西侧，占地面积 4.003hm² （60.048 亩）。总规模 6 万 m³/d，分两期建设，一期建设规模 2 万 m³/d，新建配水管网 13.47km，改建配水管网 16.49km。工程总投资 7132.38 万元，其中厂区建设及设备安装工程费用 3500 万元，输水管网工程费用 2200 万元，其他费用 826 万元，生产预备费 580 万元，全部由阜城县财政筹资建设，阜城县水务局为水厂建设项目法人。2017 年，水厂建成并实现了正常试通水。

图 7-94 阜城县地表水厂

### 三、水厂工艺与设施

阜城县地表水厂水处理工艺采用集成式一体化系统，由单元净水模块本体、主从站控制系统、入水系统、出水系统、反冲洗系统、加药消毒系统、二级加压系统、低压变配电系统、中央控制系统、信息传输及自控系统等多系统模块组成。单元净水模块本体集成了絮凝、气浮、沉淀、过滤、吸附五种净水工艺和两种工艺流程（图 7-95），分别为"絮凝→沉淀→过滤→吸附"和"絮凝→气浮→过滤→吸附"。这两种工艺流程通过堰板的调节来实现切换。

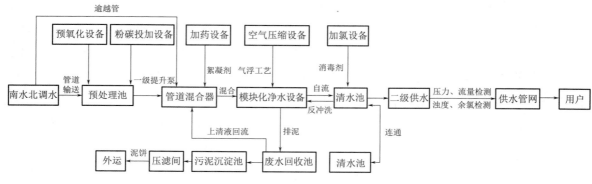

图 7-95 （一） 阜城县地表水厂工艺流程图

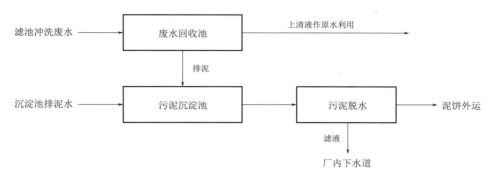

图 7-95（二） 阜城县地表水厂工艺流程图

阜城县地表水厂主要建筑物及水处理设施如下：

（1）预处理池。预处理池是水厂的第一环节，池长 20.5m、宽 12.5m，地下埋深 3.15m，地上部分深度为 1.35m。建筑面积 256.25m²，采用现浇钢筋混凝土结构，底板厚 250mm，池壁厚 250mm，顶板厚 200mm。

（2）工艺间。工艺间系水厂的第二环节，采用现浇钢筋混凝土框架结构，长 27.24m，宽 13.84m，高 6.2m，建筑面积 377m²。设有絮凝剂投加、二氧化氯预氧化、消毒投加、粉末活性炭联合投加和空气投加设备等。

（3）净水车间。净水车间是水厂的第三环节，数量 1 座，长 34.5m、宽 28.48m，为单层轻钢结构厂房，建筑面积 982.56m²。彩钢板屋面选用双层压型钢板复合保温层为 100mm 厚的聚苯乙烯板，结构钢架采用独立柱基础。净水系统由 4 台单元净水模块及管式静态混合器组成，单台净水设备实际处理规模为 5250m³/d。

（4）清水池。清水池是水厂的第四环节，新建两座清水池，每座有效容积为 2000m³，长 23.9m、宽 23.9m，为地下式钢筋混凝土结构。清水池设计有效水深 4.0m。池内设静压式液位计，高、低水位报警。池内设导流墙和溢流管，溢流水排入厂区雨水系统。

（5）二级泵房及配电室。二级泵房为半地下式结构，长 50.34m、宽 10.74m，为半地下式钢筋混凝土结构。配电室包括值班室、高低压配电间，发电机室为地上式结构，紧靠泵房东侧。送水泵房设计供水能力 2 万 m³/d，设供水泵 6 台、反冲洗泵 2 台，泵房内设电动葫芦 1 台。配电室设高压配电柜 4 个；低压配电柜 10 个。柴油发电机室设干式柴油发电机组 1 台，功率 630kW。

（6）废水回收池。水厂设废水回收池 1 座，平面尺寸为 50.5m×16.5m，容积 2400m³，有效水深 3m。设回流泵 2 台（1 用 1 备），刮吸泥机 1 台，$N = 1.1kW$。

（7）污泥沉淀池。水厂设污泥沉淀池 1 座，调节容量 120m³，平面尺寸为 8.5m×6.5m，有效水深 2.5m。设污泥提升泵 2 台（1 用 1 备）。

（8）压滤间。水厂污泥脱水环节设置压滤间 1 座，平面尺寸为 9.24m×8.24m。压滤间内设有叠螺污泥脱水机、PAM 制备装置和螺旋输送机各 1 台，设 1t 电动葫芦 1 套。

（9）综合业务办公楼。综合业务办公楼是水厂的重要建筑，主要包括行政管理、会议室、化验室、食堂、餐厅及仓库等。办公楼为 3 层框架结构，建筑面积 1686.57m²。

阜城县地表水厂主要设施如图 7-96～图 7-101 所示。

图 7-96 阜城县地表水厂中控室

图 7-97 阜城县地表水厂化验室

图 7-98 阜城县地表水厂加药车间

图 7-99 阜城县地表水厂盐酸间

图 7-100 阜城县地表水厂净水车间

图 7-101　阜城县地表水厂送水泵房

### 四、配水管网

阜城县地表水厂新建管网总体由"一纵三横"四条主管网构成。"一纵"为地表水厂南端主管网沿振兴路至恒通大街段，全长 5.3km；"三横"包括恒通大街至顺达路东段（城北开发区）、中关街至顺达路中段、西安南大街至顺达路西段，线路全长 11.5km。主管网覆盖县城全境，投资 2200 万元，与水厂建设同时进行、同步建成。主管网涉及 7 处旧管网改造工程。

（1）人民路。中关街至东安大街 1.9km，公安局至西安大街 0.67km，东安大街向东延伸 0.35km。

（2）富强路。东安大街至中关街 1.9km，华兴街至恒通大街 0.5km。

（3）宏达路。华兴街至恒通大街 0.5km，西水厂至西安大街 0.315km。

（4）阜兴大街。振兴路至甜水庄桥 2.23km，甜水庄桥至汽修厂 0.73km。

（5）汇源街。中兴路至富强路 0.5km。

（6）东丽街。人民路至富强路 0.9km。

（7）城区支管网改造 6.5km。

配水管网工程 DN600、DN500、DN400、DN300 等大口径采用球墨铸铁管，DN200 以下采用 PE 管道连接。

### 五、水厂管理

阜城县水厂建设与管理由阜城县水务局负责。2018 年，水厂设备运行正常，日常主要在岗人员 10 余人。

地表水厂设计规模为 2 万 m³/d，厂区所有电气及工艺设备均考虑了备用，可以保证事故时正常供水。输配水方面，由水厂引出一根主管道与城区管网相对接，在城区管网部分损坏时，可保证 70% 的供水。对原水水质实时在线监控，在线监控的数据及时反馈至水厂及政府相关水质检测监控部门，并及时调整相关净水措施，预防重特大水质质量事件的发生或尽量减小其影响范围。

同时，加强值班管理，及时掌控设备运行，维护供水安全。值班人员加强学习，熟练掌握设备操作技能，做好值班日志。为应对供水水质突发事件，水务局与供水公司还联合建立了一支救援队。救援队随时处于待命状态，一旦接到通知将以最快的速度到达突发事件现场，展开救援行动，确保输水正常进行。

# 第十二节　工业新区地表水厂

## 一、区域环境

1992 年，县级衡水市工业新区设立，2000 年 2 月上划衡水市政府直管。2012 年，与桃城区北方工业基地、武邑县循环经济园区整合，成立衡水工业新区，并托管桃城区大麻森乡。辖区面积 156km²，人口 15 万人。该区是河北省确立的承接京津功能疏解和产业转移的 40 个重点平台之一。

工业新区用水完全依赖地下水。城区供水水源主要由三部分构成：①西区自来水厂，有水源井 13 眼；②北区自来水水厂，有水源井 3 眼；③企事业单位的自备井，西区自备水源井 4 眼，北区自备水源井 41 眼。

域内西区每逢夏季用水高峰期易出现供水紧张情况，有时需要间歇性供水。停水对用户造成不便，且停水过后再行供水时，管网会出现短时浑浊。无二次供水的小区会出现断水现象。域内北区供水对象主要为企业，如出现深水井损坏导致断水或供水不足情况，则会直接影响企业的正常生产，影响招商引资。

南水北调工程的实施，给工业新区的快速发展带来了契机，建设工业新区南水北调地表水厂十分必要。

## 二、水厂项目

工业新区地表水厂（图 7-102）位于工业新区北区东南部，占地 4.5hm²（67.5 亩），一期建设规模为 5 万 m³/d，投资金额为 7002 万元。地表水厂为项目法人，由工业新区财政投资建设，建设单位为工业新区投资建设集团有限公司。2015 年 3 月开工建设，2015 年 12 月基本建成。同时，水厂以下输水管网进行新建改建 120km，与之配套，达到试通水条件。

2014 年 4 月，工业新区审查通过了水厂一期工程的可行性研究报告、建设项目环境影响报告、环保部门的环境影响报告、国土部门关于工程规划选址意见、住建部门的建设项目审核报告、地表水厂一期工程初步设计，以及水厂岩土工程勘察报

图 7-102　衡水市工业新区地表水厂

告。2015 年 3 月，工业新区开始自行组织建设，由开发区城市管理局负责建设和管理，建设资金由工业新区财政垫付，并成立工业新区地表水厂管理单位，按照企业运营管理，边建设边融资。具体承建单位是衡水工业新区投资建设集团。2018 年，水厂建成并进入调试运行阶段。

### 三、水厂工艺与设施

工业新区水厂采用分质供水，供水对象主要有城镇居民、工业企业、公共建筑及市政用户等。水厂采用传统制水工艺，处理流程如下：

（1）净水工艺流程。通过比较各种方案，确定工艺流程为"混凝沉淀＋过滤＋消毒"；主要处理建筑物、构筑物包括：稳压配水井、絮凝沉淀池、V 形滤池、冲洗水池、排水池、清水池、吸水井、送水泵房及加药间等。净水处理工艺流程如图 7-103 所示。

（2）排泥水处理工艺流程。排泥水处理工艺采用"浓缩＋离心脱水"处理工艺。主要处理建筑物、构筑物包括：排泥池、污泥浓缩池、储泥池、污泥脱水工房等。

对滤池反冲洗废水进行回收利用，对沉淀污泥进行浓缩脱水处理。脱水滤液排入污泥调节池，泥饼外运至垃圾处理厂进行填埋处理。

（3）直饮水处理工艺。采用"多介质过滤＋活性炭吸附＋纳滤＋消毒"处理工艺；主要处理建筑物为直饮水处理车间。

供水管网服务压力合格率为 95%，城区供水管网末梢压力不小于 0.28MPa，最高日最大时出厂水压为 0.40MPa；工业区供水管网末梢压力不小于 0.1MPa，最高日最大时出厂水压为 0.35MPa。

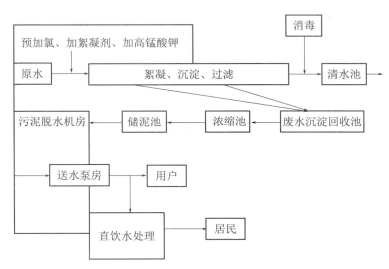

图 7-103 工业新区地表水厂净水处理工艺流程图

（1）稳压配水井。半地下钢筋混凝土结构，尺寸 10.2m×7.4m×8.1m，设计规模：10 万 m³/d，数量：1 座。功能：稳压并调节、分配来水。

（2）絮凝沉淀池。轻钢结构；数量：1 幢；平面尺寸：54.0m×25.5m（轴线尺寸）设计规模：5 万 m³/d。

混合池设计参数：混合时间 3.7min。

絮凝池设计参数：絮凝时间 18.5min；絮凝池分为 3 段，前段搅拌机桨叶外缘线速度 0.5m/s；中段搅拌机桨叶外缘线速度 0.35m/s；末段搅拌机桨叶外缘线速度 0.20m/s。

斜管沉淀池设计参数：设计表面水力负荷 5.16m³/(m²·h)。

围护结构主要作用包括两个：第一对水处理构筑物起保温作用，防止冬季由于水温过低造成对水处理设施造成损坏；第二保证原水清洁，降低水处理设施的处理负荷，确保出水水质达标。

（3）V 形滤池。设计规模：5 万 m³/d，正常滤速：8m/h，强制滤速：9.6m/h。滤池的反冲洗周期 24～48h，清水池、稳压配水井、吸水井、冲洗水池、排水池、排泥池、送水泵地下箱型结构及污泥处理工房内污泥浓缩池均为整体现浇钢筋混凝土结构，采用筏板基础，大开挖施工。

（4）送水泵房、配变电室及加药间。建筑单体由送水泵房和配变电室及储罐间三部分组成，总平面尺寸为 57.95m×12.5m，中间设 100mm 厚变形缝。其中：送水泵房及储罐间为框架结构，平面尺寸 36.8m×12.5m，建筑高度 5.7m；墙体均为 240mm 厚加气混凝土砌块；基础为独立基础和筏板基础。配变电室为框架结构，平面尺寸 21.05m×12.5m，建筑高度 4.2m；墙体均为 240mm 厚加气混凝土砌块；基础为独立基础。

（5）絮凝沉淀池工房。建筑单体总平面尺寸为 25.98m×54.48m，门型钢架结构，建筑高度：9.5m；外墙：0.900m 以上采用彩色复合压型钢板。0.900m 以下，防潮层以上采用 Mu10 烧结多孔砖，M5 混合砂浆砌筑。防潮层以下采用 Mu10 页岩砖，M7.5 水泥砂浆砌筑；基础为独立基础。

（6）滤池工房。滤池工房平面尺寸为 28.48m×38.28m，建筑高度为 9.5m，门型钢架结构；外墙：0.900m 以上采用彩色复合压型钢板。0.900m 以下，防潮层以上采用 Mu10 烧结多孔砖，M5 混合砂浆砌筑。防潮层以下采用 Mu10 页岩砖，M7.5 水泥砂浆砌筑；基础为独立基础。

（7）冲洗水池泵房及排水池泵房。建筑单体由废水排放水泵房和冲洗水泵房两部分组成，建筑高度均为 5.1m，框架结构，外墙均为 240 厚加气混凝土砌块，外墙边与池壁外边平齐；框架柱生根在地下水池池壁上。其中：废水排水泵房平面尺寸为 9.8m×4.9m；冲洗水泵房平面尺寸为 9.8m×7.3m。

（8）排泥池泵房。建筑单体平面尺寸为 4.8m×9.8m，建筑高度均为 5.15m，框架结构，外墙均为 240mm 厚加气混凝土砌块，外墙边与池壁外边平齐；框架柱生根在地下水池池壁上。

（9）污泥处理工房。建筑单体由高锰酸钾加药间、污泥脱水间和污泥浓缩间两部分组成，总平面尺寸为 43.98m×17.48m，中间设 50mm 厚变形缝。其中：高锰酸钾加药间、污泥脱水间为框架结构，平面尺寸 11.48m×17.48m，建筑高度 5.6m；外墙 240 厚加气混凝土砌块；基础为独立基础。污泥浓缩间为门型钢架结构，平面尺寸为 32.45m×17.48m，建筑高度为 8.5m；外墙：0.90m 以上采用彩色复合压型钢板。0.90m 以下、防潮层以上采用 Mu10 烧结多孔砖，M5 混合砂浆砌筑。防潮层以下采用 Mu10 页岩砖，M7.5 水泥砂浆砌筑水厂主要设施如图 7-104～图 7-106 所示。

图 7-104　衡水市工业新区水厂办公楼

图 7 - 105 衡水市工业新区水厂处理车间

图 7 - 106 衡水市工业新区调流阀站

## 四、配水管网

工业新区敷设配水管网共计 155.32km，分期实施建设，日输水量为 5 万 t，工程总投资为 1.62 亿元。工程包括生活用水输水管道及工业用水输水管道的铺设。管道的起点为地表水厂，供至现状给水管网起端（双排，1 用 1 备），工业用水分别沿现有道路两侧供至区内各企业墙外。

## 五、水厂管理

工业新区地表水厂采用政府投资模式，由衡水工业新区投资建设集团有限公司负责建设管理。2018 年，尚未最终确定运行管理单位，水厂运行管理暂由建设单位负责，聘请市区滏阳水厂的技术人员协助提供技术指导，水厂运管人员调试设备，并组织通水试运行。

# 第十三节　滨湖新区地表水厂

## 一、区域环境

滨湖新区隶属于衡水市，成立于 2011 年 1 月，其前身是衡水湖自然保护区。该区总面积 296km²，北倚衡水市区，南靠冀州市区。106 国道沿衡水湖湖边穿过。滨湖新区以现代服务业和战略新兴产业为主导产业。辖区包括衡水湖国家级自然保护区和魏屯镇、彭杜乡 2 个乡（镇），人口 6.9 万人。辖区内的衡水湖国家级自然保护区面积为 163.65km²。衡水湖系由古黄河、漳河等多条河流数千年摆荡冲蚀而成，现湖泊面积为 75km²，是华北平原单体水域面积最大的内陆淡水湖泊，享有"京津冀最美湿地""京南第一湖"等诸多佳誉，国际湿地组织将其喻为"东亚地区的蓝宝石"。

多年来随着气候变迁，滨湖新区年降水量远远低于年蒸发量，加之上游水利设施的修建，基本丧失了原来自然流域系统的水源补给。辖区内的衡水湖完全依赖人工调水蓄水维持，主要调水水源包括：岳城水库来水、引黄河水。由于衡水湖水质较差，辖区内人民群众饮用水主要依靠开采深层地下水，滨湖新区作为一个新成立的城区，也要求自来水厂、配水管网等基础设施与之规划发展相协调。南水北调工程的实施，将缓解本区用水紧张的状况，改变饮用地下水的历史。建设滨湖新区地表水厂对经济社会发展具有重要意义，其规划图如图 7 - 107 所示。

图 7 - 107　衡水市滨湖新区地表水厂规划图

## 二、水厂建设

滨湖新区地表水厂（图 7 - 108）是后续追加的衡水市南水北调配套水厂，位于滨湖新区东南侧，纵一路西，中干渠北，占地 4.6667hm²（70 亩），建设总规模 6 万 m³/d。拟分两期建设，一期规模为 3 万 m³/d，配水管网 92.84km，工程规模为 3 万 m³/d，工程总投资为 10497.01 万元。滨湖新区水务局为该项目的业主单位。建设内容包括：净水车间（净水模块）、工艺间、清水池、汇水池、二级泵房、配电室、预处理池、废水回收池、污泥沉淀池、压滤间等。

图 7－108　建成调试的滨湖新区地表水厂

2014 年 2 月，衡水市滨湖新区规划建设局同意了《衡水市南水北调配套工程滨湖新区净水厂项目》的选址；衡水滨湖新区经济发展局对《关于批复衡水市南水北调配套工程滨湖新区净水厂及配水管网工程可行性研究报告的请示》予以了批复。2014 年 3 月 29 日，衡水市国土资源局衡水湖分局批复了《关于衡水市南水北调配套工程滨湖新区净水厂工程项目用地初审意见》。

衡水市南水北调配套工程滨湖新区净水厂及配水管网工程项目于 2016 年完成招投标工作，由中冶集团中标承建。2018 年，滨湖新区水厂项目主体建成，由于滨湖新区属于新成立的开发区，各项行政管理职能尚未全面启动，暂未通水运行。随着区域内配套设施和行政职能的不断完善，各项通水调试工作加紧推进。

# 第八章
# 宣传、文化

南水北调工程是社会主义新时代的伟大工程，引起社会各界的普遍关注。自 2013 年筹划建设衡水市南水北调配套工程以来，衡水市委、市政府高度重视南水北调宣传工作，通过以宣传部门为主导，多部门联动相配合，组织社会各界广泛参与等形式，充分利用广播、电视、网站、报刊、展牌、标语等多种形式，宣传南水北调工程建设的重大意义，讲解南水北调的各项政策和具体办法，为南水北调工作顺利推进营造了良好的舆论氛围。经过深入宣传，全市广大干部群众的思想、行动得以统一。根据工程建设任务，进行有针对性的宣传思想工作，促进了南水北调各个阶段工作顺利完成。在此期间，新闻媒体工作者、广大文艺爱好者积极行动，经常开展不同形式的文化宣传活动，记录建设历程，讴歌英雄人物，有力推动了南水北调工程建设全面进行。

# 第一节 社 会 宣 传

20世纪90年代，衡水域内南水北调工程开始规划筹备，经过20年的规划设计、勘察测量，2013年最终线路确定、建设条件趋于成熟，衡水市南水北调工程正式开工建设。为保障工程顺利建设，衡水市南水北调建委会明确成立了衡水市调水办，下设综合科，负责全市南水北调工程建设的宣传工作，建委会各成员单位、各县（市、区）南水北调办事机构也配备专兼职负责宣传工作的人员，配备了微机、打印机、照相机等宣传设备。总体目标是通过加强新闻宣传为配套工程建设，营造浓厚的舆论氛围和良好的社会环境。同时，根据工程不同阶段，跟进宣传，使广大群众了解关心工程进展，真正成为民心工程。图8-1为2013年"世界水日"衡水人民公园活动现场。

图8-1 2013年"世界水日"衡水人民公园活动现场

## 一、统一认识与行动

### 1. 宣传南水北调工程重要性

自南水北调工程筹划开始，市委、市政府积极组织大力宣传实施南水北调工程建设的重要性和必要性，使广大市民已逐渐形成普遍共识：认识到衡水市处于华北平原中南部，是一个典型的资源型缺水地区。人均水资源占有量为148m³，仅占全省人均水平的47.6%，在全省11个地市中最低。长期以来，衡水市没有地表水源地，除了季节性引黄河水入衡水湖、引卫运河基流、引石津灌区水灌溉外，没有任何其他地表水可利用，为满足工农业生产生活用水，不得不依靠超采深层地下水来保证供水，由于连年超采，造成地下水位逐年下降，带来地面沉降、裂缝、咸水界面下移等诸多问题（图8-2）。水资源短缺已经成为制约全市经济社会发展和生态环境改善的重要因素。为此，衡水市急需找到一个长久的外部水源，来解决经济社会发展和生态环境等方面的隐患。南水北调工程建成后可实现长江水、黄河水和当地水的联合调度、优化配置，对于满足全市经济社会可持续发展用水需求，具有十分重大的现实意义和深远的历史意义。同时，南水北调之水将成为各县（市、区）最主要的用水源，衡水东部阜城、景县、故城3县城镇群众彻底告别饮用高氟水的历史。通过不断深入地宣传衡水缺水市情，上至老人、下至孩童，都深刻认识到衡水缺水的紧迫性，南水北调工程是国家工程、民心工程。实施南水北调对城市建设、子孙后代有重要意义，形成了良好的舆论氛围。

图8-2　地面沉降示意图

2. 宣传南水北调工程独特性

（1）工程规模大。当前综观国内外调水工程，真正跨流域调水的很少，而南水北调是跨流域的国家重大战略工程。根据国家南水北调中线规划，南水北调水自丹江口水库向北，横跨长江、淮河、黄河、海河四大流域，途经湖北、河南、河北3省，通过1200km的输水渠道，才能到达衡水，总干渠见图8-3。南水北调工程是衡水市当地有史以来最大的调水工程。

（2）工程沿线复杂。通过宣传使人民群众了解到，以往的衡水域内调水项目仅是清挖渠道、修建堤坝。而衡水市南水北调工程因输水线路长，还涉及社会层面的征地拆迁、环境治理、文物保护等众多工作。境内工程包括压力箱涵、输水明渠、地下管道、加压泵站、控制闸阀、水厂管网等，建筑物种类多，技术要求高。特别是市区、城镇段拆迁问题突出，涉及多个职能部门，既要考虑技术上的必要性，又必须考虑在施工当中的可行性，取得社会各界广泛支持。

图 8-3　向衡水送水的南水北调中线总干渠

## 二、随工程进度跟踪宣传

在南水北调工程建设期间，宣传工作随同工程进度跟踪宣传，使广大干部群众及时了解南水北调工程状况，使全市各有关部门、各参建单位以及沿线群众的通力配合。

1. 宣传征迁工作

在南水北调工作中，征迁工作是保证工程顺利建设的最大难点，最需要沿线人民群众的充分理解和大力支持，涉及老百姓切身利益。于是集中时间集中力量，全面跟踪宣传市委市政府同志到农村入户解决征迁具体问题，注重推广这方面的先进经验。

2013 年开始，武邑县政府南水北调征迁工作宣传动员力度较大，在全市范围内征迁工作推进速度快、效果好，为宣传动员老百姓理解和大力支持，该县各级部门通力配合，一线办公，在南水北调征迁工作中，坚持"以人为本、和谐征迁、刚性政策、亲情操作"的原则，做到"宣传动员在前，调查摸底在前，征迁补偿在前，群众合理要求解决在前"，倾尽全力解决群众在征地过程中的各类矛盾。工作人员扎根基层没日没夜、无怨无悔，田间地头协调，进村入户动员，"磨破嘴皮子、跑烂鞋底子"，以真心换取群众的理解，以真情融化群众心中的坚冰，打开了被征迁群众的心锁。百姓深为感动，积极配合征迁，确保了全市第一处南水北调工程顺利开工，武邑县境内输水管道工程全市最先完工，起到很好的示范带动作用，其他县（市、区）纷纷学习、推进征迁工作。

2. 宣传群众典型

沿线乡村百姓为支持工程建设发挥了抗战时期保垒作用。

2013 年 12 月正是寒冷季节，衡水市南水北调配套工程建设正式进入施工建设阶段，沿线村民积极到工程一线找活干，支持工程建设。衡水市桃城区年近六旬的张秀梅老人，经常到工程现场观看建设，当听说项目部棉被不够用时，主动联系邻里好友，昼夜不停赶做了20多床棉被，及时送到南水北调施工地。

城内南水北调工程建设中有众多铁路、公路、河道需要穿越（图8-4），电力、通信、广播电视等管道需要迁建，果树、林木需要清除，世世代代的祖坟需要迁走，通过顾全大局的宣传，衡水百姓、各级部门给予了大力支持。在南水北调这样的国家工程和民族利益面前，放弃了无度的索取，选择了理智和服从，牺牲了个人利益，保障工程顺利建设，全市没有发生影响工期的阻工上访事件。南水北调恰如一面镜子，映照出心系国家、舍弃小家、顾全大家的衡水民心，打造了享誉全省的"起步晚、进展快"的衡水速度。

图8-4 南水北调工程工业新区段穿越铁路施工

3. 宣传质量第一

在工程建设期间，为保证国家和河北省确定的目标如期实现，为使施工单位凝心聚力、鼓舞士气、打造一流工程，面对工程建设工期紧、任务重、压力大的特殊情况，牢固树立千年大计、质量第一的思想；不断深入宣传典型工程项目的建设进展及建设成果；宣传介绍各参建单位在工程质量、安全、进度等方面采取的有效措施；引导解决影响和制约工程建设的突出问题；有针对性地推广施工单位在建设实践中总结的新工艺、好做法，提高工程建设的质量和效率；同时，不断宣传工程建设中涌现的先进事迹、先进集体和先进个人，鼓舞士气，激发劳动热情，调动广大参建者的积极性和主动性。通过深入宣传推动，建设高潮期，每天有5000多名技术与施工人员，以主人翁的姿态积极投身到工程建设中，全力打造功在当代、利在千秋的优质工程。

为提高宣传效果，不断变换宣传角度，积极配合各阶段工程建设的重点工作。在先期项目刚开工时，2013年12月24日在《衡水晚报》上刊发了《衡水南水北调工程建设正酣》，介绍了工程一线挖掘机长臂频频挥舞、红旗猎猎迎风招展的施工壮观现场；在征迁工作攻坚时，2014 年 4 月 17 日在《衡水日报》上刊登了《泥泞中，他们依然在路上》，记录广大征迁人员在征迁实物核查中的工作身影。在建设高潮时，每个工程沿途的施工现场显著位置"保质量、保安全、保工期""大干一百天抢进度，齐心协力保目标"的标语随风猎猎。2015 年 2 月，《衡水晚报》记者专访工程参建单位，撰写了《为了按时通水——南水北调配套工程建设剪影》系列报道。2015 年 6 月 3 日，在《衡水晚报》上刊登了《衡水南水北调完成两大关键性配套穿越工程》。工程通水后，积极宣传阶段成果，2017 年 4 月 26 日在电视媒体刊发了《衡水各县市区南水北调水厂均已试通水》等文章，及时宣传南水北调工作成效，赢得各界对南水北调工作一致好评。

另外，有些宣传稿件在国家、省报刊与简报上刊登。南水北调工作中，还经常宣传工程建设中的好点子、好做法，引导大家学习，提高工作效率。2014 年 5 月 1 日在《中国南水北调报》上刊登了《衡水市南水北调水厂以上配套工程征迁实物核查完成八成》。2014 年 9 月 21 日在《中国南水北调报》刊发了《衡水市南水北调配套工程创新 DIP 管道安装工艺》，并在工作简报、信息通报中予以推广，引导各参建单位积极学习借鉴，提高工程速度、保证工程质量，还有效节约了人力资源和建设成本。

### 三、通水运行宣传

2016 年，衡水市南水北调工程陆续完工，工程进入了试运行阶段，广大运行管理人员陆续上岗到位。为保障通水安全，宣传工作目标由施工建设向运行管理转移。宣传的重点是保护好南水北调工程，介绍通水效益，引导沿线群众，加快水源切换，用足用好南水北调水。衡水市调水办组织宣传人员，在南水北调各部门，编发图解宣传手册、宣传画，组织学习培训和实践演练，将运行规范事项普及到每个基层泵站所、每个基层管护人员。

市调水办为做好考察通水运行工作，组织技术骨干到北京、保定、石家庄等地学习南水北调运行管理经验，考察供水管网建设的先进技术和先进成果，在衡水域内大力宣传推广。

同时，通过不断加强宣传，使衡水市社会各界、广大群众深刻认识到千里之水来之不易。衡水市南水北调配套工程境内南水北调工程水厂以上输水线路长达 200 多公里，涉及衡水市各个县（市、区），年总分配水量 3.1 亿 $m^3$，标志着衡水市进入饮用地表水新时代。不仅有效缓解了衡水市水资源短缺现状、遏制了地下水水位下降趋势，也使水生态环境得到了明显改善，为衡水经济社会可持续发展奠定了坚实基础。并且有利于节水型社会建设（图 8-5），通过科学合理的水价制度，带动发展高效节水行业，限制高耗水项目，优化产业布局，促进经济社会平稳健康发展。

图 8-5 衡水大力推进节水型社会建设

# 第二节 教 育 培 训

为了推进南水北调工程早日建成、早日通水，建设期间，市调水办每逢关键时段，均组织各种学习培训活动，进行现场观摩学习达数十次，弘扬衡水南水北调人夯实、求精、创新、担当的创业求实精神，有力提高全体参建人员的建设与管理水平。

## 一、业务培训

南水北调工程建设管理水平直接关系到南水北调工程的成败。建设管理人员不仅要有高度的责任心，而且还必有熟练的业务技能。为提高南水北调工作人员的技术水平和管理能力，市调水办经常组织开展各种业务培训，保证培训时间，注重联系实际，收到良好效果。

1. 征迁安置培训

市调水办为提高征迁人员的业务水平和工作能力，规范推进征迁安置工作，保障工程顺利开工，于 2013 年 10 月组织召开全市南水北调配套工程征迁安置工作培训会，邀请河北省南水北调办有关负责同志就如何做好征迁安置工作进行讲解。衡水市各个县（市、区）南水北调办主任、副主任，滨湖新区、工业新区南水北调配套工程负责人及骨干业务人员，征迁监理单位主要技术负责人，市调水办全体人员参加了培训。通过培训，征迁部门及人员严格遵循"以人为本、和谐征迁"理念，坚持"公开、公平、公正"原则，刚性政策柔性操作，最大限度维护群众合法权益，用"规范"和"标准"赢得群众信任，并深入田间地头现场办公，广泛宣传南水北调工程建设的重大意义、责任义务和征迁政策、补偿标准，引导广大干部群众顾大局、识大体，正确对待征迁，积极支持征迁，从而解决了征迁中许多难题。

2. 档案管理培训

为加强南水北调工程技术资料的管理，更好地掌握规范、标准，资料整理存档，提高施工、监理资料员的业务水平，促进南水北调工程档案整编规范有序，市调水办不断组织档案管理培训。2014年10月，市调水办组织召开"衡水市南水北调配套工程档案管理工作培训会"，全市南水北调工程的施工、监理、材料等各参建单位的技术负责人、资料员约100人参加了会议。培训中，对《国家档案管理规定》《河北省关于做好南水北调配套工程档案管理工作的通知》《河北水务集团工程档案管理暂行办法》等档案规范进行了详细解读，对衡水市南水北调工程建设档案工作提出了明确归档要求。参训人员就当前档案整理存在的问题和解决的方法进行互动交流，答疑解惑，使参与培训的人员在短时间内迅速掌握了必备的档案知识，提高了档案整理水平。通过培训，进一步提高了大家规范化管理的认识，明确了档案整编标准要求，为工程移交和档案验收奠定了基础。

3. 建设管理培训

在工程开工建设后，为加快建设进展，打造优质工程，市调水办经常组织工程建设管理培训，确保工程建设质量，保障工程安全。

2014年8月，市调水办举办南水北调工程质量培训会议（图8-6），专门邀请省南水北调建设管理专业人员就南水北调质量管理工作进行授课，参加培训会的有各县（市、区）南水北调办事机构的主要领导及主管技术负责人，市调水办全体人员，各设计院项目负责人、主要设计师，各工程监理和征迁监理单位的总监，各管材、材料供应单位的质量负责人，各参建单位的项目经理和总工程师等共约150人参加了培训会。

图8-6 衡水市南水北调工程质量管理工作会议

会上培训学习外地南水北调工程建设中的经验与教训，列举了关于防渗止水、原材料、钢筋、混凝土浇筑、保护层、伸缩缝、回填、各种管材专业技术及人员管理等方面问题的实际案例，对建设中的关键程序、关键环节注意的事项更加了解。

通过培训使建设人员认识到：始终把质量安全放在第一位，高标准实施建设，严格落实质量监督，及时完善施工档案资料，认真落实质量责任终身制；加快建设进度，大力发扬艰苦奋斗、连续作战的工作精神，抢抓当前有利时机，争分夺秒地赶工期、抢进度；多上人员，多上机械设备，多开工作面，攻坚克难，迅速掀起施工高潮；科学安排，交叉作业，平行作业，实行人员轮班休息，做到机械不停、工程不停、进度不停，确保南水北调工程如期圆满完成建设任务。通过培训，在统一思想的基础上，衡水市南水北调办与65个参建单位一一签订了质量管理、合同履约、安全生产、廉政建设、农民工工资等5个方面内容的目标责任书，完善了工程质量监督体系。

## 二、思想教育

思想教育是建设管理人员保持良好作风的关键。南水北调工程建设时期，正值全国开展党的群众路线教育实践活动之际，市调水办承担着投资20多亿元的南水北调重点工程建设管理，思想教育工作尤为重要。为此以转作风、树形象为抓手，不断加强干部职工思想教育，促进各项工作高效扎实开展。

### 1. 作风建设

2014年始，衡水市水务局与市调水办组织了一系列群众路线教育实践活动，学习研读了习近平总书记系列重要讲话，特别对《论群众路线——重要论述摘编》等必读篇目进行深入学习，结合本职工作写出思考体会，同时参加全市党员领导干部集中学习，聆听专家教授的讲座报告，听取基层优秀党员先进事迹报告，到石家庄、深州等监狱部门进行理想信念教育和警示教育，提高全市各级南水北调工作人员思想素质和工作责任。做到在市南水北调工作中，牢固树立"四个意识"，特别是核心意识和看齐意识，继续发扬水利干部艰苦奋斗、爱岗敬业优良传统，坚决杜绝不作为、慢作为的事情发生。建立了完善的请假制度，每个办公室都设置了人员在岗情况告知牌，自觉接受组织和群众监督。同时弘扬敢于担当的勇气，面对问题不懈怠、不搪塞，面对困难不胆怯、不后退，面对矛盾不回避、不敷衍，始终保持昂扬向上、争先创优、不甘落后的工作作风。积极建言献策，勤观察、勤动脑、勤实践，干实事，求实效。

### 2. 党的建设

在南水北调工作中，市调水办非常重视党的建设，在水利局党委领导下，注重党建工作，周密制订计划，根据工作特点，有针对性地开展民主生活会活动。建立施工工地党员小组，同时发挥党员战斗保垒作用，开展对新修订党章的专题辅导研学活动。组织参加"学习十九大理论知识100题"答题活动。结合实际工作进行党风党纪理论活动，使干部职工尤其是党员干部的政治纪律和政治规矩显著增强。

为推进反腐败工作，提高廉洁自律素质和能力，2014年5月，衡水市南水北调办邀请衡水市人民检察院专业人员，就推进预防职务犯罪工作，到南水北调工作现场调研和指导、培训（图8-7），随后在武邑县马回台项目部联合设立了衡水市第一个驻地预防职务犯罪办公室，起到了很好的警示作用。

图8-7　衡水市南水北调办邀请衡水市检察院专业人员进行培训指导

### 3. 廉政建设

市调水办把党的廉政建设放在重要位置，广泛开展党风廉政建设活动，特别是党的十九大后，市调水办经常组织机关干部及全体职工，全面系统学习近平总书记系列重要讲话及有关廉政建设的文件规定；组织观看警示教育宣传片，从反面典型中汲取教训、引以为戒，进一步增强大家的"四个意识"，并通过集中学习、业余自学、撰写笔记、交流研讨等方式，坚持政治学习与解决实际问题相结合，确保廉政建设扎实开展，取得实效。

## 三、普及南水北调知识

为全面、真实记录衡水市南水北调工程建设历程，鼓舞参建单位士气，弘扬献身、负责、求实的水利行业精神，提高建设管理水平，制作印发了南水北调光盘、画册、资料汇编等宣传教育资料。

### 1. 制作教育宣传材料

2015年，衡水市南水北调办公室编辑了一套《开世纪先河 塑调水丰碑》的画册，见图8-8。画册从"英明决策""劳动旋律""和谐征迁""工程掠影"四个方面热情颂扬了国家实施南水北调工程的高瞻远瞩，展现了工程建设成果和广大建设者拼搏奉献的精神，记录了沿线群众支持奉献、社会各界对工程建设的广泛关注，生动再现了衡水人民团结奋斗勇于奉献的面貌。

图 8-8　衡水市南水北调办编辑的画册

2015 年 4 月，按照河北省统一部署，市调水办组织购买了国家南水北调大型纪录片《水脉》光盘 50 套（图 8-9），省南水北调建委会办公室下发南水北调画册《江水冀情》80 本，分别送达衡水市委市政府、各县（市、区）委政府的主要领导与各县调水办负责同志，市直有关部门主要负责人，各单位认真收看学习，为全市全线通水做好宣传引导，营造了良好舆论环境。广大干部群众通过观看大型纪录片《水脉》深刻了解到南水北调工程建设、大规模移民、文物保护、环境治理、水资源管理、综合效益及对世界的贡献等。该片是一次首开先河的中国重大水利工程电视文化传播行动，向世界展现南水北调工程不仅为中国的和谐发展提供了核心的动力，也为人类怎样突破生存困境、谋求未来发展提供了卓越的东方智慧。

2. 发放制度汇编

为进一步提高各级南水北调部门的建设管理水平，加强工程建设的规范化管理，提高工作效率，保证工程质量。2014 年，在市南水北调工程建设全面开工之际，市调水办将国家、省、市南水北调工程建设管理的制度进行了梳理汇总，印发了《衡水市南水北调文件制度汇编》《衡水市南水北调信息宣传资料汇编》《衡水市南水北调供用水管理规定》等，送至各有关部门、参建单位，各单位组织进行了认真学习，进一步提高了大家的规范化意识。《衡水市南水北调文件制度汇编》主要记录了国家、河北省、衡水市南水北调工程建设管理的 69 项规范性文件或制度规范，涉及工程设计、征迁、建设、变更、验收、通水、监督等方面内容。《衡水市南水北调信息宣传资料汇编》主要包括衡水市南水北调工程建设的重要信息简报、通报和部分宣传文件等 212 份。

图 8-9　南水北调大型纪录片《水脉》光盘

**3. 开展"世界水日"活动**

每年 3 月 22 日是"世界水日",衡水市南水北调办主动联合河北省子牙河务处、衡水市水文局、衡水市水务集团及滨湖新区水务局、桃城区水务局等涉水部门100 多人,在衡水市人民公园门口、体育休闲广场等地,集中开展水利宣传、南水北调宣传。活动中,市调水办班子成员和业务骨干纷纷走上街头宣传南水北调工程,为市民解疑释惑;现场还设置宣传展牌、发放带有宣传标语的手提袋等。同时每年以"衡水市'三下乡'集中示范活动"为契机,为老百姓送上有关水的知识。活动现场悬挂水利宣传条幅,摆放图文并茂的水事展牌,现场工作人员发放南水北调围裙、提包等宣传品和宣传资料,以及南水北调政策法规资料等物品,并设立现场咨询台,热情地为老百姓介绍南水北调工程概况、建设南水北调工程的重大意义和工程建设进展情况,详细解答老百姓关心的水源切源、来水水质等问题,使广大群众关心水,热爱水,参与有水的建设活动。

# 第三节　宣　传　渠　道

南水北调信息宣传紧紧围绕工作重点,创新形式,服务大局,多渠道、多角度、全方面地反映衡水市南水北调工程建设中的成就。创办信息简报,成为领导科学决策、社会各界准确了解工程情况的重要渠道。同时通过《中国南水北调报》《河北日报》《燕赵都市报》《衡水日报》《衡水晚报》以及河北南水北调网与衡水电视台等多种渠道,宣传南水北调工作进程、弘扬时代主旋律,进而推进了南水北调

工程顺利建设。

## 一、信息编报

为全方位做好南水北调信息宣传工作，市调水办设立信息资料室，明确专兼职从事宣传工作人员 10 余人，在做好单位公务文件撰写的基础上，及时编报传送信息，以便于领导及时科学决策；还聘请老水利专家给予业务辅导，对收集的信息进行分类，立卡建档，建立信息丰富的资料库。同时，不断加大物质保障力度，购置数台照相机和摄像机、电脑等设备，保证了现代化、信息化办公需要。

为各级部门、各单位了解南水北调工作情况，信息工作人员按期编制《衡水市南水北调工程信息快报》《南水北调工程简介》《南水北调文件汇编》等系列宣传资料。为加大工作信息宣传力度，按照河北省南水北调工作部署，将南水北调信息宣传纳入单位年度考核内容，争先进位，以有效的信息宣传工作，推动各项工程建设顺利开展。

同时，为提高信息编报、资料整理工作水平，在参加省里组织各项宣传培训的同时，积极到全国各地学习南水北调宣传工作经验。2015 年，市南水北调工程主体建成，为做好试运行通水期间的信息宣传工作，衡水市南水北调宣传人员到北京市团城湖观摩南水北调工程建设和运行情况，参观学习北京市南水北调办的工程宣传展示厅情况，实地察看了北京市南水北调工程——团城湖建设、运行及绿化情况，并就运行初期如何做好信息编报工作进行了座谈交流。

## 二、南水北调简报

自 2013 年衡水市南水北调建设开工开始，就引起了各级政府、社会各界、广大人民群众乃至各级媒体的高度关注。为加强宣传，及时准确传递工作信息，市调水办专门创办了《工作动态》《督查专报》《每周通报》《工作简报》等内部刊物（图 8-10），作为面向各级领导、各相关单位和社会媒体的南水北调新闻宣传和信息报送的重要渠道。刊发内容涉及衡水市南水北调工程重大决策、主要工作节点、主要领导活动，以及工程征迁、招标建设、验收试运行等进展情况。每年刊发、报送南水北调信息 100 多条。

以 2014 年为例，衡水市南水北调工程全面开工，全年共印发《工作简报》91 期，从内容上讲，既有综合性简报、典型经验性简报，又有动态性简报、反馈性简报、会议简报，印发范围为河北省南水北调办、河北水务集团，衡水市南水北调工程建设委员会主任、副主任、各成员单位，衡水市委办、政府办、人大常委会办、政协办，以及各县（市、区）人民政府、南水北调办，市直有关部门，市南水北调办各科室，驻地各工程建管项目部等相关单位，使各级部门主要负责同志在第一时间内了解建设进展，对领导科学决策起到了很好的参谋作用。

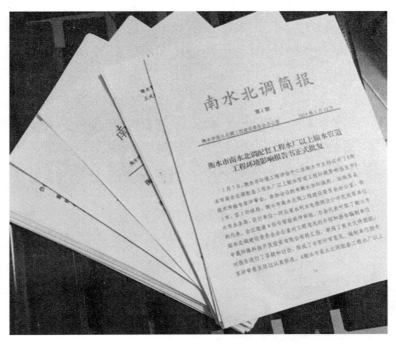

图 8-10　衡水市南水北调简报

### 三、政务网站

为充分发挥信息简报的更大辐射作用，市调水办还建立了南水北调网站，及时刊登简报信息、各种南水北调动态；实行政务公开，及时将文件和制度在网站予以公示。网站作为信息简报的重要传播载体，具有传播范围广、更新速度快、信息容量大、交互性强的特点，在信息传播上有独到的优势，也是南水北调宣传信息工作的重要组成部分。

市南水北调建委会办公室于 2013 年 12 月建立"衡水市南水北调网"。该网站是在国际互联网上建立的政府型网站，是面向社会提供衡水市南水北调工程建设的官方信息、宣传有关南水北调工程建设的大政方针和工程建设进展情况的新型载体。网站首页设置了新闻动态、通知公告、政策法规、组织机构、工程建设、征迁安置、媒体关注、图片新闻、留言回馈等众多版块，内容丰富。通过严格审查，审批备案号为冀 ICP13023228-1。由于及时更新新闻报道，畅通信息渠道，不断增强可读性、可查性、互动性，已然成为衡水市南水北调工作信息宣传的主要窗口，有效发挥了南水北调信息宣传对业务工作的重要推动作用。

同时，网站有重要的交流互动功能。在做好日常信息发布工作的基础上，针对公众普遍关心的水质、水价、生态环境等热点问题，做好政策解读和热点、难点问题的回应。遇有重大突发事件，迅速澄清事实，消除不良影响。每年对单位财务预算和支出情况进行网上公示，主动接受社会各界监督。

### 四、公示展牌

公示栏、公示牌也是南水北调信息快报的重要载体（图8-11）。为促进沿线百姓关注、支持南水北调建设，各县（市、区）的南水北调办事机构都非常重视宣传，通过在单位公开栏、乡村政务栏，张贴南水北调政策文件、补偿标准、信息通报；在墙体上刷涂南水北调信息口号；在施工现场设立工程展牌，严肃公示项目法人、勘察、设计、施工、监理、质检等单位信息，接受各界监督，合力营造利于工程建设的良好氛围。衡水市南水北调第一、第二驻地建管项目部，不但做到了工程建设信息展牌公示，《项目部职责》《例会制度》《安全生产制度》《技术管理制度》《质量管理制度》《廉政守则》悬挂公示，而且设置了工程进度示意图，每天更新建设进度，设置了公告栏，每天公告有关信息，成为大家讨论学习南水北调政策文件、了解工程建设进展、落实南水北调安排部署的重要渠道。

图8-11　衡水市南水北调工程一线公示牌

### 五、通讯报道

自工程实施以来，衡水市南水北调办与各级报刊记者密切沟通，曾多次邀请《中国水利报》《燕赵都市报》《衡水日报》《衡水大周刊》《衡水画报》等新闻工作人员，深入一线现场采访，进行有深度、有声势的宣传报道，及时反映南水北调工程的重要环节。2014年10月22日，《河北日报》专门刊发了衡水市政府有关南水北调工程的署名文章——《推进水利可持续发展　实现跨越赶超绿色崛起》。文章明确指出，南水北调工程建设是衡水市水利发展的重大机遇，也是经济、社会、生态建设的重要支撑，市政府以高度负责的精神，全力以赴把南水北调工程建好、管好、用好，为衡水实现跨越赶超、绿色崛起、全面建成小康社会提供坚实保障。截至2018年年底，各级各类报刊刊登衡水南水北调通讯报道共计186篇。

## 六、广播电视

衡水市南水北调工程建设起步晚、建设快，引起中央、省、市电视台的关注。各级广播电视紧紧围绕工程建设，深入一线，贴近基层，跟进报道，为推进优质高效、又快又好地建设南水北调工程提供了有力的舆论保障。2014 年 12 月，中央电视台派记者刘彬一行来衡水实地采访南水北调工程建设（图 8－12）。他们不怕脏、不怕累，在堤坝边、渠沟里、作业现场，与一线工程人员深入交流，挖掘建设者多年来默默付出的感人故事，用新闻报道反映当代中国的发展成就、发展道路、发展理念，展示中国人民蓬勃向上的精神风貌。2015 年，河北电视台、河北电台的记者来衡水采访市政府主要领导、市直有关部门负责同志以及当地群众，宣传南水北调工程建设，反映南水北调工作中取得的经验做法和进展成效。为了让衡水百姓更深入、及时地了解南水北调进展，市调水办经常与电视台合作，在黄金时段、黄金节目前后飞播南水北调信息；与衡水人民广播电台合作，举办专题栏目，在黄金时间段，就衡水市水资源情况、南水北调建设情况、通水后重要意义等老百姓关注的话题，组织专业人员在线答疑，与老百姓搭建了沟通互动的桥梁。

图 8－12　2014 年 12 月，中央电视台记者在衡水南水北调工程现场

2015 年 6 月，《中国南水北调报》、河北电视台、河北广播电台、《河北日报》、《河北经济报》、《燕赵都市报》等省级以上主流媒体的记者，现场联合采访了衡水市南水北调工程建设，实地走进衡水市冀州、武邑南水北调工程现场，参观采访南

水北调工程建设。在热火朝天的工地现场，在蜿蜒崎岖的管道沟槽里，在烈日炎炎的荒郊野外，在喧嚣嘈杂的工人食堂……到处留下了他们采访报道的身影。同时记者们被浩大的工程所震撼，为敬业奉献的一线技术工人所感动。

### 七、新媒体宣传

#### 1. LED 屏宣传

LED 电子显示屏是一种新颖的电子宣传媒体，形式灵活，价格低廉，为加强城区南水北调宣传，市调水办与衡水电视台积极合作，利用衡水广播电视台 LED 户外的电视频道（衡水广视文化传媒有限责任公司）的多块 LED 屏，制订了衡水市城区 LED 屏南水北调工程宣传方案，进行多屏联播宣传，每天通过体育休闲广场、人民公园、九洲广场等多处人流密集区的 LED 电子屏，轮番宣传南水北调情况及相关政策信息。

2014 年在南水北调工程建设高潮期，市调水办专门租用衡水市流动传媒有限公司的"移动 LED 屏宣传车"，在衡水市主城区重要街道、怡水公园等附近进行沿街巡回宣传（图 8-13）；租用衡水市广通广告有限公司在衡水市火车站广场的显示屏，制作并循环播放《南水北调　利国利民》的宣传片；与市内公交媒体公司合作，租用衡水市流动传媒有限公司的市区公交车上的 LED 电子显示屏广播平台，在市内 100 多部公交车上循环播放宣传南水北调工程的相关内容，从而起到了良好的宣传推动效果。

图 8-13　衡水市南水北调移动宣传车

#### 2. 利用微信群、QQ 群和朋友圈等信息平台宣传

微信、QQ 是一种新兴快捷方便的公众平台，与传统的电话交流方式相比，更灵活、更智能，且节省时间和费用，已成为新时代广大人民群众了解社会时事的重

要途径。市调水办把新媒体、微信群、朋友圈作为宣传南水北调工作的重要方式。结合工程建设需要，除涉密信息外，南水北调工作人员先后成立了"工程项目部群""市南水北调办群""建设管理群""运行调度群""南水北调网络信息群"等，实现网上办公，线上开会，适时调度，第一时间将政策要求落实到位，第一时间排除问题隐患，大大提高了工作效率。

# 第四节　文　体　活　动

市调水办为提高广大人民群众关心爱护南水北调工程的意识，宣传南水北调工程效益，围绕"南水北调　利国利民"这一主题，经常组织文化研讨、体育比赛、摄影交流、实地观摩等形式多样、内容丰富的文化宣传活动，使社会各界充分了解南水北调，进一步增强大家节水、惜水意识和爱护保护南水北调工程的法制观念。

## 一、文化研讨和有奖征文

### 1. 文化宣传研讨

为推进南水北调工程文化建设，2015 年 11 月，衡水市南水北调办组织举办南水北调工程文化建设研讨会，特别邀请时任全国政协委员、冀派内画创始人王习三，河北省作家协会副主席刘家科，河北省政协委员、国家一级美术师田茂怀，衡水市书画院原院长、国家一级美术师王学明，冀州市志主编、原衡水市文化局副局长常海成等专家学者，共聚一堂，探讨推进南水北调工程文化宣传工作。与会专家、学者纷纷建言献策，提出了一系列文化建设的宝贵意见和建议，并明确表示愿意挥毫泼墨，发挥所长，投身到南水北调文化建设中来。

2015 年 12 月，衡水市南水北调办组织绘画界、书法界、文学界、摄影界等知名艺术家和技术骨干 30 余人，到南水北调工程中线总干渠进行实地考察（图 8-14）。在实地参观南水北调中线总干渠和大型漕河渡槽工程后，参加人员纷纷感叹工程之浩大、建筑之恢弘，摄影家们纷纷举起相机，不停地记录这激动人心的影像。所有参加考察的人员对浩大的南水北调工程所振奋，看到清澈的长江水滚滚而来，非常感动。在回衡水后座谈会上，艺术家们对如何做好南水北调宣传进行了热烈研讨，纷纷称赞这项跨世纪史诗工程的英明决策，并当场发挥才艺，吟诗诵词，畅谈感想，令在场的人们无不动容。活动结束后，收到来自衡水市各界艺术家和文艺爱好者的文艺作品 80 多件，有力推动了南水北调工程文化建设。

### 2. 有奖征文活动

衡水文化活跃、历史悠久，为进一步通过文学、艺术、书画、报道等各种文学艺术形式，扩大南水北调的社会影响力，传播南水北调工程建设的正能量，衡水市多次举办"南水北调在心中""长江之水来衡水"等南水北调有奖征文活动，特别

图 8-14　组织人员到南水北调漕河渡槽参观

是 2014—2018 年的建设期间，衡水市南水北调办组织了三次较大规模的南水北调征文活动，社会各界文艺爱好者积极参与，并召开南水北调文化座谈会，大家积极撰写体会文章，创作书画作品，全市收集筛选了优秀的南水北调文艺作品 100 多篇，涵盖了诗歌、散文、杂文、速写画、水粉画、剪纸、书法等多种类型，强有力地传递了南水北调工程建设伟大业绩，展现了参与衡水市南水北调工程建设的广大干部职工"负责、务实、求精、创新"的南水北调精神。

## 二、体育活动

### 1. 举办乒乓球友谊赛

为缓解南水北调工作的紧张压力，增进有关部门之间的团结和友谊，2014 年，衡水市南水北调办组织衡水市南水北调乒乓球邀请赛，衡水市水务局、水文局、报社、公安局和衡水市老白干集团、棉麻公司、供销社、育才小学、新苑小学、十三中等 10 个单位的业余选手踊跃参加，坚持"友谊第一、比赛第二"的精神，进一步加深了衡水市南水北调部门与各相关单位的友谊和工作交流，更好地宣传了南水北调工程，为推进工程顺利建设奠定基础。

### 2. 组织青年志愿者公益骑行活动

衡水市南水北调办多次组织青年志愿者开展南水北调宣传活动。2014 年 7 月，衡水市区一支由 20 多名青年志愿者参加的自行车队（图 8-15），环绕市区骑行，宣传南水北调。在骑行过程中，每一位志愿者的自行车上插上印有"引千里江水，惠衡水百姓"宣传标语的彩旗，身穿印有"南水北调"字样的 T 恤，披着"南水北调　利国利民"的红色绶带，形成自行车队长龙，引起街道两旁民众特别关注。并在九州广场、滏阳河畔、干马桥头、青年公园等人流密集区，志愿者们主动停下车，热心与市民交流，发放南水北调资料。通过大力宣传南水北调工程的意义，调动了大家积极参与、支持南水北调工程建设的积极性。

图 8-15　衡水市区志愿者宣传南水北调

3. 组建南水北调健步走方队

为了倡导全民运动、健康快乐的生活理念，在南水北调江水切换之际，2018 年，市调水办退休工人高增平在衡水市区组建了一支南水北调健步走方队（图 8-16），在引导市民走出家门、快乐健身的同时，将"从我做起　节约用水"和"南水北调利国利民"的意识，通过每个队员传送到每个社区、每个家庭，推进全社会形成健康、节水、文明的生活方式。

图 8-16　衡水市区南水北调健步走方队

这一方队，仅一年时间队员已发展到百余人，大家来自各行各业，有退休老干部、老职工，也有在职的单位骨干、行业精英，有七八十岁的老人，也有上小学的

儿童，尽管队员们年龄跨度大、行业不相同，但个个精神焕发，每天清晨和晚上，大家都会走到一起来，迈着整齐划一的步伐，喊着洪亮的口号，开展激情澎湃的健步走活动。在周末时间，方队还经常组织队员们开展一些清理公共环境卫生、捡拾河岸垃圾的公益环保活动，用爱心行动给社会增添活力和温暖。

### 三、摄影采风

2015 年 8 月，市调水办与河北省水利厅联合举办"水润燕赵——美丽河北"系列采风活动暨河北省水利摄影家协会骨干培训。培训活动在衡水市冀州进行，中国水利摄影家协会秘书长孙秀蕊指导授课（图 8-17）。其间，与会人员实地参观了衡水市南水北调工程第三设计单元 11 标段、13 标段、傅家庄泵站，以及冀州市南水北调地表水厂等水利工程的建设情况，并进行了现场创作。来自全省水利系统 20 个单位的 40 多名全国摄影家协会会员、河北省水利摄影家协会会员及部分摄影爱好者参加活动。通过水利摄影培训，进一步提高全省水利系统宣传工作者和摄影爱好者的新闻摄影水平，大家纷纷带上相机，走进南水北调一线，放开视野，捕捉精彩瞬间，反映水利发展成果，展现南水北调工作精神风貌。工程建设 5 年间，先后有 200 多名优秀的摄影爱好者，在南水北调工作人员协助下，到衡水市南水北调工程现场拍照、摄像，各级媒体或刊物上选用照片 300 多幅，真实记录了震撼人心的工程建设场景，起到良好的宣传效果。

图 8-17　中国水利摄影家协会秘书长孙秀蕊来衡水授课

### 四、院校观摩

2017 年 1 月，河北水务集团与市调水办联合举办在校师生现场观摩学习活动，河北水利电力学院的师生 130 多人到衡水市南水北调工程傅家庄泵站观摩学习

（图8-18）。2017年3月，河北省深州职教中心组织35名师生赴深州市水厂和南水北调配套工程石津干渠参观学习，对学生进行节水宣传教育。2017年7月，华北水利水电大学的学生组织到衡水市南水北调工程实践学习，从最初的办公室畅谈，到之后的参观学习傅家庄泵站和滏阳水厂，最后进行采集样品的检验分析，现场壮观的工程、一流的质量、先进的工艺给学生们留下了良好印象。南水北调千里之水来之不易，衡水市一直非常重视节水型社会建设，节约用水意识已深入人心。2017年3月，衡水志臻实验中学开展了以"节约用水，从我做起"为主题的节水科普实践教育活动，有力促进了衡水市南水北调各受水区的节约用水工作，《中国青年报》、《科技日报》、新华网、人民网、凤凰网、新浪网、搜狐网、网易、光明网、腾讯网等全国各大媒体纷纷予以刊载。

图8-18　河北水利电力学院师生来衡水观摩学习

# 第九章
# 沿途概貌

衡水市南水北调工程途经域内各县（市、区），穿越公路、铁路、河道数十处。工程沿途所经过的乡镇、村庄具有丰富的历史及淳朴的民风。这不仅是一笔宝贵的物质与精神财富，同时也为南水北调工程增添了厚重的历史文化与浓浓的乡愁。

# 第一节 深 州 市 域

深州市境内南水北调配套工程既有跨市干渠——石津干渠明渠段和暗涵段，又有水厂以上输水管道工程饶安支线、深州支线、和乐寺泵站、深州泵站及深州管理所。涉及深州市8个乡镇、44个村庄（图9-1），这些乡村各具特色。

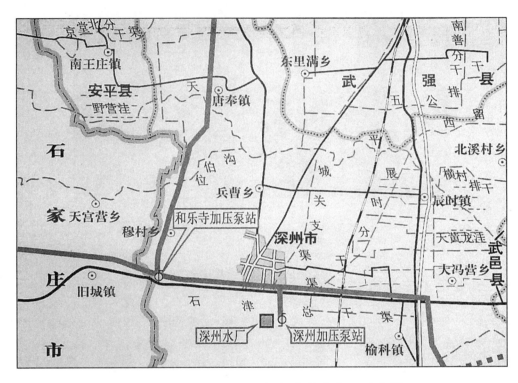

图9-1 南水北调工程深州市境内位置示意图

## 一、穆村乡

穆村乡辖16个行政村，总人口3.3万人。该乡马庄村系深州蜜桃的原产地。马庄原名拴马桩，相传汉光武帝刘秀经过此地，拴马歇息，故而得名。南水北调配套工程饶安干线输水管道位于穆村乡政府以西约0.5km处。途经穆村、程家庄、王家庄、大召村、小召村、南小召、北小召7个村庄。

**穆村** 早在汉朝时期便有穆村。穆村原名木村。相传古时这里树木很多，金宋交兵时，为宋兵屯放木料的场地，后即其地建村，取名木村。1996年深州撤县建市后，始更名穆村。穆村1200户，3930人，耕地面积338hm²。南水北调配套工程位于村正西0.5km处，工程涉及征迁安置共82户。村逢三、八为集。种植果树有苹果、梨、桃等，盛产白山药。工业有绿源面粉厂及数家丝网厂等。

穆村在抗日战争、解放战争中涌现出许多革命英雄，至今有王玉音、张大者、焦运转3位老共产党员健在。2017年夏，修志人员和乡干部曾到王玉音家中拜访，了解当地南水北调情况，见图9-2。

图9-2　修志人员和乡干部到穆村老党员王玉音（右二）
家中了解当地南水北调情况

### 附：老党员王玉音事迹

王玉音，安平角丘村人，16岁入党，17岁嫁到穆村，为八路军游击队递送情报。当时穆村南口和乐寺有日军据点，1942年春，敌人进村扫荡，王玉音得知消息马上告知驻在村中的区小队，让部队从村西口撤离，并引路撤离了包围圈。当时敌人盘查很紧，王玉音化妆成乞讨者，以窝头为暗号给我党我军送情报。

王玉音老人丈夫名马亮英，1913年生，1941年入党，参加解放石家庄战争等大大小小数次战役。马亮英在抗日战斗中，用火药、钢铁片等自制成武器，俗称"牛腿炮"。"牛腿炮"在打击日本鬼子时发挥了重要作用。有趣的是，王玉音当时与丈夫均为共产党人却互相不知情，等战争结束后才将身份公之于众，传为一段佳话。

**庄火头村**　原名庄科头村，最迟建于隋末唐初。相传古时滹沱河过此，为河陆码头，村因码头得名，后演化为庄火头。庄火头村位于穆村乡政府北2.5km，全村884户，2994人，耕地面积327hm²。南水北调配套工程位于村西北2km处、西南1.5km。工程涉及村民征迁安置共41户。1980年前庄火头村街道弯曲，房屋破旧。1981年开始规划设计，村容村貌有了翻天覆地的变化。2015年庄火头村被评为"全国文明村镇"。该村盛产鸭梨、皇冠梨等，有果品冷藏库20余家，罐头厂的产品远销海外。

#### 附：庄火头古槐与古梨树

庄火头村东至今保留唐朝初期一棵古槐（图9-3）。隋末唐初，这里是滹沱河故道，水运兴旺，码头上有全神庙，香火鼎盛。庙内巨槐成荫，因河流泛滥，庙宇荒废，唯古槐尚存，至今被当地奉为神祇。

现今古槐依旧茂盛，巍然屹立。株高15m，树冠直径15m，树干周长4.1m，枝叶葱茏，千载沧桑，古槐似老人一样，历经年代更迭，风风雨雨抚育着世代子孙苗壮成长。全体村民精心保护，古槐挺拔繁茂，十里芬芳，花期尤甚，成为深州一道靓丽景观。

庄火头村不仅有千年古槐，百年的鸭梨古树亦是该村的一大特色。早期的鸭梨树种植面积达800余亩，近万棵，品种多达20余种，虽经漫长岁月，但至今仍保留百年以上鸭梨古树2000余棵，村民们继承和发扬了独特的管理技术和丰富的鸭梨文化。

**程家庄**　位于穆村乡政府北2.5km处，348户，1530人，耕地面积175hm²。南水北调配套工程位于程家庄正西500m处。南水北调配套工程涉及该村征迁安置共计36户。程家庄以农业为主，1980年后大面积种植皇冠梨、鸭梨、苹果等。

据该村程氏墓碑记：明永乐年间，外祖妣从甥程德新自山西洪洞县迁此定居，以姓氏取名程家庄。1942年日军扫荡时将程氏家谱烧毁，姥姥坟有程氏墓碑（明代时始有此坟，清代同治年间立碑）。

程大墩，为清代武状元。相传，程大墩在比武中仅几个回合便取胜，武艺高超。他的后代程老钢，抗战期间系村武工队队长，后赴保定徐水等地区战斗，战功卓著。据统计，本村有13名烈士在抗日战争、解放战争中英勇牺牲。

**王家庄**　位于穆村乡政府西北方向300m处，现有517户，1957人，耕地面积238hm²。南水北调配套工程位于本村正东200m处。工程涉及征迁安置110户。

自元至今，该村即为王姓世居之地，故名王家庄。又因在深州城西，又称西王家庄，简称王庄。

**大召村**　位于穆村乡政府西南1.5km处，270户，1269人，耕地面积107hm²。南水北调配套工程位于该村正东方向，紧邻村落。工程涉及征迁安置50余户。该村以林业、养殖业为主，具有一定规模，建有果品冷库。

大召村，原名大赵村，相传为赵姓世居之地，因姓氏而得名。宋天禧五年（1021年），静安修东岳庙碑有载"大赵村"，后演化为大召至今。现无原土著赵姓，今之赵姓，始祖尚山，系明永乐年自山西洪洞迁此。抗战期间大召村、北小召因一起抗日，曾合为一村。大召村涌现出抗日烈士5名，其中赵根田烈士在解放石家庄的战斗中牺牲。

在南水北调工程征迁中，经过赵根田烈士的坟冢。其侄赵义深为配合国家南水北调工程，积极搬迁，展现了革命后代继承先辈遗志、为国为民的高尚风范。

图 9-3　庄火头村中古槐树

**小召村**　南、北小召昔为一村，宋、元两代称小赵村，盖因姓氏而得名。时因村小，刚满百户，百户为一里，故又称小赵里。后演化为小召村。清初，小召村一分为二，分别称南小召、北小召。

**南小召**　位于穆村乡政府西北方 300m 处，现有 154 户，486 人，耕地面积 43hm²。南水北调配套工程位于本村正西 100m 处。工程涉及征迁安置 33 户。

**北小召**　位于穆村乡政府西北 1km 处，现有 254 户，1023 人，耕地面积 106hm²。南水北调配套工程位于北小召村正东 250m 处。工程涉及征迁安置 50 户。

## 二、唐奉镇

唐奉镇位于深州城区西北方向约 15km 处，总人口 4.2 万人，面积 84km²，辖 29 个行政村。俗传武则天执政时，曾有凤凰落于该村，故名唐凤。其时百户为一里，又称唐凤里。今书写为唐奉。主要工业为生产金属丝网，栽培种植主要以水果、玉米、小麦为主。

唐奉镇北邻安平县，受其辐射带动，唐奉镇丝网加工产业迅猛发展。目前，丝网加工企业 206 家，规模以上企业 8 家，出口企业 14 家，从业人员分散在 23 个村，达 1.5 万人。2016 年全镇工业生产总值 12.8 亿元。

**唐奉村** 隶属于深州市唐奉镇，为唐奉镇政府驻地，现有 559 户，2330 人，耕地面积 318hm²，果树面积 287hm²。南水北调配套工程位于村落以西。

该村居民以刘、杨二姓居多。刘氏祖，自京北密云县来居，元季避乱山东，明洪武中复归唐奉，其后世，清顺治时有陕西按察副使景云；杨氏祖俊春，明洪武中自金陵迁；温氏祖锡荣自冯家营迁；王氏祖其英，双井迁；孙氏祖清琦，王村迁；曹氏祖洛非、程氏祖学濒，由程官屯迁；李氏祖洛庙，李边营迁；赵氏祖金栓，北河柳迁；吴氏祖清凉，石像村迁；其余还有宋、阎、张、陈等姓，系近迁。

**程官屯** 现有 515 户，2112 人，耕地面积 400hm²，果树面积 385km²。南水北调配套工程位于村落以东。程官屯原名孔官屯，相传古为孔姓世居之地。明永乐年间，程姓奉诏自山西洪洞县迁此来居，后发展为大户，遂改村名为程官屯。

**柴官屯** 现有 448 户，1780 人，耕地面积 209hm²，果树面积 198hm²。南水北调配套工程位于村落以东。柴官屯原名黄家屯。相传明永乐年间，黄、柴两姓自山西洪洞县迁此，时因黄姓居官势大，故以黄姓取名黄家屯。明末，黄家犯灭门之罪，株连九族，黄姓止。时柴姓甚多，便改村名为柴官屯。

### 附：柴官屯祖传妇科医术

柴屯妇科救坤堂始于清朝顺治年间，刘氏祖悬壶济世，行走乡邻，以医为本，凡妇女月经不调、久不孕育及胎前产后一切疑难重症，无不药到病除。二代传人刘麟祯（字福公），医术高明，誉满乡邻。康熙、雍正年间，三代传人刘玉璠（字鲁章）传家学之道远近闻名，医术精湛，医德高尚，一时传为佳话。至今家族行医仍不断传承。柴屯妇科救坤堂至今历经 340 余年，慕名而来者仍络绎不绝，足见其医术有独到高明之处。图 9-4 为柴官屯妇科救坤堂碑刻。

**宋家营** 现有 564 户，1959 人，耕地面积 311hm²，果树面积 293hm²。南水北调配套工程位于村落以西。明永乐年间，宋姓自山西洪洞县迁此营田耕种，以姓氏取名宋家营。

**刘官屯** 现有 543 户，1851 人，耕地面积 287hm²，果树面积 101hm²。南水北调配套工程位于村落以东。刘官屯明朝以前叫李官屯，因姓氏而得名。明正德年间，刘氏祖讳元（字天培）从涿州刘家庄迁此来居，后繁衍为该村大户，遂改村名为刘官屯，简称刘屯。

**北大疃** 现有 260 户，1165 人，耕地面积 131hm²，果树面积 20hm²。南水北调配套工程位于村落以东。该村与西大疃、南大疃昔为一村，原名大疃村。古时此地人烟稀少，荒野一片，曾为打猎围场，时有禽兽出没其间。故名大疃村。大疃有

图 9-4　柴官屯妇科救坤堂碑刻

三疃组成，1940 年，三疃独立为村，分别以方位命名为北大疃、南大疃、西大疃。北大疃以贾、李两姓为多，贾氏祖进喜，明初自山西洪洞县迁，李姓于清康熙年间自安平清水营迁。

**南大疃**　现有 121 户，545 人，耕地面积 62hm²，果树面积 11km²。南水北调配套工程位于村落以东。村名来由同"北大疃"。

**赵八庄**　现有 489 户，2067 人，耕地面积 267hm²，果树面积 127hm²。南水北调配套工程位于村落以西。该村古为赵姓世居之地。俗传宋时该村赵姓有任社伯者，故名赵伯庄，今演化为赵八庄。

### 三、兵曹乡

现有 9113 户，3.3 万人，乡镇面积 63km²，耕地总面积 4093hm²。南水北调配套工程位于乡政府东 10km 处。

**双井村**　现有 1100 余户，3200 余人，耕地面积 464hm²。南水北调配套工程位于村东南 1km 处。双井原名双井庄（见《束鹿县志》），建村于元朝之前。昔时内有莲花坑，坑旁有两眼古井，相距丈余，村因井得名，简称双井。今考该村之姓氏，石姓为土著，世居于此。俗传明初，宋氏有名天培、天成、天德者，为避军籍，易宋为李。其时兄弟三人从京东密云县石匣村迁，天成定居双井，天德定居饶阳大宋家庄，而天培去向不明。

**张村**　现有 1500 余户，3500 人，耕地面积 362hm²。南水北调配套工程位于村东 1.5km 处。原名北张村，建于宋朝以前。古为张姓世居之地，且位于州城之北，故名北张村。宋天禧五年（1021 年），静安修东岳庙碑记题名记有"北张村靳喜荣"

即此。明永乐二年（1404 年）蔡氏祖大广、陈氏祖友谅、靳氏祖兴奉诏自山西洪洞县迁此，后蔡姓发展为大户，该村遂又称为蔡家张村，简称张村。

**北斗村** 现有 800 余户，1300 余人，耕地面积 165hm²。南水北调配套工程位于村东南 1km 处。村名来历，其说有二。一说该村与张村原为一村，系张村北头。后滹沱河改道至此（今为天平沟），北头居民遂独立为村，仍称北头，后雅化为北斗村。因村庄较小，又名小北斗。今人仍读"斗"为"头"。另一说：明朝初期，侯姓自山西迁此定居，因侯与猴同音，取猴坐北斗之意，故名北斗村。

### 四、榆科镇

**赵村** 赵村位于榆科镇政府东南 3km 处，共计 400 余户，1400 人，耕地面积 240hm²。南水北调配套工程石津干渠沧州支线压力箱涵入口处位于该村东南角 0.5km 处，工程共涉及 80 余户。赵村，明朝以前叫小刘庄，村址在今村北。相传元朝末年，天降灾异，居民多被红虫所害，独该村多以做豆腐为生，夜间灯火通亮，红虫怕光，得以幸免。明嘉靖年间，赵氏祖化成、化方兄弟二人从北黄龙迁此以袭祖业，后发展为大户，遂更名为赵村。

明万历年间，该村宋明为内宫太监，深受万历皇帝宠爱，曾捐款重修下博兴云寺，相传路过此地的官员，都要下马拜望。现赵村宋氏族人仍存其墓志铭，文字完好无缺。

此村张广居，生于民国初期。幼年习武练拳，于京拜师。民国年间，武林界在南京开擂，夺得第三名，任南京武术教员，抗战时期回乡教习武术，保家卫国。

### 五、大冯营乡

**大王庄** 自元代起，该村为王姓世居之地，得名王家庄。因村民多以烧制瓦盆为业，远近闻名，故又称瓦盆王家庄。今因该村北面有村曰小王庄，为与其区别，故名大王庄。

**中李村** 位于深州市区东偏南 18km 处，在朱家河北岸。东西分别与东李村、西李村为邻。农历逢五逢十有集。该村共计 450 户，1897 人。南水北调配套工程距村 1.5km 处，涉及征迁安置 40 户。中李村，或称大李村。明代以前名为绿柳堤。因当时该地为朱家运粮河北岸，堤上绿柳成荫，故名。明正统年间（1436—1449 年），本州利仁村之李姓有名温者迁此居住，其后多出功名之士，家道富足，良田八百顷，有李八百之称，遂以其姓命村名曰大李村。今以其在东李村、西李村之间，俗称中李村。

**北西河头村** 旧属武强，1942 年归深县。北西河头村原名谭家村，相传自北宋起，该村为谭姓世居之地，故因姓氏而得名。明洪武年间修朱家河以通漕运，于此设水陆码头。该村地处朱家河北岸，在码头之西，故又称北西河头。明崇祯年间，郑姓自山西迁此来居，今为该村大户，故又俗称郑西河头。因该村顺河岸建居，街道不正，行人至此多迷失方向。俗传杨六郎当年曾在此摆迷魂阵。

叶家庄　明朝中叶，有姓叶号清华者，俗称十三公子，系河南开封府禹州叶县人氏，因进京赴试，落榜而归，遂客居于此，以教书为业，故以其叶姓名村曰叶家庄。

东河头村　明洪武年间，于该地修朱家河以通漕运，于此设水陆码头。该村位于码头以东，故名东河头。

徐祥口村　明洪武年间，徐氏祖福祥自山东省即墨县迁此，于朱家河岸边定居，因该地设有渡口，故以姓氏得名徐家口。后徐氏有名相者于此摆渡，常免费以济行人，遂又称徐相口，后演化为徐祥口。该村张姓五世祖嘉贤，明代自枣科村迁。

## 六、深州镇

石槽魏村　据道光年间《深州志》记载："石槽魏村，在州东南三里许，唐明宦魏知古故居。"相传汉光武帝曾饮马于此，今其槽与井尚存，故并称之为石槽魏村。村中井旁石槽，为汉白玉质，宽 2 尺，长 7 尺有余，村民相传为刘秀饮马之处。石槽有裂纹，传为名叫加娄的汉子所破，也即民间传说："加娄过，石槽破。"

和乐寺村　北口与南口原为一村，统称为和乐寺村。昔时村中有古庙，俗称玉皇阁，又称和乐寺。宋朝时，静安修东岳庙碑题名有："和乐寺村社长康隐，社政直维从，社录李颢、孟璘、贾升、赵绪"等即此。清朝初期，又分为南和乐寺、北和乐寺。1938 年抗日战争时期，以该村在沧石公路道口处，改称南口村、北口村。

# 第二节　安　平　县　域

安平县境内南水北调配套工程有水厂以上输水管道安平支线和饶阳支线，涉及 3 个乡镇、11 个村庄，其具体位置示意见图 9-5。

## 一、东黄城镇

东黄城镇位于安平县城西部，全镇总面积 48.12km²，人口 2.8 万人，下辖 25 个行政村。境内多为轻壤质潮土，局部有砂质土。农业以玉米、小麦、果木为主，并逐渐发展养殖、畜牧；工业以金属丝网、镀锌、滤纸、建材、面粉加工、运输为主。

台城村　位于东黄城镇政府东南约 3km 处。有 630 户，2360 人，耕地面积 257hm²。南水北调配套工程位于村东 500m 处，工程涉及征迁安置 60 户。据台城弓氏始祖碑文载：弓氏于明永乐二年（1404 年）由山西霍州灵石县晋水村始迁安平

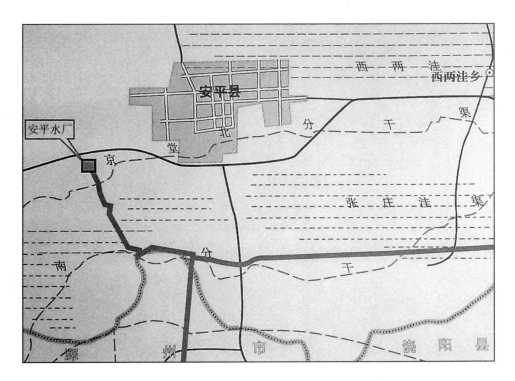

图 9-5　南水北调工程安平县境内位置示意图

西南台城里，故此知明永乐年间已有台城。这里是中国共产党在农村建立的第一个党支部，具划时代的历史意义，如今有规模宏大的展览馆。

### 附：全国第一个农村党支部

1921 年中国共产党诞生后，李大钊代表党中央指导北方党工作。李大钊同志很早就注重在农村建立壮大党组织。1920 年弓仲韬受李大钊派遣，回到安平进行革命活动，发展党组织。

弓仲韬回到家乡后，首先在村里创建了"平民夜校"，白天编写教材《平民千字》，晚上教人识字，宣传马列主义。在此基础上筹建了农会，培养党的积极分子，并发展了台城的弓凤洲、弓成山加入中国共产党。1923 年 8 月，三人建立了中共安平县台城特别支部，由弓仲韬任书记。因当时地方上县委、市委甚至省委均未成立，弓仲韬直接受中共北方区执行委员会领导，故名"特别支部"。据中共及省、市、县委党史研究室多方考评，"台城特别支部"为全国第一个农村党支部。安平县台城村全国第一个农村党支部纪念馆见图 9-6。

**敬思村**　位于东黄城镇政府东南，现有 520 户，1980 人，耕地面积约 130hm²。南水北调配套工程位于村南 0.5km 处，工程涉及村民征迁安置 26 户。汉朝时，此村名够思村。后来，村中出了个陈知府，关、卢二姓也均有人在朝廷为官，黎民百姓都尊敬他们，遂将村名更为敬思村。此村为河北第一个中共县委诞生地。

图 9-6　安平县台城村全国第一个农村党支部纪念馆

### 附：河北第一个中共县委

1924 年 8 月，在敬思村张麟阁家中召开了安平县中共党的代表会，出席会议的三个支部的代表共 9 人，建立了河北省第一个中共县委——中共安平县委，直属北京区委领导。弓仲韬任书记，张麟阁任组织委员，李少楼任宣传委员，县委机关设在弓仲韬家中。1924 年冬，中共保定地委建立，安平县委改属保定地委领导。

**大同新村**　现有 480 户，1700 余人，耕地面积 120hm²。南水北调配套工程位于村南，工程涉及村民征迁安置 100 余户，位于东黄城镇政府东南。明永乐二年（1404 年），有人家从山西洪洞县迁至此地，因此地有片槐树林，遂得名槐林庄。民国 36 年（1947 年）更名为大同新村。

### 二、安平镇

安平镇位于"中国丝网之乡"——河北省安平县中心。

全镇 48 个行政村，总面积 82km²，耕地面积 4500hm²；镇域总人口 10 万人，农业人口 5.3 万人。

1953 年始建城关镇，1996 年河槽村乡、后张庄乡、王胡林乡并入城关镇，改称安平镇。

安平镇工业以丝网业为主，近年来，安平镇充分发挥环抱安平县城的独特区位优势，特色立镇、以工强镇、借城兴镇。2012 年，乡镇企业实现产值 34 亿元。

**圣姑庙**　安平圣姑庙相传是汉光武帝刘秀修建，元、明、清时期数次扩建。"燕赵齐鲁之民，虽千百里之远，致香火者如织。"1945 年 5 月，该庙在抗日战火中被毁。2012 年重新修复。相传，圣姑字女君，域内会沃村人氏，以其智救汉光武帝刘秀和侍奉父母终身不嫁被传颂为忠孝双全的女圣人。

**李各庄**　现有 350 余户，1300 余人，耕地面积 153hm²。南水北调配套工程位于村南 1km 处，工程涉及村民征迁安置 40 余户。该村位于安平镇政府东南约 3km 处。相传，明永乐二年（1404 年），李氏奉诏从山西洪洞县迁至此地占产立庄，以姓氏得名李哥庄。1966 年更名为李各庄。该村以农业为主，有丝网企业 15 家。

**郭屯** 现有 400 余户，1470 人，耕地面积 152hm²。南水北调配套工程位于村正南 400m 处，工程涉及村民征迁安置 30 余户。该村位于安平镇政府东南约 3km 处。相传，燕王朱棣靖难时，留部下郭姓将领在此地，遂以姓氏得名郭官屯。1944 年简称为郭屯。该村以农业、丝网业为主，大大小小丝网企业 40 家。

**前张庄** 现有 400 余户，1200 余人，耕地面积 120hm²。南水北调配套工程位于村南 1km 处，工程涉及村民征迁安置 200 余户。该村位于安平镇政府东南约 3km 处，村名来历与张庄相同。明万历二年（1574 年）张家庄分村时，此村居南，称为前张家庄，后简称前张庄。该村以农业及丝网业为主，大大小小丝网企业 70 余家。

### 附：福庆寺

在前张庄的东南坐落一寺院——福庆寺。该寺始建于唐，后毁。1991 年，在旧址以东的方位重建。

农历初一及十五，附近村民及外地游人来此烧香拜佛，正殿供奉释迦牟尼像，为旧址中挖掘出，非今人所塑。

**杨屯** 现有 430 余户，1480 人，耕地面积约 200hm²。南水北调配套工程位于村南 1km 处，工程涉及村民征迁安置近 300 户。该村位于安平镇政府东南约 3km 处。相传东汉时，此地称各庄村，有杨、古、刘、安四姓在此居住。后杨氏人丁兴旺，且有人为官，遂更名为杨官屯，现简称杨屯。

村中有丝网业 50 余家，年总产值 3000 余万元。该村农业统一种植，投资 1000 万元，建成了花卉大棚。2017 年种植油菜、黄豆等作物。2017 年在该村举办了万亩油菜花节，吸引各地游客约 8 万人，央视等多家主流媒体进行报道。

杨屯村支部 2016 年被评为河北省先进基层党组织。在村支书刘影的带领下，全村面貌焕然一新。旧日的乡间土路及土坯房全部变为柏油路及新房，村容旧貌换新颜。

### 三、两洼乡

两洼乡辖 18 个行政村，总面积 44.3km²，镇域总人口 2 万人，1953 年建西两洼乡，1958 年属城关公社，1971 年更名西两洼公社，1984 年改为两洼乡。1996 年东里屯乡并入。两洼乡紧邻大广高速，交通便利。

**东里屯** 现有 212 户，848 人，耕地面积 113hm²。南水北调配套工程位于村北 600m。工程涉及村民征迁安置 37 户。相传明万历年间，此地东西向有四个村庄，均相隔一里，统称长屯。后人口繁衍，村域过大，便分为四个村庄。此村在西里屯东边，故名东里屯。

西里屯　现有 230 户，816 人，耕地面积 118hm²。南水北调配套工程位于村北 50m 处。工程涉及村民征迁安置 73 户。村来由同"东里屯"。

小辛庄　现有 270 户，1020 人，耕地面积 132hm²。南水北调配套工程位于村北约 1km 处，工程涉及村民征迁安置 24 户。明万历年间，此地东西向有四个村庄，均相隔一里，统称长屯。后人口繁衍，村域过长，便分为四个村庄。长屯分村时，因村小人少，人民辛勤劳作，遂得名小辛庄。

史官屯　现有 350 户，1250 人，耕地面积 164hm²。南水北调配套工程位于村北约 1.2km 处。工程涉及村民征迁安置 93 户。长屯分村时，因村史姓多，遂冠以姓氏，故名史官屯。

# 第三节　武　强　县　域

武强县境内南水北调配套工程既有跨市干渠——石津干渠暗涵段，又有水厂以上输水管道武强支线及武强泵站工程，涉及 4 个乡镇、23 个村庄（见图 9-7），这些乡村各具特色。

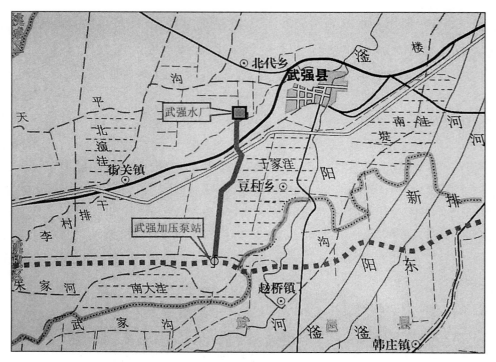

图 9-7　南水北调工程武强县境内位置示意图

## 一、周窝镇

周窝镇政府位于武强县西南部，距县城 10km。全镇总面积 51.33km²，耕地面积 3768hm²，下辖 40 个行政村，3.1 万人。307 国道、石黄高速穿境而过，镇域交通条件十分便捷。南水北调配套工程位于镇政府正南约 4km 处。

周窝镇政府坐落于周窝村。相传，明永乐年间，山西洪洞县周、康两姓迁此定居。周姓户大，初到时搭起了一些窝棚居住，故立村名周窝村。

周窝镇共有乐器企业 13 家，其中全国最大的管弦乐器生产企业——金音乐器集团坐落于此。依托器乐产业与民居特色，着力打造高品位的音乐小镇，成为全国第一个乐器文化休闲旅游的特色品牌。

传统行业还有变压器行业，大大小小的变压器配套企业 50 余家，品种丰富，具有一定规模，远销全国，年产值逾 3 亿元。此外，该镇刘厂村还有一家规模较大的面粉厂——五特面粉厂，占地 50 余亩，每年加工面粉超 10 万 t，年产值超 1 亿元，员工约 100 人。该镇养殖业也较为发达。

**董庄**  现有 491 户，1675 人，耕地面积 224hm²。南水北调配套工程位于该村东。明洪武年间，董姓在此建村，以姓取庄名，故名董庄。

**西安院村**  现有 256 户，861 人，耕地面积 88hm²。南水北调配套工程位于该村北。明初此地有一村，名富庄。明永乐年间，山西移民至此，在富庄西南安家，后逐步扩建成村，据此取名西南院。后来，村民认为"安"有安居乐业之意，较南字吉祥，而改称西安院。

**前王村**  现有 131 户，488 人，耕地面积 67hm²。南水北调配套工程位于该村北。明永乐年间，盛姓人家由山西迁此立村，名盛家村。后来，杨姓人家由杨柳青来此徙居，因"盛"有"旺盛"之意，故取"旺"字为村名。又因位于东、西旺村之南，故易原名为前旺村。年久，"旺"演变为"王"，而称前王村。

**大安院村**  现有 308 户，1078 人，耕地面积 116hm²。南水北调配套工程位于该村北。相传，明初此处有一村，名富庄。明永乐年间，山西移民迁至富庄之南安家，盖起许多院落成村，便借此起名大南院。后来，村民认为"安"比"南"较为吉祥，含安居乐业之意，故改村名为大安院。

**关头村**  现有 268 户，858 人，耕地面积 109hm²。南水北调配套工程位于该村西北。元末此处有一座城镇，此村在此镇北关之外，故得名北关头。后镇毁于洪灾，该村于是改称关头村。

**西小章村**  现有 195 户，663 人，耕地面积 93hm²。南水北调配套工程位于该村北。明永乐年间，吴、肖、赵三姓人家由山西迁此立村，因村址坐落在小漳河西岸，故称西小漳村。后来，河淤水无，又将"漳"改为"章"，称西小章村。

**东小章村**  现有 221 户，64 人，耕地面积 113hm²。南水北调配套工程位于该村北。明永乐二年（1404 年），刘姓人家由山西迁此立村，因村址坐落在小漳河东岸，取名东小漳村。后来，河淤水无，又将"漳"改为"章"，称东小章村。

**刘厂村**  现有 185 户，618 人，耕地面积 81hm²。南水北调配套工程位于该村北。该村元代名富庄。明永乐年间，刘、杜、王、李、康、弓、牛、郑等姓人家由山西迁此地立数村。因村址都坐落在放牧厂范围内，故借此又各冠以姓氏取村名，分别称刘厂、杜厂、王厂、李厂、康厂、弓厂、牛厂、郑厂。另外，位于刘厂南的一村，村民多善于柳编，除从事农牧业外，还开设有簸箕作坊，于是取村名为簸箕厂。后来杜厂、王厂、李厂合为一村称杜王李厂，弓厂、牛厂合为一村称弓牛厂。

据《深州风土记·赋役篇》云："洪武初，令天下养马，永乐十一年行之。……武强设有九区为放牧厂。""而武强则三户养一儿马，五户养一骒马，三年两驹。……养马之家各免税粮之半。"可见，这些村庄养马盛行。

**杜王李厂村**　现有 194 户，684 人，耕地面积 101hm²。南水北调配套工程位于该村北。村名沿革见"刘厂村"。

**西王村**　现有 78 户，285 人，耕地面积 34hm²。南水北调配套工程位于该村北。相传，明永乐二年（1404 年），山西移民迁此立村。为盼望后代兴旺，起名旺村。又因位于东旺村之西，故名西旺村。年久，"旺"演变为"王"，称西王村。

**东王村**　现有 83 户，287 人，耕地面积 35hm²。南水北调配套工程位于该村北。村名由来同"西王村"。

## 二、豆村乡

豆村乡政府位于武强县城东南约 3km 处，辖 39 个村庄。人口约 3.1 万人。南水北调配套工程位于乡西南方向。

豆村始建于明朝初期，以姓取名为窦村。清时曾与附近的谷家村合为一村，称谷窦村。后两村分开，该村仍复原名，但为书写方便，将"窦"改为"豆"，演变为豆村。

豆村乡工业以仪表业为支柱产业，各类仪表厂共计 120 余家。还有创意庄园、沙雕艺术等特色产业。红旗农场占地 200hm²，可以采摘果品、蔬菜等，其中油菜花种植约 133hm²。另有晋民农场、红丰农场共同打造的豆谷农耕小镇。

**南孙庄**　现有 320 户，1080 人，耕地面积 113hm²。南水北调配套工程位于该村西。明永乐二年，孙姓人家由山西迁此立村，因村址坐落县境南端，便取名南孙庄。

**大杨庄**　现有 350 户，1300 人，耕地面积 129hm²。南水北调配套工程位于该村东。该村始建于明朝初期，原名振方村。燕王扫北后，人烟绝迹。明永乐二年（1404 年），杨姓人家由山西徙居改村，以姓取名大杨庄。

**吴家寺村**　现有 196 户，650 人，耕地面积 79hm²。南水北调配套工程位于该村东、村南。据《武强县志》记载，该村始建于元末，名刘史庄。明初当地人在该地建一寺庙，名吴家寺，村名也随之改称为吴家寺。

**徐庄**　现有 377 户，1214 人，耕地面积 151hm²。南水北调配套工程位于该村北。明永乐年间，徐姓人家由山西洪洞县迁此立村，以姓取名为徐家庄，后简称徐庄。

**西张庄**　现有 423 户，1516 人，耕地面积 207hm²。南水北调配套工程位于该村东。明永乐年间，张姓人家由山西洪洞县迁此立村，以姓取名为张庄。后为区别于河东之张庄，改称西张庄。

**李马褚桃园村**　现有 200 户，800 人，耕地面积 83hm²。南水北调配套工程位于该村西、村北。赵褚桃园、李马褚桃园、阎邓褚桃园村址均系元末有名的财主褚氏家的桃园园址。明永乐二年，赵、李、马、阎、邓姓人家由山西迁此地带立村。借此园名冠以姓取村名，位西南者是赵褚桃园；位北者是李马褚桃园；位东者是阎邓褚桃园。

### 三、街关镇

街关镇地处武强县西南部，南水北调配套工程位于镇南侧 3km 处。该镇辖 54 个行政村，人口 33575 人，总面积 75km²，耕地面积 5267hm²，南与武邑、西与深州交界。东距武强县城 12km，境内石黄高速公路和 307 国道横贯东西。

据《武强县志》记载，原武强县城于五代周显德元年（954 年）被洪水淹没。显德二年（955 年），往北距旧城五里再次建武强城。建成后，以城内十字街和城四周城门为界，形成四街和四关八个村。位于城内西北片者，名西北街；位于西南片者，名西南街；位于东南片者，名东南街；位于东北片者，名东北街。北门外为北关；南门外为南关；西门外为西关；东门外为东关。

街关镇现有工业企业 220 家，玻璃纤维、电碳和纺纱为主导行业。有优质、高产、高效农田 4933hm²，围绕农民增收发展现代农业。

### 附 1：武强年画

武强县街关镇南关，历史上是武强年画的发源地和集散地。民间曾流传着一首南关年画作坊兴旺发达的歌谣："山东六府半边天，不如四川半个川，都说天津人烟厚，抵不上武强一南关，一天唱了千台戏，找不到戏台在哪边。"那时人烟稠密的武强南关，便是"家家点染，户户丹青"，形成了中国北方最大的木版年画产地之一。

武强年画历史悠久，产生于宋末元初，明、清两代最为鼎盛。其特点是构图丰满、线条粗犷、设色鲜亮、装饰夸张、节俗浓厚，是民间年画中的佼佼者，不仅具有浓郁的乡土气息和地方特色，而且具有其丰富多彩的内涵，是中国民间社会生活的百科全书。除大量民间题材外，更注重反映时代变革以表达人们对国事的爱憎，对人生的美好期望。

2005 年，武强年画入选国家非物质文化遗产名录。

### 附 2：名人王少怀

王少怀 1852 年出生在街关镇夹圹村，14 岁考取秀才。他嫉恶扬善、敢于担当，成为为百姓打抱不平的"民间刀笔"。民间传说中的《诗状》《改状子》《状告石狮》《谐音写状救乡人》《"口"改"中"》《告荒抗粮》等一个个抑恶扬善、伸张正义的感人故事，无不彰显出王少怀侠肝义胆的情怀。王少怀故居正在恢复重建，可以让游客重温王少怀的趣闻轶事，弘扬正能量。

**郝庄** 现有 261 户，980 人，耕地面积 193hm²。南水北调配套工程位于村南 500m 处，工程涉及村民征迁安置 10 余户。据该村郝姓碑文记载：明永乐十四年（1416 年），郝姓人家由京东三河县迁此立庄，以姓取庄名为郝庄。

**北台头村** 现有 244 户，961 人，耕地面积 200 亩。南水北调配套工程位于村南 100m 处。工程涉及村民征迁安置 113 户。明永乐年间，山西移民至此，在古烽火台遗址南、北两侧建两村，借此各取村名为南台头村、北台头村。1948 年，南台头改称前台头村。

## 四、北代乡

北代乡隶属于武强县，距县城西北 4km 处，有 3.2 万人，耕地面积 5200hm²，辖 35 个行政村。307 国道从腹地穿过。南水北调配套工程位于乡政府东南 3.5km 处。

全乡具有一定规模的企业 446 家，涉及电力设备、点对焊机、农机配件、小食品、手套加工等十几个行业。

农业结构加快调整，产业化经营初具规模。农业增效、农民增收，年年呈现新面貌。

### 附：北代村的由来

相传，北代村原名北代里。"里"为古代行政编制，五户为邻相保，五邻为里相助。为代代邻里之民相保相助，冠以方位词，故名北代里。明永乐年间，康、贺两姓数家由山西迁居该村，分东、西而居，后渐成大户，故以姓分为两村，借旧名冠以姓氏称康北代、贺北代。后来合并为一村称北代村。

**南平都村** 现有 300 余户，1165 人，耕地面积 133hm²。南水北调配套工程位于村东约 3km 处，工程涉及村民征迁安置 200 余户。村东南方向有一占地 330 亩的水库。明永乐年间，一姓平名保的都指挥使领兵在此阻击燕王之兵南下获胜。故村民以其姓与其职务首字冠以方位词取村名，并以此地药王庙为界，居北者名北平都，居南者称南平都。南平都村以工业为主，有电焊机厂 20 余家，年产值约 2 亿元，300 人进厂做工。

**北平都村** 北平都村位于北代乡政府以南，有 300 余户，1470 人，耕地面积 133hm²。南水北调配套工程位于村东约 3km 处，工程涉及村民征迁安置 160 余户。村名由来同"南平都村"。

### 附1：北平都的传说

武强县中部有个"北平都"，相传与明代建都有关。明太祖朱元璋在南京称帝后，为永保皇位，把二十四个儿子和众孙分封到全国各地。朱元璋四子朱棣，被封为燕王。燕王文武全才，又有一个赛神仙的军师刘伯温为他出谋划策。

燕王带领几十万大军扫北。当大军路过武强境内的一个小村庄时，刘伯温突然叫军队停止前进，对燕王说："这是块风水宝地，可在此建都，取名'北平都'。"

于是，燕王在这里大兴土木，建造规模宏伟的王宫。只等太祖驾崩，燕王就在此登基。

这事很快传到了南京，太祖派心腹前来查办。

燕王和刘伯温早已得到消息，为掩盖欺君之罪，忙把"北平都"所建王宫改作庙宇，假作为太祖增福添寿而修建，以显示燕王对太祖的忠孝。经过一番谋划，连夜在民间找来木匠、画匠、雕塑匠，赶制庙宇匾额，还雕塑了菩萨金身、十八罗汉、天神天将、各界仙人……成为一座大寺院。

使臣来到北平都正是四月二十八，此日是这一带传统庙会。庙会上人山人海，热闹非凡，百姓们人人祝福太祖万寿无疆，使臣见到此景十分赞赏燕王一片忠孝之心，有功而无罪。

就在这天下午，庙会上有一手提竹篮的商贩高声叫买："枣梨大火烧！"刘伯温看到篮内枣梨大小烧饼，屈指一算，忙禀燕王："不好，大火要烧宫殿！"燕王不解，问："何以见得？"刘伯温说："这老头是火神爷，宫殿内各路神仙都请到了，只没请他，火神爷挑理了，他叫卖是暗示人们早离开这里。"

燕王带着军队很快离开了北平都，当天傍晚，熊熊大火烧着了宫殿，火神爷见送生奶奶与孩子娘们可怜，没有烧她们，到后来，北平都只剩下一座娘娘庙。此后每年四月二十八，北平都娘娘庙香火特盛。

### 附2：名人贺涛

贺涛（1849—1912），字松坡，直隶武强北代乡人，清末藏书家。早年，吴汝纶任深州知州时，读了贺涛的《反离骚》，认为他是个奇才，就把生平所学全部传授给他，又把他推荐到莲池书院当张裕钊的学生。光绪十二年（1886年）考中进士，官至刑部主事。后因眼疾辞去官职。光绪三十二年（1906年），应直督袁世凯多次邀请，贺涛出任直隶文学馆（前身为莲池书院）馆长。宣统二年（1910年）直隶文学馆停办，直督陈夔龙欲建存古堂，又聘贺涛主其事。贺涛认为存古之事已非众好所趋，未允。

贺涛谨守张吴两家师说，成为桐城古文学派在直隶的最早传人，在中国近代散文史上有很高的地位。他认为，治古文"宜先以八家立门户，而上窥秦汉"。他的同年徐世昌（即后来的民国大总统）十分推崇他，说："其规模藩域，一仿曾、张、吴三公，宏伟几与相。"

# 第四节　饶阳县域

饶阳县境内南水北调配套工程有水厂以上输水管道饶阳支线，涉及2个乡镇、13个村庄，其具体位置见图9-8。

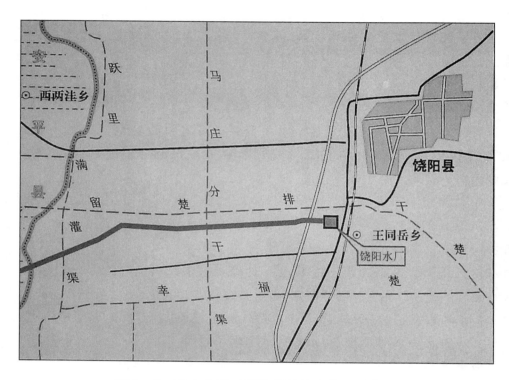

图9-8　南水北调工程饶阳县境内位置示意图

## 一、饶阳经济开发区

饶阳经济开发区管理委员会位于饶阳县城西北部，2011年河北省政府批准为省级开发区，规划面积41km²，下辖5个行政村，人口约0.6万人，耕地面积400hm²。南水北调配套工程位于开发区管理委员会南部。

该区区位优势明显。京九铁路和大广高速穿区而过，2小时交通圈内可直达北京、天津、济南、石家庄4地5个机场及天津港、黄骅港两个港口。距雄安新区边界直线距离50km，1小时即可到达，地处环渤海经济圈和环京津经济圈的核心地带。

开发区现入驻企业130家，总投资超过200亿元，形成了休闲食品、文化创意、五金丝网、机械制造四大主导产业。

**崔池**　现有462户，1950余人，耕地面积187hm²，南水北调配套工程位于该村正南1km处，工程涉及村民征迁安置62户。明嘉靖年间，由王同岳乡搬来崔夏伍、崔龙田兄弟两家。因该处地势低洼，常有积水，故以姓氏起名叫崔家池。民国以后简称崔池。

**杨池** 现有 241 户，892 人，耕地面积 83hm²。南水北调配套工程位于该村正南 0.5km 处，工程涉及村民征迁安置 50 余户。明朝中期，该村系王同岳乡姓杨的一个庄子在此种地，按季节住此。后杨家兄弟分了家，其弟搬到该庄子居住，因该庄子地势洼，经常有积水，故起名杨家池，后世简称杨池。

## 二、王同岳乡

王同岳乡地处饶阳县城南 2.5km，总面积 57km²，耕地面积 4067hm²，辖王同岳村、圣水、崔口等 25 个行政村，人口 26561 人，是传统的农业大乡。

**北京堂村** 现有 350 户，1410 人，耕地面积 253hm²。南水北调配套工程位于该村正南紧邻，工程涉及村民征迁安置 35 户。

**段口村** 现有 136 户，509 人，耕地面积 91hm²。南水北调配套工程位于该村东北 1km 处，工程涉及村民征迁安置 16 户。

**李庄** 现有 466 户，1660 人，耕地面积 258hm²。南水北调配套工程位于该村南 300m 处，工程涉及村民征迁安置 4 户。

**南京堂村** 现有 534 户，1979 人，耕地面积 320hm²。南水北调配套工程位于该村西北 2.6km 处，工程涉及村民征迁安置 161 户。

**崔口村** 现有 286 户，1078 人，耕地面积 150hm²。南水北调配套工程位于该村北约 1km 处，工程涉及村民征迁安置 50 户。

**王庄** 现有 162 户，720 人，耕地面积 98hm²。南水北调配套工程位于该村西 500 米处，工程涉及村民征迁安置 11 户。

**杨口村** 现有 149 户，466 人，耕地面积 30hm²。南水北调配套工程位于该村北 1km 处，工程涉及村民征迁安置 31 户。

**一致合村** 现有 298 户，1073 人，耕地面积 140hm²。南水北调配套工程位于该村西北 80m 处，工程涉及村民征迁安置 99 户。

**张口村** 现有 117 户，460 人，耕地面积 67hm²。南水北调配套工程位于该村北 650m 处，工程涉及村民征迁安置 4 户。

**单铺村** 现有 545 户，1745 人，耕地面积 224hm²。南水北调配套工程位于该村东 700m 处，工程涉及村民征迁安置 100 户。

# 第五节 景 县 县 域

景县境内南水北调配套工程有水厂以上输水管道工程景县支线，涉及 3 个乡镇、24 个村庄，其具体位置见图 9－9。

图 9-9　南水北调工程景县境内位置示意图

## 一、杜桥镇

杜桥镇政府位于景县西部，距县城约 10km。南水北调配套工程位于镇政府东 4.5km 处。全镇总面积约 89km²，耕地面积约 5330hm²，下辖 72 个行政村，人口 4 万余人。

明朝初期，山西洪洞县移民在杜桥村建村。因村东有一座独木桥，便取名独桥村，后演变为杜桥镇。

该镇工业以尼龙、橡塑制品为主导产业。2016 年，杜桥镇完成规模以上工业总产值 17.7 亿元。

图 9-10 为衡水市南水北调办修志人员在杜桥镇政府同工程所涉及村的干部座谈。

**小周庄**　现有 63 户，240 人，耕地面积 39hm²。南水北调配套工程位于该村正东 1km 处，工程涉及村民征迁安置 15 户。明朝末期，景县颜庄有周氏兄弟二人，迁此建村，名周庄。后发展为两村，据二村规模及人口，分别称为大周庄和小周庄。该村规模较小，人口较少，故名小周庄。

该村有两位革命烈士。其中周元俊同志参加过抗日战争、抗美援朝战争，在抗美援朝战争中牺牲。

**王吾庄**　现有 12 户，45 人，耕地面积 11hm²。南水北调配套工程位于该村正

图9-10 修志人员在杜桥镇政府同工程所涉及村的干部座谈

东1km处，工程涉及村民征迁安置7户。清朝时，后杜桥村人王老五迁家至此建村，取名王五庄，后演变为王吾庄。

**郝杨院村** 现有67户，300人，耕地面积45hm²。南水北调配套工程位于该村村东、村北，距离1.5km处，工程涉及村民征迁安置1户。明朝初期，郝、薛、赵三姓从山西洪洞县迁此分别立村，给当朝的杨娘娘种地纳粮，该地为杨娘娘的"脂粉"地，收粮一律存放在该村的一杨家大院内，待皇家来取。因而郝氏所建之村得名为郝杨院。

**何庄** 现有40余户，214人，耕地面积30hm²。南水北调配套工程位于该村正东1km处，工程涉及村民征迁安置43户。明朝初期，何姓一户从山西洪洞县迁此立村，因此处原有一座"三官庙"，故名三官庙何庄，后简称何庄。

**岔道口村** 现有186户，780人，耕地面积140hm²。南水北调配套工程位于该村正东1km处，工程涉及村民征迁安置3户。明朝初期，柳、林两家从山西洪洞县迁此立村，名柳林庄。因坐落在一条官道的两个岔道口上，遂改名为岔道口村。

**吕庄** 现有93户，450人，耕地面积71hm²。南水北调配套工程位于该村村西500m处，工程涉及村民征迁安置50户。明朝初期，吕氏从山西洪洞县迁此立村，取名吕庄。

**王厂村** 现有170户，740人，耕地面积124hm²。南水北调配套工程位于该村村东、村北，距离1km处，工程涉及村民征迁安置70余户。清朝初期，境内寨子有个叫王昌的人在此拥有土地，并建起村庄，取名王昌。因"昌""厂"谐音，逐渐演变为王厂村。

## 二、泽河流镇

泽河流镇政府位于景县西北部，距县城约8km。全镇总面积62.75km²，耕地面积 4128hm²，下辖 54 个行政村，人口 2.9 万人。南水北调配套工程位于镇政府西南 2km 处。

明永乐年间，刘氏一家从山西洪洞县迁泽河流立村，取村名刘家庄。因处江江河主河与分支之间，故改名为夹河刘庄。清乾隆帝南巡时，路过此地，在该村修行宫一座，该村遂迁往河北岸。每逢大水，江江河辄越故道而流，水不循道谓之"泽"，后人取其义更名为泽河流。

**盐厂村** 现有 263 户，930 人，耕地面积 155hm²。南水北调配套工程位于该村村西 150m 处，工程涉及村民征迁安置 35 户。该村始建于元朝末期，南临江江河。明朝初期，燕王扫北后，村内仅剩两户梁姓人家，后有一些山西移民来此定居。当时此处土地多盐碱，村民以售卖盐为生，故名盐厂。

**大王高村** 现有 79 户，284 人，耕地面积 45hm²。南水北调配套工程位于该村村北，200m 处，工程涉及村民征迁安置 42 户。明朝初期，王氏兄弟二人自本县王家岗迁此。兄弟二人分家后，各自选一高地建村，该村为兄长所建，故称大王高。"七七事变"后，改名大王庄。1981 年地名普查时，为避县域内重名，故恢复"大王高"称谓。

**小王高村** 现有 100 户，535 人，耕地面积 69hm²。南水北调配套工程位于该村村北，800m 处，工程涉及村民征迁安置 50 户。村名来由见"大王高村"，弟弟所建村称为小王高。

**长利庄** 现有 70 户，252 人，耕地面积 42hm²。南水北调配套工程位于该村村东，1500m 处，工程涉及村民征迁安置 18 户。明朝初期，山西洪洞县迁民至此立村。村中建起两座庙，左为关帝庙，右为土地庙，按当地习惯左为前，右为后，因该村居左，取名为前双庙。地名普查时，为避免村庄重名，将前双庙更名为长利庄。

**长顺庄** 现有 71 户，321 人，耕地面积 52hm²。南水北调配套工程位于该村东北，1000m 处，工程涉及村民征迁安置 41 户。建置同"长利庄"。因该村在右，故取名后双庙。地名普查时，为避免村庄重名，更名为长顺庄。

**阎高村** 现有 261 户，1043 人，耕地面积 168hm²。南水北调配套工程位于该村村南，100m 处，工程涉及村民征迁安置 56 户。明朝初期，一户阎姓人家从山西洪洞县迁此，选高地建村，取名为阎高村。

**刘高村** 现有 58 户，242 人，耕地面积 46hm²。南水北调配套工程位于该村村北，800m 处，工程涉及村民征迁安置 50 户。明朝初期，一户刘姓人家从山西洪洞县迁此，选高地建村，取名为刘高村。

**赵将军村** 现有 108 户，405 人，耕地面积 82hm²。南水北调配套工程位于该村西南，200m 处，工程涉及村民征迁安置 3 户。清乾隆帝南巡时，和一个推着一车铁头的赵姓村民相遇，为给皇帝躲道，用双手将车端起，放置路旁。乾隆帝见此人力大无比，遂称其为"将军"。后附近村民迁此立村，为纪念该村民，取村名为赵将军村。

**西李庄** 现有 112 户，427 人，耕地面积 78hm²。南水北调配套工程位于该村村西，100m 处，工程涉及村民征迁安置 40 户。明朝初期，李氏兄弟二人从山西洪洞县迁此立村，取名李庄。二人分家后，一人在原址另建新村，取名西分支。1949年新中国成立后，改称西李庄。

**罗庄** 现有 58 户，214 人，耕地面积 42hm²。南水北调配套工程位于该村东北，1000m 处，工程涉及村民征迁安置 2 户。明朝初期，罗姓一家从山西洪洞县迁此定居，立村名罗庄，沿用至今。

**颜庄** 现有 148 户，533 人，耕地面积 113hm²。南水北调配套工程位于该村村北，600m 处，工程涉及村民征迁安置 4 户。明朝初期，有颜氏一家自山西洪洞县迁此定居，立村名为颜庄，沿用至今。

**刘岳庄** 现有 114 户，471 人，耕地面积 88hm²。南水北调配套工程位于该村东北，200m 处，工程涉及村民征迁安置 59 户。该村原名岳庄，明朝初期，一刘姓大户由本县花牛王庄迁此定居，遂更村名为刘岳庄，沿用至今。

**吴家庄** 现有 66 户，216 人，耕地面积 40hm²。南水北调配套工程位于该村北、村东，100m 处，工程涉及村民征迁安置 2 户。清朝初期，境内颜庄吴姓大户迁此建村，取名吴庄。地名普查时，为避免村庄重名，更为吴家庄。

**张娘庄** 现有 74 户，298 人，耕地面积 42hm²。南水北调配套工程位于该村村西，200m 处，工程涉及村民征迁安置 22 户。该村建于明朝，原村名不详。相传明宪宗时，曾在该村选立一位娘娘，故名张娘娘庄，后演变为张娘庄。

### 附：张娘娘的故事

相传明成化年间，宪宗皇帝朱见深选妃。皇帝召集一批"识天象、懂风水、通易经"的巫师反复占卜、推算，诏示选妃的方向及标准：皇妃于京南五百里，非"头戴银碗、骑龙抱凤"者莫属。这样的妃子，才能辅佐万岁洪福齐天，百姓安居乐业。

在景州城西北十五里地的一户张姓村子里，村里有个张老汉，老伴死得早，和两儿一女维持生计。这位张氏姑娘，从小缺少母爱，父亲顾不上教诲，养成一副生性顽皮、爱说爱笑的"疯野"脾气。长到十五六岁，她模样倒也俊俏，只是一年到头不洗脸，脏得令人生厌。头上长了癞疮，结起厚厚的疮疤，活像扣着一口大银碗，人人见了都躲着走。

这天，朝中选妃官员来到距京南五百里的此处村庄，村里人忙把自家姑娘藏起来，只有怀里抱着一只大红公鸡玩耍的张氏姑娘和围观的人看热闹。张氏姑娘为了看得真切，爬到一堵墙头上，骑着墙头边看边乐。选妃的大臣一看，这不正是要找的"头戴银碗、骑龙抱凤"的皇妃么！于是立即将她带回京城。

来到金銮宝殿叩拜皇上时，张氏姑娘觉得好玩，也不害怕，不知怎的她头上的疮疤整个掉了下来，原来是一只大银碗，头上乌黑亮丽的头发滑落肩头，只见她面容端庄，一副雍容华贵之气。皇上大喜，即刻纳为妃子。张氏姑娘入宫后，经过宫内悉心调教，显出过人的聪颖和非凡的智慧，经常给皇上出些治国安邦的方略，深得皇帝宠爱，不久便封为娘娘。

从此，张氏姑娘的家乡被命名为张娘娘庄。后经演变，始成今名张娘庄。

### 三、温城乡

温城乡政府位于景县西部，距县城约 13km。全镇总面积 60km²，耕地面积 4400hm²，下辖 46 个行政村，人口约 2.3 万人。南水北调配套工程位于镇政府东北方 6km 处。

温城，始建于西汉，是脩市县故治。《景县志》载："脩市县故治在今县城西三十里大温城。"查《汉书》《后汉书》：汉初，脩市县隶属幽州渤海郡，至汉宣帝本始四年（前 70 年）四月，封清河王刘刚之子刘寅为脩市原侯。脩市县变更为脩市原侯国。东汉初，脩市县并入脩县。后古城消失，孙姓在此建村，取名孙温城，为温城乡驻地。

**王高村**　现有 98 户，413 人，耕地面积 95hm²。南水北调配套工程位于该村西北 1.5km 处，工程涉及村民征迁安置 17 户。明朝初期，一户姓王的从山西洪洞县迁此，选高地建房立村，取名为王高村。

**周高村**　现有 120 户，490 人，耕地面积 102hm²。南水北调配套工程位于该村西北 2km 处，工程涉及村民征迁安置 12 户。明朝初期，一户姓周的从山西洪洞县迁此，选高地建房立村，取名为周高村。

# 第六节　阜　城　县　域

阜城县境内南水北调配套工程有石津干渠暗涵段及水厂以上输水管道工程阜景干线、阜城支线、景县支线工程，涉及 3 个乡镇、31 个村庄，其具体位置见图 9-11。

### 一、阜城镇

阜城镇总面积约 97km²，耕地面积 5217hm²，下辖 74 个行政村，现有 13625 户，65244 人。主要种植玉米、小麦等作物。南水北调配套工程位于镇政府西 2.5km 处。

**边长巷村**　现有 87 户，252 人，耕地面积 43hm²。南水北调配套工程位于该村北 1km 处，工程涉及村民征迁安置 30 户。明朝初期，该地有三千七百户共居一巷，因街巷长，取名"长巷"，亦写作"常巷"。燕王扫北后，杂姓分居，始有尤、史、边、张、孟等五个常巷，该村为边常巷。

图 9-11　南水北调工程阜城县境内位置示意图

图 9-12　衡水市南水北调办领导及志书主编走访沿线村民家中

**史长巷村**　现有 93 户，276 人，耕地面积 54hm²。南水北调配套工程位于该村西 1km 处，工程涉及村民征迁安置 7 户。村名来由同"边长巷村"。

**尤长巷村**　现有 225 户，686 人，耕地面积 140hm²。南水北调配套工程位于该村正西 0.5km 处，工程涉及村民征迁安置 83 户。村名来由同"边长巷村"。

**沙吉村**　现有 594 户，195 人，耕地面积 77hm²。南水北调配套工程位于该村正北 1km 处，工程涉及村民征迁安置 9 户。明朝初期，燕王扫北时，曾在此处安营扎寨，杀了 200 只鸡，燕王起名杀鸡村，后更名沙吉村。

**429**

**柳王屯**　现有 158 户，450 人，耕地面积 71hm²。南水北调配套工程位于该村南 1.5km 处，工程涉及村民征迁安置 83 户。明永乐年间，从山西洪洞县迁来两户柳姓，一户王姓，故取名柳王屯。

**郭塔头村**　现有 408 户，1330 人，耕地面积 176hm²。南水北调配套工程位于该村北 0.3km 处，工程涉及村民征迁安置 105 户。有一神仙在该地夜间建塔，塔一露头，被一个早晨拾粪的老头冲散而未筑成，故此，该村名塔露头村。后来冠以姓氏，即为郭家塔头村，简称郭塔头村。

**红叶屯**　现有 209 户，690 人，耕地面积 97hm²。南水北调配套工程位于该村西 0.5km 处，工程涉及村民征迁安置 42 户。明建文年间，该地居民有从山东寿光县迁来。明嘉靖二年（1523 年），知县王继礼改编乡里，该地定名红叶屯乡，简称红叶屯。

**常村**　现有 184 户，646 人，耕地面积 69hm²。南水北调配套工程位于该村正西 0.5km 处，工程涉及村民征迁安置 1 户。明永乐二年（1404 年），山西洪洞县常氏一家迁此居住，取名常家村，后简称为常村。

**门庄**　现有 240 户，764 人，耕地面积 109hm²。南水北调配套工程位于该村南 0.5km 处，工程涉及村民征迁安置 26 户。明永乐三年（1405 年），从山西洪洞县迁来门氏一家，以姓定村名为门庄。

**东八里庄**　现有 280 户，775 人，耕地面积 116hm²。南水北调配套工程位于该村正西 0.5km 处，工程涉及村民征迁安置 39 户。明永乐年间，由山西洪洞县迁来移民，因距阜城八华里，并位于西八里庄东边，故取名东八里庄。

**西八里庄**　现有 140 户，429 人，耕地面积 57hm²。南水北调配套工程位于该村北 1km 处，工程涉及村民征迁安置 36 户。明永乐年间，由山西洪洞县迁来移民，因距阜城八华里，并位于东八里庄西边，故取名西八里庄。

**桑庄村**　现有 145 户，455 人，耕地面积 54hm²。南水北调配套工程位于该村北 0.5km 处，工程涉及村民征迁安置 15 户。明永乐二年（1404 年），山西洪洞县桑氏一家迁此居住，取名桑庄村。

**乔庄村**　现有 87 户，331 人，耕地面积 51hm²。南水北调配套工程位于该村南 1km 处，工程涉及村民征迁安置 55 户。明永乐二年（1404 年），山西洪洞县乔氏一家迁此居住，取名乔庄村。

**尚庄村**　现有 34 户，104 人，耕地面积 20hm²。南水北调配套工程位于该村北 0.3km 处，工程涉及村民征迁安置 2 户。明永乐二年（1404 年），山西洪洞县尚氏一家迁此居住，取名尚庄村。

**西马厂村**　现有 98 户，295 人，耕地面积 34hm²。南水北调配套工程位于该村西 0.3km 处，工程涉及村民征迁安置 64 户。明永乐二年（1404 年），山西洪洞县迁来居民。此处系南宋时伪齐帝刘豫牧马场所。现在村南仍有其饮马的"五马坑"，故取名马场村。后沿革为马厂村。

## 二、漫河乡

漫河乡总面积约 68km²，耕地面积 3671hm²，下辖 38 个行政村，现有 8100 户，29896 人。主要种植玉米、小麦等作物，特色产业有漫河西瓜、大棚蔬菜等。南水北调配套工程位于乡政府西 4.5km 处。

漫河乡政府驻地在漫河村。明永乐二年（1404 年），从山西洪洞县迁来数家张氏居民，在古屯氏河（即漫河）沿岸定居，故村名称漫河村。

**杨庙村**　现有 565 户，1994 人，耕地面积 244hm²。南水北调配套工程位于该村西 0.2km 处，工程涉及村民征迁安置 145 户。杨庙村原名西八丈。明永乐三年（1405 年），有山西洪洞县迁来杨氏居民在西八丈定居。后杨氏成为大户，并建杨家庙。1958 年改名为杨庙村。

**灵神庙村**　现有 129 户，463 人，耕地面积 75hm²。南水北调配套工程位于该村南 1km 处，工程涉及村民征迁安置 2 户。明永乐年间，该村儿童病者甚多，于是村民许愿庙神保佑，后众童病愈，为此定村名灵神庙村。

**义和庄**　现有 469 户，1651 人，耕地面积 229hm²。南水北调配套工程位于该村西 1km 处，工程涉及村民征迁安置 53 户。明永乐三年（1405 年），由山西洪洞县迁来李氏在此定居，因李姓大户分为东西小庄，后因清朝乾隆年间，廪生杨一贯，该人爱调解民事纠纷，该村和睦相处，后人为纪念杨一贯，遂改名义和庄。

**东档柏村**　现有 171 户，577 人，耕地面积 65hm²。南水北调配套工程位于该村东 1km 处，工程涉及村民征迁安置 70 户。明建文帝元年（1399 年），燕王靖难时，燕王之兵与明军在此对阵，建文帝之兵打了败仗，遂取村名大仗败。后村人改称东档柏村。

**前八丈村**　现有 417 户，1500 人，耕地面积 218hm²。南水北调配套工程位于该村西 0.5km 处，工程涉及村民征迁安置 9 户。明永乐年间，张氏等数家从河南省渑池迁此定居。传说，今杨庙和东西八丈之间古代有一条大道，宽八丈，故得村名八丈。大道西边的村，即今杨庙，古称西八丈，大道东边的村，即今前、后八丈，古统称东八丈。东八丈因后世人口繁衍而村子扩大，分为南北两个村，居北者称后八丈村，居南者称前八丈村。

**后八丈村**　现有 361 户，1296 人，耕地面积 198hm²。南水北调配套工程位于该村西 0.3km 处，工程涉及村民征迁安置 17 户。村名由来同"前八丈村"。

**李高村**　现有 84 户，303 人，耕地面积 60hm²。南水北调配套工程位于该村西 0.5km 处，工程涉及村民征迁安置 9 户。该庄为明朝以前建立的古老村庄。李姓之祖李盘石始居于此地。村名为李盘石高村，后俗称李高村。

**塘坊村**　现有 84 户，302 人，耕地面积 50hm²。南水北调配套工程位于该村东南 0.5km 处，工程涉及村民征迁安置 28 户。清朝道光年间，由景县王高村迁来曹氏一家在此定居，以制糖为业，故得村名糖坊村，俗称塘坊村。

**东临阵村**　现有 106 户，346 人，耕地面积 45hm²。南水北调配套工程位于该村东 1.5km 处，工程涉及村民征迁安置 11 户。相传，明朝建文帝与燕王在此对阵，故定村名临阵村。1958 年公社化时期划分为东、西、中三临阵村。居东者，取名东临阵村。

**中临阵村**　现有 173 户，587 人，耕地面积 66hm²。南水北调配套工程位于该村东 0.5km 处，工程涉及村民征迁安置 31 户。村名由来同"东临阵村"。

**郭庄**　现有 57 户，206 人，耕地面积 43hm²。南水北调配套工程位于该村东 0.5km 处，工程涉及村民征迁安置 18 户。明永乐三年（1405 年），从山西洪洞县迁民至此，此地原系养马之地，故称马厂。后村中郭姓居多，故改为郭庄。

### 三、大白乡

大白乡总面积约 44km²，耕地面积 2803hm²，下辖 46 个行政村，现有 6317 户，21608 人。主要种植玉米、小麦等作物，特色产业有机械铸造等。南水北调工程位于大白乡政府北 4km 处。

**徐化庄**　现有 93 户，278 人，耕地面积 52hm²。南水北调配套工程位于该村北 0.5km 处，工程涉及村民征迁安置 18 户。明永乐二年（1404 年），山西洪洞县迁来徐氏一家，在此定居立村，因村址地像羊角，故名羊角村。后来为纪念迁来的祖先徐化，故改名徐化庄。

**冉庄**　现有 165 户，591 人，耕地面积 97hm²。南水北调配套工程位于该村北 0.5km 处，工程涉及村民征迁安置 24 户。明永乐二年（1404 年），由山西洪洞县迁来冉氏一家，在此定居立村，取村名冉庄。

**李千庄**　现有 82 户，270 人，耕地面积 47hm²。南水北调配套工程位于该村北 0.3km 处，工程涉及村民征迁安置 10 户。明永乐年间，李姓由山西洪洞县迁来此地，定居立村，为了子孙满堂，后继有人，取村名为李千庄。

**后孟庄**　现有 92 户，323 人，耕地面积 43hm²。南水北调配套工程位于该村北 0.5km 处，工程涉及村民征迁安置 7 户。明永乐年间，由山东九鸡孟迁来孟姓在此定居立村，因该村在土山后边，故定村名为后孟庄。

**于家湾村**　现有 255 户，858 人，耕地面积 96hm²。南水北调配套工程位于该村北 0.5km 处，工程涉及村民征迁安置 12 户。明永乐二年（1404 年），于氏一家由山西洪洞县迁来此地定居立村，因该村在坑塘后边，故取村名于家湾村。

## 第七节　冀　州　区　域

冀州区自西汉治信都郡以来，均是州、县的治所，历史悠久，文化底蕴丰厚。冀州区系古冀州的重要组成部分，是九州之首。现代工农业、文教事业发展迅速。

冀州境内有石津干渠衡水支线明渠段及水厂以上输水管道，冀枣滨故干线、冀滨干线、枣故干线、冀州支线、滨湖支线、市区新区武邑支线及傅家庄泵站、管理所，涉及5个乡镇、58个村庄，其具体位置见图9-13。

图9-13　南水北调工程冀州、滨湖新区境内位置示意图

## 一、小寨乡

小寨乡位于冀州市区西郊，国家级自然保护区——衡水湖西岸。该乡总面积 118km² 里，辖 39 个行政村，现有 3.3 万人，耕地面积 12 万亩。南水北调配套工程位于小寨乡政府西约 3km 处。

小寨乡经济发展迅猛，形成以碳素制品、采暖设备、玻璃钢、医疗器械等为主体的工业格局。农业以种植棉花、辣椒、小麦等为主，同时大力发展植树造林，生态环境逐步优化。

**吴公渠**　清朝年间，冀州至衡水一带多年缺水，部分地区是古代葛荣陵故地，成为盐碱地，较为贫困。吴汝纶担任冀州知州后，决定开通冀衡大渠。遂报请直隶总督李鸿章划拨帑金十万两，自光绪十年至光绪十二年连续 3 年挑挖疏浚，修成一条南起冀州南尉迟村、北至衡水县三杜村，总长 30 余公里的排沥河道，引导低地积水流入滏阳河。汛期可以泄水入滏阳河，缺水时可以引滏阳河水灌渠。并在河上建桥涵各 8 座，在入河处重建老龙亭闸 1 座。"开冀、衡六十里之渠，泄积水与滏，以灌田亩，便商旅。"（《清史稿》卷四百八十六）贺涛在《冀州开渠记》中颂到："水既有归，田皆沃饶。今七八年，所获倍蓗所费。而夏秋水盛，舟楫往来，商旅称便，州境遂富。"既方便了往来商旅，又使千亩斥卤之地变为膏腴之田。后人为纪念吴汝纶兴修水利之功，将老龙亭闸改称吴公闸，将所修河道称作吴公渠。时至今日已 130 余年，吴公闸尚存，吴公渠自滏阳新河左堤以外至桃城区三杜村约 5km 段亦保存较好。

**崔家庄**　现有 68 户，200 人，耕地面积 46hm²。该村位于小寨乡政府北约 9km 处。南水北调配套工程位于该村村西 300m 处，工程涉及村民征迁安置 36 户。明末清初，此地原是衡水县巨鹿一张姓财主的种地庄子，由崔氏在此佣耕，后发展为独立村庄，取名崔家庄，沿用至今。

**谢家庄**　现有 572 户，1696 人，耕地面积 443hm²。该村位于小寨乡政府北约 6km 处。南水北调配套工程位于该村村西 1.5km 处，工程涉及村民征迁安置 27 户。相传唐朝时，大将军罗成带兵路经此地卸甲休息，故起村名卸甲庄。明永乐年间，刘、雷两姓由山西洪洞县迁此定居，后沿革为谢家庄，迄今未变。

**辛庄**　现有 243 户，802 人，耕地面积 247hm²。该村位于小寨乡政府北约 7km 处。南水北调配套工程位于该村村西 600m 处，工程涉及村民征迁安置 15 户。明永乐年间，张、王、李、赵四家由山西洪洞县迁此新建一庄，取名新庄，后沿革为辛庄，至今未变。

**后张家庄**　现有 193 户，676 人，耕地面积 173hm²。该村位于小寨乡政府西北约 9.5km 处。南水北调配套工程位于该村村东 1.3km 处，工程涉及村民征迁安置 27 户。该村建于明朝末期，张氏由本县垒头迁此建村，以姓氏取名张家庄。经地名普查，本县内有 4 个张家庄，为区别同村名，1982 年 5 月，由冀县人民政府批准，将此村更名为后张家庄。

**垒头村**　现有 860 户，3000 人，耕地面积 733hm²。该村位于小寨乡政府西北方约 9km 处。南水北调配套工程位于该村村东 1.3km 处，工程涉及村民征迁安置 234 户。该村建于唐朝以前。该地土质盐碱，以碱土制硝盐者众多，地面垒土成堆，好似一群山头，连接成片，年长日久，渐成一片高地，俗称垒头。又传，早年建古城邑扶柳城时，有很多垒砌城墙的工人住在此地后形成村庄，名垒头。后有人在此建房定居，形成村落，遂命名垒头。明朝初期，樊、郑等诸氏由山西洪洞县迁此，村名一直未变。

**南大方村**　现有 381 户，953 人，耕地面积 215hm²。该村位于小寨乡政府西北方约 3km 处。南水北调配套工程位于该村村西 500m 处，工程涉及村民征迁安置 104 户。据方氏家谱记载，明弘治年间（1488—1505 年），方彦青之子方恭让由冀州城南方家迁此定居，取村名西方家庄。为盼族兴家旺，改名大方家庄。1967 年，治理海河而开挖滏阳新河，村民分别搬迁到滏阳新河以南/以北，各新建一村，分别命村名南大方村和北大方村，两村名均沿用至今。

**东王家庄**　现有 599 户，1965 人，耕地面积 365hm²。该村位于小寨乡政府西约 3km 处。南水北调配套工程位于该村村东 300m 处，工程涉及村民征迁安置 212 户。据传，明永乐年间，由山西洪洞县和北京迁民到此建村，因给县城王姓财主佣耕，故命村名王家庄。1921 年，为便于通邮，区分本县内的西王家庄，故更名为东王家庄。

**西岳家庄**　现有 300 户，975 人，耕地面积 223hm²。该村位于小寨乡政府西南约 3km 处。南水北调配套工程位于该村村西 800m 处，工程涉及村民征迁安置 18 户。据传，明朝前由岳氏立村，取村名岳家庄。因本县有几个岳家庄，为有区别，后更名为西岳家庄，沿用至今。

## 二、官道李镇

官道李镇位于冀州市西北部，赵码线、衡杨线穿境而过，是冀州区西北商贸重镇。官道李镇下辖 35 个村，现有人口 2.1 万人，耕地面积 4200hm²，镇内各村以农业种麦植棉为主，一些工业企业散落各村。南水北调配套工程由该镇西北方向东南方流去，途经南土路口、圭家庄、呼道口、杨庄、马庄、冯庄、会刘、会尚、庞庄、蒋庄、付庄、衡二、衡三等主要村落。

**傅家庄**　现有 210 户，720 人，耕地面积 160hm²。南水北调配套工程位于该村村东 200m 处，工程涉及村民征迁安置 70 余户。明朝末期，傅氏由域内照磨村迁此立庄，故名傅家庄，沿用至今。傅家庄泵站坐落该村东北，占地 20 亩，该泵站系河北省规模最大的泵站，见图 9－14。

### 附：金鸡牌鞋油与傅家庄

清末民初，此村傅秀山到天津学徒后，创办了"金鸡牌鞋油"，取代西方进口，成为著名品牌。

图 9 - 14　傅家庄泵站航拍图

**范家庄**　现有 600 户，1630 人，耕地面积 233hm²。南水北调配套工程位于该村东 1km 处，工程涉及村民征迁安置 50 余户。滏阳河南北两岸有两个自然村，北岸为范家庄，南岸为于家庄。明永乐年间（1403—1424 年），范氏由山西洪洞县迁此立庄，故名范家庄，沿用至今。此村滏阳河有桥一座，贯通南北。

**衡尚营之衡一村、衡二村、衡三村、衡四村**　该村建于元朝，据传其名与驻兵有关。明朝初期由山西迁民至此耕种。日伪时期曾改名为"皇姑屯"。1962 年分为"衡一""衡二""衡三""衡四"4 个建制村并沿用至今。该村鼓会已有 200 多年历史，每逢春节，鼓会分成南、北、东三组进行比赛。该村新中国成立前以风箱制作工艺闻名。

**程家庄**　现有 127 户，356 人，耕地面积 75hm²。南水北调配套工程位于该村村北 250m 处。明朝末期，程氏由域内冯家庄迁此立村，故名程家庄，沿用至今。

**庞家庄**　现有 172 户，479 人，耕地面积 95hm²。明朝初期，由域内冯家庄迁来庞、夏、陈、安四姓，定名庞家庄，沿用至今。

**马家庄**　现有 161 户，417 人，耕地面积 79hm²。明嘉靖年间，马文通一家由域内南午村迁此立庄，故名马家庄，沿用至今。

**蒋家庄**　现有 103 户，317 人，耕地面积 60hm²。明永乐年间（1403—1424 年），蒋氏、班氏由山西洪洞县迁此建立蒋家庄，沿用至今。民国 31 年（1942 年）6 月 12 日，中共冀中军区六分区警备旅独立三营和束冀县大队第七、八小队，在蒋家庄反击侵华日军"五一扫荡"中，数十名战士牺牲。1985 年，抗日战争胜利 40 周年之际，在该村建起"蒋家庄战斗纪念塔"。

### 三、徐庄乡

徐庄乡政府位于冀州区西南部，距县城约 11km。全镇总面积 77km²，耕地面积 4720hm²，下辖 28 个行政村，居民 7700 户，人口 27169 人。南水北调配套工程位于镇政府东约 3km 处。

**庄子头村**　现有 305 户，777 人，耕地面积 93hm²。南水北调配套工程位于该村正东约 1km 处，工程涉及村民征迁安置 60 余户。该村北临冀码渠，南邻郑昔线，东南紧靠西沙河，赵南线从村中穿过。1987 年被衡水地委、行署命为"小康村"。该村建于明朝以前，是时周围有几个小村，统称庄子，因该村较大，故称庄子头，沿用至今。

**狄家庄**　现有 280 户，970 人，耕地面积 153hm²。南水北调配套工程位于该村正东约 400m 处，工程涉及村民征迁安置 80 余户。该村西邻赵南线，北依西沙河。北宋时，山西汾阳人狄青幼年随母逃荒至此。后狄青在朝为官（传说狄母葬于村北大庙前），改名狄家庄，沿用至今。据传，东汉二十八宿之一——邳彤生于此村。现该村正在修建药王广场。

### 附 1：光武中兴——邳彤的故事

邳彤，字伟君，汉族，信都郡信都县（今河北省衡水市冀州区狄家庄）人，汉光武帝刘秀手下云台二十八将之一。王莽政权时期邳彤担任和成卒正。刘玄称帝后任和成太守。王郎起兵之时，他据城坚守，以待刘秀。此后随刘秀平定天下，历任和成太守、太常、少府、左曹侍中。先后受封为武义侯、灵寿侯。建武六年（公元 30 年），邳彤病逝。在河北安国一带的传说中，邳彤被称为"药王"。

更始元年（公元 23 年），刘玄遣刘秀行大司马事北渡黄河，镇慰河北州郡。刘秀来到下曲阳（今河北晋县西北）的时候，邳彤率领全体吏民出迎，刘秀就任命邳彤为太守。刘秀继续北上宣慰，走到蓟县时，王郎在邯郸称帝，并抢占城池。王郎所到之处，各郡县都开城迎接，只有信都太守任光、和成太守邳彤不肯听从王郎的号令，闭门坚守。

更始二年（公元 24 年）春，受到追捕的刘秀从蓟县南逃回到信都郡，人马丢光，身边只有少数亲随。于是，邳彤急忙派部下五官掾张万、督邮尹绥调选精骑二千余人，随之率众兵来信都帮助刘秀。此时，在一次讨论下一步行动计划时，很多人都说：王郎的势力太大，不如由信都郡派遣部队护送刘秀西归长安。刘秀也有些动心了。

邳彤一听，大吃一惊。他昂然而起，慨然进言，坚决反对西归长安的计划："王莽蒙蔽天下，施行暴政深恶痛疾，深受其害。各地的官吏、军民思念汉室，以信都为大汉复兴之阵地，何愁不破除王郎残贼！如西走长安，丢失信都根据地，而护送的兵士长途跋涉，战斗力下降，错失战机，后果险恶。"

刘秀听了邳彤一番入情入理的慷慨陈词深为感动。刘秀决定以信都为根据地，攻占周围各县，邳彤被任命为和成太守兼后大将军带领本部人马为前部攻略诸县。汉军连战连捷，直取邯郸，而就在此时，王郎派遣将领率军进入信都，邳彤的父亲、弟弟、妻子、儿女都被囚禁起来，逼迫他们写信召唤邳彤投奔王郎。

邳彤大哭一场，然后回信，说：效力君王顾不上家。邳氏一族所以至今得以安身于信都，都是所赖刘氏恩泽，刘公正忙于国事，邳彤不能以私事为念。就在邳彤准备尽忠弃家的时候，刘秀军队攻下了信都，邳彤的家人幸免于难。

更始二年（公元24年）五月，汉军攻占邯郸，斩杀王郎，刘秀就把邳彤封为武义侯。

### 附2：狄青的故事

狄青生于山西汾州西河（今山西汾阳）一户农村家庭。狄青幼年丧父，跟母亲离家乞讨，后流落到冀州的一个村庄（今狄家庄村）。

狄青少年时，村玉皇庙有一武道人教狄青习拳练武，狄青练就一身好武艺，尤擅弓箭。宋朝多战事，狄青于北宋宝元元年（1038年）投军。战场上狄青作战骁勇，经常箭射敌首，人称"良将才"。后得到经略使范仲淹的器重和教导，苦心研究兵法。狄青因战功卓越，晋升为将军。1053年，狄青率军出奇制胜，大败敌军，夺取邕州（今南宁市），恢复广西全境安宁。宋仁宗闻捷报大喜，提拔狄青为枢密使。

狄青官拜枢密使的消息传到他幼年定居的村庄，村民皆以为荣，遂以狄青之姓将村改名为狄家庄村。据传，狄青母亲与弟弟皆葬于狄家庄。

**淄村**　现有530户，1360人，耕地面积260hm²。南水北调配套工程位于该村北约3.5km处，工程涉及村民征迁安置200余户。东临冀南渠，冀徐公路（红旗路）于村中穿过。该村建于元朝，因靠近漳河支流，故名支村。明永乐年间（1403—1424年），将"支"改为"淄"，村名沿用至今。这里有三月三庙会，并有动人的传说流传至今。该村早在民国初年创办《淄村年刊》流传于世。

**冯家庄**　现有360户，1200余人，耕地面积240hm²。南水北调配套工程位于该村正东约300m处，工程涉及村民征迁安置约50余户。该村明朝以前由冯氏建村，故名冯家庄，沿用至今。

### 附：冯家庄天主教堂

冯家庄有一区域内规模最大的天主教堂，1966年毁于"文化大革命"，现建筑为1992年于旧址重新修建，占地1亩多。该教堂为冀州区域内最大的天主教堂。

每年圣诞节（12月25日）、复活节、圣神降临日、圣母升天日（8月15日）为该教堂最盛大的节日，来自各地的信徒来此朝圣祈祷。

该村信奉天主教徒约占村十分之一，大部分为陈姓。有30多人习练武术名家陈集义（陈四先生）传承的形意拳。

**松篱村**　现有304户，1103人，耕地面积193hm²。南水北调配套工程位于该村正北约400m处，工程涉及村民征迁安置5户。该村始建于元朝，原名李家庄。

民国 2 年（1913 年），该村马岩臣任县警察局长时，将村名改为松篱村。"文化大革命"期间曾改为朝阳村，后恢复松篱村，至今未变。抗日军政大学曾在此设立。

　　**北榆林村**　现有 310 户，1200 余人，耕地面积 287hm²。南水北调配套工程位于该村正西约 1km 处，工程涉及村民征迁安置 40 余户。明永乐年间（1403—1424年），由山西洪洞县迁民来此，因此地野生榆树甚多，故名榆林村。1958 年改为北榆林村，沿用至今。抗日战争时期，该村两名烈士在挺进大别山的战斗中牺牲。此村有著名画家周铁衡（见图 9-15 和图 9-16）。周幼年求学，青年与邻村堤里王村夏氏婚配，在东北沈阳文化界影响至深。

图 9-15　周铁衡像　　　　　　　　图 9-16　周铁衡画作

　　**堤里王村**　现有 510 户，1410 人，耕地面积 233hm²。南水北调配套工程位于该村南约 1km 处，工程涉及村民征迁安置 90 余户。该村原名庄禾。明永乐四年（1406 年），因水灾淹没村庄，剩宋、杨两户迁至漳河大堤上重新建村，称堤里王村，沿用至今。农历逢五、十为集市日。该村尚有夏氏墓碑。

## 四、冀州镇

　　冀州镇环绕冀州市区，是冀州市政府驻地。由原冀州镇、殷庄乡、新庄乡、千顷洼乡三乡一镇合并而成，濒临美丽的衡水湖。下辖 77 个行政村，现有 4.8 万人，总面积 140km²，耕地 4667hm²。

　　**殷家庄**　位于冀州市区东邻，现有 413 户，1345 人。耕地面积 47hm²。南水北调配套工程位于殷庄村北 120m 处，工程涉及村民的土地，不涉及村民的土地。明永乐三年（1405 年），殷氏兄弟二人由扶柳城逃荒至此，给岳良村吴家种植花卉。

后弟去山东谋生，兄与吴家之女婚配，在此繁衍成村，取名殷家庄，沿用至今。

**胡刘庄村** 胡刘庄村现有 98 户，370 人，耕地面积 36hm²，南水北调配套工程位于该村村南 300m 处，工程涉及村民征迁安置 93 户。清朝中期，胡氏由城北迁此建胡家庄，刘氏由城南大齐村迁此建刘家庄。1961 年，两村合并为胡刘庄村，沿用至今。

**八里庄村** 八里庄村位于冀州城区东南部，南临滏阳东路，西靠朝阳大街，交通便捷。全村现有 220 户，780 人。拥有耕地 80hm²，以农业种植为主。南水北调配套输水管道位于村东南部，600m 处，施工时涉及村民征迁安置 40 户。据《冯氏家谱》记载，冯洲于明万历年间由岳良村来此定居，在此生息繁衍，因离冀州城南门八里，而得名八里庄。

冯洲孙冯若翼被史称为"义民"，事迹载入民国《冀县志》。史载，冯若翼"英敏有大志""慷慨尚义，有古侠烈风""义务办学""赈济灾民，舍米三十石""宁死不屈，资助申冤，智斗州官。"曾孙冯梦龙为举人，乃保定府祁州学政，清雍正十三年（1735 年）得圣旨受皇封，冯梦龙次子冯瑢任直隶赵州临城县训导。自冯若翼起一家 6 代 45 人有功名，其中，进士 4 人，举人 1 人，国子监太学生 6 人，庠生 28 人，其他 6 人。

**西沙村** 位于 106 国道北侧，现有 525 户，1750 人，耕地面积 42hm²。南水北调配套工程位于西沙村南，1.5km 处，工程涉及村民征迁安置 75 户。明永乐二年（1404 年），山西洪洞县迁民建村，因处沙河两岸，取名西沙村，沿用至今。

**岳良村** 位于冀州镇，106 国道东侧，郑昔线南侧。现有 350 户，1100 人，村庄占地 27hm²，耕地面积 127hm²。南水北调配套工程位于村东 2.5km 处，工程涉及村民征迁安置 130 户。据明朝《冀州志》载，东晋十六国时期北燕国君跋和北朝魏皇太后冯氏，均系该村人氏，时称该村为"冯城""冯故乡"。清朝初期，村人冯太公种田有方，村民纷纷求教而丰收，粮堆如山岳，改名岳粮村，后沿革为岳良村，沿用至今。

**杜沙村** 北临 106 国道，现有 260 户，730 人，耕地面积 47hm²。南水北调配套工程位于杜沙村北 80m 处，工程涉及村民征迁安置 100 户。明永乐年间，杜氏由山西洪洞县迁此建村，因处沙河南岸，按姓氏取名杜沙村，沿用至今。

**河夹庄村** 现有 178 户，680 人，耕地面积 85hm²，南水北调配套工程位于村庄以北，1km 处，工程涉及村民征迁安置 32 户。明朝初期，有山西洪洞县迁民来此建村，因地处朱家河两支流中间，故名河夹庄，沿用至今。

**双庙村** 现有 131 户，605 人，耕地面积 112hm²，以农业种植为主。南水北调配套输水管道位于村北部，500m 处，工程涉及村民征迁安置 34 户。明朝前，该村称双鸟亭。明万历年间（1573—1619 年），村民修建玉皇、三仙女两座庙宇，因香火兴盛，俗称双庙，袭为村名，沿用至今。

**前店杨村** 现有 142 户，539 人，耕地面积 90hm²。北魏时期，该村村南是码头，村民多开饭店、旅店和杂货店，人们习称此处为"前边店上"。后因位于焦杨村村南，定名前店杨村，沿用至今。

**焦杨村** 现有 323 户，1169 人，耕地面积 179hm²。该村原名杨村。明万历年间（1573—1619 年），焦氏由新河县后梁家庄迁此定居。清康熙年间（1662—1722 年），因焦氏姓嗣繁，改名焦杨村，沿用至今。

**北边家庄** 现有 192 户 642 人，耕地面积 77hm²。南水北调配套工程位于村南，400m 处，工程涉及村民征迁安置 77 户。明永乐年间（1403—1424 年），边、邴两姓由山西洪洞县迁此建村，故名边家庄。民国 35 年（1946 年）改为北边家庄，沿用至今。

村西有一关帝庙，俗称大庙寨，建于明永乐年间（1403—1424 年），清康熙年间（1662—1722 年）重修。每年农历二月十五、十月初十有庙会，吸引方圆数百里群众参加。庙宇于民国 37 年（1948 年）至 1950 年间被拆毁。

**十里铺村** 现有 220 户，789 人，耕地面积 83hm²。南水北调工程位于十里铺村南约 200m 处，工程涉及村民征迁安置约 100 户。明永乐年间（1403—424 年），山西洪洞县移民在此定居建村，因距冀州旧城十华里，故名十里铺村，村名沿用至今。明清时期村中设有邮驿（急递铺）。

**二铺村** 现有 450 户，1726 人，耕地面积 10hm²。南水北调配套工程位于二铺村村西。该村位于冀州旧城内兴业大街以南，东起竹林大街，西到粮食市街。二铺村 20 世纪 70 年代是河北省政府命名的"小康村"，村中有博物馆。

**柳家寨村** 现有 160 户，550 人，耕地面积 53hm²。南水北调配套工程位于柳寨村北约 200m 处，工程涉及村民征迁安置约 30 户。明永乐年间（1403—1424 年），柳氏、王氏、周氏由山西洪洞县迁此建村，取名柳家寨村，沿用至今。明朝后期，李氏由东王家庄村迁来，冀氏由东野庄头迁来。

**宋家寨村** 现有 186 户，560 人，耕地面积 57hm²。该村特色产业为种植玫瑰。南水北调配套工程位于宋家寨村南约 300m 处，工程涉及村民征迁安置约 30 户。明永乐年间（1403—1424 年），宋氏由山西洪洞县迁此建村，故名宋家寨村，沿用至今。

**小罗村** 现有 125 户，392 人，耕地面积 73hm²。南水北调配套工程位于本村村北。大罗村、小罗村原为一村，建于明朝以前。在明朝中期，村中谣传土地庙里常有神鬼闹凶，村民恐惧，纷纷搬迁，称为"挪村"。后嫌"挪"字不佳，改为"罗村"，又按聚落大小称为大罗村、小罗村，两村名均沿用至今。

**大吴寨村** 现有 256 户，1007 人，耕地面积 127hm²，南水北调配套工程位于村北 50m 处，工程涉及村民征迁安置 110 户。大吴寨村、小吴寨村原为一村，据龙王庙钟文记载，该村始建于明朝，因吴姓居多，故名吴家寨。清末，部分村民南迁建新村，称前吴家寨，民国 24 年（1935 年）改名小吴家寨，原村改为大吴家寨，两村名均沿用至今。

**刘杨村** 明朝初期，刘、杨两家由山西洪洞县迁此建村，故名刘杨村，沿用至今。

**周胡村** 现有 117 户，人口 460 人，耕地面积 38hm²，该村主要以农业和个体工商业为主。南水北调配套工程位于该村村南 200m 处，工程涉及村民征迁安置 117 户。清朝中期，周氏由域内老周家庄迁此，建周家庄；胡氏由城北胡家庄迁此，建小胡家庄。1961 年，两村合并为周胡村，沿用至今。

**李家桃园村** 现有 146 户，553 人，耕地面积 57hm²。特色产业为苹果。南水北调配套工程位于李桃村南、村东，距离村庄约 500m，工程涉及村民征迁安置 34 户。

**崔谭村桃园** 现有 192 户，798 人，耕地面积 25hm²。南水北调配套工程位于村南 600m 处，工程涉及村民征迁安置 48 户。

明永乐三年（1405 年），崔氏、谭氏、张氏、李氏由山西洪洞县迁至冀州城西南一片桃林旁建村，分别定名崔家桃园、谭家桃园、张家桃园、李家桃园。1949 年，崔家桃园、谭家桃园合并，称崔谭桃园村，三村名沿用至今。

# 第八节 滨湖新区区域

衡水南水北调配套工程穿越滨湖新区魏家屯 1 个乡镇、8 个村庄。滨湖新区为衡水市新成立的开发区，行政管理职能暂未完善，尚未经国家审定。具体情况分别记述如下：

## 魏家屯镇

### 附：烈士罗军的事迹

罗军（1915—1941 年），原名振桐，字逸君，滨湖新区魏家屯村人。罗军 1931 年毕业于冀县师范学校，后受冀县中共地下党员李力进步思想影响，与刘格平一起由家乡辗转到河南陕北公学参加革命，不久转入抗日军政大学，曾聆听毛主席《论新阶段》报告。1939 年在河北省灵寿县陈庄抗大二分校反"扫荡"中加入中国共产党，后任晋察冀边区发行科科长。1941 年兼任晋察冀新华书店总经理（系河北省新华书店首任经理）。罗军精明强干，以书店为掩护出版发送大量革命书刊。是年 7 月 23 日侵华日军飞机空袭轰炸中，奋不顾身指挥干部群众疏散逃离，不幸中弹牺牲，年仅 26 岁。罗军牺牲时，其幼子罗霄还不满周岁。

事后，当地为其立碑一通。1971 年，罗霄将其父罗军遗骨与纪念碑迁回家乡，现耸立在该村村南半公里处。

**魏家屯村** 明永乐二年（1404 年），魏氏由山西洪洞县迁此建村，为盼兴旺吉利，取名兴利镇。清乾隆四年（1739 年），改为魏家屯，沿用至今。

**东娄家疃村** 明永乐二年（1404 年），娄氏由山西洪洞县迁此建村，故名娄家疃。明朝末期，该村有 6 户西迁另立新村，称小娄家疃，原村遂称大娄家疃。民国 35 年（1946 年），根据方位，改"大"为"东"，称东娄家疃，沿用至今。

　　**西娄家疃村** 明朝末期，娄家疃村有 6 户（娄、陆、郭、李、常、陈）西迁，在此定居建村，因陆氏人多，故名陆家疃。若干年后，陆姓人数减少，又以娄姓迁来早，取名小娄家疃。民国 35 年（1946 年），根据方位改"小"为"西"，称西娄家疃，沿用至今。

　　**东明师庄村　西明师庄村** 明永乐二年（1404 年），赵、刘两家姑表兄弟自山西洪洞县迁此定居。因他们擅长武术，以保镖为业，在当地招徒授艺，名声颇大，后逐渐发展成村，始称名师庄，后改明师庄。民国 35 年（1946 年），分为东、西两村，按方位分别称东明师庄、西明师庄，两村名均沿用至今。

　　**曹家村** 明永乐二年（1404 年），曹氏由山西洪洞县迁此建村，故名曹家村，沿用至今。因半数以上村民从事古董交易，故被人称为"古玩村"。

　　**邢家村** 明朝末期，邢氏一支由东兴迁此，故名邢家村，沿用至今。

　　**常家庄村** 明永乐二年（1404 年），常氏由山西洪洞县迁此建村，故名常家庄村，沿用至今。

# 第九节　枣　强　县　域

　　枣强县境内南水北调配套工程有水厂以上输水管道枣故干线、枣强支线及故城泵站，涉及 3 个乡镇、32 个村庄，其具体位置分布见图 9 – 17。

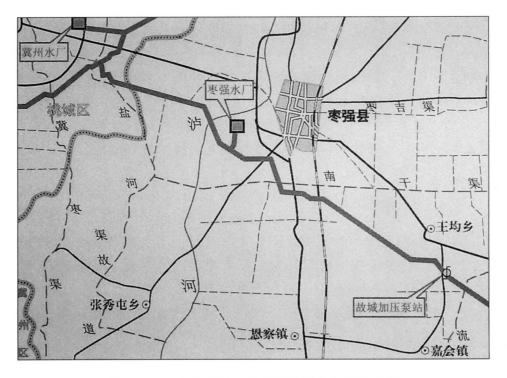

图 9 – 17　南水北调工程枣强县境内位置示意图

## 一、王均乡

王均乡位于枣强县城东南约 9km 处，下辖 34 个行政村，人口 7592 户，2.39 万人，乡域面积 64km²，总耕地面积 4733hm²。该乡以玻璃钢为主要工业，特色产业以大棚蔬菜为主，有"果品之乡"的称谓。南水北调输水管线位于乡政府南约 1km 处。

**文登村**　现有 306 户，947 人，耕地面积 221hm²。南水北调配套工程位于该村东北 2km 处。明永乐年间，山西移民迁此定居。其中有一秀才曹若，为寄托前程，起村名为文登，沿用至今。

**曹庄**　现有 483 户，1703 人，耕地面积 253hm²。南水北调配套工程位于该村南 1km 处。相传，明永乐二年（1404 年）始有此村。因将官李文忠在此歇兵喂马，此处绿草如茵，似天然的大马槽，因而得名槽庄，后沿写为曹庄。

**苏家庄**　现有 260 户，917 人，耕地面积 197hm²。南水北调配套工程位于该村北 1.5km 处。明永乐年间，杨、柳、苏三姓由山西迁此定居，得名杨柳苏庄。后杨、柳两姓迁走，改名为苏庄，沿用至今。

**文登庄**　现有 60 户，206 人，耕地面积 221hm²。南水北调配套工程位于该村北 100m 处。明永乐年间，李宗义从本县大师友村迁此定居，因邻文登村，遂名文登庄。

**南刘庄**　现有 134 户，417 人，耕地面积 86hm²。南水北调配套工程位于该村北 1km 处。该村始名柳庄。明朝初期，山西移民刘氏迁此定居，更名为刘庄，为区别本县同名村，1982 年 4 月，经县政府批准更名为南刘庄。

**夏家庄**　现有 65 户，197 人，耕地面积 42hm²。南水北调配套工程位于该村北 2km 处。明永乐年间，夏氏由山西迁此定居，以姓氏得名夏家庄。

**大王均村**　现有 403 户，1292 人，耕地面积 249hm²。南水北调配套工程位于该村南 2km 处。元时始有此村，当时此地常驻军队，有"望军"之称。明永乐年间，移民迁此定居，形成较大村落，因厌恶战争，根据谐音更名为大王均村。

## 二、唐林乡

唐林乡位于县城东南，距县城约 12km，下辖 30 个行政村，现有 5556 户，2.28 万人，乡域面积 72km²，总耕地面积 4827hm²。南水北调输水管线位于乡政府南 4.4km。该乡以生产电线电缆灯杆为主要工业，特色产业为大棚蔬菜、葡萄。

**倘村**　现有 249 户，1008 人，耕地面积 263hm²。南水北调配套工程位于该村西南 1km 处。明朝初期，燕王扫北后，部将李鸿曾在此跑马占荒，卧地休息过，始名躺村，后沿写为倘村。

**小楚村**　现有 150 户，760 人，耕地面积 134hm²。南水北调配套工程位于该村北 1km 处。明朝初期，燕王部将李鸿之孙李楚在此定居建村，定名楚村。1937 年闹洪水，楚村被淹，部分村民迁至村东北地势较高处建村，得名小楚村。

**小横头村**　现有 138 户，740 人，耕地面积 170hm²。南水北调配套工程位于该村北 1km 处。明朝初期，一老翁携子由山西迁来，因位于清凉江和西支流交汇横头处，定居后得名大横头。清初始有小横头，因与大横头相邻，故得名。

### 三、枣强镇

枣强镇位于县域中部，为县政府所在地，下辖 131 个行政村，现有 2.34 万户，7.48 万人，镇域面积 192km²，总耕地面积 12360hm²。南水北调输水管线位于镇政府南约 5km 处。该镇以生产玻璃钢、调压器为主要工业，同时也是该镇特色产业。

**大雨淋召村**　现有 464 户，1443 人，耕地面积 255hm²。南水北调配套工程位于该村北 60m 处。据裴氏谱书记载：明朝年间，裴氏由山西迁此，仿邻村杨雨淋召，取名大雨淋召村。

**付雨淋召村**　现有 165 户，505 人，耕地面积 70hm²。南水北调配套工程位于该村南 200m 处。明永乐年间，付氏由山西迁此定居，仿邻村杨雨淋召，定名付雨淋召村至今。

**张家庄**　现有 52 户，140 人，耕地面积 22hm²。南水北调配套工程位于该村北 500m 处。明永乐四年（1406 年），张氏由山西洪洞县迁此定居，取名张家庄，沿用至今。

**宋王坊村**　现有 182 户，524 人，耕地面积 63hm²。南水北调配套工程位于该村南 100m 处。明永乐年间，宋、王二氏由山西迁来此地定居，合伙开豆腐坊，故得名宋王坊。

**赵王坊村**　现有 89 户，271 人，耕地面积 57hm²。南水北调配套工程位于该村西 100m 处。明朝末期，此地为县令坟墓，看坟之人姓赵，后嗣在此定居。仿邻村宋王坊，取名赵王坊，沿用至今。

**三街村**　现有 377 户，1219 人，耕地面积 17hm²。南水北调配套工程位于该村东南 3km 处。此地原名刘马村。金天会十年（1132 年），建立县城，分前街、西街、东街，故更名三街。沿用至今。

**西马庄**　现有 84 户，267 人，耕地面积 40hm²。南水北调配套工程位于该村南 1km 处。明永乐二年（1404 年），马氏由山西迁居此地，取名马庄。为和城东马庄区分，1958 年改称西马庄。

**旸谷庄村**　现有 175 户，543 人，耕地面积 141hm²。南水北调配套工程位于该村南 300m 处。明崇祯年间，此地原是李武庄大户的打谷场，后母杨氏迁居此地，故得名母杨谷庄。1958 年公社化建队时改名旸谷庄（旸表示日出东方、蒸蒸日上），沿用至今。

**李武庄村**　现有 168 户，550 人，耕地面积 77hm²。南水北调配套工程位于该村西 2km 处。明永乐二年（1404 年），李氏由山西洪洞县迁居此地，得名李家庄。

1958 年和小武庄合并一村，定名为李武庄村，沿用至今。

　　**北姚庄**　现有 194 户，727 人，耕地面积 54hm²。南水北调配套工程位于该村东 200m 处。据《乡土志》记载：姚氏于明代景泰丙子年迁此定居，以姓氏得名姚庄。为区别于本县域姚庄村，1982 年经县政府批准以方位更名为北姚庄。

　　**许杨庄**　现有 74 户，239 人，耕地面积 27hm²。南水北调配套工程位于该村东北 400m 处。据许氏谱书记载：清顺治元年，村有许、杨两姓，以姓氏为村名，为许杨庄，沿用至今。

　　**黑马村**　现有 295 户，1021 人，耕地面积 204hm²。南水北调配套工程位于该村东 400m 处。明永乐二年（1404 年），移民迁居此地，西邻看蟒村，该村移民诈传村南土井中有一大黑蟒。认为蟒有吉祥之兆，即取名黑蟒村。后谐音演作为"黑马"，沿用至今。

　　**打车杨村**　现有 128 户，412 人，耕地面积 94hm²。南水北调配套工程位于该村南 50m 处。明永乐年间，山西移民迁之小杨庄定居，因该村木匠做大车出名，故得名大车杨家庄。1958 年改名打车杨村。

　　**前王庄**　现有 65 户，268 人，耕地面积 52hm²。南水北调配套工程位于该村南 1km 处。明末清初，王氏由山东迁居此地，故得名王庄。新中国成立之初，为区别村北王庄，改名前王庄，沿用至今。

　　**边王庄**　现有 97 户，342 人，耕地面积 43hm²。南水北调配套工程位于该村西南 2km 处。明崇祯年间，王氏由山西迁来，开草料铺为生，故取名草店王家庄。同一时期，边氏由山西迁居此地，以农为生，称边庄。因两村相距比较近，新中国成立之初合为一村，称边王庄，沿用至今。

　　**段宅城村**　现有 424 户，1274 人，耕地面积 187hm²。南水北调配套工程位于该村北 300m 处。明永乐二年（1404 年），段氏由山西迁此定居，为选择兴旺之意，取名"择兴"冠以姓氏得名。后谐音演变为段宅城。

　　**范庄**　现有 70 户，259 人，耕地面积 30hm²。南水北调配套工程位于该村北 30m 处。据《乡土志》记载：明永乐二年（1404 年），范氏由山西洪洞县迁此定居，以姓氏命名为范庄。

　　**潘庄**　现有 171 户，514 人，耕地面积 98hm²。南水北调配套工程位于该村东北 500m 处。据《乡土志》记载：明永乐二年（1404 年），潘氏由山西洪洞县迁此定居，以姓氏命名为潘庄。

　　**西张庄**　现有 52 户，155 人，耕地面积 46hm²。南水北调配套工程位于该村南 200m 处。明永乐二年（1404 年），张氏由山西洪洞县迁居此地，得名张家庄。1958 年为区分城东北张家庄。更名西张庄，沿用至今。

　　**康马村**　现有 417 户，1330 人，耕地面积 207hm²。南水北调配套工程位于该村东北 1.5km 处。明永乐二年（1404 年），魏氏迁此定居时，有人诈传村东见一大蟒，认为蟒有吉祥之兆，即取名看蟒村，后谐音演变为康马村，沿用至今。

**袁杨官村** 现有 96 户，291 人，耕地面积 64hm²。南水北调配套工程位于该村北 150m 处。明朝初期始有此村。该地有一古庙"杨观庙"，故定名杨观村，后习惯写为杨官村。为区别同名村，故以姓氏得名袁杨官村。

**杨苏村** 现有 581 户，1778 人，耕地面积 417hm²。南水北调配套工程位于该村南 200m 处。明永乐年间，杨、苏二氏分别于山西洪洞县和山东苏家庙迁此定居，以二姓得名杨苏村，沿用至今。

# 第十节 故 城 县 域

故城县境内南水北调配套工程有水厂以上输水管道故城支线，涉及 2 个乡镇、8 个村庄，具体位置见图 9-18。

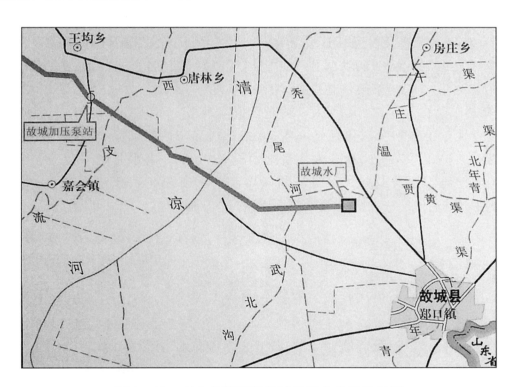

图 9-18 南水北调工程故城县境内位置示意图

## 一、三朗镇

三朗镇位于故城县城西北，镇政府驻南镇村，西临清凉江。郑西公路穿越全境。下辖 38 个行政村，人口 2.68 万人，镇域面积 74.39km²，耕地面积 4467hm²。南水北调输水管线位于镇政府南 6km 处。

三朗乡工业传统优势产业主要为铸造业，拥有铸造企业 198 家，年生产能力

20t，产值 20 亿元。农业特色产业主要为畜牧养殖和特色种植。

据《故城县志》记载：辽天祚帝乾统年间（1101—1110 年），有石、张、芦三翁经常在此渔猎，问其姓名不答，问疑难之事即详为解。时人语曰："若得事不爽，除非问三朗。"三翁死后，时人念其详释疑难，豁达明朗，为其修祠立碑，并将此村定名三朗。

**后崔庄**　现有 160 户，510 人，耕地面积 80hm²。南水北调配套工程位于该村后约 100m 处，工程涉及村民征迁安置 51 户。工程于该村穿越清凉江。该村位于清凉江东岸，崔氏居多。相传，明朝末期，村中河里有一桥，名崔家桥，桥边村为崔庄。后来分为前后二村，此村居后，名后崔庄。

**前崔庄**　现有 95 户，310 人，耕地面积 38hm²。南水北调配套工程位于该村后约 200m 处，工程涉及村民征迁安置 20 户。该村位于清凉江东岸，居后崔庄前，名前崔庄。

**小李庄**　现有 220 户，701 人，耕地面积 96hm²。南水北调配套工程位于该村前约 50m 处，工程涉及村民征迁安置 49 户。工程于该村穿越西外环路。明永乐年间，有李氏兄弟二人从山西洪洞县迁此定居，以姓氏起名李庄。后二人不和，兄长迁到东边，名大李庄；弟弟住在西边，名小李庄。

**大李庄**　现有 130 户，444 人，耕地面积 77hm²。南水北调配套工程位于该村前约 300m 处，工程涉及村民征迁安置 23 户。村名来由见"小李庄"。

**杨福屯**　现有 218 户，692 人，耕地面积 140hm²。南水北调配套工程位于该村前约 100m 处，工程涉及村民征迁安置 107 户。明永乐十八年（1420 年），疫病流行，全村只有杨福祥一人免于死亡，后建村称杨福祥屯，以后改为杨福屯，沿用至今。

## 二、郑口镇

郑口镇是故城县政府所在地，下辖 79 个村，常住人口 14 万人，本土人口 6 万人，镇域面积 105.68km²，耕地面积 6000hm²。主导产业主要有裘皮裘革，玻璃钢制品，高耐磨材料，汽配制造业。2012 年被评为衡水市十强乡镇。南水北调输水管线位于郑口镇政府西北约 3km 处。

### 附：京杭大运河与故城

京杭大运河是世界上开凿最早、长度最长的人工运河，是劳动人民的伟大创造。京杭大运河流经衡水境内，主要分布于山东省接壤的故城县与景县域内。其中，故城县境内绵延 75km。

历史上，京杭大运河是衡水重要的交通大动脉。南接临清，东下德州，北下景县，背负丰饶的华北平原，是重要的货物集散地。帆樯如林，往来如梭。故城的郑家口镇，曾经灯火辉煌，堤河上下，人声鼎沸，大批货船商贾聚集于此。

今故城县所在地郑家口，相传为明朝初年，一郑氏在此处运河上设摆渡口，时人皆称郑家渡口而得名，后简称郑口。因运河而兴，此地为水陆要冲，商贾云集，到清中后期已然发展为规模可观的较大集镇。素有"小天津卫"之称。清道光十二年（1832年）汰巡检移县丞驻郑口，由太兴镇、西城镇、南镇、南甘泉、北甘泉五村组成。

**北高庄** 现有205户，642人，耕地面积72hm²。南水北调配套工程位于该村后约400m处，工程涉及村民征迁安置6户。工程于该村穿越武北沟。明永乐元年（1403年），高氏奉旨从山西洪洞县迁此占产立户，以其姓氏定村名高家庄，后简称高庄，1982年更名为北高庄。

**烧盆屯村** 现有340户，1134人，耕地面积178hm²。南水北调配套工程位于该村后约30m处，工程涉及村民征迁安置141户。明崇祯年间（1628—1644年），该村烧盆者较多，得名烧盆屯（有遗址）。该村南是江江河的发源地。

**大杏基村** 现有398户，1260人，耕地面积184hm²。南水北调配套工程位于该村西约100m²处，工程涉及村民征迁安置43户。

元朝时此地是一片大洼，居民们住在新建的宅基地上，定村名新基，后村落渐大，号称十里新基。明洪武元年（1368年）被洪水淹没，大水过后人们把村名改为大杏基村。

# 第十一节 武 邑 县 域

武邑县境内南水北调配套工程既有石津干渠暗涵段，又有水厂以上输水管道阜景干线、武邑支线及马回台泵站，涉及4个乡镇、25个村庄，部分代表性村落具体情况记述如下。

## 一、桥头镇

桥头镇政府位于武邑县境东部，距县城15km，下辖38个行政村，2.89万人。全镇总面积54.26km²，耕地面积4800hm²。南水北调配套工程位于桥头镇政府东北约5km处。

桥头镇现有120余家民营企业，其中规模以上企业有17家，有金属橱柜专业村20个，主要生产文件橱、密集柜、档案柜、保险柜、钢木办公家具等，销往全国各地，年销售收入6亿元。镇政府驻地在桥头村。明永乐二年（1404年），肖氏奉诏由山西洪洞县迁此立村，因村落在观津城护城河桥头附近，借此冠以姓氏取名肖桥头。

### 附1：窦氏青山墓

窦氏青山墓又名"安成侯墓"，位于河北武邑县城东14km处的青冢村南边，占地 36582m²。它是汉文帝皇后窦漪房的父亲窦青的坟墓。因窦青被汉室封为安成侯，故又称安成侯墓。窦氏青山墓今高 22.9m，周长 490m，占地面积 3 万 m²。窦青系古观津（今武邑县东部）人，死后葬于故里。其女儿被封为文皇后以后，窦青被追封为安成侯。其后，文皇后做了皇太后，为其父扩建墓冢，升高封土，以便能"西望长安"。还修建庙宇，并立"窦氏青山"墓碑一通。若干年后，庙宇、碑刻被毁，仅存"青山"。1982 年 7 月 23 日，河北省政府公布窦氏青山墓为省级重点文物保护单位。

### 附 2：西汉魏其侯窦婴

窦婴（？—前 131 年），西汉大臣，字王孙，清河观津（今河北衡水东）人，是汉文帝皇后窦氏侄，吴、楚七国之乱时，被景帝任为大将军，守荥阳，监齐、赵兵。七国破，因军功封魏其侯。武帝初，任丞相。元光三年（公元前 132 年），窦婴至交灌夫因在酒席中对田蚡出言不逊，被田蚡以罪逮捕下狱，并被判处死刑。窦婴倾全力搭救灌夫，并在朝会上就此事与田蚡辩论。但由于王太后的压力，灌夫仍被判为族诛。窦婴乃以曾受景帝遗诏"事有不便，以便宜论上"为名，请求武帝再度召见。但尚书很快就发现窦婴所受遗诏在宫中并无副本，于是以"伪造诏书罪"弹劾窦婴。元光四年初，窦婴被处死。

**新营村**　现有 300 户，1100 人，耕地面积 178hm²。南水北调配套工程位于该村北约 1km 处。清朝乾隆年间，有一匪首占据附近阜城，朝廷命一武官来此扎营平寇。后攻下阜城，班师回朝，行前在此立记碑文"新营"以作纪念。借此取村名为新营。

## 二、武邑镇

武邑镇政府位于武邑县中部偏西。南水北调配套工程位于武邑镇政府西南约 7km 处。全镇总面积 129.6km²，耕地面积 6000hm²，下辖 85 个行政村，人口 4.3 万人。

**南云齐**　现有 240 户，980 人，耕地面积 267hm²。南水北调配套工程位于该村村南约 200m 处。工程穿越村域内滏阳新河、滏东排河。明永乐二年（1404 年），山西洪洞县移民奉诏迁此立村，因位于北云齐以南，故名南云齐。

古有"旗"，此以熊虎为"旗"谓高者云，故有"云旗也"之语。明永乐二年（1404 年），山西洪洞县移民奉诏迁此建村，取名"云旗"，后演变为"云齐"。

## 三、赵桥镇

赵桥镇政府位于武邑县境东北，距县城约 15km。南水北调配套工程位于镇政府北约 4km 处。全镇总面积 83km²，耕地面积 6000hm²，下辖 65 个行政村，9700 余户，3.8 万人。

罗家庄　现有 250 户，890 人，耕地面积约 93hm²。南水北调配套工程位于该村南约 100m 处。南水北调配套工程在该村穿越武小路（武邑至武强小范）、滏阳河。明永乐二年（1404 年），罗姓移民奉诏由山西洪洞县迁此立村，冠以姓氏取名为罗家庄，沿用至今。

该村范纪生先生曾任聂荣臻秘书，葬于京。

夹河村　现有 630 户，2000 余人，耕地面积 267hm²。南水北调配套工程位于该村南约 100m 处。明永乐二年（1404 年），移民奉诏由山西洪洞县迁此立村，因村中间有一古河道，借此取名夹河村。

楼堤村　现有 357 户，1400 人，耕地面积 253hm²。南水北调配套工程位于该村村南约 200m 处。明永乐二年（1404 年），移民奉诏由山西洪洞县迁居此地时，住在一座原有破楼下，借以取名楼底村，后演变为楼堤村。

袁家庄　现有 500 户，1500 人，耕地面积 200hm²。南水北调配套工程位于该村北约 250m 处。明永乐二年（1404 年），袁姓移民奉诏由山西洪洞县迁此立村，冠以姓氏取名袁家庄。

### 附："二号延安"

抗日战争时期，袁家庄村为远近闻名的"抗日村"，被誉为"二号延安"。当时村有地下兵工厂，制造手榴弹等武器。1942 年 4 月 15 日，日本军队因在村中抓县长未果，杀害了该村村长及武装队长，还有一位百姓，后三位烈士埋葬于烈士陵园。

抗日战争时期袁家庄村党员发展迅速，本村高明宇（曾任衡水县县长）在该村发展党组织。

### 四、韩庄镇

马回台　据《武邑县志》记载：战国时期，齐攻鲁至郊，遇一农妇弃子抱侄而逃。齐将不解问她，儿子与侄子哪个亲？农妇回答："儿子是自己生的，自己当然爱护，侄子是别人生的，他母亲不在时，大家更应爱护，如果亡了侄子而留下儿子，就是失去了道义。"齐将闻言深受感动，说："鲁国仁义之邦也，不可辱，更不可打也。"随即回马还师。鲁君知之，封农妇为"义姑"，赐帛百捆，并在此处筑一"义姑台"以示纪念。后此地建村，取名马回台。

北刘村　明永乐二年（1404 年），刘姓移民奉诏由山西洪洞县迁此立村，冠以姓氏取名刘村。1982 年 4 月，地名规范化处理时，更名为北刘村。

于屯村　明永乐二年（1404 年），刘姓移民奉诏由山西洪洞县迁此建屯，冠以姓氏取名于屯村。

西粉张村　明永乐二年（1404 年），从临近小张村迁来姓张的人家始立该村。因靠开粉坊发了财，故名粉张村。后由于居民增多，分为东、西两村，称西粉张村、东粉张村。

**东粉张村**　村名来由详情见"西粉张村"。

**鲍新庄**　明永乐二年（1404 年），鲍氏奉诏由山西洪洞县迁此立庄，冠以姓氏取名鲍新庄。

**陈袁吕音村**　明永乐三年（1405 年），山西洪洞县陈、袁两姓移民奉诏迁居此地，在骆吕音村附近建村，以"吕音"二字定名，冠以姓氏取名陈袁吕音村。

**田村**　明永乐二年（1404 年），田姓移民奉诏由山西洪洞县迁此立村，冠以姓氏取名田村。

**骆吕音村**　明永乐二年（1404 年），山西洪洞县骆姓移民奉诏迁居此地建村，因村西有一条河，流水声音听来好似音律，冠以姓氏，取名骆律音村，后来演变为骆吕音村。

**吴吕音村**　明永乐三年（1405 年），山西洪洞县吴姓移民奉诏迁居此地，在骆吕音附近建村，以"吕音"二字定名，冠以姓氏取名吴吕音村。

**西香亭村**　明永乐二年（1404 年），山西洪洞县移民奉诏迁居此地建村。因当时此地有一上香之亭，借此取村名为香亭。至正统年间，人员增多，村落扩展成东、西两处，该村位置在西，故称西香亭村。

**东香亭村**　村名来由详见"西香亭村"，因该村位置在东，故称东香亭村。

**范村**　明永乐二年（1404 年），范姓移民奉诏由山西洪洞县迁此立村，冠以姓氏取名范村。

**东袁小寨村　西袁小寨村**　明永乐二年（1404 年），山西洪洞县袁姓移民奉诏迁居此地，分东、西两处建村寨，因寨形都较小，故取名东袁小寨村、西袁小寨村。

# 第十二节　桃　城　区　域

桃城区境内南水北调配套工程有水厂以上输水管道工程市区新区武邑干线、市区支线、新区武邑干线，涉及 2 个乡镇、18 个村庄，具体位置见图 9 - 19。

## 一、河沿镇

位于桃城区区境南部，距区政府 10km。河沿镇政府驻郑家河沿村。现有 13869 户，45112 人，耕地面积 6796.9km²。南水北调配套工程位于河沿镇政府北侧 3km 处，东西贯穿，从西边北增村（距镇政府 8km）到北侧北沼村 7km。征迁安置共涉及 15 个行政村 1172 户。

**北增村**　现有 375 户，1125 人，耕地面积 262.8hm²。南水北调配套工程位于村南 50～300m 处。明永乐二年（1404 年），刘氏兄弟二人携家从京北密云县迁来

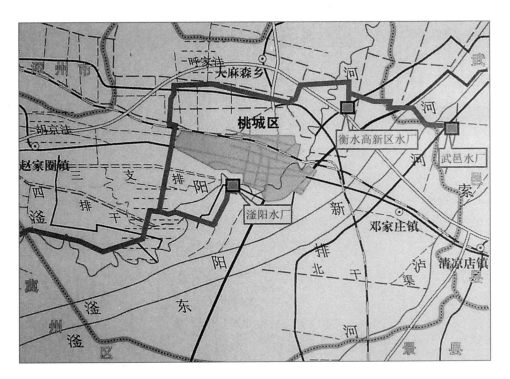

图9-19  南水北调工程桃城区、高新区、武邑县境内位置示意图

分别建村，该村在北称北增村（后称北增家庄），南边村落称南增村。"增"者，以兄弟二人之名所定。

**焦高村**  现有127户，405人，耕地面积141.3hm²。南水北调配套工程位于村南150～300m处。明永乐年间，焦氏先祖从山西洪洞县迁来处高而居，渐成村落，故名焦高村。

**刘高村**  现有137户，402人，耕地面积103.8hm²。南水北调配套工程位于村南200～300m处。该村始建于明永乐年间，村址在高岗上，有从山西洪洞县移民来的敷、刘二姓合居。称敷刘高村，后为简便，改称刘高村。

**种高村**  现有155户，493人，耕地面积70.7hm²。南水北调配套工程位于村南500～1000m处。明永乐年间，种氏先人携家自山西洪洞县迁来定居于一块高地上，便以姓氏和地形定村名为种高村。

**冯家庄**  现有152户，438人，耕地面积66.1hm²。南水北调配套工程位于村北约500m处。明永乐五年（1407年），冯、高、刘三姓由山西洪洞县迁来定居，当时冯姓家族人多势大，即定村名为冯家庄。不久，从赵家村（孙家洼乡）又迁来一户赵姓，在冯家庄定居，渐成小独立村，称前冯家庄，原冯家庄改称后冯家庄。1958年后又统一起来，称冯家庄。

**魏家庄**  现有262户，848人，耕地面积120.3hm²。南水北调配套工程位于村西北500m处。明永乐年间，魏氏携家从山西洪洞县移民来此定居，以姓取村名，称魏家庄。

**南沼村** 现有 598 户，1908 人，耕地面积 307.7hm²。南水北调配套工程位于村东约 2km 处。明、清乃至更久远时，这一带漳河、滹沱河两河交流，由于地势低洼，积水成沼。《衡水县志》载曰："夏秋水涨，通于衡漳"。后来漳、滹远徙，沼水干涸。明代初期，李、王二姓先人，从山西迁来定居于沼水之南，故取村名为南沼村；而定居于沼水之北者称北沼村。

**北沼村** 现有 661 户，2155 人，耕地面积 245.4hm²。南水北调配套工程位于村东约 100m 处。村名由来见"南沼村"。

**张家庄** 现有 553 户，1812 人，耕地面积 240.2hm²。南水北调配套工程位于村西北 100～2000m 处。相传明朝末期，张氏家族从城南陈辛庄迁来傍河建村，故称张家庄。

**王渡口村** 现有 265 户，745 人，耕地面积 78.7hm²。南水北调配套工程位于村北 300m 处。明崇祯年间，王氏家族从城南大赵常（昔彭杜乡）迁来。初以摆船渡人谋生，人称王家摆渡口，后来简化成了王渡口村。

**河东刘村** 现有 272 户，908 人，耕地面积 93.3hm²。南水北调配套工程位于村南约 300m 处。河东刘村原名刘家庄。明永乐元年（1403 年），刘汉兴、刘汉隆兄弟二人由山西洪洞县携家迁来定居，因姓取村名。后因重名，便依其所处位置特点于 1982 年更名为河东刘村。

**常家庄** 现有 66 户，234 人，耕地面积 17.1hm²。南水北调配套工程位于村南约 200m 处。明朝前期，常氏家族从赵辛庄（昔小侯乡）迁来定居建村，故称常家庄（赵辛庄村民系明朝初期从山西洪洞县迁来）。

**大杜庄** 现有 186 户，558 人，耕地面积 76.1hm²。南水北调配套工程位于村南、村东 100～1000m 处。明景泰年间，杜氏家族从赵杜村（昔彭杜乡）迁来，因比北边杜氏三兄弟建的三个杜庄大，故名为大杜庄。

**路家庄** 现有 246 户，834 人，耕地面积 117.5hm²。南水北调配套工程位于村北约 400m 处。明永乐年间，路氏人家从山西洪洞县迁来定居，繁衍成村，便以姓称村名为路家庄。

## 二、赵圈镇

赵圈镇位于桃城区境西部，距桃城区政府 15km。现有 12244 户，37696 人，耕地面积 7501.2hm²。南水北调配套工程起点位于赵圈镇南 3km 骑河王村南，终点位于赵圈镇东杜村、三元店村东，距离镇政府约 10km 处，工程涉征迁安置 3 个行政村，共计 74 户。

**杜村** 现有 136 户，417 人，耕地面积 96hm²。南水北调配套工程位于村东约 200m 处。明代有杜氏从深县杜家马庄迁来定居，即以姓称村名为杜村。

**三元店村** 现有 76 户，255 人，耕地面积 44.1hm²。南水北调配套工程位于村东约 500m 处。相传古时此处有朱家河，北岸有客店，因村中多桑树，依此名为桑园店，后来转音为三元店。村民中张姓于明代来自山西洪洞县；卢姓后来自本乡李军营；庞姓来自本乡蔡园。

**路口王村** 明朝时期，深县土路口王氏一支迁至此地建村，称王家庄，属深县。1941 年划归衡水县，即按村民姓氏和祖籍定村名为路口王村。

**骑河王村** 现有 344 户，1030 人，耕地面积 274.8hm²。南水北调配套工程位于村南约 1km 处。明永乐年间，王氏家族从山西洪洞县迁来，在古河道南岸建村，名南滩头村。后历经水患，河床滚到了村子中间，把村分成南北两部分。因村中王姓居多，便依地形和姓氏把村名称为骑河王村。

# 第十三节 高 新 区 域

高新区境内南水北调配套工程有水厂以上输水管道工程新区武邑干线、新区支线、武邑支线，涉及 4 个乡镇、27 个村庄。

## 一、农村工作办公室

**西团马** 相传，这里曾是古战场，宋代在此驻过军队，囤过军马。所以在这附近村庄过去都叫"囤马"，后来才演化成"团马"。明永乐年间，赵氏从山西洪洞县迁来定居，地处几个团马村的西边，故取名为西团马。张氏村民是明永乐十二年（1414 年）迁来的。

## 二、北方工业基地

**花园** 明永乐元年（1403 年），刘福元、刘福初兄弟二人从山西洪洞县迁来定居，初名南道口。至明末清初时，本地出了个大财主张朝山，南道口村前就是张朝山的花园，村名就逐渐改成了"花园"，前冠姓氏，总称刘家花园，现在简称花园。

**王辛庄** 据考，这一带村民多是明永乐元年（1403 年）从山西迁来的。至永乐中期又有部分移民从山西洪洞县迁来分居于此建村立业，称作"新庄"，以别于先建之村。此庄为王氏始创，故称王新庄。"新"后演化成"辛"。

## 三、大麻森乡

**刘善彰** 相传宋末元初之时，这一带经常打仗，得名"大战场"，当地人民厌恶战争，向往和善文明，改称"善彰"，表示抑恶扬善之意。据考，刘氏于清朝从深县刘崔氏村迁来定居，繁衍成村，故名之为刘善彰。

**大善彰** 该村比附近三个"善彰"村大，故称为大善彰。邢氏村民于明朝从邢家庙（今名为苏善彰）迁来。

**李善彰**　有李氏家族于明朝初期从山西洪洞县迁来建村，沿袭"善彰"的抑恶扬善之意，故名之为李善彰。

**侯刘马村**　相传古时这里叫杨家营，后因闹传染病，人口死亡几尽。明朝初期，从山西洪洞县来的移民中，有侯荣者在南边创村，称侯家村；刘氏在后边建村，称刘家村；马氏在最北边建村，称马家村。繁衍数代，三村连在了一起，新中国成立后合称侯刘马村，1958 年公社化时合建侯刘马大队。原地杨氏仍存数家。

**任家坑**　明朝初期，任氏从山西洪洞县迁至深县西魏家桥，后又转迁于此定居下来。以姓氏与地形定名为任家坑。任家坑古时旧历每月二、七为小集市，附近村民带农副产品来此集散，此地尤以生产斧头有名。

**蔡家村**　蔡氏先祖于明朝初期从山西洪洞县迁来建村，以姓氏定名为蔡家村。

**张家寺**　明万历年间，有张友亮从山西洪洞县来此定居，初名小屯。在开发过程中发现了古庙宇遗迹，上报后，万历年间在此修建了香林寺。后来寺倒僧散，为纪念先人业绩，于清光绪年间改为张家寺。

**李家屯**　明朝初期，有李姓人家从衡水城南的西滏阳迁来建村，因只有李姓人家聚集于此，故名为李家屯。

**孙家屯**　相传，明永乐年间，这一带闹传染病，大部分人染瘟疫而死。孙氏先人从山西洪洞县迁来聚居此地重建村庄，即定名为孙家屯。

**邢团马**　相传，这里曾是古战场，宋代在此处驻过军队、囤过军马，所以这附近几个村都叫"囤马"，后演变为"团马"。明永乐年间，邢氏先人自山西洪洞县迁来定居，冠姓取名邢团马。

**安家村**　安家村原为安氏在明朝以前所建。明正德年间，原于明朝初期从山西洪洞县移民到衡水城东小西野营定居的张姓族人，转迁到安家村定居；后又有彭氏从昔之孙家洼乡东康庄迁来定居。张氏繁衍为大户，彭氏次之，安氏于新中国成立前已绝，而村名一直沿袭至今。

**沟里王**　历史上这个地方存水难泄，曾挖沟排水。明永乐元年（1403 年），王崇率二子王显金、王显银来此定居，跨沟建村，故名之为沟里王。前数年村中间还有东西大沟。

**赵伍营**　相传，南宋时，北国伍华公主曾带兵在这一带扎营，故有"伍花营"之称。明永乐元年（1403 年），有赵尧、赵金、赵秀三人携家从山西洪洞县迁来定居成村，名为赵伍花营。近年来简化为赵伍营。

**陈伍营**　该村地处南宋"伍花营"。明永乐元年（1403 年），陈秀、陈引二人携家从山西洪洞县迁来定居建村，名为陈伍花营。近年简化成陈伍营。

**孙伍营**　该村地处南宋"伍花营"。明永乐元年（1403 年），有孙进、孙前、孙来三人携家从山西洪洞县迁来定居建村，名为孙伍花营。近年来简化为孙伍营。

**焦伍营**　该村地处南宋"伍花营"。明永乐元年（1403 年），有焦克明者，携家从山西洪洞县迁来定居建村，名为焦伍花营。近年来简化为焦伍营。

**十二王** 明朝初期，王氏先祖王老大携家从山西洪洞县迁来定居，繁衍成村，初名绳里王。清道光年间，村里立了十殿阎君庙，后又从大麻森迁来了一户姓王人家定居于此。人们便把两个王氏家族连同十殿阎君合在一起，戏称"十二王"，后即成村名。

**魏家村** 明永乐元年（1403年），魏氏兄弟二人、刘氏兄弟一人同自山西洪洞县迁来定居。魏氏人多，即定名为魏家村。

### 四、武邑循环园

**李家庄** 据考，明嘉靖年间，一伙姓李的人以铸铁锅为生，流落此处定居建村，人称铁锅李家庄。新中国成立前才定为李家庄。据传李氏原来也是山西移民。

# 第十四节 沿 途 河 流

衡水境内的较大河流有潴龙河、滹沱河、滏阳河、滏阳新河、滏东排河、索泸河—老盐河、清凉江、江江河、卫运河—南运河9条，分属海河水系的4个河系。其中，潴龙河属大清河系；滹沱河、滏阳河、滏阳新河属子牙河系；滏东排河属南大排水河系，索泸河—老盐河、清凉江、江江河属南大排水河系；卫运河—南运河属漳卫南运河系。衡水市南水北调工程建设涉及穿越的河流有滏阳河、滏阳新河、滏东排河、老盐河、清凉江、江江河。

### 一、滏阳河

滏阳河发源于太行山东麓邯郸峰峰矿区滏山南麓，故名滏阳河。滏阳河属海河流域子牙河系，流经邯郸、邢台、衡水，在沧州地区的献县与滹沱河汇流后称子牙河，全长413km，是一条防洪、灌溉、排涝、航运等综合利用的骨干河道。西部位于太行山余脉的丘陵区，西高东低，地面纵坡1/400～1/1000，东部位于冲积平原。历史上，滏阳河水量充沛，曾是邯郸地区至天津的主要航运交通线，直到20世纪50年代中期仍有小型货船往返。此后由于上游工农业用水急剧增加，河流水量大幅减少，河道淤积萎缩，除汛期外时有断流发生，已完全丧失航运功能。

### 二、滏阳新河

滏阳新河位于河北省南部。滏阳河上游多流经丘陵地区，河水中挟带有大量泥沙，进入平原后，河道比降小，水流缓慢，泥沙大量淤积，成为地上河，加之下游河床窄小，一遇大雨，不易宣泄，易形成水灾。1967—1968年，自宁晋县艾新庄引滏阳河水，经衡水到献县，与子牙新河相接。这条新开的人工河道全长33km，起

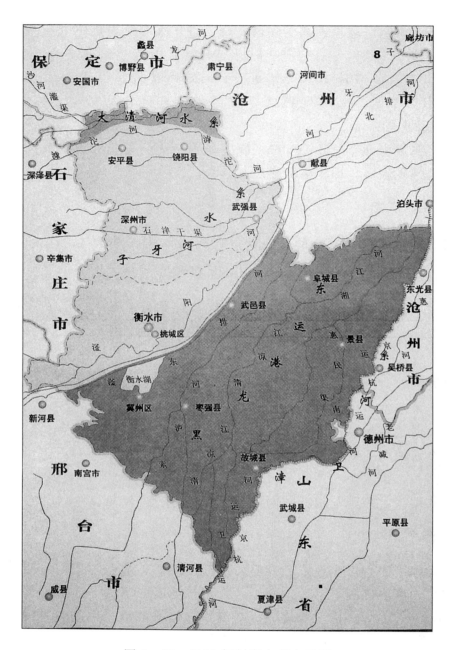

图 9 - 20　2013 年制衡水市水系图

分泄滏阳河上游洪水、减轻子牙河下游泄洪负担的作用。滏阳新河设计行洪流量为 3340m³/s，校核行洪流量为 6700m³/s。

### 三、滏东排河

滏东排河接纳老漳河、小漳河的沥水，是黑龙港流域骨干排沥河道，于 1967—1968 年修筑滏阳新河右堤取土时开挖而成，因河道紧紧并行于滏阳新河东侧而得名。上游起自河北省宁晋县孙家口，下游至沧州的泊头市冯庄闸止，以下分为两支，分别流入老盐河、北排河，干流全长 121km，流域面积 4386km²。流域内地势平坦开阔，西南高，东北低，地貌比较复杂，低矮沙丘、岗坡相互交错，形成许多条带状封闭洼地。域内土壤肥沃，农业比较发达，是河北省粮、棉、油、林果等农副产品主产区。

## 四、老盐河

老盐河在河北省境域东南部，属黑龙港流域。此处盐碱地，常有人刮土制盐，故称老盐河。上源为索泸河，属凉江支流。全长107.5km，河底宽20~58m，排涝控制面积6591km²。设计流量为91~219m³/s，排涝水深3.5~4m，为防洪排涝河道。该河始于清凉店附近石德铁路桥，上游与索泸河相接，东北流经武邑县、泊头市，至文庙汇入清凉江。

## 五、清凉江

清凉江属海河流域，古称漳水，又名黄芦河、清洋江等。清凉江上接老沙河（老沙河起于河北省曲周县安寨）和东风渠（穿漳河引卫河水的大型渠道），以下为清凉江。流经威县、清河县、南宫市、枣强县、故城县、景县、阜城县、泊头市，在泊头市洼里王镇三岔河村有江江河汇入，在泊头市文庙镇文庙村附近有老盐河汇入，再向东在泊头市文庙乔官屯村入南排水河，经南排水河入海。

清凉江，发源于河北省广平县后固寨村北部的后固寨蓄水闸，东南流经肥乡区，后沿234省道入曲周县安寨镇河固村，称东风渠。绕后南流入邱县，至邱城镇附近有沙东干渠注入，至威县牛寨后称清凉江，清凉江行至泊头市三岔河处有江江河汇入，至文庙处有老盐河汇入，至乔官屯接南排河干流，然后东流流至沧县肖家楼，穿肖家楼、穿运倒虹吸、穿南运河入黄骅市，在黄骅市南排河镇赵家堡注入渤海。全长288.8km。多年来，清凉江里的水滋润着两岸的土地。

盛水期，举目远眺，天蓝水清，杨柳依依，花红苇绿，鸟飞鱼跃，美景尽收眼底，充满了田园神韵和自然灵动。清凉江虽然多数时间处于枯水期，但两岸种植了大面积的速生林木，远远望去，形成一个绿色长廊，屏蔽了风沙，净化了空气，美化了环境。为天津输水，又使清凉江恢复了往日的神韵。丰富的水资源，为农业生产创造了优越条件。

## 六、江江河

江江河在河北省东南部，属黑龙港流域。发源于故城县杏基，向北流经景县、阜城县、泊头市，至三岔河村汇入清凉江。全长119km，河底宽8~46m，排涝控制面积2411km²。设计流量140m³/s，排涝水深2.5~4.5m。为季节性河流。除排沥外，兼有灌溉之利。

乾隆十年《景县志》载：江江河，乾隆五年（1740年）与大洋河同时接故城县北上游水入州境，江江村故名，又东北过北江江村入故城县界百余丈，又东北至赵

鲁村入境，又北至王道童，又北至玲珑脊，又北至百碾经西梧村蒋市县故城（今温城也），又东北至司马庄，又北至南牌，又东北至东高经永兴屯流出，向化屯桥下与大洋河合入东光界经青县鲍家嘴入运河，共长一百三十余里。

### 附：根治海河的故事

海河流域是中华民族的发祥地之一，海河水系是华北地区最大的水系，全长1031km，较大支流有300余条，为全国七大流域之一。西起太行山，东入渤海，流经河北、北京等8省（直辖市），总流域面积26.5万km²，其中在河北省12.64万km²，占全省面积的66.4%。衡水市全境属海河流域子牙河水系和南运河水系，流经衡水的滏阳河是子牙河水系两大支流之一。

1949—1963年15年间，衡水域内发生了数次洪涝灾害，尤其是1963年，暴发了历史上罕见的特大洪水，给衡水域内人民生命财产安全造成了巨大损失。"兴水利、除水害"成为了人们的迫切愿望。

1965年9月，衡水县（今桃城区）根据河北省的统一部署，成立了衡水县根治海河指挥部，响应毛主席"一定要根治海河"的号召，吹响了"战海河、除水患"的伟大号角，衡水人民不畏艰难，克服困难，以治理滏阳河为主战场，筑堤坝、疏河道、修沟渠、建涵洞，开挖滏阳新河、滏东排河，筑滏阳新河左右大堤等，掀起了"男女老少齐上阵，数万民工战海河"的治河高潮，成为了水利建设史上的壮举。

# 第十五节　沿　途　道　路

衡水市南水北调配套工程穿越较大规模国道、高速、铁路共计7条。

## 一、大广高速

大庆—广州高速公路，简称大广高速，又称大广高速公路，中国国家高速公路网编号G45，指黑龙江大庆至广东广州的高速公路。

大广高速是一条南北纵向线路，为国家高速公路"7918工程"规划网之一，前身是北京市至河南省开封市的京开高速公路。

线路北起黑龙江省大庆市，经吉林省、内蒙古自治区、北京市、河北省、河南省、湖北省、江西省，南至广东省广州市，线路总长3550km，设计时速80～120km/h，为双向4～6车道加救援车道，为《国家高速公路网规划（2013—2030）》的第五条纵线。

途经主要城市：大庆—松原—双辽—通辽—赤峰—承德—北京—廊坊—衡水—邢台—邯郸—濮阳—新乡—开封—周口—驻马店—信阳—黄冈—黄石—九江—宜

春—新余—吉安—赣州—河源—韶关—惠州—广州，全长共 3550km，于 2015 年 12 月 31 日全线贯通。

### （一）河北省南段

大广高速公路在河北省南段起于廊坊市固安县西玉村（冀京界），经固安县、马庄、保定市雄县张岗、任丘市、高阳县西演、肃宁县、饶阳县、深州市、衡水市、枣强县、南宫市、威县、邱县、广平县东孟张乡、大名县，止于大名县高庄村（冀豫界），全长 407.5km。由大广高速京衡段和大广高速衡大段组成。

1. 大广高速京衡段

该段起自廊坊市固安县西玉村（冀京界），向南经过固安县、霸州市、雄县、文安县、任丘市、高阳县、蠡县、肃宁县、饶阳县、深州市，止于石黄高速公路榆科互通，全长 187.087km。按双向六车道标准建设，概算总投资 100.47 亿元。2010 年 12 月 24 日建成通车。

2. 大广高速衡大段

该段起于石黄高速公路榆科互通，止于大名县高庄村（冀豫界），全长 220.425km，设计速度 120km/h。其中，起点至邓家庄段 33.4km 为利用石黄高速公路衡水支线和衡水至德州高速公路加宽改造，双向八车道，路基宽度 42m，其余路段采用双向六车道标准新建，路基宽度 34.5m。2010 年 12 月 24 日建成通车。

### （二）京港澳高速段

在国家高速公路"7918 工程"规划网中，大广高速河北段是第五条纵线大庆至广州高速公路的重要路段，也是河北省"五纵六横七条线"高速公路网络骨架中"纵三"的重要组成部分。在河北省中南部，共有京港澳、京沪、京昆、大广四条南北大通道。其中，最为重要的一条高速公路是京港澳高速。多年来，随着往来车流的不断增加，仅为双向四车道的京港澳高速早已不堪重负，堵车现象时有发生。大广高速公路的开通，等于为京港澳高速公路增加了一条重要的辅助通道。

大广高速公路是连接东北、华北、华中、华东与华南的交通大动脉，也是京港澳高速公路重要的辅助通道，对改善路网布局将起到重要作用。

## 二、石黄高速

黄骅—石家庄高速公路（简称"黄石高速"或"石黄高速"）是国家高速公路规划重要干线荣乌高速（G18）的联络线，全长约 281km。

黄骅—石家庄高速公路（中国国家高速公路网编号为 G1811）是 G18 国道的联络线之一，全线位于河北境内，已于 2000 年 12 月 10 日全线通车。石黄高速公路是河北省"五纵六横七条线"高速公路规划网的重要组成部分，是推动西煤东运出海，促进冀中平原经济发展和河北省会石家庄经济腾飞的大通道，也是连接国家重点工程黄骅综合大港建设，推动环渤海经济区及中南部地区经济发展的大动脉。石黄高速公路东起黄骅港，西接石太高速公路，与京石、石安、保沧、京沪、津汕等

高速公路相连通，止于石家庄。其中石家庄至辛集段于 1998 年 12 月建成通车；辛集至沧州段于 2000 年 12 月建成通车，沧州至黄骅港段于 2007 年 10 月建成通车。石黄高速全长 281.258km，双向四车道，全封闭、全立交，总投资 65.5 亿元。

## 三、邯黄铁路

邯郸—黄骅港铁路（简称"邯黄铁路"）是邯郸、邢台地区及冀中南、晋中南、鲁西北、豫北及陕甘蒙西南及南部地区至沧州黄骅港的运输大动脉，是河北省内的一条以煤炭运输为主、兼顾客货运输为辅的区域性干线铁路，规划中的濮潢铁路（濮阳—潢川）延长至肥乡连接邯黄线，形成"四纵"中部新的一条客货运铁路大通道，其连接京广、京九两大最繁忙铁路干线，未来还将与京沪铁路相连接。

邯黄铁路技术标准等级为国铁Ⅰ级单线电气化铁路（预留双线条件）。铁路类型为全封闭、全立交，全部控制出入的铁路标准。运行速度为 120km/h，预留 160km/h 运行速度。营运公司总部设于冀州区。

邯黄铁路西端自京广铁路邢台小康庄站向南，引入沙河市新建村折向东后呈直线向东延伸；南端自邯济铁路肥乡站向东与邯济铁路向北疏解后，呈直线向北延伸，两线在鸡泽境内并轨后转向东北方向，途经邯郸、邢台、衡水、沧州 4 市 22 县（市、区），终点至黄骅港装车站并延长入海，线路全长 462.58km，其中正线长 381.7km。全线设有 39 个车站，其中客运站 18 个，年货运输送能力 4000 万 t。

邯黄铁路工程于 2010 年 10 月 1 日开工建设，总投资 168 亿元，2013 年 12 月 23 日通过项目验收。

邯黄铁路为黄骅港又一集疏运的大通道，直接连接冀南地区，通过石太、邢和等铁路可连通山西、陕西、内蒙古等黄骅港广大腹地，对于推进黄骅综合大港建设，加快渤海新区产业聚集，拉动冀中南地区经济发展，打造河北沿海地区率先发展增长极具有重要的战略意义。

## 四、京九铁路

京九铁路线路呈北南走向，北起北京西站，南至香港红磡站（九龙车站）。1992 年 10 月全线开工，1996 年 9 月 1 日建成通车，是中国一次性建成双线线路最长的一项宏伟铁路工程。

京九铁路北起北京，跨越北京、河北、山东、河南、安徽、湖北、江西、广东、香港等 9 个省级行政区的 103 个市（县），南至深圳，连接香港九龙，包括同期建成的霸州至天津和麻城至武汉的两条联络线在内，全长 2553km。京九铁路沿线主要城市有：北京、衡水、聊城、菏泽、商丘、阜阳、九江、南昌、吉安、赣州、河源、惠州、东莞、深圳、香港等。

京九铁路被誉为 20 世纪中国最伟大的铁路工程之一，是中国第五条南北铁路干线。该线北部线路经过地区地势平缓，南部则隧道密集。其中五指山隧道全长

4465m，为全线最长，也是目前（截至 2006 年年底）中国开凿的含放射性物质最多的隧道。京九铁路为双线电气化铁路，电力机车牵引。

2012 年 12 月 17 日，京九铁路全段电气化改造全部完工，改造后的京九铁路可满足开行电力集装箱列车、电力客运列车。

京九铁路是国家重点工程建设项目，它位于京沪、京广两大干线之间，北起北京西站，跨越京、津、冀、鲁、豫、皖、鄂、赣、粤、港，京九铁路建设具有工程艰巨、工期紧张、技术要求高、项目管理复杂等特点。由于各参建单位认真贯彻党中央、国务院关于加快铁路建设的重大决策，经过 3 年多的艰苦努力，使得这条纵贯祖国南北的大干线提前铺通。在京九铁路的施工中，广大参建干部、工人、工程技术人员无私奉献、日夜奋战，用他们的心血、汗水和智慧，写下了可歌可泣的动人篇章，创下了铁路建筑史上的又一丰功伟绩。

京九铁路建成前，我国南北方向主要有京沪、京广和焦柳 3 条铁路，铁路运输能力全面紧张，极大地限制了南北客货运输。京九铁路北连环渤海经济区，中连中原经济区，南连珠三角经济区，中部穿越豫、皖、鄂、赣 4 省，是介于京沪和京广铁路之间的一条重要南北通道。铁路建成后，分担了大量南北运量，使我国铁路网南北客货运输能力大幅度增加。

京九铁路北连京哈等 4 条铁路，南连广九铁路，中间与东西向的陇海等 7 条铁路干线相会，除承担沿线华北、中南地区客货交流任务外，还承担延伸东北、西北、华东等区域之间的跨区域客货交流任务。这条铁路运输的物资大多是煤炭、粮食、化肥、钢铁、石油等关系国计民生的重点物资，为区域协调发展及国家实施经济宏观调控提供了重要运力支持。

京九铁路已经成为我国铁路一条繁忙的铁路大干线。

京九铁路连接北京——香港九龙，途经京、冀、鲁、豫、皖、鄂、赣、粤 9 省市和香港特别行政区，是一条南北干线，对于缓解南北铁路运输的紧张状况起重要作用。同时加强了内地与港澳地区的联系，有利于维持港澳地区的长期稳定和繁荣。京九沿线资源丰富，有粮、棉、油产区，有众多的矿产资源和旅游资源，铁路的建设，将使这些地区直接受益。

京九铁路沿线穿行地区有平原和丘陵，尤其是南段几乎全部在江南丘陵和两广丘陵中穿行，这给铁路施工带来了严峻挑战，除此之外在大别山区还绕开了崎岖地形，促进老区经济的同时，减小了工程难度。20 世纪 90 年代开始建设是因为科学技术的发展，可以克服这些不利的自然因素，为修建京九铁路提供了可能性。同时，建设京九铁路是发展经济的需要。

京九铁路的建设对完善我国铁路布局，缓和南北运输紧张状况，带动沿线地方资源开发，推动沿线经济发展，促进港澳地区稳定繁荣，具有十分重要的意义。

### 五、石德铁路

石德铁路是河北省石家庄市至山东省德州市之间的国铁Ⅰ级双线电气化铁路，

线路正线全长 181.9km，修建于 1940 年 6 月，1941 年 2 月竣工。1975 年 3 月增建第二线，1982 年 12 月 11 日，石德铁路复线全线开通。2006 年 8 月 31 日开始电气化改造，2008 年 10 月 1 日双线电气化铁路正式投入运营。

石德铁路于石家庄站会京广铁路、石太铁路，于衡水站会京九铁路、邯黄铁路，于德州站会京沪铁路、德龙烟铁路，是山西省煤炭外运的重要通道。

## 六、石济客运专线

石济客运专线，简称石济客专，起自石家庄站，终于济南东站，大致与既有石德铁路和京沪铁路平行，是我国"四纵四横"高速铁路网中青太客运专线的中段，同时也是"八纵八横"快速客运通道青银通道的重要组成部分。东接济青高速铁路，西连石太客运专线，主要承担长途跨线客流，兼顾沿线城际客流，为双线客运专线。共设 11 个车站，包括 2 个客运始发终到站和 9 个中间站，分别为石家庄站、石家庄东站、藁城南站、辛集南站、衡水北站、景州站、德州东站、平原东站、禹城东站、齐河站、济南东站。石济客运专线总投资 436 亿元，线路全长 323.112km，正线全长 319km，设计速度 250km/h，规划运输能力达单向 6000 万人/年。

石济客运专线于 2017 年 12 月 28 日正式通车后，青太客运专线将全线贯通，同时预示着中国"四纵四横"高速铁路网中的最后一横正式闭合，将沟通山西省、河北省和山东省。从石家庄到济南最快只需要 2 小时即可到达。

这一区域是人口密集区，经济相对发达的地区，同时需要跨越滏阳新河、清凉江、南水北调东线、京杭大运河、黄河等河道，为此全线将建设高速特大桥 26 座，全长 302.5km，普速特大桥两座 825m，框架结构桥 11 座，长 7.67km，涵洞 75 座长 3160m，桥梁长度约占正线全长的 80.9%。

## 七、106 国道

106 国道（或"国道 106 线""G106 线""京广线"），是在中国华北、华中、华南地区的一条国道，起点为北京市丰台区，终点为广州市荔湾区，全程 2476km，经过北京、河北、河南、湖北、湖南、广东 6 省（直辖市）。

106 国道是国家规划的干线公路，是 G45 大广高速的并行国道，与北京市的三环、四环、公路一环、公路二环相交，是北京市规划路网的一部分，已纳入首都地区总体规划之中。106 国道（北京段）高速公路的建成，对于促进北京市南部地区的经济发展，进一步提高北京市的辐射能力和对外开放水平，彻底解决沿线交通拥堵状况，疏通物流南北向流动，都将具有重要的意义和深远的社会影响。

# 第十章
# 艺　文

衡水因水而生、因水而兴。在悠久的历史上留下了很多与水有关的作品，今收录部分以彰显治水的优良传统。更重要的是，穿流在衡水大地上的南水北调工程，是衡水有史以来水利建设的巨大工程，引起了社会各界特别是广大文艺爱好者的关注，他们深入工地现场，感受那轰轰烈烈的劳动场面，了解了那些艰苦奋斗的英雄人物，激起了强烈的创作热情，创作各种文艺作品，描绘出一幅幅真实而生动的历史画卷。这不仅是对衡水市南水北调工作的真实写照，更是对中国特色社会主义新时代的热情颂扬。

# 第一节 古 代 诗 文

历史上很多地域官吏、文人墨客对衡水水利有关情况，给予了关注和记述，今摘录部分如下。

## 一、古代文记

### 老龙亭新闸记

〔清〕陶淑

去城西南里许，曰老龙亭，又曰南田。广袤数十里，地衍势凹，为众流委注。西有县属绳头等庄之水，东受盐河，南接海子，每遇霖雨，三面积水皆汇，汪洋浩淼，弥漫无际，夺民稼穑之地，成巨津焉。父老告余："此潦水也深为民患，顾无力以处此。得于老龙亭堤埝建闸一座，则数十村皆膏壤也。"予周行相度再三，高下原隰，了然在目。父老之言，不余欺。乃绘图议请于诸大吏。乾隆二十九年，制府方公奏请兴筑，得动公帑八千五百余两，以檄委予。是时余甫到任，他务弗遑，奉行唯谨，乃大召匠氏，戒卒徒，朝夕趋事，计金、木、土、石之工百有余人，输木千章，铁以均计，石材凡数千有奇。基纵十三丈，横三丈。闸门三空，面阔一丈六尺，深一丈八尺。东西坝台二座，木桥三座，闸板六槽，上下方广皆如法。经始于是年春首，越九月告成。惟是衡界大陆，滏阳、漳沱之冲，居民田庐，皆藉堤埝以防水患。堤外为河，堤以内为渚，两面皆水，日冲月消，不惟洼地渐成湖泊。即一带长堤，易致溃决。今建闸于老龙亭之堤，则水出入甚便。洼水渐积，则启而宣泄之。大雨暴涨，则闭而堵塞之。各随其时，水不为患，迩来，年谷顺成，高下丰收，民乐其业。夫费出自公家，而利归于小民。余适宰斯土，得尽一日之劳，而为吾民万世之利，盖深有厚幸焉。故乐得而为之记。

（录自清乾隆年间《衡水县志》卷十二"艺文"）

### 重浚惠民渠记

〔清〕张华年

水利为立政重农之本，贤士大夫无不极讲焉。故疏瀹决排，行所无事，凡皆以利为本。利得则害除，害除而利大矣。景固下隰，方幅百里，地势平衍，无所施其引溉，其利宜泄。德州、故城上游沥水，渝溢入境，田畴庐舍几被沦胥，民社城垣，屡遭侵啮。往时筑护城堤，仅固吾围，而环带汪洋，罔知归宿。前明宣德间，州大夫刘公深，自城北堤外开渠导入千顷洼，直达交、青，由运入海，久复不治。

嘉靖间，马公进阶，更自城南堤外，转西而北，凿渠引注，民怀其惠，号其渠曰"惠民"。盖治功成而颂声作也。隆、万间，卫河水决。许公东周复自城东堤外忧矣。

本朝顺治十年，河决老君堂、罗家口，水势浩瀚，护堤崩溃，城复于隍王公瑞驾舟督浚，积水顿消。康熙四十二年，恒雨为灾。周公铖疏渠拯溺，民始又安。是我州之利害集于惠民渠之通塞，不大彰明较著矣乎？虽然，智必出于几先功，每成于善后。临事而图者，非哲也。苟且幸安者，非忠也。雍正四年，赵公弘烈博谘水利，伯兄嵩年具图贴说，请浚惠民渠，持议恺切，寝不果行。乾隆二年、四年，叠被水患，民甚困迫。杨公裕祖，计欲永除其病。绅士吁请如嵩年原议，甫筹集事，被论去官署篆。程公士薮，如议浚之，乃于上游众水来归之处，南曰大洋村，西曰江江村，各穿一渠，以杀水势。其起自大洋者，沿古道穿凿，直抵城南，故渠以收南来之沥水；其起自江江者，绕西北屈径而达于向化屯桥下，与大渠合，以收西方漫潴无垠之水。工未竣，而海虞屈公成霖以进士来守兹土。下车周览，喟然曰："大洋、江江州之气口也，惠民其腹背，千顷洼其尾闾也。血脉常通，何由入爰踵？"其事益加畚锸，而工始告成，即地起名曰：大洋河、江江河，示不忘所自也。嗣于乾隆十年缮完城役之后，排筑护城堤，延袤一十六里，又访许公所开城东水道，疏浚支河，达于大渠。自是，一州之水，悉汇惠民渠，东北入千顷洼，而水患可永息矣。此固讲其事，于几先而不安于苟且者也。

公之惠民，不与刘、马诸贤牧，先后一揆而集其成也欤！华年宦游四方近归梓里，睹我公兴举废坠，善政多端，而水利事修尤农工之切，务生民之大命也。我州少之服畴食德，拜公之惠，颂公之绩者，其能一日去诸怀乎？是为记。

（录自清乾隆年间《景州志》卷六"文苑"）

## 武　强　天　平　沟　记

〔清〕贺涛

武强县治东，旧有渠名天平沟，起自县之西，将至城折而北，趋献县以达于滏。岁久湮塞，比岁苦水患。

光绪十九年秋，武强告饥于州。州牧太仓钱公亲行县视灾，问民所欲，咸以复天平沟为请。公归为书问县：沟长几十里？其宜施工者几所？起讫积若千丈？深广以丈尺计者宜几何？下游两堤增高厚宜几许？并沟几乡，量田使分治，濒沟田有几？其委在献，工之施于彼者何方？具以州书询县人。

于是吾族子嘉楠墨俦，寻访沟旧迹，测量地形，察采众论，条书所问，具图说以告。

明年，公列状上大府，请白金五千，僦民治沟，既得请，则疾驰到县，与献令期境上，周视工所分界赋役。众情欢跃若急。已私四月某日始作，某日卒事。沟起吾县西，东至献之三汊口，六千五百二十六丈，深六尺，广二丈尺，底杀四之一而强。堤自三汊口上至吾县界首，四百四十九丈，高五尺，址厚二丈，面得六之一而弱。尽斥所请五千金无赢缺，而种树以止侵占，为桥以便往来。则令民自为岁时修浚之约，因所分界，责之两境民深广一视，今所为岁，三月各报所宜修浚工于县，县亲督巡如约，则以达于州，其费令民自给。迄今三年，水不泛滥，连岁丰穰，民困用苏。

县志载，天平沟五其四已湮灭。今所复者其一也。乾隆四年、道光五年、咸丰元年，屡修之。今乃有迹可寻。其工旋修旋废，未尝久获其利也。盖县既僻，左患虽巨，特雨潦所积，治水者莫及焉。守土吏以非薄书所急，亦听其自废，熟视而不问，其为之者，又仅张皇目前，不思善其后，故此沟久不复，而民坐受困。今所兴治，其深广皆加于县志所载，又能疏瀹不失时，而数十里沮洳庳下行潦之区，遂为沃壤，连岁收获倍高田。然则委岁丰歉于天，以为不尽关人事，岂不诬哉？

墨侪书来，请记公成绩。予既喜吾县去宿患，又慨兴事之难，而废之之易也。为记其本末，俾吾县人无忘始事之劳，而永守贤君约束勿怠，则无穷之利也。赐进士出身刑部江苏司主事邑人贺涛撰，廪生张宪寿书。

（录自《深州风土记》记十一下之下"金石"）

## 冀州开渠记

〔清〕贺涛

滏水自西南来，至州北境，折而横亘衡水界中。县城俯其南，并岸而西四、五里，左转至州城东，地洼下，广五里，狭亦不减三里。北二十余里，隶于县者，名衡水洼；南十余里，隶于州者，名海子。州东北之水潦汇焉。城西十余里少北，有泊名尉迟潭。水之来自西南者，委之不能容则溢。而旁趋与东北之水合。而城南之九龙口，亦受州南之水，挟以东注，众水所潴，遂为巨浸。乾隆间，方敏恪公道使入滏，立闸以为闭纵。嘉庆、道光间犹稍疏瀹。后弃不修，闸已圮坏，水遂莫而不行。而冀东衡南之地，无阡陌疃轸，而为耒耜所不加者，盖十余万亩也。桐城吴挚甫先生，既知州事，欲开渠通滏复方敏恪公旧迹，亦未尝不虑民力之凋弊，官帑之匮竭，而惧功之未易就也后行部按巡其地，水方盛，纵横演迤于数十里中。念疲氓久罹重灾，怛然闵伤不能自已。光绪十年二月兴工。经始于下流，递进而南，抱城右旋，过九龙口北，迆西达尉迟潭，六十余里。十月工毕。明年复深之。又明年广之。广七丈余，底杀三之二，深丈余，堤高五尺，厚倍之，或三之。置桥八。于旧闸处设闸，高二丈四尺六分，去一以为广。费白金十万两。司其事者州人张君廷湘、张君增艳，县人马君景麟、刘君玉山、深张君廷桢、武强贺君嘉楠先生之甥苏君必寿，诸君皆占毕之士，性朴而力勤，赋丈受役，缩盈汰冗，人毋刻休。材不寸弃，既讫工。有久治河者见之叹曰："此役属他人者非三十万金不能卒事也！"渠善淤，岁请白金二千两于盐运使，为修浚之费。后又置白金万两，取息助工，仍属其

事于州人与斯役者。使贺君定章约，以为经法。水既有归，田皆沃饶。今七、八年，所获倍蓰所费。而夏秋水盛，舟楫往来，商旅称便，州境遂富。于初工之初兴，人苦烦扰，或妨其私，怨菌并作。至是，皆歌颂之。时国用空乏，行省鲜借余。大灾、要工犹不能赡。冀以僻左之地，故无河害事，非所急而遽思兴作。仰给于官，议者颇疑事之不集。先生躬谒大府，退而上书执格，则更端以进，违覆十反，制军合肥相国李公，故重先生。而先生仁民恫患，迫于诚心者尤足感人。故终听先生所为，人不得而间之。而其功遂成，吏治颓坏久矣。其号称良能，率如职而止，或择事有美名，易见功，绝无怨咨者，张皇之动人耳目，而实无裨于民。至于利害，所在元元，托命为之，甚难且易。得过不为，亦不亏所职，则漠然不以厝意。官勤而事愈废，政美而民愈困，岂非俗吏拘文法，而循吏多伪饰，为势所必至者哉！先生独行志学，无所趋畏，苟利于民，虽薄书所不责，计课不以此殿，最无速功近效，而不悦于人。甚或忤上官之旨，亦必毅然为之，以要其成。故所措施于州者，有百年之利。若责以吏事，参之时论，则较号称良能，举高第而得显名者，或不逮也。涛惧先生所为，或不见谅于时，故推言之，以明先生之志。至于新渠之利效已验白，无烦深论。谨述颠末，使后人无忘其始，善持其终而已。而州人士心，先生之心，造福乡里，其功勤不可没，亦备列焉。

（录自民国 18 年《冀县志》卷三）

## 二、古代诗歌

### 滹沱见蕃使

〔唐〕李益

漠南春色到滹沱，
边柳青青塞马多。
万里江山今不闭，
汉家频许郅支和。

（录自清乾隆《衡水县志》）

### 滹　沱　河

〔宋〕文天祥

过了长江与大河，
横流数仞绝滹沱。
萧王麦饭曾仓卒，
回首中天感慨多。

（录自清乾隆《衡水县志》卷十四"艺文"）

## 信都竹枝词（五首之一）

〔明〕石九奏

漳河水浊滏河清，

二水同流静不争。

中有鲤鱼长尺半，

为郎办作解醒羹。

（录自清乾隆《衡水县志》卷十四"艺文"）

## 晚驻凌消村❶

〔明〕王英

传道曾冰合，

翩翩汉骑过。

山川犹自昔，

风景近如何？

草树含青霭，

凫鹥沉碧波。

渡头斜日暮，

处处起渔歌。

（录自清道光《深州直隶州志》）

## 卫水飞帆

〔明〕时廷珍

长河如线水三篙，

江北江南几万艘。

百幅帆开风叶健，

连樯棹拥浪花高。

千秋泽国常输粟，

一统天家重视漕。

青雀黄龙衔尾进，

岸傍翘首望旌旄。

（录自清光绪《故城县志》卷十二）

---

❶　凌消村在今深州市北溪村乡。

## 饶阳怀古

〔清〕侯珏

昔日饶阳地，
风情慷慨多。
炊烟犹豆粥，
春雨见滹沱。
戍古流莺语，
亭空牧马过。
可怜东汉业，
旧暮满渔歌。

（录自清光绪《深州风土记》）

## 长河枫叶

〔清〕徐恪

索泸河水尽，
秋树老云根。
青女霜千杵，
红梨叶半村。
雨淋沙改尾，
风落寨留门。
为问巫山客，
凋伤且未论。

（录自清嘉庆《枣强县志》卷十"艺文"）

# 第二节　现　代　诗　文

衡水南水北调工程吸引了众多的文艺工作者，创作出很多文艺作品，反映了衡水水利的可喜变化与成就，今将部分优秀作品收录如下。

## 一、评论通信

### 南水北调的古往今来

周魁一

中国缺水，北方尤为缺水，已成为人们的共识。

北方缺水并非自今日始，华北水资源匮乏局面至元代之后愈加明显。元、明、清三代定都北京，海河流域人口增加，粮食供应压力加大，为了缓解北方粮食供给的困难，不断有人提议在海河流域兴修水利，将一些低洼荒地改造成为水稻田，就近解决粮食困难。其中规模较大者有明天启二年（1622 年）董应举❶在天津至山海关一带屯田，开田 18 万亩，一度"积谷无算"。清代雍正初年又大规模实行，从雍正三年到五年开发出 60 多万亩水田，"每亩可收谷五、六、七石不等"，每年可得稻米 30 多万石。但是好景不长，由于海河流域水资源本来就短缺，加之降水年际和年内分布变化都很大，若雨水较丰沛和适时，原本低洼易涝地区水稻田可获丰收，否则只好望天兴叹。于是乾隆皇帝总结道："从前近京议修水利营田，未尝不再三经画，始终未收实济，可见地利不能强同。"大范围开发水田，显然不适合本流域气候、地理条件，超出了本区域水资源承载能力。

本地物产满足不了京师的粮食和物资供应，只好另寻其他出路，由南方调运是简便的途径，对于大吨位的粮食，自然又以水运最为节省。所以，当元朝刚刚定都北京，在尚未结束与南宋战事的时候就开始谋划开通京杭大运河。首先由郭守敬❷实测黄河、淮河和海河下游地形相对高程，"乃得济州（今山东济宁）、大名❸、东平❹、汶❺、泗❻与御❼相通形势，为图奏之"，得到京杭运河有条件贯通南北的结论。运河贯通后，由于水源困难，元代每年由运河运粮北上只有几十万石，其余部分由海运补足。明代永乐年间改道大汶河❽向南，由南旺❾接济运河，明清之际，每年由江南漕运北京的粮食（以稻米为主）都在 400 万石上下，解除了北方缺粮的困境。不过粮食是靠水种出来的，北方缺水、缺粮，只好从南方调粮。按当前灌溉用水平均水平，每生产 1t 稻米需水 2700m³，明清时期每年 400 万石稻米，大约需水 8.1 亿～9.72 亿 m³。按 1956—1998 年海河水文系列计算，元、明、清时期每年

---

❶　董应举：1557—1639 年，字崇相，号见龙，闽县龙塘乡（今属连江县）人。明万历二十六年（1598 年）进士。

❷　郭守敬：1231—1316 年，字若思，顺德府邢台县（今河北邢台县）人。元朝著名天文学家、数学家、水利工程专家。

❸　大名：明代为中书省大名府，位于河北省东南部，今隶属邯郸市。

❹　东平：明代东平州领辖汶上、东阿、平阴、阳谷、寿张 5 县。今东平县隶属山东省泰安市。

❺　汶：古水名，又名大汶河。大汶河发源于山东旋崮山北麓沂源县境内，汇泰山山脉、蒙山支脉诸水，自东向西流经山东莱芜、新泰、泰安、肥城、宁阳、汶上、东平等县、市，汇注东平湖，出陈山口后入黄河。

❻　泗：为泗水，又名淇水，发源于山东省蒙山南麓，经山东泗水县、曲阜市及兖州市注入山东省南阳湖。

❼　御：御河。

❽　大汶河：见注释❹。

❾　南旺：镇名，属山东汶上县，位于任城、嘉祥、梁山、汶上 4 县交界处。

生产漕粮需水相当海河流域多年平均流量的 3.7％～4.4％，按照目前国际通行标准，已占到海河水资源适宜开发利用量的 10％ 以上。可见调粮即调水，物流乃水流，南粮北运的实质仍然是南水北调，表面没调水，却暗含着虚拟水的实际。此外，南水北调工程本身也是对历史的继承。东线工程输水干线有 90％ 的河道和水库利用了当年京杭运河的河道和湖泊。

近几十年随着社会的发展，人口和用水量均逐级递增。南水北调受水的华北地区，人口密集，耕地面积、粮食产量、人口和国内生产总值均约占全国的 1/3，而这个地区水资源总量仅占全国 7.2％，人均水资源占有量仅为全国的 1/5，是我国水资源承载力与经济社会发展最不相称的地区。由于缺水，黄淮海地区每年经济损失高达 4700 多亿元。而首都北京的人均水资源占有量仅相当于全国人均的 1/8，是世界人均占有量的 1/30。地表水不足，只好加大地下水开采。二三十年前京郊农民打井，5～10m 就见水；如今打 100m、200m 都未见得有水。公主坟一带井深至基岩也见不到水。和北京、天津一样，干渴的河北大地已开通 90 多万眼机井，1984 年以来每年超采地下水 50 亿 m³，至今累计已超采 1000 多亿 m³，浅层地下水枯竭，只好开采难以回补的深层水，邯郸、沧州一带机井井深常在 500～600m，由此造成地面沉降，海水入侵，居民健康受到损害。无休止地汲取地下水，无异于饮鸩止渴。

"不谋万世者，不足谋一时；不谋全局者，不足谋一域。"古人的警语极言战略部署的重要。鉴于我国资源蕴藏与经济发达区分布的不协调，近年来政府先后规划了"西电东送""西气东输""北煤南运""南水北调"的大手笔。与能源的全国范围调剂相比，水资源调剂更加重要。因为"水是生命之源、生产之要、生态之基"，南水北调工程更成为国家战略性基础设施，是事关全局和保障民生的重大战略举措。

南水北调将成为华北经济发展的生命线，但是今后华北地区城市化进程还要加快，人口随之增加，单靠外流域调水尚不能根本解决华北地区水危机。因此，在兴建调水工程，调剂水资源自然分布的基础上，一定要全面推进社会合理利用水资源，调整经济结构，注重节约用水，以适应水资源短缺的现状。对千里迢迢调来华北大地的长江水资源，尤其要落实最严格的水资源管理制度，严格执行中央和国务院水资源管理的精神，像对待国家粮食安全一样严格水资源管理，像抓好节能减排一样抓好节水工作。要统筹生活、生产、生态用水，建立健全水资源管理责任和考核制度，这是事关中华民族长远发展、事关子孙后代福祉的历史任务。

南水北调工程最终将通过东线、中线、西线三条线路，分别从长江下游、中游和上游调水北送，东线、中线一期工程建成后多年平均调水达 170 亿 m³，与长江、淮河、黄河、海河流域共同构建我国"四横三纵、南北调配、东西互济"的水资源的总体格局。最终东、中、西三线调水规模近 450 亿 m³，相当于黄河的多年平均水量，这是全国范围水资源布局的调配和创新。《易经》指出："易，穷则变，变则通，通则久。❶"穷是发展到极端，穷极则思变，变通了，于是可以久长。怎么变通呢？"变通者，趣时者也"，趣时即趋时，也就是现在通行的说法——与时俱进。此后，以都江堰、郑国渠、灵渠为代表的大型水利工程都是与时俱进的产物。为了缓解华北干旱缺水的困窘，近700年来也曾先后多次实行大规模的改良努力，在海河流域兴建农田水利工程；兴建联系南方经济中心和北方政治中心的京杭大运河，通过大规模调运南方的粮食，缓解北方紧迫的水资源供需矛盾，但都由于自然条件的限制而最终失败。如今，我们实现了在全国范围统筹南北东西跨流域调配水资源的宏大计划，不啻是亘古未有之丰功伟业。

## 南水北调传承中国文化

### 贾君洋

水是生命之源，没有水，一切都无从谈起。

早期人类逐水而居，城市一般都依水而建，在河流之滨修建沟渠等调水工程，以解决灌溉、饮水问题，同时还解决了运输问题。

据记载，在古代原始的"火耕水耨❷"阶段，先民们便"烧荆行水，利以杀草；如以热汤，可以粪田畴，可以美土强"（《礼记·月令》）；大禹治水时，曾"尽力乎沟洫"（《论语·泰伯》），"决汨九川，陂障九泽，丰殖九薮，汨越九原……能以嘉祉殷富生物也"（《国语·周语》）。

上述记述说明，早在原始社会末期，中国先民就已发明了沟渠调水工程技术。在生产实践中，中国先民受到水往低处流运动规律的启发，尊重自然规律和科学规律，发明并修建调水工程，从而大大促进了经济社会和文化繁荣发展。

美国历史学家斯塔夫里阿诺斯在《全球通史》也有类似记述：东周时期修建了大批调水工程，以及为长距离运送大批商品而进行的运河开挖和西北干旱地区的灌溉工程。

从古至今，中国人治水终极目标无非是兴利除害，其中兴利主要是高度重视修建调水工程，把调水工程作为传承中国文化的慧命龙脉，以解决水资源空间分布不均衡问题，不断提高生存发展条件和生活质量水平，达到区域经济社会协调发展的目的。中国水资源分布不均衡，主要表现为时间和空间两个特征。从时间上说，受5—9月集中降雨影响，基本状况是夏季水多，冬季水少。从空间上说，东南沿海向西北内陆方向水量逐渐减少，基本状况为南方水多，北方水少。

---

❶　易，穷则变，变则通，通则久：出自《周易·系辞下》，意为事物发展到了极点，就要发生变化，发生变化，才会使事物的发展不受阻塞，事物才能不断地发展。说明在面临不能发展的局面时，必须改变现状，进行变革和革命。

❷　火耕水耨：耨，除草。古代一种原始耕种方式。

司马迁《史记》中的《河渠书》记载："荥阳❶下引河东南为鸿沟，以通宋、郑、陈、蔡、曹、卫，与济、汝、淮、泗会。于楚，西方则通渠汉水、云梦之野，东方则通鸿沟江淮之闲。于吴，则通渠三江、五湖。于齐，则通菑济之闲。于蜀，蜀守冰凿离碓，辟沫水之害，穿二江成都之中。此渠皆可行舟，有余则用溉浸，百姓飨其利。至于所过，往往引其水益用溉田畴之渠，以万亿计，然莫足数也。西门豹引漳水溉邺，以富魏之河内。"

司马迁作《河渠书》对后世作者产生了深远影响，开创了正史修撰河渠的传统。这一著述河渠的传统，先由东汉班固《汉书·沟洫志》以成之，而后由《宋史·河渠志》《金史·河渠志》《元史·河渠志》《明史·河渠志》《清史稿·河渠志》等继之。中国自古以来注重河渠史的传统，充分表明了调水工程慧命龙脉对中国历史文化的传承延续。

春秋时吴国开凿邗沟，战国时魏国开凿鸿沟。秦始皇嬴政十分重视发展调水工程，批准修建了郑国渠。汉武帝时，更是把兴修调水工程放在治国兴邦的重要位置，先后开凿了漕渠、河东渠、龙首渠、六辅渠、白渠、灵轵渠、成国渠等。三国时曹操开凿白沟、平虏渠，西晋开凿杨夏水道，隋代开凿南北大运河，元代开凿京杭大运河……其中，最为著名而且至今仍发挥作用的运河是京杭大运河。

沿着历史足迹，遵循传统文化，中国如今兴建了南水北调——世界上最大规模的调水工程。这条慧命龙脉传承的是解决中国水资源南方水多、北方水少空间分布不均衡的自然文化，运用水往低处流运动规律的科学文化，实现华北地区经济协调发展的社会文化，连通长江、淮河、黄河、海河四大江河水系的生态文化。正如司马迁《河渠书》记载修建河渠调水工程的历史传统文化一样。

从人类与水和谐并存共荣的历史可以看出，依靠河流水系建设的大量调水工程，极大地方便了人类的生产生活，推动了经济繁荣和社会进步，孕育与传承着丰富、深厚的自然、科学、社会和生态历史传统文化。

## 只为江水滚滚来
### ——衡水南水北调工程建设综述

刘金桥

曾有人称，南水北调，难于上青天。

这是一场绵延千里、声势浩大的水资源优化配置战役，更是一场需要大家齐心协力的战役。

一部南水北调建设史，蕴藏着太多感天动地、可歌可泣的故事，值得载入史册。

---

❶　荥阳：位于河南省中北部。今隶属郑州市。

## （一）

南水北调作为当代最为宏大的水利工程，事关沿途百姓的生存和发展，尤其是对衡水这样一个典型的资源型缺水地区来说，可谓是衡水未来生存和发展的战略性工程。

根据水文资料统计，衡水市多年平均年降雨量约495mm，年蒸发量高达1557mm，人均水资源量仅148m³，占全省人均水平的47.6%，全国平均水平的6.7%，世界水平的2%，在河北省11个地市中最低。

没有水怎么办？除了引黄、引卫、引岗黄水库的外来水，就不得不依靠超采地下水来保证供水。自1969年开始，衡水市开展了大规模的机井建设，每年的地下水超采量达到8亿～10亿m³。受此影响，自1974年开始出现了冀枣衡地下水漏斗区，目前已经扩展到衡水全境，并与周边漏斗区相连，逐步形成了一个面积约4.4万km²、中心埋深120m的复合型漏斗，衡水便处于这个漏斗超采区的"斗底"。

地下水超采，本身就是对大自然规律的一种挑衅。地下水位逐年下降，不仅给农业生产带来了严峻考验，还造成了地面沉降，铁路、公路、桥梁等地面建筑物基础下沉、开裂，地下管道等断裂，机井报废，河道行洪、排沥能力降低等一系列环境问题和地质灾害。

水资源短缺已经成为制约衡水市经济社会发展和生态环境改善的重要因素。因此，衡水市急需找到一个长久的外部水源，来解决经济社会发展和生态环境等方面的隐患。

衡水市委、市政府对此高度重视。2003年，衡水市成立了南水北调工程建设委员会办公室，专司南水北调中线工程有关事宜。同年，进入了前期规划勘测设计等项工作。与河北省其他地市不同的是，衡水市没有水库作为保障水源，而衡水湖作为蓄水、调水、供水的中转站，目前尚不具备调、蓄、供条件。但从长期发展看，建设衡水湖调蓄地又很有必要。为此，衡水市南水北调配套工程的前期工作，经历了相对漫长而又复杂的过程。

1994年，南水北调工程中线工程衡水地区配套工程开始规划，2003年，南水北调工程中线工程衡水市配套工程开始勘测设计，2011年底，编制完成水厂以上输水管道工程可行性研究报告初稿，2014年9月，衡水市南水北调水厂以上配套工程的可研性报告和初步设计全部批复。期间进行了十几套线路方案的比选以及多次专家审查，相继听取多部门意见，经过反复科学优化、修改论证、补充完善，才确定了最优输水方案。

衡水市南水北调配套工程分水厂以上和水厂以下两部分，其中水厂以上输水工程包括跨市干渠和输水管道两部分，涉及衡水市的跨市干渠工程为石家庄、衡水、沧州三市共用的石津干渠工程，全长253.3km，承担着向石家庄市、衡水市和沧州市的供水任务。按照不同的分水口门位置，衡水市配套工程共布置6条输水管线，其中从衡水支线引水的线路共2条，分别是傅家庄左口门至衡水市区、工业新区、

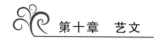

武邑县输水线路和傅家庄右口门至冀州市、滨湖新区、枣强县、故城县输水线路。从沧州支线引水的线路共4条，分别是和乐寺分水口至安平县、饶阳县水厂输水线路；深州分水口至深州市水厂输水线路；武强分水口至武强县水厂输水线路；阜城分水口至阜城县、景县输水线路。水厂以下工程建设包括两部分，即各县（市、区）地表水厂建设和输水管网配套改造。

衡水市南水北调配套工程建设吹响号角，一场只争朝夕的大会战全面展开。

### （二）

衡水市委、市政府将南水北调配套工程建设列为全市重点建设项目，所有相关部门展开了一场与时间的赛跑。

工程开展以来，衡水市委、市政府主要领导和主管领导多次作出重要批示，多次召开会议进行安排部署，对可研、征迁、水环境保护、资本金筹措、水厂建设等重大问题专门研究。

2013年11月6日，在南水北调配套工程征迁安置工作会上，市政府主要领导强调，在做好征迁安置工作的同时，要抓紧启动南水北调其他后续工作，确保如期完成南水北调各项工程建设任务。在11月26日召开的河北省南水北调工程建设委员会第五次全体会议上，衡水市政府主要领导再次提出，以更加积极的态度，更加扎实的措施，强力推进南水北调配套工程建设，确保严格按时间节点要求圆满完成下达衡水市的各项工作任务。

衡水市政府分管领导多次亲临南水北调工程征迁和建设工地，对征迁安置和先期开工的项目进行调度，要求先期开工县（市）要进一步加大力度，加快进度，勇于探索、敢于创新，为衡水市南水北调配套工程建设积累经验、做好示范。

一渠清水，承载着无数建设者们的艰辛；一抹清泉，凝结着众多一线工作者们的汗水。在工程建设过程中，太多人为之作出了不懈努力和巨大牺牲。各级征迁干部为实现和谐征迁一遍遍耐心细致地做群众思想工作；广大工程建设者面临时间紧、任务重、困难多的现实，为如期完成工程建设任务日夜兼程、迎难而上；工程建设管理者不分白天黑夜、严寒酷暑，处理着一个又一个工程技术难题，为工程建设殚精竭虑、无怨无悔。

### （三）

千秋大计，质量为先。衡水市南水北调配套工程投资大、任务重、影响广、工期紧，衡水市南水北调工程建设科肩负着工程的招投标及工程建设等管理工作，需要协调参建的设计、监理、施工、制造、检测等各方，工作繁重复杂。"1%甚至0.1%的缺陷都可能会带来100%的问题，所以，我们必须从每个细节上严格控制工程质量，让工程经得起历史考验。"南水北调办公室工程建设科袁勇如是说。

工程建设中，袁勇负责具体协调解决工程建设过程中的各类问题。工作强度大，要求完成的工作标准高。"这是我自参加工作以来遇到的最大一次挑战"，袁勇坦言，"面对繁重的工作内容，必须保质保量完成各项任务，否则，工程干不好，一定会被子孙后代指责！"为了高标准、高质量完成工作，他主动放弃节假日，经常晚上加班加点，写材料、定计划，研究工程各项技术问题。

质量是南水北调工程的生命。南水北调配套工程线路长、工期紧、建设管理任务重，技术问题容不得出一点纰漏。2014 年 11 月的一天，由于工作劳累过度，袁勇患上了重感冒，咳嗽了一个月仍不见好，本计划请假去医院好好检查一下，但突然接到通知，施工现场因设计和现场情况不符，技术方案需要重新调整。他二话没说，立即邀请设计单位、监理单位和施工单位到现场协商。工程技术问题十分复杂，一个数据不对，直接影响整体工段的设计。计算、核实、协调、审批需要数天时间才能完成，于是他白天到现场测量，夜间与施工、设计、监理单位研究确定最佳的施工方案。由于天气寒冷、休息不足，袁勇的感冒越来越严重，只能晚上打吊瓶，白天坚守一线，这样一待就是 3 天。同事看在眼里，心疼不已，劝他回去休息几天。但他却说，我的这点小病，和国家大工程相比，孰轻孰重？等攻破技术难题，我才能放心。

制度是建设管理的标尺。为加强衡水市南水北调配套工程的建设管理水平，确保工程质量、安全、进度和投资效益，衡水市南水北调办公室先后编制了《衡水市南水北调配套工程建设管理办法》《衡水市南水北调配套工程工程进度及技术管理工作制度》《衡水市南水北调配套工程工程质量管理工作制度》《衡水市南水北调工程项目部建设廉政守则》《衡水市南水北调配套工程建设管理项目部职责》《衡水市南水北调配套工程项目部例会工作制度》等一系列工程建设管理规章制度，为实现工程质量和进度目标奠定了制度基础。

自南水北调工程开工以来，衡水市南水北调办公室对工程质量常抓不懈，坚持定期巡查和不定期抽查相结合，对施工过程的重点部位建设情况始终做到全记录，质量好坏全部用数据说话，不讲人情只认科学数据，确保了衡水市南水北调配套工程的建设质量。

### （四）

倒计时牌日夜闪烁，跳动的数字让施工工地成了气氛紧张的战场：这场大会战，正一个节点一个节点地显示着成效。

衡水市民能否如期喝上长江水，南水北调配套工程两大难点即国道 106 和滏东排河两大穿越工程是关键。2015 年 6 月，两大穿越工程相继完成，为如期实现通水创造了条件。

6 月，衡水市南水北调配套工程第三设计单元二标段 4.8km 硅芯管吹缆施工一气呵成，这在河北省南水北调配套工程吹缆施工中尚属首次。

8 月，作为南水北调配套工程的重要节点，衡水市 6 座加压泵站工程已有 5 座

完成主体工程，冀州市傅家庄加压泵站已初步具备供水条件。

9月，除衡水市区段线路外，水厂以上工程已完成主体工程。

10月，河北省南水北调主要配套工程——石津干渠输水线路主体工程已基本建成。

11月1日，随着河北省南水北调骨干配套工程—石津干渠输水工程的整体完工，衡水市石津干渠压力箱涵（衡水段）工程已开始正式试水，这也标志着南水北调水正式进入衡水市境内。

12月6日，衡水市南水北调市区线路穿越滏阳河工程，顺利完成了定向钻穿越施工。该工程是南水北调衡水市区线路的重要节点工程，直接影响衡水市区滏阳水厂通水，关系着衡水市区40多万人民的饮水安全问题。

截至2015年12月29日，衡水市水厂以上工程除市区线路段受征迁影响、正抢赶进度外，其他输水线路基本完成。

南水北调工程的实施，每年将为衡水市引来3.1亿 m³优质长江水，不仅能基本满足工业和城镇生活用水，还将取得良好的经济效益、社会效益和生态环境效益。

对于工业经济而言，南水北调工程的实施，通过改善水资源条件，将在一定程度上使产业经济发展摆脱缺水的束缚。市域内各县（市、区）均有工业园区，引江实现后将促进生产力布局的合理调整和新产业基地的形成，为地方经济增长起到至关重要的作用。

农业经济方面，可以促进农业产能进一步释放。衡水市是全国重要粮食高产区，拥有多个国家级粮棉生产基地。长期以来，为了保证城市供水，衡水市一直在以牺牲农业用水为代价。因此，农业潜能远远没有释放，农业后续产业的优势难以发挥。南水北调工程实施后，被占用的农业用水将会置换出来，农业生产环境改善，综合生产能力将得到迅速提升。尤其是对桃城区、饶阳县、阜城县、深州市等县（市、区）的特色农业、高效农业和农副产品深加工的发展创造更加有利的条件。

生态环境方面，南水北调工程石津干渠和军齐干渠段采用明渠输水的方式，为了保护输水水质，在主干线两侧宽50m的地带将设一级保护区。一级保护区内，以发展绿色农业、林业为主，一级保护区范围之外还将设立二级保护区，对环境保护将有更加明确的规定。工程完工后，大量绿地和水面将有效调节空气的温度、湿度，有效降低风沙和噪声侵袭，相当于给衡水市安装了一座巨大的天然"空调"，使人们的生活更加舒适。

大渠作证，清水有情，让我们共同向所有为南水北调工程作出贡献的群众、所有的建设者和所有的参与者敬一口甘甜的丹江水！

## 引来江水润湖城

郭俊禹

这是一个长达半个世纪、世界最大的引水工程，国家大事，彪炳史册，举世瞩目。

2014 年 10 月 1 日，南水北调中线开始贯通调水，三千里江水滚滚北流，流经河北，流向京津。南水北调是为缓解北方缺水问题采取的重大战略举措。中线工程从长江支流汉江中上游的湖北省丹江口水库引水，沿京广铁路西侧一路北上，解困河南、河北、北京、天津 4 个省（直辖市）的水危机。

2016 年 10 月，南水北调中线配套工程衡水域内全线贯通试入水，奔腾的长江水通过冀州区官道李镇傅家庄加压泵站处的闸涵欢快地流入衡水大地，以此为标志，衡水市南水北调配套工程水厂以上输水管道向衡水市域内供水目标输送长江水，衡水市进入了饮用地表水时代。

干渴的北方早已望眼欲穿，这是生命之水，引来江水润湖城。

## （一）

衡水自古因水而生、因水而兴。"水路通达、风水衡存"，衡水与水有着不解之缘，卫南运河、滏阳河、滏阳新河、滏东排河、清凉江、索泸河、江江河自西南向东北，蜿蜒斜穿全境；滹沱河、潴龙河则由西向东横贯境域北部，丰富的水资源养育了生存繁衍在这片热土上的衡水儿女。

然而，此景远去，已成追忆。20 世纪 70 年代以来，衡水的地上淡水资源逐渐减少。滏阳河是贯穿衡水市区的母亲河，昔日水量充沛。20 世纪 60 年代，还是一派"沿岸杨柳青，满耳听鸟鸣，货船通津卫，河中鱼虾肥"的盛况。但自 20 世纪 70 年代起，河流水量大幅减少，河道逐渐淤积萎缩，完全丧失了航运功能。

虽然 1996 年一场特大洪水降临衡水，加上衡水上游的水库相继提闸泄洪，致使衡水地表水水量大幅度增加，但这只是短暂河水丰盈，十年九旱、水资源严重匮乏的局面没有得到改变。

由于汛期降雨量集中、强度大，为保证水利工程安全，各地对水库汛限水位的设定普遍较为保守。不仅汛限水位设得低，而且汛期也不敢多蓄水，有的甚至在汛前就大量弃水，结果主汛期过后干旱缺水矛盾就显得十分突出。

二十世纪五六十年代，上游河道陆续建了东武仕、岳城、朱庄、岗南、黄壁庄、西大洋、横山岭、王快、临城等大型水库，中型水库更多，小型水库不计其数。这些水库充分发挥了拦洪蓄水作用，但也减少了对衡水的水供给。

水是农业的"命脉"。与此同时，作为农业大市和国家粮食生产基地，衡水不得不开采地下水保证粮食丰产丰收。自 20 世纪 70 年代开始，衡水市开展了大规模的机井建设，多数年份的地下水超采量达到 8 亿～10 亿 $m^3$。受此影响，自 1974 年开始出现了冀枣衡地下水漏斗区，目前已经扩展到衡水全境，并与周边漏斗区相连，逐步形成了一个面积约 4.4 万 $km^2$、中心埋深近 120m 的复合型漏斗区。

地下水位逐年下降，不仅给农业生产和居民生活带来了严峻考验，还造成了地面沉降，公路、桥梁等地面建筑物基础下沉、开裂，地下管道等断裂，部分机井报废，河道行洪、排沥能力降低等诸多问题。"举目四望，大地一片干渴，碧水清波今安在？"地表水、地下水的枯竭使衡水大地生态环境急剧恶化，衡水市已发现地面裂缝数十条，其长度从数米到数百米。

过度超采使衡水成为了华北地区最大的漏斗区、缺水区，水资源短缺已经成为制约全市经济社会发展和生态环境改善的重要因素，治理超采刻不容缓，解决缺水问题迫在眉睫！为此，作为严重缺水区域，近年来，衡水市委、市政府凝聚智慧和力量，把水情、号水脉、定水策，把外流域调水作为最直接、最有效的手段，最大限度引用外来水，让地下水休养生息，也成了破解衡水水资源困境的重大战略抉择。

为此，衡水市把"有水必引"作为基本原则，投入巨大财力，最大限度引调外来水，使河渠坑塘都蓄上水，已建灌区都用上地表水。2017年，全市引调水量创新高，达到 6.31 亿 $m^3$，其中引卫（含岳城水库）2.37 亿 $m^3$、引黄 0.44 亿 $m^3$，置换深层地下水近 3 亿 $m^3$。外来水为衡水经济社会发展提供了重要保障。

伴随着国家南水北调这一项宏伟生态和民生工程的实施，特别是中线工程的开工建设，衡水迎来了"引水"的大好机遇，建设好南水北调中线配套工程，让衡水人早日用上长江水。

## （二）

衡水市南水北调配套工程主要包括沧州支线压力箱涵衡水段工程和水厂以上配套输水管道工程，通过石津干渠明渠段及其分支军齐干渠七分干、沧州支线压力箱涵的分水口取水，经地埋管线输水，向覆盖衡水全境的各县（市、区）供应长江水。其中，沧州支线压力箱涵衡水段工程承担着向衡水市武强县、阜城县和景县及沧州市的输水任务。压力箱涵的入口在深州市榆科镇赵村，经石津干渠大田南干渠明渠送水，在箱涵入口处进入地下。箱涵采用两孔一联钢筋混凝土结构，埋深 2.5～3m，全程为暗渠，不占用耕地，最大限度地减少明渠输水的损耗。

具体说来，衡水域内主要包括 13 个目标水厂以上配套输水管道工程，划分为 3 个设计单元。第一设计单元包括饶阳县、安平县、深州市和武强县的管道工程，全长约 53km；第二设计单元包括阜城支线和景县支线的管道工程，全长约 43km；第三设计单元输水管道最长，约 131km，包括桃城区、衡水高新区、武邑县、滨湖新区、冀州区、枣强县、故城县的管道工程。

建设这些衡水段南水北调配套工程，线路长、任务重、工期紧、标准高。那些大型输水压力箱涵或管道通过地下穿越国道、省道、高速公路和铁路工程是施工的重点和难点，特别是压力箱涵穿越 106 国道工程和穿越滏东排河工程及冬季混凝土施工难度最大。广大水务建设者以高度的责任感、紧迫感，积极地投入到工程建设上，他们不畏严寒、不怕酷暑，加强协调、科学组织，创新工艺、精心施工，逐一攻克穿越工程及施工难点。

106 国道为双向四车道，与设计输水线路斜交角度为 105°，需要让一个截面为两孔 3.3m×3.3m、由钢筋水泥一次浇筑而成的大箱涵，从下边顶进穿越 70m 长。由于国道车流量大、荷载重，一旦路面沉降超过 3cm，就有可能对过往车辆产生影响，甚至会造成事故。为此，施工人员严格执行施工方案，积极主动与公路部门技术管理人员联系，相互配合，组织精干力量多次召开安全生产会，集思广益制订安全预案，并在公路两侧设置警示灯、警示标志，加派人员 24 小时提醒过往司机注意安全。

大箱涵体积超大、重量超沉，在顶进施工过程中，箱体超过滑板一半时，容易出现扎头、跑偏等事故。施工队多次召开技术人员协商会，制作模型，反复演练。针对左右偏差控制，他们采用三台激光经纬仪对箱涵中线和边线进行控制，另外增加全站仪进行校核，确保精度；对高程控制，采取"一洞四点"控制法，在箱涵的每个涵洞内设置四个控制点，用两台水准仪交叉测量，相互验算，每顶进一镐就测量一次，发现有丝毫的偏差，及时处理……

正是凭着这种精益求精的工匠精神和注重细节的绣花功夫，施工人员克服了各种技术难点，圆满完成了 58 处穿越工程，确保了衡水市南水北调配套工程顺利完工。

2013 年 12 月，先期项目顺利破土动工；2015 年 11 月，石津干渠沧州支线压力箱涵衡水段工程实现首次试通水；2015 年 12 月，全线主体工程完工；2016 年 10 月，全线实现试通水……完成了沧州支线压力箱涵衡水段长 33km，水厂以上配套管网工程长 227km，衡水全境共有加压泵站 6 座、调流阀站 8 座、大型穿越工程 58 处、阀井 480 处……

南水北调配套工程是攻坚克难的重点工程，是生态文明的基础工程，是造福百姓的民生工程，凝聚了广大水务建设者的心血和智慧。这项工程的竣工和顺利运行，对严重资源型缺水的衡水有着重大而长远的战略意义。

## （三）

衡水市南水北调配套工程水厂以上输水管道工程是河北省南水北调配套工程的重要组成部分，承担着向衡水市桃城区、冀州区、深州市等衡水全境 15 个供水目标输送长江水的任务，设计输水流量 12.01m³/s，规划年供水总量为 3.1 亿 m³。

为保障衡水市区及其他各县（市）城区居民用水，全市修建了 6 个加压泵站：冀州区官道李镇的傅家庄泵站，枣强县王均乡的故城泵站，武邑县境内的阜景泵站，深州市穆村乡的和乐寺泵站、东安庄乡石槽魏村的深州泵站，武强县豆村乡南孙庄村的武强泵站。通过这 6 座加压泵站把长江水送到 15 个水厂，各水厂再经过严格的工艺处理之后，保证了市区及各县（市）城区居民的饮用水安全。

据傅家庄泵站站长介绍，傅家庄泵站是目前河北省境内最大的加压泵站，设有 13 台水泵，分南、北两线给 7 个县（市、区）的水厂供水。其中，北线供桃城区、

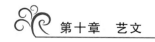

衡水高新区和武邑县，南线供滨湖新区、冀州区、枣强县和故城县。由于到故城县主城区的路程比较远，高程较高，所以在枣强县王均乡修建了二次加压泵站故城泵站，以确保县城居民用水。"石津干渠的长江水通过军齐干渠流经七分干渠，以明渠输水的方式进入傅家庄泵站。泵站以下全都是封闭的地下管道。江水进入泵站加压之前，有拦污栅和提污机对水体漂浮物等进行收集，清理后再送往 7 个目标水厂。这就好比一个藤上挂了 7 个葫芦！"站长形象地比喻。

和乐寺泵站输水的主管道直径 1.2m，长 20 多 km，在安平县北外环分流，分别输往安平县和饶阳县。"和乐寺泵站 2016 年 3 月启用，给安平县和饶阳县水厂供水。四台水泵三用一备，每小时输水 1600 多 m³，24 小时不停输送，充分保证了两县居民用水。"和乐寺泵站站长介绍说，"我们每小时都会抽样检测。水的质量、气味、浊度，有没有油面，有没有短时间内发现大量的小鱼死亡等，这些都是注意的"。水厂有着更加科学、严格的处理设备和技术，确保了运转良性、水质达标。

长江水从石津干渠一路奔流而来，经大田南干渠，在深州市榆科镇赵村进入河北省南水北调配套工程沧州支线压力箱涵。箱涵入口水面宽约 10m，水流湍急。伴随着巨大的水声，江水进入两个高、宽分别为 3.5m、3.4m 的涵洞。经过约 18km 的地下奔袭，来到武强泵站，在此经过加压之后，再经过 8km 多的管道输送至武强水厂，供武强县城居民用水。箱涵自武强泵站往东约 14km，到达阜景泵站，经过加压后，给阜城县和景县两县主城区居民供水。

至 2016 年年底，衡水市南水北调配套工程水厂以上输水管道工程竣工，长江水自丹江口水库经南水北调中线系统工程奔流至河北省，再经石津干渠流到衡水，衡水市各县（市、区）主城区的居民基本喝上了长江水，工业生产和生态用水也用上了长江水。对衡水市来说，这是地表水替代地下水、外来水替代本地水的一个重大突破，对减少地下水开采有着长久有效的作用。资源型严重缺水的衡水市通过南水北调用上了长江水，实现衡水人民的多年夙愿，为全市人民带来了福祉。伴随着基础设施的建设完善和运营管理的不断提高，长江水必将在衡水发挥越来越大的综合效益，为全市生态、经济、社会的稳步发展作出更大贡献。

## 二、散文、小品文

## 共 同 的 约 定

杨志军

白天的温度已降得接近 0℃，今天对石津干渠压力箱涵 7 个标段的施工又进行了一次检查，所有工作面均已采取了保温措施，回到项目部天已黑下来。晚饭后收看电视，欣闻今天南水北调中线工程正式通水！我作为一名参加南水北调工程前后 10 多年的老兵可以说是心潮澎湃、思绪万千、浮想联翩……不由得想起了与我们共同参与南水北调配套工程前期工作的一位老局长。

这位老局长叫魏荣彬，是 20 世纪 90 年代初的老水利局长。他生于 1935 年，与我父亲同岁。1995 年退休后仍记挂着衡水的水利事业，市里有水利方面的大大小小的规划或方案，还请他参议。2001 年以来，他以一个普通技术人员的身份参加了南水北调供水区城市水资源规划、衡水市南水北调配套工程规划等前期工作。可就在南水北调工程进入实质性实施阶段，2010 年，他带着对衡水市配套工程线路方案的深虑，带着对桃城大地喝上长江水的憧憬，顾不上同志们对他深深的留恋，他永远离开了我们。今天，这个特别的日子，我模糊泪眼前萦绕着他的身影久久不能离去……

浩然正气、作风严谨。老局长是新中国成立初期参加工作的老党员，党性原则性特别强，他在任时敢于负责、敢于坚持原则，在工作中彰显了共产党员的风范。在南水北调前期工作过程中，他常说，南水北调工程可不同于一般的挖条渠、修座桥、建个扬水站什么的，它将是国家的重点工程，会是世界瞩目的工程。前期谋划、规划尤为重要，是今后设计的基础，这个线条放在哪里，要充分考虑到经济发展、地形地物、社会人文等。咱们技术人员要坚持科学发展观，也敢于说真话说实话，不能依附于长官意志，成果要经得起历史检验，无愧于党，无愧于社会，无愧于后人。在规划中，不能凭图画线，靠经验做事。他常常和我们年轻人一起到实地踏勘、选线，风餐露宿、酷暑严寒，足迹踏遍了各个县（市、区），现在正在实施的输水线路正是当时的方案之一。

知识渊博、善于思考。早在 1994 年修建京九铁路时的一件事令我终生难忘。京九铁路横亘衡水市南北全境，对衡水来说这确实是一件大好事，但从衡水市防汛角度来讲存在很大隐患。子牙河系宁晋泊蓄滞洪区，设计蓄滞洪水量 25 亿 m³，紧临衡水市上游，是顶在衡水市头上的"一盆水"。运用概率为 50 年一遇，一旦按调度指令分洪，区内洪水将倾巢而出，沿滏东排河以南奔东北方向一路下泄入海。但高出地面七八米铁路路基成为一条拦水坝，阻碍洪水下泄，壅高水位，对冀州市、枣强县城甚至衡水市区造成严重威胁。这一问题的发现并提出，魏荣彬局长是第一人，也正是他纵览全局，深入研究的结果。这很快得到河北省水利厅、水利部海河水利委员会的重视，及时修改了设计方案，增设了行洪通道，消除了隐患。

老局长在衡水工作了一辈子，在多个县都工作过，对各地的人文地理均有所了解。在线路方案规划上，他提出，咱们衡水南水北调引水，大方案应是"两线引水一湖调节"，意思就是南边用原引黄线路，北边用石津干渠，衡水湖作为总调蓄地。他说，"想当年，小日本修建石津干渠时，这线选择挺准，这条线路是'鱼脊梁骨'，不单西高东低，还往南往北都低，便于引水输水"。老局长还带领我们踏勘了多条线路，对从邯郸、邢台方向来水也作了多方案比选。

作风朴实、谦和儒雅。在那些共同的日子里，老局长从不以领导老干部自居，和我们打成一片，我把他当长辈，他把我当朋友。一块风里来雨里去，一块在路边店吃焖饼，一块为线路方案优缺点争论。在闲暇里有时还和我们讲故事、讲笑话，或是出个谜语让我们猜。如讲的"文革"期间的一件事儿：当时老局长在武强县文教部门工作，和好多同志一样被列为专政对象，天天反思、做检查，身体整得也很虚弱。一天，照例是轮到最后一个去单位食堂打饭，一位姓马的大师傅给他盛上稀面条后，厉声喝道："老魏，上一边吃去！"老局长就到屋外墙根底下蹲着吃去了，可他惊奇地发现了面汤下竟藏了一颗饱满晶莹的荷包蛋！他说："我是流着泪吃完的那碗饭。"和老局长在一起工作，在潜移默化中学会了做人做事上的基本原则，也逐步有了正确的人生观、价值观、世界观，也使得我在后来的工作中受益匪浅。

哦，眨眼已是夜里十点多了，在今天南水北调中线通水的特殊日子，我想起了南宋诗人陆游的一句"王师北定中原日，家祭无忘告乃翁"，不知恰当否。

老局长！咱衡水市的南水北调配套工程也进行得如火如荼，水厂以上工程我们分了两个项目部，建设得很顺利；水厂及配水管网由各县（市）负责，进展也很快。按照省、市的安排部署，明年6月底将实现全市通水，老局长，静候佳音。

写到这里吧，我也该休息了，说不定在梦里能和老局长对饮上几盅呢！

**作者简介：**杨志军，市调水办副主任，自前期规划至最终工程运行，全面参与衡水市南水北调配套工程。

## 水 的 遐 想

### 宋俊良

#### 一

九月，我们仰望树木的枝头。半黄半绿之间，果实隐约可见。一个孩子，手里抓着一个红富士苹果，参差的牙齿咬下去，浆汁四射，果肉晶莹。葡萄、橘子、鸭梨上市了。金黄的玉米在收获，一垛一垛小山一般；山药从土里拱出来，豆荚在开裂，花生晒满了农家院子。走在路上，田野回荡着新鲜的空气。

渠水从上游泄下来，清澈激荡，仿佛琉璃，在阳光照射下熠熠生辉，一路穿越玉米地、林场，躲过高速公路、高速铁路，钻过涵洞，奔涌着。时有大鱼跳出水面，或逆流而上。可是路途太远了，这是长江的水，雪山的水，鱼的故乡不在上游，而在水里。

一滴水要走多远才能来到我的手心？

一滴水要走多远才能进入我的身体？

一滴水要走多远才能变成我澎湃的血液？

#### 二

化学课上，老师问：水是什么？

同学们面面相觑：水就是水呀！每一天都离不开的。一棵草、一头牛、一个人，什么也离不开水。

老师说：不对，水是 $H_2O$。

这是水的秘密。被人类破解了。水的秘密也是生命的秘密。水构建了这个世界有机的部分，既创造生命又滋养生命。在有机物的结构中，水以各种形式存在。水，或许是宇宙中氢元素与氧元素的必然结合，然而，水的存在，让一切有机物，从无到有，同时带动了无机物的流动，推动了物种多样化。在自然界，阳光是水的引领者，高可入云端，低可入大海。

秋天叶落，阳光南巡，水从枝头撤退，鸟鸣声幽，叶稀风骤。水藏进果实，藏进树干。人在冬天也变得不那么活跃，连情绪都会受到影响。

无所依傍时，且喝一杯茶。水环绕生命，不是留恋，而是浸润。

## 三

我五岁的时候，半夜醒来，喊叫着喝水。父亲把茶壶递给我，温水正可口，我含住壶嘴一顿猛喝，喝饱倒头便睡。初中时，学校缺水，课间每人只有一茶缸水，甚至一勺水。那么多眼睛盯着水桶。下晚自习，同学们拎着茶缸到处找水，一次我找到一条村外的河沟，那是傍晚，水很清，趴在水面饱喝了一顿，而且还捎回来一玻璃罐头瓶，放在窗台上，第二天早晨，一个同学指给我看：水里满是浮游的小虫。还有一次找水，进了校办工厂，工厂的井坏了，但发现了两个大水池子，同学们像发现了金矿，好几个人舀了喝，这时，黑暗中听见工厂值夜班的人高喊：那水不能喝！可是晚了，水已经下了我的肚子，只觉得这水怪怪的，有股子铁锈味。到底是什么水，始终不知道，提心吊胆了好几天，嗓子眼里总不干净。冬天，洗脸水干脆都是冰块；夏天，洗脸水臭烘烘的，让人恶心。

女儿两岁的时候，半夜爬起来，喊着喝奶，父亲赶紧起来，冲好草原牌奶粉，兑上凉开水，给她喝，看她也不睁眼，一口气咕嘟咕嘟喝完，倒头又睡。笑。这点随我，但比我有侠气。

这半辈子，喝了多少水呢？

喝得地下都成了漏斗?! 这一疑惑虽然荒诞，却是所有人的现实。

我十几岁的时候还从井里打过水，晃晃悠悠的用扁担挑过水，二十几岁还从深井那里骑自行车驮水。现在，似乎地下空了，就像鱼，在吐气泡。

## 四

所有生命都会饥渴。

沙漠里的蜥蜴需要水，行走的骆驼需要水，枯干的胡杨树也思念水。一座山需要水变绿，一座城需要水变美。我们形容一个女子美丽温柔，经常用"水一样的女子"来比喻；我们形容一个人的坚韧，也用水；我们形容民众的力量，也用水。我们挖河、修渠、筑大坝、修水库。我们需要的水无法称量。水无常态，又柔韧万端。

我们出去旅游，很多时候是在看水。

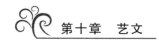

可是在我们居住的房子里，就有水，只要拧开水龙头，水就哗哗淌出。然而我们看的不是这样的水，我们看驯顺的湖水、河水、湿地，也看瀑布和长江源头的清澈与奔涌，看摄人心魄的咆哮的黄河。我们需要水的温婉，也需要水的力量。而我们的需要，也是根据水的性格来决定的。

唯一不能改变的，是我们的身体，要让水爬上一百米二百米，甚至更高的建筑，一滴一滴，深入我们的细胞，成为我们生命符号的介质。

大地上的每条河流，都是人类的母亲河，也是所有生命的母亲河，而长江头一次也成为部分北方人的母亲河。北方这个概念，在变得模糊，长江之水在河渠之间，向北覆盖，在刷新我们对水源的理解，也在构成我们生活和生命中重要的一部分。

也许，等到冬季，雪花飘下来，落在额头融化，我们也可以认为，那是发源于雪山之巅的长江，一个遥远的问候。

**作者简介：**宋俊良，中国作家协会会员，衡水市作家协会主席。

## 一江清水荡湖中

### 朱文利

在冀东南九州之首冀州的小城脚下，有一个国家级自然保护区——衡水湖。

我在湖边长大。那时候衡水湖在我印象里就是一片巨大的水洼，老百姓都叫它"千顷洼"。历史上黄河流经此地，据《史记·夏本纪》云："禹行自冀州始"，大禹治水是从冀州开始的，后来黄河改道南移，只剩下千顷洼地，形成今天的衡水湖。

很难想象这片水世界也曾经历过沧海桑田的变化。28年前，我在冀县师范学校上学，每个星期日骑车往返于冀县与衡水之间。那时候，靠天蓄水的衡水湖经历了几年历史上罕见的干旱，夏天又持续高温，衡水湖像捅破了底，水一直往下渗。最后，湖大面积的干涸，鱼死了，鸟飞了，一艘艘木船，俨然经历了一场恐怖的灾难之后丢弃的鞋子，在太阳毒辣辣的暴晒下崩裂散架。只有孩子们高兴，没有遇到任何的阻拦，在干裂的湖底乱跑，寻找湖下的泥鳅和河蚌。此后十几年，我曾无数次默默地希冀：何时能引来清澈的河水注入这干涸的湖中，使衡水湖焕发生机呢。

千年的衡水湖是幸运的，南水北调工程改变了衡水湖的命运，使衡水湖注入新的命脉。

南水北调中线工程，从长江支流汉江起，沿线挖渠引水，经唐白河流域，过江淮分水岭，沿黄淮海平原西部边缘，在郑州以西穿过黄河，沿京广铁路西侧北上，跨越淮河、黄河、海河流域，流到河北、北京、天津，解救了中原、华北、北京和天津的水危机。使华北平原唯一保持沼泽、水域、滩涂、草甸和森林等完整湿地生态系统的自然保护区重新注入新的活力。

如今，有外地文友来衡水，我定会带他到衡水湖游玩。清晨上路，找一艘小船。小船形似柳叶，待我们在船头坐稳，船夫用单桨使劲往后划几下，船像指针似的调过头来，安稳地划过平静的水面。船驶出港湾，浩渺的衡水湖在眼前展现开来。我们坐在船里，脚已挂在了外面，湖水拍击船底的声音顿时变得很重。一阵阴凉袭来，小船划进了芦苇荡中间的水巷，四周忽然被浓重的绿荫包围。水巷有三五米宽，两侧长着两米多高的芦苇，阳光照在紫灰色的芦穗上，银光闪闪，像一串串丝线。周围很静，只有栖息在芦苇丛中鸟儿清脆的鸣叫。仿佛回到了曾去过的江南水乡，有一种久违的安静与亲切。

衡水市南水北调办的同志告诉我，仅中线一期工程通水就可使1亿余人受益，彻底改变华北地区部分居民长期饮用高氟水、苦咸水和其他含有害物质的地下水的命运。近二十年来，北方地区尤其是黄淮海地区，地下水开采量不断上升。由于地下水严重超采，黄淮海三片已出现大面积漏斗，北京、天津、河北、山东、河南等省（直辖市）的漏斗面积已达数万平方公里。通过调引长江流域的水，入注沿线调蓄水库，不仅可以减轻水源区防洪压力，而且为北方地区农业灌溉、回补地下水等提供水资源保证。

宋朝词人李之仪曰：我住长江头，君住长江尾。日日思君不见君，共饮长江水。如今早已超越了文学的想象，谁能知晓长江水和衡水湖在千年之后有如此浪漫的会合。感谢这迢迢3000里北上的一江清水背后的工程建设者和水源地父老乡亲的付出、奉献与牺牲。感谢我们这个伟大进步的时代。

**作者简介：**朱文利，衡水市文联《衡水文学》主编、衡水作协秘书长。

## 走进南水北调工地

步晓旭

走在工地的路上，很远就听到施工现场机器的轰鸣声。

正午的太阳骄横地发着热，刚冒出的汗立即被烤干，身上烫烫的。风，丝毫没有，不是吝啬，只是慑于烈日的威迫。热，还在继续着。

走进工地，我折服于师傅们的敬业。烈日炎炎，可是，他们依旧在劳作。尘迷了眼睛，汗湿了脊背，依然不问不顾，心里有工作。师傅们，你们给我的震撼岂止这些？浩浩工程，是你们的双手托起了稳固的根基。时光荏苒，你们的脸庞不再年轻；岁月无情，你们的沧桑只会让我们更加敬佩！

大型机器在紧张有序地运转着，到处都是师傅们忙碌的身影。本以为施工现场都是尘沙飞舞，但我在这里看到的却是各种树立的指示标牌、标准化的文明管理、安全施工准则，一切井井有条，这是我始料未及的。

"哐、哐、哐……"一阵声音传来，视线不自觉地跟上。是敲打钢筋的声音，一声声奏出一曲雄壮的凯歌。脚步不由地向前迈去，圆形的钢筋笼赫然伫立在眼前。好奇、害怕、震惊，各种感觉闪电般滑过我的心头，不由地踏上已绑好的钢筋笼。初次体验，双腿不自觉地颤着，而师傅们仔细的操作让我安心了。绑扎钢筋，看起来是那么的繁琐，又那么的枯燥，工人们还是有条不紊地像对待自己孩子般给

它系上手链，硬邦邦的钢筋变成了绕指柔。或许，他们早已领教了师傅们的力量，已经不再挣扎。工人师傅们干劲儿十足，充满了激情与执着，在这里他们挥洒汗水，固守着自己的一方战场。整个施工过程中，他们熟练的技术和丰富的经验，让我这个刚毕业的新人感到钦佩和敬仰。我沉浸在这钢铁铸造的世界里，伸手去触摸，去感受工人们用沸腾的激情编织的脊梁。

"隆隆隆……"远处的挖掘机不甘示弱，坚强的手臂不停地挥舞着，丝毫没有懈怠，俨然一副指挥官的神态，决定着泥土的宿命。挖、提、放，整套动作一气呵成，它在这黄色的土地上，描绘着一幅幅壮丽的景象。

你看，那手握着方向盘，精神高度集中的，就是我们的机械工人，他们驾驶着挖土机，为工程进度争分夺秒。

你看，那一根根的钢筋，被钢筋工人魔幻般的绑扎成种种神奇的形状，准备用自己的身躯来扛起输水的重大责任。

你看，那一车车的砂和水泥进去，拌和站的工人们，计算着配合比，操作着拌和机器，一车车的混凝土被送出，去浇筑成一片浩大的天地。

黝黑的皮肤，一身像在泥土里漂洗过的工作服，长满老茧的大手握着各样的工具，带着鲜红的安全帽，这就是我们在第一线奋战的工地工人们。干裂的嘴唇衬托着太阳对他们的喜爱，而那眼神却透露出他们的坚定，述说着他们对南水北调工程建设那份独有的执着。

多少个日日夜夜，这些勇猛不屈的战斗英豪们，不管在什么工作岗位，都默默地奉献着，一点一滴地为南水北调工程奉献着。如果说长城是一大奇迹，那么，南水北调工程将是水电儿女铸造的又一让人叹服的传奇！

## 一 滴 水 的 旅 行

贾　冽

我是一滴水，跟亿万个兄弟姐妹生活在丹江口水库。从去年开始，听说一部分兄弟姐妹们从水库里出来，顺着管道游向了北京。其实，我也想去北京看看。

这天，我和一部分兄弟姐妹，好像从空中飞机上跳伞一样，一起展翅打旋般从水库里跳出了一落千丈的闸门，来到了万马奔腾的河道："哇，外边的世界很精彩啊，跟水库里大不相同……"四处拥挤的兄弟姐妹，飞快地奔驰着。"是啊，离开了家，外面的世界就是不一样。"带着一路的惊喜和欢笑，我们顺着水渠冲向了北京。

沿途的绿树哗哗作响，仿佛伸出千万双手欢迎我们的到来。这些绿树拱卫在河渠两岸，犹如卫士一般，保护着水土安全、保卫着河渠两岸的生态环境。不远处，更有一台台大型机械在挖坑，不少人将一颗颗小树苗种了下去。几年后，那些小树苗也将长成参天大树吧！

在一处分水口，我的一些兄弟姐妹跟我们挥手告别，他们将顺着管道进入一座座水厂。在水厂里，经过消毒、过滤后，他们将进入千家万户。水厂的工程师说，在我们来之前，所有工厂生产用水都使用地下水，而用来浇灌庄稼的地下水远远不够，部分地区还形成了漏斗区。我们到来之后，能够改善地下水开采现状，在一定程度上缓解地下水紧张带来的一系列地质变化。

的确，我们顺流而下的过程中，始终保持着自己的本色，没有任何杂质进入我们的队伍。在沿途的一处水渠旁，密密麻麻地落着一群不知名的鸟儿。它们叽叽喳喳地边喝水边唱歌，不少鸟儿在说："好久没有喝到这么好的水了，又清凉又甘甜。沿着这条小河飞，肯定没错。"

我们不停地奔跑，无时无刻不唱着那首绿色之歌。我们唱到哪里，哪里就是一片绿色。我常看见那松软的土地下冒出一株株嫩绿的小苗；看见枝繁叶茂的大森林中，生活着一群群悠闲的小动物；看见顽皮的孩子，在河里捉鱼……一路行来，一路歌。与我们同行的鱼儿也兴奋地打起了水花。

忽然，我们冲进了一个伸手不见五指的黑洞中。在黑洞里，我们前进的速度没有放缓。听人说，这是见山开山、遇河架桥的涵洞。在行进的过程中，一路上我们穿过一座座山、一条条河、一道道铁路。为了避免沿线当地地表水的污染，我们没有和他们进行交叉，只能透过箱涵、管道看到而不能接触。更为惊奇的是，无论是在管道中还是箱涵、明渠，隔一段距离就有一个监测设备。听工程师说，沿线重点部位都有水质监测系统，这是为我们水体检查健康的医生。

作为优质的水源，我们很荣幸能够为沿线的人民群众带来生态、经济、社会等效益。其实，在我们看来，无论是从哪个方面讲，让人民群众受益就能体现出我们的价值。最让我们看重的就是河北境内沿线的邢台、邯郸、石家庄、衡水、沧州、保定、廊坊7个设区市450万缺水群众能够彻底改变高氟水的生活现状。另外，能够减少开采地下水，让河北的地下水生态环境得到修复、地表水环境得到改善。

当我们进入千家万户后，有的进入了人体，有的冲洗了蔬菜，有的清洁了地板。最后，带着一身污垢我们都顺着下水道进入污水处理厂。在污水处理厂进行了清洁后，我和一部分兄弟姐妹感到身子变轻了。我们升到了天空，在天上飘来飘去。看着经过我们滋润后大地一片葱茏的景象，我们为千里而来的壮举感到骄傲。

一阵电闪雷鸣后，我感觉又恢复了原来的形状，变成雨滴落到地上，继续滋润着地上的万物。

一滴水没什么，但千千万万滴水汇集到一起就能够改变人们的生活。我想，这就是我们的使命吧！

## 吃水不忘挖井人

魏东侠

过去有句老话，吃水不忘挖井人。老话也忒多了点，现在哪儿还能挖井？尤其在严重缺水的河北，在我们地下水位由原来80m到现在390m的衡水。你再往深里钻研都要把井眼打到阿根廷人头上了，还不让人家忘了挖井人？肯定忘不了啊，吃了你的心都有。

小时候我们村里有个女孩长了四环素牙，大夫说是水的事，我很庆幸和她吃的不是一眼井的水。据说饮用含氟过高的水，都会长一嘴灰牙或者黄斑牙。现在且不说地下水含什么，光工业污染那味道就已经让人大倒胃口了。六十里地外韩庄镇的石王村，住着我二姑和二姑夫，他们一心从繁华的大都市回来过田园生活，梦想着天蓝水清。天是蓝了，可水不敢恭维。他们开着房车每每来到我们家，临走准会接两大桶自来水，好几十万块钱的房车啊，就拉两桶普通的水，我估计都不够油钱。当然，也不是我们家水多甜多干净，而是他们村的水太臭太脏了，据说牲口都不喝，工业啊，这个时候完全成了农业的克星。

即便这样，我们对眼下喝的水也不是太满意，平日倒能说得过去，每到春天，水的味道就有点怪。我想着要不要像别人一样安台净水机。帮我拔罐的店家指着店里的净水机对我说："你这弱酸性体质最适合安一台这个，不信你往你家自来水管上堵一块纱布，隔段时间看看有多脏，癌细胞专门喜欢你这样的身体环境。"妈呀！纵然是万人恨，也不希望被癌症迷恋啊，再说几千块钱也不是买不起。

到朋友家串门，看到净水机，开始喜欢问问什么牌子，有什么性能，在心里拨拉着性价比，盘算着怎么也得来一台。

正在这节骨眼上，一次采访任务让我有幸结识了衡水市南水北调办的领导。他们说现在我们喝的是长江水，都经过专门处理的，请放心饮用。我提出安装净水机，回答是含蓄的，钱多就安，安一个也没坏处，泡茶喝口感好一些。我还是心里没谱。下午实地考察，我亲眼见证了水厂的水是如何混合、沉淀、消毒、过滤的，踏实多了。

后来又不安起来，因为想起有人说楼房里的水有二次污染。专家回复，没事，喝水完全没问题，只是每年3月到5月，因为春灌用水量大，排水口开的多一些，黄河水、水库里的水和长江水偶有重叠现象。但是，饮用水都是经过安全处理的，请放一百个心。

我们家离怡水园近，有时间喜欢去那里走走。怡水园是衡水市最大的生态型文化公园，占地431亩，以生态型水园和绿地为主，有文化广场、音乐喷泉、渔人码头、金鱼观赏、柳浪观鱼、花溪戏水、董圣雕像等景点。仔细想来，怡水园和我一样，喝的也是长江水，可以说，我们共饮一江水。看着怡水园绸缎一样娇滴滴的水面，堤岸上小姑娘一样含羞的垂柳，树下小鸟依人似的芦苇，旁边的广场上刻着红字的文化石，石头周围写满诗词的玉石柱，你总以为到了江南。如果怡水园没有长江水，她还这么水灵么？如果整个衡水没有长江水，我还能喝什么？

人说吃水不忘挖井人。我们找不到挖井的人，但我们知道长江水不会从遥远的地方凭空而来，哪怕没有高山，哪怕只是平原，也不会。那么，我们要感谢谁呢？

当然是想尽一切办法把长江水嫁过来的热心媒人，并且从此加倍珍惜这来之不易的救命姻缘。

# 为有源头活水来
## ——深州市南水北调工程沿线巡礼

王 潜

一群大鲵畅游在南阳丹江口水库这块优质的水域，它们晃动着优美的腰身，嬉戏玩耍。突然发出婴儿般的欢快的叫声，原来它们发现水库多了一条往北的水流，清澈甘甜的长江水汩汩地往北流去，这就是宏大的南水北调工程。养育中华大地生灵万物千万年的长江水，奇迹般地流向了北方，滋润着豫京津冀等广袤地区。古老的河北省深州市就是南水北调工程流经受益的一片区域。

我从距离丹江口水库 1300 多 km 的深州市边界石津渠三门闸开始采访，往北走到安平县、饶阳县境，往东走到武强县城，看到了许许多多由千里之外流来的长江水给这里带来细微的、巨大的、明显的、隐匿的精神面貌与生活环境方面的变化，一一记录如下。

# 古 槐 情 深

从石津渠往北，长江水向安平、饶阳两县输送，要流经深州蜜桃和鸭梨产业基地，其中"全国文明村"深州市穆村乡庄火头村正是必经之地。

庄火头村的千年古槐是这里的标志，唐初即有此树，为千载沧桑之见证。大槐树历经千年风霜雨雪，阅尽人间悲欢离合，感受世上战乱烽火，屹然枝繁叶茂。现在树高约 15m，树荫覆盖 30m 有余，树干粗 4m，要 3 个大人才可环抱过来。

千百年以来，村民把古槐视为神灵，非常敬仰崇拜。原来曾建有"五大菩萨全神庙"，香火盛极一时，闻名远近数百里，初一十五，善男信女扶老携幼烧香许愿，祈求多福多寿、风调雨顺、岁岁平安。后来战争焚毁了庙宇，但是古槐树几经苦难岿然屹立。

近年来，随着人们生活水平的提高，庄火头村成为"全国文明村"，古槐更是受到重点保护。2006 年以古槐为中心，修建了休闲广场，花砖铺地、鲜花满园、赏心悦目。我向村干部了解南水北调工程对村里的影响情况，党支部书记马云欢却答非所问津津有味地说起了千年古槐。见我不解其意，村委会主任李坤峰笑着解释说："古槐是俺们村的精神标志，是俺们村的形象。南水北调工程在俺村占地 200 多亩，涉及 40 多户的责任田，尤其是 1000 多棵果树，村民的损失很大。虽然国家有补偿款，但看着果实累累的大树被砍掉，谁心里也不舍啊！"李坤峰介绍说，当时的党支部和村委会组织村民在古槐树下开会，讲述历史，回顾从山西移居这里的变迁，以古槐顽强生长的生命力鼓舞人们，使南水北调工程在庄火头村顺利建成

通过。

他还介绍了村民安亮尊的典型事迹。安亮尊，就是个普普通通的农民，60多岁了，老伴早年过世，他拉扯大了三个女儿，就靠几亩果树为生。南水北调工程要经过他的责任田，要砍掉他培育30年树龄的壮年梨树。村委会考虑到他损失较大，派出了能力较强的干部去他家做工作，这名干部也做了下工夫攻难关的思想准备。当来到安家的时候，见到安亮尊正弯着瘦瘦的腰身煎中药，浓浓的药味，更让村干部难以启齿。没有想到的是，老安对村干部说的第一句话是："我家没问题！你们不用担心。"村干部准备好的一大篇话一句也没用上。后来才知道，老安头一天晚上在古槐树下蹲了很长时间，回去就告诉女儿们："按村里安排的办吧！"

马占扣、马顺往也是老实巴交的农民，都是涉及征迁较多的农户，当村干部去他们家做工作的时候，看到两家都聚了几个征迁农户的当家人。原来，他们不但自己想通了，还主动劝说亲戚朋友，保证了南水北调工程顺利建设。如今，六十多岁的马占扣还发挥专长，为果农进行技术指导，有时还亲自登上高枝，手把手地剪枝示范呢！马家的孩子也很争气，在村里开办了商店，既为村民生活服务，又弥补了责任田的损失。马顺往老汉也是一样，利用祖传的推拿手艺，为村民接骨按摩，发挥余热。按李坤峰主任的话说"像古槐一样为后人遮凉呗！"

站在古槐树下，我发现这千年古槐枝繁叶茂，生机盎然，许多原来枯萎干裂的枝杈都长满浓绿的叶子，再看看村里一排排标准化的庄院，一条条宽阔笔直的街道，路边整齐的绿化带和结满果子的景观树，望着村民办的"富瑞特果品公司"远销日本的水果罐头运输车一辆辆驰向远方。我问村委会李主任："你们村不是有古槐哪边枝叶长得好，哪边的人家就过得好的传说吗？"李主任听懂了我的意思，不无骄傲地笑道："如今有长江水的滋润，古槐焕发了青春，俺村户户都是幸福家庭！"

## 双 井 意 浓

"双井"是南水北调工程在深州市域往北流经的一个有古老传说的村子。双井村有千百年的历史了，民谣"要问老家在何处，山西洪洞大槐树。祖宗故居叫什么，大槐树下老鸹窝"。这首民谣世代在这里传唱，而且还有脚上小拇指甲分为两片的佐证。所以，人们都相信这是个古老的村庄。双井村名的由来也有佐证，这个村子打水井古往今来都是一块打两眼井，打第一眼必定不出水，只要在很近的距离打第二眼井，才会有水源涌出来，奇怪的是，本来没水的第一眼井也同第二眼井一样涌出甘甜的井水。

据说，打第一眼井时，有人在旁边烧香礼拜也无济于事，只有打了第二眼井才有水。"磨眼里提水——双井"成了歇后语。

南水北调工程通过这里的时候，因为是管道输水，要临时征用宽30m，长

2900m 的双井村的责任田，其中就有多眼村民赖以浇地的水井。一接到工程规划图，村党支部和村委会的干部们知道村民对水井的依赖感情，确实有些犯难了。干部们开会研究工作方案，按以往的工作经验：党员干部带头？这次涉及不到一名党员干部，连个干部亲属也没有！怎么办？怎么办？

正在干部们一筹莫展的时候，有位老干部到村里探望老朋友，让问题顺利解决了。原来这位老干部二十世纪七八十年代曾经在双井村下乡，担任过衡水地区党委、行署下乡工作组的组长，当年正遇干旱少雨，原本用渠水的庄稼地都干裂得冒烟。工作组的同志们多方联系，争取了资金与物资设备，为双井村打出了第一眼和第二眼铁管深井，新打或翻修水井 68 眼，一举改变了双井村依赖渠水浇地的历史，还修整了街道，硬化了路面，修建了新学校，这情况还登上了《衡水日报》头版头条。党支部、村委会请这位当年的工作组长现身说法，忆苦思甜，还组织村民凭吊革命烈士墓园，回顾李子祥、李振波等革命烈士为国为民英勇献身的事迹，使广大村民群情激奋、热血沸腾，很顺利地就完成了工程任务。

村党支部委员张来见如数家珍地讲述了刘万存、谢志民、李小强、李小功、谢小兵等村民积极主动让地的事迹。村民李林森家的事很感人，因为责任田多年不变的政策，村民的坟墓在自家地里，李林森的母亲是新坟，又修建得较好。李林森全家商量了好久，还是决定多烧纸钱，告慰亡灵，按时迁移了坟墓。还有村民李宝念夫妇的养鸡场，是这次唯一一个需要搬迁的养殖场，因此损失很大，但是李宝念却搬迁得最快。党支部书记李许峰说得好："双井是革命老区，先烈为这块土地献出生命，咱们为下游人民喝上长江水就应该舍得！"

站在双井村的土地上，我看到南水北调工程经过的线路，新栽的果树已经开始结果了，秋季的庄稼丰收在望，新建的鸡舍、猪场整齐划一，宽阔的大街商铺林立，小轿车、电三轮往来穿梭，张家驴肉馆、双井烫面饺香飘四野，望着村民们充满幸福的笑脸，我想：有革命老区的光荣传统和文化底蕴，什么样的人间奇迹也能创造出来。

## 舍　得　篇

在深州市深化净水有限公司的招待室，一幅书法"舍得"写得龙飞凤舞、威武大气。站在这幅字旁边，40 来岁，精干帅气的公司总经理吕强介绍着自己企业的情况。

原来，这是个因为南水北调工程衍生出的企业。本来南水北调工程给深州市送水建设净化水厂，应该由深州市政府投资。但是驻地企业阳煤化工集团总公司的老总们主动承建了这项工程。公司占地 120 多亩，总投资近 2 亿元，其中净水厂 10984.96 万元管道配套 8752.55 万元，于 2015 年年初开工，已投产运行一年多时间。供水范围主要包括深州市城区、东部新区、化工园区。城区饮用水符合《生活饮用水卫生标准》（GB 5749—2006）；工业用水符合《生活杂用水水质标准》，项目采用目前国内先进的处理工艺，预处理、混合、絮凝、沉淀、过滤、消毒。

吕强引导我们参观了净化水车间的稳压池、混合反应沉淀池、V形滤池、送水泵房、加氯加药间、生活用水清水池、工业用水出水池、变电配间、回流调节池、脱水机房等。还参观了源源不断流向千家万户的水管道运行电脑显示屏。吕强很自豪地介绍说："水厂每天供水近15万 $m^3$，完全符合国家卫生标准。"我询问阳煤集团工业用水情况。吕强告诉我，阳煤集团公司用上长江水，既解决了国家压缩采用地下水源的难题矛盾，又提高了产品质量，节约了成本开支。现在年产20多万t成品，正准备再上一套年产40万t的生产线。

在净化水公司的楼道，我又看到一幅"舍得"字画，还配有几朵盛开的荷花，生机勃勃、鲜艳非常。我正在欣赏书画，有人与我打招呼，原来是原来深州化肥厂几位老工人。他们是随着企业改制到阳煤集团公司再就业的老技工，看到他们身穿印有"阳煤集团"作服，精气神十足，脸上洋溢着满足与幸福感。回想当时化肥厂改制的时候，这些工人们到主管部门提诉求，一个个都是沮丧烦躁无助的表情。与今天的他们真是判若两人。我了解到，净化水公司现有46名职工，其中40名是原化肥厂的工人，50岁以上的老技工有10名，这些老工人在新公司发挥技术专长，自身焕发了青春，公司也很快发展起来了。

离开深州市净化水公司，我又驱车20km，沿着工业输水管道，来到深州市的化工工业园区的阳煤集团公司。一路上背诵了几遍《了凡四训》中"舍得者，实无所舍，必无所得，是为舍得"。感慨万千：舍得是选择，舍得是承担，舍得是忍耐，舍得是智慧，舍得是痛苦，舍得是喜悦，舍得是幸福。

"问渠哪得清如许，为有源头活水来。"结束了南水北调工程深州市区域的采访，我还像往日一样，午休起来冲泡一壶茶，悠然自得地品着，感觉茶味比往日清香，拿起茶叶罐细看，仍是近期用的茶叶，但就是感觉不一样了。因为我了解到了，长江水从丹江口水库一路流来，饱含了千千万万南水北调工程参与者的辛劳；饱含了沿途千千万万搬迁农户的舍利为义的情怀。我望着楼下锦绣广场音乐喷泉的七彩水柱，听着《歌唱伟大祖国》的乐曲，看练形意拳的老汉顺手拿杯喝口水又精神抖擞再练起来，看年轻的妈妈用奶杯为孩子喂水。我搜肠刮肚想念诵几句写长江的古诗，先背诵杜甫的"无边落木萧萧下，不尽长江滚滚来"。再背诵李白的"山随平野尽，江入大荒流"。白居易的"欲寄两行迎尔泪，长江不肯向西流"。苏轼的"大江东去，浪淘尽，千古风流人物"。古人的诗词不是悲伤就是激愤，左思右想都不合适。这时我想起前几天微信朋友圈一位女诗人参观南水北调工程时即兴吟诵的几句诗很合情意："君住长江头，我不住长江尾，我们共饮长江水。"

**作者简介**：王潜，原深州市人大常委，民革深州支部主委。

# 一泓江水入衡来

刘兰根

"我住长江头，君住长江尾。日日思君不见君，共饮长江水。"

这美在宋词里的长江水，在我的心头萦绕了好多年，没想到，竟然有一天，在黄河以北的我，在北方的平原小城，在衡水辖区古冀州的土地上，我却每日都离不开长江水。

桌上这一杯水，正冒着袅袅热气，让我久久凝视，沉思不已。从丹江口水库，到我的桌前，经历了怎样的长途跋涉？

衡水是以水命名的城市，始见于北魏文成帝的《文成帝南巡碑》，文成帝曾在信都（今冀州区）"衡水之滨"举行过规模盛大的"禊礼"。"衡水之滨"中的"衡水"，为当时穿越信都境内的漳水后一段的别称，又名"横漳"或"衡漳"，取"漳水横流"之意。这一段漳河水被称为"衡水"。

但是现在，衡水缺水却是不争的事实。由于地表水严重短缺，大量超采深层地下水，形成了以衡水市区为中心的冀枣衡"漏斗"区，造成了严重的生态问题和地质灾害，南水北调工程有效缓解地下水超采局面，并逐步恢复和改善生态环境。

衡水市南水北调配套工程，属于中线工程，水源位于汉江中上游的丹江口水库，中线供水区域为河南、河北、北京、天津。丹江口水库，是亚洲第一大人工淡水湖、国家一级水源保护区、被誉为"亚洲天池"。

衡水市南水北调配套工程包含有沧州支线压力箱涵衡水段工程和配套输水管道工程，承担13个供水目标的输水任务。自2013年12月破土动工，2016年10月13日全线实现试通水。

沧州支线压力箱涵衡水段工程位于衡水深州市、武强县、武邑县境内。

工人师傅们冒着严寒酷暑，完成了58处漂亮的工程穿越。

压力箱涵由于为一次浇注成型，体积大，重量沉，穿越106国道时，车流量大，载荷大，一旦路面沉降超过3cm，就会对过往车辆产生影响，严重的可能还会发生事故。针对这种情况，在各种警示工作、机械设备确保状态良好的情况下，工程顺利实施。箱涵穿越滏东排河，采用围堰导流法。工期避开雨季，水下部分围堰填筑由自卸车运土至围堰一端，用推土机向河中推土，边坡为自然坡；水面以上围堰填筑按筑堤要求填筑，用推土机整平碾压，逐层填土逐层碾压至设计堰顶标高，保证围堰密实；围堰拆除时一侧有水，先拆除水上部分，再用长臂挖掘机由中间向两边拆除。

由于地下水较多，在土方开挖施工前，先进行降水7~10天，土方开挖及混凝土箱涵施工期间，安排专人负责用水泵抽排水，24小时连续抽水，在压力箱涵混凝土施工及土方分层回填全部完成后，拆除水泵停止抽排水，顺利完成了水下工作。

　　混凝土冬季施工也是遇到的大问题，当室外日平均温度连续 5 天低于 5℃ 时，就要采取措施，防止冻结。现场备好防冻剂、草包等防冻保暖物品，甚至用上了棉被，保证了混凝土的质量。在衡水市南水北调办公室综合科负责人袁勇的带领下，我们参观了傅家庄加压泵站，这是河北省南水北调配套工程中规模最大的加压泵站，坐落在冀州区傅家庄村，承担着衡水市区、冀州区、工业新区、滨湖新区、武邑、枣强、故城 7 个县（市、区）的供水任务。这一段明渠，让我们看到了水的初步处理。

　　在冀州水厂看到了对水的最后处理，这些水通过各个管道，直接连到了我们的家庭、单位的自来水管道中。

　　奔流而来的长江水，有一部分流进了衡水湖，使以黄河水为主的衡水湖更加清澈。当我们泛舟湖上的时候，当荷花盛开的时候，当群鸟飞起的时候，当鱼虾满塘的时候，我们都应该感谢黄河、长江两条母亲河远道而来的滋养，让衡水湖畔成为风景优美，空气清新的美丽湿地。

　　流经衡水境内的较大河流有 9 条之多，包括滏龙河、滹沱河、滏阳河、老盐河、清凉江、江江河、南运河等。漫步河边，看水面碧波荡漾，花开时节，更是姹紫嫣红，绿树成荫，仿佛置身于江南水乡。

　　捧起这杯水，入喉甘甜，口感与多年以前的地下水并无大的不同，这杯水里，更饱含了一种深厚的情怀，多少位南水北调人的汗水，多少个日日夜夜，多少个寒霜雨雪，我们无法想象他们遇到的困难，还有那 30 多万移民，他们又是怎样开始新的生活。

　　这水，历经波折，终于千里奔流，流进了我们的生活中，江南江北，水脉相连。长江，我们的母亲河，她伸长手臂，哺育她北方的孩子，她的爱绵延而来，捧起这杯水，让我们怎能不无比珍惜，并对每一滴水充满感恩与敬畏。

## 吉他湖——镶嵌在画乡大地的一款玉

### 高君芝

　　"山不在高，有仙则名；水不在深，有龙则灵。"我固执地以为，一座城，倘没有水，即使风物秀美，也呆板木讷，没有精气神儿。吉他湖在武强县城的惊艳亮相，无端地为这个中国地图上都够不上一个点的小县城平添了灵气和人气。

　　吉他湖，坐落在武强县城西南的音乐公园。音乐公园像一把吉他，而吉他湖就是这把巨型吉他的面板。从琴头入口，步上吉他桥，眼前是一泓碧水。湖的四周护坡，都是拱形的绿化池，挨挨连连，顺坡而下，排列整齐，仿佛一扇扇橱窗。湖水很绿，绿得仿佛一块无瑕的翡翠，若裁它为珮，必能令人爱不释手；湖水很清，清得可以清晰地看到水底倒映的蓝天白云，若掬它为镜，赠与佳人妆容，必得其青睐；湖水很柔，微风拂过，波光粼粼，仿佛风中的绸缎，若剪它为裙，定能舞出飞旋的荷叶。码头停泊着兰舟画舫，令人仿佛听到了笙歌燕语；岸上张贴着快艇海报，令人似乎看到了快艇冲开的朵朵白莲，以及疾驰而过时甩下的长长尾波。

岸上绿草茵茵，花开半夏，树木高大的如伞，矮小的如球，更有曲径通幽、湿地绿化廊带引人入胜。这是一个音乐王国，环湖缓缓而行，音乐元素随处而见：五线谱湖岸围栏，那一个个音符像欢快地舞蹈；中外音乐历史区里，可以在走廊里与世界音乐名家面对面；在乐器巨匠广场体会工匠的精神、曼妙的音乐工坊过把瘾；武强音乐风采区里，乐器产品雕塑步道；大提琴瞭望塔，旋转着激情，登高望远，高楼幢幢，鳞次栉比，花海草甸，成方连片，有一种"一览众山小"的豪迈。最难忘的是钢琴漫步景观台，它是以跳台结构的沿湖景观构筑物，上下设有围栏营造出空间丰富的亲水景观效果，逐渐升起来的台地，上升的步调。到了晚上，有炫彩乐动夜景区，华灯璀璨，夜色迷人。置身于音乐公园，就沉浸在音乐的海洋，这里一草一木、一花一石都是流动的音符。既有供举办特色音乐会、音乐节的舞台，也有供婚纱摄影、举办庆典的节点。

昔日的徐庄坑塘，竟变成这般俊俏的模样。

这片水是来自千里之外的长江。令人瞩目的"南水北调"工程，创造了无数奇迹。我无法想象，在崇山峻岭中上蹿下跳的长江，翻滚着惊涛骇浪，宛然一条咆哮的巨龙，是如何被我们肉体凡胎的同胞驯服的；我更无法想象，泥沙俱下、水草丛生的浑浊江水是如何变成这般柔滑而清澈的。我只知道，这条巨龙如今服服帖帖，上天入地，穿洞过桥，盘城绕市，乖乖地为数亿老百姓服务。吉他湖就是这条龙吐出的一颗明珠，它幻化成一款玉镶嵌在武强的大地上。

吉他湖占地面积 330 亩，可蓄水 135 万 $m^3$，能够解决周边 8000 亩农田灌溉问题。目前只有一个进水口，后续将有三个出水口惠及周围村民灌溉。人与自然如此和谐！君住长江头，我不住长江尾，我住在远隔千里的内陆一隅，却能共饮一江水，多么神奇！这是新时代禹帝的治世丰功！

音乐公园的建成，为武强走向世界、走向未来、走向辉煌铺上了红地毯，而吉他湖的精彩亮相无疑成了红地毯上引领的明珠。

武强是国家扶贫开发重点县，尽管离祖国心脏——北京很近，但从来没有被人注意过，就好像是腋窝，京津的风光与己无关，即使现在，也被时代的列车甩出若干公里，铁路、高铁绕武强而过，武强人想坐火车，需去周边县市如饶阳、深州或衡水才行。然而，千百年来，这座小城被儒家文化浸润，仁义礼智信、温良恭俭让早已渗透土壤，在这片土壤上滋生的"武强年画"这朵艺术奇葩正绽放着奇异的光彩，武强是地地道道的木版年画之乡；在这片土壤上，又凭空打造了"音乐之都"——周窝音乐小镇，金音乐器奏响了迈向时代的强音，这是武强的两大"土特产"，只是，憨厚质朴的武强人从来不知道，这是两大宝贝，这是民族的，更是世界的。

党的十九大以来，全县党政干部，县、乡、村各级领导，都扑下身子，苦干大干，为摆脱贫困帽子流血流汗。他们放眼世界，面向未来，依托武强年画和金音乐器，开发独具特色的旅游资源，做大旅游产业。他们心往一处使，劲儿拧成一股绳，正开展着一场轰轰烈烈的脱贫攻坚战！

吉他湖以她熠熠的光彩点亮了音乐公园，而音乐公园又以美丽的风姿吸引了四面八方的人们。2018年9月25日，衡水市第二届旅游产业发展大会开幕式在武强县音乐公园举办，吉他湖以她的非凡气度、夺目光彩迎来了五湖四海的朋友，为文盛武强打开了通向世界的大门。10月6日晚，吉他湖再次迎来博兰斯勒666架钢琴创吉尼斯世界纪录狂欢交响盛典暨第一届德国隆尼施（衡水）国际钢琴大赛颁奖仪式。大咖云集，星光璀璨，让足不出户的武强"土著"享受了一场高雅艺术的饕餮盛宴。

花若盛开，蝴蝶自来；你若精彩，天自安排。小小的吉他湖，正焕发着青春的光彩，因为她，武强增添了魅力！因为她，武强以昂扬的姿态展现在世界面前。

## 春风孕育生机 热情铺筑理想
### ——衡水南水北调项目核查小记

袁 勇

早春三月，和风习习。在这处处透着希望的季节，南水北调配套工程衡水项目实物核查工作全面展开。南水北调配套工程宏伟壮观的线路布局，犹如悠然起舞的银龙游弋在燕赵大地上。我们参加实物核查的队员，心里装着满满的责任，迎着沁凉润透的春风，怀揣着置身南水北调壮丽工程的幸运与自豪，向着配套工程早日通水的目标，开始了紧张有序的工作。

踏着碧绿的野草，映着嫩绿的麦苗，大步走在引水线路上。校正桩位、测量边线、核查数量、分类记录，井然有序。边走边问村里的书记，了解线路经过的地下地上的情况。问着、聊着，伴着和煦的风，欢笑一路。村里的老书记给大家指认着边界，嘴里念着"现在咱们国家富强了，搞了这么大的工程，这么好的事，咱高兴，咱支持"。

虽说已是春天，但空气中还透着丝丝的寒意。上午还是清风拂面，下午却刮起了大风。核查队员们紧了紧衣帽，顶着风，脸上依然是自豪的笑容。走着，数着，记着，思考着。碰到了老乡们，唠两句家常。顺便把南水北调工程利国利民的内涵，讲解给乡亲们。淳朴的老乡、爽快有力的声音，"支持国家的工程，支持你们，大伙辛苦了。"有一位老乡见大风把大家嘴唇都吹裂了，拎来了一壶现烧的开水。喝着水，队员们心里流着感动，脚上更有劲了。走着，笑着。记录不枯燥了，脚上的泡不疼了，心也更细了。"目标五公里"，设计院58岁的刘工带队走在最前面。年轻的队员不甘落后，开着玩笑："老刘走五公里，咱走七公里。"夕阳映红了天，收队时真的走完了七公里多的线路。回到驻地，洗去一天的风尘，大家热情不减，开始了内业整理。结合线路经过地域的各种因素，研究存在问题对工程沿线的影响，讨论优化方案，记录需优化的线路位置，整理数据，上传……忙得不亦乐乎。

南水北调配套工程实物核查工作，核查队员们一路走来，感触着、体会着、充实着自己。自豪地走在孕育生机的春天里，吟着春天曼妙的诗句"沾衣欲湿杏花雨，吹面不寒杨柳风"。走着、笑着，奔着理想和目标，工作着，快乐着。

**作者简介**：袁勇，衡水市调水办综合科负责人、建管科副科长，2011年至今全面参与衡水市南水北调工作。

## 三、现代诗赋

### 水　调　歌　头

王学明

勇调长江水，喜食武昌鱼。

感得人天同力，汉水任驰驱。

南北连成龙脉，浩浩穿山越谷，飞渡架通渠。

惊现千秋梦，歌绕水云居。

愚公愿，精卫志，展宏图。

纵横水网涌动，映日闪明珠。

装点燕山朔野，北国江南竞秀，伟业禹功殊。

代代思源日，续写万年书。

### 南　水　北　调　赋

邵宝明

2015年年末，随团赴南水北调工程实地采风，深被工程之浩大和对改善北方生态环境之重要而震撼，更觉中央决策英明与国力之鼎盛。此等利国惠民之千秋伟业，非社会主义体制而难为之。归后，联想颇多，命笔成赋，是为序。

长江之水，其源挟青藏雄风而出，过巴蜀，走荆楚，穿吴越，一路浩浩汤汤，东入大海。滚滚波涛，数千载，白白空流去。

泱泱中华，水量南丰北欠，华北尤甚，诸多发展，受限于水。新中国成立之初，开国领袖远瞩高瞻，首绘借南水而北用之宏图，经数代接力，越五十载而伟业方酬。

三纵四横，惊天手笔，改黄淮海水系亘古未变之格局。中线工程，旷世奇迹，渡槽飞跨，隧道穿脊，明渠敞怀，暗涵遁地，倒虹吸巨龙吐水，节制闸岿然矗立。连绵千里，为江水北上，铺就大路通衢。

故里衡水，地处燕南赵北，扼交通要冲，踞京畿南门，沃野连片，果木成林，天时尽在，地利不亏，人和皆备，独惟缺水，地下超采，地表无存，纵有鸿猷大政，奈无水何以成炊。

欣看中线调水大功告竣，石津干渠清流西来，北入深、武、饶、安，东达武邑、阜、景，南进冀、枣、故、衡。益泽全区，多年缺水有效缓解，利及百业，打破瓶颈跃马征程。

待潾潾碧波，融入一湖两河，看百里长堤，岸柳戏水，鸢飞雁过；千顷湖面，莲动苇摇，归舟渔歌。更有涓涓江水进万户，家家盆碗壶锅，从此送别高氟。伴随生态改善，旧貌必换新容，工农并举，商贸共兴，绿色崛起，永续繁荣，盎然生机谁先有，占尽风流，当是桃城。

水，国之重器，民之根基。古人云："善治国者，必先治水。"昔郑国凿渠，成就大秦一统，隋开运河，催生李唐盛世。今之南水北调，更彰显：水脉与国脉一体，水富与民富相戚。世纪伟业，壮哉光耀神州，丰功永彪青史。

**注**：三纵四横：三纵即南水北调工程的东线、中线和西线，四横即长江、淮河、黄河、海河四条水系。

一湖两河：即衡水境内的衡水湖、滏阳河与滹沱河。

高氟水：即含氟量高的饮用水。

桃城：衡水旧称。此处泛指衡水所辖区域。

## 七律·赞南水北调

高君芝

蛟龙出海跃长空，北上中原势若虹。
泵站轰鸣分圣水，渠塘交错显神通。
平畴片片禾苗绿，城邑家家玉液丰。
伟业千秋留史册，江山代代有英雄。

## 南 水 北 调 赞

赵 慧

（一）

喜闻调水工程开，桃城百姓皆欢颜。
工程浩大千秋业，造福民众后人传。

（二）

南水北调宏图展，兴修水利功当前。
多方领导尽苦心，为借南水润万千。

## 饮水思源——南水北调中线赞

尚旭璟

沧浪濯春水，
迢迢丹江源。
南水解北渴，
滚滚泻楚天。
三线贯南北，
江河淮海连。
泽灌京畿土，
润溉华北田。
百姓喜甘露，
笑饮江水甜。
羊有跪乳恩，
饮水当思源。
调水实伟业，
今朝把歌赞！

## 江 水 无 竭

尚旭璟

感南水北调工程浩大，泽润北方，赋诗以慨国力之强盛。

走马赴千里，江水任驰驱。
南水解北渴，精诚开天渠。
曾破地万丈，今脍丹江鱼。
万丈难为水，滔滔赛龙驹。
中线贯南北，江海汇通衢。
惟愿国运昌，万古水永续。

## 如水之爱（外一首）

宋俊良

你需要一百克絮凝剂
让她说出弥漫的爱情

从丹江口水库上游分流的江水
越过山脉和丘陵，穿过平原

一次次放下枯枝败叶

放下蚯蚓和白鸟

放下山顶巨塔

放下大鱼

放下水草和尘土

距离你的亲吻那么近

如果你什么也不做

江水在北方

也能营造湿地、河流、绿色风景

这些构成你的生活

你身在其中，你被这个世界

包裹，重新成为婴孩

成为一个幸福的人

而如果，你只需要一百克

相当于一句话，一个不再犹疑的手势

她会温柔下来进入你的

生命，你的细胞，替换掉你

失去光明的时间，将所有她承接的

天空和白云，都给你，这就是

一个你的世界

逝者如斯，奔来者

亦复如是

清澈澄明时

说出爱，才会重生

## 在傅家庄加压泵站

在傅家庄加压泵站

几位参观的作家

都是头一次这么具体地意识到

我们衡水人

竟然吃的是长江水

就流露出对南方人的羡慕

窈窕淑女似乎多出南方

水丰气润之地

我说或许吃这江水

过段时间我们的腰也细了
他们说：
那就太好了
我紧紧握着
张站长的手说：
谢谢啊
我家吃水
就靠你们了
本来想开个玩笑
可是我说得多么真实
站长一脸严肃
似乎在作出承诺
他心里想的一定是
蜿蜒的输水管路连接起的
一座一座城市
奔涌的水
一路在点亮
每个城市的灯盏
在为每个家庭带去滋润的生活

# 水　泥

张　泉

浇筑我吧！
经过了这火的洗礼，
我已被煅烧成石头的精灵，
我比女娲补天用过的五色石更幸运！
浇筑我吧！
以钢筋为骨，
以砂浆为血，
在拌和与振捣的阵痛中迎接我的新生。
浇筑我吧！
让我成为大桥是幸运，
成为道路是永生，
成为大坝是雄浑！
浇筑我吧！
让我长成钢筋水泥的丛林，

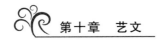

去承载每一个家庭的温暖和亲情，
让所有建筑物上闪烁的霓虹做我的眼睛。

## 雨 夜 中 的 坚 持

和喜凤

七八月份雨水颇丰

白天可能晴空万里

夜间却会大雨倾盆

各地暴雨突袭

防汛列为头等大事

某夜

窗外电闪雷鸣、狂风乍起

风摇树枝沙沙作响

急雨骤降

值班室灯光明亮

在树影婆娑的窗前

有这样一个身影

一手举着电话

一手奋笔疾书

了解各标现场情况

叮嘱防汛安全责任

记录防汛值班制度

工作井然有序

多少个这样的夜晚

已经记不清楚

记忆犹新的只剩下

镇静的情绪

敏捷的思维

安然的态度

任凭雨水冲刷一切

任凭狂风席卷一切

一切波澜终将被抚平

雨夜中的坚持

雨夜中的辗转

迎来的将是风雨后的彩虹

# 让梦想起航

吴 颖

你携着万顷碧波

一路高歌从丹江口走来

你以巨龙的身姿

翻山越岭奔向北方大地

你用甘甜的乳汁润泽干涸的田野

你用宽阔的臂膀拥抱乡村城邑

水是生命的源泉

水是成长的血脉

上善若水　水利万物

水之兴兮　民之福矣

然而　博大的中国

北方期盼甘霖嗷嗷待哺

南方三年两溃水患成灾

南水北调

除害兴利

成为一代又一代人的中国梦

伴随着中国崛起的春风

我听到远天一声轰鸣的雷声

伟人英明决策

高层运筹帷幄

南水北调一朝梦圆

民生壮举满载激情和梦想起航

让梦想起航

南水北调人一片丹心融入使命

十几载蓝图绘制

几十万移民迁徙

天字号浩瀚工程

殚精竭虑　奋力拼搏

只为铲淤凝碧引琼浆

让梦想起航

南水北调人天降大任将职责溶入魂魄

披星戴月　奋力拼搏

夜以继日　风餐露宿

只为汇聚甘露泽四方

让梦想起航

南水北调人一马当先唯旗誓夺

以一当十 一言九鼎

创先争优 无私奉献

只为人水和谐兴民安邦

让梦想起航

万里长河通京津

百条河渠汇大江

千乡万村引甘泉

千山万川披绿装

作为一名南水北调人，我感到无比骄傲与自豪

作为一名南水北调人，我感到使命艰巨而光荣

我们要用勤劳的双手为美丽的家乡增光添彩

我们要用流淌的汗水开创南水北调新的辉煌

## "长江水"美了滏阳河

王永光

小时候，长江在歌声里

"长江、长城，黄山、黄河"

那是一颗少年"中国心"

长大后，长江在课本里

她是中国最长的河

那是一份华夏儿女的骄傲


长江，长江

她从高原出发，她翻山越岭，她碧波荡漾，她清流婉转

穿越万里，流向大海

可是长江在南方，我在北方

长江，长江，她一直在我的梦里


我没见过长江，我见过的最大的河，只有家乡的滏阳河

家乡的母亲河

可是家乡的母亲河，她饱经沧桑，她历经磨难

干旱使她断了清波，污染让她变得丑陋

我们是伤心的，我们是难过的，我们是失落的
我们多么想，再见到她清凉的河水，我们多么想，再见到她展露欢颜
可是她什么时候才能回来
我们盼望着，盼望着

衡水正慢慢崛起，正慢慢变得美丽
终于有一天，滏阳河，她变美了
清流重新在她的怀抱里荡漾，鱼翔浅底，荷花飘香
我怀疑这是在做梦，可这不是梦
这是真的变化

衡水人大刀阔斧，励精图治
衡水人要繁华发展，更要碧水蓝天
滏阳河，它美了，衡水，美了
因为滏阳河注入了长江水
南水北调，开国元勋的伟大构想
几代伟人的薪火相传
万万千千南水北调人的呕心奋战
终于将这伟大蓝图变成现实

地上，一条条河渠飞跃
地下，一条条管线奔腾
长江水，一路高歌，奔赴北方
遍布大平原，来到河北，来到衡水，来到滏阳河

小时候，长江在歌声里
"长江、长城，黄山、黄河"
那是一颗少年"中国心"
如今，长江水在眼前，在手边
滏阳河流着长江水，掬一捧在掌心
那是长江的清澈，那是长江的温柔，那是南水北调人不舍昼夜，夸父逐日的精神

长江不在梦里，长江流进了我的心里
长江，她让滏阳河变得美丽，她让衡水变得美丽
我愿，我愿，为她唱一支歌，一支幸福的歌
一支美丽的歌

"君住长江头，我住长江尾
日日思君不见君，共饮长江水"
君是长江水，我是衡水人
南水得北调，滏阳河变美
同是炎黄辈，共饮一江水
共饮一江水

## 穿　越

魏东侠

种一地桃花是否可以和崔护相逢
去一趟观津是否可以和窦太后相望
头悬在梁上是否可以和孙敬探讨读书的事
隔着年代相当于隔了一座历史之山啊
这一刻我同在衡水
却去不了昨天也到不了明天

行走在大平原
常因气血不通步步为艰
我知道的呀
旱是北方之痛
当我们的水当了逃兵
雨雪不至

一个声音从 50 多年前传来
一个梦从几代人的期盼中醒来
一条江从哪里会莫名涌来
我宁愿相信鸟在水中游鱼在天上飞
我宁愿相信魔幻主义和现实主义交换了戒指
我宁愿相信愚公后来想用船移点什么

君住长江头
我不住长江尾
我们共饮一江水
若世间真有穿越一说
请感谢刊登这个伟大神话的新时代
还有一起想象、创作、审阅、排版的追梦人

### 穿越而来的长江水是一首大诗（组诗）
——南水北调工程的伟大，需深入其间体会

林 荣

#### 移 民 文 化 园 晨 景

微波滉漾的湖边
她把手放在清亮的水里
水面上
有芦苇与荷叶的影子
几个在湖边嬉戏的孩子拾起岸边的石子
抛到湖水里
其中一个孩子大声喊道：
妈妈说这是移民来的长江水

不远处，几只水鸭子嘎嘎叫着
从长江水滋养的花瓣上
找回遗失的诗行

注：枣强县移民文化园南湖为南水北调配套受益工程之一。

#### 一 茎 苇

从前她在缺水的环境中
顽强地——
活
长江水引来后
她渐渐地
又仿佛一夜之间
舒展朗润起来
褪掉以前的枯叶（用于保存之前缺水的记忆）

现在，她依然顽强
翠绿伴着妖娆
顺着风的方向，如同那些古老而新鲜的
预言，和传奇

#### 她 有 话 说

不着急

荷花替她说

水鸟替她说

华北平原上饮着长江水的男孩儿女孩儿替她说：

共饮长江水

新时代的"长江尾"已不是从前的

李之仪《卜算子》中的那个小妇人

在长江入海口

也在华北平原的——某地

注：李之仪《卜算子》：我住长江头，君住长江尾。日日思君不见君，共饮长江水。此水几时休，此恨何时已。只愿君心似我心，定不负相思意。

## 南 水 北 调 人

无所在：他们

他们：指挥或精致或笨重的冷"兵器"

一个战役

又一个战役

鏖战：打通距离和距离

在水与水之间

在生与生之间

新源头见证新源头的欢喜

穿越而来的长江水写下一段历史：

无所不在：他们

## 每一滴水都是浓浓的血浆

谢久明

在南水北调工程傅家庄泵站

听张站长流着汗

细数着每一滴水的来龙去脉

我才知道每一滴水的分量有多重

我才知道每一滴水里

都凝聚着

南水北调人的心血

这不得不使我对每一滴水
都心生敬畏
因为
每一滴水都是一滴浓浓的血浆
在我的体内澎湃成
对南水北调人赞美的诗行

## 噢，都是为了水！

陈　丹

### （一）脚　手　架

不愧是钢筋铁骨，
寒风凛冽里，
傲然风物，
保护着来往人流，
畅通无阻。

### （二）衬　砌　机

紧紧把大地攀附，
高昂起奋进的头颅，
时断时续的轰鸣声中，
牵动着日月星光，
唤醒了天地万物。

### （三）振　捣　棒

虽然不停运动，
却也感到了季节的温度，
为了理想和信念，
置浑身脏乱于不顾，
朝前迈开坚实脚步。

### （四）抹　盘

从来不问凌晨正午，
把工程图的设想，
变成了完美的平整度，
停下来休息，

才知道风吹着那么刺骨。

## （五）水

历经千辛万苦，
由南向北，
踏上了奉献之路，
那些干涸的泥土，
因为你，
笑得花团锦簇。

## 南水北调修志心声
——寄《衡水市南水北调工程志》编撰者

### 常海成

南水北调
举世闻名的水利工程
诉说着中华民族的伟大
展示着伟大祖国的昌盛
盛世修志
千载难逢
编修《衡水市南水北调工程志》
历史重任由咱们承担

这部水志
将记录宏伟蓝图的实现
这部水志
将展现南来江水的沸腾
这部水志
将回放风餐露宿的火热工地
这部水志
将铭记建设者的不朽丰功
南水北调那坚实的足迹
将深深地镌刻在
永不泯灭的史册之中

修志做的是真正学问
修志肩负着重要使命
来不得半点马虎

来不得半点侥幸
我们要把修志当成人生大事
一定要把修志
捧在手上放在心中

我们爬上
脚手架收集资料
我们躺在
泥水管道里体验采风
我们会神梳理
在那长长的深夜
我们用心推敲
坐得住那冷冷的板凳
将我们的心血和汗水
融入在
众目期望的笔中

时间多么短暂
光阴多么无情
停不住的日月
悄然把我们带过又一个秋冬
时不待我
奋起前行
迎着唤起青春的春风
扬鞭催马
奔向修好志书的征程

咱们不辜负
领导的重托
历史的呼声
乡亲的叮咛
当我们编好优秀志书
向人民交上满意的答卷时
我们手拉着手
高呼"值"
没有虚度
这段历史长河中短暂的人生！

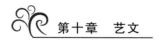

# 江水清清到俺家

长城 周卉 词
长城 志辉 曲

1=C

行板 热情地

（3·2 36 1 — 653 5·6 5 — — — ） ‖ f 3·2 3·2 | 3336 1 |

61 165 | 6663 5 | 5·5 323 | 11 1 ） 5 5·6 | 6535 1 |

清清的　江水　哟
清清的　江水　哟
清清的　江水　哟

1 17 6 | 1 17 6 | 1 27 656 1 | 5 — | 5·6 11 | 6165 3 |

哗啦 啦，　哗啦 啦，　哗啦 啦啦 啦，　穿山 越岭　到俺 家，
哗啦 啦，　哗啦 啦，　哗啦 啦啦 啦，　穿山 越岭　到俺 家，
哗啦 啦，　哗啦 啦，　哗啦 啦啦 啦，　穿山 越岭　到俺 家，

6165 3 | 6661 5653 | 2 — | 3 36 | 5323 11 | 662 165 |

到俺 家，穿山越岭到俺　家。　江水　甜又　甜啊，人人　乐开
到俺 家，穿山越岭到俺　家。　江水　长又　长啊，流过　冬和
到俺 家，穿山越岭到俺　家。　家乡　添新　绿呀，果香　飘天

6 — | 5·6 53 | 2 23 5 | 6 656 | 1 23 | 2 — | 2 — | 3·6 f |

花，　南水 北调　就是 好，男女老少 谁不　夸。　南水
夏，　南水 北调　创奇 迹，万里江山 美如　画。　南水
下，　南水 北调　展宏 图，小康路上 绘韶　华。　南水

1 16 5 | 3·6 | 1 16 5 | 506 53 | 5 56 1 | 2·16 | 35 3· |

北调　啊　就是　好呀，　男女 老少　谁不　夸，哎
北调　啊　创奇　迹呀，　万里 江山　美如　画，哎
北调　啊　展宏　图哇，　小康 路上　绘韶　华，哎

3 — | 2321 63 | 5 36 | 1 — | 1 — ‖ 2·12 | 5 — |

谁呀 谁不　夸，谁不　夸。　哎
美呀 美如　画，美如　画。
绘呀 绘韶　华，绘韶　华。

结束句

D.S.

自由地　　　　　　　　　　原速

5 — | 5 0 | 3 — | 65·5 — V | 1 1· | 1 — | 1 — | 1 0 ‖

绘　　韶　　华哎。

# 第三节 书 画 作 品

南水北调工程的顺利实施，改善了衡水水生态环境，促进了经济社会可持续发展，引起了书画艺术界的强烈反响。今收录部分书画文艺等作品如下。

## 一、书法作品

南水北调 利国惠民

**作者简介：**王习三，中国工艺美术大师、冀派内画创始人、河北省文史馆员。

水调歌头　参观南水北调工程

勇调长江水，嘉食武昌鱼。戏得人天同力，汉水任驱驰。南北遂成飞龙渡，浩浩穿山越谷，飞渡际。通渠鹭现，千秋梦歌。绕水云居，愚公愿情。

518

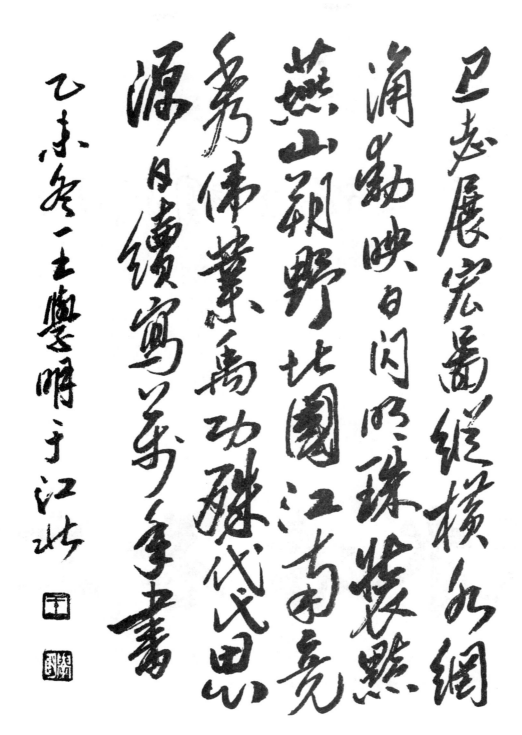

**水调歌头 参观南水北调工程**

勇调长江水，喜食武昌鱼。感得人天同力，汉水任驰驱。南北连成龙脉，浩浩穿山越谷，飞渡架通渠。惊现千秋梦，歌绕水云居。愚公愿，精卫志，展宏图。纵横水网涌动，映日闪明珠。装点燕山朔野，北国江南竞秀，伟业禹功殊。代代思源日，续写万年书。

**作者简介：** 王学明，国家一级美术师，河北省文史馆员，衡水市文联副主席。

南水北调　造福人民

作者简介：刘家科，中国书法家协会会员，衡水市书法家协会名誉主席，原衡水市政协副主席。

上善若水

作者简介：田人，中国书法家协会会员。

南水北调利国利民　惠及当代造福子孙

**作者简介**：杜长荣，中国书法家协会会员，衡水市书画院院长。

南水北来泽润川原　功在当代惠渥万年

伟业千秋梦　南水北调情

　　**作者简介**：师彦伟，中国书法家协会会员，衡水市书法家协会副主席，衡水市政协民族宗教法制委员会主任。

　　**作者简介**：蔡双跃，衡水市冀州区书法家协会主席。

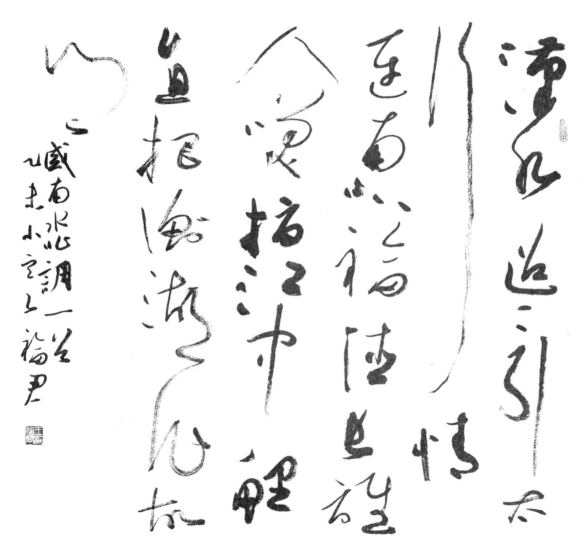

千秋伟业

作者简介：靳梦旭，河北省篆刻委员会委员，衡水市书法家协会副秘书长。

汉水迢迢引太行　情连南北福德长　谁人笑指江中鲤　直把衡湖作故乡

作者简介：王福君，中国书法家协会会员，衡水市书法家协会副秘书长。

袅袅青云里　天边生晚凉
冬含林气远　霜满玻璃窗
山岳青湖小　天河金带长
今朝润燕赵　何须紫垣殇

**作者简介：**徐全球，中国书法家协会会员，衡水市书法家协会副秘书长。

南水北调神仙之水　滋润华北造福万代

**作者简介：**郭金玉，深州市穆村乡民间书法家。

走马赴千里江水任驰驱南水解北渴精诚
开天渠曾破地万丈今脍丹江鱼万丈难为水
滔滔赛龙驹中线贯南北江海汇通衢惟愿
国运昌万古水永续

走马赴千里，江水任驰驱。南水解北渴，精诚开天渠。曾破地万丈，今脍丹江鱼。万丈难为水，滔滔赛龙驹。中线贯南北，江海汇通衢。惟愿国运昌，万古水永续。

沧浪濯春水，迢迢丹江源。南水解北渴，滚滚泻楚天。三线贯南北，江河淮海连。泽灌京畿土，润溉华北田。百姓喜甘露，笑饮江水甜。羊有跪乳恩，饮水当思源。调水实伟业，今朝把歌赞！

**作者简介：** 尚旭璟，衡水市南水北调办公室。

二、绘画作品

作者简介：田茂怀，中国美术家协会会员，第六、第七、第八、第九届河北省政协委员，第十届河北省政协常委，第二届衡水市政协副主席，一级美术师。

作者简介：张玉生，中国美术家协会会员，河北省美术家协会常务理事，衡水市美术家协会主席，一级美术师。

作者简介：石建成，中国美术家协会会员，中国书法家协会会员。

作者简介：刘仕伟，中国美术家协会会员。

作者简介：王宝泉，河北省美术家协会会员。

作者简介：杜世辰，河北省美术家协会会员。

**作者简介：**何春良，河北省美术家协会会员。

**作者简介：**孙红军，河北省美术家协会会员。

**作者简介：**李大鹏，冀州区信都学校教师。

**作者简介**：李金栋，国家一级美术师，河北省美术家协会会员，衡水市美术家协会理事。

作者简介：李慧英，河北省美术家协会会员。

江山如此多娇

甲午志新画

作者简介：周志新，任职于襄州区医疗保障局。

**作者简介：** 王桃，河北省美术家协会会员。

南水北调 巾帼英雄

作者简介：秘青亚，衡水市剪纸协会会长。

### 三、篆刻作品

国运昌盛

南水北调

南来长江水 北润京津冀

开历史先河 创人类奇迹

祖国伟大 人民幸福

不忘初心 牢记使命

**作者简介：** 张彦州，篆刻世家，十五岁集市刻章，现操刀不辍，2016 年荣获河北省民间篆刻艺术家称号。

# 附录　衡水市南水北调配套工程有关文件

## 关于衡水市南水北调配套工程水厂
## 以上工程建设资本金分摊情况的通知

（2012 年 10 月 10 日　衡调水办〔2012〕10 号）

各县（市、区）人民政府，工业新区、滨湖新区管委会：

举世瞩目的南水北调工程分为东、中、西三条线路，中线工程是涉及我省的主要引水线路，总干渠全线长 1246km，穿越我省邯、邢、石、保四市。按照国家确定的建设目标，南水北调中线工程将于 2013 年建成、2014 年汛后通水，其中涉及我市 12 个供水目标，195km 输水管道。全省水厂以上配套工程总投资约 300 亿元（衡水市估算总投资约 21 亿元），由省水务集团统一筹资、统贷统还。其中银行贷款占总投资的 60%，资本金占总投资的 40%。全省共需资本金 120 亿元，其中资本金的 70% 由省级筹措，市县负责 30%；我市共需分摊资本金 2.5 亿元。

根据省资本金分摊方案办法，本着市级多承担减轻各县负担的宗旨，按照各县（市、区）用水指标、输水距离及工程难易情况，经市政府研究决定，确定了我市的资本金分摊方案（见附表）。请各县（市、区）根据资本金分摊指标，抓紧确定筹资方案，充分做好水厂及以下配水管网的前期建设工作。水厂及管网配套工程要与省配套工程同步建成，确保如期实现通水目标。

附：衡水市南水北调配套工程水厂以上工程建设资本金分摊情况表

衡水市南水北调配套工程水厂以上工程建设资本金分摊情况表　　单位：万元

| 市级分摊 | | 县级分摊 | | 市、县共分摊 |
|---|---|---|---|---|
| 市级合计 | 15000 | 县级合计 | 10000 | |
| 市财政 | 8700 | 冀州市 | 1450 | |
| 桃城区 | 3000 | 枣强县 | 1290 | |
| 工业新区 | 3000 | 故城县 | 1470 | |
| 滨湖新区 | 300 | 深州市 | 850 | |
| | | 安平县 | 1430 | 25000 |
| | | 饶阳县 | 810 | |
| | | 武强县 | 560 | |
| | | 武邑县 | 390 | |
| | | 阜城县 | 370 | |
| | | 景县 | 1380 | |

注　1．全省水厂以上配套总投资约 300 亿元，由河北省水务集团统一筹资、统贷统还。其中银行贷款占总投资的 60%，资本金占总投资的 40%，资本金全省共 120 亿元，其中资本金的 70% 由省级筹措，市、县负责 30%；根据用水量、输水距离及工程难易情况衡水市共分摊资本金 4.8 亿元，为减轻各市筹措资金困难，河北省把三峡集团 50 亿元股金作为资本金投入，这样衡水市 4.8 亿元资本金按比例减少为 2.5 亿元。

　　2．衡水市各县（市、区）分摊数额根据各自实际工程量和用水量投资额加权平均计算。

## 河北省国土资源厅
## 关于衡水市南水北调工程水厂以上输水管道
## 工程项目用地的预审意见

（2014 年 1 月 3 日　冀国土资函〔2014〕5 号）

衡水市国土资源局，河北水务集团：

《关于衡水市南水北调配套工程水厂以上输水管道工程建设项目用地的初审意见》（衡国土资规初字〔2013〕6 号）和《关于新建衡水市南水北调配套工程水厂以上输水管道工程建设项目用地预审的申请报告》（冀水务〔2013〕443 号）收悉，经审查，预审意见如下：

1. 衡水市南水北调配套工程水厂以上输水管道工程项目是河北省南水北调配套工程的一部分，已纳入经河北省人民政府批准实施的《河北省南水北调配套工程规划》（冀政函〔2008〕118 号）和河北省、衡水市及沿线县（市、区）土地利用总体规划，通过用地预审。

2. 用地 16.8306hm²，其中，农用地 14.2012hm²（耕地 10.8936hm²）建设用地 1.99hm²，未利用地 0.6394hm²。工程设计与建设要严格控制用地规模，节约和集约利用土地。

3. 要按照国家有关法律规定，认真核算征地补偿安置费用，足额列入投资预算，采取措施保证被征地农民生活水平不因征地而降低，长远生计有保障，切实维护被征地农民的合法利益。

4. 落实补充耕地方案。应按照占补平衡、先补后占的要求，切实落实补充耕地资金，按规定标准缴纳耕地开垦费，保证开发补充质量、数量相当的耕地。要在国土资源管理部门的指导下，结合土地开发整理等项目实施，做好占用耕地耕作层剥离工作，用于提高补充耕地的质量。

5. 项目批准后，要依法办理建设用地审批手续，未经批准用地不得开工建设。

6. 按照《建设项目用地预审管理办法》（国土资源部令第 42 号）规定，本预审文件有效期为两年。

7. 本预审文件供省发展改革委批准衡水市南水北调配套工程水厂以上输水管道工程项目可行性研究报告使用。

## 衡水市机构编制委员会办公室关于设立南水北调工程建设
## 委员会办公室的通知

（2008 年 4 月 27 日　衡市机编办〔2008〕53 号）

市水务局：

经 2008 年 1 月 8 日市编委会议和 2008 年 4 月 27 日市委常委会议研究确定：设立衡水市南水北调工程建设委员会办公室，机构规格为正处级事业单位，挂靠市水务局。处级领导职数 1 正 2 副，其中主任由市水务局长兼任。定事业编制 20 名，经费形式为财政性资金基本保证。

主要职责：负责南水北调的前期准备工作和工程建设工作。同时撤销南水北调工程建设筹备处。

人员来源：从引水工程管理处调整到南水北调工程建设委员会办公室 7 名人员，其他人员待工作确实需要时，由编委领导传签审定后，再逐步补充。科级职数先按 1 正 1 副配备，内部科室设置待启动进入程序后另议。

特此通知。

# 河北省南水北调配套工程建设目标责任书（衡水市）

南水北调是缓解河北省水资源短缺矛盾，促进经济社会可持续发展的重大基础设施工程。为确保实现我省南水北调配套工程建设目标，河北省人民政府与衡水市人民政府签订目标责任书。具体内容如下：

## 一、衡水市南水北调配套工程建设任务目标

1. 2014 年汛后完成衡水市境内水厂以上输水工程建设。

2. 2014 年汛后完成衡水市区、工业新区、滨湖新区、安平、饶阳、深州、武强、阜城、景县、冀州、枣强、故城、武邑等供水目标地表水厂和配水管网建设任务。

## 二、衡水市人民政府责任

1. 负责市本级地表水厂和配水管网的筹资建设，督导受水区各县（市、区）完成地表水厂和配水管网的筹资建设。

2. 负责筹集落实水厂以上输水工程分摊的资本金并及时上缴。

3. 负责按期完成水厂以上输水工程建设用地的征迁安置工作，组织交通、水利等部门配合完成交叉穿越工程建设。

4. 加强对水厂以上输水工程建设管理工作的领导，督导本市建设管理单位严格进度、质量、资金管理，落实安全生产责任。

5. 严格执行省建委会印发的停建令，加强南水北调工程宣传，依法严厉打击阻挠、破坏工程建设的违法行为，营造良好的建设氛围。

6. 严格落实南水北调受水区地下水压采实施方案，认真执行国家确定的南水北调水价政策。

## 三、河北省人民政府责任

1. 统筹安排南水北调配套工程建设，研究、协调、解决配套工程建设的重大问题。

2. 组织、协调南水北调水厂以上输水工程可行性研究、初步设计等相关文件的编制和审批。

3. 组织开展南水北调水厂以上输水工程建设的稽查、审计和专项检查。

4. 负责筹措省级资本金，落实贷款渠道，督促各市上缴分摊的资本金。

5. 把南水北调配套工程建设任务作为省政府对各市的考核内容，严格考核奖惩。

本责任书一式两份，河北省政府和衡水市政府各一份。

河北省人民政府　　　　　　　　　　　　　　衡水市人民政府

张庆伟　　　　　　　　　　　　　　　　　　杨慧

2013 年 11 月 26 日　　　　　　　　　　　　2013 年 11 月 26 日

## 河北水务集团关于委托开展市级南水北调配套
## 工程建设（含设计）工作的函

（2012 年 9 月 6 日　冀水务〔2012〕98 号）

邯郸、邢台、石家庄、保定、廊坊、衡水市南水北调办公室：

根据省南水北调工程建设委员会第四次全体会议精神及 8 月 22 日省南水北调办公室召开的南水北调配套前期工作和建设管理协调会议要求，鉴于各市配套工程可研报告已编制完成，并通过省南水北调办公室和省水利厅的审查，正在报批阶段，为加快南水北调配套工程建设，确保如期完成工程建设任务，现委托各市南水北调办公室开展相应配套工程的初步设计和工程建设相关工作。待南水北调配套工程建设若干意见正式印发后，集团再与各市南水北调办公室签订委托合同。

## 河北省发展和改革委员会
## 关于衡水市南水北调配套工程水厂以上
## 输水管道工程可行性研究报告的批复

（2014 年 3 月 12 日　冀发改农经〔2014〕463 号）

省南水北调办：

你办《关于报送衡水市南水北调配套工程水厂以上输水管道工程可行性研究报告的函》（冀调水设〔2014〕1 号）收悉，结合省水利厅审查意见（冀水规计〔2014〕43 号）、省工程咨询院评估意见（冀咨项目六〔2014〕47 号），经研究批复如下：

一、同意衡水市南水北调配套工程水厂以上输水管道工程可行性研究报告提出的建设方案。项目由河北水务集团承建。

二、项目主要建设内容及规模：铺设输水管道 226.3km。

三、项目投资及资金来源：项目总投资 244832.47 万元，其中静态总投资 240021.51 万元。资金来源：资本金 97932.99 万元，占项目总投资的 40%，通过申请省、市、县财政拨款解决；银行贷款 146899.48 万元，占项目总投资的 60%。

有关招标事宜请按照核准意见执行。

附件：河北省建设项目招标方案核准意见（略）

## 河北省发展和改革委员会
## 关于衡水市南水北调配套工程
## 水厂以上输水管道工程第二设计单元
## 初步设计概算的审查意见

（2014 年 4 月 24 日　冀发改投资〔2014〕643 号）

省南水北调工程建设委员会办公室：

你办《关于报送衡水市南水北调配套工程水厂以上输水管道工程第二设计单元初步设计概算的请示》（冀调水设〔2014〕34 号）收悉，我委组织专家和有关部门对该初步设计概算进行了审查，现提出如下意见：

一、原则同意河北省第二水利水电勘测设计研究院根据《衡水市南水北调配套工程水厂以上输水管道工程第二设计单元初步设计概算审查会会议纪要》，所修改完善的初步设计概算。

二、核减你办报送的衡水市南水北调配套工程水厂以上输水管道工程第二设计单元初步设计概算总投资 359 万元，其中核减静态总投资 353 万元。具体审核意见详见附件。

三、核定该设计单元初步设计概算总投资 28107 万元，其中静态总投资 27554 万元。总投资中，资本金 11243 万元，占 40％；银行贷款 16864 万元，占 60％。资本金通过申请中央预算内投资，以及根据省政府明确的筹措方式和比例由省、市、县财政筹集解决。

四、请你办据此审批该设计单元初步设计，并会同有关部门加强工程建设管理，严格按照核定的初步设计概算控制工程投资，促进工程及早建成，持续发挥效益。

附件：衡水市南水北调配套工程水厂以上输水管道工程第二设计单元初步设计概算核定表（略）

## 河北省发展和改革委员会
## 关于衡水市南水北调配套工程
## 水厂以上输水管道工程第一设计单元
## 初步设计概算的审查意见

（2014 年 4 月 24 日　冀发改投资〔2014〕644 号）

省南水北调工程建设委员会办公室：

你办《关于报送衡水市南水北调配套工程水厂以上输水管道工程第一设计单元初步设计概算的请示》（冀调水设〔2014〕35 号）收悉，我委组织专家和有关部门对该初步设计概算进行了审查，现提出如下意见：

一、原则同意河北省水利水电勘测设计研究院根据《衡水市南水北调配套工程水厂以上输水管道工程第一设计单元初步设计概算审查会会议纪要》，所修改完善的初步设计概算。

二、核减你办报送的衡水市南水北调配套工程水厂以上输水管道工程第一设计单元初步设计概算总投资1563万元，其中核减静态总投资1532万元。具体审核意见详见附件。

三、核定该设计单元初步设计概算总投资33987万元，其中静态总投资33219万元。总投资中，资本金13595万元，占40%；银行贷款20392万元，占60%。资本金通过申请中央预算内投资，以及根据省政府明确的筹措方式和比例由省、市、县财政筹集解决。

四、请你办据此审批该设计单元初步设计，并会同有关部门加强工程建设管理，严格按照核定的初步设计概算控制工程投资，促进工程及早建成，持续发挥效益。

附件：衡水市南水北调配套工程水厂以上输水管道工程第一设计单元初步设计概算核定表（略）

# 河北省发展和改革委员会
# 关于衡水市南水北调配套工程
# 水厂以上输水管道工程第三设计单元
# 初步设计概算的审查意见

（2014年4月24日　冀发改投资〔2014〕645号）

省南水北调工程建设委员会办公室：

你办《关于报送衡水市南水北调配套工程水厂以上输水管道工程第三设计单元初步设计概算的请示》（冀调水设〔2014〕36号）收悉，我委组织专家和有关部门对该初步设计概算进行了审查，现提出如下意见：

一、原则同意河北省水利水电勘测设计研究院根据《衡水市南水北调配套工程水厂以上输水管道工程第三设计单元初步设计概算审查会会议纪要》，所修改完善的初步设计概算。

二、核减你办报送的衡水市南水北调配套工程水厂以上输水管道工程第一设计单元初步设计概算总投资30475万元，其中核减静态总投资29877万元。具体审核意见详见附件。

三、核定该设计单元初步设计概算总投资140339万元，其中静态总投资137581万元。总投资中，资本金56136万元，占40%；银行贷款84203万元，占60%。资本金通过申请中央预算内投资，以及根据省政府明确的筹措方式和比例由省、市、县财政筹集解决。

四、请你办据此审批该设计单元初步设计，并会同有关部门加强工程建设管理，严格按照核定的初步设计概算控制工程投资，促进工程及早建成，持续发挥效益。

　　附件：衡水市南水北调配套工程水厂以上输水管道工程第三设计单元初步设计
概算核定表（略）

# 衡　水　湖
### ——南水北调工程规划调蓄枢纽

（2014 年 4 月 24 日　冀发改投资〔2014〕645 号）

　　2008 年，河北省人民政府报告中提出投资 323 亿元建设南水北调配套工程，构建"两纵六横十库"的供水网络体系。其中，衡水湖作为平原区水库，是河北省南水北调工程的重要调蓄工程之一。它既可从南水北调中线一期工程取水，也是南水北调东线二期工程的重要调蓄枢纽。

　　历史上，衡水湖由古黄河、古漳河、滹沱河、滏阳河等多条古河流在太行山东麓倾斜平原前缘的洼地积水而成，为浅碟形洼淀，属于黑龙港流域冲积平原中冲蚀低地带内的天然湖泊。历史上，衡水湖是古代广阿泽的一部分，广阿泽包括任县的大陆泽和宁晋县的宁晋泊。相传，周定王五年（公元前 602 年）以前，在这里有一个大湖泊，黄河流经于此。河北省地理研究所《关于河北平原黑龙港地区古河道图》表明，在衡水、冀州、南宫、新河、巨鹿、任县、隆尧、宁晋、辛集一带确有一个很大的古湖泊遗迹，古湖长约 67km，后来湖泊渐淤，分成现在的宁晋泊（在宁晋县附近）、大陆泽（在任县附近）和衡水湖。

　　衡水湖在历史资料中多有记载。《汉志》中提到："信都县有泽水，称信泽。"《洪志》中指出："海子所谓河也，又称泽水，即冀州海子。"《真定志》记载："衡水盐河与冀州城东海子，南北连亘五十余里，旧名冀衡大洼。"清代贺涛《冀州开渠记》中说："滏水自西南来，至州北境，折而东，横亘衡水界中。县城俯其南，并岸而西四五里，左转至冀州城东。地淤下，广五里，狭亦不减三里，北二十余里隶于县者曰衡水洼，南十余里，隶于州者曰海子。"清代《吴汝纶日记》中也提到："冀州北境直抵衡水，地势洼下，乃昔日葛荣陂也。"据考证，上面几处提到的"信泽""海子""泽水""冀衡大洼""衡水洼""葛荣陂"等，就是现在的衡水湖。因此，衡水湖史称信都泽、博广池、冀州海子、葛荣陂、冀衡大洼、千顷洼等，1958 年始称衡水湖。

　　衡水湖，位于京津冀都市圈南缘的衡水市区中心位置，是中国城市内最大的淡水湖泊，总面积 75km²，蓄水能力 1.88 亿 m³，是华北地区单体水面最大的内陆淡水湖泊。

　　衡水即因境内衡漳水而得名，意为"水路通达，风水恒存"。《水经注》载，"衡，横也，言漳水横流也"。历史上黄河曾多次改道流经衡水地区，漳河、滹沱河、滏阳河也多次汇流于此。因衡水地区地势低洼，又河流频经，加之大陆性季风气候特点显著，春季少雨，夏季多雨，故此地曾洪涝旱碱灾害频繁，被人们称为

"十年九灾，不旱即涝，盐碱低洼，种一葫芦收一瓢"。夏季雨量充沛，常常河漫堤决，毁民稼穑，泛滥成灾。《衡水市水利志》载，西汉到元末约有 37 次水灾；明代以后到新中国成立前的 581 年间发生 49 次水灾，平均 12 年一次。明永乐十三年（1415 年）的大水还导致了衡水县城（位于今衡水湖北岸）的搬迁。在水量多的年份，千顷洼还会出现著名的"三海相连"的境况。原来千顷洼和冀县（今衡水湖南岸衡水市冀州区）东边的盐河、漳河交界处及冀县西边的尉迟潭，并称"三海"。丰水时节，三海连通，绵亘上百里，浩瀚无边，可行兵船，传说曹操就曾在此操练水师。春季，衡水地区风多雨少、气候干燥、河水干涸，又易造成旱灾，所以有的年份旱涝交替发生。但总体来说，水灾年份多于旱灾。由于洪水积涝成灾，千顷洼地势低，造成不少土地碱化，极大地影响了庄稼收成。古代人们常常通过挖渠排水以缓解土地盐碱；而春季水干后则盛产小盐，曾经盐业兴旺。

筑堤是古代衡水人的大事，针对千顷洼的特点，历代地方政府带领百姓修了不少防洪排涝工程。仅明清两代就修筑了护城堤、旧城堤、沿河堤、刘公堤等堤防，对防止洪水泛滥起了一定作用。另外，为了排涝和引水灌溉，隋朝州官赵煚曾组织百姓修建赵煚渠，唐代冀州刺史李兴曾利用赵煚渠引水灌溉农田。清朝乾隆年间（1736—1795 年）的直隶总督方观承曾在千顷洼里挖渠连接滏阳河，并修筑了三孔石闸，这样既可以在洪涝之时把洼里积水排到滏阳河，也可以在干旱时引滏阳河水入洼用于灌溉，于是"冀衡洼地皆成沃土"（《冀县志》）。光绪九年（1883 年）冀州知州吴汝纶筹措资金，清理并拓宽了乾隆旧渠，并建桥八座、涵洞八座，设立闸坝，按时开关。此渠长六十里，穿越了整个千顷洼，"泄积水于滏（滏阳河），变沮洳（意为低湿之地）为膏腴者，且十万亩"，并且也可以在干旱时引水灌溉洼内庄稼。此渠给当地人民带来了很大好处，人们为纪念知州吴汝纶，称此渠为吴公渠（现也称吴公河）。

千顷洼以这种时而"三海相连"，时而"膏腴万里"的姿态走过了几千年。1947 年，晋冀鲁豫边区政府看中了这块人少地多的天然洼地，在其中建立了机械化农场，这就是冀衡农场的前身。新中国成立初期，十多年间，辛勤的农场人在洼里开了 4 万多亩荒地。1958 年，为了灌溉小麦，当时的政府决定利用这块天然洼地建水库，衡水地区人民开挖了冀码渠，在千顷洼中部修筑了西围堤（即现在的中隔堤、中湖大道），把洼里的农场以及顺民庄、胡家庄两村的 62 户共计 286 人搬迁到洼外。这是千顷洼几千年来第一次成为"水库"，也就是在这个时候，人们把千顷洼改名为"衡水湖"。1959 年汛期来时，滏阳河水通过新挖的冀码渠引到千顷洼东洼，千顷洼东洼第一次人工蓄满了水，水面面积 $60 km^2$，蓄水量 1.125 亿 $m^3$。或许生不逢时，当时建成的衡水湖由于没有配套的提水设备，蓄水未能用来浇地，反而因为高水位蓄水，加剧了周围的土地盐碱，同时围堤单薄，也对人民的生命财产安全构成了威胁。1962 年水库开始放水，退水还耕。顺民庄的村民和农场人又迁回原址进行农耕。

1963 年海河流域洪灾发生后，国家下决心根治海河水患，于 1965 年开启了海河工程，新开挖了贯穿河北省全境的一条行洪道，河道横穿千顷洼北部洼地，于是衡水湖区的面积由 $120 km^2$ 变成了现在的 $75 km^2$。

后来，为了解决农业灌溉用水的需要，人们又开始琢磨衡水湖的蓄水功能。1972 年修建了冀州水库，由滏东排河经冀码渠引水。1973 年恢复千顷洼蓄水，在东湖蓄水 0.7 亿 m³。1974 年又在东湖修筑围堤。1975 年和 1976 年，为了扩充水源，在滏阳新河和滏东排河兴建了引水枢纽。1977 年，扩建了西湖，并修建了南尉迟、前韩、王口三个进水闸工程。1978 年又扩建了冀码渠进水闸和西湖北围堤。至此，千顷洼成为一个比较完备的蓄水工程。

衡水湖作为水库的相关设施已经建好，但此时水库的引水又成了新问题。随着华北地区用水量的增加，单单依靠上游滏阳河引水已经远远不能满足。从 1973 年开始，千顷洼虽然一直在断断续续地引上游水，但水量时大时小，有的年份一点水也没有蓄上（如 1981—1984 年，只能停止蓄水）。这一时期，洼里的村民和农场人仍在洼里种地，水多就少种，水少就多种。

1985 年，是衡水湖命运的一个转折点。卫运河到千顷洼的引水工程"卫千"工程修建完成，卫运河水通过王口进水闸可自流引入衡水湖东湖。于是从这一年起，衡水湖东湖年年都能蓄上水，千顷洼作为水库的今生终于稳定下来。1993 年为解决河北省东南部的水资源匮乏，并保障衡水湖蓄水及衡丰电厂用水，山东、河北两省达成引黄入冀协议，衡水湖开始每年引黄河水到东湖（2005 年黄河水缺乏，衡水湖从南运河水系的岳城水库引水，解了燃眉之急）。

如今的衡水湖，早已远去了昔日的饮马疆场兵戈相见，远去了洪水泛滥民生灾荒，历经几代人的治理，已然华丽转身，蝶变成为华北平原上的风水宝地。不仅为当地经济社会发展带来了巨大效益，也孕育了我国北方极具稀缺性和典型性的内陆淡水湖泊湿地生态系统，形成了水域、沼泽、草甸、滩涂、林地等多种生态系统类型，为南迁北徙的候鸟提供了一块优良的栖息地和庇护所。2000 年 7 月，经河北省政府批准，建立了衡水湖湿地和鸟类省级自然保护区；2003 年 6 月，经国务院批准，晋升为国家级自然保护区。随着湿地保护和生态文明建设，衡水湖以其独特的自然景观和生物多样性吸引了各方游客，也吸引了国内外湿地组织和鸟类专家的高度关注，衡水湖被誉为"京津冀最美湿地""京南第一湖"，享有国家级自然保护区、国家级水利风景区、国家级水产种质资源保护区、国家生态旅游示范区、国家 AAAA 级旅游景区等国家级荣誉称号，成为衡水市一张骄傲的"城市名片"。

衡水市统筹推进环境与发展，于 2011 年依托衡水湖国家级自然保护区设立了衡水滨湖新区，大力建设生态文明的体制机制，伴随着南水北调工程的实施，水源得到有力保障，衡水湖承载着衡水人民对未来生活的美好向往，走上"绿色崛起、生态振兴"的发展新路。

（稿件来源：滨湖新区）

# 后　记

　　《衡水市南水北调工程志》的编修工作始于乙未年秋月，历经四余载，数易其稿，今日出版，成为河北省首部南水北调的志书。

　　《衡水市南水北调工程志》编纂过程，大体历经了六个阶段。一是准备阶段（2015年9—11月），主要是组建编辑部、广泛调研、总体设计、拟定篇目；二是指定编修方案、资料收集阶段（2015年12月至2016年10月）。随着工程陆续完工，施工队伍撤场，及时深入一线收集第一手资料；三是撰写资料长篇阶段（2016年11月至2017年8月），在搜集、完善资料的基础上，编写百万字资料长篇，此间河北省南水北调办在衡水市召开全省修志研讨会，增强了编修此志的信心；四是编撰初稿阶段（2017年9月至2018年年底），明确分工，分章编写，在编撰过程中，坚持每周交流研讨，及时解决编写中的实际问题，并逐篇修改；五是完成送审稿阶段（2019年1—8月），听取有关部门意见并召开国家级专家评审会，积极补充资料、调整结构、修正文字、精审细校，进一步提升志书质量；六是提交出版社编审出版阶段（2019年9月至今）。此间中国水利水电出版社认真编审，使该志达到出版水平。

　　《衡水市南水北调工程志》是一部记述水利事业发展进程的行业志书，在编纂中有以下特点：一是南水北调工程，是一项利国利民的浩大工程，充分展现了党的领导与社会主义制度的优越性。这对编纂人员是一种精神上的莫大鼓舞，进而调动了编修积极性，增强了责任心。参加编修的所有人员勇于担当、敢于奉献、善于攻坚，肩负起了编修这部志书的艰巨任务；二是此志各位编辑人员均为衡水市南水北调办公室工作人员，他们在完成自己的工作任务时，兼职修志工作，他们不辞辛劳收集资料、编写志文，这种敬业精神难能可贵，特别是志书移交出版社后，遇到罕见疫情灾害，负责志整合的尚旭璟与出版社编辑芦珊采用网络通信方法，相互沟通解决了若干问题，促进了志书顺利出版；三是此志系新时代特殊的行业志书，尚无参照版本，编修该书实属全新尝试。例如，为紧密联系地域文化，增设了"水利环境"与"沿途概貌"两章，不仅突出了衡水地域特点，同时与当地环境、人文历史有机结合起来，各位专家评审认为，这是行业志书编写中的创新尝试，给予了高度认可；四是志书全面记述了衡水市南水北调工程建设及运行，彰显建设者的家国情怀，具有鲜明的时代烙印，这是新时代中国特色社会主义伟大成就的真实写照，是中国共产党领导下衡水人民的又一历史丰碑，将会在历史进程的画卷中熠熠生辉。

　　《衡水市南水北调工程志》在编纂过程中，得到各级领导热心关怀，社会各界友人积极支持，各位专家学者精心指导，在此志付梓之际，表示诚挚感谢。

　　编修《衡水市南水北调工程志》涉及范围广、专业性强，由于我们水平所限，不足之处在所难免，恳请广大读者批评指正。

《衡水市南水北调工程志》编辑部

主编　尚海成

2020年5月28日